“十三五”江苏省高等学校重点教材项目（编号：2017-2-044）

U0271827

园艺昆虫学

Horticultural Entomology

◎ 刘　芳　主编

中国农业科学技术出版社

图书在版编目（CIP）数据

园艺昆虫学／刘芳主编．—北京：中国农业科学技术出版社，2019.12（2022.1 重印）
ISBN 978-7-5116-4175-5

Ⅰ.①园…　Ⅱ.①刘…　Ⅲ.①昆虫学　Ⅳ.①Q96

中国版本图书馆 CIP 数据核字（2019）第 082583 号

责任编辑	史咏竹　岳慧丽
责任校对	李向荣

出 版 者	中国农业科学技术出版社
	北京市中关村南大街 12 号　邮编：100081
电　　话	（010）82105169（编辑室）　（010）82109702（发行部）
	（010）82109709（读者服务部）
传　　真	（010）82106626
网　　址	http://www.castp.cn
经 销 者	各地新华书店
印 刷 者	北京中科印刷有限公司
开　　本	787 mm×1 092 mm　1/16
印　　张	30.5　彩插　8 面
字　　数	759 千字
版　　次	2019 年 12 月第 1 版　2022 年 1 月第 2 次印刷
定　　价	98.00 元

前　言

园艺作物包括蔬菜、果树、观赏植物和茶树等。我国园艺作物种植面积在整个种植业中名列第二，经济产值名列第一。园艺产业在农民增收、农业增效和新农村发展中起着十分重要的作用。然而，虫害的发生导致园艺作物产量和品质下降。因此，研究和防控园艺害虫有利于园艺作物的高产和优产，满足人类生活对园艺产品的需求。园艺昆虫学主要研究昆虫学的基础理论及园艺作物重要害虫的发生规律和防治措施。学习园艺昆虫学的目的是了解重要园艺害虫的发生规律，掌握有效防控的基本知识和技能。本教材主要供高等农林院校植物保护、园艺学等专业本科生使用，同时也可作为从事园艺学研究和基层园艺科技推广人员的参考书。

扬州大学园艺与植物保护学院拥有园艺昆虫的研究和教学团队，同时开设园艺昆虫学等相关课程。1996 年，祝树德教授主编了适用于植物保护、园艺学等相关专业本科生使用的《园艺昆虫学》教材。随着当今农业科技日新月异的发展，园艺昆虫学出现了许多新成果、新技术。此外，我国幅员辽阔，地理生态条件差异大，园艺作物品种繁多，害虫种类和发生规律不同地区也各不相同。为了进一步满足园艺与植保从业者对园艺害虫有效防控相关理论和技术的需求，由扬州大学联合华南农业大学、西南大学、华中农业大学、青岛农业大学、安徽农业大学和云南农业大学共 7 所高等院校从事园艺作物害虫研究的专家和教授，对旧版进行了补充和更新，编成了新版《园艺昆虫学》教材。

本教材共分 6 篇。第一篇介绍昆虫的外部形态、内部器官、生物学、分类学、生态学、害虫调查和预测预报以及害虫防治原理与方法。第二篇至第六篇以园艺作物种类为体系，分别介绍蔬菜害虫、果树害虫、茶树害虫、园林害虫、苗圃和草坪及地下害虫五大类害虫的形态识别、发生规律及防控方法。这将有利于读者对园艺作物害虫的系统了解和深入学习，也为园艺相关学者提供了系统的资料。为了保持教材的科学性和先进性，同时把握科技创新动态，本版教材不仅增加了目前园艺作物生产中危害严重的烟粉虱、西花蓟马、瓜实蝇、苹果蠹蛾等害虫，同时从农业、物理、生物和化学方面提供了园艺害虫绿色防控的新措施。

本书得以顺利出版，特别感谢扬州大学本科专业品牌化建设与提升工程资助项目（ZYPP2018A007）、扬州大学重点教材项目（2019-2-002）和扬州大学出版基金的资助。

由于编者水平所限，书中难免存在疏漏与不妥之处，敬请广大读者不吝指正，以便进一步完善。

编　者

2019 年 12 月

目　　录

第一篇　园艺昆虫学概论

第二篇　蔬菜害虫

第三篇　果树害虫

第四篇　茶树害虫

第五篇　园林害虫

第六篇　苗圃、草坪及地下害虫

第一篇
园艺昆虫学概论

园艺作物是指蔬菜、果树、花卉、观赏树木、茶树及部分特用经济作物。为害园艺作物的有害生物种类繁多，造成的经济损失惊人。园艺有害生物中的绝大多数为昆虫，还有不少害螨类。此外，还包括软体动物门的蜗牛、蛞蝓等。

第一章　昆虫的外部形态

园艺作物相关的昆虫数以万计，它们生活的环境错综复杂，由于适应环境和自然选择的结果，昆虫外部形态会发生很大变异，但万变不离其宗，形形色色的昆虫基本构造是一致的，学习园艺昆虫学首先要掌握好昆虫的外部形态。

第一节　昆虫体躯的一般构造

昆虫属于无脊椎动物的节肢动物门 Arthropoda、昆虫纲 Insecta。节肢动物的共同特征是：体躯分节，节上有附肢；整个体躯被含有几丁质的外骨骼；体腔就是血腔，心脏在消化道的背面；中枢神经系统，包括一个位于头内消化道背面的脑和位于消化道腹面的由一系列成对神经节组成的腹神经索。昆虫纲具有以上节肢动物门的共同特征外，其成虫还具有以下特征（图1-1）。

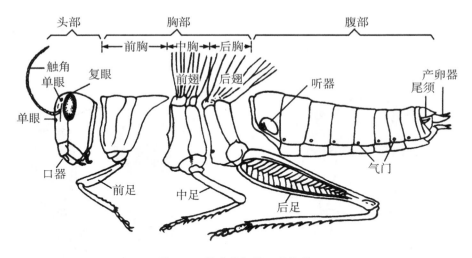

图1-1　昆虫体躯的一般构造
（仿丁锦华和苏建亚，2001）

（1）体躯分成头部、胸部和腹部3个明显的体段。头部着生有口器和1对触角，还有1对复眼和0~3个单眼。

（2）胸部分前胸、中胸和后胸3个胸节，各节有足1对，中胸、后胸一般各有1对翅。

（3）腹部大多由9~11个体节组成，末端具有外生殖器，有的还有1对尾须。

掌握以上特征，就可以把昆虫与节肢动物门的其他常见类群分开，如重足纲（马陆）体分头部和胴部 2 个体段，每节有足；蛛形纲（蜘蛛、蝉、螨）体分头胸部和腹部 2 个体段，足 4 对，无翅，无触角；甲壳纲（虾、蟹）体分头胸部和腹部，足至少 5 对，无翅，触角 2 对；唇足纲（蜈蚣、蚰蜒）体分为头部和胴部 2 个体段，每节 1 对足，第一对足特化为毒爪，无翅。

第二节　昆虫的头部

头部是昆虫体躯最前端的一个体段，以膜质的颈与胸部相连。头上着生有触角、复眼、单眼等感觉器官和取食的口器，所以头部是昆虫感觉和取食的中心。

一、头部的基本构造

昆虫的头部，学者多认为由 6 个体节构成，也有认为由 4 个体节构成。头部的分节现象，仅在胚胎发育期才能见到，到胚胎发育完成时各节已愈合成为一个坚硬头壳。昆虫的头壳表面由于有许多的沟和缝，从而将头部划分为若干区。这些沟、缝和区都有一定的名称。头壳前面最上方是头顶，头顶的前下方是额。头顶和额之间以"人"字形的头颅缝（又称蜕裂线）为界。额的下方是唇基，以额唇基沟分隔。唇基的下方连接一个骨片称上后唇，两者以唇基上唇沟为界。头壳的两侧为颊，其前方以额颊沟与额区相划分，但头顶和颊间没有明显的界线。头壳的后面有一条狭窄拱形的骨片为后头，其前缘以后头沟和颊区相划分，后头的下方为后颊，两者无明的界线（图 1-2）。

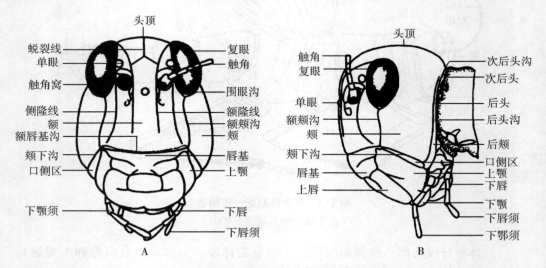

图 1-2　东亚飞蝗头部的构造

A. 前观；B. 侧观

（仿虞佩玉和陆近仁，1964）

头壳上沟缝的数目、位置、分区大小、形状，随昆虫种类而有变化，是分类上的特征。由于取食方式的不同，昆虫的口器的构造与着生位置发生了相应的变化。根据口器的着生方向，可将昆虫的口向（Mouthpart orientation）分为以下 3 种类型。

1. 下口式（Hypognathous）

又称直口式（Orthognathous）。口器生在头部的下方，口器纵轴与体躯纵轴几乎成直角（图 1-3A）。这是最原始的口向，多见于啃食植食叶片、花和果实的植食性昆虫，如蝗虫等。

2. 前口式（Prognathous）

口器着生在头部的前方或前下方，口器纵轴与体躯纵轴平行或成钝角（图 1-3B），多见于捕食性和钻蛀性为害的植食性昆虫，如步行虫等。

3. 后口式（Opisthorhynchous）

口器从头部的后下方，口器纵轴与躯体纵轴成锐角（图 1-3C），多见于吸食动物血液或植物汁液的昆虫，如蚜虫、蜡蝉和牛虻等。

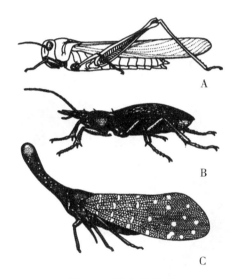

图 1-3　昆虫的头式

A. 下口式（蝗虫）；B. 前口式（步甲）；C. 后口式（蜡蝉）

（A. 仿 Gullan 和 Cranston，2005；B. 仿 Eisenbeis 和 Wichard，1987；C. 仿 Edwards，1948）

与口器类型一样，昆虫头式口向的不同，反映了取食方式的差异，是昆虫长期进化、适应环境的结果。利用头式还可以区别昆虫大的类别，因此也是分类学应用的特征。

二、昆虫的触角（Insect antenna）

昆虫纲中，除部分高等双翅目幼虫和部分寄生的膜翅目幼虫的触角退化外，其他类群均有 1 对触角。一般着生于额区两侧的膜质触角窝（Antennal socket）内。

（一）触角的基本构造

昆虫的触角由以下 3 节组成。

（1）柄节（Scape）为触角连接头部的基节，通常粗短，以膜质连接于触角窝的边缘上。

（2）梗节（Pedicel）为触角的第二节，一般比较细小，常短小并有江氏器（Johnston's organ）。

（3）鞭节（Flagellum）为梗节以后各节的统称，通常由若干形状基本一致的小节或亚节组成。

柄节、梗节直接受肌肉控制；鞭节的活动由血压调节，受环境中气味、湿度、声波等因素的刺激而调整方向。

（二）触角的类型

触角的形状随昆虫的种类和性别而有变化，其变化主要在于鞭节。大体上归纳为 12 种常见类型（图 1-4）。

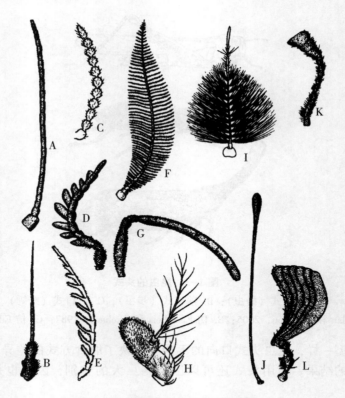

图 1-4 昆虫的触角构造及类型

A. 丝状；B. 刚毛状；C. 念珠状；D. 锯齿状 E. 栉齿状；F. 双栉齿状；
G. 膝状；H. 具芒状；I. 环毛状；J. 棍棒状；K. 锤状；L. 鳃叶状

（仿许再福，2009）

（1）丝状（Filiform），又称线状，除基部两节稍粗大外，其余各节大小相似，相连成细丝状，如蝗虫和蟋蟀的触角（图1-4A）。

（2）刚毛状（Setaceous），触角很短，基部2节粗大，鞭节纤细似刚毛，如蝉和蜻蜓的触角（图1-4B）。

（3）念珠状（Moniliform），鞭节各节近似圆珠形，大小相似，相连如串珠，如白蚁的触角（图1-4C）。

（4）锯齿状（Serrate），鞭节各节近似三角形，向一侧作齿状突出，形似锯条，如锯天牛、叩头甲雄虫及绿豆象雌虫的触角（图1-4D）。

（5）栉齿状（Pectinate），鞭节各节向一边作细枝状突出，形似梳子，如绿豆象雄虫的触角（图1-4E）。

（6）双栉齿状（Bipectinate），也称羽状，鞭节各节向两侧作细丝状突出，形似鸟羽，如毒蛾、樟蚕蛾的触角（图1-4F）。

（7）膝状（Geniculate），又称肘状，柄节特长，梗节细小，鞭节各节大小相似与柄节成膝状曲折相接，如蜜蜂和蚂蚁的触角（图1-4G）。

（8）具芒状（Aristate），触角短，鞭节仅一节但异常膨大，其上生有刚毛状的触角芒（Arista），如蝇类的触角（图1-4H）。

（9）环毛状（Plumose），鞭节各节都具1~2圈细毛，愈接近基部的毛愈长，如雄蚊的触角（图1-4I）。

（10）棍棒状（Clavate），又称球杆状，基部各节细长如杆，端部数节逐渐膨大，以致整个形似棍棒，如菜粉蝶的触角（图1-4J）。

（11）锤状（Capitate），基部各节细长如杆，端部数节突然胀大似锤，如皮囊甲和瓢虫的触角（图1-4K）。

（12）鳃叶状（Lamellate），触角端部数节扩展成片状，相叠一起形似鱼鳃，如金龟甲的触角（图1-4L）。

（三）触角的功能

昆虫触角梗节和鞭节上有着非常丰富的感觉器，其功能主要是在觅食、聚集、求偶和寻找产卵场所时嗅觉、触觉和听觉作用。因此，不仅能感触物体，且对外界环境中的化学物质具有十分敏锐的感觉能力，借此可以找到所需要的食物或异性。例如，二化螟凭借稻酮的气味可以找到水稻；菜粉蝶根据芥子油的气味可以找到十字花科植物；许多蛾类、金龟甲雌虫分泌的性激素可以引诱数里外的雄虫前来交配。所以，触角对于昆虫的取食、求偶、选择产卵场所和逃避敌害都具有十分重要的作用。有些昆虫的触角还有其他的功能，例如：雄蚊的触角具有听觉的作用；雄芜菁的触角在交配时，可以抱握雌体；魔蚊的触角有捕食小虫的能力；水龟虫成虫的触角能吸取空气；仰泳蝽的触角具有保持身体平衡的作用。

（四）了解触角类型和功能在实践上的意义

触角的形状、分节数目或着生位置等随昆虫种类不同而有差异，多数昆虫雄虫的触角常较雌虫发达，在形状上也表现出明显的不一致，因此触角常作为识别昆虫种类和区分性别的重要依据。例如，金龟甲类具鳃片状触角，蝇类具芒状触角。小地老虎雄蛾的触角是羽状，而雌蛾的触角为丝状。蚜虫触角上感觉器的形状、数目和排列方式是区分种类的常用特征。还可以利用昆虫触角对某些化学物质有敏感的嗅觉功能，可进行害虫诱集或驱避，如利用昆虫性息素引诱雄蛾，用于害虫预测预报。

三、昆虫的眼

昆虫的眼一般有复眼和单眼 2 种，是昆虫的主要视觉器官。

（一）复眼（Compound eye）

成虫和不全变态昆虫的若虫、稚虫都有一对复眼，着生在头部的两侧上方，多为圆形、卵圆形或肾形，也有少数种每一复眼又分离成两部分。善于飞翔的昆虫复眼比较发达；低等昆虫、穴居昆虫及寄生性昆虫，复眼多退化或消失。

1. 复眼的构造和物象的构成

复眼由许多小眼组成（图 1-5）。小眼数目因昆虫种类而有不同，如家蝇的一个复眼有 4 000 多个小眼，蜻蜓的复眼有 28 000 多个小眼。一般小眼数目越多，其视力也越强。小眼的表面一般呈六角形。每一小眼的构造，表面为角膜镜，角膜镜下接圆锥形的晶体。角膜镜和晶体具有透光和聚光的作用。晶体下连具有感光作用的由视觉细胞围成的视觉柱（视杆），视觉细胞下端穿过底膜形成的视神经通入视叶中。在每个小眼的周围，都包围着含有暗色色素的细胞。这种色素细胞能把小眼与小眼之间的透光作用互相隔离起来不致干扰，使每个小眼的视觉柱只感受垂直射入本小眼内的光线，在小眼内形成一个光点的形象，由许多小眼接受强弱和色泽不同的光点造成整个形象（图 1-6 中A、B）。这种只接受直射光点所造成的物象称为并列像。由于这类复眼接受的光量有限，因此必须在白天光线充足时才能看清物体；相反，夜间光线不足，就不能形成物像，因此不能活动。

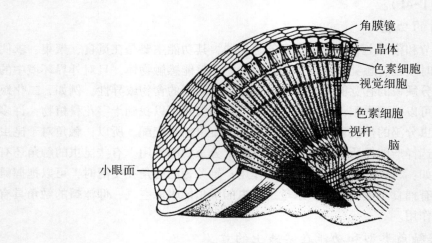

角膜镜
晶体
色素细胞
视觉细胞
色素细胞
视杆
脑
小眼面

图 1-5　昆虫复眼的模式构造

（仿丁锦华和苏建亚，2001）

夜间和晨昏活动的昆虫复眼构造则有显著变化，其小眼极度延长，在视觉柱与晶体间以一段无伸缩性的透明介质相隔，同时复眼色素细胞中色素体能够上下移动，具有调节光线的作用。因此，每个小眼的视觉柱不仅能感受通过本身小眼的光线，还能感受到由邻近小眼面折射过来的同一光点的光线，可由许多个重叠的光点构成物像，形成所谓重叠像，以致复眼在微光线下，也能造成清晰的图像。相反，在强烈光线下反而看不清物体，因此这些昆虫只能在夜间活动（图 1-6 中 C、D）。有些昆虫既能在白天活动又能在夜间活动，则是由于包围在视觉柱外的暗色色素向前移动，集中到细胞的前段部分以调节视觉的需要。

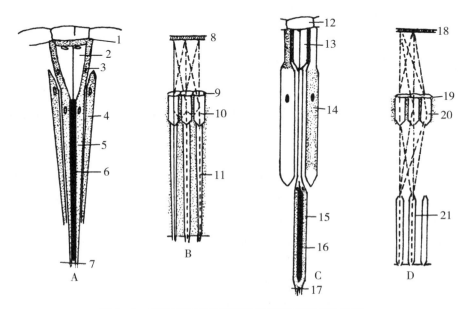

图 1-6　日出性和夜出性昆虫复眼构造及成像原理

日出性昆虫　A. 小眼构造：1. 角膜镜　2. 晶体细胞　3. 虹膜色素细胞　4. 网膜色素细
胞　5. 视觉细胞　6. 视觉柱　7. 底膜；

B. 成像原理：8. 物体　9. 角膜镜　10. 晶体　11. 视觉细胞；

夜出性昆虫　C. 小眼构造：12. 角膜镜　13. 晶体　14. 色素细胞　15. 视觉细胞　16. 视
觉柱　17. 底膜；

D. 成像原理：18. 物体　19. 角膜镜　20. 晶体　21. 视觉细胞

（仿祝树德和陆自强，1996）

2. 复眼的功能

昆虫的复眼不但能分辨近处物体的物像，特别是运行着的物体，而且对光的强度、波长和颜色等都有较强的分辨能力，能看到人类所不能看到的短光波，尤对 330～400nm 的紫外线有很强的反应并呈现正趋性。由此可利用黑光灯、双色灯、卤素灯等诱集昆虫。很多害虫有趋绿性，蚜虫有趋黄性，但昆虫中很少能识别红色色彩。总之，复眼是昆虫的主要视觉器官，对昆虫的取食、觅偶、群集、避敌等都起着重要的作用。

（二）单眼（Ocellus）

成虫和不完全变态昆虫的若虫和稚虫的单眼常位头部额区或头顶，称为背单眼。完全变态昆虫幼虫的单眼位于头部的两侧，称为侧单眼。背单眼通常 3 个，但有的只有 1~2 个或没有。侧单眼一般每侧各有 1~6 个。单眼的有无、数目以及着生位置常用作昆虫分类特征。

单眼的构造比较简单，它与复眼中的一个小眼相似，由 1 凸起角膜透镜、晶体、角膜细胞和视觉柱组成。从构造和光学原理上看，单眼没有调节光度的能力。因此，一般认为单眼只能辨别光的方向和强明，不能形成物像。但也有人认为，单眼能在近距离的一定范围内造成物像。近年来，认为单眼是一种激动性器官，可使飞行、降落、趋利避害等活动迅速实现。

四、昆虫的口器（Insect mouthparts）

口器（Mouthparts）又称取食器（Feeding apparatus），是昆虫取食的器官，位于头部的下方或前端，由属于头壳的上唇、舌以及头部的 3 对附肢（即上颚、下颚和下唇）组成。

（一）口器的类型、构造和为害特点

昆虫由于食性和取食方式不同，因而口器在外形和构造上也发生相应的特化，形成各种不同的口器类型。一般分咀嚼式和吸收式两类，后者又因吸收方式不同可分为刺吸式、虹吸式和锉吸式等几种主要类型。

1. 咀嚼式口器（Chewing mouthparts 或 Bitting mouthparts）

咀嚼式口器其特点是具有发达且坚硬的上颚以咬嚼固体食物。这是最原始的口器类型，其他不同类型的口器都是由这一形式演化而来。其中直翅目昆虫的口器最为典型，如蝗虫的口器（图 1-7），由以下 5 部分组成。

（1）上唇（Labrum），是连接在唇基下方的 1 个薄片，能前后活动。其外壁骨化，内壁为柔软而富有味觉器的内唇，能辨别食物味道。它盖在上颚前面，能关住被咬碎的食物，以便把食物送入口内（图 1-7A）。

（2）上颚（Mandible），在上唇的后方，由头部一对附肢演化而来，是 1 对坚硬不分节、呈倒锥形而中空的构造，其上具有切区和磨区。昆虫取食时，即由两个上颚左右活动，把食物切下并予磨碎（图 1-7B，C）。

（3）下颚（Maxillae），1 对，位于上颚之后，也由头部 1 对附肢演化而来，但结构较复杂，由轴节、茎节、内颚叶、外颚叶和下颚须 5 个部分组成。其中外颚叶和内颚叶具有握持和撕碎食物的作用，协助上颚取食，并将上颚磨碎的食物推进。下颚须具有触觉、嗅觉和味觉的功能（图 1-7D，E）。

（4）下唇（Labium），位于口器的后方或下方，也由头部的 1 对附肢演化面来，其结构与下颚相似。只是左右愈合成 1 片，可分为后颏、前颏、中唇舌、侧唇舌和下颚须 5 个部分。下唇的主要功能是托持切碎的食物、协助把食物推向口内（图 1-7F）。下唇须的功能与下颚须相似。

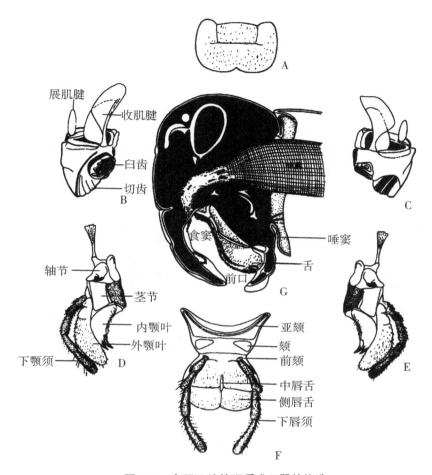

图 1-7　东亚飞蝗的咀嚼式口器的构造

A. 上唇；B，C. 上颚；D，E. 下颚；F. 下唇；G. 头部纵切面，示舌、食窦、唾窦等结构

（仿虞佩玉和陆近仁，1964）

（5）舌（Hypopharynx），旧称下咽，位于口器中央，为一狭长囊状突出物，睡腺开口于后侧（图 1-7G）。舌表面有许多毛和味觉突起，具味觉作用。舌还可帮助运送和吞咽食物。舌与上唇之间的空隙为食窦（Cibarium），与下唇之间的空隙为唾窦（Salivarium），唾腺管（Salivary duct）开口于唾窦的基部。口器各部分包围起来形成的空间为口前腔。

咀嚼式口器具有坚硬的上颚，能咬食固体食物。其为害特点是使植物受到机械损伤：有的沿叶缘蚕食成缺刻；有的在叶片中间啃成大小不同的孔洞；有的能钻入叶片上下表皮之间蛀食叶肉，形成弯曲的虫道或白斑；有的能钻入植物茎秆、花蕾、铃果，造成作物段枝、落蕾、落铃、枯心，白穗；有的甚至在土中取食刚播下的种子或作物的地下部分，造成缺苗、断生；有的还叶丝卷吐，躲在里面咬食叶片。

2. 刺吸式口器（Piercing-sucking mouthparts）

这类口器为吸食植物汁液或动物汁液的昆虫所具有，如蝉、蚊虫的口器（图1-8）。刺吸式口器由于适应需要而具有特化的吸吮和穿刺的构造，它和咀嚼式口器的主要不同点是：下唇延长成管状分节的喙，喙的背面中央凹陷形成一条纵沟，以包藏由上颚、下颚特化而成的两对口针。其中，上颚口针较粗硬包于外面，尖端有倒齿，为主要穿刺工具；里面1对为下颚口针，较细，两根下颚口针内面相对各有2条纵沟，当左右2根口针嵌合时，形成2个管道，粗的为食物管，细的为唾液管。其上唇退化为1个长三角形骨片盖在喙管基部上面，下颚须和下唇须多退化或消失。舌位于口针基部，食窦和咽喉一部分形成具有抽吸作用的唧筒构造。

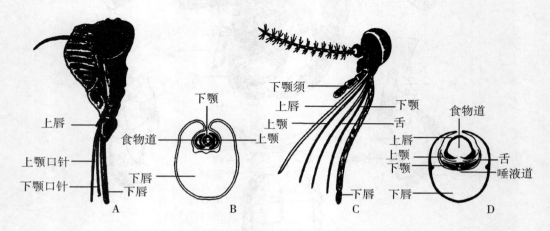

图1-8 刺吸式口器及其构造
A. 蝉的头部侧面，示口器；B. 蝉口器的横切面；
C. 蚊子的头侧面观，示口器；D. 蚊子口器的横切器
（A，C仿Elzinga，2004；B仿Capiniera，2004；D仿Snodgrass，1935）

由于4根口针相互嵌合成束，只能上下滑动而不分离。在不取食时，口器紧贴于体躯腹面；取食时，先用喙管探索取食部位，而后上颚口针交替刺入植物组织内，同时下颚口针也随着刺入，如此不断刺入直至植物内部有营养液处。喙管留于植物表面起支撑作用。由于食窦肌肉的收缩，使口腔部分形成真空，唾液沿着唾液管进入植物组织内，植物汁液则沿着食物管被吸进消化道。

具有刺吸式口器的害虫，其为害的特点是：被害的植物外表通常不会残缺、破损，一时难于表现，但在吸食过程中因局部组织受损或因注入植物组织中唾液酶的作用，破坏叶绿素形成变色斑点，或枝叶生长不平衡而卷缩扭曲。在大量害虫为害下，植物由于失去大量营养物质而致生长不良，甚至枯萎而死。许多刺吸式口器昆虫，如蚜虫、叶蝉于取食的同时，还传播病毒病，使作物遭受到更严重的损失。

3. 虹吸式口器（Siphoning mouthparts）

这类口器为蛾、蝶类所特有（图1-9），其主要特点是下颚的外颚叶极度延长形成喙，其内面具有纵沟，相互嵌合形成管状的食物道。此外，除下唇须仍然发达外，口器

的其余部分均退化或消失。喙由许多骨化环紧列组成，环间为膜质，故能卷曲。喙平时卷藏在头下方两下唇须之间，取食时伸到花蕊取食花蜜。这类口器除少数吸果夜蛾类能穿破果皮吸食果汁外，一般均无穿刺能力。有些蛾类在成虫期不能进食直至口器退化。

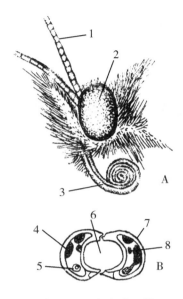

图1-9 虹吸式口器

A. 侧面观：1. 触角　2. 复眼　3. 喙；

B. 喙的横断面：4. 肌肉　5. 气管　6. 食物道　7. 外颚叶　8. 神经

（仿祝树德和陆自强，1996）

4. 幼虫的口器

许多昆虫的幼虫由于食性与成虫不同，其口器类型往往与成虫有很大的差异。

（1）蛾蝶类幼虫的口器基本上属于咀嚼式，其上唇和上颚无变化，但下颚、舌和下唇并成一个复合体。复合体的两侧为下颚，中央为下唇和舌，在其顶端具有1个突出的吐丝器，用以吐丝结茧，特称咀纺式口器。

（2）叶蜂类幼虫的口器与蛾蝶类幼虫的口器相似，但没有突出的吐丝器，仅有1个开口。

（3）蝇类幼虫的口器仅有1对可以伸缩活动的骨化的口钩，两口钩间为食物的进口，取食时用口针钩烂食物，然后吸取汁液。

（二）了解口器类型和为害特性在害虫防治上的意义

了解昆虫口器类型和为害特性，不但可以帮助认识害虫的为害方式，根据为害状来判断害虫的种类，而且可针对害虫不同口器类型的特点，选用合适的农药进行防治。例如，防治咀嚼式口器的害虫，可选用具有胃毒性能的杀虫剂，将农药喷洒在作物表面或拌和在饵料中，这样，害虫取食时农药可随着食物进入其消化道，从而中毒死亡。但胃毒剂对刺吸口器的害虫则无效。防治刺吸式口器的害虫，则需选用具有内吸性能的杀虫剂，因内吸剂施用后可被植物和种子吸收，并能在植物体内运转，当若虫取食时，农药便随植物汁液而被吸入虫体，从而引起中毒死亡。由于触杀剂是从害虫体壁进入而起毒杀作用，因此不论防治哪一类口器的害虫都有效。有些杀虫剂同时具有触杀、胃毒、内吸甚至熏杀等多种杀虫作用，适合于防治各种类型口器的害虫。此外，了解害虫的为害方式，对于选择合适的用药时机有很大帮助。例如，某些咀嚼式口器的害虫，常钻蛀到作物内部为害，某些刺吸式口器害虫形成卷叶，因此用药防治则须在尚未钻入或造成卷叶时之前。

第三节　昆虫的胸部

胸部（Thorax）是昆虫的第二个体段，由膜质的颈部与头部相连。胸部由三个体节组成，由前向后依次为前胸（Prothorax）、中胸（Mesothorax）和后胸（Metathorax）。各胸节的侧下方各生有一对足，分别称为前足、中足和后足。在中胸和后胸的背面两侧，许多种类各着生一对翅，称为前翅和后翅。足和翅是昆虫的主要运动器官，所以胸部是昆虫的运动中心。

一、胸部的基本构造

胸部为了适应承受足和翅肌的强大牵引力和配合翅的飞行动作，一般都高度骨化，具有复杂的沟和脊，肌肉特别发达，各节结构紧密，尤其是中后胸（具翅胸节）。胸部各节的发达程度与足和翅的发达程度有关，如螳螂、蝼蛄的前足很发达，所以前胸很发达；蝇类、瘿蚊等前翅特别发达，所以中胸也特别粗壮；蝗虫、蟋蟀的后足和后翅都很发达，以致后胸也很发达。这些都是具有足和翅的昆虫胸部构造上的特点。无翅昆虫和无足幼虫的胸部则不存在上述特点。

昆虫的每一胸节，均有4块骨板组成，背面的称背板，两侧的为侧板，腹面的称为腹板。这些骨板又因所在胸节而冠以胸节名称，如前胸背板、前胸侧板、前胸腹板。中胸、后胸同样如此。胸部的骨板并非完整一块，而被一些沟缝划分成若干骨片，即由骨片组成，这些骨片都有各自名称。骨板和骨片的形状，以及其上的突起、刺毛等常用作鉴别昆虫种类的特征。

二、胸足的基本构造和类型

（一）胸足的构造

胸足（Thoracic leg）是昆虫体躯上最典型的分节附肢。由下列各部分组成（图1-10A）。

（1）基节（Coxa），为连接胸部的一节，形状粗短，着生在胸节侧板和腹板间膜质的基节窝内。在甲虫类中，基节窝的形式不一，成为分类特征。

（2）转节（Trochanter），是连接基节的第二节，常为各节中最小的一节，大多数昆虫为1节，但蜻蜓等少数昆虫的转节为2节。在捻翅目昆虫中，转节与腿节合并。

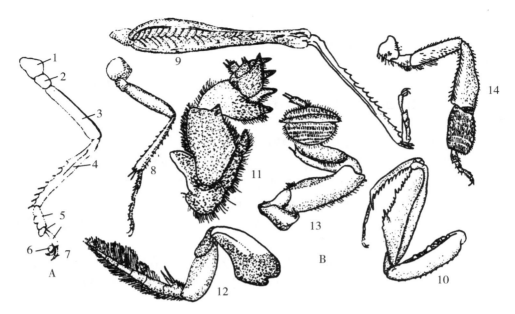

图 1-10　昆虫胸足常见的类型和构造

A. 足的基本构造：1. 基节　2. 转节　3. 腿节　4. 胫节　5. 跗节　6. 中垫　7. 爪；

B. 足的类型：8. 步行足　9. 跳跃足　10. 捕捉足　11. 开掘足　12. 游泳足　13. 抱握足　14. 携粉足

（仿祝树德和陆自强，1996）

（3）腿节（Femur），为最长的一节，能跳的昆虫腿节特别发达。

（4）胫节（Tibia），通常细而长，与腿节呈膝状相连，常具成行的刺，有的在端部具有能活动的距。

（5）跗节（Tarsus），通常分为 2~5 个亚节，亚节间以膜相连，可以活动，但亚节间并无肌肉，跗节的活动由来自胫节的肌肉所控制。在甲虫中，有的科 3 对足的跗节不等，常作为分类上的依据，如伪步甲、芜菁的前足、中足、后足的跗节数为 5-5-4。蝗虫跗节腹面有辅助行动用的跗垫。

（6）前跗节（Pretarsus），是胸足的最末端构造，通常包括 1 对爪和 1 个膜质的中垫，有的在两爪下方各有 1 个瓣状爪垫，中垫则成为 1 个针状的爪间突，如家蝇。爪可用来抓住物体。

前跗节以及跗节上的垫状构造多为袋状，内充血液，下面凹陷，作用如中空杯，便于吸附在光滑的物表或身体倒悬。在爪垫上还常着生许多细毛，能分泌黏液，称为黏吸毛，所以这些垫状构造是辅助行动的攀援器官。

昆虫跗节的表面还具有许多感官器，当害虫在喷有触杀剂的植物上爬行时，药剂易由此进入虫体使其中毒死亡。

（二）胸足的类型和功能

昆虫的足大多用来行走，有些昆虫由于生活环境和生活方式不同，胸足构造和功能发生了相应的变化，形成各种类型的足（图 1-10B）。

（1）步行足（Ambulatorial leg），此为最常见的足，比较细长，各节无显著特化现象。有的适于慢行，如蚜虫的足；有的适于快走，如步行虫的足等。

（2）跳跃足（Saltatorial leg），这类足的腿节特别发达，胫节细长适于跳跃，如蝗虫和蟋蟀的后足。

（3）捕捉足（Raptorial leg），基节特别长，腿节的腹面有 1 条沟槽，槽的两边有 2 排刺，胫节的腹面也有 1 排刺，胫节弯折时，正好嵌在腿节的槽内，适于捕捉小虫，如螳螂和猎蝽的前足。

（4）开掘足（Fossorial leg），其特点是粗短扁壮，胫节膨大宽扁，末端具齿，跗节呈铲状，便于掘土。如蝼蛄的前足，有些金龟甲的前足也属此类型。

（5）游泳足（Natatorial leg），有些水生昆虫的后足，各节变得宽扁，胫节和跗节有细长的缘毛，适于在水中游泳，如龙虱、松藻虫等。

（6）抱握足（Clasping leg），跗节特别膨大且有吸盘状的构造，在交配时能抱握雌体，称为抱握足，如雄性龙虱的前足。

（7）攀握足（Scansorial leg），足的各节较粗短，胫节端部有 1 个指状突，跗节 1 节，前跗节特化为弯爪状，共同构成钳状构造，以牢牢夹住寄主的毛发，如生活在哺乳类动物毛发上的虱目昆虫的足。

（8）携粉足（Corbiculate leg），其特点是后足胫节端部宽扁，外侧平滑而稍凹陷，边缘具长毛，形成携带花粉的花粉筐。同时第一跗节也特别膨大，内侧具有多排横列的刺毛，形成花粉梳，用以梳集花粉，如蜜蜂的后足。

三、昆虫的翅（Wing）

除了原始的无翅亚纲和某些有翅亚纲昆虫因适应生活环境已退化或消失外，绝大多数昆虫都具有两对翅，成为无脊柱动物中唯一能飞翔的动物。由于昆虫有翅能飞，不受地面爬行的限制，所以翅对昆虫寻找食物、觅偶繁衍、躲避敌害以及扩展传播等具有重要意义。

（一）翅的发生和构造

昆虫的翅和鸟类翅的来源不同，不是由前肢改变功能而来，而是由背板向两侧扩展演化而形成。昆虫的翅尽管很薄，却是由双层的膜质表皮合并而成。在两层表皮之间分布着气管，翅面在气管的部分加厚形成翅脉，借以加固翅的强度。

昆虫的翅多为膜质薄片，一般多呈三角形，位于前方的边缘称为前缘，后方的称为后缘或内缘，外面的称外缘。与身体相连的一角称为肩角，前缘与外缘所成的角为顶角，外缘与后缘间的角为臀角（图 1-11）。

昆虫的翅由于适应飞行和折叠，翅上生有褶纹，从而将翅面划分为若干个区。在翅基部有基褶，把基部划出 1 个三角形的腋区。从翅基到臀角有 1 臀褶，臀褶之前的部分为臀前区、臀褶之后的部分为臀区。有些昆虫在臀区的后方还有 1 条轭褶，轭褶的后方有 1 个小区为轭区。轭区在昆虫飞行时用以连接后翅以增强飞行力量。

（二）模式脉相

翅脉在翅面上的分布型式称为脉相或脉序。不同种类的昆虫，翅脉的多少和分布型

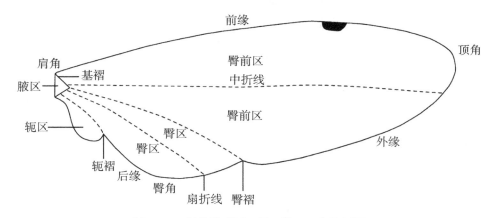

图 1-11　翅的模式图，示三缘、三角和四区

（仿 Gullan 和 Cranston，2005）

式变化很大，而在同类昆虫中则十分稳定和相近似，所以脉相在昆虫分类学上和追溯昆虫的演化关系上都是重要的依据。昆虫学家研究了大量的现代昆虫和古代化石昆虫的翅脉，加以分析比较和归纳概括后提出模式脉相，或称为标准脉相（图 1-12），作为比较各种昆虫翅脉变化的依据。

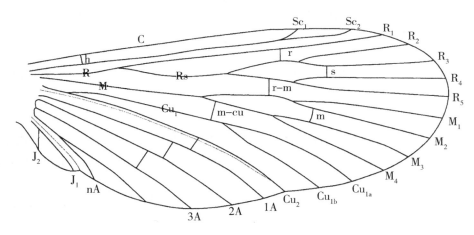

图 1-12　模式脉相图

（仿 Ross 等，1982）

模式脉相的翅脉有纵脉和横脉两种。由翅基部伸到边缘的翅脉称为纵脉，连接两纵脉之间的短脉称为横脉。模式脉相的纵脉、横脉都有一定的名称和缩写代号（纵脉缩写的第一个字母大写，横脉缩写字母全部小写）。

1. 纵　脉

纵脉有以下几条。

前缘脉（C），是一条不分枝的纵脉，一般构成翅的前缘。

亚前脉（Sc），位于前缘脉之后，端部常分成 2 支（Sc_1、Sc_2）。

径脉（R），在亚前缘脉之后，于中部分为 2 支，前支称为第一径脉（R_1），后支称径分脉（Rs），径分脉再分支两次成 4 支，即 R_2、R_3、R_4、R_5。

中脉（M），在亚前缘脉之后，位于翅的中部，此脉在中部分为 2 支，再各分 2 支，共 4 支，即 M_1、M_2、M_3、M_4。

肘脉（Cu），在中脉之后，先分为第一肘脉 Cu_1 和第二肘脉 Cu_2，Cu_1 再分为 2 支，即 Cu_{1a}、Cu_{1b}。

臀脉（A），分布在臀区内，为独立不分支的一些纵脉，有 1~12 条不等，通常有 3 条，即 1A、2A、3A。

轭脉（J），位于轭区，不分支，一般 2 条即 J_1、J_2。

2. 横 脉

横脉通常有下列 6 条，根据所连接的纵脉而命名。

肩横脉（h）连接 C 和 Sc（处于近肩处）；径横脉（r）连接 R_1 和 R_2；分横脉（s）连接 R_3 和 R_4 或 R_{2+3} 和 R_{4+5}；径中横脉（r-m）连接 R_{4+5} 和 M_{1+2}；中横脉（m）连接 M_2 和 M_3；中肘横脉（m-cu）连接 M_{3+4} 和 Cu_1。

在现代昆虫中，除了毛翅目昆虫的脉相与模式脉相很相似外，其他昆虫都多少发生变化，有的增多，有的减少，有的非常退化。

由于纵、横翅脉的存在，又将翅面围成若干小区，称为翅室。若翅室四周全为翅脉所封闭，称为闭室；如有一边无翅脉而到达翅缘，则称开室。翅室的命名是以形成翅室的前面纵脉称谓，如亚前缘脉以后的翅室为亚前缘室，中脉后方的翅室称为中室等。

昆虫的翅脉和翅室之所以命名，是由于它在分类中占有重要的地位。有了命名的准则，就便于研究和描述。

（三）翅的变异

昆虫的翅一般为膜质，用作飞行。但是，各种昆虫由于适应特殊的生活环境，翅的功能有所不同，因而在形态、发达程度、质地和表面被覆物发生许多变化，归纳起来有以下几种类型（图 1-13）。

（1）膜翅（Membranous wing），翅膜质透明，翅脉明显（图 1-13A）。如蚜虫、蜂类、蝇类的翅。

（2）毛翅（Piliferous wing），翅膜质，翅面密生细毛（图 1-13B）。如石蛾的翅。

（3）鳞翅（Lepidotic wing），翅膜质，翅面上覆有一层鳞片（图 1-13C）。如蛾、蝶的翅。

（4）缨翅（Fringed wing），翅膜质狭长，边缘着生很多细长的缨毛（图 1-13D）。如蓟马的翅。

（5）覆翅（Tegmen），翅质加厚成革质，半透明（图 1-13E），仍然保留翅脉，兼有飞翔和保护作用。如蝗虫、蝼蛄、蟋蟀的前翅。

（6）半鞘翅（Hemielytron），翅的基半部为革质，端半部为膜质（图 1-13F）。如蝽象的翅。

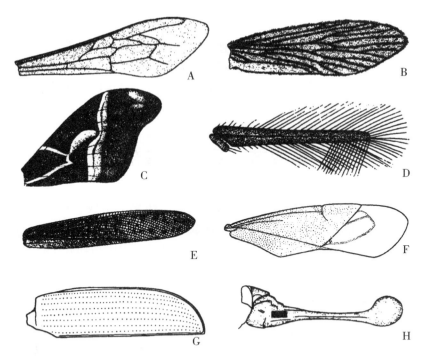

图1-13　昆虫翅的类型

A. 膜翅；B. 毛翅；C. 鳞翅；D. 缨翅；E. 覆翅；F. 半鞘翅；G 鞘翅；H. 棒翅

（A~D，H仿彩万志，2001；E仿Kohout，1976；F，G仿Youdeowei，1977）

（7）鞘翅（Elytron），翅角质坚硬，翅脉消失，仅有保护身体的作用（图1-13G）。如金龟甲、叶甲、天牛等甲虫的前翅。

（8）棒翅（Halter），翅退化成很小的棍棒状，飞翔时用以平衡身体（图1-13H）。如蚊、蝇和介壳虫雄虫的后翅。

（四）翅的连锁与飞行

许多昆虫在飞行时，前后翅借各种特殊构造以相互连接起来，使其飞行动作一致，以增强飞行效能。这种连接构造统称翅的连锁器。

常见的连锁器有以下几种。

（1）翅钩列在膜翅目昆虫和半翅目蚜虫中，后翅前缘具有1列小钩，用以钩住前翅后缘的卷褶，飞行时翅钩挂在卷褶连锁前翅与后翅，如蜜蜂的翅钩列向上钩住前翅向下的卷褶。

（2）翅缰和翅缰钩大部分蛾类后翅前缘的基部具有1根或几根鬃状的翅缰（通常雄蛾只1根，雌蛾多至3根，可用以区别雌雄），在前翅反面的翅脉上（多在亚前缘脉基部）有1簇毛状的钩，称翅缰钩。飞翔时翅缰插入钩内，使前后翅连接一起。

（3）翅轭在低等的蛾类和蝙蝠蛾中，在前翅后缘的基部有一指状突出物，称为翅轭。飞翔时伸在后翅前缘的反面，并以前翅臀区的一部分叠盖后翅前缘的正面，以夹后翅，使前、后翅连接起来。

有些昆虫，前后翅都无连锁器，各自独立飞舞，如蜻蜓、白蚁等。

翅的飞行运动包括上下拍动和前后倾折两种基本动作。昆虫向前飞行时，上述两种动作在虫体周围形成了定向气流；后者产生向前的压力，将虫体推向前进，如此达到飞行的目的。

第四节　昆虫的腹部

腹部是昆虫的第三体段，构造比头、胸部简单，由多节组成。在有翅亚纲成虫中，一般无分节的附肢，仅在腹端部具有附肢特化成的外生殖器，有些昆虫还有尾须。腹内包藏着各种内脏器官和生殖器官，腹部的环节构造也适于内脏活动和生殖行为，所以腹部是昆虫新陈代谢和生殖的中心。

一、腹部的基本构造

昆虫的腹部一般由 9~11 节组成，较高等的昆虫多不超过 10 个腹节。腹部的体节只有背板和腹板而无侧板，背板与腹板之间以侧膜相连。由于背板常向下延伸，侧面膜质部常被掩盖，各腹节间以环状节间膜相连，相邻的腹节常相互套叠，前节后缘套于后节前缘上。由于腹节间和两侧均有柔软宽厚的膜质部分，致使腹部具有很大的伸缩性，便于交尾和产卵活动。如蝗虫产卵时腹部可延长 1~2 倍，便利将卵产于土中。

腹部 1~8 节的侧面具有椭圆形的气门，着生在背板两侧的下缘，是呼吸的通道。在腹部第八节和第九节上着生外生殖器，是雌雄交配和产卵的器官，有些昆虫在第十一节上生有尾须，是一种感觉器官。

二、外生殖器的构造

昆虫的外生殖器是用来交配（交尾）和产卵的器官。雌虫的外生殖器称为产卵器，可将卵产于植物表面，或产于植物体内、土中以及其他昆虫或动物寄主体内。雄性外生殖器称为交配器，主要用于与雌虫交尾。

（一）雌性外生殖器

雌虫的生殖孔多位于第八节和第九节的腹面，生殖孔周围着生 3 对产卵瓣，组成产卵器。在腹面的 1 对称腹产卵瓣，由第八腹节附肢形成；内方的 1 对产卵瓣为内产卵瓣，由第九腹节附肢特化而成；背方的称为背产卵瓣，是第九腹节肢基片上的外长物。如螽斯的产卵器（图 1-14）。

产卵器的构造、形状和功能，常随昆虫的种类而不同。如蝗虫产卵器是由背产卵瓣和腹产卵瓣所组成，内产卵瓣退化成小突起，背腹 2 对产卵瓣粗短，闭合时呈锥状，产卵时借 2 对产卵瓣的张合动作，使腹部逐渐插入土中而后产卵。蝉、叶蝉和飞虱等昆

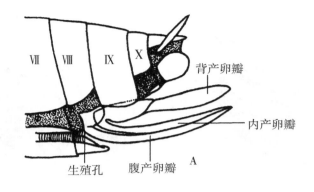

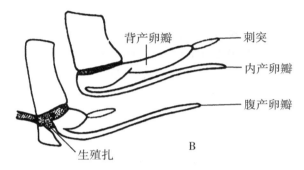

图1-14　雌性昆虫产卵器的模式构造

A. 腹部末端侧面观；B. 生殖节（已分开）侧面观

（仿Snodgrass，1935）

虫，产卵时用产卵器把植物组织刺破，将卵产于其中，由此而给植物造成伤害。蜜蜂的毒刺（螫针）为腹产卵瓣和内产卵瓣特化而成，内连毒腺，成为御敌的工具，已经失去产卵能力。有些昆虫没有附肢特化形成的产卵器，产卵时把卵产于植物的缝隙、凹处或直接产在植物表面，一般没有穿刺破坏能力；但也有少数种类如实蝇、寄生蝇等，能把卵产入不太坚硬的动植物组织中。

（二）雄性外生殖器

交配器主要包括将精子送入雌虫体内的阳具和交配时挟持雌体的抱握器。阳具由阳茎及辅助构造组成，着生在第九腹节腹板后方的节间膜上，是节间膜的外长物，此膜内陷为生殖腔，阳具平时隐藏于生殖腔内。阳茎多为管状，射精管开口于其末端。交配时借血液的压力和肌肉活动，将阳茎伸入雌虫阴道内，把精液排入雌虫体内（图1-15）。

抱握器是由第九腹节附肢所形成，其形状大小变化很大，一般有叶状、钩状和弯臂状。雄虫在交配时用以抱握雌虫以便将阳茎插入雌虫体内，一般交配的昆虫多具此器。

雄性外生殖器在各类昆虫中变化很大，具有种的特异性；由此形成在自然界中昆虫不能进行种间杂交，也是分类上用作种和近缘种鉴定的重要依据。

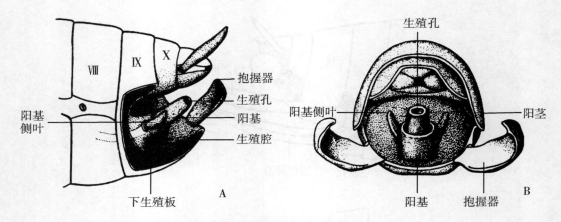

图 1-15　昆虫交配器的模式构造

A. 腹部末端侧面观（剖开生殖节侧面）；B. 腹部末端后面观

（仿 Snodgrass，1935）

三、尾　须

尾须是第十一腹节的 1 对附肢。许多高等昆虫由于腹节的减少而没有尾须，只在低等昆虫中较普遍，且尾须的形状、构造等变化也大。有些昆虫尾须很长，如蝗虫、蚱蜢；有的无尾须，如蝶、蛾、蜻象、甲虫等。尾须上长有许多感觉毛，是感觉器官。但在双尾目的铗尾虫和革翅目（蠼螋）中，尾须硬化，形如铗状，用以御敌；蠼螋的铗状尾须还可帮助折叠后翅。在缨尾目和部分蜉蝣目昆虫中，1 对细长的尾须间还有 1 条与尾须极相似的中尾丝。中尾丝不是附肢，而是第十一腹节的延伸物，构成这两类昆虫最易识别的特征。

四、幼虫的腹足

有翅亚纲昆虫中，只有幼虫期在腹部具有行动用的附肢。常见到的如鳞翅目中蝶、蛾幼虫和膜翅目中的叶蜂幼虫，皆有行动用的腹足。其中蝶、蛾类幼虫腹足有 2~5 对，通常为 5 对，着生在第三至第六和第十腹节上。第十腹节上的 1 对又称臀足。腹足由亚基节、基节和趾节所组成。趾节腹面称附掌，外壁稍骨化，末端具有能伸缩的泡，称为趾。趾的末端有成排的小钩，称趾钩。趾钩的数目和排列形式种类间常有所不同，可用作鉴别特征。叶蜂类幼虫一般有 6~8 对腹足，有的可多达 10 对，从第二腹节开始着生。腹足的末端有趾，但无趾钩，由腹足数及无趾钩可与鳞翅目的幼虫相区别。这些幼虫的腹足亦称伪足，到幼虫化蛹时便退化消失。

第五节　昆虫的体壁

昆虫的躯壳是由体壁构成的。体壁是一个构造极为复杂的组织体系，它不仅决定了昆虫的体形和外部特征，而且能防止体内水分的大量蒸发和阻止微生物及其他有害物质的侵入。由体壁特化的各种感觉器和腺体，还可用于接受环境因子的刺激和分泌各种化合物，调节昆虫的行为。所以体壁既是昆虫十分重要的保护性组织，又能通过它调节昆虫与外界环境的关系。

了解昆虫体壁的构造和理化性质，对害虫防治特别是对杀虫剂的研究具有重大意义。

一、体壁的构造和特性

昆虫的体壁来源于胚胎期的外胚层，由外向内可分为表皮层、真皮和底膜 3 部分（图 1-16）。

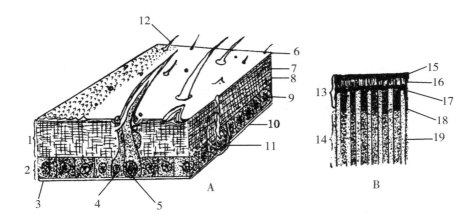

图 1-16　昆虫的体壁

A. 体壁的模式构造：1. 表皮层　2. 皮细胞层　3. 底膜　4. 膜原细胞　5. 毛原细胞　6. 上表皮　7. 外表皮　8. 内表皮　9. 皮细胞　10. 底膜　11. 腺细胞　12. 刚毛；

B. 上表皮和外表皮：13. 上表皮　14. 下表皮　15. 护蜡层　16. 蜡层　17. 多元酚层　18. 角质精层　19. 孔道

（仿祝树德和陆自强，1996）

1. 表皮层 （Cuticle）

表皮层是皮细胞层向外分泌的非细胞性物质，位于体表，亦称为虫体的骨骼，肌肉着生在里面，所以昆虫的骨骼系统称为外骨骼。表皮层也是一个分层结构，一般多为 3 层，由外向内依次为上表皮、外表皮和内表皮，内表皮、外表皮中纵贯着许多微孔道。上表皮是表皮中最外和最薄的一层，在一般昆虫中，由外向内可分为护蜡层、蜡层和角质精层，有些种类在角质精层和蜡层之间还有一多元酚层。上表皮亲脂拒水，能阻止水分散发，是抵御外物入侵的天然防线。表皮层的化学成分主要是含氮的几丁质，由于节肢动物表皮所特有的蛋白质、蜡质和拟脂类等，形成表皮具有延展曲折性、坚韧性和不通透性的特性。昆虫体壁的许多特性和功能，主要与表皮层有关。

2. 真皮（Epidermis）

真皮多为圆柱形或立方形的单层细胞，是体壁中唯一的活组织。它的主要功能是分泌表皮层，形成虫体的外骨骼；在脱皮过程中分泌脱皮液，控制昆虫脱皮并消化吸收旧内表皮，形成新表皮；其中常有一些细胞特化成体壁的外长物和各种类型的感觉器。此外，还有一部分细胞分化成具有分泌作用的腺体，称为皮细胞腺，如分泌唾液的唾腺，分泌毒液的毒腺，分泌脱皮液的脱皮腺，分泌蜡质的蜡腺和分泌丝质的丝腺等。

3. 底膜（Basement membrane）

底膜位于体壁的最里面，是紧贴在皮细胞层下的一层薄膜，由血细胞分泌而成，起着使皮细胞层与血腔分割开的作用。

昆虫体壁的结构与鞣化程度不同，可分为膜区和骨片两部分。膜区薄且具弹性，便于身体活动，骨片厚而硬，颜色亦较深。骨片位于体背的称为背板，位于体侧的称为侧板，位于体腹面的称为腹板。体壁常沿某些部分内陷，一般陷入较浅部分称为内脊，陷入较深的部分称为内突，这些内脊和内突构成昆虫的内骨骼，作为加固体壁和着生肌肉之用。各种内陷部分在外表留下一条狭槽，通称为"缝"和"沟"。例如，昆虫的头部和胸部即以"缝"和"沟"为界分成若干区，每一区域都给予一定的名称，便于昆虫形态的比较区别，这在分类鉴定上极为重要。

二、体壁的衍生物

昆虫的体壁很少是光滑的，常外突形成各种外长物。这些衍生物就其参与形成的组织的不同，可分为非细胞性的和细胞性的两大类。

1. 非细胞性外长物

非细胞性外长物指没有皮细胞参与，仅由表皮层外突而形成。如微小的突起、脊纹、棘、翅面上的微毛等。

2. 细胞性外长物

细胞性外长物指有皮细胞参与的外长物，又可分为单细胞和多细胞两类。

单细胞外长物是由一个皮细胞特化而成的外长物，如刚毛、鳞毛等。刚毛基部有一圈膜质与体壁相连，称为毛窝膜。形成刚毛的皮细胞称为毛原细胞，和毛原细胞紧贴而形成毛窝膜的细胞称为膜原细胞。毛原细胞若与皮细胞下的感觉细胞相连，形成感觉毛；毛原细胞与毒瘤相连，形成毒毛。鳞片与刚毛同源，基本构造相同。

多细胞外长物是由体壁向外突出而形成的中空刺状构造。其基部不能活动的称为刺，基部周围以膜质与体壁相连，可以活动的称为距。如叶蝉的后足胫节有成排的刺，而飞虱则在后足胫节末端有一能活动的大距。刺和距都是昆虫分类上常用特征。

三、昆虫的体色

除极少数昆虫的体壁是无色透明外，一般均有颜色，并且变化很大，有时各种颜色相互配合，构成不同的花纹，这是由于光波与体壁相互作用的结果。根据体色的性质可分为色素色、结构色和混合色3类。

1. 色素色

色素色是由色素化合物形成的颜色，故也称化学色。色素色大部分为代谢的产物或副产物，一般位于昆虫的表皮、皮细胞及皮下组织内。由色素色产生的体色可受外界环境因素的影响而发生变化。

2. 结构色

结构色是由于光线在虫体表面的不同结构（如纹、脊、颗粒等）上产生折射、反射及干扰而形成的颜色，所以又称为物理色或光学色。昆虫表皮层上细微结构不同，其体色就不同，因为这类颜色是物理作用的结果，所以不会因煮沸、化学药品的处理和昆虫的死亡而消失。

3. 混合色

混合色是由色素色和结构色二者结合而形成的，故又称结合色。大多数昆虫的体色属于这一类。如亮绿色是由黄色的色素色和蓝色的结构色结合而成。

昆虫的体色有较重要的生物学意义。如闪光很强的甲虫，可使捕食性天敌看不准它的大小和距离，在阳光很强的地区，闪光的身体可以避免接受过多的阳光。有的昆虫可以形成保护色、警戒色，或与体态相配合形成拟态，以躲避天敌的捕食；有的昆虫两性体色明显不同，成为觅偶的信息等。

四、体壁与药剂防治的关系

要使药剂进入虫体，达到杀死害虫的目的，必须首先让药剂接触虫体。但是由于昆虫体壁的特殊构造和性能，尤其是体壁上的被覆物以及上表皮的蜡层和护蜡层，对杀虫剂的侵入起着一定的阻碍作用。一般来讲，体壁多毛或硬厚者，药剂难以进入。药滴的接触点越小，则展布性能越小。因此，常在药液中加入少量的洗衣粉或其他湿润剂如皂素、油酸钠等，可降低表面张力，增加湿润展布性能，从而可提高药剂防治效果。由于昆虫上表皮的亲脂疏水性，同一种药剂的不同加工剂型，其杀虫效果亦不相同。如使用油乳剂，因其中的油剂能穿透蜡层，使药剂易于进入害虫体内，其杀伤力要比使用粉剂的高得多。然而，昆虫体壁外表皮与内表皮的性质与上表皮相反，呈亲水性，所以理想的触杀剂应既是脂溶性的非极性化合物，又必须有一定的水溶性。有些害虫如蚧，体表被有蜡质分泌物，一般药剂不易透入，如选用腐蚀性强的碱性松脂合剂，就能获得较好的杀虫效果。

昆虫不同发育期体壁厚度不一样，体壁厚度随虫龄增加而相应增厚，虫龄越大，体表上微毛和表皮中微孔道相应减少，因此高龄幼虫的抗药性强，故在低龄阶段（一般3龄以前）用药，防治效果更好。应用矿物性粉，如硅粉、蚌粉、白陶土等，加在粮堆里防治仓虫，其杀虫原理是使害虫在活动时，通过摩擦破坏了表皮蜡质层，使虫体水分过分蒸发而死亡。

昆虫体躯各部位的厚度也不一致。一般昆虫节间膜、侧膜、足的跗节较薄。

近年来，我国开发的激素农药如灭幼脲、扑虱灵等，它们的作用机制是破坏表皮中几丁质的合成，幼虫（若虫）在蜕皮过程中，不能形成新表皮而死亡。

第二章　昆虫的内部器官

昆虫个体生命活动和繁殖后代依赖于内部各器官的生理机能及其相互间的协调。因此，了解昆虫内部器官的基本构造和生理机能是研究害虫防治不可缺少的理论基础。

第一节　体腔和内部器官的位置

昆虫体壁所包成的腔，称为体腔。由于体腔内充满血液，所以这种体腔又叫血腔。昆虫所有的内部器官都浸浴在血腔内。

昆虫的体腔由肌纤维和结缔组织所形成的膈膜纵向分割成 2~3 个小腔，称为血窦（图 2-1）。大多数昆虫只在背血管下面有一层膈膜，称背膈，将体腔分为上方的背血窦和下方的围脏窦。由于司循环作用的背血管位于背血窦内，所以背血窦或围心窦。在有些昆虫中，如直翅目蝗科、鳞翅目和双翅目的成虫等，在腹部腹板两侧之间还有一层膈膜，称为腹膈，其下方称为腹血窦。因为腹血窦内包含了腹神经索，所以又称围神经窦。背膈和腹膈都有孔隙，故血窦之间彼此相通，血液可从孔隙在体腔内循环。

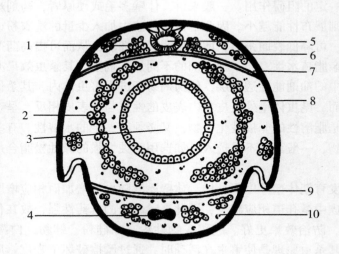

图 2-1　昆虫腹部横切面
1. 围心细胞　2. 脂肪体　3. 消化道　4. 腹神经索　5. 背血管
6. 背血窦　7. 背膈　8. 围脏窦　9. 腹膈　10. 腹血窦
（仿 Snodgrass，1935）

昆虫各内种器官在体腔内的位置是：消化系统呈管状，纵贯于体腔的中央部分；消化道上方是背血管，为血液循环的搏动器；神经系统除脑外，腹神经索位于消化道之下方；气管系统位于消化道的两侧及背面和腹面的内脏器官之间；生殖系统卵巢或睾丸位于腹部消化道的背面，侧输卵管和中输卵管或输精管和射精管则位于消化道的腹面；排泄管（马氏管）着生于消化道中肠、后肠之间。体壁肌和内脏肌分别附着于体壁下方和内脏的表面；脂肪体主要包围在内脏周围，各种内分泌腺体位于内脏器官相应的部分（图2-2）。

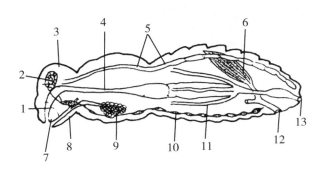

图2-2 昆虫纵切面模式

1. 口　2. 脑　3. 头部　4. 消化道　5. 背血管　6. 卵巢　7. 舌
8. 下唇　9. 唾腺　10. 腹神经索　11. 马氏管　12. 生殖孔　13. 肛门

（仿祝树德和陆自强，1996）

由此可见。昆虫内部器官的位置有别于脊椎动物，因为脊椎动物的循环器官（心脏）是位于腹面，而神经系统（脊髓）则位于背面。

第二节　消化系统

昆虫的消化系统包括1根自口到肛门、纵贯血腔中央的消化道，以及与消化道有关的唾腺等。

一、消化道的基本构造和功能

昆虫的消化道是1根很不匀称的管道，前端开口于口前腔的基部，后端终止于体躯的末节。根据其发生来源和功能的不同，消化道可分为前肠、中肠和后肠3部分（图2-3）。

1. 前肠（Foregut）

前肠从口开始，经由咽喉、食道、嗉囊，终止于前胃，而以伸入前端的贲门瓣与中肠分界。

（1）咽喉是前肠的最前端部分。在咀嚼式器昆虫中，咽喉是吞食食物的通道；而在吸收式口器的昆虫中，咽喉形成咽喉唧筒，起摄食作用。

（2）食道是位于咽喉之后的狭长管道，它是食物的通道。

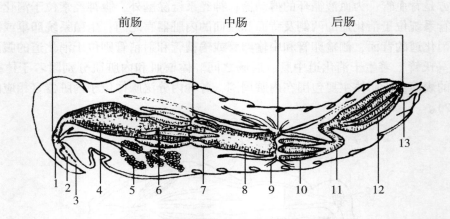

图 2-3　蝗虫消化系统

1. 咽　2. 口　3. 食管　4. 嗉囊　5. 唾腺　6. 前胃　7. 胃盲囊

8. 胃　9. 马氏管　10. 后肠　11. 结肠　12. 直肠　13. 肛门

（仿祝树德和陆自强，1996）

（3）嗉囊是食道后端膨大的部分，其形状各类昆虫很少一致。嗉囊的主要功能是暂时贮存食物。有些昆虫具有部分消化作用，如直翅目昆虫取食时，食物与唾液一同进入前肠，中肠分泌的消化液也倒流入前肠。在这种情况下，嗉囊即成为食物部分消化的场所。在蜜蜂中，花蜜和唾腺分泌的酶在嗉囊中混合，并转变成蜂蜜，故有"蜜胃"之称。很多昆虫在脱皮过程中，嗉囊可吸收空气而使虫体膨胀以帮助蜕皮，而某些不取食的鳞翅目成虫，嗉囊又成为帮助羽化的器官。

（4）前胃是前肠的最后区域，也是消化道中最特化的部位。前胃的形状变异很大，在取食固体的昆虫中常很发达。它的主要功能是磨碎食物。

贲门瓣位于前胃的后端，是由前肠末端的肠壁向中肠前端内陷而成的一圈环形内褶。主要功能是：使食物可以从前肠直接输入中肠的肠腔，而不与胃盲囊接触；阻止中肠内食物倒流入前肠。

前肠是由胚胎时期的外经层内陷而成的，因此其组织结构与体壁很相似。由内向外依次分为内膜、肠壁细胞层、底膜、纵肌、环肌和围膜 6 层。

2. 中肠 （Midgut）

中肠又称胃，前端与食道或前胃相连，一般是一条前后粗细相似的管状构造。但有些昆虫如半翅目、同翅目、鞘翅目）的中肠又常分为 3~4 个分段。很多昆虫的中肠前端肠壁向外突出，形成 2~6 个囊状的胃盲囊。胃盲囊的功能是增加中肠的分泌和吸收面积，而半翅目昆虫的胃盲囊可作为细菌繁殖的场所。吸收式口器昆虫的中肠一般细而长，某些种类昆虫（如同翅目）的中肠弯曲地盘在体腔内，其前后两端和后肠的前端部分紧密地束缚在一起，包裹一层结缔组织围鞘而形成滤室。滤室的作用是能将食物中不需要的或过多的游离氨基酸、糖分和水分等直接经后肠排出体外。

中肠是食物消化和营养吸收的主要部位，由胚胎时期内胚层的中肠韧演变而成。中肠在组织上也分成 6 层，只是肌肉层的排列与前肠不同，环肌排列在纵肌之内面；中肠无内膜而以围食膜代之；故由内向外的层次为围食膜、肠壁细胞层、底膜、环肌、纵肌及围膜。围食膜由肠壁细胞分泌，组分为蛋白质和几丁质，主要功能是包围食物、保护肠壁细胞，对营养物质、酶具有渗透性。

3. 后肠（Hindgut）

后肠是消化道的最后一段，前端以马氏管着生处与中肠分界，后端开口于体节末端。常分成回肠、结肠、直肠3个部分。后肠前端内面常特化成幽门瓣，幽门瓣的开启，可使中肠内消化后的残渣进入回肠；而幽门瓣关闭时，则只有马氏管的排泄物进入后肠。在回肠和结肠的交界处，常有一圈瓣状物形成的直肠瓣，以调节残渣进入直肠。大部分昆虫直肠前半部肠壁特化成直肠垫，以增加直肠吸收面积。所以后肠的主要功能是吸收食物和尿中的水分及无机盐类，并排出食物残渣和代谢废物，以调节血淋巴渗透压、酸碱度等。

二、食物的消化和吸收

昆虫的食物种类很多，包括活的或死的植物组织、植物汁液、木质纤维、真菌，动物及其他昆虫的组织、血液等。这些食物常以一些碎片或悬浮汁液进入消化道吸收，必须经过消化作用，使大分子降解或水解成小分子并成为溶液状态，才能通过中肠的消化酶作用而被吸收。消化作用主要依赖于中肠肠壁细胞分泌的消化酶。消化酶的种类越数量是与其食物种类相适应的。一种昆虫所具有的消化酶的种类越多，它可利用的食物就越多，这些酶除唾液中含有少量之外，其他所有的消化酶都是由中肠分泌的。

各类昆虫因摄取食物和消化机能不同，肠内的酸碱度也不同。中肠的消化作用必须在一个稳定的酸性条件下才能进行。一般昆虫消化液的 pH 值在 $6\sim8$。许多蛾、蝶幼虫肠液 pH 值在 $8\sim10$。

昆虫消化道的氧化还原电位不仅影响消化酶的活性，还影响肠壁细胞的吸收作用。

食物颗粒自前肠进入中肠后，经消化作用形成液态的营养物质，可被中肠的吸收细胞和胃盲囊吸收，由中肠的前端进入血液，经血液循环，将其营养成分输送到各个组织中去。

与消化有关的腺体主要有上颚腺、下颚腺、下唇腺，总称为唾腺。此外，有些昆虫（如蜜蜂中的工蜂）还有咽喉腺，某些鞘翅目昆虫在直肠后端还有肛腺。

唾腺的主要功能是分泌唾液，用以润滑口器、湿润食物、溶解固体颗粒、帮助消化食物及建造蜂房等。蜜蜂受精后上颚腺的分泌物中则含有性信息素，能阻止工蜂卵巢发育；工蜂的咽喉腺能分泌"王浆"，用以饲育幼虫。

三、消化系统与药剂防治的关系

防治害虫的农药，有些是通过害虫的消化道而起作用的，如胃毒剂和拒食剂。

胃毒剂是用来防治咀嚼式口器昆虫的杀虫剂。药剂施于昆虫取食的食物上，经昆虫摄入消化道以后引起中毒死亡。因此，一种胃毒剂的毒力及其在昆虫中肠内能否溶解或溶解度的大小，直接影响杀虫效力。

1. 肠道 pH 值与药剂的关系

昆虫消化道的 pH 值常因昆虫的种类及食性的不同而有差异。中肠是昆虫进行消化和吸收的主要部分，因而中肠 pH 值对杀虫剂的应用效果有重要影响。一般来说，酸性的胃毒剂在碱性溶液中溶解度大，因此对碱性中肠液的昆虫毒力较高；反之对酸性中肠液的昆虫其效力就比较低。细菌性杀虫剂（如苏云金杆菌）犹如胃毒剂的杀虫作用，主要杀虫成分是伴孢晶体中的内毒素，这类毒素在碱性消化液中易被蛋白酶溶解活化，从而破坏中肠，穿透肠壁，进入体腔侵入神经，使昆虫中毒死亡。所以这类生物制剂对消化液偏碱性的昆虫如菜粉蝶、小菜蛾等，防治效果较好。

2. 胃毒剂引起昆虫肠道病变

细菌杀虫剂如苏云金杆菌对部分昆虫（如菜粉蝶、蜡蛾及玉米螟）能引起中肠真皮细胞解体或脱落。

拒食剂则是影响昆虫食欲的药剂，昆虫摄食这类药剂后不再取食，最后因饥饿而死。如三氮苯类药剂，对多数昆虫虽然无害，但能阻止咀嚼式口器害虫的取食，对各类蛾、蝶幼虫、甲虫均有一定的效果。

第三节　排泄器官

昆虫排泄器官的主要功能是排出体内新陈代谢产生的 CO_2 和氮素废物等，以调节体液中无机盐和水分的平衡，保持血液一定的渗透压和化学成分，使各种器官能进行正常的生理活动。排泄器官排出的多种物质，包括 CO_2、水、含氮素的废物和无机盐类的结晶等，总称为排泄物。与高等动物不同，昆虫排泄的含氮废物主要是尿酸及其盐类。尿酸比尿素含氢少，更适于保持体内水分；而且游离的尿酸和尿酸盐几乎不溶于水，所以排泄时不需要伴随水分，这对于昆虫保留体内水分是非常有利的。昆虫的排泄器官和组织包括体壁、呼吸系统、马氏管、脂肪体及围心细胞等，其中马氏管为昆虫的主要排泄器官。

一、马氏管的构造及其排泄机能

马氏管着生于中肠与后肠的交界处，基端通入消化道内，为浸浴在血液中的长形盲管。数目因种而异，一般 4~6 条，少则 2 条（如蚜类），多达 300 多条（如直翅目昆虫）。

各种昆虫的马氏管数目虽有很大差异，但它们的总排泄面积差异不大，并不影响其排泄效能，因为马氏管数目多的管子比较短，数目少的则比较长。

1. 马氏管的构造

昆虫的马氏管来源于外胚层，但没有内膜，管壁细胞由单层皮细胞排列组成，其内缘具有条纹边。在光学镜下观察，有些昆虫（如吸血蜱）马氏管内缘的条纹边可分为两种类型：一类是其端段紧密排列成短杆状栅栏组织，称蜂窝边；另一类是基段由分离的原生质丝突起形成的毛刷状组织，称为刷状边。管壁细胞的外面有一层底膜，底膜上有一层含有很多微气管和交织成网的气管端细胞所组成的围膜。气管分支将马氏管附近的器官联系在一起，使马氏管随着消化道的蠕动而在血液中运动。

2. 马氏管的排泄机能

关于马氏管的排泄机制和排泄过程，有人曾对吸血蝽做了详细研究。吸血蝽的基段和端段在构造上和生理功能上有所分化，占马氏管全长 1/3 的基段管壁细胞内缘呈刷状边，2/3 端段的管壁细胞内缘呈蜂窝边。管内物质在其 2/3 的端段呈清水状，1/3 的端段内为颗粒状物质。这证明马氏管 2/3 的端段具有排泄作用，其余的 1/3 部分具有再吸收作用。马氏管端段腔内的排泄液呈微碱性（pH 值 = 7.2），而基段的排泄物呈酸性（pH 值 = 6.6），这表明虫体内的尿酸是以可溶性的尿酸氢钾或尿酸氢钠溶液由端部进入马氏管的。当含有尿酸氢钾或尿酸氢钠的溶液通过马氏管的基端时，刷状边的原生质丝大为延长，水分及无机钾盐或钠盐被吸回到血液，使尿液的 pH 值下降，尿酸结晶存积于马氏管的基端内，然后细丝缩短，尿酸结晶从管腔进入后肠，最后与肠内的食物残渣混在一起，由肛门排出体外。

二、马氏管的功能

马氏管的主要功能是：排泄代谢废物；有些昆虫的马氏管能分泌丝用以结茧，如草蛉幼虫；有的能分泌石灰质颗粒，用以构成卵壳或作隧道覆盖物，如竹节虫、天牛等；还有部分昆虫的马氏管可分泌泡及黏液，用以保护虫体，减少水分散失或不受天敌为害，如沫蝉若虫等。

三、其他排泄器官

1. 脂肪体

昆虫脂肪体为不规则的团状、疏松带状或叶状组织。组成脂肪体的细胞主要有两类，一类是贮存养料的细胞，另一类是积聚尿酸结晶的尿盐细胞，具有排泄作用。

2. 围心细胞

围心细胞分布在背血管两侧，能吸收血液中的叶绿素、胶体颗粒大分子物质，也有积贮排泄的作用。

第四节　循环系统

昆虫的循环系统和其他的节肢动物一样，属于开放式，即血液在体腔内各器官和组织间自由运行。昆虫的主要循环器官是一根位于消化道背面、纵贯于背血窦中的背血管。在很多昆虫体内和附肢的基部还有辅助的搏动器官，以驱使血液进入附肢的尖端。

一、背血管的构造

背血管由肌纤维和结缔组织组成，可以分为动脉和心脏两部分（图 2-4）。

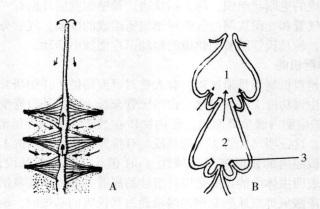

图 2-4　昆虫的背血管
A. 背血管模式图；B. 心门瓣与心室：1. 心舒状　2. 心缩状　3. 心门瓣
（仿祝树德和陆自强，1996）

1. 动脉（Aorta）

动脉是背血管的前端部分，前端开口于头腔，后端与第一心室相连，是引导血液向前流动的管道。

2. 心脏（Heart）

心脏是背血管后端连续膨大的部分，大多位于腹腔，有的则延伸到胸腔内。每个膨大的部分即为个心室。心室的数目因种而异，一般为 4 个，多则 11 个（如蜚蠊）。每个心室皆有 1 对心门，位于心室的中部或末端，开口垂直或倾斜，它是血液进入心脏的开口。心门的内缘向内折入，形成心门瓣。当心室收缩时，心室后的心门瓣将心门掩闭，使血液向心脏前端流动，而不至于从心门流回体腔。昆虫的心脏常以放射状、扇形的横纹翼肌连接和固定在附近的组织上。

二、血液循环途径

当心脏扩张时，背血管的血液由心门进入心脏；当心室由后向前依次收缩时，将血液不断推向前进，通过动脉压入头部。因此，在虫体前端的血液压力较高，驱使血液在体腔内由前向后流动。

存在有触角辅搏动器的昆虫，部分血液压入触角内进行循环。血液流入胸部血腔时，一部分进入腹血窦，流经胸足后再流回血腔内。

在有翅昆虫中，也由于翅基的辅搏动器的作用，使血液在翅脉壁与翅脉形成的翅脉腔之间流动。血液从翅的前缘进入，再由于翅后缘辅搏动器的作用，使血液流回血腔。昆虫体内的内脏蠕动及身体的活动，有助于血液在体内的运行。

三、昆虫的血液及其功能

昆虫的血液又叫血淋巴，主要由血浆和血细胞组成。昆虫血液以血浆为主，在血液中流动的细胞数量很少，一般只有血液总量的 5% 左右。各种昆虫体内的血液量因种类、虫态和生理状态不同而有很大差异，一般软体幼虫含量较高。昆虫的血细胞是悬浮在血浆内或附着在组织表面的各种形状细胞。常见的血细胞有原血细胞、浆血细胞、粒血细胞、凝血细胞、脂血细胞、珠血细胞、类绛色细胞 7 个类型。血液的主要功能是：贮存与运输养料、酶、激素以及代谢废物；吞噬、愈伤、调节体内水分含量；传递压力以助孵化、蜕皮、羽化、展翅及气管系统的通风作用等。由于绝大部分昆虫血液中不存在红血球与血红蛋白，所以血液循环不携带氧气，与呼吸作用无关。

四、杀虫剂与循环系统的关系

杀虫剂进入虫体后，都要依赖血液循环把药剂送到神经系统和其他组织中，才能发生作用。一般来讲，血液循环越快，药剂运载效率越高，杀虫效率越大。杀虫剂破坏循环系统，对昆虫起着毒害作用的表现主要是：扰乱血液循环，如烟碱类；破坏细胞，如无机盐类；使心脏搏动率下降，减低血液循环压力，如氰氢酸等。

第五节　呼吸系统

昆虫的呼吸系由气门和气管系统组成。由于各种昆虫生活习性和生活环境不同，其呼吸器官和呼吸方式也发生了相应的改变。昆虫的呼吸方式分为体壁呼吸、气泡和气膜呼吸及气门气管呼吸，但绝大多数昆虫是靠气管系统呼吸。

一、气管系统的构造和分布

气管系统是由外胚层内陷形成的。因此，它的组织结构和理化性质与体壁基本上相同，只是层次内外相反，由内向外分别为内膜、管壁细胞层和底膜。气管内膜上没有蜡层和护蜡层。内膜以局部加厚形成螺旋丝，增加气管的弹性，以利于气管扩张。气管有主干和分支，由粗到细，越分越细最后形成许多微气管，着生在组织间或细胞内。气管在体壁上的开口，称为气门。自气门伸入体内的一小段气管为气门气管。每体节的气门气管分出 3 支，分别伸向虫体的背面、腹面和中央，依次称为背气管、腹气管和内脏气管。各节气管之间还有纵行的气管相连，纵贯于体躯两侧。连接所有气门气管的为侧纵干，连接各节背气管的为背纵干；连接各节腹气管的为腹纵干；连接各内脏气管的为内脏纵干（图 2-5）。

某些善于飞行的昆虫气管，局部膨大成囊状的气囊。气囊伸缩，能加速空气流通量和增加浮力，有利于飞行活动。

二、气门的构造

昆虫的气门数目和位置通常随种类而异。一般成虫和幼虫都有 10 对气门，胸部的 2 对分别位于中胸、后胸的侧板上或侧板间膜上；腹部的 8 对分别位于 1~8 腹节背板的两侧或侧片侧膜上。蝇类幼虫仅在前胸和腹部末端各有 1 对气门。许多水生昆虫和内寄生昆虫的气门则多半退化，常用体壁及气管鳃等呼吸。

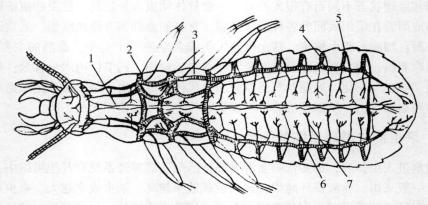

图 2-5　昆虫的气管系统
1. 腹神经索　2. 气门　3. 侧纵干　4. 气门气管　5. 气门　6. 脏气管　7. 腹气管
（仿祝树德和陆自强，1996）

最简单、最原始的气门就是气管在体壁上的开口。但在绝大部分昆虫中，气门都具有一些特殊构造。有的气门腔内具有绒毛状的过滤机构，能阻止灰尘和其他外来物进入虫体。有些昆虫的气门还具有调节器可以开闭，以调节空气的出入，并能阻止水分蒸发以及不良气体的入侵。

三、气体的交换

气体在气管系统内的传递，主要靠气体的扩散作用和气管的通风作用来完成。

1. 扩散作用

昆虫生命活动需用的氧气，是借大气与气管间、气管与微气管间、微气管与组织间的氧压力差，从大气中直接获取的。在体型大或飞翔的昆虫中，单靠扩散作用所获得的氧气满足不了正常的生理代谢，需要在呼吸肌协助下进行主动的通风作用，才能保证氧气的充足供应，并排出体内产生的 CO_2 和过多的水分，所以氧气能向气管内扩散，CO_2 则能向气管外扩散。

2. 通风作用

通风作用也叫换气运动，是指昆虫依靠腹部的收缩、扩张，帮助气体在气管系统内进行气体交换的一种形式。具有气囊的昆虫，气囊的胀缩能加强气管内的通风作用。

四、呼吸系统与害虫防治的关系

杀虫药剂，无论是神经毒剂、熏蒸剂还是一般性毒剂等，对昆虫的呼吸都有一定的影响。不同类型的杀虫剂引起不同程度呼吸率的改变。在杀虫剂的作用下，昆虫的呼吸率或是被刺激而增加，或是被抑制而降低。大部分昆虫，气体交换的强弱与组织内酸性代谢产物和代谢产生的 CO_2 多少有关，如果体内积累增多，可刺激呼吸作用加强。因此在使用熏蒸剂毒杀仓库害虫时，加入少量的 CO_2 加速气门的开启，从而提高药剂的杀虫效果。

所有有毒气体通常是借助于气体交换，由气门进入体内的。因此，气门的闭合可直接影响杀虫效果。而昆虫气门闭合与温度有关，温度越高，气门开口越大，呼吸运动越剧。所以在气温较高时应用熏蒸剂防治大田作物害虫的效果较佳。在防治仓库害虫时，适当提高仓库内的环境温度，既可增加害虫的呼吸作用，又有利于药剂的挥发。

此外，杀虫剂剂型中的油乳剂有阻塞气门影响气管系统中气体运送的作用，使昆虫缺氧窒息而死。

第六节　神经系统和感觉器官

昆虫的神经系统来源于外胚层，联系着体壁表面和体内各种感觉器官和反应器。感觉器官接受内外刺激而产生冲动，由神经系统将冲动传递到肌肉、腺体等反应器官，从而引起收缩和分泌活动，以适应环境的变化和要求。

一、神经系统的构造和类型

昆虫的神经系统是由许多神经细胞及其发出的神经纤维（分支）所组成。每个神经细胞及其分支称为神经元。神经细胞分出的主支为轴状突，轴状突的分支为侧支。轴状突及其侧支的顶端发出的树状细支称端丛。在细胞体四周发生的小树状分支，称树状突（图2-6）。

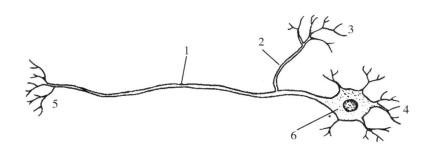

图2-6　昆虫神经元模式
1. 轴状突　2. 侧枝　3. 端丛　4. 树状突　5. 端丛　6. 神经细胞
（仿祝树德和陆自强，1996）

按细胞外突着生的形式，神经元可分为单极神经元（只有一个轴状突和侧支）、双极神经元（除轴状突外，细胞体另一端还具有一个端突）和多极神经元（除轴状突外，还有树状突）。按神经元的作用，可分为感觉神经元、运动神经元和联络神经元。

昆虫的神经系统可分为中枢神经系统、交感神经系统和周缘神经系统3部分。

1. 中枢神经系统

中枢神经系统包括脑和腹神经索。脑由前脑、中脑、后脑组成，其上有神经通到眼、触角、上唇和额。脑不仅为头部的感觉中心，也是神经系统中最主要的联系中心。

腹神经索包括头内的咽下神经节及以后各体节的一系列神经节和神经索。咽下神经节发出的神经通至上颚、下颚、下唇、舌、唾管和颈部肌肉等处，其主要作用是控制和协调口器的动作。因此，它是口器附肢的神经中心。腹神经索成为各体节的神经中心。复合神经节是控制生殖器和后肠动作的中心，所以归属于交感神经系统。

2. 交感神经系统

交感神经系统包括口道神经索、中神经和腹部最后一个复合神经节，主要功能是控制内脏器官的活动。

3. 周缘神经系统

包括除去脑和神经节以外的所有感觉神经纤维和运动神经纤维形成的网络结构。一般位于体壁下，用以接收环境刺激并传入中枢神经系统，再把中枢神经系统发出的指令传到运动器官，使运动器官对环境刺激作出相应的反应。

二、昆虫的感觉器官

昆虫对环境条件刺激的反应，必须依靠身体的感觉器接收外界的环境刺激，通过神经与反应器的联系，然后才能作出适当的反应。昆虫的感觉器主要分为以下 4 类。

（1）感触器。感受外界环境和体内机械刺激的感受器，称为感触器。

（2）听觉器。昆虫感受声波刺激的感受器，称为听觉器。

（3）感化器。昆虫感受化学物质刺激的感受器，称为感化器。味觉器和嗅器均为这一类型感受器。

（4）视觉器。昆虫感受光波刺激的感受器，称为视觉器。

三、神经传导过程

神经冲动的传导主要包括神经元内、神经元与神经元之间以及神经元与肌肉（或反应器）间的传导。整个传导是一个相当复杂的过程。

1. 神经元内的传导

当感受器接受刺激后，连接于感受器的感觉神经元膜的通透性发生改变，产生兴奋，兴奋达到一定程度时，感觉神经上即表现明显的电位差，形成动作电位，产生电脉冲，电脉冲信号按 7m/s 的速度在神经元上推进传导。

2. 神经元间的传导

冲动在神经元间的传导依靠突触传导。

（1）突触的构造一个神经元与另一个神经元相接触的部位，称为突触。前一个神经元与后一个神经元的神经膜分别称为突触前膜和突触后膜，两膜之间约有 200～500Å 的突触间隙。神经元末端膨大呈囊状称为突触小结，小结内有许多突触小泡和线粒体，小泡内含化学递质（乙酰胆碱），线粒体内有酶类。

（2）突触的传导每当突触前神经末梢发生兴奋时，就有兴奋传递物质（乙酰胆碱）从突触小泡中释放出来，扩散至突触间隙，作用于突触后膜上的乙酰胆碱受体。乙酰胆碱是神经兴奋的冲动剂，激发突触后膜产生动作电位，使神经兴奋冲动的传导继续下去。每一次神经兴奋释放的乙酰胆碱，在引起突触电位改变以后的很短时间内被乙酰胆碱酯酶水解为乙酸和胆碱，胆碱又被神经末梢重新摄取，再参与合成乙酰胆碱，贮存备用。

（3）运动神经元与肌肉之间的传导它们之间也是靠突触传导，其特点是：神经末梢释放的化学传递物质为谷氨酸盐，使冲动传至肌肉。然后又靠释放出的谷氨酸羧酶将谷氨酸水解，消除激发作用。神经系统内最简单的一次传导途径，包括一个接受刺激的感觉器官和与其相连的感觉神经元而传导至运动神经元，最后传到肌肉、腺体或其他反应器而发生相应的反应。这种传导一次冲动的途径，称为一个反射弧，由此引起的反应称为反射作用。

四、神经系统与药剂防治的关系

防治害虫的化学物质大部分属于神经毒素，可以从多方面影响神经系统的正常传导。有的化学物质对乙酰胆碱酯酶产生抑制作用，导致突触部位积累大量的乙酰胆碱，引起颤动、痉挛；有的与受体发生竞争性的结合，这些药剂与受体结合后对神经冲动传导产生了阻塞作用，如杀虫双、烟碱类；有的影响动作电位在神经元上正常传导，阻止或促进神经末梢释放化学传递物质，如拟菊酯类农药。除虫菊酯类农药还能使神经束分裂或溶解。这些神经毒剂均作用于神经系统，不仅因为神经系统是传导外来刺激并作出反应的组织，而且也是控制昆虫体内正常生理、生化活动的协调中心。这个中心受到任何干扰，都将出现不正常现象。

第七节　内分泌系统

昆虫体内的各种内分泌活动直接受到神经系统的支配和调节，也可接受神经控制下某些组织器官所分泌的活性物质的支配和调节，这类活性物质称为激素。产生和分泌激素的组织称为内分泌器官。内分泌器官分泌的激素直接进入血液，随着血液循环抵达作用部位，从而调节昆虫个体的各种生理功能。由于虫体内分泌器官分泌的不同激素起着不同的作用，它们彼此之间有一定的关系，共同组成一个内分泌系统。昆虫的内分泌系统包括脑神经分泌细胞群、咽下神经节、心侧体、咽侧体、前胸腺、绛色细胞、脂肪体及某些神经节等（图2-7）。

一、主要内分泌器官及其所分泌的内激素与功能

1. 脑神经分泌细胞群（Neuroendocrine cell）

由昆虫前脑内背面的大型神经细胞所组成，常排列成两组，每组包含数个分泌细胞，两组分泌细胞的轴突组成一组神经，并与心侧体和咽侧体相连。

脑神经分泌细胞群的主要分泌物是脑激素。脑激素的主要功能：激发和活化前胸腺分泌脱皮激素，控制昆虫幼期的脱皮作用，因而脑激素又叫促前胸腺素。脑激素还可能影响调节昆虫许多内部器官的生理作用。

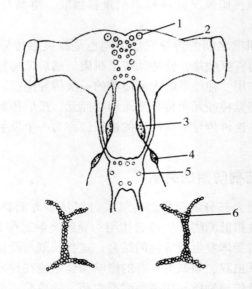

图 2-7　昆虫主要内分泌器官图解
1. 胞神经分泌细胞　2. 胞　3. 心侧体　4. 咽侧体　5. 食道下神经节　6. 前胸腺
（仿祝树德和陆自强，1996）

2. 心侧体（Corpus cardiacum）

位于脑后方及背血管前端的两侧或上方，是一对光亮的乳白色球体，并有神经分别与脑、咽侧体和后头神经节相连。心侧体的功能：具有贮藏脑神经分泌球体和混合其他神经分泌物的作用；能产生一种心侧体激素，影响心脏搏动率以及消化道的蠕动；产生高血糖激素、脂激素；刺激脂肪体释放海藻糖；激发磷酸化酶的活性，促进脂肪合成与分解；还有利尿、抗尿和控制水分代谢的作用等。

3. 咽侧体（Corpus allatum）

大多数咽侧体是一对卵圆形或球形的结构，位于咽喉两侧，紧靠心侧体，并各有一神经与心侧体相连。

咽侧体受脑激素的刺激，可分泌保幼激素。保幼激素的主要功能是：抑制成虫器官芽的生长和分化，从而使虫体保持幼期形态；保幼激素与一定的脱皮激素共同作用，可引起幼虫蜕皮；血液中保幼激素有刺激前胸腺的作用，即在昆虫幼期保幼激素存在的条件下，前胸腺不会退化；能促进代谢活动及控制幼虫和蛹的滞育等生理作用；保幼激素对成虫卵细胞的发育及昆虫的多型现象等生命活动起作用，因此保幼激素又称促性腺激素。

4. 前胸腺（Prothoracic gland）

一般位于头部和前胸之间，在前胸气门内侧，是一对透明、带状的细胞群体。

前胸腺受脑激素刺激后可分泌脱皮激素（前胸腺激素）。蜕皮激素的主要作用是激发昆虫脱皮过程：幼期在脱皮激素和保幼激素的共同作用下，发生幼期的蜕皮；在蜕皮激素的单独作用下，发生幼期进入蛹或成虫期的变态蜕皮。此外，蜕皮激素还具有激发体壁细胞中各种酶系的活性，激发蛋白质基质和酶系的合成及提高呼吸代谢的作用等。

二、昆虫的外激素

昆虫的外激素又称信息激素，是昆虫体表特化的腺体分泌到体外能影响同种其他个体的行为、发育和生殖等的种化学物质。昆虫的主要外激素有性外激素、性抑制外激素、集结外激素、标迹外激素和报警外激素等。

1. 性外激素（Sex pheromone）

是成虫在性成熟时由腺体分泌于体外，用以引诱同种异性个体进行交尾活动和其他生理效应的一类挥发性化学物质。蛾类性外激素的分泌腺常在第八腹节和第九腹节的节间膜背面，而蝶类和甲虫等则多位于翅、后足和腹部末端。在鳞翅目昆虫中，蛾类的性外激素通常是由雌性分泌，而蝶类则多是由雄性所分泌。

2. 性抑制外激素（Sex inhibits pheromones）

某些昆虫分泌的一种抑制性器官发育的激素，如蜂、蚁等昆虫。

3. 标迹外激素（Marking pheromone）

标迹外激素是由社会性昆虫所分泌，在必要时排出体外，可遗留在它们经过的地方，作为指示路线的信号物质。如白蚁标迹外激素，是由工蚁的杜氏腺所分泌。蚂蚁、蜂类昆虫也能分泌这类外激素。

4. 报警外激素（Alarm pheromone）

大多数社会性昆虫和某些聚集性昆虫在受惊扰时，能释放出一些招引其他个体来保卫种群的物质，叫报警外激素。报警外激素通常由上颚腺、杜氏腺等腺体产生，其腺体往往与保卫器官联系在一起，如上颚、热刺等。蚜虫的报警外激素则由腹管分泌。

5. 集结外激素（Aggregation pheromone）

钻蛀活树的某些甲虫为形成强大种群压力以突破寄主的抵抗，常能分泌一种引诱其他个体的复杂集结信息素。集结信息素是一些化合物的混合物，其中有的是由甲虫合成的，而有的则是寄主树所产生的。

三、昆虫激素的应用

目前昆虫性息素的应用主要体现在种群监测、大量诱捕、干扰交配和区分近缘种等方面。①种群监测。性信息素在昆虫中特别是蛾类中已被成功用于种群监测。利用性信息素与借助诱捕器可了解害虫种群季节消长及昼夜动态，以便确定防治日期，这也是我国利用性息素作为鳞翅目害虫预测预报的主要手段之一。②大量诱捕。通过信息素诱杀害虫，使田间雌雄比例失调，减少雌雄之间的交配概率。使下一代虫口密度大幅度降低。③干扰交配。利用性息素来干扰雌雄间的交配，使雄虫丧失寻找雌虫的定向能力，致使田间雌虫间的交配概率大为减少，从而使下一代虫口密度急剧下降。④区分近缘种。传统的昆虫形态分类学在近缘种的区分中已经是无能为力，而借助于性息素具有种的特异性，不同种的昆虫有不同的性息素化合物，它们能选择性地识别不同种昆虫，尤其是对于同地域分布的近缘种而言，它们的形态相近，性信息素不失为一种准确而可靠的手段。

第八节 生殖系统

生殖系统是种的繁衍器官，主要功能是繁衍后代，延续种族。一般位于消化道两侧或背面。

雌性生殖系统开口于第八或第九腹节腹板后方。

雄性生殖系统开口在第九腹节腹板上或其后方。

一、雌性内生殖器官的基本构造

雌性内生殖器官包括一对卵巢、一对侧输卵管、一根中输卵管、受精囊、生殖腔（或阴道）和附腺等（图2-8A）。卵巢由若干条卵巢管组成，数量不等，一般为4~8条，多达2 400条以上（如白蚁）。每一卵巢管端部有一端丝，所有的端丝集合为悬带或系带附着在体壁、背膈等处，用以固定卵巢的位置。卵巢管是产生卵子的地方。卵按其发育的先后，依次排列在卵巢管内，越在下面的越大，也越接近成熟。

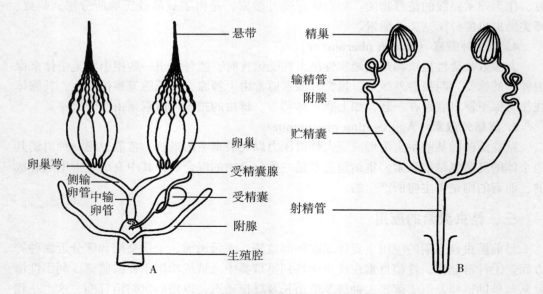

图2-8 雌雄性内生殖器的模式
A. 雌虫；B. 雄虫
（仿 Snodgrass，1935）

侧输卵管与卵巢相接，相接处通常膨大成卵巢萼，以便贮放即将产出的卵粒。两侧输卵管汇合形成一根中输卵管。中输卵管通至生殖腔（或阴道），其后端开口是雌性生殖孔。生殖腔是雌雄生殖器交尾的地方，故又称交尾囊。生殖腔背面附有2个受精囊，用以贮存精子。受精囊上着生有特殊的腺体，它的分泌物有保持精子生活力的作用。生殖腔上还着生1对附腺，其功能是分泌胶质，使虫卵黏着于物体上或互粘成卵块，还可能形成卵块的卵鞘。大多数昆虫的阴门位于第八腹节的后端或第九腹节上，同时具有交配和产卵的功能，称为单孔类；但多数鳞翅目昆虫第八腹节后端和第九腹节上各有1个开口，各自担负着交配和产卵的功能，分别称为交配孔和产卵孔，称为双孔类。

二、雄性内生殖器的基本构造

雄性内生殖器官由1对睾丸（精巢）、1对输精管、贮精囊、射精管和生殖附腺组成，有些昆虫的输精管基部膨大成贮精囊（图2-8B）。

睾丸由许睾丸管组成，数目因种而异。睾丸管是精子形成的地方。输精管与睾丸相通，其基部常膨大形成贮精囊，贮精囊是暂时贮存精子的地方。当精子成熟时，就通过输精管进入贮精囊。射精管开口于阳基的基部。雄性附腺大多开口于输精管与射精管相连接的地方，一般均为1对。其分泌物可浸浴精子，或形成包裹精子的精球（或精珠）。

三、交尾、授精和受精

昆虫的交配又称交尾，是雌、雄两性成虫交介的过程。大多数昆虫羽化后性器官已成熟，即可交尾。但不少昆虫在成虫羽化后，性器官尚未发育成熟，需要继续取食，获得补充营养待性器官成熟后才能交尾。

昆虫在交尾时，雄虫把精子射入雌虫生外腔内并存在受精囊中，这个过程叫授精。授精后雌虫不久开始排卵，当成熟的卵经过受精囊时，精子就从受精囊中释放出来，与排出的卵相结合，这个过程称为受精。

四、生殖系统与害虫防治的关系

研究昆虫生殖器官的构造以及交尾、受精等行为，对于害虫防治有着极其重要的作用。目前主要有以下几个方面的应用。

1. 测报上的应用

在测报工作中，常通过解剖雌成虫的内生殖器官，观察卵巢发育的程度和卵巢内卵的数量，作为预测害虫的产卵量、为害时期、发生量及迁飞等的依据。

2. 利用绝育防治害虫

这种方法比直接杀死害虫更有效，并且不会伤害天敌和污染环境，很受国内外的重视。特别是对于某些一生只交尾一次的昆虫，采用辐射不育、化学不育等方法，可以使雄虫不育。有些化合物可以使雌雄两性均不育。

第三章　昆虫生物学

本章专门讨论昆虫的生命特征，即昆虫的生殖方式、发育和变态、习性和行为、世代和生活史等。目的在于了解昆虫个体发育的基本规律。

第一节　昆虫的生殖方式

昆虫属于雌雄异体的动物，但亦存在着极少数雌雄同体的事例。昆虫在复杂的环境下具有多样的生活方式，经过长期适应生殖方式也表现多样性，归纳起来，有两性生殖、孤雌生殖、卵胎生和多胚生殖等。

一、两性生殖

绝大多数昆虫以两性生殖繁衍后代，即通过雌雄交配，精子与卵子结合，雌虫产下受精卵，再发育成新个体。这种生殖方式称为两性生殖，又称为有性生殖。这是昆虫普遍存在的一种生殖方式。

二、孤雌生殖

又称单性生殖，指卵不经过受精就能发育成新个体的生殖方式。如有些昆虫完全或基本上以孤雌生殖进行繁殖，这类昆虫一般没有雄虫或雄虫极少，常见于某些粉虱、介壳虫、蓟马等。另外，一些昆虫是两性生殖和孤雌生殖交替进行，故又称异态交替或世代交替。这种交替往往与季节变化有关，如多种蚜虫从春季到秋季，连续 10 多代都是孤雌生殖。当冬季来临前才产生有性雌雄蚜进行两性生殖，产下受精卵越冬。此外，在正常情况下两性生殖的昆虫中偶尔也发生孤雌生殖现象，如家蚕、飞蝗等，有时产下未受精的卵也能正常发育成雄虫。又如蜜蜂和蚂蚁，雌雄交配后，产下的卵有受精和不受精两种情况，这是因为卵通过阴道时，并非所有的卵都能从受精囊中获得精子而受精，凡受精卵孵化皆为雌虫，未受精卵孵化皆为雄虫。

三、卵胎生

受精的卵在母体内依靠卵黄供给营养进行胚胎发育，直至孵化为幼体后才能从母体中产出，这种孤雌生殖的方式称卵胎生，又叫孤雌胎生。它与哺乳动物的胎生不同，因为卵胎生是雌虫将卵产在生殖道内，母体并不供给胚胎发育所需物质。而哺乳动物的胚胎发育是在母体子宫内进行，并由母体供给养料。卵胎生能对卵起着保护作用。如蚜虫属于单性生殖中的周期性孤雌生殖，是一种卵胎生的生殖方式。

四、多胚生殖

多胚生殖也是孤雌生殖的一种方式，常见于膜翅目中茧蜂科、跳小蜂科、广腹细蜂科等内寄生蜂。一个胚胎在发育过程中可分裂成两个以上胚胎，最多可至3 000个，每个胚胎发育成个新的生命体。其性别则以所产的卵是否受精而定，受精卵发育为雌虫，未受精卵发育为雄虫。多胚生殖是对活体寄生的一种适应。寄生性昆虫常难以找到适宜的寄主，多胚生殖可使其一旦有适宜的寄主就能繁殖较多的子代。

孤雌生殖是昆虫在长期历史演化过程中，对各种生活环境适应的结果。它不仅能在适期内繁殖大量的后代，而对扩散蔓延起着重要的作用。因为即使一头雌虫被带到新地区，它就有可能在这个地区繁殖下去，因此孤雌生殖是一种有利于种群生存延续的重要生物学特性。研究昆虫的生殖方式，对采用某些新技术防治害虫具有一定的意义。例如，目前应用性外激素迷向法干扰害虫交配或采取不育剂治虫，防治的对象必须是以两性生殖方式进行繁殖的才能奏效。如果该虫能进行孤雌生殖，则利用上述方法防治就不可能有效，反而会造成人力、物力的浪费。

第二节　昆虫的发育和变态

昆虫的个体发育由卵到成虫性成熟为止，可分为两个阶段。第一个阶段是胚胎发育，即依靠母体供给营养（或由卵黄供给营养）在卵内进行的发育阶段；第二个阶段是胚后发育，即从卵内孵化开始发育成长到性成熟为止，这是昆虫在自然环境中自行取食获得营养和适应环境条件的独立生活阶段。

一、昆虫变态的类型

昆虫在胚后发育过程中，在外部形态和内部器官等方面要经过一系的变化，即经过若干次由量变到质变的几个不同发育阶段，这种变化叫作变态。按昆虫发育阶段的变化，变态主要有下列两大类。

（一）不全变态（Incomplete metamorphosis）

这是有翅亚纲外翅部中除蜉蝣目以外的昆虫所具有的变态类型。个体发育经过卵、幼体和成虫3个发育阶段（图3-1A）。幼体在形态特征和生活习性等方面均与成虫基本相同，成虫特征随着若虫的生长发育而逐步显现，翅在幼体体外发育，因此这样的不全变态又称为渐变态。渐变态昆虫幼体通称为若虫，如蝗虫、盲蝽、叶蝉、飞虱等。

蜻蜓目、襀翅目也是不全变态昆虫。但其幼期是水生的，成虫是陆生的，以致成虫期和幼体期在形态和生活习性上具有明显的分化。这种变态类型即为半变态，它们的幼体通称为稚虫。缨翅目（蓟马）、半翅目中的粉虱科和雄性介壳虫等的变态方式是不全变态中较为特殊的类群，它们的一生也经历卵、若虫和成虫3个虫态，翅也在若虫体外发育，但从若虫转变为成虫前有一个不食又不大活动的类似完全变态蛹期的虫龄，这种变态有别于不完全变态，更不属于全变态，因此称为过渐变态。

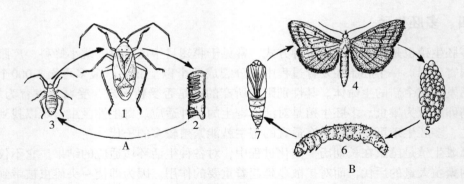

图3-1　昆虫变态

A. 不全变态：1. 成虫　2. 卵　3. 若虫；B. 完全变态：4. 成虫　5. 卵　6. 幼虫　7. 蛹

（仿 Johnson 和 Lyon，1991）

（二）全变态（Complete metamorphosis）

其特点是个体发育过程中要经过卵、幼体、蛹和成虫4个发育阶段。这类昆虫的幼体在外部形态、内部器官和生活习性上与成虫截然不同，特称幼虫。如鳞翅目幼虫没有复眼，腹部有腹足，口器为咀嚼式，翅在体内发育。幼虫不断生长，经若干次蜕皮变为形态上完全不同的蛹；蛹再经过相当时期后羽化为成虫。这类变态必须经过蛹的过渡阶段来完成幼虫到成虫的转变过程，如菜粉蝶、黄刺蛾、甲虫、蜂类等（图3-1B）。

二、昆虫个体发育各阶段的特性

（一）卵　期

卵是昆虫个体发育的第一阶段（胚胎发育时期）。昆虫的生命活动是从卵开始，卵自产下后到孵化出幼虫（若虫）所经过的时间，称为卵期。

1. 卵的形态结构

卵是一个细胞（图3-2），最外面是一层坚硬且构造上十分复杂的卵壳，表面常有各种刻纹。在卵壳之下有一层很薄的卵黄膜，包围着原生质和丰富的卵黄。在卵黄和原生质中央有细胞核。一般在卵的前端卵壳上有二至数个小孔，称为精孔，是雄性精子进入卵内进行受精的孔口。了解卵壳构造与研究利用杀卵剂有密切关系。

昆虫的卵通常较小，最小的如卵寄生蜂的卵长只有0.02mm左右，最大的如一种螽斯的卵长达9~10mm，一般在0.5~2mm。卵的形状繁多，常见的有球形、半球形，长卵形、篓形、馒头形、肾形、桶形等。草蛉的卵还有丝状的卵柄（图3-2）。

昆虫的产卵方式随种类而不同，有的单粒散产（如菜粉蝶），有的集聚成块（如玉米螟），有的卵块上还覆盖着一层茸毛（如毒蛾、灯蛾），有的卵则具有卵囊或卵鞘（如蝗虫、螳螂）。

产卵场所亦因昆虫种类而异。多数昆虫将卵产在植物的表面（如小菜蛾、棉铃虫）；有些产卵于植物组织内（如梨网蝽、叶蝉），金龟甲类地下害虫则产卵于土中。成虫产卵部位往往与其幼虫（若虫）生活环境相近，即使是捕食性昆虫，如捕食蚜虫

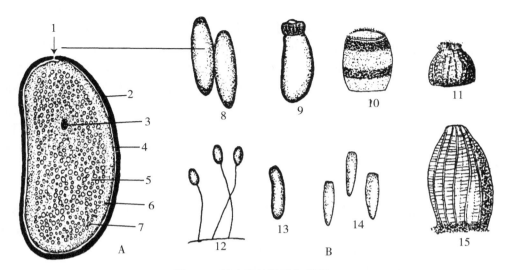

图 3-2　昆虫卵的构造与类型

A. 卵的构造：1. 精孔　2. 卵壳　3. 细胞核　4. 卵黄膜　5. 原生质　6. 边缘原生质
　　　7. 卵黄；

B. 卵的类型：8. 长卵形　9. 袋形　10. 桶形　11. 鱼篓形　12. 有柄形　13. 肾形　14. 炮
　　　弹形　15. 瓶形

（仿祝树德和陆自强，1996）

的瓢虫、草蛉等常将卵产于蚜虫群落之中。

了解昆虫卵的大小、形状和产卵习性，对识别昆虫种类和防治害虫具有重要意义。

2. 卵的发育和孵化

两性生殖的昆虫，卵在母体生殖腔内完成受精过程并产出体外后，当环境条件适宜时，便进入胚胎发育时期。在卵内完成胚胎发育后，幼虫或若虫即破卵壳而孵出，称为孵化。一批卵（卵块）从开始孵化到全部孵化结束，称为孵化期。孵化时很多昆虫具有特殊的破卵构造如刺、骨化板、能翻缩的囊等破卵器，用以突破卵壳。有些初孵化出的幼虫有取食卵壳的习性。卵期的长短因种类、季节或环境温度不同而异。卵期短的只有 1~2d，长的如棉蚜的受精卵越冬可达数月之久。昆虫自卵中孵出后，进入幼虫（若虫）取食生长时期，也是大多数农林害虫为害的重要虫期。所以灭卵是一项重要的防治措施。

（二）幼虫（若虫）期

不全变态昆虫自卵孵化为若虫到变为成虫时所经过的时间，称为若虫期；全变态类昆虫自卵孵出为幼虫到变为蛹所经历的时间，称为幼虫期。从卵孵出的幼体通常很小，取食生长后不断增大，当增大到一定程度时，由于坚韧的体壁限制了它的生长，就必须蜕去旧表皮，代之以新表皮，这种现象叫蜕皮。蜕下的旧表皮称为蜕。

昆虫在蜕皮时常不食不动，每蜕一次皮，虫体就显著增大，食量相应增加，形态也发生一些变化。幼虫和若虫从孵化到第一次蜕皮之间的时期称为龄期，每一个龄期中的具体虫态称为龄或虫龄。从卵孵化后到第一次蜕皮前称为第一龄期，这时的虫态即为1龄；第一次蜕皮与第二次蜕皮之间的时期为第二龄期，往后依此类推。昆虫的种类不同，龄数和龄期长短也有不同。同种昆虫幼虫（若虫）期的龄数及各龄历期，因食料等条件也常有区别，通常是经过饲养观察而明确的。鳞翅目幼虫各龄之间的头壳宽度是按几何级数增长的，即前后两龄幼虫头壳宽度比为一常数，据此作为判断幼虫虫龄的重要依据，这就是戴氏定律。掌握幼虫（若虫）各龄区别和历期是进行害虫预测预报和防治必不可缺少的资料。全变态昆虫的幼虫期随种类不同，其幼虫形态也各不相同，通常根据幼虫胚胎发育的程度以及在胚通路发育中的适应与变化，大致分为下面4种类型（图3-3）。

1. 原足型幼虫

原足型幼虫在胚胎发育的原足期就孵化，体胚胎形，胸足只是芽状突起，腹部分节不明显，神经系统和呼吸系统简单，其他器官发育不全。这类幼虫孵化后，浸浴在寄主血液中，通过体壁吸收寄主营养来完成发育。

根据幼虫腹部的分节情况，原足型幼虫又分为寡节原足型幼虫和多节原足型幼虫（图3-3A，图3-3B）。前者腹部不分节，胸足和其他附肢只是芽状突起，内部器官也未完全分化，如一些广腹细蜂的低龄幼虫；后者腹部已分节，但附肢未发育，如一些小蜂和细蜂的低龄幼虫。

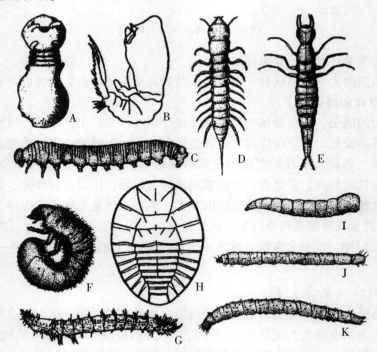

图3-3　全变态类幼虫的类型

A. 寡节原足型；B. 多节原足型；C. 蠋型；D. 蛃型；E. 步甲型；F. 蛴螬型；

G. 叩甲型；H. 扁型；I. 无头无足型；J. 半头无足型；K. 显头无足型

（仿许再福，2009）

2. 多足型幼虫

多足型幼虫它在胚胎发育的多足期孵化，胸足发达，腹部有多对附肢。根据腹部附肢的构造，可将多足型幼虫分为两个亚类。

（1）蠋型幼虫，体近圆形，口器向下，触角无或很短，胸足和腹足粗短（图3-3C）。鳞翅目、长翅目和膜翅目叶蜂类的幼虫属于这种类型。

（2）蛞型幼虫，体形似蛞，长形略扁，口器向下或向前，触角和胸足细长，腹部有多对细胞长的腹足或其他附肢（图3-3D）。广翅目、毛翅目和部分水生鞘翅目的幼虫属于这种类型。

3. 寡足型幼虫

寡足型幼虫在胚胎发育的寡足期孵化，胸足发达，但无腹足。蛇蛉目、脉翅目和部分鞘翅目属于这种类型。根据体形和胸足的发达程度又可分为4个亚类。

（1）步甲型幼虫，体长形略扁，口器向前，触角和胸足发达，无腹足，行动活跃（图3-3E）。蛇蛉目、脉翅目和部分肉食性鞘翅目幼虫属于该类。

（2）蛴螬型幼虫，体肥胖，白色，常呈"C"形或"J"形弯曲，胸足较短，行动迟缓（3-3F）。鞘翅目金龟甲总科的幼虫属于这种类型。

（3）叩甲型幼虫，体壁较硬，体细长，胸部和腹部粗细相仿，胸足较短（图3-3G）。鞘翅目的叩甲科的幼虫属于这种类型。

（4）扁型幼虫，体扁平，胸足有或退化（图3-3H）。鞘翅目扁泥甲科和花甲科的幼虫属于这种类型。

4. 无足型幼虫

无足型幼虫以称蠕虫型幼虫。特点是无胸足，也无腹足。双翅目、蚤目、大部分膜翅目、部分鞘翅目和鳞翅目昆虫属于这种类型。根据头壳的发达程度，又可分为3个亚类。

（1）无头无足型幼虫，俗称蛆。头部缩入胸部，无头壳（图3-3I），如双翅目环裂亚目的幼虫。

（2）半头无足型幼虫，头壳部分退化，仅前半部可见，后半部缩入胸内（图3-3J），如双翅目短角亚目和长角亚目大蚊科的幼虫。

（3）显头无足型幼虫，头壳全部外露（图3-3K），如蚤目、双翅目长角亚目、膜翅目针尾部、吉丁虫和少数潜叶鳞翅目的幼虫。

（三）蛹　期

蛹是全变态昆虫由幼虫转变为成虫过程中所必须经过的一个虫期，是成虫的准备阶段。幼虫老熟以后，即停止取食，寻找适当场所，如瓢虫类附着在植物茎叶上，玉米螟在蛀道内，大豆食心虫入土吐丝作茧等。同时体躯逐渐缩短，活动减弱，进入化蛹前准备阶段，称为预蛹（前蛹），所经历的时间即为预蛹期。预蛹期也是末龄老幼虫化蛹前的静止期。预蛹蜕去皮变成蛹的过程，称为化蛹。从化蛹时起发育到成虫所经过的时间，称为蛹期。各种昆虫的预蛹期和蛹期的长短，与食料、气候及环境条件有关。在蛹期发育过程中，体色有明显的变化。根据体色的变化，可将蛹期划分成若干蛹级，作为调查发育进度的依据，可准确地预测害虫的发生期，在害虫的预测预报中已得到广泛地应用。

预蛹和蛹在外表看来是处于静止状态，其实体内进行着激烈的生理变化。由于异化作用和同化作用这一对矛盾的激化，引起其内部各种组织和器官的改建。即一方面破坏了幼虫原来的内部器官，另一方面形成了成虫所具有的内部器官。因此，蛹的外形基本上与成虫近似，如出现成虫具有的足和翅等外部器官，而与幼虫完全不同。昆虫种类不同，蛹的形态不一，一般有以下 3 种类型（图 3-4）。

1. 离蛹（Exarate pupa）

又称裸蛹。特点是附肢（触角、足）和翅等不紧贴虫体，能够活动，大多数或全部腹节也能活动。如鞘翅目和膜翅目昆虫的蛹。

2. 被蛹（Obtect pupa）

蛹的附肢和翅紧贴于蛹体，不能活动，大多或全部腹节也不能活动。如蛾、蝶类的蛹。

3. 围蛹（Coarctate pupa）

实际上是一种裸蛹，由于幼虫最后蜕下的皮包围于裸蛹之外，形成圆筒形硬壳。如蝇类的蛹。

蛹期是昆虫生命活动中的一个薄弱环节，因为蛹难以逃避敌害和不良环境因子等的影响，是害虫防治的有利时期。如入土化蛹的棉铃虫，可通过秋耕翻土、中耕除草灭蛹。除可将其机械杀死外，还可破坏土中蛹室，将蛹翻至土表暴晒致死，或增加天敌捕食的机会。

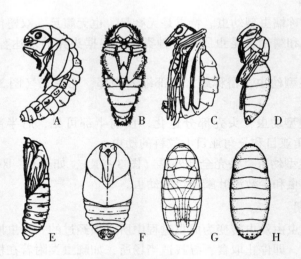

图 3-4　蛹的类型

A~D. 离蛹；E，F. 被蛹；G，H. 围蛹

（A 仿 Evams. 1978；B，C，E，G 仿 CSIRO，1991；D 仿 Chu，1949；F 仿 Common，1990）

（四）成虫期

成虫是昆虫个体发育的最后阶段，其主要任务是交配、产卵，繁衍后代。因此，昆

虫的成虫期实质上是生殖时期。

1. 羽 化

不全变态昆虫末龄若虫蜕皮变为成虫或全变态昆虫的蛹由蛹壳破裂变为成虫的行为，称为羽化。初羽化的成虫，一般身体柔软而体色浅，翅未完全展开，呈不活动状态。随后，身体逐渐硬化，体色加深。成虫吸入空气并借肌肉收缩和血液流向翅内，以血液的压力使翅完全展开，方能活动和飞翔。各种昆虫的羽化，都有一定的时刻，成虫从羽化开始直至死亡所经历的时间，称为成虫期。

2. 性成熟和补充营养

某些昆虫羽化为成虫后，性器官就已成熟，即能交配和产卵。这类昆虫的成虫羽化后不需取食，一般口器退化或残留痕迹，寿命亦较短，仅数天或数小时，雌虫产卵后不久便死亡，如家蚕、蛾、蜉蝣等。但很多害虫如小地老虎羽化为成虫时，性腺和卵还没有完全成熟，必须继续取食一段时间，获得完成性腺和卵发育的营养物质后，才能交配产卵。这种对成虫性成熟不可缺少的营养物质，称为补充营养。补充营养的质量及充裕与否，对害虫的繁殖有很大的影响。在自然界中，蛾类获得补充营养的来源有开花的蜜源植物、腐熟的果汁、植物蜜腺，以及蚜虫、介壳虫的分泌物等。利用这些害虫具有补充营养的特性，可配制糖、醋、酒混合液诱杀，或设置花卉观察圃进行诱集，作为害虫防治或预测害虫发生期的主要措施之一。

3. 交配和产卵

成虫性成熟后即行交配和产卵。交配的次数随各种昆虫不同而异。一般成虫寿命短的交配次数少，寿命长的交配次数多，但也有例外。

雌虫从羽化到第一次产卵的间隔期，称为产卵前期。产卵前期的长短除因昆虫种类不同外，同时还受气候、食料等环境条件的影响。在害虫防治上，为把害虫防治在产卵以前，了解害虫的产卵前期是应用历期法进行发生期预测必不可缺少的基本资料。

雌虫由开始产卵到产完卵所经历的时间，称为产卵期。产卵期的长短随成虫的寿命长短而异，也受气候和食料等环境条件的影响。如许多蛾类一般 3~5d，叶蝉、蝗虫为 20~30d，某些甲虫可达数个月，白蚁类昆虫则更长。

4. 产卵能力

雌雄成虫交配后，雌虫产卵的数量称为繁殖力。产卵量的多少随种类而异，取决于种的遗传性，同时亦受到气候和食料等外界条件的影响。昆虫的繁殖力是相当强的，一般害虫每头雌虫可产卵数十粒至数百粒，很多蛾类可产卵千粒以上，如一头斜纹夜蛾可产卵 1 000~2 000 粒。这是很多园艺害虫常在短期内猖獗成灾的根本原因。

5. 性二型和多型现象

同一种昆虫的雌雄成虫除了第一性征（生殖器官）不同外，有些昆虫雌雄两性在触角、身体大小、颜色及其他形态上有明显区别，这种现象称为雌雄二型。如独角犀、锹甲的雄虫，头部具有雌虫没有的角状突起或特别发达的上颚；介壳虫和袋蛾雌虫无翅，而雄虫有翅；舞毒蛾雌蛾体大色浅，触角锯齿状，雄蛾体小色深，触角羽毛状；蝇类雄虫的复眼接近，而雌虫远离；蟋蟀、螽斯、蝉等雄虫具有发音器，能够发音，而雌虫则无，不能发音。这些都是常见的雌雄二型或雌雄异型的例子。

此外，在同一种昆虫中，除雌雄异型外，在相同的性别中，还具有两种或更多不同类型的个体，称为多型现象。多型现象表现在体躯构造、形态和颜色等上的不同，如蜜蜂除有雌雄个体外，尚有在正常情况下不能生殖的雌蜂（工蜂）；白蚁在同一巢中，可分为有生殖能力的蚁后、蚁王和有翅生殖蚁，以及无生殖能力的工蚁和兵蚁。它们不仅形态上不同，且在巢内有明显的分工过有"社会性"生活。另外，蚜虫在生长季节里都是雌蚜，但有有翅型和无翅型之别；飞虱雌雄均具有长、短两种翅型，均为多型现象常见的例子。

三、变态的生理机制

昆虫在胚后发育过程中，两种主要变态类型幼期的生长、蜕皮及从幼期变态发育到成虫期，除受外界环境条件（如温度、湿度、光照和营养等）的影响外，主要受脑激素、保幼激素和蜕皮激素的调节和控制。在家蚕的研究中证明，咽侧体分泌保幼激素的机能，是随着龄期的增加而逐渐减弱，即使在同一龄期内也有周期性的变化，以龄初的最多，龄末的最少；在 5 龄中期以后，咽侧体的分泌活动减弱乃至停顿。蛹初期基本不存在保幼激素，而后期又逐渐分泌。成虫期又大量分泌保幼激素，其功能有促进卵巢和雄虫附腺发育的作用。前胸腺分泌蜕皮激素，其作用主要是促进蜕皮，加速向成虫虫态的发育，一般在每龄幼虫的末期，特别是最后一龄幼虫的末期和化蛹的初期均大量分泌，以促进幼虫蜕皮化蛹或蛹羽化为成虫。这 3 种内激素在昆虫变态发育过程中，起着相互联系和相互抑制的作用，其中保幼激素和蜕皮激素都受脑激素所控制。

由此可见，昆虫在整个生长发育和变态过程中，保幼激素和蜕皮激素起着非常重要的作用。在这两种激素同时存在和共同作用下，昆虫幼虫的组织和器官不断生长发育到最后一龄时，咽侧体分必保幼微素量相对减少，甚至停止。此时，成虫器官芽迅速生长发育，蜕皮后变为蛹态。蛹期咽侧体仍处于不活动状态，成虫特征充分发育后，蜕皮羽化为成虫。成虫期又以保幼激素为主，保幼激素可促进性器官的发育。

第三节　昆虫的世代和生活史

一个新个体（不论是卵还是幼虫）从离开母体发育到性成熟产生后代止的个体发育周期，称为世代。昆虫完成 1 个世代，即 1 代。生活史或年生活史，是指一种昆虫从当年越冬虫态开始活动起，到第二年又开始越冬的发育过程，包括发生的世代数、各世代发生时期、各虫态历期及越冬虫态和场所等。凡是以幼虫、蛹或成虫越冬于次年继续发育的世代，都不能算当年的第一代，而是前一年的最后一个世代，称为越冬代。越冬代成虫产下的卵发育到成虫为当年的第一代，往后依此类推。但在以往的一些农业害虫世代的划分中，常把越冬代成虫称作第一代成虫，由第一代卵发育而成的成虫称为第二代成虫，这样就把上一代成虫与下一代卵划为同一世代，应加以纠正。另有一些在本地不能越冬的迁飞性害虫，如黏虫、斜纹夜蛾、褐飞虱等，其初次迁入的成虫，我们可把它称为迁入代成虫，或称为 1 代虫源。

昆虫因种类和环境条件不同，每个世代历期的长短和一年发生的代数是不同的。例如，黄刺蛾在江苏一年发生 1~2 代，棉铃虫一年发生 4~5 代，棉蚜则一年能发生 20 多代等。同种昆虫每年发生代数也随分布地的有效发育总积温或海拔高度不同而异，通常是随着纬度的降低而增加，随着海拔的增加而减少。但也有几种害虫如大地老虎、大豆食心虫和小麦吸浆虫等，不论南北地区，一年都只发生 1 代，这类害虫称为一化性害虫，这是由于种的遗传性所决定的。

一年发生多代的多化性害虫，如三化螟在江苏一年发生 3~4 代，当秋季引起幼虫滞育的短光照周期出现时，则 3 代幼虫发育至老熟后即进入越冬。若此时部分幼虫已发育至预蛹和蛹期，则可继续发育转化为 4 代，这部分发生的 4 代就称为局部世代。在多化性害虫中，往往因各虫态发育进度参差异造成田间发生的世代难以划分界限。在同一时间内出现不同世代的相同虫态，这种现象叫作世代重叠。世代重叠必然导致田间虫情复杂化、给害虫的测报和防治带来困难，因为在此情况下，往往需要增加调查的工作量和防治次数，才能收到预期的效果。

研究昆虫年生活史的基本方法是进行室内饲养，结合田间系统调查观察。对某些具有趋光或趋化性的害虫，可用灯光或诱杀液诱集，来掌握成虫的发生期。为了表述昆虫的年生活史，除了用文字记载外，还可以用各种图解的方式绘制成生活史图。生活史图还可以配上寄主植物的生育期，这样，害虫发生期与寄主植物之间的关系便可一目了然。

第四节　昆虫的休眠和滞育

昆虫在一年的发生过程中，在适宜生存的温度范围内，温度高于或低于一定的限度，常常会出现一段或长或短的生长发育暂时停滞的时期，通常称为越冬和越夏。这是昆虫对环境温度的一种适应性表现，但如果进一步研究分析产生这种现象的原因和昆虫对环境条件的反应，我们可以将这种生长停滞的现象，区别为两种不同的性质，即休眠和滞育。

一、休　眠

昆虫的休眠是由于不良的环境条件所引起，其中主要是温度因子，可发生在一定的虫期如东亚飞蝗在卵期、小地老虎在江淮流域幼虫和蛹均可越冬休眠；但当不良环境一旦消除而得到满足时，就会终止休眠而恢复生长发育。这类昆虫在冬季人工控温条件下或在南方温暖的冬季可以周年繁殖世代。另外，夏季高温、干旱也可以引起休眠，称为"夏眠"。

二、滞　育

昆虫的滞育虽然也是由环境因子引起的，但看不出是不利环境条件的直接作用。

在自然情况下，当不利的环境条件远未到来以前，昆虫就进入滞育了。一旦进入滞育后必须经过较长时间的滞育期，并要求一定的刺激因子（如低温等）再回到合适的条件下，才能重新继续生长发育。因此，滞育是种在遗传性上较稳定的一种生物学特性。

滞育可分为兼性滞育和专性滞育。兼性滞育昆虫是多化性的，即一年发生数代，滞育不出现在固定的世代，随地理环境、气候和食料等因素而变动。这些昆虫常在后期开始形成滞育的世代中，有部分早发生的个体可继续发育为下一代，形成局部世代。如以幼虫越冬的桃小食心虫，在苏南地区一年发生 2~3 代，大部分以 2 代老熟幼虫滞育越冬，其中 3 代即为局部世代。专性滞育又叫作绝对滞育，都发生在一年 1 代的昆虫中，不论外界环境条件如何，只要到了各自的滞育虫态，都进入滞育。如大豆食心虫、天幕毛虫和大地老虎等，南北各地均发生 1 代，都以老熟的幼虫滞育。

究竟是什么条件导致昆虫的滞育问题，早就引起许多昆虫工作者的兴趣。现已从几百种滞育昆虫的研究中证实，光周期的变化是引起滞育的主要因素，其次是温度和食料等。

一般冬季滞育的昆虫，均以短日照作为引起滞育的信息。在温带及寒带地区，当自然光照周期每日长于 12~16h，昆虫可继续发育而不滞育。这样的昆虫属短日照滞育型（又称长日照发育型）。当日照逐渐缩短至临界光周期（引起昆虫种 50%左右个体进入滞育的光周期）以下时，滞育的比例就激增。不同种类的昆虫，或同一种昆虫的不同地理种群，临界光照周期是不同的。如三化螟在南京的临界光照周期为 13h 45min，而在广州为 12h，感应虫期均在 3~4 龄的幼虫阶段。与此相反，一些在夏季进入滞育的昆虫，如大地老虎、麦蜘蛛等，则以长日照作为滞育的信息，通常光周期小于 12h 时，可以继续发育而不发生滞育。这样的昆虫属长日照滞育型（又称短日照发育型）。另外，还有少数昆虫属中间型的。所谓中间型，就是光周期过短或过长都可引起滞育，只有在相当窄的光周期范围内才不滞育。如桃小食心虫在 25℃下，光照短于 13h，老熟幼虫全部进入滞育；长于 17h 也有大部分的幼虫滞育，而在这二者之间的 15h，则大多数不发生滞育现象。

在自然条件下，光周期变化与温度变化总是相关联的。试验证明，对短日照滞育型昆虫，适当的高温能抑制滞育的发生。昆虫食料与滞育的关系，一般地说不如光周期那么重要，但也影响到滞育的进程和比例，如红铃虫幼虫取食水分较少脂肪较多的棉籽时，即使在较长的光照和适宜的温度下，也容易产生滞育。

关于昆虫滞育的生理机制，据研究，也和内分泌系统的分泌活动有关。因为诱导昆虫滞育和解除滞育的环境因子，是经过内分泌的调节而发生作用。脑激素是与昆虫滞育有关的最重要的内激素，脑神经分泌细胞不活动，则昆虫处于完全滞育状态。

处在休眠和滞育状态的昆虫，它们的呼吸代谢速度十分缓慢，耗氧量大大减少，体内脂肪和碳水化合物含量丰富，特别是体内游离水显著减少。因此，进入休眠与滞育状态的昆虫，对不良环境因子如寒冷、干旱、药剂等具有较强的抵抗力。

第五节 昆虫的习性

昆虫的生活习性包括昆虫的活动和行为，是建立在神经反射活动基础上的一种对外来刺激作用所作的运动反应。这种对复杂的外界环境所具有的主动调节能力，也是长期自然选择的结果。了解害虫的生活习性，是制定害虫防治策略和方法的重要依据。

一、食 性

食性就是取食的习性。不同昆虫对食物有不同的要求，按食物种类可分为以下几类。

（一）植食性

以取食活体植物及其产品为食料，包括园艺作物害虫和吃植物性食物的仓库害虫。园艺作物害虫按其寄主植物范围的广、窄，又可分为单食性、寡食性和多食性 3 种类型。

（1）单食性只取食一种植物，如梨茎蜂只为害梨树。

（2）寡食性只取食一个科或其近缘科内的若干种植物。如菜青虫只为害十字花科的白菜、甘蓝、萝卜、油菜等，以及与十字花科亲缘关系相近的木樨科植物；小菜蛾只为害属于十字花科的 39 种植物。

（3）多食性取食范围广，涉及许多不同科的植物。如玉米螟可为害 40 科 181 属 200 种以上的植物；棉蚜能为害达 74 科 285 种植物。

（二）肉食性

取食动物性食物，包括捕食和寄生性两大类，如瓢虫捕食蚜虫，寄生蜂寄生于害虫的体内等。这些以害虫为食料的昆虫，称为益虫或天敌，常用来消灭害虫。

（三）腐食性

以腐烂的动植物尸体、粪便等为食料，如取食腐败物质的蝇蛆及专食粪便的食粪金龟甲等。

（四）杂食性

其食物的种类包括动物和植物，如蜚蠊、蚂蚁等。

二、假死性

有些害虫如金龟甲、猿叶虫和小地老虎幼虫等，在受到突然的震惊时，足立即收缩，身体蜷曲，或从植株上掉落地面呈假死状，这种习性称为假死性。假死性是昆虫对外来袭击的适应性反应，使它们能逃避即将临头的危险，对其自身是有利的。在害虫防治上，可利用其假死习性设计震落捕虫的器具，加以集中扑杀。

三、趋 性

昆虫的趋性是较高级的神经活动，也是一种无条件反射。趋性是昆虫对任何一种外部刺激来源（光、温度、化学物质等）产生的不可克制反应运动。趋性有正和负的区别，趋向刺激源称为正趋性。反之，背离刺激源即为负趋性。按刺激物的性质，趋性可分为：①趋光性：对光源的反应；②趋温性：对热源的反应；③趋化性：对化学物质的反应；④趋湿性：对湿度的反应；⑤趋地性：对土壤的反应等。其中以趋光性和趋化性为最重要和普遍。

（一）趋光性

昆虫通过视觉器官，都有一定的趋光性，不同种类对光强度和光性质的反应不同。一般夜出昆虫对灯光表现出正的趋性，而对日光则表现为避光性。相反，很多蝶类则在日光下活动。不同波长的光线对各种昆虫起的作用及效应亦不同，一般地说，短光波的光线对昆虫的诱集力较大。如二化螟对于 330nm（紫外光）~400nm（紫光）的趋性最强，棉铃虫和烟青虫以 330nm 的紫外光诱集最好。因此，可以利用黑光灯、双色灯来诱杀害虫和进行预测预报。昆虫的趋光性在雌雄性别间也表现不同，如铜绿金龟子雌虫有较强的趋光性，而雄虫弱；华北大黑金龟子则相反，雄虫有趋光性，雌虫则无。

（二）趋化性

昆虫通过嗅觉器官对挥发性化学物质的刺激所起的冲动反应行为，称为趋化性。趋化性也有正负之分，对昆虫取食、交配、产卵等活动，均有重要意义。昆虫辨认寄主，主要是靠寄主发出的具有信号作用的某种气味，如菜粉蝶有趋向含有芥子油气味的十字花科蔬菜产卵的习性。人们可根据害虫对化学物质具有的趋性反应，应用诱杀剂、诱集剂和驱避剂来防治害虫。如用马粪诱杀蝼蛄；用糖、醋、酒等混合液诱集梨小食心虫、黏虫、小地老虎等。驱避剂多用于防治卫生害虫方面，如涂抹皮肤用的避蚊油等。

另外，许多昆虫未交配前由腺体分泌性外激素，引诱异性前来交配，有的由雌虫分泌引诱雄虫前来交配，有的则是雄虫分泌引诱雌虫。目前已有大量的人工提纯或合成的性外激素，在鳞翅目害虫测报和防治中得到广泛的应用。

四、昆虫的本能

昆虫的本能是一种复杂的神经生理活动，为种内个体所共有的行为，如昆虫的筑巢、结茧、对后代的照顾等。本能常表现为各个动作之间相互联系及相继出现，如泥蜂可以从田间捕捉螟蛉带回巢中，供其幼虫取食。楸梢螟幼虫在楸梢内穿凿坑道，蛀食为害，当化蛹时，幼虫先自蛹室向外咬一羽化孔，并吐薄丝封闭孔口，这既利于保护蛹体免遭天敌等不良因素的侵害，又不妨碍不具咀嚼式口器的成虫羽化外出。幼虫的这种连续活动，为化蛹和羽化都创造了有利条件。这一有利于种的生态行为，是昆虫本能的一种典型表现，亦是种在长期进化过程中对环境的适应。

五、保护色及拟态

昆虫的保护色及拟态是对环境适应的两种方式。保护色是指某些昆虫有与生活环境中的背景相似的体色。如菜粉蝶蛹的体色随化蛹场所而变化，在甘蓝叶片上化的蛹多为绿色或黄绿色，在土墙或篱笆上化的蛹，多为褐色或浅褐色；生活在绿色植物中的螽斯和蚱蜢，常随着秋季植物的枯黄而身体由绿色转为黄褐色。这种体色的变化能获得有利于保护自己躲避敌害的效果。

有些昆虫具有同背景环境成鲜明对照的警戒色，如一些瓢虫及蛾类等具有色泽鲜明的斑纹能使其袭击者望而生畏，不敢接近。另有些昆虫既具有同背景相似的保护色，又具有警戒色。例如，蓝目天蛾在停息时以褐色的前翅覆盖腹部和后翅，与树皮的颜色酷似，但当受到袭击时，突然张开前翅，展出颜色鲜明而有蓝眼状的后翅，这种突然的变化，往往能把袭击者吓跑。昆虫还有拟态，如菜蛾停息时形似鸟粪；尺蠖幼虫在树枝上栖息时，以腹足固定在树枝上，身体斜立，很像枯枝；枯叶蝶停息时双翅竖立，翅背极似枯叶，是拟态的典型例子。

六、群集、扩散、迁飞

（一）群集（Aggregation）

大多数民虫都是分散着生活的，但也有一些昆虫在田间经常可见大量个体聚集在一起生活。这种群集现象，根据其性质可分为两类。

1. 暂时群集

一般发生在昆虫生活史中的某一阶段，往往是由于有限空间内昆虫个体大量繁殖或大量集中的结果。这种现象与昆虫对生活小区中一定地点的选择性有关，因为在它们群集的地方，可获得生活上的最大满足。如十字花科蔬菜幼嫩部分常群集着蚜虫；茄科蔬菜的叶片背面常群集着粉虱；芜菁喜群集在豆类植物的花荚部分。这类群集现象是暂时性的，遇到生态条件不适合时，或在其生活的一定时期就会分散。在群集期间，同种的个体经常从群集处向外分散或加入新的个体。

某些鳞翅目幼虫也有群集性，如幼龄的天幕毛虫在树杈间吐丝结网、群集在网内；舟形毛虫幼龄幼虫常群集在寄主植物的叶片为害，老龄时开始分散，是比较明显的暂时性群集。

2. 长期群集

群集时间较长，包括个体整个生活周期。群集形成后往往不再分散，如群居型飞蝗，从卵块孵化为蝗蝻（若虫）后，虫口密度增大。由于各个体视觉和嗅觉器官的相互刺激，就形成蝗蝻的群居生活方式，在成群迁移为害活动中，几乎不可能用人工方法把它们分散，直到羽化为成蝗后，仍成群迁飞为害。

（二）扩散（Dispersion）

大多数昆虫在环境条件不适时或食料严重不足时，常发生扩散转移，如菜蚜以有翅蚜在蔬菜田内扩散或向邻近菜地转移。因此扩散是昆虫扩大居住空间的生活方式之一。

（三）迁飞（Migration）

许多农林害虫如黏虫、小地老虎、稻纵卷叶螟、褐飞虱、白背飞虱等，在成虫羽化幼嫩期的后期，雌虫卵巢发育处于1~2级初期时，具有成群地从一个发生区从远距离迁移到另一个发生区的习性。迁飞昆虫与成虫期滞育的非迁飞性昆虫有很多相似性。它们都具有未发育成熟的卵巢、发达的脂肪和相类似的激素控制。从进化的适应性来看，迁飞亦有主动开拓新栖息场所的含义。因此，昆虫的迁飞和滞育是适应环境变更的两种方式，是不同种类在长期进化过程中形成的生存对策。昆虫迁飞有助于其生活史的延续和物种的繁衍，是自然界中存在的一种普通现象。

　　研究和了解昆虫的群集、迁移和扩散的生物学特性，对农林害虫的测报和防治具有重要意义。如目前我国已广泛开展的对迁飞性害虫的异地测报，能较准确地预测其发生期和为害趋势；利用害虫的群集习性，及早地采取有效的防治措施，可把它们消灭在分散为害之前。

第四章　昆虫分类

昆虫种类复杂，形态变化多端。人们为了认识昆虫以便进行研究，必须将不同的种类按一定的方法加以有秩序地分门别类，建立一个符合客观规律的分类系统，以反映它们在历史演化过程中的亲缘关系。

昆虫分类学的基本任务之一是为鉴定种类提供科学依据，而种类鉴定是农林害虫防治和益虫利用研究工作必须首先要解决的问题。种名鉴定之后，便可查阅科学文献，了解研究工作的进展，借鉴前人的工作经验来开展自己的工作；当自己的论文发表后，后人对论文的补充和引用，也都必须以种名为依据。由于许多重要的害虫往往在同一地区存在着形态上极为相似的近缘种，经常发生相互混淆的情况，影响到测报和防治的准确性，因此，也需通过鉴定加以澄清。每一种昆虫，在确定种名的同时，也确定了它们的所属，以及和其他昆虫的亲缘关系。同一属、科的昆虫，不仅在形态上有很多共同性，而且在生物学、发生规律以及对药剂的反应等方面也相类似，使人们有可能利用已知害虫的知识去推断新发现害虫的一些发生特点和设计防治措施，起举一反三、触类旁通的作用。

昆虫分类学直接服务于害虫防治、预测预报、天敌引进和动植物检疫，又是生物学和生态学研究不可缺少的条件，因此，昆虫分类学是研究昆虫学的基础学科。

第一节　分类的阶元

分类意识，早在原始人类的生活中就已存在。随着生产水平的发展，人们对自然界里的种种生物，产生了"分门别类"的要求，既分清其个性特征，又归纳其共性特征。为了归纳大大小小的共性，在分类时要采用不同的等级。李时珍在编著《本草纲目》（1578）时，已经有明确的分类等级概念，他提出"粗纲为纲，细纲为目"。瑞典科学家林奈，在他的《自然系统》（1758）第十版中，采用的分类等级在种以上有纲、目和属3级。科级是以后加的。

阶元是生物分类学确定共性范围的等级。现代生物分类采用的有：界（Kingdon）、门（Phylum）、纲（Class）、目（Order）、科（Family）、属（Genus）、种（Species）7个必要的阶元。种是基本阶元；相似的，具有共同起源的种，聚合成属；具有共同起源的属，聚合成科。一个种或一个属也能建立一个属或一个科，但它与其他属或科之间为一定的间断所隔离；建立一个属必须以模式种为依据，科的依据是模式属；属和科都有形态学和生态学的独特性。目以上的阶元是最稳定的阶元，它们所包含的共性范围也很少有疑问之处。

分类阶元使昆虫的所属，包括分类位置和系统发育都有明确的概念。以下以飞蝗为例。

界：动物界 Animalia
门：节肢动物门 Arthropoda
纲：昆虫纲 Insecta
目：直翅目 Orthoptera
属：飞蝗属 Locusta
种：飞蝗 *Locustamigratoria* L.

从界到种，均可设"亚级"，如亚门、亚目、亚科等。在目和科上，有时可加上"总级"，如总目、总科。亚科和属之间，有时加族级。在有些分类著作中，曾用部这一等级，有的介于纲和目之间，有的介于亚目和总科之间。

种以下只有亚种被命名法承认，并且以三名命名。其他种群中的变异体，如两性异形体、社会性昆虫的各"阶级"、交替性世代、多型体（短翅型、干母等）、季节型，以及病态畸形个体，都不给予命名。林奈时所用的变种以及所谓的"异常型"，现在都已经不用了。

第二节　种和亚种

物种简称种，是分类的基本阶元。种的定义是：物种是繁殖单元和进化单元、是生物进化过程中连续与间断性统一的基本间断形式。

所谓繁殖单元，就是同种才能相互配育，不同种之间存在着生殖隔离。生殖隔离的含义是不能交配，能交配不能繁殖，或能生育下一代，但下一代不能生殖。生殖隔离常作为区别两个近缘种的重要标准。

林奈时代认为物种是不变的，所以种的定义强调了形态的相似和能相互配育。达尔文时代阐明了物种之间的亲缘关系，强调了生物的进化，即可变性，但忽略了它的相对稳定性。现代的定义在承认生物进化的同时，指出了种的相对稳定性，是"基本间断形式"。

生物科学的每一次重大成果，对物种的定义都发生了巨大的影响。基因工程研究的迅速发展，正冲击着生殖隔离这一禁区，关于物种的定义，是否还要作重大修改，目前未能定论。

亚种是命名法唯一承认的种以下的分类阶元。亚种的定义是：具有地理分化特征的种群，在分类上有与本种中其他亚种可供区别的形态和生物学特征。

种是由种群组成的，同种的不同种群，由于地理隔离因素的存在，种群中的个体没有和其他种群中的个体配育的机会，使它们逐步演化为在分类学上互有不同。如果一个种有几个亚种，在一个地区里只能有其中的一个亚种。不同亚种之间存在着相互配育的可能性。

第三节　学名和命名法

一、学　名

学名是全世界统一的名称，用以称呼生物的各个阶元。按照《国际动物命名法规》规定，亚属和亚属以上各阶元的科学名称是单名，种是双名，亚种是三名，均必须用拉丁文书写。

属名（亚属名）是一个主格、单数并具有大写首字母的名词。科名是在模式属名的字干上加 -idae，亚科加 -inae，总科加 -oidea，族名加 -ini。目以上阶元无固定词尾，首字母均应大写。

种名由属名和种本名两个拉丁文词汇组合而成。属名首字母大写，种本名首字母小写，均以斜体字排印。种名的上述命名方法称为双名法，是瑞典科学家林奈于 1758 年创设，对动物学的发展作出了重要贡献。种名有时需写明亚属名，亚属名写在属名和种本名之间，外加圆括号，用斜体字排印。

亚种亚种名是三名的，即属名、种本名和亚种本名。属名首字母大写，种本名和亚种本名小写，均用斜体字排印。例如，东亚飞蝗 *Locusta migratoria manilensis* Meyen。

定名人学名之后应写明定名人的姓氏，用正体字排印。后来的研究核订，常把已知种归入其他属，或者另建新属，种名中的属名要做相应变动，而种本名不变。这种变动称为新组合，变动后原来定名人的姓氏名外要加圆括号。

二、命名法

命名法的根本目的是做到一物一名，保证名称的稳定，防止和纠正同物异名或异物同名，达到上述目的并不是轻而易举的事。为此，国际动物命名法委员会制定了《国际动物命名法规》，并在必要时对争议作出裁决。

命名法规中最重要的是优先权法。谁定的学名先发表即为有效名称，后发表的名称是次定同物异名，简称同物异名或异名，应予废弃不用。不相同的动物用了相同的学名，是异物同名，后定的同名应予以纠正，并另定学名。

模式标本是发表新种时所根据的标本。模式标本最初具有"典型"的意义，新种发表时收藏了一系列的"模式标本"，或称"全模标本"。松泛的指定模式标本，有可能带来麻烦。已经多次发生这样的情况：在往后的仔细研究中发现，这些全模标本中实际上包括了好几个种。

现代的模式法规定：原始发表时指定一个标本为正模标本，名称携带者选一与正模标本相对性别的标本为配模标本，其余查看过的同种标本称为副模标本。

如果以后发现这一新种实际上包括了两个，甚至好几个复合种，那么正模保留原来的名称，配模或副模可以另定新种，重新命名。新的模式法能保持物种名称的稳定。

第四节　昆虫纲的分目

昆虫纲的分类有不同的系统。目前国内昆虫学家将昆虫纲通常分为两个亚纲，32~34个目，各目的划分是根据是根据翅的有无、变态的类型、口器的构造、触角的形状、跗节及化石昆虫的特征等。本书采用2个亚纲、32个目分类系统，具体如下。

一、无翅亚纲 Apterygota

（1）原尾目 Protura — 原尾虫

（2）弹尾目 Collembola — 弹尾虫、圆跳虫

（3）双尾目 Diplura — 双尾虫

（4）缨尾目 Zygentoma — 衣鱼

二、有翅亚纲 Pterygota

（一）外翅类（Exopterygota）或不完全变态（Hemimetabola）

（5）蜉蝣目 Ephemeroptera — 蜉蝣

（6）蜻蜓目 Odonata — 蜻蜓、豆娘

（7）襀翅目 Plecoptera — 石蝇

（8）蜚蠊目 Blattodea — 蜚蠊、白蚁

（9）螳螂目 Mantodea — 螳螂

（10）蛩蠊目 Grylloblattodea — 中华蛩蠊

（11）革翅目 Dermaptera — 蠼螋

（12）直翅目 Orthoptera — 蝗虫、螽斯、蟋蟀、蝼蛄

（13）䗛目 Phasmatodea — 竹节虫

（14）螳䗛目 Mantophasmatodea — 螳䗛

（15）纺足目 Embioptera — 足丝蚁

（16）缺翅目 Zoraptera — 缺翅虫

（17）啮虫目 Psocoptera — 啮虫、书虱

（18）食毛目 Malloplura — 鸟虱、羽虱

（19）虱目 Anoplura — 虱

（20）缨翅目 Thysanoptera — 蓟马

（21）半翅目 Hemiptera — 蝉、叶蝉、介壳虫、蚜虫、粉虱、木虱、飞虱、蝽

（二）内翅类（Endopterygota）或完全变态类（Holometabola）

（22）广翅目 Megaloptera — 泥蛉、鱼蛉

（23）蛇蛉目 Raphidioptera — 蛇蛉

（24）脉翅目 Neuroptera — 草蛉、蚁蛉、粉蛉

（25）鞘翅目 Coleoptera —— 甲虫

（26）捻翅目 Strepsiptera —— 捻翅虫

（27）长翅目 Mecoptera —— 蝎蛉

（28）双翅目 Diptera —— 蚊、虻、蝇

（29）蚤目 Siphonaptera —— 蚤

（30）毛翅目 Trichoptera —— 石蛾、石蚕

（31）鳞翅目 Lepidoptera —— 蛾、蝶

（32）膜翅目 Hymenoptera —— 叶蜂、蚂蚁、胡蜂、蜜蜂、寄生蜂

昆虫纲成虫分目检索表

1. 无翅；腹部第六节以前有附肢 ……………………………………………… 2

　有翅或无翅；腹部第 6 节以前无附肢 ……………………………………… 5

2. 无触角；腹部 12 节，前 3 节有附肢，无尾须 ……………… 原尾目（Protura）

　有触角；腹部最多 11 节 …………………………………………………… 3

3. 腹部有 6 节或更少，无尾须，附肢为：第一节有附管，第三节有握弹器，第四节或第五节有跳器 …………………………………………… 弹尾目（Collembola）

　腹部 10~11 节，2~7 节各有 1 对，小腹刺，有尾须 ……………………… 4

4. 腹端只有 1 对尾须（或尾狭），无中尾丝，无复眼 ………… 双尾目（Diplura）

　腹端有 1 对尾须及 1 条中尾丝，有复眼 …………… 缨尾目（Thysanura）

5. 口器咀嚼式，有成对的上颚；或口器退化 ……………………………… 6

　口器非咀嚼式，无上颚；为虹吸式、刺吸式或舐吸式等 ……………… 27

6. 有尾须 ……………………………………………………………………… 7

　无尾须（少数有尾须则头延伸呈喙状） ………………………………… 16

7. 触角刚毛状，翅竖在背上或平展而不能折叠 …………………………… 8

　触角丝状，念珠状或剑状等；翅可以向后折叠，或无翅 ……………… 9

8. 尾须细长而多节（有时还有中尾丝）；后翅很小或无后翅，无翅痣

　………………………………………………………… 蜉蝣目（Ephemeroptera）

　尾须粗短不分节；前后翅相似或后翅更宽，有翅痣 ……… 蜻蜓目（Odonata）

9. 后足为跳跃足，或前足为开掘足 ……………………… 直翅目（Orthoptera）

　后足非跳跃足，前足非开掘足 …………………………………………… 10

10. 跗节 5 节或 4 节 …………………………………………………………… 11

　　跗节最多 3 节 …………………………………………………………… 15

11. 前胸比中胸长或大 ……………………………………………………… 12

　　前胸比中胸短小 ………………………………………………………… 14

12. 前足为捕捉足，头三角形 ……………………………………… 螳螂目（Mantodea）
　　前足为非捕捉足，与中足和后足相似 …………………………………………… 14

13. 口器前口式，尾须长，5~9 节 ………………………………… 蛩蠊目（Mantodea）
　　口器下口式，尾须短，1~5 节 ………………………………… 蜚蠊目（Blattodea）

14. 头近三角形，身体后部分细长 ………………………… 螳䗛目（Mantophasmatodea）
　　体细长如枝或宽扁似叶 ………………………… 䗛目（或竹节虫目）（Phasmatodea）

15. 跗节 3 节 …………………………………………………………………………… 18
　　跗节 2 节，尾须不分节，触角 6 节 …………………………… 缺翅目（Zoraptera）

16. 前足基跗节极膨大，有丝腺能纺丝；前后翅相似（雄），或无翅（雌）
　　………………………………………………………………… 纺足目（Embioptera）
　　前足正常，不能纺丝；有翅则后翅比前翅宽大 ……………………………… 17

17. 尾须坚硬呈铗状，前翅短小角质，后翅膜质如折扇 ……… 革翅目（Dermaptera）
　　尾须不呈铗状；前翅狭长，后翅臀区扩大，翅均为膜质 …………………………
　　………………………………………………………………… 襀翅目（Plecoptera）

18. 跗节最多 3 节 ……………………………………………………………………… 19
　　跗节 4 节或 3 节；如 3 节以下则无爪，或前翅角质 ………………………… 20

19. 跗节 2 节或 3 节；触角细长而多节；有翅或无翅 ……… 啮虫目（Psocoptera）
　　跗节 1 节或 2 节；触角短小，最多 5 节；无翅；外寄生于鸟兽 ……………………
　　………………………………………………………………… 食毛目（Mallophaga）

20. 前翅特化为平衡棒，后翅很大，雌虫无翅，无足，内寄生于昆虫腹部 ………
　　………………………………………………………………… 捻翅目（Strepsiptera）
　　前翅不特化为平衡棒 ……………………………………………………………… 21

21. 前翅角质，和身体一样坚硬如甲 ……………………………… 鞘翅目（Coleoptera）
　　前后翅均为膜质，或无翅 ………………………………………………………… 22

22. 腹部第一节并入胸部；后翅前缘有 1 列小钩，或无翅 ……………………………
　　………………………………………………………………… 膜翅目（Hymenoptera）
　　腹部第一节不并入胸部；后翅无小钩列 ………………………………………… 23

23. 头部向下延伸呈喙状；有短小的尾须（雌虫分为 2 节）……………………………
　　………………………………………………………………… 长翅目（Mecoptera）
　　头部不延伸呈喙状 ………………………………………………………………… 24

24. 前胸很小，足胫节上有很大的中距和端距，翅面上密被细毛
　　………………………………………………………………… 毛翅目（Trichoptrera）
　　前胸发达；足胫节上无中距，端距较小或呈爪状；翅面上无毛或仅有微毛 …
　　…………………………………………………………………………………………… 25

25. 后翅臀区发达，可以折叠 ……………………………………… 广翅目（Megaloptera）
　　后翅臀区很小，不能折叠 ………………………………………………………… 26

26. 头基部不延长，前胸如延长，则前足特化；雌虫无产卵器（个别有细长产卵
器则弯在背上）······················· 脉翅目（Neuroptera）
    头基部和前胸均延长，前足不特化；雌虫有针状产卵器 ···············
    ··· 蛇蛉目（Raphidiodea）
27. 口器为虹吸式；翅膜质，覆有鳞片 ········· 鳞翅目（Lepidoptera）
    口器非虹吸式；翅上无鳞片 ·· 28
28. 跗节 5 节 ·· 29
    跗节最多 3 节，或足退化，甚至无足 ······························· 30
29. 前翅膜质，后翅特化为平衡棒；少数无翅，但体不侧扁 ··· 双翅目（Diptera）
    无翅；体侧扁；足很发达；善跳 ·············· 蚤目（Siphonaptera）
30. 口器位于头的前端，可以缩入头内；足只有 1 个跗节和 1 个爪，与胫节突起
    相对应，适于在毛上攀附；无翅，外寄生于哺乳动物 ··· 虱目（Siphonaptera）
    口器位于头的下面，不能缩入头内；足不适于攀缘 ······················ 31
31. 口器不对称，锉吸式；足端部有泡；无翅或有翅，翅缘有缨毛
    ··· 缨翅目（Thysanoptera）
    口器对称，刺吸式；足端无泡；翅缘无缨毛，或无翅 ··· 半翅目（Hemiptera）

第五节　园艺昆虫重要目、科

一、与园艺昆虫密切相关的目、科

在昆虫纲的 32 个目中，与园艺作物昆虫密切相关的有以下 8 个目。

（一）直翅目 Orthoptera

直翅目包括蝗虫、螽斯、蟋蟀、蝼蛄等常见昆虫。

1. 形态特征

触角为丝状、鞭状或剑状，口器咀嚼式，头下口式。单眼 2~3 个。前胸大而明显，中胸和后胸愈合。前翅成覆翅，皮质；后翅作纸扇状褶叠，膜质。后足跳跃式，或前足开掘式。雌虫产卵器发达。前足胫节（蝼蛄、蟋蟀、螽斯）或第一腹节（蝗虫）常具听器。常有发音器，有的是左右翅相互摩擦（蝼蛄、蟋蟀、螽斯），有的是以后足的突起刮擦翅而发音（蝗虫）。

2. 生物学特性

属渐变态昆虫。卵的形状有圆柱形（蟋蟀）、圆柱形而略弯曲（蝗虫）、扁平状（螽斯）、长圆形（蝼蛄）。一般产卵在土中，有的数个成小堆，有的集合成卵块，外覆有保护物，形成卵鞘。螽斯和树蟋将卵产于植物的组织内。若虫的形态、生活环境和食性与成虫相似。若虫一般有 5 龄，在发育过程中触角有增节现象，2 龄后出现翅芽，后翅在前翅上面，根据这一特征可与短翅型种类的成虫相区别。触角的节数和翅的发育程

度，可以作为鉴别若虫龄期的依据。直翅目是植食性昆虫，很多种类是重要的园艺作物害虫，如飞蝗、稻蝗、蝼蛄、螽斯等。但是，螽斯科中有些种是捕食性昆虫。

直翅目分科直翅目已知种类在 12 000 种以上，过去常分为 2 个亚目，1963 年周尧教授提出分为 3 个亚目，即蝗亚目 Acridodea、螽亚目 Tettioniodea 和蝼蛄亚目 Gryllotalpodea。本目和生产关系密切的科有：蝗科 Locustidae、蟋蟀科 Gryllidae、蝼蛄科 Gryllotalpidae。

（二）缨翅目 Thysanoptera

缨翅目昆虫通称蓟马。

1. 形态特征

体长 0.5~14.0mm，多数微小。头部下口式，口器锉吸式，复眼大，圆形；单眼 2~3 个，无翅种类无单眼。触角 6~9 节，最前端 1 节称端突。翅 2 对，缨翅，翅脉最多只有 2 条纵脉，不用时平放背上，长不及其腹端，能飞，但不常飞，有些种类无翅。前跗节中垫呈泡状，本目因而又称为"泡足目"，爪退化。腹部末端呈圆锥状或细管状；有锯状产卵管或无产卵管。

2. 生物学特性

属过渐变态昆虫。有大翅型、短翅型和无翅型。卵生或卵胎生，偶有孤雌生殖。卵很小，肾形或长卵形，产在植物组织里或裂缝中。多数种类植食性，是农林害虫；少数以捕食蚜虫、螨类和其他蓟马为生，是有益天敌。

3. 缨翅目分科

本目已知 5 000 多种，分属 2 亚目，5 总科，23 科。产卵管呈锯齿状的是锯尾亚目 Terebrantia；无特殊产卵管，腹部末节呈管状的为管尾亚目 Tubulifera。本目常见的科有 3 个：纹蓟马科 Aeolothripidae、蓟马科 Thripidae、管蓟马科 Phloeothripidae。

（三）半翅目 Hemiptera

现在广义的半翅目包括了传统的半翅目和同翅目 Homoptera。该目昆虫有蝽、蝉、叶蝉、蚜虫、木虱、介壳虫、粉虱等。

1. 形态特征

多数种类体形宽而略呈扁平，椭圆形或长椭圆形，体壁坚硬。触角多为丝状，有的端节略膨大，4 节或 5 节，以 4 节为多。口器刺吸式，着生在头的前面，或着生在头的后下方。基部远离前足基节，弯向头和胸的腹面。单眼 2~3 个，少数类群无单眼。前胸背板及中胸小盾片发达，后者可能伸长遮盖腹部。通常具翅 2 对，前翅半鞘翅、覆翅或膜翅，后翅膜翅；部分种类只有 1 对前翅或无翅，不用时平置背面。半鞘翅革质，部分为爪片和革片，有的在革片的外缘有狭的缘片及在顶角区有小三角形的楔片：端部膜质部分称为膜片，其上有翅脉和翅室。陆生者体腹面常有臭腺开口或蜡腺。雌虫一般有发达的产卵器，但介壳虫和蚜虫等无瓣状产卵器。

2. 生物学特性

属渐变态昆虫，但介壳虫雄虫和粉虱等少数种类属过渐变态。一年发生 1 代至数代，少数一年以上 1 代，大多数以成虫越冬，但盲蝽科以卵越冬。卵一般为聚产，陆栖有害种类多产于植物表面及基干的粗皮裂缝中也有产于植物组织中；水栖类群则产卵于水草茎秆上或水面漂浮物体上。若虫多为 5 龄。生活环境有陆栖、半水栖、水栖。半翅目中有植食性的农林害虫，如荔枝蝽 *Tesaratoma papillosa*（Drury）、绿盲蝽 *Lygocorislucorum*（Meyer-Dur.）、苹果黄蚜 *Aphis citricola* van der Goot 等；也有传播人类疾病的吸血种类，如温带臭虫 *Cimez lectularius* L. 等。但是，也有对人类有益的种类，如小花蝽等，是生物防治利用的对象。还有少数属于药用昆虫，如九香虫 *Aspongopus chinensis* Dallas。一些种类在为害的同时也传播动植物病害，多为多食性，少数为寡食性或单食性。

3. 分　科

现在多数分类学家将半翅目分为胸喙亚目（Sternorrhyncha）、蜡蝉亚目（Fulgoromorpha）、蝉亚目（Cicadomorpha）、鞘喙亚目（Coleorrhncha）和异翅亚目（Heteroptera）。全世界已知约 9.2 万种，我国有 9 000 种左右。一般分为 151 科。同园艺生产关系密切的科有：网蝽科 Tingidae、花蝽科 Anthocoridae、盲蝽科 Miridae、缘蝽科 Coreidae、蝽科 Pentatomidae、蝉科 Cicadidae、叶蝉科 Cicadellidae、木虱科 Psyllidae、粉虱科 Aleyrodidae、蚜科 Aphididae、瘿绵蚜科 Pemphigidae、粉蚧科 Pseudococcidae 等。

（四）脉翅目 Neuroptera

脉翅目昆虫常称为"蛉"。

1. 形态特征

一般中小型，也有大型种类。头下口式，口器咀嚼式，复眼大，相隔较远；一般无单眼，有些种类有单眼 3 个。触角细长、线状、念珠状、栉齿状或球杆状。翅 2 对，膜质，静止时呈屋脊状。翅脉密而多，网状，边缘多分叉，少数种类翅脉较少，边缘不分叉。跗节 5 节，爪 2 个，腹部 10 节，无尾须。

2. 生物学特性

属完全变态昆虫。卵长形有的有长柄。幼虫胸足发达，口器外形为咀嚼式，但上下颚左右形成长管具有吮吸功能。幼虫和成虫都是肉食性的，捕食蚜虫、蚧和鳞翅目幼虫，有些种类已能大量人工繁殖，用于生物防治。飞行力弱，大多有趋光性。

3. 分　科

本目昆虫有 5 000 多种。可分为 3 亚目，40 科，其中最重要的是草蛉科 Chrysopidae。

（五）鳞翅目 Lepidoptera

鳞翅目包括蛾与蝶，许多种类的幼虫期是农林作物的大害虫，家蚕、柞蚕、蓖麻蚕是重要的益虫。

1. 形态特征

体小型至大型，翅展 5~200mm 以上。大型蛾类和蝶类是现存昆虫中个体最大的种类。触角线状、梳状、羽状、棍棒状、球杆状和末端钩状等多种形式。复眼发达，单眼 2 个或无。原始种类（如小翅蛾类）口器为咀嚼式，其余的口器均为虹吸式，喙管不用时呈发条状卷在头下。前胸小，背面有 2 块小形的领片，中胸最大，后胸与中胸相等或较小。翅 2 对，发达，偶有退化无功能者；翅脉发达，少数原始种类前后翅翅脉相似，大多数种类前翅比后翅大；前翅有 13~15 条纵脉，后翅翅脉不超过 10 条；翅中部最大的翅室称为中室。翅膜质，覆盖有各种颜色的鳞片，鳞片组成不同的线和斑，是重要的分类特征。透翅蛾科的翅大部透明，没有鳞片。前后翅的联接方式有：翅抱型、翅轭型、翅缰型和无联接构造型。足 3 对，简单。粉蝶科的爪 2 叉开裂。雌虫第九腹节和第十腹节愈合；雄虫腹部 10 节；雄性外生殖器是重要的分类特征。

2. 生物学特性

属完全变态尾虫。卵呈圆球形、馒头形、圆锥形、鼓形，表面有刻纹，单粒或多粒聚集黏附于植物上。幼虫多足型，又称蜀型。蜀型幼虫体表柔软，呈圆柱形，头部坚硬，每侧常有 6 个单眼，唇基三角形，额很狭成"人"字形，口器咀嚼式，有吐丝器。胸足 3 对，腹足 5 对，着生在腹部第三至第六节和第十节上，第十节上的腹足称为臀足。腹足底面有趾钩，排列成趾钩列，趾钩列长短相同的有单行、双行和多行之分，每行趾钩的长短相同的称单序，一长一短相间排列的称双序，甚至还有三序和多序，可与其他幼虫相区别，同时又是鳞翅目幼虫分类的特征。鳞翅目幼虫绝大多数植食性，食叶、潜叶、蛀茎、蛀果、蛀根、蛀种子，也为害贮藏物品，如粮食、干果、药材和皮毛等。极少数种类是捕食性或寄生性，如某些灰蝶科幼虫以蚜虫、介壳虫为食物。重要的农林害虫大多以幼虫期为害。

蛹为被蛹。蝶类在敞开环境中化蛹，如凤蝶和粉蝶以腹部末端的臀棘和丝垫附着于植物上，腰部再缠一束丝，呈直立状态，叫作缢蛹；蛱蝶和灰蝶则利用腹部末端的臀棘和丝垫，把身体倒挂起来，称为悬蛹。蛾类和弄蝶在树皮下、土块下、卷叶中等隐蔽处化蛹，也有在土壤中作成土室化蛹。许多种类能吐丝结茧，家蚕等蚕丝为人类所利用。

成虫口器为虹吸式，吸食花蜜作为补充营养，一般不为害作物。有的种类不取食，完成交配产卵之后即行死亡。少数"吸果蛾类"的喙管末端坚实而尖锐，能刺破果皮吸收汁液，对桃、苹果、梨、葡萄和柑橘造成为害。蝶类在白天活动；蛾类大多在夜间活动；许多种类有趋光性，可利用这一习性对它们进行测报和防治。成虫常雌雄二型，春季型个体不同于其后世代，或者旱季型和雨季型不同。成虫常有拟态现象，如多种蝶翅反面的颜色酷似树皮；枯叶蛱蝶属 *Kallima* 翅反面像一片枯叶，是最典型的拟态例子，成虫产卵常选择幼虫取食的植物，如菜粉蝶选择十字花科植物产卵等。

3. 分　科

本目是昆虫纲中第二大目。据 1948 年统计，全世界鳞翅目昆虫达 112 000 种：其中蝶类约 18 000 种，蛾类约 84 000 种。鳞翅目可分为 158 科，隶属于 28 总科。通常根据前后翅翅脉是否相似，或者前后翅是以翅轭还是以翅缰相连接（无翅缰种类被认为其祖先也是以翅缰的），分成轭翅亚目 Jugatae（即同脉亚目 Homoneura）和缰翅亚目 Frenatae（即异脉亚目 Het-eroneura）。缰翅亚目中凡触角形状为球杆状膨大，或膨大而有钩，并且没有翅缰的为球角部 Rhopalocera；触角通常线状或羽状，或者膨大而有翅缰的是异角部 Heterocera。本目中重要的科有：谷蛾科 Tineidae、菜蛾科 Plutellidae、透翅蛾科 Aegeriidae、蛀果蛾科 Carposinidae、麦蛾科 Gelechiidae、小卷蛾科 Olethreutidae、卷蛾科 Tortricidae、螟蛾科 Pyralidae、刺蛾科 Eucleidae、夜蛾科 Noctuidae、毒蛾科 Lymantriidae、天蛾科 Sphingidae、蚕蛾科 Bombycidae、弄蝶科 Hesperiidae、凤蝶科 Papilionidae、粉蝶科 Pieridae、蛱蝶科 Nymphalidae。

（六）鞘翅目 Coleoptera

鞘翅目昆虫因有坚硬如甲的前翅，常俗称为"甲虫"。

1. 形态特征

头部坚硬，前口式或下口式，正常或延长成喙。复眼发达，有时分割为背面和腹面两部分。通常无单眼，偶有 1~2 个。触角 10~11 节，形态多变，有线状、念珠状、锯齿状、双栉齿状、锤状、膝状和鳃叶状等。前胸发达，中胸小盾片外露。前翅为鞘翅，左右翅在中线相遇，覆盖后翅、中胸大部、后胸和腹部，腹部外露的腹节因种类而异，有的鞘翅很短，可见 7~8 节，但腹部末端绝无尾铗。后翅膜质，有少数翅脉，用于飞翔，静止时褶叠于前翅下。足多数为步行足，亦有跳跃、开掘、抱握、游泳等类型。各种跗节的节数常以跗节式来表示，有 5-5-5、5-5-4、4-4-4 和 3-3-3 等类型。有时跗节的第一节或第四节极小，不易辨别，常称为"似为 4 节"。

2. 生物学特性

属全变态昆虫。幼虫至少有 4 个类型：步甲型（胸足发达，行动活泼，捕食其他昆虫，如步甲幼虫）；蛴螬型（肥大弯曲，有胸足但不善爬行，为害植物根部，如金龟子幼虫）；天牛型（直圆筒形，略扁，足退化，钻蛀为害，如天牛幼虫）；象甲型（中部特别肥胖，考弯曲而无足，如豆象幼虫）。甲虫少数肉食性，可以作为益虫来看待。多数植食性，为害植物的根、茎、叶、花、果实和种子，鞘翅目昆虫多数是幼虫期为害，但也有成虫期继续为害（如叶甲）。成虫有假死性，大多数有趋光性。

3. 分 科

本目是昆虫纲中最大的目，已知种达 33 万种，约占全部昆虫科类的 40%。鞘翅目可分为肉食亚目 Adephaga、多食亚目 Polyphaga、象甲亚目 Rhynchophora。与园艺生产关系密切的有下述各科：步甲科 Carabidae、芜菁科 Meloidae、叩头甲科 Elateridae、吉丁虫科 Buprestiade、皮蠹科 Dermestidae、瓢虫科 Coccinellidae、拟步甲科 Tenebrionidae、鳃金龟科 Melolonthidae、丽金龟科 Rutelidae、天牛科 Cerambycidae、叶甲科 Chrysomelidae、豆象科 Bruchidae、象甲科 Curculionidae。

（七）膜翅目 Hymenopters

膜翅目包括蜂和蚁，是昆虫纲中较进化的目。

1. 形态特征

最微小的蜂（卵蜂属 *Alaptus*）体长 0.21mm；粗大的熊蜂和细长的姬蜂，包括其长产卵管，体长达 75~115mm。触角丝状、锤状或膝状。口器咀嚼式或嚼吸式。复眼发达，某些蚁类萎缩或退化为单一的小眼面。单眼 3 个，在头顶排列成三角形；某些泥蜂和蚁类退化。翅发达、退化或缺，有翅种类翅呈膜质，前翅远较后翅为大，一般后翅有翅钩列。前翅常有一显著的翅痣、脉序高度特化，常愈合和减少。前翅基部的骨片称肩板，是否与前胸背板相接触，是重要的分类特征之一。足有步行、携粉和捕捉等多种类型。后胸有时和第一腹节愈合，合并成并胸腹节，后者和第二腹节之间高度收缩，形成腹柄。常有发达的产卵器，能穿刺，钻孔和锯割，同时有产卵、刺螫、杀死、麻痹和保藏活的昆虫食物的功能。毒针是变形的产卵器，有毒囊分泌毒液。

2. 生物学特性

属全变态昆虫。食性很复杂，少数种类植食性，如广腰亚目切叶蜂科。

有的形成虫瘿，有的取食花蜜和花粉。有些蜂类是捕食性的，并能为其子代捕捉其他昆虫，麻痹后储放于卵室中，留待幼虫孵化后食用。寄生性是膜翅目昆虫的重要特性，有外寄生和内寄生之分，内寄生约占 80%。膜翅目昆虫的繁殖方式有性生殖、孤雌生殖和多胚生殖。未受精卵通常发育成雄性。植食性和寄生性蜂类均营独栖生活，蚁和蜜蜂等有群栖习性，有多型现象，而且有职能的分工，因而称为"社会性昆虫"。

3. 分　科

膜翅目是昆虫纲的大目之一，已知种达 12 万种。根据第二腹节和并胸腹节相连接处是否收缩成细腰状，将本目分为广腰亚目 Symphyta 和细腰亚目 Apocrita。同园艺生产关系密切的有：叶蜂科 Tenthredinidae、茎蜂科 Cephidae、姬蜂科 Ichneumonidae、茧蜂科 Braconidae、小蜂科 Chalcididae、金小蜂科 Pteromalidae，赤眼蜂科 Trichogrammatidae。

（八）双翅目 Diptera

双翅目昆虫包括蝇、蚊、虻、蚋等种类，是重要的医学昆虫，其中也有一些种类是植食性、捕食性和寄生性的，和农林生产关系密切。

1. 形态特征

体型小至中等，偶尔有大型的。体长 0.5～50mm，翅展 1～100mm。头部较小常为下口式。复眼发达，左右复眼在背面相接的称"接眼"，不相接的称"离眼"。单眼 3 个。触角多样，有线状、栉齿状、念珠状、环毛状和具芒状等。口器有刺吸式和舐吸式，有时口器退化无取食机能，尤其雄虫通常如此。前翅发达，膜质，脉序简单，在臀区内方常有 1～3 个小型的瓣，从外向内依次是轭瓣、翅瓣和腋瓣。后翅退化成平衡棒。足的长短差异很大，一般有毛，胫节有距 1～3 个，跗节 5 节。前跗节有爪 1 对，爪有爪垫，两爪之间有爪间突，有时形成中垫。腹部第 7～10 节形成产卵管，雄出外生殖器的构造是重要的分类特征。蝇类体外刚毛的排列称为鬃序，也是分类的重要依据。

2. 生物学特性

属全变态昆虫。幼虫为无足型，根据头部骨化程度不同，可再分为全头型、半头型和无头型。双翅目昆虫的繁殖类型有两性生殖、卵胎生、孤雌生殖和幼体生殖。幼虫的食性复杂，有植食性：瘿蚊科、实蝇科、黄潜蝇科和潜蝇科；腐食性或粪食性：毛蚊科、蝇科；捕食性：食虫虻科和食蚜蝇科；寄生性：狂蝇科、虱蝇科和寄蝇科。双翅目许多科类的成虫取食植物汁液，花蜜作补充营养，但是，蚊科、蚋科、蠓科、毛蠓科、虻科和部分蝇科昆虫刺吸人畜血液，并传播疟疾、脑炎、丝虫病、白蛉热、黑热病等。蝇科和丽蝇科成虫虽不吸血，但能传播痢疾和霍乱。

3. 分　科

一般分为 3 个亚目，即长角亚目 Nematocera、短角亚目 Brachycera 和芒角亚目 Aristocera 或称环裂目 Cyelorthapha。本目与生产有关的重要各科如下：摇蚊科 Chironomidae、瘿蚊科 Cecidomyiidae、食蚜蝇科 Syrphidae、实蝇科 Trypetidae、潜蝇科

Agromyzidae、花蝇科 Anthormyiidae、寄蝇科 Tachinidae。

二、蜱螨目 Acarina

农林螨类隶属于节肢动物门 Arthropoda、蛛形纲 Arachnida、蜱螨亚纲 Acari 中的真螨目 Acariformes 和寄螨目 Prarasitofomes。由于该目与农林生产密切相关，因此在这里作简单介绍。

1. 形态特征

螨类体呈卵圆形或蠕虫形，常以体段区分各部。螨类无头部，最前面的体段称颚体，颚体后面的整个身体称躯体，躯体分足体和末体两部分，足体又分为前足体和后足体。大多数螨类前、后足体之间有横缝，横缝之前称前半体（包括颚体和前足体），横缝之后称后半体（包括后足体和末体）。许多种类的雄螨，后半体和末体之间有横缝（图4-1）。

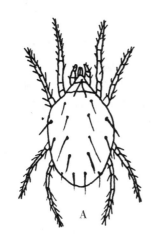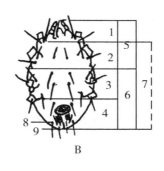

图4-1　螨的体躯

A. 雌螨背面；B. 雌螨腹面；1. 颚体　2. 前足体　3. 后足体　4. 末体
5. 前半体　6. 后半体　7. 躯体　8. 前肛侧毛　9. 肛毛

颚体基部生有螯肢1对、须肢1对、口下板和口上板各1块，口上板又称头盖。口位于螯肢下方、口下板的前端，有食道经过颚体，进入胃部。螯肢由3节构成，即基节，定趾（胫节）和动趾（跗节）。定趾和动趾上常有齿，构成原始的钳状螯肢，如粉螨、植绥螨等。有时动趾退化，定趾延长成针状，左右基节则相互愈合，称为口针和口针鞘，如叶螨。钳状螯肢有把持和粉碎食物的功能，针状螯肢则刺穿植物的组织。由于螨类体型微小，被害状均呈斑块状和粉末状，不可能出现咀嚼式口器昆虫咬成的缺刻或空洞。须肢1对位于螯肢外方，有寻找和握住食物的功能。须肢的节数、形状以及各节的刚毛数因种类而不同。有些种类须肢胫节有强大的爪和跗节形成"拇爪复合体"。

螨类躯体背腹两面有时有骨化的盾板，有的表皮坚硬，有的相当柔软。除分隔体段的横缝外，表皮上有各种花纹和刻点。背毛和腹毛的数量，形状和排列方式称为"毛序"，是重要的分类特征。刚毛的形状有短刚毛状、刚状、长鞭毛状、披针状、刮铲状、阔叶状、长叶状、弧状、球杆状和头状等。背毛通常比腹毛粗，各发有时期毛序不变；腹毛较细，数目常随"龄期"而增加。刚毛基部的表皮常呈圆环状，或者着生在瘤突上。有时刚毛脱落，可根据圆环和瘤突确定其存在。

成螨和若螨一般有足 4 对，幼螨只有 3 对足。有些成螨只有 1~3 对足。足由基节、转节、股节、膝节、胫节、跗节 6 节组成。前跗节有爪 1 对和爪间突 1 个，形状各异。跗线螨雌螨足Ⅳ跗节退化，只剩下鞭毛 1 根。末体腹面是螨类的生殖肛门区，生殖孔位于前方，肛门位于腹面后端。叶爪螨科的肛门位于背面。雄螨阳茎的形状是鉴定种的特征。

2. 生物学特性

螨类一生有卵、幼螨、第一若螨、第二若螨和雌雄成螨 5 个发育时期，有些种类（粉螨）在不良环境下，第一若螨可成为形态特殊的休眠体，待条件好转后成为第二若螨。幼螨和各龄若螨都有活动期和静止期，静止期脱皮后进入下一龄期。螨类一般是两性生殖的，种群内雄螨常见；也可能孤雌生殖，所生后代全部是雄螨。有些种类在种群内很少发现雄螨或雄螨至今尚未发现。它们营孤雌生殖，后代全部是雌螨。少数种类卵胎生，若螨期减少，甚至在母体内直接由幼螨发育成成螨。

许多植食性螨类是园艺作物上的害虫，其中有为害叶片和果实的叶螨科 Tetranychiade 和瘿螨科 Eriophyidae；为害根部的粉螨科 Acaridae 根螨属 *Rhizoglyphus*；为害粮食、食品和药材的储藏物螨类。此外，食用菌螨类严重为害人工栽培的食用菌，日益引起人们重视。

螨类中有许多肉食性种类，捕食害螨、昆虫的若虫和卵，是害螨的重要天敌，如植绥螨已被广泛地用于生物防治研究。

3. 分　类

蜱螨亚纲分为 2 目、7 亚目、105 总科、374 科。与人、畜和农林关系密切的有寄螨目 Parasitoformes 的植绥螨科 Phytoseiidae，真螨目 Acariformes 的叶爪螨科 Penthaleidae、微离螨科 Microdispidae、跗线螨科 Tarsonemidae、叶螨科 Tetranychidae、瘿螨科 Eriophyidae 和粉螨科 Acaridae。

第五章 昆虫生态

昆虫的生长发育、繁殖和数量动态，都受环境条件制约。研究昆虫与周围环境条件相互关系的科学称为昆虫生态学。昆虫生态学是生态学中的一个重要组成部分。研究与了解昆虫种样、群落与其生态系统中有关因子的各种关系，是开展害虫预测预报和综合防治所必须具备的理论基础。

第一节 园艺生态系与昆虫

一、园艺生态系的特点

害虫综合防治的实质是以农林生态系为单位对害虫进行科学管理。生态系统是指自然界一定空间范围内生物因子（植物、动物、微生物）与非生物的物理因子（无机物质、有机物质、气候因子等）相互作用形成的一个自然综合体。它具有一定的结构，并能凭借这一结构进行物质循环、能量转换，起着相互依赖和相互抑制的功能。园艺生态系统是指人类从事各种园林生产实践活动所形成的人为的生态系统。其特点是：一是园艺生态系中主要是栽培作物，生物结构与层次的单一化，取代了自然生态系中物种的多样性，加上频繁的农事活动，因此，整体生态系统趋向相对地不稳定和不平衡；二是园艺作物品种、栽培管理措施、农药的施用等，常导致系统中食物链的改变，从而影响到生物群落（包括害虫及其天敌）的结构和数量消长；三是害虫在园艺生态系的适生条件下易于酿成灾害。

我们研究园艺生态系的目的，在于掌握和运用园艺生态系中各个因素相互作用所构成的运动变化规律，从园艺生产的全局出发，创造和发展园艺生态系中各种有利因素，控制不利因素，造成一个有利于作物生长而不利于害虫发展的良好的农业生态系。

二、昆虫的发生与分化

农业昆虫中为害园艺作物的种类有几万种，但其中对园艺作物构成威胁的仅有千余种，这类昆虫称为园艺害虫。园艺昆虫中有不少种类是以捕食或寄生于其他昆虫为生的，其中大部分是害虫天敌。另外，还有许多昆虫是作物授粉的媒介者，对提高作物的产量，增强作物的生活力起了很大的作用。

从害虫防治经济观考虑，并非所有害虫都需防治，只有当某种害虫的数量，或它们的为害超过经济损失允许水平时，防治干预才具有经济意义。通常所谓的经济损失允许水平（Economic Injury Level，ETL）是指人们可以容许的作物受害而引起的产量、质量损失水平，亦即指作物因虫害造成的损失与防治费用相等时的作物受损失程度（经济损失量或损失率）。与经济损失允许水平相对应的害虫密度，称为经济损失允许密度。经济阈值（Economic Threshold，ET）又称防治指标，为害虫防治适期时的虫口密度、为害量或为害率等。达到此标准时应采取防治措，以防止为害损失超过经济损害水平。如用害虫密度作防治指标，一般应略低于经济损失允许密度。

　　园艺生态系中，生物与生物之间处于相对动态平衡状态，害虫种群数量在相当时期内，由于自然控制因子的作用在个平衡水平线上波动，人们将此水平线称为自然平衡位量（Equilibrium Position，EP）。不同类型的害虫自然平衡位置是不同的，习惯上把为害作物引起经济损失的害虫称为主要害虫，害虫种群平衡位置常超过经济损失允许水平，这些害虫也是常年必须防治的目标害虫。主要害虫为数不多，约占害虫总数的5%。大部分害虫的自然平衡位置低于 EIL，虫口密度较低，一般不需要防治。还有部分害虫，虫口密度常起伏波动，有时发生量会超过 EIL，给生产带来威胁。有时则少发生，这类害虫称偶发性或间歇性害虫，如斜纹夜蛾等。对这类害虫需提高警惕，加强监测，才能防患于未然。

　　在农业生态系统中，害虫发生数量受物理环境（气候等）、生物环境、种内及种间（天敌等）的反馈作用所制约，特别是人类的农事活动对害虫影响很大。例如，随着化学工业的发展，应用化学农药防治害虫成了主要防治手段。但长期、大量地使用广谱性、持效性化学农药，不但会使害虫产生抗性，而且天敌也同归于尽，相对的生态平衡受到破坏，主要害虫依然故我，次要害虫、偶发性害虫也可能上升为常发性害虫。

第二节　非生物因子对园艺昆虫的影响

一、气候因子

　　气候因素主要包括温度、湿度、雨、光照等。这些因素既是昆虫生长发育、繁殖、活动必需的生态因素，也是种群发生发展的自然控制因子。

（一）温　度

　　昆虫和高等动物不同，它自身无稳定的体温，保持和调节体温的能力不强，进行生命活动所必需的热能主要来自太用辐射热，所以称为变温动物或外热动物。由于昆虫的体温取决于外界环境温度，因此外界环境温度能直接影响昆虫的代谢速率，从而影响昆虫的生长发育、繁殖速率及其生命活动。温度是气候条件中影响最大的因素。

　　昆虫种类不同，或同种昆虫的不同虫态对温度的反应也有差异。园艺昆虫的分布区，在各地的发生世代及主害代发生期，季节性种群消长型，年度间种群数量的变动以及越冬虫态等，都因虫而异，主要是受温度因子所制约。

1. 昆虫对温度的反应可以划分成几个区域

（1）致死温高区。一般在 45~60℃。在此区间昆虫处于热昏迷状态，体内酶系遭到破坏，蛋白质凝固，短时间后昆虫即死亡。

（2）亚致死高温区。一般在 40～45℃。在此区由于高温，昆虫体内的同化和异化作用失去平衡，从而导致生长发育与繁殖不良。如果持续时间过长，也可以造成热昏迷或死亡。

（3）适温区。一般在 8～40℃。此区间昆虫的生命活动正常，处于适合状态。但是，适温度范围，就大部分昆虫来说，在 20～30℃。在此温区内，昆虫能量消耗最少，发育适度，寿命长，繁殖力高。但最适温区各种昆虫不尽相同，如斜纹夜蛾为 24～28℃，桃蚜为 16～25℃。高于或低于此范围出对其生存不利，繁殖数量显著减少。所以适温区也称有效温度范围，是与害虫测报关系最亲密的温区。

（4）亚致死低温区。一般在 -10～8℃。在此区间，昆虫体内代谢下降，处于冷昏迷状态，或体液开始结冰，如低温持续时间长，则可以致死。

（5）致死低温区。一般在 -40～-10℃。在此区间昆虫体液结冰，原生质因遭受冰晶机械损伤而脱水，生理结构遭到破坏，昆虫致死。

温度与昆虫的体色及抗逆性也有很大关系。例如，小菜蛾蛹在冬天低温条件下，羽化出来的成虫为暗黑色，而在高温条件下饲养，成虫则为灰色；桃蚜在冬天红色种群增多，而春夏季则以绿色种群为主。据试验，桃蚜红色种群抗寒性、抗药性都比绿色种群强。

2. 有效积温法则及其应用

有效积温法则是用来分析昆虫发育速度与温度关系的法则。其意义是：昆虫完成某一虫态成一个世代所需要的有效温度积累值是个常数，单位以日度表示，即

$$K = NT \tag{1}$$

式中，N 为发育历期；T 为发育期间平均温度；K 为常数，即总积温。

由于昆虫发育是在适宜的温度范围内进行的，故常将其发育的最低温度，称为发育起点温度。发育起点以上的温度是对昆中发育起作用的温度，称为有效温度。上式 K 值即为有效温度积累值，简称有效积温。故上式应修正为

$$K = N（T-C） \tag{2}$$

式中，C 为发育起点温度；（$T-C$）为有效平均温度；K 为有效总积温（日度）。

式中 C、K 值可以通过实验方法测定昆虫某虫期在不同温度组合（5 个或 5 个以上）下的发育历期，再经统计分析方法而求得。将（2）式移项，得有效积温预测式。

$$N = \frac{K}{T - C} \tag{3}$$

据式（3），即可利用害虫某虫期的发育起点和有效积温资料，根据当地常年同期的平均温度，结合近期气象预测，对这害虫下一虫期的发生期作出预测。同样，也可利用世代发育起点和有效积温来估计该虫在当地的全年发生世代数。

昆虫的发育起点温度和有效总积温不仅因种类而异，即使同一种昆虫的不同虫态也都不同。

测定昆虫的发育起点和有效积温有恒温法、人工变温法和自然变温法 3 种。应用有效积温法预测，最好是利用自然变温法测定的结果比较符合实际的发育起点情况，而利用人工控温条件下测试的资料，往往会造成较大的误差。此外，昆虫发育的快慢，除受

温度影响外，尚有营养、湿度等因素，尤其是营养条件与发育历期的关系更大。因此，应用依赖于温度单因子的有效积温法预测，还要考虑到其他因素的影响。

（二）湿　度

湿度对昆虫的影响是多方面的。湿度不但与昆虫体内水分平衡、体温以及活动有关，而且可直接影响昆虫生长发育。各种昆虫生长发育有适宜的湿度范围，湿度过低或过高可抑制昆虫的发育，例如，飞蝗由蝗蛹发育为成虫，以相对湿度70%时为最快，80%以上或60%以下发育均慢。

一般而言，湿度对日出性昆虫的生长发育影响较小，而对夜出性或土栖昆虫影响较大。例如3—4月降雨多，土壤湿度高，小麦吸浆虫越冬幼虫即可化蛹和羽化；若土壤干燥，幼虫则停止化蛹，并结虫茧，潜伏土中越夏和越冬，当年发生量就少。

降雨对昆虫影响也大。因降雨影响大气湿度，且大雨、暴雨对小型昆虫如蚜虫、蓟马以及初孵幼虫和卵有冲刷、黏着等机械致死作用。

必须指出，在气候条件中，温度和湿度常常综合地作用于昆虫。分析害虫消长规律时，必须要注意温湿度综合效应。研究温湿度综合作用的指标，常用温湿系数或温雨系数（Q）来表示。计算公式为：

$$Q = P / \sum T$$

式中，P为1年中或1月中总降水量；$\sum T$为1年中各月或1月中各日的平均温度总和。

温湿系数可作为研究农业害虫消长规律、预测害虫发生趋势的一种参数。例如，华北地区当温湿系数等于2.5~3.0时，棉蚜就能猖獗为害。

（三）光

光对昆虫的作用包括太阳光的辐射热、光的波长、光照强度与周期。辐射热与昆虫的关系前已阐述，这里仅对后者加以讨论。

光是一种电磁波，波长不同，显示各种不同性质。昆虫多趋向650~750nm的短光波，特别是对330~400nm的紫外光有强烈的趋性。利用昆虫这种特性，使用短波光源的黑光灯、双色灯诱杀害虫，可以提高诱杀效果。

光照强度的变化，能影响昆虫昼夜节律、交尾产卵、取食、栖息、迁飞等行为。不同昆虫对光照强度有不同反应，从而形成不同生活节律。按照昆虫活动习性与光照强度的关系，可将昆虫的昼夜活动习性分为三大类：①日出性昆虫，如蝇类，蝶类等；②夜出性昆虫，如蛾、金龟甲等；③暮出性昆虫如小麦吸浆虫等。实际上，日出性、夜出性昆虫对光照强度与温度的反应，还有严格的时间顺序。例如，玉米螟活动高峰主要在上半夜，棉铃虫在下半夜，而豆天蛾则在天亮前后，有的还准确到以小时来计算。

光照强度与昆虫的迁飞关系也很密切。据研究，桃蚜春秋迁飞的最适光照强度为5 000~2 500lx，过低过高均能抑制迁飞；晴天蚜虫迁飞高峰常发生在早晨与傍晚；褐飞虱在14~20lx就可以出现迁飞盛期，20~30lx呈现迁飞高峰。

昆虫的活动节律不单纯是对光照强度变化的反应，还有其复杂的生理学基础。这种内在的生理节律过程，是生物体内循时性组织的一种功能性反应，它与光信号是密切相关的, 这种现象在生理学上称谓生物钟, 昆虫学家称为昆虫钟。它控制着昆虫生理机能、基础代谢以及有关的生理学习性。研究昆虫生理节律, 可以揭示昆虫生命现象中的许多机理。

光照周期是指昼夜交替时间在一年中的周期变化, 它影响着许多昆虫种类的年生活史循环。昆虫的滞育主要是光照周期变化所致, 光周期与昆虫发育关系详见第三章"昆虫生物学"。

(四) 农田小气候

小气候一般是指近地面 1.5m 大气层中的小尺度气候。作物及昆虫生存场所的气候均属小气候范围。由于小气候是农作物及昆虫生长发育最重要的直接环境因子, 所以越来越被人们关注。

小气候是在一定的气候背景下形成的, 既有当地大气候的基本特点又有其自身的特殊性。其主要特点是: 温度、湿度、风、二氧化碳具有显著的日变化和波动, 并有巨大的垂直梯度。

农田作物层的温湿度, 一般在植株上层与大气中相似, 但中下层温度渐次下降, 而湿度渐次增加。农田进行施肥、灌溉等农事后, 光、温、湿、风等气候要素均有变化, 从而影响到昆虫的生长发育及繁殖。

园林植被、种植密度也影响地面小气候。凡此种种表明, 园林小气候直接影响到害虫的发生与发展。

二、土壤因子

土壤也是很多昆虫尤其是地下害虫必需的生态环境, 有些终身生活在土中, 有些则是以某个或几个虫态生活在其中。所以土壤的物理结构、化学特性与昆虫的生命活动密切相关。

1. 土壤温度、湿度

土壤温度主要取决于太阳辐射, 其变化因土壤层次不同和土壤植被覆盖物不同而异。表层的温度变化比气温大, 土层越深则土温变化越小。土壤温度也有日变化和季节变化, 还有不同深度层次间变化。土温也受土壤类型和物理性质的影响。土壤温度直接影响土栖昆虫的生长发育、繁殖与活动。

土栖昆虫随土温变化作垂直迁移。例如, 沟金针虫, 当 10cm 处土温为 1.5℃ 时, 在 27~33cm 处越冬, 6~7℃ 时开始上升活动, 9~10℃ 时在土表层活动, 开始为害, 15~16℃ 是为害盛期, 20℃ 以上则又下移至 13~17cm 处, 28℃ 时于 24cm 处越夏。

土壤湿度主要取决于土壤含水量, 通常大于空气湿度。因此许多昆虫的静止虫期, 常以土壤为栖息场所, 可以避免空气干燥的不良影响, 其他虫态也可移栖于湿度适宜的土层。土壤湿度大小对土栖昆虫的分布、生长发育影响很大。例如。棕色金龟甲的卵在土壤含水量 5% 时全部干缩死亡, 10% 时部分干缩, 15%~35% 时孵化率最高, 超过 40% 则大部分死亡。土栖昆虫由于体壁经常与土粒接触, 上表皮护蜡层易受磨损, 体壁吸水性加强, 故耕翻晒垄或药剂拌种等措施, 可将其杀伤致死。

2. 土壤理化性状

土壤物理性状主要表现在颗粒结构上。沙土、壤土、黏土等不同类型结构对土栖昆虫的发生有较大影响。例如，蝼蛄、金龟甲幼虫的体形较大，虫体柔软，喜在松软的沙土和壤土中活动。土壤化学特性、酸碱度和含盐量，对昆虫分布与生存也有关系。例如，最适合东亚飞蝗产卵的土壤最低含盐量临界值为 0.3%~0.5%，这是它的常年发生区；0.7%~1.2% 是其扩散和波及区，1.2% 以上则很少分布。

有些土栖昆虫常以土中有机物为食料，土壤中施有机肥料对土壤生物群落的组成影响很大。施用未腐熟的有机肥能使地下害虫（蛴螬、蝼蛄、种蝇等）为害加剧。

第三节 生物因子对园艺昆虫的影响

一、昆虫与植物

（一）食物因子

植物是害虫的食料，食料的质和量可以直接或间接地影响昆虫的繁殖发育速度及存活率。例如，棉铃虫幼虫取食棉花蕾铃、叶片，成蛾及产卵量分别相差 13.9%、47.3%。蝗虫取食莎草科和禾本科植物发育快，死亡率低，生殖率高；食棉花和油菜则相反。

昆虫对不同种植物及同种植物的不同部位有一定选择能力，这种选择功能主要通过感觉器官来完成。植物体表次生化学物质对昆虫有诱集、驱斥作用。例如，十字花科植物中的芥子油苷对菜粉蝶、黄曲条跳甲、小菜蛾有引诱力；葱蝇对葱蒜类植物含有的异硫氰酸盐的气味特别嗜好。玉米螟初龄幼虫喜趋于含糖的玉米组织中侵蛀，在玉米苗期常集中于心叶中为害，抽穗后侵蛀雄穗，雄穗枯后转害茎秆或雌穗，这都与不同生育期植株含糖量有关。

作物的种植方式和栽培制度也直接影响食物的量与质，所以与害虫的发生和发展也休戚相关。

（二）作物对害虫为害的反应

害虫为害对作物产量与品质的影响，是一个复杂的问题。根据害虫为害习性和作物反应大致分为 3 种基本类型。

（1）敏感性。作物产量损失随害虫为害程度的增加而增加，在一定为害区间，作物损失与为害率呈直线关系。这类害虫一般直接为害收获部分，如果实、穗部等。

（2）耐害性。作物产量与害虫为害程度呈 "S" 形曲线关系，即在害虫密度较低的情况下产量不会因害虫的为害而降低，有一个较稳定的阶段，但为害程度增加到一定的时候，产量急速下降，而降到一定程度后又出现一个相对稳定的阶段。作物耐害反应往往与受害生育期相关。

（3）补偿性。与耐害性大体一致，唯在为害程度较低时还呈现一定的补偿能力，也就是说，有时害虫为害非但不减产，反而会提高经济产量，但为害增加到一定程度，产量就急速下降。

（三）作物的抗虫性

作物与害虫之间表现为对立统一的关系。在长期自然选择及协同进化过程中，作物对害虫的为害也表现一系列的抗性反应。作物的抗虫性，可以归纳为生态抗性和遗传抗性。

1. 生态抗性

生态抗性是因环境因子引起的某种暂时性的抗虫特性，不受遗传因素所控制。园艺害虫对寄主植物的选择往往有它最适合的生育阶段，如果为害期不与适合的植物生育期配合，害虫就不能猖獗为害。在生产实践上常常用调节作物生育期的办法来达到避过害虫为害的目的。

某些环境条件的改变也可以诱导作物产生抗、感性。例如，甘蓝缺水、缺磷钾肥，会加速叶部蛋白质、淀粉的破坏与转化，增加韧皮部汁液中的铵态氮、酰胺态氮和糖的含量，从而促进菜蚜的繁殖；反之，就可以限制或延迟菜蚜种群的建立。

2. 遗传抗性

遗传抗性是由作物种质决定的一类抗性，一般认为抗虫性是昆虫对作物取食过程中的系列反应和植物对昆虫适应性反应的综合结果。

寄主植物的刺激因素：昆虫对寄主植物的选择与为害的连锁反应，可分为趋向与定位、发现与接近寄主、接触寄主、寄主适应 4 个基本序列。这序列过程，都是直接受寄主植物的刺激所引起的。寄主植物的刺激因素可概括为 3 个方面。①他感性化学物质宿主植物分泌某种次生化学物质能刺激害虫产生趋向，产卵、为害等行方这类物质称为利它素。反之，若宿主植物分泌某种次生化学物质能刺激害虫产生驳斥或拒避行为的化学物质，则称为异源素或斥它素。②形态结构因子寄主植物形态结构与昆虫的适应性反应关系密切。例如，叶片上毛刺的有无与多寡、叶色深浅和蜜腺的有无等，直接影响害虫定居、活动及生长发育。③营养因子虽然大多数作物的基本营养要素是差不多的，但不同的遗传型往往造成基本营养要素的比例不同从而对害虫的选择性与为害程度产生了差异。

寄主植物的刺激因子，都是由植物遗传性决定的，受基因所控制。

遗传抗性的机理主要涉及对昆虫行为过程和对新陈代谢过程影响两部分。遗传抗性功能可分为以下 3 类。

（1）抗选择性。作物通过其结构上的物理作用以及生理上的化学作用，使之不被或少被害虫所觅寻、选择，或积极的驱斥害虫前来产卵、取食或栖息。如棉花多毛品对棉叶蝉有抗性，而光叶棉对棉铃虫表现为很强的抗选择性。据研究，普通常规品种棉株每平方厘米有毛 310~775 根，而光叶棉品种每平方厘米仅为 31 根，光叶棉株上着卵量比常规品质减少 50%~60%。棉铃虫很少趋向无蜜腺或少蜜腺的品种为害。

（2）抗生性。作物抗生性由于作物体内具有毒物质、抗代谢物质、抑制消化吸收物质，或缺少昆虫生长发育所必须的某种营养物质所引起的抗性。玉米苗期叶片内含有配糖体（丁布），当玉米螟、棉铃虫为害叶片，经口器咀嚼，配糖体则很快水解成为葡萄糖和糖苷配基丁布，最后转化为抗螟素。棉花体内含有棉籽酚，对棉铃虫、造桥虫和蚜虫等均呈现抗生性。

（3）耐害性。指植物对昆虫的反应。这类作物品种、个体或群体对害虫的为害常常具有高度的增殖或补偿能力，从而减轻了其受害损失程度。

通常认为，在抗虫育种中利用单垂直抗性基因收效最快、成功率最高，特别是对某些生理小种与生物型具有专性高抗特性。但实践证明，单基因或寡基因的显性等位基因品种或品系，遗传和生态上的适应性差，这类品种不但易遭受其他病虫的为害，而且也容易导致产生新的生物型。

目前作物育种的总目标是高产、优质、多抗。为了预防与延缓新生物型的出现，在育种上采取的对策：一是增加微效基因的数量，以提高水平抗性及其稳定性；二是使微效基因与主基因结合，培育多抗性品种；三是主基因轮换，即季节性的轮换种植具有不同主基因的一组品种，这可降低抗性品种对害虫群体的选择压力；四是培育对害虫种群无选择压力的耐虫性品种。

二、害虫与天敌

昆虫在生长发育过程中，常遭受其他生物的捕食或寄生，这些害虫的自然敌害称为天敌。天敌种类很多，主要有昆虫病原微生物、有益昆虫、食虫动物等，对抑制害虫种群数量有着重要作用。

自然界中能取食作物的昆虫种类浩繁，但真正造成为害的种类为数不多，大部分昆虫种群，由于天敌控制，经常维持在相当低的数量水平，即使是农作物的主要害虫，每种害虫也有为数众多的天敌种群。天敌与害虫之间的关系是相互依存、相互制约的辩证关系。天敌是害虫种群数量的调节者，对害虫种群有明显的跟随现象，作用的大小往往取决于其食性专化程度、搜索能力、生殖力和繁殖速度，以及对环境的适应能力等。近代研究表明，天敌与寄主之间也有复杂的信息联系，天敌搜索害虫的过程有 4 个连续的顺序，即发现害虫的栖境、搜索害虫、选择害虫和害虫的适应性反应。这些过程与化学信息的联系十分重要。这类化学信息物质也称利它素。一般认为利它素不是直接的引诱剂，而是使天敌在适应的环境中延长滞留时间，从而增加选择寄主的机会。利它素大多来自害虫的鳞片、体壁、血淋巴或排泄物。一般情况下，害虫对天敌也不是束手待毙，它们会发生下述许多防卫性反应。一是忌避保护：以警戒色、拟态或分泌报警信息激素告诫同种昆虫逃避，如蚜虫在遭天敌袭击时，常在腹管中分泌 β-法尼烯醇类化合物，具有报警功能；二是化学与物理性防御：如凤蝶幼虫遇天敌时，翻缩腺不但具有恫吓作用，并有讨厌的气味，有些昆虫还具有假死式突发性昏迷习性；三是选择性保护：如蚜虫多型现象及物候隔离等；四是血细胞的防御与免疫反应：如大多数昆虫当遭受寄生蜂寄生时，血细胞形成包囊，包围在寄生物四周，干扰寄生物的取食和气体交换。

第六章　害虫调查和预测预报

第一节　害虫的调查

　　园艺作物害虫的预测预报和防治，都必须通过田间的实际调查取得科学数据，用以说明害虫的种类组成、发育进度、分布区域的大小、发生期的早晚、发生量的多少、作物受害程度的轻重及防治效果等。

　　害虫调查是积累资料的主要方法之一，调查时必须明确调查的目的和内容，采取科学的调查方法，才有可能获得准确的数据。

一、昆虫的田间分布型

　　昆虫种群田间分布型因种类、虫期、虫口密度的不同而有变化，同时还受地形、土壤、寄主植物种类、栽培方式以及小气候等外界条件的影响。因此，进行害虫田间取样调查，必须根据不同的分布型选择相应的取样方式，才能使取样具有代表性。作物害虫或其为害植株在田间的分布型，通常可以分为随机分布和聚集分布两类。

1. 随机分布

　　在呈随机分布的种群内，个体独立地、随机的分布到可利用的单位中去，每个个体占据空间任何一点的概率相等，任一个体的存在绝不影响其他个体分布（图 6-1A）。由于这种分布型在田间的分布比较均匀，调查取样时，每一个体在取样点内出现的机会相似，因此取样数量可少些，每个取样点可稍大一点，可采用大五点式、对角线式、棋

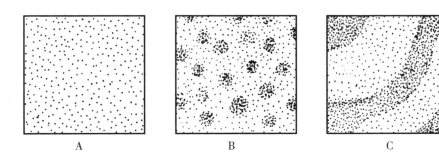

图 6-1　昆虫的分布型示意图
A. 随机分布；B. 核心分布；C. 嵌纹分布
（仿祝树德和陆自强，1996）

盘式取样方法。

2. 聚集分布

个体不随机分布，是疏松不均的分布，通常由若干个体组成一定的核心，最常见的聚集分布有核心分布和嵌纹分布两种（图 6-1B 和图 6-1C）。

（1）核心分布害虫或其为害状在田间分布呈不均匀状态，个体形成许多小集团或核心，并且这些小核心向四周作放射蔓延，核心与核心之间是随机分布的，核心内常是较密集的分布。对这种不随机分布型、样点数量要稍多一些，每个取样要稍小一点，可采用棋盘式或平行线式取样法。

（2）嵌纹分布又称负二项分布。害虫在田间分布疏密相间，密集程度极不均匀，故呈嵌纹状。这种分布型通常是有很多密度不同的随机分布混合而成，或由核心分布的几个核心联合而成。由于这种分布属不随机分布型，调查取样时每个个体在各取样单位中出现的机会不相等，因此，样点数量要多一些，每个样点适当小一些，可采用棋盘式或平行线式取样。

二、调查取样方法

由于各种害虫的生物学特性不同，它们的发生为害有其各自的规律性，即使同种害虫的不同虫期也有各自的特点，因此进行害虫调查时必须根据它们的分布特点，选择有代表性的各种类型田，采取适宜的取样方法，选取不同形状与一定数量的样点，使取样调查的结果反映害虫在田间发生为害的实际情况，做到从局部推测全体。

取样调查是田间实际调查最基本的方法。取样就是从调查对象的总体中抽取一定大小、形状和数量的单位（样本），以用最小的代价、人力和时间，达到最大限度地代表这个总体的目的。常用调查取样有分级取样、分段取样、典型取样和随机取样。

1. 分级取样（又称巢式取样）

分级取样是一种级级重复多次的随机取样。首先从总体中取得样本，然后再从样本里取得亚样本，依次类推，可以持续下去取样。例如，在害虫预测预报工作中，每日分检黑光灯（或白炽灯）下诱集的害虫，若虫量太多，无法全部数点时，可采用这种分级取样法，选取其中的一半，或在选取的一半中再选取一半，然后计算。

2. 分段取样（又称阶层取样、分层取样）

当总体中某一部分与另一部分有明显差异时，就表示总体里面有阶层。对于这样的总体通常采用分段取样法，即从每一段里分别随机取样或顺次取样，最后加权平均。

3. 典型取样（又称主观取样）

即在总体中主观选定一些能够代表总体的作为样本。这种方法带有主观性，但当我们已经相当熟悉和了解总体的分布规律时，采取这种取样方式能节省人力和时间，但要避免人为因素带来的误差。

4. 随机取样

在总体中取样时，每个样本有相同的被抽中的概率，将总体中 N 个样本标以号码 1、2……然后利用随机数表抽出 n 个不同的数码为样本。随机取样完全不许可参与任何主观性，而是根据田块面积的大小，按照一定的取样方法和间隔距离选取一定数量的样本单位。一经确定就必须严格执行，而不能任意地加大或减少，也不得随意变更取样单位。

实际上，分级取样、分层取样等，在具体落实到最基本单元时（某田块、田块中某地段等），都要采用随机取样法进行调查。常用于害虫田间调查的取样方法有五点式、对角线式、棋盘式、平行线式和"Z"字形式等（图6-2）。

（1）五点取样。适合于密集或成行的植物。可按一定面积、一定长度或一定植株数量选取样点。这种方法比较简便，取样数量比较少，样点可以稍大，适合较小或近方形田块，五点取样法是害虫调查中应用最普遍的取样方式（图6-2A）。

（2）对角线取样。分单对角线和双对角线两种。在田间对角线上，各采取等距离的地点作为取样点，与五点式取样相似，取样数较少，每个样点可稍大（图6-2C）。

（3）棋盘式取样。将田块划成等距离、等面积的方格，每隔一个方格在中央取一个样点，相邻行的样点交错分布。这种方法适合于田块较大或长方形田块，取样数目可较多，调查结果比较准确，但较费工（图6-2B和图6-2D）。

（4）平行线取样。合于成行的作物田，在田间每隔若干行取一行调查，一般在断垄的地块可用此法，若垄长时，可在行内取点，这种方法样点较多，分布也较均匀（图6-2E）。

（5）"Z"字形取样。适宜于不均匀的田间分布，样点分布田边较多，田中较少（图6-2F）。蚜虫、红蜘蛛前期在田边点片发生时，以采用此法为宜。

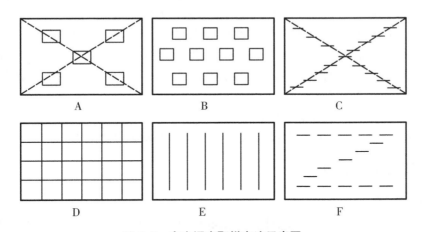

图6-2　害虫调查取样方法示意图

A. 五点式；B. 棋盘式Ⅰ；C. 双对角线式；D. 棋盘式Ⅱ；E. 平行线式；F. "Z"字形式

（仿祝树德和陆自强，1996）

三、调查取样单位及数量

1. 取样单位

每个样点的形状和统计观察的单位即取样单位。进行害虫的田间调查时，必须根据害虫种类、作物种类、栽培方式的不同，选取合适的取样单位。常用的单位如下。

（1）长度单位常用于生长密集的条播作物。

（2）面积单位常用于调查地面或地下害虫以及密集的、矮生作物上的害虫。例如调查小地老虎的卵和幼虫及湖滩地的蝗虫等。

（3）体积或容积单位常用于调查木材害虫、贮粮害虫等。

（4）重量单位用于调查粮食、种子中的害虫。

（5）时间单位用于调查活动性大的害虫。如观察单位时间内经过、起飞或捕获的虫数。

（6）以植株、部分植株或植株的某一器官为单位。例如：植株小时计算整株植物上的虫数；如果植株太大，不易整株调查时，则只调查植株的一部分或植物的某一器官。例如：调查木槿上棉蚜卵数，只须调查木槿枝条，以从顶端向下量 16.5cm 以内的枝条为单位。

（7）诱集物单位如灯光诱虫，以一定的灯种、一定的光度、一定时间内诱集的虫数为计算单位。糖醋液诱集黏虫、地老虎，黄色盘诱集蚜虫，以每一个诱器为单位；草把诱蛾、诱卵，则以把为单位。

（8）网捕单位一般是用口径 30cm 的捕虫网，网柄长为 1m，以网在田间来回摆动 1 次称为 1 网单位。

2. 取样数量

在调查某一对象时，若取样过少，会使调查结果不准确；取样过多，又浪费人力与时间。为保证取样质量和节约人力，必须确定适宜的取样数量。

取样数量即样本容量（在一个田块中所取样点的多少），主要根据调查田块的大小、地形、作物生长整齐度、田块周围环境、昆虫的田间分布型以及虫口密度来确定。面积小、地形一致、作物生长整齐、四周无特殊影响、随机分布型昆虫，取样时可少取些样点；反之，样点宜多些。

一般虫口密度大时，样点数可适当少一些，每个样点可大一些；反之则应适当增加样点数，每个样点可小一些。时间及人力许可时尽可能多取些样点。

四、调查结果计算

1. 虫口密度

根据所调查对象的特点，统计在一定取样单位内出现的数量。凡属可数性状，调查后均可折算成一定单位内的虫数或受害数。例如，调查螟虫卵块，折算成每亩①卵块数；调查植株上虫数常折算成百株虫数。凡数量不易统计时，可将一定数量范围划分成一定的等级，一般只要粗略估计虫数，然后以等级表示即可。例如，棉蚜蚜情划分等级为：0 级为百叶 0 头，1 级为 1～10 头，2 级为 11～50 头，3 级为 50 头以上。

---

① 1 亩≈667m²，全书同。

2. 作物受害情况

通常用被害率、被害指数或损失率来表示作物受害情况。

（1）被害率表示作物的株、秆、叶、花、果实等受害的普遍程度，不考虑每株（秆、叶、花、果等）的受害轻重，计数时同等对待。

$$被害率(\%) = \frac{被害株(秆、叶、花、果)数}{调查总株(秆、叶、花、果)} \times 100$$

（2）被害指数许多害虫对植物的为害只造成植株产量的部分损失，植株之间受害轻重程度不等用，被害率表示并不能说明受害的实际情况，因此往往用被害指数表示。在调查前先按受害轻重分成不同等级（重要害虫的等级由全国会议讨论确定），然后分级计数，代入下面公式：

$$被害指数(\%) = \frac{各级值 \times 相应级的株(秆、叶、花、果)数的累积值}{调查总株(秆、叶、花、果)数 \times 最高级值} \times 100$$

（3）损失率被害指数只能表示受害轻重程度，但不直接反映产量的损失。产量的损失以损失率表示。

$$损失率(\%) = 损失系数 \times 被害率$$

$$损失系数(\%) = \frac{健株单株产量 - 被害株单株产量}{健株单株产量} \times 100$$

3. 田间药效试验结果计算

（1）虫口减退率表示防治后虫口数量平均减少的百分数。

$$虫口减退率(\%) = \frac{防治前平均虫量 - 防治后平均虫量}{防治前平均虫量} \times 100$$

由于害虫数量不仅与施药有关，还受自然死亡及其他因素的影响，因此调查计算虫口减退率时，必须与对照比较，求出校正虫口减退率。

$$校虫口减退率(\%) = \frac{防治区虫口减退率 - 对照区虫口减退率}{1 \pm 对照区虫口减退率} \times 100$$

蚜虫、螨及蓟马类害虫繁殖速度快，施药后短期内虫量仍在上升，对照区虫量在繁殖后比防治前增加，这类害虫的防治效果可按下式计算：

$$校正防效或防治效果 = \frac{防治区虫口减退率 \pm 对照区虫口增加或减退率}{1 \pm 对照区虫口增加或减退率} \times 100$$

式中，"$\pm$"表示对照区虫口增加时用"$+$"，减少时用"$-$"。

（2）保苗效果（%）对于生活隐蔽的害虫，很难调查防治前后的数量变化，常以作物受害程度的变化来衡量药效。若以被害率来表示被害程度，则以保苗效果（%）表示药效，计算公式如下：

$$保苗效果(\%) = \frac{对照区被害率 - 防治区被害率}{对照区被害率} \times 100$$

若以被害指数表示被害程度，可按下式计算防治效果：

$$防治效果(\%) = \frac{对照区被害指数 - 防治区被害指数}{对照区被害指数} \times 100$$

第二节　害虫的预测预报

　　害虫预测预报是通过实际调查取得数据，根据害虫发生规律结合当地有关历史资料，进行综合分析，对害虫未来的发展动态作出判断，并及时发出情报，用以指导防治前的各项准备工作，掌握害虫防治的主动权。

　　害虫预测预报是以昆虫生态学为理论基础，根据在不同时间和空间条件下害虫生物学特性和环境因素之间相互关系的变化，来揭示害虫的发生和为害趋势。

一、害虫预测预报的类型

1. 根据测报内容分类

　　预测害虫的发生动态根据测报内容可分为下面4种。

　　（1）发生期预测。预测害虫某一虫期或虫龄的发生和为害的关键时期，以确定防治适期。

　　（2）发生量预测。预测害虫的发生数量或田间虫口密度，根据拟定的防治指标，确定是否需要防治和防治规模的大小。

　　（3）为害程度预测。在发生量预测的基础上，结合作物品种和发育期，对作物受害程度的产量损失作出估计。

　　（4）分布预测。预测害虫的分布或发生面积，以便根据害虫发生的时间和密度，确定防治的田块和安排防治的先后顺序。

2. 根据预测期时间长短分类

　　根据预测期时间的长短，可以分为下面3种。

　　（1）短期预测从害虫前一个虫期预测后一个虫期的发生期和发生量，以指导当前的防治，预测的时间一般只有几天到十多天。例如，根据桃小食心虫卵发育进度，预测幼虫盛孵期。

　　（2）中期预测依据前一代的虫情，预测下一世代各虫期的发生动态，为近期防治部署做好准备，时间一般在一个月以上。但具体时间的长短，依预测对象世代历期的长短而定，如一年发生1代的害虫，其预测期限可长达1年。

　　（3）长期预测根据越冬后或年初某种害虫的有效虫口基数、作物布局及气象预报资料等的综合分析，展望其全年发生动态，为制定全年防治计划提供依据，预测时间常在一个季度以上甚至跨年。

3. 根据虫源性质分类

　　害虫测报的类型还可根据虫源性质来分类。

　　（1）本地预测。如害虫在当地越冬，以本地虫源为依据的预测，称为本地预测。

　　（2）异地预测。害虫在当地不能越冬，以外地虫源为依据的预测，称为异地预测。异地预测用于迁飞类害虫，主要是根据害虫的迁飞规律，由虫源地提供发生基数、发育进度和迁出期，结合迁飞地当时的天气形势，分析降虫条件、预测发生时间和为害趋势。

二、预测预报的方法

害虫的预测预报方法很多，常用的有下列几种。有些方法可用于发生期预测，也可用于发生量预测；有的方法可用于发生量预测，又可用于分布蔓延的预测。

（一）期距法

各虫态出现的时间距离，简称"期距"。即昆虫从前一个虫态发育列后个虫态，或前一个世代发育到后一个世代经历的时间天数。只要我们知道了这个期距天数，就能根据前一个虫态发生期，加上期距天数，推算后一个虫态的发生期。也可以根据前一个世代的发生期，加上一个世代的发生期，推算后一个世代同一虫态的发生期。主要采用诱集、饲养、调查等方法获得期距。

1. 诱集法

利用昆虫的趋光性、趋化性以及取食、潜藏、产卵等习性进行诱集。如设置黑光灯、性引诱剂、糖醋液诱蛾等，在害虫发生时期经常诱集统计。这样便可看出它们在本地区 1 年中各代出现的始盛期、盛发期、盛末期。测报中常用的期距一般是指各虫期出现的始盛、高峰和盛末期相间隔的时间距离。各虫期的间隔可以是同代间的，也可以是上、下代之间的。有了这个基本数据，在以后的各年中，便可根据当年第一代出现的盛期，加上期距天数，推测出第二代出现的盛期。也可以推算其他虫期或为害期。例如，用糖醋液诱集小地老虎越冬代成虫盛发期，与第一代卵盛孵期的期距一般有 15d，距严重为害期为 25~30d，如果当年诱集知道小地老虎成虫盛期是 4 月 5 日，那么可推知第一代卵盛孵期是 4 月 20 日左右，严重为害期在 5 月 1 日以后。

2. 饲养法

一般是从果园采集一定数量的卵、幼虫或蛹，在人工饲养下，观察统计其发育变化历期，根据一定数量的个体，求出平均历期。以这样的平均历期，作为期距，进行期距预测。从前一虫态发生期预测以后虫态的发生期。

3. 调查法

一般都是在果园进行定期调查。由某虫态出现期开始前，逐日或每隔 1~5d，在果园取样检查，统计出现数量，计算出发育进度，直至终期为止，下一虫态也是这样，依此类推。根据果园实际检查的资料，可以看出同一个世代中孵化进度、化蛹进度、羽化进度的期距，以及两年中不同世代同一虫态发育进度的期距。

用进度表示发育始、盛、末期。所谓进度就是某虫态出现的百分率的进展情况。始盛期指达到 16% 的时间，盛期指达到 50% 的时间，盛末期指达到 84% 的时间。例如，调查一些鳞翅目害虫的化蛹盛期时，可以接下列公式统计逐日的化蛹百分率及羽化百分率。

$$化蛹百分率(\%) = \frac{适蛹数 \pm 蛹壳数}{活幼虫数 \pm 活蛹数 \pm 蛹壳数} \times 100$$

$$羽化百分率(\%) = \frac{蛹壳数}{活幼虫数 + 活蛹数 + 蛹壳数} \times 100$$

化蛹盛期（50%化蛹）与羽化盛期（50%羽化）的时间间距，就是蛹的历期或蛹期至成虫期的期距。

（二）物候法

物候法是指在自然界中各种随着季节变化出现的生物现象。例如，燕子飞来、黄莺鸣叫、桃树开花等，都表现一定的季节规律。这些物候现象代表了大自然的气候已经进入一定的节令。害虫的生长发育受自然气候的影响，每种害虫的某一虫期，在自然界中也是在一定的节令才出现，由于自然界各种动植物的相互联系，人们可以经过多年观察，找出某一虫态出现在时间顺序上的标志，来预测害虫某一虫态的出现期。例如，根据在郑州多年的观察，梨芽萌发，梨蚜卵孵化。对小地老虎的观察证明，"桃花一片红，发蛾到高峰；榆钱（果）落，幼虫多"。这些现象生动地说明了自然界害虫的出现期与其他生物之间的相关性。我们在测报上就是利用这种相关性，借助其他生物的活动规律，来预测害虫的出现时期。

利用物候法作为害虫发生期的适期测报是很有实际意义的，因为容易为群众掌握，便于推广。但是在害虫测报上，仅仅停留在同一时间的物候现象上是很不够的，必须把观察的重点放在害虫出现以前的物候上，找出其间的期距，在防治害虫上才更为主动。

（三）积温法

积温法就是利用有效积温法则进行测报的方法。

（四）气候图法

气候图法可用于害虫的分布预测和数量预测。

（五）形态指标法

根据生物有机体与生活条件统一的原理，外界环境条件对昆虫的有利或不利，在一定程度上反映在形态和生理状态上。因此可以利用害虫的形态或生理状态作为指标来预测害虫未来数量的多少。如昆虫的大小、重量、脂肪组织及其他器官的变化等，都可作为预测的指标。例如，蚜虫在有利环境条件下，主要产生无翅蚜；反之，则出现有翅蚜。因此，这种类型的变化就可作为数量预测的指标，也可以作为预测迁飞扩散的指标。如在华北地区，棉蚜蚜群中当有翅成蚜和若蚜占总蚜量的38%~40%时，在7~10d后将大量扩散迁飞。

（六）种群数量估计法——生命表

近年来，不少昆虫学者利用生命表来分析害虫种群的动态。生命表以昆虫的产卵数或预期产卵数为起点。分别调查由于各种不同原因对种群不同虫期所造成的死亡率，逐项列入表中，最后求出一个世代中所能存活下来的数量。再根据雌雄性比及雌虫平均产卵量，求得下一世代的发生量。如发生量与起点发生量相似，说明种群数量稳定无增减；如大于起点发生量，表明种群数量将要增加；如低于起点发生量，表明种群数量将趋于下降。生命表中应记载虫期或虫龄（x），该虫期或虫龄的起始存活数（lx），在该虫期或虫龄的死亡因素（dxF）及死亡数（dx），折合该虫期的死亡率（100qx），折合成全世代（N）的死亡率（$100dx/N_2$），本世代及下世代的卵数（N_1 及 N_2）。以某虫（每雌产卵力为100，性比 50∶50）作生命表为例，如表6-1。

表 6-1 生命表示例

x	Ix	dxF	dx	100qx	100dx/N_2
卵（N_1）	100	寄生性天敌	30	30	30
		捕食性天敌	10	10	10
幼虫	60	霜	55	92	55
蛹	5	寄生性天敌	3	60	3
成虫	2				
卵（N_2）	100				

注：性比例=50：50；每雌平均产卵 100 粒

根据种群数量估计公式代入表内数字。

$$P = P_0 \left[\left(e \frac{f}{m+f} \right) (1-d)(1-m) \right]^n$$

式中，$P=N_2=$一定时间、地点内种群消长的个体数量；$P_0=N_1=$种群的起始数量；迁移力 $M=0$；$e=$每头雌虫平均繁殖力；$f=$雌虫数；$m=$雄虫数；$d=$单位时间内的死亡率；$n=$发生代数。

$$NA_2 = 100 \left[\left(100 \frac{50}{50+50} \right) \left(1 - \frac{98}{100} \right) \right]^2 = 100$$

$$I = \frac{NA_2}{NA_1} = \frac{100}{100} = 1$$

种群消长趋势指数 $I=1$ 时，说明种群数量无增减；$I>1$ 时表明种群数量将增长；$I<1$ 时，种群数量将减少。

从上表可以看出，幼虫因霜冻死亡 92%，折合种群起始总量（N_1）的 55%，可以说对该虫种群消长起着关键的作用。幼虫期为影响种群消长的关键时期，而使这关键虫期死亡的主要因素为霜冻，霜冻则称为决定因素，这是数量预测的重要依据。

第七章　害虫防治原理与方法

为了提高园艺产品的产量和质量，防治害虫是一项重要而技术性很强的工作。在进行过程中，首先要认真贯彻"预防为主，绿色防控"的植保工作方针，其次要全面掌握害虫的生物学特性及其与环境条件之间的辩证关系，然后采取有效的防治措施，经济、安全、有效地控制害虫为害，以达到优质高产的目的。

害虫的防治法，根据其作用原理和应用技术，可分为植物检疫、农业防治法、物理防治法、生物防治法和化学防治法五大类。

第一节　植物检疫

植物检疫是为了不让对于栽培作物、有益野生植物及其加工品有危害的，并且对本国农业会带来极大损失的病虫、杂草从外面侵入国内；也是为了限制与消灭国内局部蔓延的植物检疫对象所拟定的和严格进行的系统措施。

植物检疫是重要的防治病虫害的方法之一。大多数病虫的分布都有一定的区城，但也有扩大分布为害的可能性。病虫传播的方法除靠风、水、动物和自身的迁移外，主要是靠种子、苗木、果实的远距离运输。在交通发达的条件下，更有利于病虫的传播。同时许多害虫，一旦到了新的地区，因缺乏相应的天敌控制，常在短时期内暴发成灾，难以消灭。例如蚕豆象、豌豆象就是在日本侵华时期，从日本传入我国的，给我国农业生产造成巨大的损失。美国白蛾也是由于检疫制度不健全及检疫处理不彻底而从国外传入的。

一、检疫的任务

（1）做好植物及植物产品的进出口或国内地区间调运的检疫检验工作，杜绝危险性病虫草鼠的传播与蔓延。

（2）查清检疫对象的主要种类、分布及为害情况，并划定疫区和保护区，同时对疫区采取封锁、对检疫对象采取消灭措施。

（3）建立无危险性病虫草鼠的种子、苗木繁育基地，以供应无危险性病虫种苗。

二、确定检疫对象的原则

（1）主要依靠人为力量而传播的危险性病虫草鼠。

（2）对农业生产威胁很大并能造成经济上严重损失的病虫草鼠，可能通过植物检疫方法，加以消灭和阻止其传播蔓延。

（3）仅在局部地区发生但分布尚不广泛的危险性病虫草鼠，或分布虽广、但还未发生的地区需要加以保护。

三、检疫的内容

（一）对外检疫

防止新的或国内仅局部地区发生的危险病、虫、杂草、种子和苗木等从国外输入，并履行国际主义义务，按照输入国的要求，制止危险病、虫、杂草、种子和苗木等从国内输出。其具体工作内容如下。

1. 进口检疫

货物、邮包、栽培材料自输出国外运时，一般经过当地检疫部门检疫，但到达国境后，必须再做一次全面检疫后，才能放行。因此，进口检疫通常都在交通线接近国境边界的地方进行，如车站、对外贸易港口、航空站等。

2. 过境检疫

凡受检疫的货物、邮包、栽培材料，在到达输入国之前，途经各国国境时，或国外船只及其他交通工具暂时停泊于沿途各国国境内时所进行的检疫工作。一般除检查其输出国的检疫证书外，还应严密注意货物或部件包装是否可靠，并检查运输工具本身有无携带检疫对象。必要时，还应抽样进行检疫，发现检疫对象时，可以拒绝停泊或规定停泊地点。

3. 出口检疫

按照输入国的检疫对象名单或贸易协定中规定的检疫要求而进行的检疫。

可以在植物及其产品的原产地进行，若能掌握国内各种危险病、虫、杂草、种子和苗木的分布区域或嫌疑地区，则可在出口地点进行，根据货物来源和地区的选择，进行抽样检查。

（二）对内检疫

把国内局部地区发生的危险病、虫、杂草、种子和苗木封锁在一定范围内，以便及时把它们彻底消灭于感染发源地。其工作内容如下。

1. 调查和区划

通过调查了解危险病、虫、杂草、种子和苗木的种类和分布地区，在此基础上确定检疫对象和检疫植物，并结合行政区划和自然条件，划出疫区和保护区。

2. 封锁与保护

对于疫区和保护区，应分别采取严格的封锁和周密的保护措施。疫区应检的植物及其产品不能随意外运，如要外运，必须经检疫机关检验合格后方准运出。疫区内应检的植物，必须经常进行检查，一旦发现感染检疫对象时，要采取积极的防治措施。在保护区不得随意运进应检植物及其产品，必须运进时，检疫机关应进行严格的检验，合格后方准调进。

对新从外国、外省外地传入的危险病、虫、杂草、种子和苗木，应采取紧急措施，不使其进一步扩展蔓延。

3. 产地检疫

培育无检疫对象的种苗，首先要在产地进行熏蒸消毒，或其他杀虫灭菌措施，避免在途中扩散。

四、检疫的制度和法令

植物检疫是通过各方面的严格制度，由政府明文制定的法令、条例予以颁布，以保证检疫措施的严格实行。

植物检疫制度和法令是全国各机关、农场、林场和每个公民以及在国境内的一切外国组织、侨民和运输工具的负责人员应该遵守的法规。植物检疫机关，必须严格贯彻执行，同时还有权监督检查各主管机关和各有关组织机构，以便贯彻国家规定的植物检疫法令。

我国国务院于 2017 年 10 月 7 日修正了《植物检疫条例》，并制定了新的《中华人民共和国进出口动植物检疫条例》。农牧渔业部和林业部还根据植物检疫条例的规定，制定了实施细则。各省（自治区、直辖市）根据该条例及其实施细则，结合当地具体情况、制定实施办法。

目前，我国园艺害虫对外检疫对象有桃小食心虫、苹果蠹蛾、柑橘大实蝇、柑橘小实蝇、芒果果实象甲、地中海实蝇、马铃薯甲虫、葡萄根瘤蚜、美国白蛾等。对内检疫对象有苹果小吉丁虫、苹果实蝇、草果棉蚜、柑橘瘤螨、苹果蠹蛾、葡萄根瘤蚜、巴西豆象、马铃薯甲虫等。

第二节　农业防治法

农业防治法是利用农业栽培管理技术措施，有目的地改变某些环境因子，使之不利于害虫的发生发展，而有利于园艺植物的生长发育，或是直接消灭、减少虫源，达到防治害虫、保护果蔬、花卉高产优质的目的。

农业防治法本身就是农业措施中的一项内容，它是害虫防治的基础。优良的农业技术不仅能保证园艺植物对生长发育所要求的适宜条件，同时还可以创造和经常保持足以抑制害虫大发生的条件，使害虫的为害降低到最低限度。甚至可能达到根治，符合"预防为主，综合防治"的方针。

农业防治法由于和生产过程紧密结合，同时又可减少大量施用化学农药所产生的害虫抗性、污染环境以及杀伤天敌的不良影响，因此易为人们接受和掌握，易推广。但是，农业防治法往往地域性、季节性较强，治虫作用也不如化学防治快，因此，在害虫大发生时，不能及时解决问题，必须辅之以其他防治措施。

目前常采用的农业防治措施主要有以下几个方面。

一、选育抗性品种

每种害虫对某些蔬菜与果树品种都有其嗜好性，表现出各品种抗虫性差异。利用果树蔬菜的抗虫性是防治害虫最经济有效的一种方法。例如，梨茎蜂是单食性的害虫，专门为害新抽出的嫩梢、但为害程度在品种间有很大差异。凡梨树抽梢期与成虫羽化高峰期相吻合的品种，受害都严重。

选育抗虫品种的方法很多。包括选种、引种、杂交、诱发突变、嫁接和分子定向进化育种等。目前生物技术在园艺植物育种被广泛的应用，如细胞工程，基因工程及分子标记等。

二、品种的合理配置

每种害虫对寄主都有一定的选择性和转移性。因此，栽植果树蔬菜时都要考虑到物种与害虫食性的关系，避免相同物种混栽。如避免苹果、梨、桃、李等混栽，可以减少以后防治梨小食心虫和桃蛀螟的许多麻烦。葡萄园周围不栽植刺槐作防风林，可避免扁平球坚介壳虫从刺槐向葡萄上转移为害。

园艺作物的合理密植，也是减少害虫发生为害的主要措施。如树种栽植过密，常造成介壳虫类的大量发生；栽植过稀，常遭受天牛等蛀杆害虫的为害。

园艺作物行间合理种植绿肥作物，创造有利于天敌昆虫活动的场所。如种植苜蓿，一方面可改良土壤，增加肥源，同时为害虫的天敌创造了栖息，繁殖的良好条件。广东柑橘园在植株行间种一种菊科植物——藿香蓟，其花粉可供钝绥螨取食，通过这样的种植搭配，为钝绥螨数量的增长创造了条件，使柑橘全爪螨得到有效的控制。

还可以实行间作套种，能够合理配置作物群体，使作物高矮成层，相间成行，有利于改善作物的通风透光条件，提高光能利用率，充分发挥边行优势的增产作用。

三、耕翻灭虫

耕翻整地可改变土壤的生态条件，破坏害虫的生活环境和潜伏场所。耕翻可将土壤深层的害虫翻至土表，通过天敌啄食、日光暴晒或冷冻致死，从而可杀死大量在土中越冬或潜伏的害虫。如枣尺蠖的蛹在树冠下的土中越冬，冬季在树干周围创树盘，可以把蛹翻到地面因失水干死、冻死，或被鸟、鸡等啄食。通过耕作，可直接杀死某些害虫。

四、加强园艺植物管理

结合果树修剪，可以剪除枝梢上的害虫。如春季及时剪掉顶芽上的卷叶，可消灭大量顶牙卷叶蛾的幼虫，并可降低以后各世代的为害。及时摘除桃、李的被害嫩梢，可减轻梨小食心虫的早期为害。击毁黄刺蛾的虫茧，可杀死其中的幼虫。南方柑橘园，抹梢修剪、清园，不仅可以直接消灭新梢上的害虫，又能恶化害虫的营养条件，抑制新梢害虫的增殖，压低虫源。放梢期利用根外追肥，能促进新梢迅速生长，转绿老熟，缩短新梢受害期。

果园内的枯枝落叶、僵果、翘皮，菜地内枯叶残茬都是害虫潜伏的场所。刮除翘皮、扫除落叶、摘掉僵果，清洁田园都可以消灭大量越冬、越夏的害虫。

五、合理施肥与灌溉

合理施肥与灌溉，可以施有机肥、微肥、叶面肥等这样可以改善果林的营养条件，提高其抗虫性，促其迅速生长。用海棠、山楂等种子育苗时，不施用充分腐熟的粪肥，以免种蝇的为害。施用有机肥，干旱季节，在果园内适时灌水，可减少红蜘蛛的为害。大棚生产为控制其湿度，可以推广滴灌技术。

第三节 物理防治法

物理防治法是利用简单器械和各种物理因素（光、热、电、温湿度和放射能等）来防治害虫。近年来，随着原子能物理学的发展，这类防治法将得到空前的发展。目前常用的方法有以下几种。

一、捕 杀

利用人力或简单器械，捕杀有群集性或假死性的害虫。如用竹竿打枣枝振落枣尺蠖，发动群众早晨到苗圃地捕捉地老虎，利用简单器具钩杀天牛幼虫等，都是行之有效的防治措施。冬季刮除果树老粗皮，消灭在皮下越冬的害虫，以及摘除虫果，消灭各种蛀果害虫等，效果均好。

二、诱 杀

利用害虫的趋性，人为设置诱集源，诱集害虫加以消灭。如利用毒饵诱杀蝼蛄、大蟋蟀、地老虎等。利用黑光灯或高压电网灭虫灯诱杀有趋光性的害虫，也可在田间放黄板、蓝板，地上铺银灰色薄膜等，都是行之有效的方法。当然黑光灯也诱杀了一部分益虫，这是其缺点。所以，根据害益虫的消长规律，有计划地点灯诱杀害虫，则收效较大。还可以利用性信息素在田间释放、诱集和诱捕雄性昆虫，从而使害虫产卵量和卵化率大幅降低，进而达到防治的目的。目前，茶毛虫、梨小食心虫、桃小食心虫、小菜蛾等农业重要害虫的性信息素已被国内外成功合成，并取得了显著的经济、生态效益。最新发现食诱剂香根草可作为玉米田诱集植物引诱玉米禾螟，此外，水稻田埂种植香根草诱集二化螟成虫在其上产卵，且孵化后的幼虫在香根草上不能完成生活史，减轻了其对水稻的为害。

三、阻 隔

根据害虫的活动习性，人为设置障碍，防止幼虫及某些不善飞行的成虫扩散、迁移，常能收到一定效果。如河南省新郑枣区利用塑料薄膜在树干基部包扎，阻止枣尺蠖雌蛾上树，效果很好。在草履蚧发生严重地区，早春在树干基部涂粘虫胶环，可以阻杀上树若虫。在南方柑橘产区利用这一方法，可以阻杀上树的柑橘象甲成虫。在果园中还可采取人为设置防虫网、遮阳网、给果实套袋、贴黄板诱集害虫等方法，达到有效地防治害虫为害的目的。

四、改变温湿度

升高或降低温湿度，使之超出害虫的适应范围，可起到消灭害虫的作用。如暴晒种子、热水烫种等，都可以杀死害虫。

五、高频率辐射治虫

利用昆虫与其寄主的导电性能，经高频率辐射后可使昆虫死亡而对果品、粮食或木材等无害，主要用以防治仓库或果库中的害虫。例如，对松墨天牛 *Monochamus alternatus* 进行辐射，可有效控制松材线虫病的扩散和蔓延。此外，对绿豆象 *Callosobruchus chinensis* 的卵、幼虫、蛹、成虫进行辐射处理，导致雌雄虫不育。

六、其他方式杀虫

可以利用红外线辐射将贮藏物加热至60℃经10min，所有仓库害虫都被杀死，对种子发芽率并无影响。利用钴60 γ 射线或 x 射线大剂量照射，利用射线的强大穿透力，可使贮藏物中的害虫致死。国外有人利用普通照相用的闪光灯照射昆虫，也可使昆虫不孕。可利用温度过高或过低引起昆虫不育。也可以应用激光技术杀虫，即使大风天气也能照常进行。

采用各种物理方法对害虫进行调查和测报也正在研究应用，如用雷达探测害虫迁飞；利用飞机和人造卫星发射红外线调查害虫；利用电子计算机指导测报等。

防治器械也在不断改进和发展。超低容量喷雾器和无人机喷雾的应用，加速了害虫防治机械化的进程。超低容量飞机喷雾和无人机喷雾防治森林和农业害虫及卫生昆虫，都取得了较好的防治成效，为今后大面积机械化喷药提供了有利的条件。

第四节　生物防治法

生物防治法是利用某些生物或生物的代谢产物防治害虫的方法，是害虫综合防治的重要内容之一。生物防治法不仅可以改变生物种群组成成分，而且能直接大量消灭害虫。生物防治法具有对人畜及植物安全、无污染、不会或很难引起害虫的再猖獗和形成抗性等特点，对一些害虫的发生具有长期的抑制作用。根据特性不同可将害虫的生物防治分为以虫治虫、以病原微生物治虫、以昆虫生理活性物质治虫及利用其他有益动物治虫等多个方面。

一、以虫治虫

利用天敌昆虫消灭害虫，称为以虫治虫，也包括蜘蛛和益螨的利用。按天敌昆虫取食害虫的方式可分为捕食性天敌和寄生性天敌两大类。

捕食性天敌又叫肉食性天敌，这类天敌以害虫为食。依照取食方式不同进一步分为两类：一类是利用其咀嚼式口器，直接吞食虫体的一部分或全部；另一类是将其刺吸式口器插入害虫体内，同时释放出一种毒素，使害虫很快麻痹，不能行动和反扑，然后吸食其体液，使害虫死亡。捕食性天敌种类很多，如瓢虫、草蛉、胡蜂、蚂蚁、食蚜蝇、食虫虻、猎蝽、步行虫、蜘蛛和捕食螨等。这类天敌一般食量较大，在其生长发育过程中，必须吃掉几个、几十个甚至几百个虫体才能发育完成。因此，在自然界控制害虫的作用十分显著。

近年来，为了克服化学农药不合理使用后出现的问题，国内外积极开展捕食性天敌的研究和利用，有些已经取得了成效。例如，利用瓢虫防治介壳虫和蚜虫；利用草蛉防治蚜虫和粉虱；利用捕食螨防治红蜘蛛；利用小花蝽防治蓟马和蚜虫等。

目前，螳螂、蜻蜓、食虫虻、猎蝽等捕食性天敌，尽管它们的人工繁殖利用技术并不是很成熟，但是它们在自然界活动频繁，消灭了大量害虫，也已引起人们的高度重视。

寄生性天敌寄生于害虫体内或体外，以其体液和组织为食，最后杀死害虫，主要包括寄生蜂和寄生蝇。寄生蜂是专门寄生在其他昆虫体内的蜂类，是目前生物防治中以虫治虫应用较广、效果显著的重要天敌。在实际应用中，利用赤眼蜂防治苹果小卷叶蛾、梨小食心虫、松毛虫等害虫已取得了很好效果，有的已开展大面积推广应用，甚至由人工繁殖发展到自动化工厂生产。近年来，武汉大学、湖北省农科院、广东昆虫研究所等科研单位，积极开展人工假卵的研究，解决大量繁蜂的中间寄主问题，在出蜂率和雌性比方面均具有较大优势，发展前景广阔。

寄生蜂的种类很多，主要类群包括尾蜂总科、姬蜂总科、小蜂总科、瘿蜂总科、细蜂总科和胡蜂总科等，其寄生习性十分复杂。有的寄生蜂将卵产在其他昆虫的卵内，被寄生卵最后变黑，寄生蜂卵孵化后即取食寄主卵内物质作为养料，并在卵内发育为成虫，然后咬破卵壳而出，再进行寄生。有的寄生蜂将卵产在其他昆虫的幼虫或蛹内，卵孵化后取食其体液，进一步取食其内部器官，被寄生的幼体逐渐皱缩而后死亡。有时被寄生的幼虫尽管可以正常化蛹，但是由于寄生蜂的取食，被寄生蛹僵硬、腹部不能活动。被寄生的甲虫或其他成虫，仅在寄生蜂幼虫咬破它们的体壁出来之后，才会死亡。凡被寄生的卵、幼虫或蛹，都不能完成发育而中途死亡。

寄生蝇寄生在蝶蛾类的幼虫或蛹内，以其体内养料为食，导致其死亡。寄生蝇的成虫常产卵于其他害虫的幼虫或蛹上。幼虫孵化后，钻入体内，吸食体液，在寄主的皮肤或气管上开孔，以呼吸空气。有的卵产在植物叶片上，通过昆虫取食，进入肠胃寄生。有的将卵直接产于害虫体内。也有将已孵化的幼虫产在害虫体内，有时幼虫栖息于土壤表面或叶片表面，趁机钻入害虫体内吸食。在害虫还未死亡前，寄生蝇幼虫已发育成熟，破体而出于寄主体外或入土化蛹。

寄生蝇主要包括头蝇科、麻蝇科和寄蝇科，其生殖力很强，一生能产 50～5 000 个卵或幼虫。寄生蝇在有些国家已用于生物防治，国内沈阳农业大学、华中农业大学等多个科研单位已开展寄生蝇的繁殖利用研究，主要针对茶树害虫的防治。

利用捕食性和寄生性天敌来防治园艺害虫，有以下 3 条途径。

1. 保护利用自然界天敌昆虫

自然界天敌昆虫的种类和数量很多，但它们常受到气候，生物及人为因素等不良环境的影响，使其不能充分发挥对害虫的抑制作用。因此，通过改善或创造有利于自然天敌昆虫发生的环境条件，促进其繁殖发展，充分发挥其控制害虫的作用十分重要。保护利用天敌的基本措施，一是保证天敌安全越冬。很多天敌昆虫在寒冬来临时会大量死亡，如施以束草诱集，引进室内蛰伏等安全措施，则可增加早春天敌数量。二是必要时补充寄主，使其及时寄生繁殖，这具有保护和增殖两个方面的意义。

2. 大量繁殖和饲养释放天敌昆虫

害虫天敌生产企业或组织采用人工方法在室内大量繁殖饲养天敌昆虫，然后到需要时释放到温室或田间，以补充自然界天敌数量之不足，从而在害虫尚未大量为害之前就受到天敌昆虫的抑制。天敌昆虫的繁殖与释放，最重要的是以期获得的有效天敌昆虫能在当地建立种群，这样才能达到持续控制害虫的效果，如上海、海南等地室内饲养拟长毛钝绥螨 *Amblyseiccs pseudolongispinosus*，在田间释放防治蔬菜、大豆的叶螨，显著降低了叶螨种群数量。

3. 移殖和引进外地天敌昆虫

从国外或外地引进有效天敌昆虫来防治本地害虫，也是利用天敌昆虫的一个方面。早在 19 世纪末，美国即从澳洲引进澳洲瓢虫控制了美国的吹棉介壳虫。我国从浙江永嘉移殖大红瓢虫到湖北，并再度移殖到四川，防治吹棉介壳虫效果显著。我国分别从美国和加拿大引进的丽蚜小蜂 *Encarsia formosa Gahan* 和食蚜瘿蚊 *Aphidoletes abietis* 控制北方温室白粉虱，胡瓜钝绥螨 *Amblyseius cucumeris* 可有效控制蓟马和螨类的危害，西方盲走螨 *Melaseiulus ocidenlalisn* 防除保护地、露地蔬菜的叶螨，利用赤眼蜂防治菜青虫、烟青虫等害虫，利用烟蚜茧蜂防治甜椒或黄瓜蚜虫等均取得了很好的效果。

二、利用昆虫病原微生物治虫

目前，世界上已知的病原微生物有 2 000 多种，利用昆虫的病原微生物（真菌、细菌、病毒）可以有效防治害虫。该方法具有繁殖快、用量少、不受作物生长期限制、与少量化学杀虫剂混用可以增效、药效一般较长等优点，使用范围日益扩大。然而，有些病原微生物由于对害虫的致病速度较慢，对湿度条件要求较高，因此，在应用上受到一定限制。目前，我国生产应用的病原微生物有以下几类。

1. 细　菌

昆虫病原细菌，已有 90 多个种和变种，但应用最多的是芽孢杆菌属 *Bacillus*，主要种类包括苏云金杆菌 *B. thuringiensis*、日本金龟子芽形杆菌 *B. popilia* 和缓死芽孢杆菌 *B. lentimorbus*。它们在孢子形成的同时，产生对昆虫有毒的菱形或正方形蛋白质伴孢晶体，其中苏云金杆菌在园艺作物上应用最多，实用价值最大。

苏云金杆菌自 1915 年首次以 *Bacillu thuringiensis* 新种被报道后，目前已发现 17 个血清型 50 多个变种。国内蔬菜上应用最多的有 2 个变种，即天门变种 *B. thuringiensis var. tianmensis*，血清型为 H_{3a-3}；库斯塔克变种 *B. thuringiensis var. kurstaki*，血清型为 H_{3a3b}，通称为 HD-1。

苏云金杆菌是一种包括许多变种的产晶体芽孢杆菌，属于微生物源低毒杀虫剂，以胃毒作用为主。该菌可产生两大类毒素，即内毒素（伴孢晶体）和外毒素，使害虫停止取食，最后害虫因饥饿和细胞壁破裂、血液败坏和神经中毒而死亡，而外毒素作用缓慢，在蜕皮和变态时作用明显。苏云金杆菌的致病力不但与受种相关，并随着菌株的不同而存在差异。苏云金杆菌对人畜、蜜蜂、鱼类安全，但对家蚕、柞蚕高毒，使用时应注意。

目前，苏云金杆菌除了从土壤、害虫尸体等各个生境分离筛选新菌株外，还可以通过物理、化学诱变的方法获得致毒力强的特异性菌株。近年来，将苏云金杆菌杀虫基因转移到棉株，培育抗棉铃虫的棉花品种已获成功。

苏云金杆菌的致毒力主要决定于毒素的含量，而与芽孢量不直接相关。因此，苏云金杆菌各变种制剂及不同菌株的杀虫谱、致病力差异很大，选择高效价的制剂可提高杀虫效果。

与少量化学农药混用，可以扩大杀虫谱，减少用药量，也可以克服害虫抗药性。目前，国内登记的苏云金芽孢杆菌产品 240 多个，其中，防治对象主要是小菜蛾、菜青虫、茶毛虫、松毛虫和烟青虫等。

2. 真　菌

真菌种类繁多，约有 500 多种可以寄生在昆虫体内，由真菌致死的昆虫约占全部病原微生物致病死亡的 60%。目前，国内外主要利用白僵菌和绿僵菌进行害虫防治。

白僵菌在自然界中分布很广，致病性和适应性强，能寄生于 200 多种害虫。国内使用白僵菌防治玉米螟、大豆食心虫、地老虎、菜青虫、松毛虫及金龟子等均取得了很好的效果。

白僵菌主要通过体壁侵染害虫，也有报道可以通过消化道和气孔进入虫体。当空气湿度较大时，病菌孢子极易粘附虫体，湿度适宜即发芽侵入，使虫体感病后僵硬而死。菌丝从虫尸伸出，布满于体表，以后产生白色粉状孢子向外扩散。白僵菌的生长温度范围在 10~30℃，24~28℃最适宜；5℃以下、34℃以上、相对湿度 70% 以下，生长均会受到抑制。因此，白僵菌的流行多在温暖潮湿的季节发生。在干旱季节，由于缺乏形成菌丝体所需要的湿度，病菌不易扩散。

白僵菌不仅能寄生害虫，也能寄生家蚕、柞蚕、蜜蜂等益虫，所以应用时存在局限性。同时，生产过程中菌种退化和变异比较突出，防治效果不稳定，浓缩成含孢量高的商品较困难，对人畜也有影响。目前，工厂生产的菌药大部分为菌粉，以每克菌粉中含活孢子数量来表示其浓度。因此，添加稀释剂使用时，必须根据所需浓度，稀释成一定倍数。

绿僵菌是能够寄生于多种害虫的一类杀虫真菌，经害虫体表进入体内不断繁殖，通过消耗营养、机械穿透、产生毒素，并不断在害虫种群中传播，导致害虫死亡。绿僵菌属包括不同种类的子囊菌类昆虫病原真菌，代表种类有金龟子绿僵菌、罗伯茨绿僵菌和蝗绿僵菌等。不同种类的杀虫范围不同，例如，金龟子绿僵菌为广谱性杀虫真菌，而蝗绿僵菌只能感染蝗虫等直翅目昆虫。在自然界，绿僵菌主要进行无性繁殖。北美利用蝗虫绿僵菌防治蚱蜢以及国内利用蝗绿僵菌防治草原蝗虫，均达到了满意的防治效果。绿僵菌具有专一性，对人畜无害，同时还具有环境污染少、害虫不易产生抗药性等优点。近年来，国内在菌株选育、生产工艺、剂型改良等方面均取得了一定成果。

3. 病　毒

能够用于害虫防治的病毒主要包括杆状病毒科的核型多角体病毒和颗粒体病毒。病毒对害虫有较严格的专化性，在自然情况下，通常只寄生一种害虫，不存在污染问题。在自然界中可以长期保存，反复感染，有些还可以遗传感染，造成害虫的流行病，用量少且效果好。目前，发现对昆虫致病的病毒有 300 多种，对 200 多种鳞翅目昆虫及膜翅目、双翅目等害虫均能感染。病毒感染虫态均为幼虫，成虫可以携带病毒，但不致死。近年来，国内分离得到的棉铃虫核型多角体病毒、甜菜夜蛾核型多角体病毒、桑毛虫核多角体病毒、苹果蠹蛾颗粒体病毒、小菜蛾颗粒体病毒、刺蛾颗粒体病毒及杨扇舟蛾颗粒体病毒在害虫防治中均取得了很好的效果。

病毒致病的显著特点是虫体感染病毒后几天至十几天内食欲减退，行动迟钝，最后爬向高处，腹足抓紧枝梢，尸体下垂，皮肤脆而易破，触之即流出白色或褐色脓液，无臭味，这是与感染细菌病的显著区别，如有并发病时，才引起腐烂而发臭。病毒主要是经口腔感染，各龄幼虫均能感染，幼龄幼虫通常感染后 8 ~ 12d 死亡，老熟幼虫感染后能顺利化蛹并到蛹期死亡，或可能羽化为成虫，雌虫可能产带毒的卵。其中，具有抗病毒能力的害虫一般不死亡。

昆虫病毒制剂是具有良好发展前景的杀虫剂，棉铃虫核型多角体病毒、甜菜夜蛾核型多角体病毒、斜纹夜蛾核型多角体病毒和甘蓝夜蛾核型多角体病毒等已大面积推广应用。然而，由于病毒不能脱离活体繁殖，所以不能像细菌、真菌那样采用培养基、发酵罐进行大批量生产。如果可以解决人工饲料的问题，将有利于昆虫病毒的工厂化生产。

三、利用农用抗生素治虫

农用抗生素是指由微生物生命活动过程中产生的，在很低浓度下对植物病原菌、害虫、害螨、线虫和杂草等其他生物显示特异性药理作用的天然有机物，统称为农用抗生素。无论细菌、真菌、放线菌都能产生农用抗生素，但主要是由放线菌产生的，约占 2/3 以上。农用抗生素具有以下特点：①结构复杂；②活性高、用量小、选择性好；③易被生物或自然因素分解，环境中积累或残留少。阿维菌素和多杀菌素作为高效、低毒、无残留的农用抗生素被广泛使用，在园艺作物害虫、害螨防治中发挥越来越重要的作用，符合现代园艺产业的发展要求。

阿维菌素，英文名 Abamectin，分子式：$C_{48}H_{72}O_{14}$（B1a），$C_{47}H_{70}O_{14}$（B1b），化学名称：E-N′-[（6-氯-3-吡啶基）甲基] -N^（2）-氰基-N′-甲基乙酰胺；原药高毒，急性经口 LD_{50}：10mg/kg；急性经皮 $LD_{50} > 2\,000$mg/kg。理化性质：原药为白色或黄色结晶（含 80%B1a，<20%B1b），熔点 150 ~ 155℃，水中溶解度 7.8mg /L。对热稳定，对光、强酸和强碱不稳定。作用方式：具有触杀和胃毒活性，并有微弱熏蒸作用，无内吸性。作用特点：广谱高效，具有杀虫、杀螨和杀线虫活性，作用机制独特，干扰神经生理活动，刺激释放 γ-氨基丁酸，而 γ-氨基丁酸对节肢动物的神经传导有抑制作用。登记作物：甘蓝，黄瓜，菜豆，豇豆，茭白，小白菜，辣椒，小油菜，烟草，柑橘树，

苹果树，梨树，杨树，松树，花卉等。防治对象：小菜蛾，红蜘蛛，甜菜夜蛾，菜青虫，烟青虫，蚜虫，美洲斑潜蝇，梨木虱，潜叶蛾，蓟马，豆荚螟，锈壁虱，斜纹夜蛾等。主要加工剂型：5%乳油，10%可湿性粉剂，70%水分散粒剂。

多杀菌素，又名多杀霉素，英文名 Spinosad，分子式：$C_{42}H_{71}NO_9$；低毒，雄性大鼠急性经口 LD_{50}：3 738mg/kg；雌性大鼠急性经口 $LD_{50}>5\,000$mg/kg；急性经皮 $LD_{50}>5\,000$mg/kg。理化性质：原药为浅灰色固体结晶，密度 1.16g/cm³，熔点 84~99.5℃，水中溶解度 235mg/L。见光易分解，水解较快。作用方式：具有触杀和胃毒活性，无内吸活性。作用特点：广谱高效，作用速度快，安全性高，与目前常用杀虫剂无交互抗性。登记作物：甘蓝，茄子，豇豆，节瓜，苦瓜，大白菜等。防治对象：小菜蛾，蓟马，甜菜夜蛾，瓜实蝇等。主要加工剂型：3%水乳剂，10%悬浮剂，10%水分散粒剂。

四、利用昆虫生理活性物质治虫

昆虫的生长发育、脱皮、变态、滞育、生殖、多型现象等生理过程以及行为反应等，都离不开激素的参与。昆虫激素是由昆虫机体内特定腺体分泌的具有高度活性的微量化学物质，分为内激素和外激素两大类：内激素的分泌器官（腺体）无导管与体外相通，只能分泌于体内，并经血液运送至靶器官，引起并调节内部生理活动。外激素又称信息激素，其分泌器官（腺体）有导管与体外相通，分泌并散布于大气中，经空气传播，引起其他个体（同种或异种）的行为反应。昆虫的内分泌器官分为两大类：①神经分泌细胞，如脑神经分泌细胞；②腺体内分泌器官，如咽侧体。从化学性质上可将昆虫激素分为 3 大类型：①蛋白质类，包括肽类，如脑激素、滞育激素、激脂激素等；②甾醇类，如蜕皮激素；③萜烯类，如保幼激素。

外激素主要包括性信息素、聚集信息素、报警信息素和示踪信息素等。昆虫信息素具有以下特点：①绝大多数容易挥发，易被氧化和生物降解；②无直接杀虫作用，通过诱捕、迷向等间接防治害虫；③生物活性高，毒性低，专化性很强。在害虫测报与防治中以性信息素最为重要，性信息素是可引起异性个体发生性行为的生理活性物质，在极微量的情况下可以招诱异性个体聚集。目前，国内外已鉴定和合成的昆虫信息素及其类似物多达 2 000 种，已有小菜蛾、斜纹夜蛾、甜菜夜蛾、黄地老虎、小地老虎和大螟等害虫的性信息素，这些性信息素的组分与混合比见表 7-1。

表 7-1　常见害虫性信息素的组分及混合比例

虫　种	信息素组分	混合比
小菜蛾	①（Z）-11-十六碳烯醛 ②（Z）-11-十六碳烯醇醋酸酯	①/②=1/1
斜纹夜蛾	①（Z、E）-9、11-十六碳二烯醇醋酸酯 ②（Z、E）-9、12-十六碳二烯醇醋酸酯	①/②=10/1
甜菜夜蛾	①（Z、E）-9、12-十六碳二烯醇醋酸酯 ②（Z、E）-9、14-十六碳二烯醇醋酸酯	①/②=7/3
黄地老虎	①（Z）-5-癸烯醇醋酸酯 ②（Z）-7-癸烯醇醋酸酯	①/②=68/32

虫　种	信息素组分	混合比
小地老虎	①（Z）-7-十二碳烯醋酸酯 ②（Z）-9-十四碳烯醋酸酯	①/②=5/1

资料来源：祝树德和陆自强，1996

　　昆虫信息素的应用主要包括：①预测预报虫情。将微量性信息素吸收在载体内，制成诱捕器，根据诱捕某种害虫的数量可预报虫情，确定施药适期。②诱杀或诱捕。在有信息素的捕获器中，添加杀虫剂，可诱杀成虫，从而减轻幼虫的为害。③迷向或干扰交配。在一定区域内，大量释放性信息素，可扰乱害虫雌、雄之间的正常求偶行为，从而抑制其繁殖。

　　性信息素在蔬菜害虫防治上常用诱捕法。田间设置足够数量的诱捕器，不仅可以捕获大量成虫，而且可以直接干扰其正常的性行为，从而降低害虫交配率，达到控制害虫繁殖的目的。例如，在菜田设置小菜蛾性信息诱捕器，每亩15~20个，小菜蛾发生量显著低于对照。性信息素与其他防治方法配合使用，可以提高控虫效果，如诱虫灯下配置性信息素诱捕器，可提高灯光诱虫效果能3~5倍。性信息素与杀虫剂混用，也可提高防治效果。

　　信息素中，昆虫报警素的研究开发令人关注。报警素是引起同种昆虫采取警戒防卫行为的一种化学信息素，例如，菜蚜被天敌捕食时，从腹管中释出（反）-β-法尼烯类化学物质（EBF），可告诫同种的其他蚜虫采取警戒对策（逃离、假死等）。蔬菜田喷洒类似化合物，可以达到以假乱真的目的，减轻蚜虫为害，致使蔬菜病毒病发病率降低。

　　昆虫聚集信息素是由昆虫产生，并引起雌雄两性同种昆虫聚集行为反应的化学物质。昆虫通过聚集或获得有益的环境，或共享资源，或抵御外敌的侵袭。聚集信息素主要用于虫情监测和害虫的可持续治理。与杀虫剂混用，可诱杀半翅目和鞘翅目害虫。此外，应用诱集—驱避策略，在需要保护的作物或地带使用驱避剂，而在次要作物或地带使用聚集信息素。

第五节　化学防治法

　　化学防治法是指利用化学农药防治农林作物的害虫、病菌、线虫、螨类、杂草及其他有害生物的一种手段，它在病虫草害防治中占有重要的地位。化学防治方法具有以下优点：①高效。大多数杀虫剂每亩仅用少量药剂就能有效防治许多重要害虫，表现出高效的特点。②速效。有些害虫一旦大发生，往往来势很猛，发生量大，使用化学杀虫剂可以在短期内对其进行防控。例如，暴食性黏虫、蝗虫大发生时，必须及时采取化学防治作为应急措施。③特效。有些害虫，目前尚无其他方法可以防治，只有通过化学防治才能有效控制其为害。例如，采用毒饵法防治蝼蛄、蟋蟀等地下害虫。

然而，化学防治仍存在一些缺点：①长期大量、不合理使用农药，会造成某些害虫产生不同程度的抗药性。②杀死害虫天敌。部分杀虫剂选择性不强，在消灭害虫的同时，常常杀伤天敌，使自然种群及生态系统平衡受到破坏，导致一些害虫的再猖獗。③危害人畜健康。有些杀虫剂的急性毒性较高，使用不当则容易对人畜健康造成威胁。④污染环境。有些农药由于其性质稳定，不易分解，微量残留而污染环境（土壤、水和大气等），造成食品中残留超标，并通过生物富集作用在食物链中传递，对人畜产生残留毒性。

因此，使用农药防治病虫害时，应注意与其他防治方法互相配合，既要充分发挥其优点，又要努力克服其缺点，这样才能获得良好的防治效果，达到保护园艺植物的目的。在今后相当长时期内，化学防治仍是植物病虫害及杂草防治的有效途径，在综合防治中仍占重要地位。对于某些农药所引起的害虫再猖獗、有害生物抗药性及残留超标等问题，通过合理使用现有农药或研发新型替代农药品种可以逐步解决。

一、农药的杀虫作用

农药的杀虫作用因结构和类别而不同，通常按照作用方式不同可以分为以下几类。

（1）胃毒作用。害虫取食喷过药剂的植物或混有药剂的毒饵后，药剂随同食物进入害虫的消化器官，从口腔进入前肠，继而进入中肠，被中肠肠壁细胞所吸收，最终引起中毒死亡。

（2）触杀作用。药剂与虫体直接或间接接触后，可以透过昆虫体壁进入体内或封闭昆虫气门，使昆虫中毒或窒息死亡。

（3）内吸作用。具有内吸性的杀虫剂施到植物上或施于土壤里，可以被枝叶或根部所吸收，传导至植株各部分，害虫（主要是刺吸式口器害虫）吸取有毒植物汁液而引起中毒死亡。

（4）熏蒸作用。药剂由液体气化或固体升华为气体，以气体状态通过害虫呼吸系统进入虫体，使之中毒死亡。

（5）拒食作用和忌避作用。当害虫取食含毒植物后，正常生理机能遭到破坏，食欲减退，很快停止进食，这种引起害虫饥饿而死亡的药剂称为拒食剂，其杀虫作用称为拒食作用。此外，药剂分布于植物后，害虫嗅到某种气味即避开，这种作用称为忌避作用。例如，香茅油可以拒避柑橘吸果夜蛾；杀虫脒对多种鳞翅目幼虫的杀虫作用除了熏蒸和触杀外，还有拒食作用。

（6）不育作用。化学不育剂能够作用于昆虫生殖系统，使雄性或雌性（雄性不育或雌性不育）或雌雄两性，使所产的卵造成不育现象。

二、农药加工剂型及其使用方法

大多数有机合成农药都难溶于水，只有少数农药品种如敌百虫和杀虫双等可溶于水，因此，并不是所有的农药都可以直接对水喷雾使用。同时，每亩地每次施用农药的数量较少，一般是十几克到几十克之间，要使这样少量的农药均匀分散在大面积田地上，就必须经过加工，制成一定的药剂形态（即剂型），才可以对水喷雾或直接喷粉，使之达到一定的分散度，有利于发挥药剂的毒力。因此，剂型加工对提高农药药效具有重要意义。

工厂生产的固体原药称为原粉，液体原药称为原油。农药加工是指在原药中添加填充剂和辅助剂（溶剂、分散剂、乳化剂和载体等），使制成便于使用形态的过程。农药制剂是加工后具有一定形态、组分和规格的农药。

通常根据农药理化性质与使用目的不同可将农药加工成固体剂型和液体剂型两大类，大多数剂型的使用方法是对水喷雾。

（一）固体剂型

1. 可湿性粉剂

可湿性粉剂（Wettable powder，WP）是由原药、填料和助剂等混合组成，并经粉碎至一定细度而制成的粉状制剂。可湿性粉剂具有以下特点：①将不溶于水的原药加工成可喷雾施用的剂型，便于使用；②施用后附着于叶片上，增加药剂与病、虫及杂草接触的机会，有利于提高药效；③不使用有机溶剂，环境相容性好；④载体为惰性物质，降低了原药的分解；⑤有效成分含量比粉剂高，生产成本低，便于贮存、运输。该剂型的缺点是：①加工过程中产生一定的粉尘污染；②固体粒子大，悬浮率低；可湿性粉剂的质量控制指标主要包括流动性、润湿性、分散性、悬浮性、细度、水分、持久起泡性和热贮稳定性等。

可湿性粉剂是农药剂型加工中历史悠久、技术成熟、使用方便的一种剂型，是传统的四大农药剂型之一，在各国已形成较大的生产能力。近年来，随着人们环保意识的不断增强，可湿性粉剂产品的数量有所下降，趋向于高浓度、高质量可湿性粉剂方向发展。

2. 颗粒剂

颗粒剂（Granule，GR）是有效成分均匀吸附或分散在颗粒中或附着在颗粒表面，形成具有一定粒径范围可直接使用的自由流动粒状制剂。颗粒剂是由原药、载体和助剂制成的固体剂型，对于喷粉和喷雾使用的剂型具有显著补充作用。农药颗粒剂种类繁多，按加工方法可分为包衣法粒剂，挤出成型法粒剂和吸附法粒剂等。按粒子大小可分为大粒（5~9mm）、颗粒（297~1 680μm）和微粒剂（74~297μm）。

颗粒剂具有以下特点：①避免散布时微粉飞扬，减少对周围环境和非靶标生物的影响；②避免施药过程中操作者吸入微粉而发生中毒事故；③使高毒农药低毒化，可直接用手撒施；④可控制颗粒剂中有效成分的释放速度，延长持效期；⑤施药时具有方向性，飘移性小，对环境污染小；⑥施用方便，不受水源限制，省工省时。

3. 水分散粒剂

水分散粒剂（Water dispersible granules，WDG）是入水后能迅速崩解并分散成悬浮液的粒状剂型。水分散粒剂是由原药、润湿剂、分散剂、粘结剂、崩解剂和载体等组成，粒径为0.2~5mm。水分散粒剂是20世纪80年代初在欧美发展起来的一种农药新剂型，近年来，国内登记的水分散粒剂产品逐年增多，范围涉及杀虫剂、杀菌剂和除草剂等。

与传统农药剂型相比，水分散粒剂具有以下特点：①有效成分含量高，大多数品种含量为 70%~80%，易计量，运输，且贮存方便；②无粉尘飞扬，降低对人畜的危害，减少对环境的污染；③入水易崩解，分散性好，悬浮率高；④再悬浮性好，配好的药液没用完，经搅拌可以重新悬浮，不影响使用；⑤对水中不稳定的原药，制成水分散粒剂的效果较悬浮剂好。

（二）液体剂型

1. 乳　油

乳油（Emulsifiable concentrate，EC）是农药的传统加工剂型之一，是指将原药按一定比例溶解在有机溶剂中（如二甲苯、溶剂油等），并加入一定量的乳化剂与其他助剂，配制成的一种均相透明的油状液体。乳油用水稀释后形成乳状液进行喷雾使用。对于原油或者在有机溶剂中溶解度较大的原粉，无论是杀虫剂杀螨剂，还是杀菌剂或除草剂等，都可以加工成乳油使用。目前，乳油仍是国内主要的农药加工剂型之一，具有以下特点：①大部分油溶性原药均可以加工成乳油；②有效成分含量高，配方组成和加工程序简单；③在靶标上扩散、渗透能力强，药效优于同等成分的其他剂型。乳油的缺点是：①芳烃类有机溶剂使用量大，易燃易爆；②操作不当，容易发生人畜中毒或产生作物药害。

近年来，随着人们环保意识的不断增强，乳油在使用过程中存在的易燃易爆和人畜中毒等问题，正逐渐受到人们的关注。为了使乳油更好地为农药应用服务，应从以下几个方面进行改进：①研究开发溶胶状乳油和固体乳油等新型加工剂型来削减和替代传统乳油剂型；②开发高浓度乳油，减少溶剂使用量；③使用矿物源、植物油及人工合成类溶剂替代传统芳香烃类溶剂。

2. 水乳剂

水乳剂（Emulsion oil in water，EW），是不溶于水的液体农药或固体农药溶于与水不相溶的有机溶剂，通过输入能量（如高剪切和均质等）并借助适当的乳化剂，以微小液滴分散在水中形成的一定时期内动力学稳定的 O/W 型乳状液剂型，其外观为不透明白色牛奶状乳状液。

水乳剂作为替代乳油的环保剂型之一，具有以下特点：①加工、贮运和使用安全性高，运输、包装成本低；②不含或只含少量有毒、易燃有机溶剂，无易燃易爆危险；③以水为基质，环境污染少，对人畜的刺激性和毒性较小，对植物安全；④与水悬浮剂混配可以制备悬乳剂；⑤施用后没有可湿性粉剂喷施后的残迹和乳油使果粉脱落等现象。

3. 微乳剂

微乳剂（Micro-emulsion，ME）是由原药、溶剂、乳化剂、助乳化剂和水等形成的透明或半透明均一液体剂型，用水稀释后使用。微乳剂属于自发形成的热力学稳定体系，是由油—水—表面活性剂构成的单相体系，液滴粒径通常小于 100nm。

微乳剂具备以下特点：①闪点高，不燃不爆炸，生产、贮运和使用安全；②不用或少用有机溶剂，环境污染小，对生产者和使用者安全；③粒子超微细，渗透性良好，吸收率高；④水为基质，资源丰富价廉，生产成本低。

4. 悬浮剂

悬浮剂（Suspension concentrate，SC）是以水为分散介质，将原药、助剂（润湿分散剂、增稠剂、稳定剂、pH 值调整剂和消泡剂等）经湿法超微粉碎制得的液体剂型，用水稀释后使用。悬浮剂是将不溶或微溶于水的固体原药均匀分散于水中形成的一种粗悬浮体系，是在传统可湿性粉剂基础上发展起来的新型农药剂型，具有巨大的研究开发前景。近年来，国外农化公司推出的具有广阔发展前景的农药品种均被加工成悬浮剂。与可湿性粉剂相比，悬浮剂具有以下突出优点：①以水为分散介质，不使用有机溶剂，避免产生易燃、易爆、人畜中毒和作物药害等问题；②无粉尘污染，对操作者和环境安全，对生态环境友好；③在水中分散性好，悬浮率高，对水喷雾后能均匀铺展，粘附性强；④悬浮剂密度大，同等质量的制剂比可湿性粉剂、乳油等剂型的体积小，降低了包装和贮运成本；⑤可以用来加工悬乳剂和悬浮种衣剂。不足之处在于：悬浮剂属于热力学不稳定体系，容易出现絮凝、奥氏熟化、分层和沉降等不稳定现象。

5. 可溶液剂

可溶液剂（Soluble concentrate，SL）是用水稀释成透明或半透明含有有效成分的液体制剂，可含有不溶于水的惰性成分。可溶液剂的基本组成包括 3 部分：活性物质（农药有效成分）、溶剂（水或其他有机物）、助剂（表面活性物质以及增效剂、稳定剂等）。可溶液剂的外观是透明的均一液体，用水稀释后活性物质以分子或离子状态存在，且稀释液仍是均一透明液体。凡是能溶于水且在水中稳定的农药有效成分（如敌百虫）都可以直接制成可溶液剂。目前，可溶液剂是农药基本加工剂型之一，其中，水剂（AS）是可溶液剂的重要组成类型，例如，41%农达（草甘膦），48%排草丹（苯达松、灭草松），5%普施特（咪草烟）等。可溶液剂在国内农药制剂产品中占有相当的份额，其比例一直在 15%~20%。随着人们环保意识的不断提高，更加重视以水为基质的环保剂型，可溶液剂的发展空间会更广阔。

三、园艺作物常用杀虫剂类型

化学防治是害虫综合治理的重要组成部分，具有防治范围广，见效快，持效期长等特点。使用杀虫剂对害虫进行防治历史悠久，20 世纪 40 年代前，主要使用无机物（巴黎绿、砷酸铅、砷酸钙等）和天然植物杀虫剂（除虫菊、鱼藤、烟草等），其中，除虫菊素和烟碱属于神经毒剂，其余是呼吸毒剂。自 1939 年人工合成第一个杀虫剂（DDT）开始，进入有机合成杀虫剂时代，先后出现了有机氯、有机磷、氨基甲酸酯、拟除虫菊酯、新烟碱等有机合成杀虫剂，以后又出现了保幼激素类似物、抗蜕皮激素等杀虫剂。在园艺害虫防治中，目前生产上主要使用以下几大类杀虫剂。

（一）新烟碱类

新烟碱类杀虫剂包括吡虫啉、噻虫嗪、噻虫胺、呋虫胺、啶虫脒、噻虫啉、烯啶虫胺等。早在 1890 年，烟碱就作为天然杀虫剂用于防治同翅目害虫如蚜虫等。新烟碱类杀虫剂是以天然烟碱为模型，经结构改造而发现的具有优异杀虫活性的化学杀虫剂，是继拟除虫菊酯后杀虫剂合成史上的又一重大突破。新烟碱类杀虫剂的作用机制不同于其他杀虫剂，主要是通过选择性控制昆虫神经系统烟碱型乙酰胆碱酯酶受体，阻断昆虫中枢神经系统正常传导，从而导致害虫出现麻痹死亡。新烟碱类杀虫剂是昆虫 nAChRs 激动剂，且与作用位点有更强的亲和性。该类杀虫剂具有高效、低毒、广谱、选择毒性强和对环境安全等特点。

（1）吡虫啉。英文名 Imidacloprid，分子式：$C_9H_{10}ClN_5O_2$，化学名称：1-（6-氯-3-吡啶基甲基）-N-硝基亚咪唑烷-2-基胺。低毒，大鼠急性经口 LD_{50}：450mg/kg；急性经皮 LD_{50}：5 000mg/kg。理化性质：无色晶体，有微弱气味，熔点 143.8℃（晶体形式1），136.4℃（晶体形式2），蒸气压 0.2 μPa（20℃），密度 1.54g/cm³（20℃），水中溶解度为 0.51g/L（20℃），pH 值＝5~11 时稳定。作用方式：内吸、触杀、胃毒。作用特点：属于硝基亚甲基类内吸杀虫剂，是烟酸乙酰胆碱酯酶受体的作用体，干扰害虫运动神经系统使化学信号传递失灵，无交互抗性问题。登记作物：甘蓝，韭菜，芹菜，菠菜，莲藕，烟草，茶树，苹果树，梨树，甘蔗树。防治对象：蚜虫，韭蛆，蛴螬，梨木虱，莲缢管蚜，蓟马，小绿叶蝉，红蜘蛛等。主要加工剂型：10%可湿性粉剂，5%乳油，600g/L悬浮剂，70%水分散粒剂等。

（2）噻虫嗪。英文名 Thiamethoxam，分子式：$C_8H_{10}ClN_5O_3S$，化学名称：3-（2-氯-1,3-噻唑-5-基甲基）-5-甲基-1,3,5-噁二嗪-4-基叉（硝基）胺。低毒，大鼠急性经口 LD_{50}：1 563mg/kg；大鼠急性经皮 LD_{50}：2 000mg/kg。理化性质：原药为米色或灰白色粉末，熔点 139.1℃，密度 1.57g/cm³，水中溶解度 4.1g/L。作用方式：触杀、胃毒和内吸。作用特点：引入氯代噻唑结构，为第二代新烟碱类杀虫剂的代表品种，杀虫谱广，作用速度快，持效期长。登记作物：豇豆，菠菜，芹菜，油菜，甘蓝，番茄，人参，茶树，烟草，甘蔗，苹果树，冬枣树，观赏玫瑰等。防治对象：蚜虫，蓟马，蛴螬，茶小绿叶蝉，金针虫，黄条跳甲等。主要加工剂型：25%水分散粒剂，30%悬浮剂，30%悬浮种衣剂等。

（3）噻虫胺。英文名 Clothianidin，分子式：$C_6H_8ClN_5O_2S$，化学名称：（E）-1-（2-氯-1,3-噻唑-5-亚甲基）-3-甲基-2-2-硝基胍。低毒，大鼠急性经口 LD_{50}>5 000mg/kg（雌/雄）；急性经皮 LD_{50}>2 000mg/kg（雄/雌）。理化性质：原药为结晶固体粉末，无嗅，熔点 176.8℃，密度 1.61g/cm³，水中溶解度 0.327g/L。作用方式：触杀、胃毒和内吸。作用特点：具有高效、广谱、用量少、毒性低、持效期长、对作物无药害、使用安全、与常规杀虫剂无交互抗性等优点。登记作物：黄瓜，甘蓝，番茄，辣椒，西瓜，茶树，杨树，松树，梨树，苹果树，柑橘树，枣树等。防治对象：黄条跳甲、蛴螬、蚜虫、烟粉虱、梨木虱、叶蝉、蓟马等。主要加工剂型：20%悬浮剂，0.5%颗粒剂，50%水分散粒剂。

（4）呋虫胺。英文名 Dinotefuran，分子式：$C_7H_{14}N_4O_3$，化学名称：（RS）-1-甲基-2-硝基-3-（四氢-3-呋喃甲基）胍。低毒，雄性大鼠急性经口 LD_{50}：2 450mg/kg，雌性大鼠急性经口 LD_{50}：2 275mg/kg；大鼠急性经皮 LD_{50}>2 000mg/kg（雌、雄）。理化性质：熔点 94.5~101.5℃。作用方式：具有触杀、胃毒和内吸活性。作用特点：对刺吸口器害虫有优异防效，在很低剂量即显示很高的杀虫活性。登记作物：甘蓝，黄瓜，西瓜，观赏菊花，茶树，苹果树，梨树，柑橘树等。防治对象：蚜虫，黄条跳甲，蓟马，茶小绿叶蝉，蛴螬等。主要加工剂型：20%悬浮剂，70%水分散粒剂，50%可湿性粉剂，20%可溶粒剂。

（5）啶虫脒。英文名 Acetamiprid，分子式：$C_{10}H_{11}ClN_4$，化学名称：（E）-N-［（6-氯-3-吡啶基）甲基］-N-氰基-N-甲基乙酰胺。低毒，大鼠急性经口 LD_{50}：217mg/kg；大鼠急性经皮 LD_{50}：>2 000mg/kg。理化性质：浅黄色结晶粉，密度 1.33g/cm³，熔点 98~101℃，水中溶解度约 4g/L，可溶于大多数极性有机溶剂。在中性或偏酸性介质中及常温下稳定。作用方式：触杀、渗透。作用特点：杀虫谱广，活性高，既有速效性又有持效性，对黄瓜、苹果树、柑橘树的蚜虫有较好防治效果，能防治对现有药剂有抗性的蚜虫。注意事项：对桑蚕有毒，不能与碱性物质混用。登记作物：黄瓜，甘蓝，豇豆，萝卜，芹菜，菠菜，莲藕，番茄，大白菜，小白菜，柑橘树，苹果树，茶树，蔷薇科观赏花卉等。主要加工剂型：5%乳油，5%可湿性粉剂，10%微乳剂，70%水分散粒剂，20%可溶粉剂等。

（6）噻虫啉。英文名 Thiacloprid，分子式：$C_{10}H_9ClN_4S$，化学名称：3-（6-氯-5-甲基吡啶）-1,3-噻唑啉-2-亚氰胺。中等毒性，雌性大鼠急性经口 LD_{50}：200mg/kg，雄性大鼠急性经口 LD_{50}：171mg/kg；雌性大鼠急性经皮 LD_{50}：3 690mg/kg，雄性大鼠急性经皮 LD_{50}4 300mg/kg。理化性质：熔点 128~129℃，水中溶解度 185mg/L（20℃）。作用方式：内吸、触杀和胃毒。作用特点：广谱，对蔬菜和梨果类果树上的重要害虫具有优异防效，与常规杀虫剂无交互抗性，可用于抗性治理。登记作物：黄瓜，甘蓝，番茄，辣椒，西瓜，茶树，杨树，松树，梨树，苹果树，柑橘树，枣树等。防治对象：天牛，蚜虫，烟粉虱，茶小绿叶蝉等。主要加工剂型：40%悬浮剂，50%水分散粒剂，3%微囊悬浮剂等。

（7）烯啶虫胺。英文名 Nitenpyram，分子式：$C_{11}H_{15}ClN_4O_2$，化学名称：（E）-N-（6-氯-3-吡啶基甲基）-N-乙基-N′-甲基-2-硝基亚乙烯基二胺。低毒，雌性大鼠经口 LD_{50}>5 000mg/kg，雌性大鼠经皮 LD_{50}>2 000mg/kg。理化性质：原药为浅黄色晶体，熔点 83~84℃，密度 1.40g/cm³，蒸气压（25℃）为 1.1×10^{-9} Pa，水中溶解度 840g/L（20℃），易溶于多种有机溶剂。作用方式：具有内吸活性。作用特点：杀虫谱广，对蚜虫、粉虱和蓟马显示出卓越活性，残效期长，无交互抗性。登记作物：甘蓝，柑橘树，茶树，观赏菊花等。防治对象：白粉虱、蚜虫、梨木虱、叶蝉、蓟马。主要加工剂型：10%水剂，20%水分散粒剂，25%可湿性粉剂，10%可溶液剂等。

（二）有机磷类

有机磷类杀虫剂是一类最常用的杀虫剂，包括辛硫磷、马拉硫磷、敌百虫等，多数属于高毒或中等毒类，少数为低毒类。兼有触杀、胃毒和熏蒸等作用，具有广谱杀虫作用，对鳞翅目害虫防治效果优异。有机磷杀虫剂的作用机理是抑制乙酰胆碱酯酶活性，使乙酰胆碱不能及时分解而积累，不断与突触后膜上的受体结合，造成突触后膜上钠离子通道长时间开放，钠离子长时间涌入膜内而长时间兴奋。其中毒症状为运动失调、过度兴奋、痉挛而死。

（1）辛硫磷。英文名 Phoxim，分子式：$C_{12}H_{15}N_2O_3PS$，化学名称。O,O-二乙基-O-α-氰基苯亚氨基硫代磷酸酯。低毒，大鼠急性经口 LD_{50}>2 000mg/kg，大鼠急性经

皮 LD_{50} >5 000mg/kg。理化性质：原药为红棕色油状液体，密度 1.18g/cm³（20℃），水中溶解度 1.5mg/L（20℃）。作用方式：以触杀和胃毒作用为主，无内吸作用。作用特点：杀虫谱广，击倒力强，对鳞翅目幼虫特效。登记作物：甘蓝，萝卜，大蒜，韭菜，烟草，苹果树，茶树，桑树，甘蔗，柑橘树等。防治对象：菜青虫，蚜虫，小菜蛾，地下害虫，桃小食心虫，红蜘蛛，韭蛆等。主要加工剂型：40%乳油，3%颗粒剂，30%微囊悬浮剂，20%微乳剂等。

（2）马拉硫磷。英文名 Malathion，分子式：$C_{10}H_{19}O_6PS_2$，化学名称：O,O-二甲基-S-[1,2-二（乙氧基羰基）乙基]二硫代磷酸酯。低毒，大鼠急性经口 LD_{50} >1 375~2 800mg/kg，大鼠急性经皮 LD_{50} >4 100mg/kg。理化性质：原药为透明琥珀色液体，沸点 156~157℃，密度 1.23g/cm³，水中溶解度 145mg/L（25℃），与大多有机溶剂混溶。作用方式：具有良好的触杀和一定的熏蒸作用，无内吸性。作用特点：进入虫体后被氧化成毒力更强的马拉氧磷，残效期短，对刺吸式口器和咀嚼式口器的害虫有效。登记作物：苹果树，茶树，柑橘树，甘蓝，白菜等。防治对象：蚜虫，菜青虫，桃小食心虫，盲蝽象，黄条跳甲，红蜘蛛，叶蝉，蓟马等。主要加工剂型：45%乳油。

（3）敌百虫。英文名 Trichlorfon，分子式：$C_4H_8Cl_3O_4P$，化学名称：O,O-二甲基-（2,2,2-三氯-1-羟基乙基）磷酸酯。低毒，大鼠急性经口 LD_{50}：560mg/kg，大鼠急性经皮 LD_{50} >5 000mg/kg。理化性质：无色晶体，略有特殊气味，熔点 78.5℃，蒸气压 0.21mPa（20℃），密度 1.73g/cm³（20℃），水中溶解度 120g/L（20℃），溶于大多有机溶剂。作用方式：以胃毒作用为主，兼有触杀作用，无内吸传导活性。作用特点：杀虫谱广，在弱碱液中可变成敌敌畏，但不稳定，很快分解失效。登记作物：十字花科蔬菜，烟草，茶树，柑橘树，桑树，荔枝树，枣树等。防治对象：菜青虫，蚜虫，黏虫，斜纹夜蛾，松毛虫，地下害虫等。主要加工剂型：30%乳油，90%可溶粉剂。

（三）拟除虫菊酯类

拟除虫菊酯类杀虫剂是模拟天然除虫菊素由人工合成的一类杀虫剂，包括高效氯氟氰菊酯、高效氯氰菊酯、氰戊菊酯、溴氰菊酯等，杀虫谱广，效果好、低残留，具有触杀作用，有些品种兼具胃毒或熏蒸作用，无内吸作用。其作用机理是扰乱昆虫神经的正常生理，使之由兴奋、痉挛到麻痹而死亡。在防治蔬菜、果树害虫等方面取得较好的效果。拟除虫菊酯类杀虫剂因用量小，使用浓度低，故对人畜较安全，对环境污染少。其缺点主要是对鱼毒性高，长期重复使用会导致害虫产生抗药性。

（1）高效氯氟氰菊酯。英文名 Iambda-cyhalothrin，分子式：$C_{23}H_{19}ClF_3NO_3$，化学名称：α-氰基-3-苯氧苄基-3-（2-氯-3,3,3-三氯氟-1-丙烯基）-2,2-二甲基环丙烷羧酸酯（Z）-（1R, 3R），S-酯及（Z）-（1S, 3S），R-酯的 1：1 混合物。中等毒性，大鼠急性经口 LD_{50}：79mg/kg，大鼠急性经皮 LD_{50}：1 293~1 507mg/kg。理化性质：纯品为白色固体，熔点 49.2℃，密度 1.33g/cm³（25℃），溶于大多数有机溶剂，pH 值>9 加快分解。作用方式：以触杀和胃毒为主，不具有内吸性。作用特点：具有击倒速度快、击倒力强，用量少等优点。登记作物：十字花科蔬菜，烟草，茶树，苹果树，柑橘树，荔枝树，梨树，榛子树等。防治对象：菜青虫，蚜虫，梨小食心虫，小菜蛾，烟青虫，甜菜夜蛾等。主要加工剂型：25g/L乳油，2.5%水乳剂，2.5%微乳剂，2.5%悬浮剂，10%可湿性粉剂。

（2）高效氯氰菊酯。英文名 Beta-cypermethrin，分子式：$C_{22}H_{19}C_{12}NO_3$，化学名称：2,2-二甲基-3-（2,2-二氯乙烯基）环丙烷羧酸-α-氰基-（3-苯氧基）一苄酯，顺反式比约40∶60。中等毒性，大鼠急性经口 LD_{50}：649mg/kg，大鼠急性经皮 LD_{50}：1 830mg/kg。理化性质：白色或略带奶油色的结晶或粉末，熔点60~65℃，难溶于水，溶于大多数有机溶剂。作用方式：以触杀和胃毒为主。作用特点：生物活性较高，杀虫谱广，击倒速度快，可防治对有机磷杀虫剂产生抗性的害虫。登记作物：十字花科蔬菜，苹果树，柑橘树，梨树，茶树，荔枝树，枸杞等。防治对象：菜青虫，小菜蛾，蚜虫，桃小食心虫，甜菜夜蛾，梨木虱，烟青虫，美洲斑潜蝇等。主要加工剂型：4.5%乳油，4.5%微乳剂，4.5%水乳剂，5%悬浮剂，5%可湿性粉剂。

（3）氰戊菊酯。英文名 Fenvalerate，分子式：$C_{25}H_{22}ClNO_3$，化学名称：α-氰基-3-苯氧苄基（R，S）-2-（4-氯苯基）-3-甲基丁酸酯。中等毒性，大鼠急性经口 LD_{50}：451mg/kg，大鼠急性经皮 LD_{50}>5 000mg/kg。理化性质：原药为黄色至褐色黏稠油状液体，密度1.18g/cm³（25℃），水中溶解度<10 μg/L（25℃），酸性介质中相对稳定，碱性介质中迅速水解。作用方式：触杀和胃毒，无内吸传导和熏蒸作用。作用特点：杀虫谱广，对鳞翅目幼虫效果好，但对螨类无效。登记作物：苹果树，柑橘树，桃树，甘蓝，白菜，甜菜，烟草等。防治对象：蚜虫，菜青虫，烟青虫，桃小食心虫，红蜘蛛，黏虫等。主要加工剂型：20%乳油，20%水乳剂。

（4）溴氰菊酯。英文名：Deltamethrin，分子式：$C_{22}H_{19}Br_2NO_3$，化学名称：右旋-顺式-2,2-二甲基-3-（2,2-二溴乙烯基）环丙烷羧酸-（S）-α-氰基-3-苯氧基苄酯。中等毒性，大鼠急性经口 LD_{50}：135~5 000mg/kg，大鼠急性经皮 LD_{50}>2 000mg/kg。理化性质：无色结晶，熔点100~102℃，蒸气压<$1.33×10^{-5}$ Pa（25℃），水中溶解度<0.2μg/L（25℃），酸性条件下稳定。作用方式：以触杀、胃毒为主，具有一定驱避与拒食作用，无内吸和熏蒸活性。作用特点：杀虫谱广，击倒速度快，尤其对鳞翅目幼虫及蚜虫杀伤力大，但对螨类无效，作用部位在神经系统，使昆虫过度兴奋、麻痹而死。登记作物：十字花科蔬菜，苹果树，茶树，柑橘树，梨树，烟草等。防治对象：菜青虫，蚜虫，烟青虫，桃小食心虫，小菜蛾，梨小食心虫，茶小绿叶蝉，松毛虫等。主要加工剂型：25g/L乳油，2.5%悬浮剂，2.5%可湿性粉剂。

（四）氨基甲酸酯类

氨基甲酸酯类杀虫剂是以毒扁豆碱为模板的仿生合成杀虫剂，包括茚虫威、异丙威、抗蚜威等。大多数品种的速效性好，持效期短，选择性好，对飞虱、叶蝉和蓟马防效好，作用机理是抑制昆虫体内乙酰胆碱酯酶，阻断正常神经传导，使昆虫中毒死亡。大部分氨基甲酸酯类杀虫剂比有机磷类杀虫剂毒性低，对鱼类比较安全，但对蜜蜂具有较高毒性。

（1）茚虫威。英文名 Indoxacarb，分子式：$C_{22}H_{17}ClF_3N_3O_7$，化学名称：7-氯-2,3,4a,5-四氢-2-[甲氧基羰基（4-三氟甲氧基苯基）氨基甲酰基]茚并[1,2-e][1,

3,4-〕噁二嗪-4a-羧酸甲酯。低毒，大鼠急性经口 $LD_{50}>5\,000mg/kg$；大鼠急性经皮 $LD_{50}>2\,000mg/kg$。理化性质：熔点 140～140℃，蒸气压 $<1.0\times10^{-5}$ Pa（20～25℃），密度 $1.53g/cm^3$（20℃），水中溶解度（20℃）$<0.5mg/L$。作用方式：具有触杀和胃毒活性。作用特点：阻断害虫神经细胞中的钠离子通道，导致靶标害虫协调差、麻痹，最终死亡。杀虫机理独特，与其他杀虫剂无交互抗性。登记作物：甘蓝，豇豆，大白菜，小白菜，茶树，烟草等。防治对象：小菜蛾，甜菜夜蛾，菜青虫，豆荚螟，茶小绿叶蝉，斜纹夜蛾等。主要加工剂型：150g/L悬浮剂，30%水分散粒剂。

（2）异丙威。英文名 Isoprocarb，分子式：$C_{11}H_{15}NO_2$，化学名称：2-异丙基苯基甲基氨基甲酸酯。中等毒性，大鼠急性经口 LD_{50}：450mg/kg，大鼠急性经皮 LD_{50}：500mg/kg。理化性质：纯品为白色晶体，原药为粉红色片状结晶，熔点 93～96℃，蒸气压 2.8mPa（20℃），密度 $0.62g/cm^3$，水中溶解度 0.26g/L，溶于大多数有机溶剂。作用方式：兼具触杀和内吸活性。作用特点：抑制乙酰胆碱酯酶，致使昆虫麻痹至死亡；速效性强，残效期短。登记作物：黄瓜。防治对象：叶蝉，蚜虫，白粉虱等。主要加工剂型：20%乳油，40%可湿性粉剂，10%烟剂，20%悬浮剂。

（3）抗蚜威。英文名 Pirimicarb，分子式：$C_{11}H_{18}N_4O_2$，化学名称：2-N,N-二甲基氨基-5,6-二甲基嘧啶-4-基 N,N-二甲基氨基甲酸酯。中等毒性，大鼠急性经口 LD_{50}：147mg/kg，大鼠急性经皮 $LD_{50}>500mg/kg$。理化性质：无色固体，熔点 87.3～90.7℃），蒸气压 0.97mPa（25℃），密度 $1.15g/cm^3$（25℃），水中溶解度 3g/L（20℃），在紫外光下不稳定。作用方式：兼具触杀和熏蒸活性。作用特点：施药后数分钟即可迅速杀死蚜虫，对蚜虫传播的病毒病有较好预防作用。残效期短，对作物安全，不伤天敌。登记作物：甘蓝，油菜等。防治对象：蚜虫。主要加工剂型：10%可湿性粉剂，50%水分散粒剂。

（五）杀螨剂类

杀螨剂包括螺螨酯、炔螨特、丁醚脲、联苯肼酯、哒螨灵等。

（1）螺螨酯。英文名 Spirodiclofen，分子式：$C_{21}H_{24}Cl_2O_4$，化学名称：3-（2，4-二氯苯基）-2-氧-1-氧螺〔4,5〕癸-3-烯-4-基 2,2-二甲基丁酸盐。低毒，大鼠急性经口 $LD_{50}>2\,500mg/kg$，大鼠急性经皮 $LD_{50}>2\,000mg/kg$。理化性质：原药为略带特殊气味的无色至白色固体，熔点 94.8℃，密度 $1.29g/cm^3$（20℃），蒸气压 7×10^{-7} Pa（25℃），水中溶解度 0.05g/L（20℃），在紫外光下不稳定。作用方式：具有触杀活性，无内吸性。作用特点：可以抑制害螨体内脂类合成，阻断能量代谢，对害螨的卵、幼螨、若螨具有良好的杀伤效果，对成螨无效，但具有抑制雌螨产卵孵化率的作用。登记作物：柑橘树，苹果树，蔷薇科观赏花卉，冬枣等。防治对象：红蜘蛛，锈壁虱。主要加工剂型：34%悬浮剂，15%水乳剂。

（2）炔螨特。英文名 Propargite，分子式：$C_{19}H_{26}O_4S$，化学名称：2-（4-特丁基苯氧基）环己基丙-2-炔基亚硫酸酯。低毒，大鼠急性经口 LD_{50}：2\,800mg/kg，大鼠急性经皮 LD_{50}：4\,000 mg/kg。理化性质：原药为深红棕色黏稠液体，蒸气压 0.006mPa（25℃），密度 $1.11g/cm^3$（20℃），水中溶解度 0.5mg/L（25℃），与许多有机溶剂混溶，强酸和强碱中分解（pH 值>10）。作用方式：兼具触杀和胃毒活性，无内吸和渗透传导性。作用特点：对成螨、若螨有效，杀卵效果差，对多数天敌较安全，但在嫩小作物上使用时要严格控制浓度，过高易发生药害。登记作物：蔬菜，苹果，柑橘，茶，花卉等。防治对象：红蜘蛛，二斑叶螨，朱砂叶螨。主要加工剂型：73%乳油，40%水乳剂，40%微乳剂。

（3）丁醚脲。英文名 Diafenthiuron，分子式：$C_{23}H_{32}N_2OS$，化学名称：1-特丁基-3-（2,6-二异丙基-4-苯氧基苯基）硫脲。低毒，大鼠急性经口 LD_{50}：2 068mg/kg，大鼠急性经皮 LD_{50}>2 000mg/kg。理化性质：原药为无色粉末，熔点 144.6～147.7℃，蒸气压<2×10^{-6}Pa（25℃），密度 1.09g/cm^3（20℃），水中溶解度 0.06mg/L（25℃），能溶于常见有机溶剂，在光、空气中和水中稳定。作用方式：兼具触杀和胃毒活性，也有内吸和熏蒸活性。作用特点：属于选择性杀虫、杀螨剂，可以控制对氨基甲酸酯、有机磷和拟除虫菊酯产生抗性的蚜虫，大叶蝉和烟粉虱等。登记作物：甘蓝，茶树，柑橘树，苹果树，十字花科蔬菜等。防治对象：小菜蛾，红蜘蛛，茶小绿叶蝉，菜青虫，甜菜夜蛾。主要加工剂型：50%悬浮剂，25%乳油，50%可湿性粉剂。

（4）联苯肼酯。英文名 Bifenazate，分子式：$C_{17}H_{20}N_2O_3$，化学名称：N′-（4-甲氧基-联苯-3-基）肼羧酸异丙基酯。中等毒性，大鼠急性经口 LD_{50}>5 000mg/kg，大鼠急性经皮 LD_{50}>5 000mg/kg。理化性质：白色固体结晶，熔点 121.5～123.0℃，密度 1.19g/cm^3（25℃），水中溶解度 2.1mg/L（20℃）。作用方式：具有触杀和击倒活性。作用特点：对螨类中枢神经传导系统 γ-氨基丁酸（GABA）受体具有独特作用。对螨各个生长阶段有效，具有杀卵活性和对成螨的击倒活性（48～72h），对捕食性螨影响小，且持效期长。登记作物：柑橘树，苹果树，草莓，观赏玫瑰，辣椒，木瓜等。防治对象：红蜘蛛，二斑叶螨，茶黄螨。主要加工剂型：43%悬浮剂，50%水分散粒剂。

（5）哒螨灵。英文名 Pyridaben，分子式：$C_{19}H_{25}ClN_2OS$，化学名称：2-特丁基-5-（4-特丁基苄硫基-4-氯-3（H）-哒嗪-3-酮。低毒，大鼠急性经口 LD_{50}：1 350mg/kg，大鼠急性经皮 LD_{50}>2 000mg/kg。理化性质：无色晶体，熔点 111～112℃，密度 1.2g/cm^3（20℃），蒸气压 0.25mPa（20℃），水中溶解度 0.012mg/L（20℃），见光不稳定。作用方式：具有触杀活性，无内吸性。作用特点：广谱杀螨剂，对整个生长期即卵、幼螨、若螨和成螨均有很好的效果，速效性好，持效期长。登记作物：柑橘树，苹果树，茶树，萝卜，甘蓝，黄瓜，枸杞等。防治对象：红蜘蛛，黄条跳甲，二斑叶螨，叶螨，蚜虫，茶小绿叶蝉，白粉虱，金纹细蛾等。主要加工剂型：15%乳油，20%可湿性粉剂，40%悬浮剂，10%微乳剂。

（六）昆虫生长调节剂

昆虫生长调节剂是一类特异性杀虫剂，在使用时不直接杀死昆虫，而是在昆虫个体发育时期阻碍或干扰昆虫正常发育，使昆虫个体生活能力降低、死亡。常见的昆虫生长调节剂包括保幼激素类似物（Juvenile hormoneanalogue，JHA）、蜕皮激素类似物（Ecdysone hormoneanalogue，MHA）和几丁质合成抑制剂（Chitin synthesisi inhibitors，CSIs）等。

1. 保幼激素类似物

昆虫在幼虫期咽侧体内（与脑连接）分泌的一种激素，能够使昆虫自卵孵化后继续保持幼虫状态。幼虫经数次蜕皮到最后一龄时，保幼激素停止分泌，才蜕皮化蛹。若此时使用保幼激素处理，可使昆虫化蛹不正常而死亡。昆虫成虫使用保幼激素处理，可使其不产卵或产卵后不孵化。人工合成的保幼激素类似物，活性比天然保幼激素高几百倍，现已有不少种类。目前，商品化的保幼激素类似物包括 ZR515（Methoprene，烯虫酯）、ZR512（Hydroprene，烯虫乙酯）、S-31182（Pyriproxyfen，吡丙醚）、JH-286（保幼炔）等，其中，部分品种对蚊类幼虫、贮粮害虫和同翅目害虫具有较好的防治效果。

（1）烯虫酯。英文名 Methoprene，分子式：$C_{19}H_{34}O_3$，化学名称：（E,E）-（RS）-11-甲氧基-3,7,11-三甲基十二碳-2,4-二烯酸异丙酯。低毒，大鼠急性经口 $LD_{50}>$ 34 600mg/kg，大鼠急性经皮 LD_{50}：3 000~10 000mg/kg。理化性质：原药为淡黄色，密度 0.93g/cm³（20℃），沸点 100℃，熔点<20℃，水中溶解度 1.4mg/L。作用特点：抑制未成龄的幼虫变态，保持昆虫幼年期特征，使蜕皮后仍为幼虫，作用缓慢，不能迅速控制暴发性害虫。登记作物：烟草。防治对象：甲虫。主要加工剂型：4.1%可溶液剂。

（2）吡丙醚。英文名 Pyriproxyfen，分子式：$C_{20}H_{19}NO_3$，化学名称：4-苯氧基苯基（RS）-2-（2-吡啶基氧）丙基醚。低毒，大鼠急性经口 $LD_{50}>5$ 000mg/kg，大鼠急性经皮 $LD_{50}>2$ 000mg/kg。理化性质：无色晶体，熔点 45~47℃，蒸气压 0.29mPa（20℃），密度 1.23g/cm³（20℃）。作用特点：属于保幼激素类似物，持效期长，具有强烈的杀卵作用。登记作物：柑橘树，番茄，枣树，姜，黄瓜，甘蓝等。防治对象：白粉虱，介壳虫，木虱，姜蛆等。主要加工剂型：100g/L 乳油。

2. 蜕皮激素类似物

蜕皮激素是由昆虫前胸腺分泌控制蜕皮的一种激素，缺乏或过多时会使昆虫发育不正常而死亡。国内已产业化生产的具蜕皮激素活性的杀虫剂包括抑食肼（RH-5849）、虫酰肼（RH-5992）和甲氧虫酰肼 3 种。

（1）抑食肼。英文名 Antifeeduant，分子式：$C_{18}H_{20}N_2O_2$，化学名称：2-苯甲酰-1特丁基苯甲酰肼。中毒，大鼠急性经口 $LD_{50}>258.3$mg/kg，大鼠急性经皮 $LD_{50}>5$ 000 mg/kg。理化性质：原药为白色结晶固体，熔点 168~174℃，溶解度：水 0.05g/L，环己酮 50g/L。作用特点：属于苯酰胺类化合物，是一种非甾类的昆虫生长调节剂，其主要作用是促进昆虫加速蜕皮，抑制幼虫和成虫取食，减少产卵，从而阻碍昆虫繁殖。抑食肼的速效性差，持效期长，以胃毒作用为主，具有较强的内吸性，对鳞翅目、鞘翅目和双翅目等害虫具有良好的防治效果。登记作物：十字花科蔬菜。防治对象：斜纹夜蛾，菜青虫。主要加工剂型：20%可湿性粉剂。

（2）虫酰肼。英文名 Tebufenozide，分子式：$C_{22}H_{28}N_2O_2$，化学名称：N-叔丁基-N-（4-乙基苯甲酰基）-3,5-二甲基苯甲酰肼。低毒，大鼠急性经口 $LD_{50}>5$ 000mg/kg，大鼠急性经皮 $LD_{50}>5$ 000mg/kg。理化性质：原药为灰白色粉末，熔点 191℃，溶解度：水<1mg/L，环己酮 50g/L。作用特点：属于非甾族昆虫生长调节剂，可以模拟蜕皮激素作用，刺激产生过量蜕皮激素，促成不正常的蜕皮过程。杀虫活性高，选择性强，对

所有鳞翅目幼虫均有效，具有极强的杀卵活性，对非靶标生物更安全。登记作物：十字花科蔬菜，苹果树，松树，烟草，马尾松，杨树，苹果树等。防治对象：甜菜夜蛾，卷叶蛾，斜纹夜蛾，松毛虫，小菜蛾，美国白蛾等。主要加工剂型：20%悬浮剂，10%乳油。

（3）甲氧虫酰肼。英文名 Methoxyfenozide，分子式：$C_{22}H_{28}N_2O_3$，化学名称：N-叔丁基-N'-(3-甲基-2-甲苯甲酰基)-3,5-二甲基苯甲酰肼。低毒，大鼠急性经口 LD_{50}：5 000mg/kg；大鼠急性经皮 $LD_{50}>2 000$ mg/kg。理化性质：纯品为白色粉末，熔点202~205℃，蒸气压$>5.3\times10^{-5}$ Pa（25℃），水中溶解度（20℃）<1mg/L。作用方式：兼具触杀和内吸活性。作用特点：蜕皮激素类杀虫剂，引起鳞翅目幼虫停止取食，加快蜕皮进程，使害虫在成熟前因提早蜕皮而致死。登记作物：甘蓝，苹果树，烟草，大葱等。防治对象：甜菜夜蛾，小菜蛾，斜纹夜蛾，小卷夜蛾，烟青虫等。主要加工剂型：24%悬浮剂。

3. 几丁质合成抑制剂

几丁质是组成昆虫表皮的主要成分，在昆虫外骨骼中起着至关重要的作用。而几丁质合成抑制剂能够抑制几丁质合成，使昆虫蜕皮时不能形成新表皮，变态受阻而死亡，处理成虫，可抑制成虫产卵或产卵后不孵化。目前，几丁质合成抑制剂主要包括苯甲酰苯脲类和嗪类化合物，前者包括除虫脲、灭幼脲、氟铃脲、氟虫脲和氟啶脲，而后者主要包括噻嗪酮和灭蝇胺。

（1）除虫脲。英文名 Diflubenzuron，分子式：$C_{14}H_9ClF_2N_2O_2$，化学名称：1-(4-氯苯基)-3-(2,6-二氟苯甲酰基) 脲。低毒，大鼠急性经口 $LD_{50}>4 640$mg/kg，大鼠急性经皮 $LD_{50}>2 000$mg/kg。理化性质：无色晶体，熔点 230~232℃，蒸气压 1.2×10^{-7} Pa（25℃），水中溶解度 0.08mg/L（20℃）。作用方式：兼具胃毒和触杀活性。作用特点：药效缓慢，对鳞翅目、对鞘翅目、双翅目等害虫有效，对有益生物无不良影响。登记作物：苹果树，柑橘树，荔枝树，茶树，松树，十字花科蔬菜等。防治对象：菜青虫，金纹细蛾，松毛虫，美国白蛾等。主要加工剂型：25%可湿性粉剂，20%悬浮剂。

（2）灭幼脲。英文名 Chlorbenzuron，分子式：$C_{14}H_{10}Cl_2N_2O_2$，化学名称：1-邻氯苯甲酰基-3-(4-氯苯基) 脲。低毒，大鼠急性经口 $LD_{50}>20 000$mg/kg。理化性质：纯品为白色结晶，熔点 199~201℃，不溶于水，遇碱和强酸易分解，对光热较稳定。作用方式：兼具胃毒和触杀活性。作用特点：通过抑制昆虫表皮几丁质合成酶和尿核苷辅酶的活性，来抑制昆虫几丁质合成从而导致昆虫不能正常蜕皮而死亡。特别是对鳞翅目幼虫表现为很好的杀虫活性。登记作物：苹果树，松树，杨树，十字花科蔬菜等。防治对象：金纹细蛾，菜青虫，松毛虫，小菜蛾，美国白蛾，甜菜夜蛾等。主要加工剂型：25%悬浮剂，25%可湿性粉剂。

（3）氟铃脲。英文名 Hexaflumuron，分子式：$C_{16}H_8Cl_2F_6N_2O_3$，化学名称：1-［3,5-二氯-4-(1,1,2,2-四氟乙氧基)苯基］-3-(2,6-二氟苯甲酰基) 脲。低毒，大鼠急性经口 $LD_{50}>5 000$mg/kg，大鼠急性经皮 $LD_{50}>5 000$mg/kg。理化性质：无色固体，熔点 202~205℃，蒸气压 0.059mPa（25℃），水中溶解度 0.027mg/L（18℃）。作用方式：具有触杀活性。作用特点：具有很高的杀虫和杀卵活性，而且速效。登记作物：十字花科蔬菜，杨树等。防治对象：小菜蛾，甜菜夜蛾，菜青虫，斜纹夜蛾，美国白蛾等。主要加工剂型：5%乳油，20%悬浮剂，5%微乳剂。

（4）氟虫脲。英文名 Flufenoxuron，分子式：$C_{21}H_{11}ClF_6N_2O_3$，化学名称：1-［4-（2-氯-α，α，α-三氟-对-甲苯氧基-2-氟苯基］-3-（2，6-二氟苯甲酰）脲。低毒，大鼠急性经口 $LD_{50}>3\ 000mg/kg$，大鼠急性经皮 $LD_{50}>2\ 000mg/kg$。理化性质：工业品为白色晶状固体，熔点 169~172℃，蒸气压 $6.52\times10^{-12}Pa$（20℃），密度 $1.57g/cm^3$（20℃），水中溶解度：$4\ \mu g/L$（25℃），190℃以下稳定，自然光照下稳定。作用方式：具有胃毒和触杀作用。作用特点：兼具杀虫和杀螨作用，尤其对幼螨和若螨具有高活性。雌虫接触药剂后，产的卵即使孵化幼虫也会很快死亡。登记作物：柑橘树，苹果树。防治对象：红蜘蛛，潜叶蛾，锈壁虱。主要加工剂型：50g/L 可分散液剂。

（5）氟啶脲。英文名 Chlorfluazuron，分子式：$C_{20}H_9Cl_3F_5N_3O_3$，化学名称：1-［3，5-二氯-4-（3-氯-5-三氯甲基-2-吡啶氧基）苯基］-3-（2,6-二氟苯甲酰基）脲。低毒，大鼠急性经口 $LD_{50}>8\ 500mg/kg$，大鼠急性经皮 $LD_{50}>1\ 000mg/kg$。理化性质：白色结晶，熔点 226.5℃，20℃时溶解度：水中<0.01mg/L，丙酮中 55mg/L，环己酮 110mg/L，在光和热下稳定。作用方式：具有胃毒和触杀作用。作用特点：使卵的孵化、幼虫蜕皮以及蛹发育畸形，成虫羽化受阻。药效高，作用速度较慢。登记作物：十字花科蔬菜，茶树，柑橘树等。防治对象：甜菜夜蛾，小菜蛾菜青虫，韭蛆，斜纹夜蛾，潜叶蛾，茶小绿叶蝉等。主要加工剂型：50g/L 乳油，25%悬浮剂，10%水分散粒剂。

（6）噻嗪酮。英文名 Buprofezin，分子式：$C_{16}H_{23}N_3OS$，化学名称：2-叔丁亚氨基-3-异丙基-5-苯基-3，4，5，6-四氢-2H-1，3，5-噻二嗪-4-酮。低毒，大鼠急性经口 $LD_{50}>2\ 198mg/kg$，大鼠急性经皮 $LD_{50}>5\ 000mg/kg$。理化性质：纯品为无色晶体，熔点为 104.5~105.5℃，蒸气压 1.25mPa（25℃），微溶于水，在酸与碱性介质中稳定。作用方式：兼具触杀和胃毒活性。作用特点：抑制昆虫几丁质合成和干扰新陈代谢，致使若虫蜕皮畸形或翅畸形而缓慢死亡。施药后 3~7d 才能看出效果，对成虫没有直接杀伤力，但可缩短其寿命，减少产卵量，幼虫即使孵化也很快死亡，对天敌较安全。登记作物：柑橘树，茶树，茭白等。防治对象：介壳虫，小叶绿蝉，木虱，白粉虱等。主要加工剂型：50%悬浮剂，25%可湿性粉剂。

（7）灭蝇胺。英文名 Cyromazine，分子式：$C_6H_{10}N_6$，化学名称：N-环丙基-1，3，5-三嗪-2，4，6-三胺。低毒，大鼠急性经口 LD_{50}：3 387mg/kg，大鼠急性经皮 $LD_{50}>$ 3 100mg/kg。理化性质：纯品为无色结晶，熔点 220~222℃，密度 $1.35g/cm^3$。溶解度（20℃，pH 值 7.5）：水中为 11g/L，稍溶于甲醇。作用方式：具有内吸、触杀和胃毒活性。作用特点：选择性强，作用速度较慢，持效期较长。主要对双翅目昆虫有活性，诱使幼虫和蛹在形态上发生畸变，成虫羽化不全或受抑制。对人、畜无毒副作用，对环境安全。登记作物：黄瓜，菜豆，姜，韭菜，花卉等。防治对象：美洲斑潜蝇，姜蛆，韭蛆等。主要加工剂型：50%可湿性粉剂，30%悬浮剂，20%可溶粉剂，80%水分散粒剂。

（七）其 他

其他杀虫剂有吡蚜酮、氯虫苯甲酰胺、氟啶虫酰胺、螺虫乙酯、氰氟虫腙、甲氨基阿维菌素苯甲酸盐等。

（1）吡蚜酮。英文名 Pymetrozine，分子式：$C_{10}H_{11}N_5O$，化学名称：（E）-4,5-二氢-6-甲基-4-（3-吡啶亚甲基氨基）-1,2,4-三嗪-3（2H）-酮。低毒，大鼠急性经口 LD_{50}：5 820mg/kg；大鼠急性经皮 $LD_{50}>2\ 000mg/kg$。理化性质：原药为白色或淡黄色固体粉末，熔点 234℃，蒸汽压（20℃）$<9.7\times10^{-3}Pa$，水中溶解度 0.27g/L（20℃），对光和热稳定。作用方式：具有内吸、触杀和胃毒活性。作用特点：不对昆虫具有击倒效果，无直接毒性，但昆虫接触药剂后，立刻停止取食，最后因饥饿致死。登记作物：甘蓝、菠菜、观赏菊花、莲藕、芹菜、烟草、观赏花卉、茶树、黄瓜、番茄等。防治对象：蚜虫、莲缢管蚜、茶小绿叶蝉、烟粉虱等。主要加工剂型：25%悬浮剂，25%可湿性粉剂，50%水分散粒剂。

（2）氯虫苯甲酰胺。英文名 Chlorantraniliprole，分子式：$C_{18}H_{14}BrCl_2N_5O_2$，化学名称：3-溴-N-[4-氯-2-甲基-6-［（甲氨基酰甲氨基酰甲氨基酰）苯]-1-（3-氯吡啶氯吡啶-2-基）-1-氢-吡唑-5-甲酰胺。低毒，大鼠急性经口 $LD_{50}>5\ 000mg/kg$，大鼠急性经皮 $LD_{50}>5\ 000mg/kg$。理化性质：纯品为白色结晶，密度 1.51g/cm³，熔点 208～210℃，水中溶解度 1.02mg/L（20～25℃）。作用方式：兼具胃毒和内吸活性。作用特点：邻甲酰氨基苯甲酰胺类杀虫剂，激活兰尼碱受体，释放平滑肌和横纹肌细胞内的钙离子，引起肌肉调节衰弱，麻痹，直至死亡。广谱高效，对哺乳动物和其他脊椎动物安全，是害虫抗性治理、轮换使用的最佳药剂。登记作物：甘蔗，苹果树，甘蓝，辣椒，番茄，豇豆，姜等。防治对象：甜菜夜蛾，小菜蛾，蚜虫，桃小食心虫，豆荚螟，小地老虎，蛴螬等。主要加工剂型：5%、20%悬浮剂，35%水分散粒剂。

（3）氟啶虫酰胺。英文名 Flonicamid，分子式：$C_9H_6F_3N_3O$，化学名称：N-氰甲基-4-（三氟甲基）烟酰胺。低毒，雄性大鼠急性经口 LD_{50}：884mg/kg，雌性大鼠急性经口 LD_{50}：1 768mg/kg；大鼠急性经皮 $LD_{50}\geqslant5\ 000mg/kg$。理化性质：纯品为白色粉末，熔点 157.5℃，密度 1.53g/cm³，水中溶解度（20℃）$<5.2mg/L$。作用方式：兼具触杀和内吸活性。作用特点：属于吡啶酰胺类化合物，刺式口器害虫取食植物汁液后，害虫被迅速阻止吸汁，因饥饿而死亡。还具有较好的神经毒作用和快速拒食作用。登记作物：甘蓝，黄瓜，苹果树等。防治对象：蚜虫。主要加工剂型：10%水分散粒剂。

（4）螺虫乙酯。英文名 Spirotetramat，分子式：$C_{21}H_{27}NO_5$，化学名称：4-（乙氧基羰基氧基）-8-甲氧基-3-（2,5-二甲苯基）-1-氮杂螺［4,5]-癸-3-烯-2-酮。低毒，雄性大鼠急性经口 $LD_{50}>5\ 000mg/kg$，大鼠急性经皮 $LD_{50}>2\ 000mg/kg$。理化性质：原药为白色粉末，溶点 142℃，水中溶解度（20℃）33.4mg/L。作用方式：具有内吸活性。作用特点：高效广谱，作用机制独特，选择性强，持效期长。通过干扰脂肪生物合成导致幼虫死亡，降低成虫繁殖力，可作为烟碱类杀虫剂抗性管理的重要品种。登记作物：柑橘树，苹果树，梨树，番茄，黄瓜，甘蓝，辣椒，西瓜等。防治对象：介壳虫，烟粉虱，红蜘蛛，梨木虱，蚜虫等。主要加工剂型：22.4%悬浮剂，50%水分散粒剂。

（5）氰氟虫腙。英文名 Metaflumizone，分子式：$C_{24}H_{16}F_6N_4O_2$，化学名称：（E+Z）-2-（4-氰基苯）-1-[3-（三氟甲基）苯]亚乙基]　-N-[4-（三氟甲基）苯]-联胺羰草酰胺。低毒，大鼠急性经口 $LD_{50} > 5\,000mg/kg$，大鼠急性经皮 $LD_{50} > 5\,000mg/kg$。理化性质：原药为白色粉末，密度 $1.43g/cm^3$。作用方式：兼具胃毒和触杀活性。作用特点：阻碍神经系统的钠离子通道而引起神经麻痹，与大多数杀虫剂无交互抗性，对哺乳动物和非靶标生物低风险。登记作物：甘蓝，白菜，观赏菊花等。防治对象：甜菜夜蛾，小菜蛾，斜纹夜蛾，小卷夜蛾，烟青虫等。主要加工剂型：22%悬浮剂。

（6）甲氨基阿维菌素苯甲酸盐。英文名 Emamectin benzoate，分子式：$C_{49}H_{75}NO_{13}\cdot C_7H_6O_2$（$b_{1a}$），$C_{48}H_{73}NO_{13}\cdot C_7H_6O_2$（$b_{1b}$），化学名称：4'-表-甲氨基-4'-脱氧阿维菌素苯甲酸盐。中等毒性，大鼠急性经口 LD_{50}：126mg/kg；大鼠急性经皮 LD_{50}：126mg/kg。理化性质：原药为白色或淡黄色结晶粉末，熔点 141~146℃，微溶于水，在紫外光下不稳定。作用方式：以胃毒和触杀作用为主，无内吸性。作用特点：属于半合成抗生素杀虫剂，广谱高效，残效期长，其作用机理是阻碍害虫运动神经信息传递而使身体麻痹死亡。登记作物：甘蓝，大白菜，小白菜，小油菜，豇豆，辣椒，烟草，茭白，杨树，苹果树，茶树等。防治对象：甜菜夜蛾，斜纹夜蛾，小菜蛾，菜青虫，烟青虫，蓟马，豆荚螟，美国白蛾，茶小绿叶蝉等。主要加工剂型：1%微乳剂，1%乳油，5%水分散粒剂。

四、农药混用与复配

在生产上常常把两种或两种以上的农药混合起来施用，有时直接加工成复配制剂。农药复配可以兼治及扩大防治对象，减少用药次数，提高防治效果，延缓害虫抗药性的产生，同时，节本省工，减少环境污染。研究表明，农药混用复配后对生物会产生联合效应，即相加作用、增效作用及拮抗作用。可以通过共毒系数（Co-toxicity coefficient，CTC）决定能否复配，一般认为共毒系数>200 为增效，150~200 为微增效，70~150 为相加，<70 为拮抗，显然有拮抗反应的两种农药是不能复配的。

在农药混用或复配时应注意以下几个方面：①作用机理和药效速度不同，通常将速效和长效药剂进行合理混用；②两种药剂复配后不能影响原药剂的理化性能，不降低药效，不对作物产生药害；③酸性或中性农药（如含酯结构的有机磷、氨基甲酸酯、拟除虫菊酯等）不能与碱性农药混合；④对酸性敏感的农药（如敌百虫、有机硫杀菌剂）不能与酸性农药混用；⑤农药之间不会产生复分解反应，例如波尔多液与石硫合剂均是碱性药剂，但是混合后会发生离子交换反应，使药剂失效甚至产生药害。

第六节　害虫的绿色防控

一、绿色防控概述

（一）绿色防控定义

绿色防控是指从农田生态系统整体出发，以农业防治为基础，积极保护利用自然天敌，恶化病虫的生存条件，提高农作物的抗虫能力，在必要时合理使用化学农药，将虫害损失降到最低限度。通过推广应用生态调控、生物防治、物理防治、科学用药等绿色防控技术，可以达到保护生物多样性，降低害虫暴发概率的目的，同时它也是促进标准化生产，提升农产品质量安全水平的必然要求。

（二）绿色防控策略

农作物虫害的绿色防控主要通过防治技术的选择和组装配套，从而最大限度地确保农业生产安全、农业生态环境安全和农产品质量安全。从策略上突出强调以下 4 个方面。

（1）强调健身栽培。从土、肥、水、品种和栽培措施等方面入手，培育健康作物；构建健康的土壤生态；采用抗性或耐性品种，抵抗害虫危害；采用适当的肥、水以及间作、套种等栽培措施，创造不利于害虫发生和发育的条件，从而抑制害虫的发生与为害。

（2）强调害虫的预防。从生态学入手，改造害虫虫源地，破坏其生态循环、减少虫源，从而减轻害虫的发生或流行。了解害虫的生活史，采取物理、生态或化学调控措施，破坏害虫的关键繁殖环节，从而抑制害虫的发生。

（3）强调发挥农田生态服务功能。发挥农田生态系统的服务功能需要充分保护和利用生物多样性，降低害虫的发生程度。既要重视土壤及田间的生物多样性保护和利用，也要注重田边地头生物多样性的保护和利用。生物多样性的保护与利用不仅可以抑制田间害虫暴发成灾，而且可以在一定程度上抵御外来害虫的入侵。

（4）强调生物防治的作用。绿色防控注重生物防治技术的采用与生物防治作用的发挥。通过农田生态设计（生态工程）和农艺措施的调整来保护与利用自然天敌，从而将害虫控制在经济损失允许水平以内；也可以通过人工增殖和释放天敌，或使用生物制剂来防治害虫。

二、绿色防控的功能

害虫防治技术的使用包含了直接成本和间接成本。直接成本主要反映在农民采用该技术的现金投入上，是农民关注的焦点。简单地说，如果害虫防治技术的直接成本大于挽回的损失，农民将不会使用这种技术。实际上，现代害虫防治技术的使用成本还包含了巨大的间接成本，间接成本是由现代害虫防治技术使用的外部效应产生的，主要是指环境和社会成本。大量使用化学农药造成使用者中毒、农产品中农药残留超标、天敌种群和农田自然生态的破坏、生物多样性降低、土壤和地下水污染等一些环境或社会问题，体现了化学农药使用的环境和社会成本。通过环境友好型技术措施控制农作物害虫为害的行为，能够最大限度地降低间接成本，体现最佳的生态和社会效益。害虫绿色防控主要有以下 3 个方面的功能。

（1）绿色防控是避免农药残留超标，保障农产品质量安全的重要途径。通过推广农业、物理、生态和生物防治技术，特别是集成应用抗虫良种和趋利避害栽培技术，以及物理阻断、理化诱杀等非化学防治的农作物害虫绿色防控技术，有助于减少化学农药使用，降低农产品农药残留超标风险，控制农业面源污染，保护农业生态环境安全。

（2）绿色防控是控制主要害虫为害，保障农产品供给的迫切需要。农作物害虫绿色防控是适应农村经济发展新形势、新变化和发展现代农业的新要求而产生的，大力推进农作物害虫绿色防控，有助于提高防控工作的装备水平和科技含量，有助于进一步明确主攻对象和关键防治技术，提高防治效果，将害虫为害损失控制在较低水平。

（3）绿色防控是降低农产品生产成本，提高种植效益的迫切需要。农作物害虫防治单纯依赖化学农药，不仅防治次数多、成本高，而且还会造成害虫抗药性增加，进一步加大农药使用量。大规模推广农作物害虫绿色防控技术，可显著减少化学农药用量，提高种植效益，促进农民增收。

三、绿色防控基本原则

（一）栽培健康作物

实现绿色防控首先应遵循栽培健康作物的原则，从培育健康农作物和建立良好农作物生态环境入手，使植物生长健康，并创造有利于天敌生存繁衍，而不利于病虫发生的生态环境。栽培健康的作物可以通过以下途径来实现。

（1）通过合理的农业措施培育健康的土壤生态环境。良好的土壤管理措施可以改良土壤的墒情、提高作物养分的供给和促进作物根系的发育，从而增强农作物抵御害虫的能力和抑制有害生物的发生。反之，不利于农作物生长的土壤环境会降低农作物对有害生物的抵抗能力，同时，可能会使植物产生吸引有害生物为害的信号。

（2）选用抗性或耐性品种。选用抗性或耐性品种是栽培健康作物的基础。通过种植抗性品种，可以减轻害虫为害，减少化学农药使用，有利于绿色防控技术的组装配套。

（3）培育壮苗。包括培育健壮苗木和大田调控作物苗期生长，特别是合理使用植物免疫诱抗剂，提高植株对害虫的抵抗能力，为农作物健壮生长打下良好基础。

（4）种子（苗木）处理。包括晒种、浸种、种子包衣和苗木嫁接等。

（5）平衡施肥。通过测土配方施肥，培育健康的农作物，即采集土壤样品，分析化验土壤养分含量，按照农作物需要营养元素的规律，按时按量施肥，为作物健壮生长创造良好的营养条件。注意有机肥，氮、磷、钾复合肥料及微量元素肥料的平衡施用，避免偏施氮肥。

（6）合理的田间管理。包括适期播种、中耕除草、合理灌溉、适当密植等。

（7）生态环境调控。生态调控措施包括果园种草、田埂种花、农作物立体种植、设施栽培等。

（二）保护和利用生物多样性

实施绿色防控，必须遵循充分保护和利用农田生态系统生物多样性的原则。利用生物多样性，可调整农田生态中害虫种群结构，设置传播障碍，调整作物受光条件和田间小气候，从而减轻农作物害虫压力和提高产量，是实现绿色防控的一个重要方向。利用生物多样性，从功能上来说，可以增加农田生态系统的稳定性，创造有利于有益生物种群稳定和增长的环境，既可有效抑制有害生物的暴发成灾，又可抵御外来有害生物入侵。保护利用生物多样性，可以通过以下的途径来实现。

（1）种植陪植植物。应用植物的化感相克抑制作用，有意识地利用陪植植物防治害虫，是生物多样性在综合治理中应用的一个主要内容。甘蓝与番茄或烟草间作能使黄曲条跳甲数量明显减少，并且使小菜蛾种群密度大幅度下降。在花生田种植适量蓖麻，蓖麻叶可毒杀金龟子，使虫口减退率大于 50%，可有效减轻蛴螬对花生的为害。大豆田种植丝瓜，可抑制豆蚜为害。

（2）调整食物链。插种关联植物，组建新的食物链，有利于增加天敌数量和控制害虫为害。如在甘蔗田插种向日葵、南瓜，为赤眼蜂提供资源，提高对蔗螟的寄生率。

（3）地面种植覆盖物。地面种植覆盖物后，增加了植被种类，提供了天敌栖息、产卵、越冬场所，有利于天敌的增殖，在果园害虫控制中起到了明显的作用。如在苹果园种植紫花苜蓿，为捕食性天敌提供了适宜的生存环境和食物来源，使果园天敌数量增加，叶螨种群数量下降。

（三）保护和应用有益生物

保护和应用有益生物来控制害虫，是绿色防控必须遵循的一个重要原则。通过保护有益生物栖息场所，为有益生物提供代替的充足食物，应用对有益生物影响最小的防控技术，可有效维持和增加农田生态系统中有益生物的种群数量，达到自然控制病虫为害的效果。田间常见的有益生物如捕食性、寄生性天敌和昆虫微生物，在一定条件下均可有效地将害虫抑制在经济损失允许水平以下。保护和应用有益生物控制害虫可以通过以下途径来实现。

（1）注意保护自然天敌。如枣园里害虫的天敌种类非常丰富，包括螳螂、步甲、捕食性螨、食蚜蝇、寄生蜂等。要合理间作套种，招引和繁殖天敌，为天敌补充食料和寄主，增加天敌种类和数量。

（2）引进或人工繁殖、释放天敌，改变果园生态环境中害虫与天敌的比例，改变生物群落，压低害虫数量。如利用东方钝绥螨控制苹果红蜘蛛，利用赤眼蜂控制桃小食心虫。在果园中放养七星瓢虫、赤眼蜂、小花蝽等天敌来防止害虫滋生。

（3）利用昆虫信息素诱杀雄性成虫和迷向防治，可有效减少害虫种群数量。此外，还可利用昆虫蜕皮激素、保幼激素以及不育剂等对害虫进行有效防治。

（四）科学使用农药

实施绿色防控，必须遵循科学使用农药原则。农药作为防控害虫的重要手段，具有不可替代的作用。但与此同时，农药带来的负面效应也是不可忽视的，一方面是因农药残留引起的食物中毒和使用农药管理不当造成的人畜中毒；另一方面是使用农药造成的环境污染等。科学使用农药，充分发挥其正面的、积极的作用，避免和减轻其负面效应是实现绿色防控的最终目标。可以通过以下途径来实现科学使用农药。

（1）优先使用生物农药或高效、低毒、低残留农药。绿色防控强调尽量使用农业措施、物理以及生态措施来减少农药的使用，但是在大多数情况下，必须使用农药才能有效控制害虫，在选择农药品种时，一定要优先使用生物农药或高效、低毒、低残留农药。

（2）要对症施药。农药的种类不同，防治的范围和对象也不同，因此，要做到对症用药。在决定使用一种农药时，必须了解这种农药的性能和防治对象的特点，这样才能收到预期的效果。即使同一种药剂，由于制剂规格不同，使用方法也不一样。

（3）要有效、减量使用农药。随意增加农药的用量、使用次数，不仅增加成本，而且还容易造成药害，加重污染，在高浓度、高剂量作用下，害虫的抗药性增强，给以后的防治带来风险。配药时，药剂浓度要准确，不可随意增加浓度。同时，根据病虫害发生规律，药剂残留期和气候条件，严格掌握施药时间、次数和方法。农药包装废弃物必须统一集中处理，切忌乱扔于田间地头，以免造成污染。

（4）交替轮换用药。要交替使用不同作用机理，不同类型的农药，避免长时间单一使用同一类农药而产生抗药性。

（5）严格按照安全间隔期用药。绿色防控的主要目标就是要避免农药残留超标，保障农产品质量安全。在农作物上使用农药一定要严格遵守安全间隔期，杜绝农药残留超标现象。

参考文献

白鹏华，刘宝生，贾爱军，等．2017．我国美国白蛾生物防治研究进展［J］．中国果树（6）：65-69.

彩万志，庞雄飞，花保祯，等．2001．普通昆虫学［M］．北京：中国农业出版社.

陈学新，任顺祥，张帆，等．2013．天敌昆虫控害机制与可持续利用［J］．应用昆虫学报，50（1）：9-18.

陈学新．2010.21 世纪我国害虫生物防治研究的进展、问题与展望［J］．应用昆虫学报，47（4）：615-625.

党英侨，王小艺，杨忠岐．2018．天敌昆虫在我国林业害虫生物防治上的研究进展［J］．环境昆虫学报，40（2）：242-255.

丁锦华，苏建亚．2001．农业昆虫学（南方本）［M］．北京：中国农业科学出版社.

杜相革，严毓骅．1994．苹果园混合覆盖植物对害螨和东亚小花蝽的影响［J］．中国生物防治，10（3）：114-117.

冯建国，张小军，于迟，等．2013．我国农药剂型加工的应用研究现状［J］．中国农业大学学报，18（2）：220-226.

韩宝瑜．2002．昆虫化学信息物质及其在害虫治理中的应用展望［J］．安徽农学通报，8（1）：12-13.

何衍彪，詹儒林，常金梅，等．2017．我国粉蚧寄生蜂的种类及其在生物防治中的应用［J］．中国植保导刊，37（10）：23-29.

雷仲仁，吴圣勇，王海鸿．2016．我国蔬菜害虫生物防治研究进展［J］．植物保护，42（1）：1-6.

李先伟，潘明真，刘同先．2013. BANKER PLANT 携带天敌防治害虫的理论基础与应用［J］．应用昆虫学报，50（4）：890-896.

刘广文．2014．现代农药剂型加工技术［J］．北京：化学工业出版社.

鲁艳辉，高广春，郑许松，等．2017．诱集植物香根草对二化螟幼虫致死的作用机制［J］．中国农业科学，50（3）：486-495.

罗益镇．1995．生物多样性与害虫的综合防治［J］．世界农业，10：26-27.

牟建军，吾中良，陈卫平，等．2009．松墨天牛辐射不育效应研究［J］．中国森林病虫，28（1）：13-15.

农向群，张泽华．2013．昆虫病原真菌的生态适应性及其生物防治应用策略［J］．中国生物防治学报，29（1）：133-141.

任顺祥，陈学新．2012．生物防治［M］．北京：中国农业出版社.

王广鹏，张帆，孙庆田，等 . 2005. 小花蝽人工大量饲养的研究进展［J］. 昆虫天敌，2：21-22.

吴学民，冯建国，马超 . 2014. 农药制剂加工实验（第二版）［J］. 北京：化学工业出版社 .

肖英方，毛润乾，万方浩 . 2013. 害虫生物防治新概念——生物防治植物及创新研究［J］. 中国生物防治学报，29（1）：1-10.

杨长举，杨志慧，胡建芳，等 . 1993. ^{60}Co-γ 对绿豆象的辐射遗传效应［J］. 植物保护学报，20（4）：331-335.

杨怀文 . 2015. 我国农业害虫天敌昆虫利用三十年回顾（上篇）［J］. 中国生物防治学报，31（5）：603-612.

杨怀文 . 2015. 我国农业害虫天敌昆虫利用三十年回顾（下篇）［J］. 中国生物防治学报，31（5）：613-619.

叶恭银 . 2010. 我国植物害虫生物防治的研究现状及发展策略［J］. 植物保护，36（3）：1-5.

张帆，李姝，肖达，等 . 2015. 中国设施蔬菜害虫天敌昆虫应用研究进展［J］. 中国农业科学，48（17）：3 463-3 476.

张花龙，杨念婉，李有志，等 . 2016. 气候变暖对农业害虫及其天敌的影响［J］. 植物保护，42（2）：5-15.

张润杰 . 1999. 浅谈农林害虫治理策略的层次观与相生植保学原理［J］. 北京林业大学学报，21（4）：124-126.

张心宁 . 2014. 设施蔬菜病虫害绿色防控技术［J］. 上海蔬菜（6）：70-71.

周雅婷，李翌菡，郭长飞，等 . 2015. 柑橘重要害虫寄生性天敌的研究与利用进展［J］. 环境昆虫学报，37（4）：849-856.

祝树德，陆自强 . 1996. 园艺昆虫学［M］. 中国农业科技出版社 .

Bomphrey RJ, Godoy-Diana R. 2018. Insect and insect-inspired aerodynamics：unsteadiness, structural mechanics and flight control［J］. *Current Opinion in Insect Science*, 30, 26-32.

Capinera JL. 2004. Encyclopedia of Entomology［M］. Dordrecht：Kluwer Academic Publishers.

Chapman RF. 1998. The insects：Structure and Function［M］. 4th. Cambridge：Cambridge University.

Common IBF. 1990. Moths of Australia［M］. Carlton：Melbourne University Press.

David KR. 2000. Colloid and interface science in formulation research for crop protection products［J］. *Current Opinion in Colloid & Interface Science*, 5, 280-287.

Eakteiman G, Moses-Koch R, Moshitzky P, et al. 2018. Targeting detoxification genes by phloem-mediated RNAi：A new approach for controlling phloem-feeding insect pests［J］. *Insect Biochemistry and Molecular Biology*, 100, 10-21.

Elzinga RJ. 2004. Fundamentals of Entomology［M］. 6th . New Jersey：Pearson

Prentice Hall.

Gullan PJ, Cranston PS. 2005. The Insects: An outline of Entomology [M]. 3rd. London: Blackwell Publishing.

Jaber L R, Ownley BH. 2018. Can we use entomopathogenic fungi as endophytes for dual biological control of insect pests and plant pathogens? [J]. *Biological Control*, 116, 36−45.

Johnson WT, Lyon HH. 1991. Insects that feed on trees and shrubs [M]. 2nd. New York: Comstock Publishing Associates of Cornell University Press.

Lacey LA, Grzywacz D, Shapiro−Ilan DI, et al. 2015. Insect pathogens as biological control agents: Back to the future [J]. *Journal of Invertebrate Pathology*, 132, 1−41.

Lenaerts M, Pozo MI, Wäckers F, et al. 2016. Impact of microbial communities on floral nectar chemistry: Potential implications for biological control of pest insects [J]. *Basic and Applied Ecology*, 17, 189−198.

Li DS, Liao CY, Zhang BX, et al. 2014. Biological control of insect pests in litchi orchards in China [J]. *Biological Control*, 68, 23−36.

Lou YG, Zhang GR, Zhang WQ, et al. 2014. Reprint of: Biological control of rice insect pests in China [J]. *Biological Control*, 68, 103−116.

Romoser WS, Stoffolano JGJ. 1998. The science of Entomology [M]. 4th. New York: McGraw−Hill.

Singh B, Kaur A, 2018. Control of insect pests in crop plants and stored food grains using plant saponins: A review [J]. *LWT − Food Science and Technology*, 87, 93−101.

Wijayaratne LKW, Arthur FH, Whyard S. 2018. Methoprene and control of stored−product insects [J]. *Journal of Stored Products Research*, 76, 161−169.

Ye GY, Xiao Q, Chen M, et al. 2014. Tea: Biological control of insect and mite pests in China [J]. *Biological Control*, 68, 73−91.

Zhou HX, Yu Y, Tan XM, et al. 2014. Biological control of insect pests in apple orchards in China [J]. *Biological Control*, 68, 47−56.

第二篇
蔬菜害虫

第八章 十字花科蔬菜害虫

十字花科蔬菜在我国栽培面积大，品种多，常见种类有小白菜、大白菜、芥蓝、油菜、甘蓝、萝卜等。据调查，为害十字花科蔬菜的害虫有 130 多种，主要有菜粉蝶、小菜蛾、斜纹夜蛾、甜菜夜蛾、菜螟、猿叶虫、跳甲、菜蚜等。这些害虫对十字花科蔬菜的优质高产威胁很大，生产上如不注意监测和防治，常会导致十字花科蔬菜的毁灭性灾害。

第一节 食叶类

一、菜粉蝶

（一）分布与为害

菜粉蝶 *Pieris rapae* L.，属鳞翅目粉蝶科。又名菜白蝶、白粉蝶，幼虫称为菜青虫。是世界性害虫，我国各省区市几乎都有分布。菜青虫是十字花科蔬菜的重要害虫之一，尤以甘蓝型蔬菜受害重，如甘蓝、花椰菜。此外，还为害白菜、青菜、芜菁、萝卜、芥菜、油菜等，也可取食其他寄主植物，如菊科、百合科、木樨科等植物。据山西省农业科学院报道，板蓝根受害也很严重。

幼虫啃食寄主植物的叶片，2 龄前多在叶背啃食叶肉，留下一层透明表皮，3 龄后幼虫啃食叶片可导致孔洞或者缺刻，严重时将叶片吃光，仅存叶柄和叶脉。苗期受害时整株枯死。幼虫排出的粪便污染菜叶和菜心，使蔬菜腐烂变质，品质降低。啃食伤口可作为病菌侵入的途径，可诱发软腐病等病害。

（二）形态识别

菜粉蝶的形态特征如图 8-1 所示。

成虫：体长 15~20mm，翅展 45~55mm。体黑色，腹部密披白色及黑褐色长毛，翅粉白色。雌蝶前翅前缘和基部大部分灰黑色，顶角有 1 个三角形黑斑，在翅中室的外侧有 2 个黑色圆斑在一条直线上。雄蝶翅较白，基部黑色部分小，前翅近后缘的圆斑不明显，顶角三角形的黑斑较小。成虫常有春型与夏型。春型翅面黑斑小或消失，夏型黑斑显著，颜色鲜艳。

卵：瓶状，顶端收窄，基部较钝，长约 1mm，直径 0.4mm。初产淡黄色，然后变为橙黄色，孵化前变为淡紫灰色。卵散产，表面有纵横 12~15 条脊纹，形成长方形小方格。

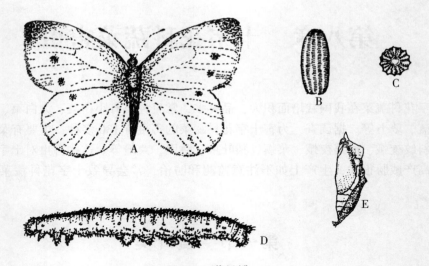

图 8-1　菜粉蝶

A. 成虫；B. 卵；C. 卵的顶部；D. 幼虫；E. 蛹

（仿陆自强和祝树德，1990）

幼虫：成长幼虫体长 28~35mm。幼虫最初孵化时为黄色，后变为青绿色。幼虫密布黑色小瘤突，上生细毛，各环节有横皱纹，背线浅黄色，腹面淡绿白色，沿气门线有黄色斑点 1 列。

蛹：长 18~21mm，纺锤形，两端尖细，中部膨大且有棱角状突起。蛹体颜色随化蛹场所而异，在叶片上化蛹的多呈绿色或黄绿色，其他处的为淡褐、灰黄、灰绿色。背中线突起呈脊状，在胸部特高，呈一角状突起，腹部两侧也各有一黄色脊，第二、第三腹节上膨大，呈一角状突起。

（三）发生规律

1. 生物学习性

菜粉蝶各地普遍发生，世代数因地而异，由北向南逐渐增加。东北、华北地区，一年发生 4~5 代，黄淮地区 5~6 代，长江中下游地区一般发生 7~8 代，广州等地一年可发生多达 12 代。除华南地区无滞育现象外，其他地区均以蛹滞育在菜园附近避风干燥向阳的墙壁上、屋檐下、篱笆上、树皮裂缝及枯枝残叶下等处越冬。据扬州、苏南等地调查，菜粉蝶也可以幼虫在温室、大棚内的十字花科蔬菜上越冬。越冬蛹在温、湿度适宜的条件下仍有 67% 的比率发育羽化，部分蛹滞育越冬。由于越冬环境条件差异大，越冬蛹翌年羽化时间参差不齐，长达数个月之久，因此造成以后各世代的重叠现象。各地菜粉蝶越冬蛹羽化时间大致是：辽宁兴城 5 月上旬至 6 月上旬，北京 4 月中旬至 5 月中下旬，南京 3 月中旬至 4 月中下旬，武昌 3 月中旬至 4 月中旬，杭州 3 月上中旬至 4 月中下旬，南昌 2 月中下旬至 4 月上中旬，长沙 2 月中下旬至 4 月中旬。

在江苏省扬州市，越冬代成虫于 3 月中下旬出现，5 月中旬和 6 月上中旬成虫最多，7—8 月成虫很少，9 月上中旬成虫又大量出现。第一代一般发生在 4 月上旬至 5 月中旬，第二代发生在 5 月上旬至 6 月下旬，这代发生数量最大，为害最重。第三、第四代发生在 7—8 月，第三代种群数量开始下降，第四代数量极少。从第五代起，种群数量又开始上升，第五代发生在 8 月下旬至 9 月下旬，第六代 9 月下旬至 10 月中旬，是秋季的危害高峰，第七、第八代发生在 10—11 月。

据报道，菜粉蝶有集群迁飞现象。上海市星火农场植保站曾在长江口区海面上观察到群迁的菜粉蝶。河北省尚义县也出现菜粉蝶成群迁飞，从中午开始到下午 7 时历时逾 7h 连续迁飞，全程 40km。成虫白天飞翔，取食花蜜以补充营养，夜间刮风下雨则栖息于树枝下草丛中，并有趋集于白花、蓝花、黄花间吸食与栖息的习性。晴朗天气以上午 8 时到下午 2 时羽化最多。羽化后 6~7h 开始交尾，一般于交尾后次日开始产卵，卵散产，竖立于叶面上，多产于菜叶上。气温高时多产于叶背，极少产于叶柄上。成虫产卵有选择性，对芥子油糖苷有强烈的趋性。成虫喜欢在含芥子油糖苷的十字花科蔬菜上产卵，尤其偏嗜甘蓝和花椰菜，其次是青菜和萝卜，每雌产卵量一般为 100~200 粒，多的可达 500 多粒，以越冬代和第一代产卵量最高。

卵孵化以清晨最多，傍晚次之，初孵幼虫先食卵壳，然后在叶背取食，残留表皮，2 龄开始到叶的正背两面，食叶成孔洞和缺刻。幼虫共分 5 龄，随着龄期的增加，幼虫的活动范围扩大，且能转叶转株为害。1~3 龄食量不大，占幼虫食叶面积的 2.9%。4 龄食量逐渐增大，占总食叶面积的 12.89%。5 龄幼虫食量暴增，占总食叶面积的 84.19%。幼虫一生可食甘蓝叶 43.9cm²。幼虫取食有一定的节律，单位时间幼虫取食频率以上午 10—12 时和下午 4—6 时为最高，晚间也能取食，但比白天少。幼虫还能侵入甘蓝心球取食。1 龄、2 龄幼虫受到惊动有吐丝下垂的习性，而高龄幼虫则缩蜷落地。老熟幼虫能爬行很远寻觅化蛹场所。除越冬蛹外，多化蛹于菜株上，以叶背为多，其次为叶面，少数在叶柄上。

卵、幼虫、蛹的发育起点温度和有效积温依次分别为 8.4℃、6.0℃、7.0℃，56.4 d·℃、217.0 d·℃、150.1 d·℃。常温下，卵的发育历期为 4~8d，幼虫为 11~22d，蛹为 5~16d（越冬蛹除外）。成虫产卵历期为 1~6d，成虫寿命从 5~35d 不等。

2. 发生生态

菜粉蝶田间虫口数量消长有一定的季节性规律。在长江中下游地区及南方菜粉蝶种群数量呈双峰型消长，一年中以春夏之交（4—6 月）和秋季（9—11 月）发生量大为害严重。

（1）温湿度。温暖的气候条件适宜于菜粉蝶生长、发育和生殖。菜粉蝶幼虫在 16~31℃，相对湿度 68%~80% 时适宜其发育，最适温度为 20~25℃，相对湿度为 76%。若气温超过 32℃ 或低于 -9.4℃ 能使幼虫死亡，并削弱成虫的生殖力。故春末夏初及秋季气温有利于幼虫发生。最适雨量每周为 7.5~12.5mm，雨量过大对其卵和幼虫有冲刷作用。

（2）食料。菜粉蝶的寄主虽然很多，但主要取食十字花科蔬菜，因此有无十字花科植物对其发生关系甚为密切。一般在 4—6 月和 9—11 月是十字花科栽培最多的季节，特别是含芥子油糖苷较多的甘蓝型蔬菜种植最多，因此这个时候的菜粉蝶盛发，常猖獗为害。据尹仁国报道：蔊菜 *Rorippaindica* 是南方菜粉蝶夏季的主要野生寄主，6 月下旬百株卵 713 粒，幼虫 92 头。此外，该虫的野生寄主还有北美独行菜 *Lepidium virginicum* L. 和臭荠 *Coronopus didymus* L. 等。

（3）天敌。菜粉蝶的天敌种类很多，其在对菜粉蝶种群控制中起着重要作用。卵期主要有广赤眼蜂 *Trichogramma evanescens* Westwood 和拟澳洲赤眼蜂 *T. confusum* Viggiani。在北京广赤眼蜂的卵寄生率为 2%~20%，但据报道，美国通过释放赤眼蜂和微红绒茧蜂控制菜粉蝶效果显著。幼虫期在华东地区主要是菜粉蝶绒茧蜂 *Apanteles glomeratus* L.，寄生率高达 50% 以上。在北方菜粉蝶幼虫以微红绒茧蜂 *A. rubecula* Marshall 寄生为主。吉林通化调查，寄生率可高达 64.5%，北京最高寄生率达 53.6%，从 4—10 月均可寄生，寄生期长达 7 个月之久。微红绒茧蜂可将菜粉蝶幼虫消灭在大量取食之前，减轻当代菜青虫的为害。此外，微红绒茧蜂抗药力强，使用防治菜粉蝶常用药剂种类和浓度不影响茧的正常羽化，在菜粉蝶 4 龄幼虫盛期使用化学农药既有利于保护微红绒茧蜂，又利于保护作物不受菜粉蝶的大量为害。菜粉蝶蛹期以凤蝶金小蜂（蝶蛹金小蜂）*Pteromalus puparum* L. 寄生为主。据调查，北京地区越冬代菜粉蝶蛹寄生率高达 40.1%，每蛹平均含蜂 69 头，最多含蜂 226 头，蜂的羽化率高达 90.2%。此蜂在杭州 5—6 月寄生率最高，7 月下降，8 月最低，9 月又回升。南京 7 月份寄生率高达 79.7%。据胡萃报道，此蜂一年可发生 11~12 代，2—3 月，蜂即可羽化，越冬代的羽化盛期处于田间第一代菜粉蝶蛹初见至化蛹始盛期，是菜粉蝶蛹的主要天敌。蛹期的寄生蜂还有广大腿小蜂 *Brachymeria lasus*（Walter）、粉蝶大腿小蜂 *B. femorata*（Panzer）、舞毒蛾黑瘤姬蜂 *Coccygomimus disparis*（Viereck）；寄生蝇有日本追寄蝇 *Exorista japonica* Townsend、家蚕追寄蝇 *E. sorbillans* Wiedemann、毛虫追寄蝇 *E. rossica* Mesnil、常怯寄蝇 *Phryxe vulgaris* Fallen 等。捕食性天敌也很多，卵期有捕食性花蝽 *Orius* sp.、青翅蚁形隐翅虫 *Paederus fuscipes* Curtis、中华微刺盲蝽 *Campylomma chinensis* Schuh 等。幼虫期和蛹期有捕食性黄蜂 *Polistes* sp.、黄带犀猎蝽 *Sycanus croceovittatus* Dohrn、蜘蛛等。此外，还有寄生于幼虫的寄生菌 *Bacillus* sp. 和颗粒体病毒等。

（4）栽培制度。十字花科蔬菜尤其是甘蓝型蔬菜栽培面积与茬口是影响菜粉蝶种群变动和为害程度的重要因素之一。春、秋季十字花科蔬菜种植面积大，食料丰富，蜜汁植物多，成虫补充营养充足，繁殖力大，其寿命长。因此春秋菜青虫危害大，如果十字花科蔬菜种植的茬口安排紧密，也有利于此虫的发生。

（四）防治方法

菜青虫的防治应采取"农业防治为基础，生物防治为主，化学防治为辅"的措施，把菜青虫控制在危害允许的水平以下。山西太原、北京、江苏扬州等地防治指标见表 8-1。

表 8-1　菜青虫的防治指标

甘蓝菜生育期	百株卵量（粒）	百株 3 龄以上幼虫数（头）
发芽期（2 叶）	10	5~10

（续表）

甘蓝菜生育期	百株卵量（粒）	百株3龄以上幼虫数（头）
幼苗期（6~8叶）	30~50	15~20
莲座期（10~24叶）	100~150	50~100
成熟期（24叶以上）	>200	>200

资料来源：《蔬菜害虫测报与防治新技术》，陆自强和祝树德，1990

1. 农业防治

每一茬十字花科蔬菜收获后，清洁田园，结合积肥及时清除田间晚残株，以消灭田间残留的幼虫和蛹。早春，可通过覆盖地膜，提早春甘蓝的定植期，使其提早收获，避免第二代菜青虫的为害。一般能在5月上中旬采收的甘蓝菜，无须防治。

2. 生物防治

（1）保护利用天敌在天敌发生期间，应注意尽量少施化学农药，尤其是广谱性和残效期长的农药。有条件的地方，于11月中下旬释放蝶蛹金小蜂，提高当地的寄生率，控制翌年早春菜粉蝶的发生。在第一代菜粉蝶卵高峰期释放赤眼蜂2~3次。第二、第三代菜粉蝶卵量多，用长效蜂卡和田间蜂笼放蜂，最高效果可达98.8%，人工释放绒茧蜂防治菜粉蝶，也可使用。

（2）生物农药的应用可选用16 000IU/mg苏云金杆菌可湿性粉剂800~1 000倍液、0.3%苦参碱水剂1 000倍液、1.8%阿维菌素乳油2 000倍液喷雾。

3. 化学防治

菜粉蝶低龄幼虫抗药性弱，应抓紧时间及时防治。施药适期可根据菜粉蝶幼虫和蔬菜生育期综合考虑，以产卵高峰后1星期左右，3龄幼虫占50%左右时喷药，间隔5~7d，连续用药1~2次。第二代以后，可根据卵和幼虫田间的发生量、气候、天敌发生情况和蔬菜生育期综合考虑，决定防治适期。

可选用40%辛硫磷乳油1 500倍液、5%氯氰菊酯乳油2 000倍液、20%氰戊菊酯乳油2 000倍液、20%氟虫双酰胺悬浮剂1 500倍液、150g/L茚虫威悬浮剂2 000倍液、1%甲氨基阿维菌素苯甲酸盐乳油2 000倍液喷雾。

二、小菜蛾

（一）分布与为害

小菜蛾 Plutella xylostella L.，属鳞翅目菜蛾科，俗称菜蛾、两头尖，是世界性重要害虫，中国各省区市菜区均有分布。

小菜蛾的寄主植物主要为十字花科蔬菜和野生的十字花科植物，常见为害的作物有甘蓝、花椰菜、大白菜、萝卜、芥菜、雪菜、青菜和油菜。近年来小菜蛾危害日趋严重，若防治不力，往往造成蔬菜严重减产，甚至绝收。

（二）形态识别

小菜蛾的形态特征如图8-2所示。

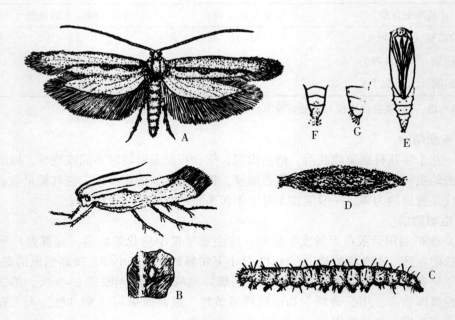

图 8-2　小菜蛾
A. 成虫；B. 卵；C. 幼虫；D. 茧；E. 蛹；F. 蛹的腹面；G. 蛹的侧面
（仿祝树德和陆自强，1996）

成虫：体长 6~7mm，翅展 12~16mm，前后翅细长，缘毛很长。前翅前半部有浅褐色小点，翅中间从翅基至外缘有 1 条三度弯曲的黄白色波状纹，翅的后面部分灰黄色。停息时，两翅覆盖于体背呈屋脊状，前翅缘毛翘起，两翅接合处，由翅面黄白色部分组成 3 个串联的斜方块。触角丝状，褐色有白纹，静止时向前伸。雌蛾较雄蛾肥大，腹部末端圆筒形，雄蛾腹末圆锥形，抱握器微张开。

卵：椭圆形，稍扁平，长约 0.5mm，宽约 0.3mm。初产时淡黄色，卵壳表面光滑。

幼虫：初孵幼虫深褐色，后变为绿色。老熟幼虫体长 10~12mm，纺锤形，体上生有稀疏、长而黑的刚毛。头部黄褐色，前胸背板上有淡褐色无毛的小点组成两个"U"形纹。臀足向后伸长超过腹部末端，腹足趾钩为单序缺环。

蛹：体长 5~8mm。颜色变化较大，初化蛹为绿色，渐变淡黄绿色，最后为灰褐色。近羽化时复眼变深，背面出现褐色纵纹，第二至第七腹节背面两侧各有一个小突起，腹部末节腹面有 3 对钩刺。茧呈纺锤形，灰白色，丝质薄如网，可透见蛹体。根据观察，冬季发育的幼虫，化蛹后，蛹体色较深，成虫多为黑色型，前翅后缘的波浪纹至翅后缘区乌黑色。

（三）发生规律

1. 生物学习性

小菜蛾一年发生的世代数因地而异，从南向北递减。台湾省 18~19 代，华南地区

17代，长江流域9~14代，华北地区5~6代，新疆①4代，黑龙江省2~3代，多代地区世代重叠。幼虫、蛹、成虫各虫态均可越冬，无滞育现象。长江流域及其以南地区终年各虫态均可见到。在冬季暖和的天气，幼虫尚可为害。小菜蛾全年的发生为害情况各地不同，长江中下游地区，一年有2个为害高峰。从4月开始，至6月上旬形成第一个为害高峰"春害峰"，以后从8月下旬开始到11月形成第二个高峰"秋害峰"，一般秋害高于春害。夏季一般由于高温暴雨等原因，田间虫口密度较低，发生较轻。南方以9—10月发生的数量最多，是全年为害最重时期。北方以春季为主，每年4—6月为害严重。

　　成虫昼伏夜出，白天隐藏于植株荫蔽处或杂草丛中，日落后开始取食、交尾、产卵等活动，尤以午夜前后活动最盛。成虫羽化一般多在晚上，羽化后当天即可交尾，雌雄均可多次交配，交配后1~2d产卵，但在适温下羽化当天也可产卵，产卵高峰则在开始产卵后的前3d，前5d产卵量占总卵量的90%以上，产卵历期平均6~10d，低温下产卵期可长达3个月之久。产卵有选择性，对甘蓝、花椰菜、大白菜等有较强的趋性。卵多产于寄主叶背面近叶脉有凹陷的地方，一般散产，偶尔有几粒或几十粒聚集在一起，卵量与蜜源、温度有关。据报道，在同一温度下，用3%葡萄糖水饲养的产卵量比清水饲养的显著提高。如在16℃、20℃和29℃用糖水饲养的平均产卵量依次为124粒、170粒和80粒，清水饲养的分别为35粒、36粒和50粒。室内饲养，产卵量最高达149粒，最小仅29粒。成虫寿命与气温相关，雌虫寿命长于雄虫。在适温下，雌虫平均寿命为11~15d，雄虫为6~10d，而夏季一般3~5d，越冬成虫长达30d以上。成虫有趋光性，对黑光灯趋性强，一般气温10℃以上即可扑灯，夜间7—9时扑灯最多。成虫飞翔力不强，但可借风力作较远距离飞行。国外曾有小菜蛾远距离迁飞的报道。成虫适应性很强，在10~35℃范围内都可生长繁殖，0℃环境中可以存活几个月。

　　卵期一般3~11d，昼夜均能孵化。幼虫共4龄，初孵幼虫一般在4~8h内钻入叶子的上下表皮之间，啃食叶肉或在叶柄、叶脉内蛀食成小隧道。到1龄末、2龄初才从隧道退出，也有个体多次潜叶。2龄后不再潜叶，多数在叶背为害，取食下表皮和叶肉，仅留上表皮呈透明的斑点俗称"开天窗"。4龄幼虫则蚕食叶片成孔洞或缺刻，严重时，一株能聚集上百头，将叶肉上下表皮一起食尽，仅留叶脉。幼虫昼夜均能取食，一般不转株为害，但高温时，幼虫一般早晚活动，中午躲在阴凉处。受惊后则激烈扭动、倒退、甚至吐丝下垂。天气寒冷时，早晚躲在菜心里或贴在地面的叶背面。中午气温升高时活动，幼虫一生共取食甘蓝叶约100.7mm²，其中1~2龄幼虫食叶面积约为3.1mm²，占总食量的3.07%；3龄食叶量约为13.5mm²，占总食叶量的13.41%；4龄食叶量约为84.1mm²，占总食叶面积的83.52%，是主要为害虫期。幼虫老熟后，一般在被害叶片背面或老叶上吐丝、结网状茧化蛹，也可在叶柄、叶腋及杂草上化蛹，化蛹前作茧，茧两端开放，以利蜕皮和羽化。幼虫、蛹的抗寒性较强，4龄初期、末期和蛹的过冷却点和结冰点依次分别为−8.06℃、−15.25℃、−17.00℃，−2.50℃、−8.25℃和−13.25℃。幼虫和蛹的高温临界温度为36℃左右。

---

　　①　新疆维吾尔自治区，全书简称新疆。

据日本研究，低浓度农药处理小菜蛾幼虫和蛹对它们的生长发育有刺激作用，如用低浓度的灭虫剂处理幼虫，其发育成的雌成虫平均产卵量及体重有增加的趋势。处理蛹，其羽化率、雌虫的平均卵量及卵的受精率均有所提高，而产卵历期缩短。

2. 发生生态

（1）温湿度。小菜蛾对温度的适应能力较强，幼虫在 0℃ 条件下可忍耐 42d，各虫态在 10~35℃ 范围内均可发育繁殖，最适温度为 20~26℃，春秋二季的气温适宜，发生严重。不同温度下，卵、幼虫、蛹的发育速度是不同的，在适温下各虫态的发育随温度升高而加快。卵、幼虫、蛹的发育起点依次为 13.7℃、7.4℃ 和 7.7℃，有效积温分别为 30.2 d·℃、173.0 d·℃ 和 72.1 d·℃。不同温度下卵、幼虫、蛹的存活率有所差异，在室温 25℃ 时，存活率最高，超过 29℃ 或低于 20℃ 时各虫态的存活率显著降低。成虫的产卵量 25℃ 为最高，温度超过 29℃，卵量显著减少。

小菜蛾的种群增殖与温度有关，内禀增长率及每月的增长倍数均以 25℃ 最高，温度高于 29℃ 或低于 20℃ 显著减少。

相对湿度对小菜蛾生长、发育影响不大，但大风暴雨或雷阵雨对卵和幼虫有冲刷作用，也能使成虫致死。长期阴雨对小菜蛾发育和繁殖不利，湿度高时，幼虫易死亡，所以多雨年份发生量少。旬降水量达 50mm 以上，对小菜蛾的发生数量就有一定的抑制，如连续 4 旬降水量均为 50mm 以上，可有效地控制小菜蛾发生。

（2）食料。小菜蛾幼虫对不同寄主嗜食程度不同，体重和蛹重也有所不同。据统计，饲甘蓝叶的幼虫，体重最轻的为 37.89mg/头，最重的为 44.48mg/头，平均蛹重为 40.43mg/头；而饲以青菜叶的幼虫，体重最轻的为 35.46mg/头，最重的为 42.86mg/头，平均蛹重为 39.94mg/头。幼虫偏嗜甘蓝型的蔬菜，相应幼虫长得大，蛹也重。体重较重的蛹，蛾体也较大，成虫的抱卵量、产卵量都会增加。可见甘蓝型蔬菜利于小菜蛾的发育和繁殖，故十字花科蔬菜品种的变化会影响小菜蛾种群的变动。一般小菜蛾幼虫只取食十字花科蔬菜，所以凡是十字花科蔬菜周年种植，复种指数高，相互间作套种，管理粗放，野生十字花科植物多的地方，小菜蛾的为害则重。长江中下游地区，特别是 12 月到翌年 3 月和当年 6—7 月田间十字花科数量与春秋二季的发生数量密切相关，如 4—5 月虽然虫口基数大，但若 6—7 月田间缺乏十字花科寄主，幼虫死亡率很高，当年秋季发生就轻，反之则重。有计划地避免十字花科蔬菜连作，尤其盛夏时节的连作，或防治好这一茬菜的小菜蛾，对控制秋害有重要意义。

（3）天敌。小菜蛾的天敌种类很多，据扬州地区调查，小菜蛾的天敌主要有草间小黑蛛 *Erigonidium graminicola* Sundevall、丁纹豹蛛 *Pardosa Tinsignita* Boes、异色瓢虫 *Leis axyridis* Pallas、龟纹瓢虫 *Propylaea zaponica* Thunberg、黑带食蚜蝇 *Episyrphus balteatus*（De Geer）、菜蛾啮小蜂 *Oomyzus sokolowskii*（Kurdjumov）、菜蛾盘绒茧蜂 *Cotesia plutellae*（Kurdjumov），还有青蛙、蟾蜍等。它们对小菜蛾种群数量消长能起较大的抑制作用，其中菜蛾啮小蜂、菜蛾绒茧蜂对虫口影响最明显。据杭州、武汉报道：8—10 月，自然寄生率达 10%~30%，最高达 50% 以上。捕食性天敌作用也很大，据扬州观察，丁纹豹蛛平均每头每天捕食 17.6 头，小黑蚁平均每头每天捕食 2.2 头。所以，保护菜田中的天敌种群，发挥自然天敌的控制作用，在综合治理中是必须考虑的。

（四）防治方法

防治小菜蛾主要抓住春秋二季，春季防治是压低发生基数的重要时期，秋季为了压低越冬基数，在夏季如干旱少雨也要及时防治。具体措施如下。

1. 农业防治

合理布局，尽量避免小范围内十字花科蔬菜周年连作。十字花科蔬菜收获后，必须清除田间的残株落叶，随即翻耕，消灭越夏越冬的虫口。铲除田边、路边、地角等处的杂草，以减少成虫产卵场所和幼虫食料。

2. 物理防治

在菜地安装 20w 黑光灯或 420nm LED 灯诱杀小菜蛾成虫，灯的位置要高出菜地 30cm 左右，成片地约 10 亩一盏灯，点灯时间 4 月中旬至 11 月中下旬。应用人工合成小菜蛾性诱剂诱杀成虫。

3. 生物防治

可选用 16 000IU/mg 苏云金杆菌可湿性粉剂 800 倍液、100 亿孢子/mL 短稳杆菌悬浮剂 800~1 000 倍液、1.8% 阿维菌素乳油 2 000 倍液、5% 多杀菌素悬浮剂 1 500 倍液、0.6% 印楝素乳油 1 500 倍液喷雾。

4. 化学防治

在小菜蛾发生期应做好虫情调查，合理用药，时间应掌握在卵孵盛期到 2 龄幼虫发生期。可选用 15% 茚虫威悬浮剂 2 000 倍液、25% 丁醚脲乳油 3 000 倍液、100g/L 虫螨腈悬浮剂 2 000 倍液、1% 甲氨基阿维菌素苯甲酸盐微乳剂 3 000 倍液、5% 氟啶脲乳油 1 500 倍液喷雾。小菜蛾对化学农药易产生抗性，因此要经常更换不同品种的农药，也可采取化学农药与微生物农药交替使用或混合使用的方法进行防治。

三、斜纹夜蛾

（一）分布与为害

斜纹夜蛾 *Spodoptera litura*（Fabricius）属鳞翅目夜蛾科，又名莲纹夜蛾、斜纹夜盗虫、莲纹夜盗虫等。分布极广，为世界性害虫，国外以非洲、中东、南洋群岛、印度等地发生严重，系当地棉花、烟草、蔬菜上的重要害虫。国内分布也很普遍，西从甘肃（东部）、青海（东部）、四川（成都），东达沿海各省和台湾省，北起辽宁，南至海南，均有发生。全国呈间歇性大发生。1991 年和 1994 年江苏、安徽、上海等地斜纹夜蛾大暴发，1995 年发生密度也较大，给蔬菜生产造成严重威胁。近年来，少数地区偶尔暴发为害。

寄主极多，可取食 99 个科 290 多种植物。主要寄主有甘蓝、白菜、萝卜等十字花科蔬菜，还有马铃薯、甜菜、芋、藕、蕹菜、苋菜、茄子、辣椒、番茄、瓜类、菠菜、韭、葱等。此外，还为害棉花、玉米、甘薯、大豆等作物及多种花卉。

斜纹夜蛾幼虫为害植物叶部，也为害花及果实，虫口密度大时常将全田作物吃成光秆或仅剩叶脉，常蛀入心叶把内部吃空，造成腐烂和污染，且能转移为害，大发生时能造成严重减产。

（二）形态识别

斜纹夜蛾的形态特征如图 8-3 所示。

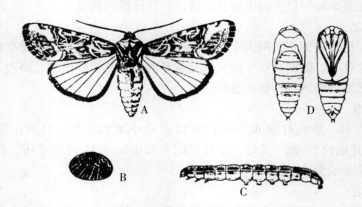

图 8-3　斜纹夜蛾

A. 成虫；B. 卵；C. 幼虫；D. 蛹的背面和腹面

（仿蔡平和祝树德，2003）

成虫：体长 16~21mm，翅展 37~42mm。头、胸部黄褐色，有黑斑，腹部灰褐色，尾端鳞毛、茶褐色。前翅黄褐色，有复杂的黑褐色斑纹，中室下方淡黄褐色，翅基部前半部有白线数条，内外横线之间有灰白色阔带，自内横线前缘斜伸至外横线近内缘 1/3 处；灰白色阔带中有 2 条褐色线纹（雄蛾的不显著），外缘暗褐色，其内侧有淡紫色横带，此横带与外横线之间上段为青灰色，具铅色反光（雄蛾的较宽而明显）。缘毛暗褐色，后翅白色，有紫色反光，翅脉、翅尖及外缘暗褐色，缘毛白色。

卵：扁半球形，高约 0.4mm，直径约 0.5mm，卵面有纵棱和横道，纵棱约 30 余条。初产时黄白色，后变灰黄色，将孵化时呈暗灰色。卵块较扁，形状不一，多为带状或椭圆形，卵呈 2 层或 3 层不规则重叠，其上覆有黄褐色的雌蛾鳞毛。

幼虫：体长 38~51mm，圆筒形。体色变化很大，大发生时体色深，通常大多数个体为黑褐色或暗褐色，发生少时为淡灰绿色。头部、前胸及末节硬皮板均为黑褐色，背线、亚背线黄色，沿亚背线上缘每节两侧常各有 1 个半月形黑斑，腹部第一节的黑斑大，近于菱形，第七、第八节的为新月形也较大。在中胸、后胸及腹部第二至第七节半月形斑的下方有橙黄色圆点，中胸、后胸特别明显。气门线暗褐色，气门椭圆形，黑色，其上侧有黑点，下侧有白点，气门下线由污黄色或灰白斑点组成。腹部腹面暗绿色或灰黄色，上散布白色斑点。

蛹：体长 18~20mm，圆筒形，末端细小，赤褐色至暗褐色。胸部背面及翅芽上有细横皱纹，腹部光滑，但第四节背面前缘，第五至第七节腹面前缘密布圆形刻点。气门黑褐色，呈椭圆形隆起。腹端有一对粗刺，基部分开，尖端不呈钩状。

（三）发生规律

1. 生物学习性

斜纹夜蛾年发生代数，各地颇不一致。河北一年 4 代；山东，安徽（阜阳）5 代；

湖北汉川、江陵、武昌，江苏南京，以及上海 5~6 代；江西南昌 6~7 代；福建建阳 6~
8 代而以 7 代为主；福州 6~9 代而以 8 代为主；广东广州 7~9 代，也以 8 代为主；台湾
省也为 7~9 代。各代发生期由北向南逐渐提早，江苏南京第三代发生于 7 月下旬至 8
月上中旬，第四代发于 9 月上中旬，第五代发生于 10 至 11 月，而第一代很少发生。

　　此虫在较温暖地区，以幼虫或蛹在土中越冬。如在湖南南县，以蛹或部分幼虫在杂
草间土下越冬。福建福州也主要以蛹和少数幼虫越冬，在大发生年份，则无明显越冬休
眠现象。广东省广州市、广西①南宁市和台湾省等地冬季温暖地区，可终年发生。

　　据报道，在江西、湖北、河南等省连续两年田间调查，发现越冬蛹全部死亡，曾提
出此虫在北部地区不能越冬，有由南向北迁飞的假设。又据江西两年观察，当出现霜冻
后连续几天低温时，成虫、卵、幼虫均全部死亡，部分蛹虽能进入过冬状态，但最后也
逐渐死亡。武汉市农业科学研究所在田间饲养大量斜纹夜蛾，也证明各虫态均不能越
冬。上海市星火农场植保站在我国黄海海面进行昆虫迁飞的观察研究中曾捕获到较多数
量的斜纹夜蛾。扬州大学 1991—1994 年连续几年越冬蛹观察发现，1992 年冬天气温较
高，在室内常温和大棚里安全越冬并羽化成虫，气温较低的年份野外不能安全越冬。可
见斜纹夜蛾在温暖的冬天或在向阳地、大棚等特定环境里可以越冬。此虫在长江流域一
带一般不能安全越冬，但有些年份却能大量发生，特别是在 8 月上旬以后蛾量常突增，
故此虫有迁飞现象。

　　在黄河流域 8—9 月是严重为害时期，以甘薯、蔬菜等被害严重，棉花受害较轻。
在长江流域，7—9 月是大发生的时期，棉花、甘薯、蓖麻、蔬菜、荷藕遭严重为害。
广东、广西等地全年均有发生，主要为害甘薯、蔬菜、芋芳、夏季绿肥等。云南省 1 月
即开始发生，为害蚕豆等作物，4 月为害棉株。

　　成虫日伏夜出，白天大多躲藏在叶丛、土缝或杂草丛中。活动时间从黄昏开始，尤
以晚上 8—12 时为盛，后半夜很少见到。成虫羽化数小时后即能交尾，一般交尾后当晚
即可产卵，有的延至次夜产卵。成虫多产卵于甘蓝菜、荷藕、棉花、花生、甘薯、大豆
和芋芳上或集中在向日葵上产卵，卵多产于叶背的叶脉分叉处，每雌能产卵 3~5 块，
每一卵块有卵数十粒至数百粒不等、一般为一二百粒。但成虫在不同寄主上的产卵情况
不同。田间调查数种寄主上的着卵量，结果表明：蓖麻>豇豆>棉花>玉米>向日葵，差
异十分显著，所以提出用蓖麻诱集产卵，作为防治措施。成虫以甘蓝菜产卵最多，其次
为大豆、荷藕。成虫飞翔力很强，一次可飞数十米，高达 3~7m，飞翔时稍有群集性，
在开花植物上尤多。对一般灯光趋性较弱，但对黑光灯趋性较强，距灯 200~250m 处诱
蛾较多。风力大小对成虫活动有影响，风力在 0~2 级范畴内影响较小，3 级时诱蛾量要
比 1.5 级时减少 73%，4 级时诱蛾量更少。成虫趋化性较强，喜食糖、醋及发酵物。成
虫寿命一般为 7~15d，短的仅 3~5d，少数可长达 20d 以上。据福州室内饲养得出，给
食 5%糖水，雌蛾寿命为 9~11d，雄蛾为 4~6d，如不给食，雌蛾为 4~5d，雄蛾为 2~
3d，产卵期一般 2~3d。

　　卵期长短随温度高低而异，据观察，在恒温 22℃约 5d，25℃时约 4d，28~31℃时

---

① 广西壮族自治区，全书简称广西。

为 3.5d，变温下卵发育最快，历期为 2.5d。幼虫共 6 龄，初孵幼虫群集卵块附近取食，不怕光，稍遇惊扰即四处爬散或吐丝下垂随风飘散，迁至他株为害。1~2 龄幼虫多栖于叶背，2 龄后开始分散，3 龄后分散更甚，1~2 龄幼虫啃食下表皮与叶肉，仅留上表皮和叶脉，呈纱布状。4 龄后开始避光，晴天躲在阴暗处或土缝里，傍晚外出为害，但阴雨天的白天会爬上植株为害。4 龄后食量大增，咬食叶片或缺刻仅留主脉，大发生年可将整株叶片吃光，形成光秆并能侵害幼嫩茎叶。在棉田除为害青铃外，2 龄后且能兼害蕾和花。幼虫食量很大，每头幼虫一生能吃甘蓝菜叶面积达 170cm²，棉蕾 20~32 个。此外，幼虫还能钻食向日葵的花盘、包心菜、黄芽菜的心球、大葱的叶腔、甜菜的根和茄果的内部等造成孔洞引起腐烂。5~6 龄幼虫多数在夜间至黎明前活动，以晚上 9—12时盛，各龄幼虫均有假死习性，以 3 龄后更为显著。

幼虫发育的最适温度为 25~30℃，20℃ 以下发育速度显著减慢。在日平均温度 21.2℃ 时，幼虫期为 24~41d（平均 27d），25℃ 时为 14~20d（平均 16.7d），29.5℃ 时为 13~17d（平均 14.8d），30.2℃ 时为 11~13d（平均 12.4d）。各龄历期不同，在最适温度下，1~2 龄幼虫群体饲养历期一般 2d 左右，单头饲养历期可达 4d。

幼虫历期的长短，受食物种类影响也很大。在 25℃ 恒温下饲养，包菜叶的幼虫历期为 18.8d，荷藕叶的为 20.9d，山芋叶的为 21.5d，大豆叶的为 27.1d。据观察，取食棉花老叶的幼虫期为 21~25d，取食嫩叶的则为 17~23d，取食蓖麻老叶的幼虫期为 15~19d，取食嫩叶的则为 14~18d，由于食料种类、老嫩不同，影响幼虫的发育，这可能是斜纹夜蛾发生世代不整齐的原因之一。

幼虫老熟后停止取食，钻入土下作一卵圆形土室化蛹。化蛹深度一般 1~3cm，土壤含水量为 20% 左右时，有利其入土化蛹，也有利于羽化，土壤干燥或过湿，对化蛹不利，土壤板结时，化蛹多在枯叶或表土下面。预蛹期在 6—8 月为 1~2d，在湖南大通湖第一代蛹期平均为 7d；第一、第三代各为 9d，第四代为 16d。在广州夏季蛹期 6~10d，冬季 17~19d。据福州观察，在 20℃ 恒温条件下，蛹期为 15d，25℃ 为 11d，30℃ 为 7d。室内饲养发现，幼虫同期化蛹后，雌成虫羽化要比雄成虫早 2~3d。斜纹夜蛾在恒温条件下试验（扬州）表明，卵、幼虫、蛹及全世代的发育起点温度分别为 5.1℃、9.1℃、10.4℃、9.2℃，有效积温分别为 88.5 d·℃、334.3 d·℃、176.2 d·℃、590.2 d·℃。

2. 发生生态

（1）气候。斜纹夜蛾是一种喜温性的害虫，各虫态的发育适温为 28~30℃，在33~40℃ 高温条件下仍能正常生活，高温适宜大发生。在一般常发生地带气候大多温暖潮湿，在发生区每年都以 7—9 月受害最重，也是全年中最高温季节。斜纹夜蛾抗寒力较弱，在 0℃ 左右的长期低温条件下，幼虫基本上不能存活。

（2）食料。不同食料对斜纹夜蛾发育速率及产卵量、成活率有较大的影响。取食甘蓝菜的比取食大豆的幼虫发育快 9d，取食包菜、荷藕、山芋、大豆的产卵量分别为1 409 粒、1 275 粒、1 033 粒、507 粒，因此甘蓝菜最有利于斜纹夜蛾发育繁殖，大面积种植甘蓝菜有利于其发生。

（3）天敌。天敌是影响斜纹夜蛾虫口消长的重要因素。目前发现的有多种寄生蜂、寄生蝇、螳螂和菌类等。幼虫寄生蜂有茧蜂和广大腿小蜂 *Brachymeria lasus* Walker。幼虫期易被白僵菌寄生，蛹期寄生蝇的寄生率也较高。

（四）防治方法

1. 农业防治

每代成虫发蛾高峰后，结合田间操作（尤其是精耕细作的蔬菜），及时摘除卵块和初孵幼虫的叶片，如幼虫已经分散可在中心株周围喷药，以消灭分散的幼虫。

2. 物理防治

采用黑光灯、糖醋诱杀液、杨柳枝把诱杀。也可用斜纹夜蛾性诱剂诱杀。按糖、醋、酒、水比例为3∶4∶1∶2的配制糖醋酒诱杀液，在其中加入少量敌百虫诱杀效果更好。

3. 生物防治

应用斜纹夜蛾核型多角体病毒制剂（NPV）防治。在多阴雨天气，一次用药1个月内可连续不断感染斜纹夜蛾幼虫，并造成大量害虫死亡。从年度发生始盛期开始，掌握在卵孵高峰期使用10亿PIB/g斜纹夜蛾核型多角体病毒可湿性粉剂，每公顷用量750~900g，每代用药1次。喷药要避开强光，最好在傍晚喷施，防止紫外线杀伤病毒活性。也可选用短稳杆菌100亿孢子/mL悬浮剂800~1 000倍液、400亿个/g球孢白僵菌500~1 000倍液喷雾。

4. 化学防治

防治幼虫必须掌握在3龄以前，消灭于点片阶段。在菜区6—7月于荷藕、蓖麻、苘子、向日葵等作物上最早出现，以此作预测的指示植物。可选用5%氯虫苯甲酰胺悬浮剂3 000倍液、50g/L茚虫威悬浮剂2 000倍液、2%甲氨基阿维菌素苯甲酸盐可溶粒剂3 000倍液、50g/L氟啶脲乳油1 000倍液喷雾。

四、甜菜夜蛾

（一）分布与为害

甜菜夜蛾 *Spodoptera exigua*（Hubner）属鳞翅目夜蛾科，又叫白菜褐夜蛾、玉米叶夜蛾。甜菜夜蛾是一种世界性分布的多食性害虫，从北纬40°~57°至南纬35°~40°之间均有分布，亚洲、北美洲、欧洲、大洋洲及非洲均有为害记录。20世纪80年代以前，甜菜夜蛾仅在我国局部地区发生为害，主要包括北京、河北、河南、山东和陕西关中地区。80年代中后期以来，甜菜夜蛾为害地区逐渐扩大，为害程度也越来越严重。连续多年在我国南方地区和长江流域为害。近年来为害范围不断扩大。目前已在我国20多个省区市发生为害，区域覆盖华南、华东、华中、华北、西南、西北等地。该虫寄主范围非常广泛，主要为害蔬菜、棉花、花生、烟草、玉米、大豆等35科138种作物，尤其以蔬菜受害最重。还可为害药用植物、牧草及杂草等。

（二）形态识别

甜菜夜蛾的形态特征如图8-4所示。

成虫：体长10~14mm，翅展25~33mm。体灰褐色，前翅内横线、亚外缘线为灰白色，外缘有1列黑色的三角形小斑，肾状纹与环状纹均为黄褐色，有黑色轮廓线，后翅银白色，略带粉红色，翅缘灰褐色。

卵：卵粒馒头型，直径 0.5mm，淡黄色到淡绿色，卵粒重叠成卵块，有黄土色浅绒毛覆盖。

幼虫：幼虫体长 22~30mm，体色变化较大，有绿色、暗绿色，黄褐色至黑褐色，3龄前多为绿色，3龄后头后方有两个黑色斑纹。不同体色的幼虫胴部有不同的背线，或不明显。气门下线为明显的黄白色纵带，有时带粉红色，纵带末端直达腹末，每节气门后上方各有一个明显的白斑。

蛹：长约 10mm，黄褐色，3~7节背面和 5~7 节腹面有粗刻点，臀棘上有刚毛两根，臀棘的腹面基部也有极短的刚毛两根。

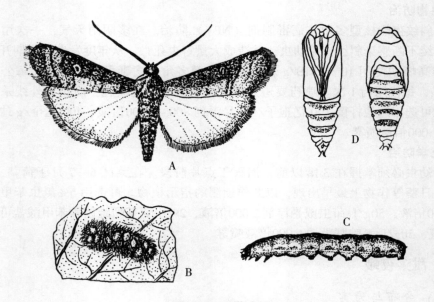

图 8-4　甜菜夜蛾
A. 成虫；B. 卵块；C. 幼虫；D. 蛹的背面和腹面
(祝树德和陆自强，1996)

（三）发生规律

1. 生物学习性

甜菜夜蛾在北京、山东一年发生约 5 代，长江中下游地区一般发生 4~5 代，热带及亚热带地区可周年发生，无越冬现象。在山西、陕西、山东、江苏等地以蛹在土室内越冬，全年主要发生在 5—9 月。

甜菜夜蛾各地发生时间不同。在北京、天津、河北地区，甜菜夜蛾发生期为 7 月中下旬至 10 月底，发生高峰期为 8 月中下旬至 9 月上旬。在河南洛阳，甜菜夜蛾发生在 6月上旬至 11 月上旬，高峰期为 9 月上旬。江苏发生高峰期为 5—6 月和 9 月，重点为害十字花科蔬菜。三亚、海口周年发生，年发生呈多峰型或主双峰型，主要发生期 3—11月。广州地区周年发生，年发生呈双峰型，一般春秋季各一高峰，主要发生期为 5—

9月。

成虫白天隐藏在杂草、土块、土缝、枯枝等处，受惊时可做短距离飞行，又很快落在地面上。在夜间8—11时活动最盛，进行取食、交尾和产卵，成虫对黑光灯有较强的趋性。卵多产于植物背面或叶背面，卵块成单层或双层，卵块上盖着白色鳞片。成虫产卵前1~2d，产卵历期3~4d，每头雌虫产卵100~600粒，最多可达1700粒，在山东2~3代卵历期3~4d，4代6~7d，孵化率平均为79.3%。

国外早已有关于甜菜夜蛾迁飞的记录。在欧洲，英国和荷兰科学家均观察到甜菜夜蛾迁飞的现象，并且迁飞首次日、迁飞高峰日均出现在同日，可能两国的甜菜夜蛾具有相同的迁飞虫源地。后来在芬兰、丹麦、瑞士、挪威等也观察到甜菜夜蛾的迁飞现象。国内有的学者通过雷达观测到甜菜夜蛾秋季从北方向南回迁的现象。有的学者通过对国内不同地区种群遗传多样性分析，结果表明种群间不存在明显的遗传分化。因此，甜菜夜蛾的迁飞习性已被得到广泛证实。

甜菜夜蛾具有很强的飞行能力。它是目前发现的鳞翅目夜蛾科昆虫中迁飞距离最远的种类，其连续飞行最远可达3500km。室内通过飞行磨吊飞测试，最远可连续飞行179km，飞行时间长达50h。蛾龄、性别对成虫飞行能力有显著影响。成虫1日龄飞行能力较弱，之后成虫飞行能力较强，7日龄后成虫飞行能力显著下降。雌蛾飞行潜力明显高于雄蛾。幼虫食物对成虫飞行和生殖均有显著影响。成虫期营养对生殖影响不显著，但对飞行能力影响显著。温度对成虫飞行能力影响显著，温度影响成虫能源物质利用效率的变化是飞行能力变化的本质原因。成虫飞行最适宜温度为24~28℃。

初孵幼虫在叶背群集结网，啃食叶肉，只留表皮，以后食成透明的小孔。随着虫龄的增大，幼虫分散为害，食叶片呈孔洞或缺刻，严重时食成网状。接近老熟幼虫，可食尽叶片仅留叶脉。5~6龄幼虫一夜可食甜菜叶16~24.8cm^2，占全幼虫期食量88%~92%。酷暑季节幼虫可栖息于作物顶端，造成嫩头枯萎，还可潜入表土为害根部，白菜、萝卜苗期受害，可造成大批幼苗死亡，造成缺苗断垄，甚至毁种。此外，幼虫还能蛀食青椒、番茄果实及棉花的蕾铃。

幼虫一般5龄，也有6龄，气温高、虫量大的时候，或缺乏食料时幼虫可成群迁移。取食时多在夜里，白天常潜伏在土缝、土表层或植物基部，下午6时开始向植物上部迁移，早晨4时后向下部迁移，遇阴天或在茂密作物上，幼虫下移时间较晚，雨天活动减少。幼虫有假死性，受震扰即落地。室内饲养时，在虫口密度过大而又缺乏食料时，幼虫可互相残杀。幼虫期11~39d不等，3龄以后抗药性增强，幼虫老熟后，钻入4~9cm的土内吐丝筑室化蛹，如表土坚硬，可在表土化蛹。蛹期7~11d。越冬蛹发育起点温度10℃，有效积温220d·℃。

2. 发生生态

甜菜夜蛾是间歇大发生的害虫，年度发生的轻重程度差异大，一年内不同时间的虫口密度差异也很大，尤其在7—9月高温干旱季节易暴发成灾。因此，温度对甜菜夜蛾影响较大。

甜菜夜蛾为喜温性害虫。在20~32℃范围内，甜菜夜蛾的发育速率随着温度的升高而加快。26℃时，世代存活率和种群增长指数最高，分别为55.2%和205.9，20℃时不利于种群增长；26℃和29℃时，甜菜夜蛾的平均产卵量最高，分别为604.7粒/雌和611.4粒/雌。26℃时甜菜夜蛾的交配率最高为84.9%。适宜温度范围为26.27~33.57℃。甜菜夜蛾耐高温性强，耐高温的范围为38.3~42.6℃，卵在46℃下30s，孵化率影响不大，在43℃处理4h，对幼虫发育和成虫寿命无明显影响，甜菜夜蛾不耐低温，耐低温的范围为12.3~14.5℃。幼虫在−5℃低温下处理5d全部死亡，蛹在−5℃处理7d，存活率为60%。所以，冬季长期低温对其越冬不利。同时，秋后的降温是否正值抗寒力较强的虫态越冬，是决定越冬死亡率和次年发生基数的重要因素。北方冬季积温较低，越冬死亡率高，春季发生较少。冬春阴雨低温，夏秋高温干旱，日降水量较少，有利于其暴发为害。如1999年、2000年江苏省北部地区春季阴雨低温，7—8月干旱少雨，气温偏高，导致其暴发成灾。

甜菜夜蛾幼虫取食的寄主范围很广，据报道涉及35科，138种植物。首先，甜菜夜蛾对不同寄主植物的成虫产卵选择性及幼虫取食选择均存在显著差异。成虫在不同寄主植物上的落卵量从多到少的顺序依次为：玉米、辣椒、棉花、黄瓜、甘蓝。不同龄期幼虫对寄主植物的取食选择性有所不同。低龄幼虫对玉米、黄瓜的选择性较强，对甘蓝、辣椒和棉花的选择性较弱。高龄幼虫对寄主植物的选择性不如低龄幼虫明显。因此，甜菜夜蛾对寄主植物的产卵选择性和幼虫取食选择性并不一致。其次，不同寄主植物对甜菜夜蛾的生长发育、繁殖及种群增长影响显著。幼虫、蛹在白菜、大葱、甘蓝和豇豆上的发育历期有显著差异，以大葱上最长，白菜上最短。甜菜夜蛾生殖力以甘蓝上饲养的最高，豇豆上饲养的最低。内禀增长率和净增值率以甘蓝上最高，大葱上最低。所以甘蓝是甜菜夜蛾的最适寄主。最后，幼虫食物对成虫的飞行能力也有显著影响。如与圆白菜和玉米苗相比，以幼虫取食人工饲料的生长发育最好，同时相应的成虫飞行能力也最强。

（四）防治方法

1. 农业防治

春季3—4月，结合中耕松土，清除杂草，消灭杂草上的初龄幼虫。晚秋或初冬翻土灭蛹甜菜夜蛾在不少地区是以蛹越冬，可以通过翻土，消灭部分越冬蛹。有条件的地方，特别各承包户种植面积不大的，可以采取人工采卵和捕捉幼虫。

2. 物理防治

甜菜夜蛾具有较强的趋光性，黑灯光可有效对其进行诱杀。

3. 生物防治

可选用10亿PIB/mL甜菜夜蛾核型多角体病毒悬浮剂1 500~2 000倍液，16 000IU/mg苏云金杆菌800~1 000倍液喷雾。

4. 化学防治

在甜菜夜蛾大发生时，药剂防治是有力措施。防治适期是幼虫3龄以前，使用药剂参阅斜纹夜蛾的化学防治。

五、菜 螟

（一）分布与为害

菜螟 *Hellulaundalis* Fabricius 属鳞翅目螟蛾科，别名剜心虫、钻心虫、萝卜螟，是世界性害虫。国内除新疆、甘肃、青海、西藏①等省区未见报道外，其他各省区市都有分布，南方各地发生比较严重。20 世纪 70 年代后期以来，江苏发生比较轻，但近年逐渐上升，1995 年全省大暴发，蔬菜受害严重。菜螟主要为害白菜、大白菜、萝卜、甘蓝、花椰菜、油菜等十字花科蔬菜，尤其是秋播萝卜受害最重，白菜、甘蓝次之。此虫是一种钻蛀性害虫，常为害幼苗期的心叶及叶片，受害幼苗因生长点被破坏而停止生长，或萎蔫死亡，造成缺苗毁种，不能结球，且可传播软腐病。

（二）形态识别

菜螟的形态特征如图 8-5 所示。

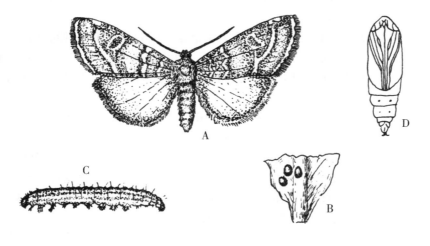

图 8-5　菜　螟
A. 成虫；B. 卵；C. 幼虫；D. 蛹
（仿陆自强和祝树德，1990）

成虫：体长约 7mm，翅展 16~20mm，体灰褐色，前翅灰褐色或黄褐色。前翅外缘线、外横线、内横线和亚基线均为灰白色波浪形，各线两侧颜色较深而呈灰褐色，所以线条明显。在内、外横线间有灰黑色肾状纹一个，四周灰白色，后翅灰白色，近外缘稍带褐色。

卵：椭圆形，扁平，长约 0.3mm，卵壳表面有不规则的网纹，初产时淡黄色，以后新出现浅色斑点，孵化前橙黄色。

幼虫：体长 12~14mm，头部黑色，胸腹部淡黄或浅黄绿色，前胸背板淡黄褐色，背线、亚背线、气门上线明显，呈灰褐色带，气门下线灰褐色不明显。体背面生有许多

---

① 西藏自治区，全书简称西藏。

毛瘤，毛瘤上着生细长刚毛，中胸、后胸各有 6 对毛瘤，横排成一行，腹部各节的背面及侧面着生毛瘤 2 排，前排 8 个，后排 2 个，腹足趾钩双序单列缺环，缺口向外。

蛹：体长 7~9mm，黄褐色，翅芽长达第四腹节后缘，腹部背面 5 条纵线隐约可见。腹部末端生有 4 根刺，中央两根略短，末端稍弯曲，蛹体外有丝茧，椭圆形，外附泥土。

（三）发生规律

1. 生物学习性

菜螟年发生代数，由南向北逐渐减少，广西柳州每年发生 9 代，长江中下游地区一般为 6~7 代，河南焦作 6 代，北京、山东 3~4 代。主要以老熟幼虫在避风向阳、干燥温暖菜地里，6~10cm 深的土内，吐丝缀合土粒和枯叶，结成蓑状丝囊越冬，也有少数以蛹越冬，翌年春越冬幼虫在土内化蛹。武汉各代幼虫盛发期为第一代 4 月下旬至 5 月下旬，第二代 5 月下旬至 6 月下旬，第三代 7 月上旬至 7 月中旬，第四代 7 月下旬至 8 月上旬，第五代 8 月上旬至 8 月下旬，第六代 9 月上旬至 9 月中旬，第七代 9 月下旬至 11 月上旬。

菜螟幼虫为害期 5—11 月，但以秋季为害最重，随着地区不同时间有先后，如河南新乡、山东济南、江苏南京、上海、浙江杭州、湖北武昌均以 8~9 月为害最重；江西南昌、湖南长沙以 8 月上旬至 10 月上旬为害最重，11 月中旬后大减；广西柳州则在 9 月下旬至 10 月上旬最重。

菜螟成虫成虫寿命 5~7d，最多不超过 11d。白天隐伏菜叶下或植株基部，夜间活动稍有趋光性，但不强，黑光灯下很少见到成虫。成虫飞翔力弱，多在离地面 1m 左右的低空处飞行，成虫多在夜间羽化，羽化后不久即交尾。雌虫产卵有选择性，喜欢在大白菜、萝卜等幼苗上产卵，卵多散产于心叶叶片的主脉附近、叶柄基部及叶片反面的凹部。产卵前期 1~2d，产卵期 2~5d，长者可达 7d。每头雌虫一生产卵 80~330 粒，平均 200 粒左右，夏季产卵较少。卵期一般为 2~5d，长的可达 7d。

幼虫孵化后，大多潜入叶片表皮下，啃食叶肉，残留表皮，形成小的袋状隧道，隧道短易为人们所忽视。2 龄后钻出表皮，在叶上活动。3 龄后，多钻入菜心，吐丝将心叶缠结，藏在其中，食害心叶和生长点，使受害株心叶枯死，不能抽出新叶。4~5 龄幼虫向上蛀入叶柄，向下蛀食茎髓或根部，形成粗短的袋状隧道，蛀孔显著，孔外有细丝隐蔽，并附着黄绿色的粪便，使受害株枯死或叶柄腐烂，离心叶远的初孵幼虫还可吐丝下垂，落入心叶或叶肉组织蛀食。幼虫可以转株为害，一头幼虫可为害 4~5 株，并能传播软腐病。幼虫共 5 龄，在 5—8 月幼虫历期 9~16d，21℃时为 23d，29℃时 12d，非越冬幼虫各龄平均历期 1 龄 2~3d，2 龄 2~5d，3 龄 2~3d，4 龄 2~3d，5 龄 2~5d。

幼虫老熟后，在菜根附近的土表或土中吐丝结茧化蛹，少数幼虫还可以在被害菜心里吐丝结茧化蛹，预蛹期 1~2d，蛹期 5~10d。

2. 发生生态

菜螟的发生与生态环境有密切的关系。菜螟一般较适宜于高温低湿的环境条件，究竟能否造成猖獗为害，与特定时期降水量、湿度和温度密切相关。如果 8—9 月降水量较常年偏高，为害较轻，若干旱少雨温度偏高，为害较重。据武汉市农业科学院研究资料，平均气温在24℃左右，相对湿度67%时有利于发生；如气温在20℃以下，温度超过75%，幼虫可大量死亡。蔬菜的播种期及以后的生育期与菜螟发生的吻合程度也影响菜螟的发生，据河南新乡农科所调查，3~5片真叶期着卵最多，如果白菜、萝卜3~5片真叶期恰好与菜螟的产卵盛期及幼虫盛孵期相吻合，是造成受害重的重要原因之一。在长江中、下游地区，8—9月播种的甘蓝、萝卜受害较重。此外地势较高，土壤干燥、干旱季节灌水不及时，都有利于菜螟的发生。

（四）防治方法

由于菜螟具有钻蛀习性，又能吐丝缀叶隐蔽自己，给防治带来了一定的困难。但幼龄期在叶片及心叶为害有转株习性，发生期也比较整齐，如掌握在成虫盛发和卵孵盛期进行喷药防效显著。

1. 农业防治

（1）清洁田园及时耕翻在萝卜、白菜等蔬菜收获后，及时清除残枝落叶，并进行深翻，以减少虫源。

（2）合理安排茬口根据老熟幼虫在被害植株附近土缝中化蛹及成虫飞翔力不强的习性，合理安排茬口，减少田间虫源。如春播萝卜、白菜受菜螟为害，虫源多，所以秋播萝卜、白菜等十字花科蔬菜最好不要连作，以减轻为害。

（3）适当调节播种期在菜螟为害严重的地区，适当地调节萝卜、白菜的播种时间，使3~5片真叶期与菜螟成虫盛发期错开，可减轻或避免为害，如南方可适当延迟播种。

（4）加强田间管理在间苗、定植时及时拔除虫苗并妥善处理，同时见到被丝缠绕的菜心，立即捕杀其幼虫，可去掉部分幼虫为害。在干旱年份早晚勤灌水增加结实度，促进对蔬菜生长有利而对害虫不利的生态环境，可收到一定的效果。

2. 生物防治

可选用1.8%阿维菌素乳油2 000倍液喷雾。

3. 化学防治

在幼苗出土后，检查菜螟卵的密度和孵化情况，在卵盛期或初见心叶被害和有丝网时进行喷药。可每隔7d，连喷2~3次，注意药剂要喷到菜心内。可选用4.5%高效氯氰菊酯乳油2 000倍液、30%茚虫威水分散粒剂3 000倍液、1%甲氨基阿维菌素苯甲酸盐乳油2 000倍液喷雾。

六、猿叶虫

（一）分布与为害

为害蔬菜的猿叶虫主要有两种：大猿叶虫 *Colaphellus bozoringi* Baly 和小猿叶虫 *Phaedon brassicae* Baly，均属鞘翅目叶甲科，猿叶虫别名乌壳虫。

猿叶虫在我国除新疆、西藏外各省区市均有发生。在南方两种猿叶虫为害都很重，常常混合发生，在北方以大猿叶虫发生较多。猿叶虫主要为害十字花科蔬菜以萝卜、青菜、黄芽菜、芥菜等受害最重，也可为害雪菜、水芹、胡萝卜等。其成虫和幼虫均可为害叶片。初孵幼虫仅啃叶肉，形成许多小凹斑痕。成长幼虫和成虫食叶呈孔洞和缺刻，严重时，仅留叶脉，常把蔬菜吃光。

（二）形态识别

大猿叶虫和小猿叶虫，形态非常相似，如图8-6所示。主要识别特征见表8-2。

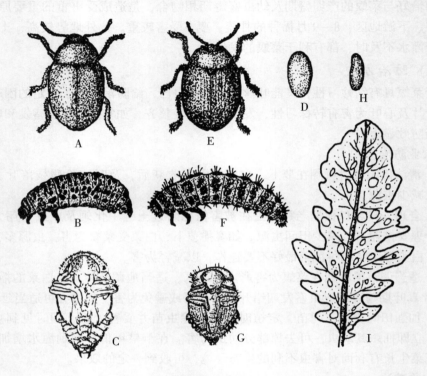

图8-6 猿叶虫

A-D. 大猿叶虫的成虫、幼虫、蛹和卵；E-H. 小猿叶虫的成虫、幼虫、蛹和卵；I. 被害状

（仿祝树德和陆自强，1996）

表8-2 两种猿叶虫形态特征比较

虫 态	大猿叶虫	小猿叶虫
成 虫	体长 4.5~5.2mm，体椭圆形，暗蓝黑色，小盾片三角形，光滑无刻点。鞘翅上有不规则大而深的刻点。后翅发达，能飞翔	体长 2.8~4mm，体近圆形，蓝黑色，有强的金属光泽。小盾片近圆形，有小刻点。鞘翅上有细密的刻点，成 11 行，后翅退化，不能飞翔
卵	大小 1.5mm，长椭圆形，橙黄色	大小 1.2~1.8mm，长椭圆形，初产鲜黄，后变暗黄
幼 虫	老熟幼虫体长 7.5mm，体灰黑色稍带黄色，头黑色有光泽，各体节有大小不等的肉瘤，气门下线及基线上的肉瘤最显著。腹部末端肛上板颇坚硬	老熟幼虫体长 6~7mm，初孵幼虫淡黄，后变褐色，头黑色有光泽。肛上板有黑色肉瘤，其上黑色刚毛显著。各节具黑色肉瘤 8 个，瘤上有刚毛，沿亚背线的一行肉瘤最大，愈向下愈小

（续表）

虫 态	大猿叶虫	小猿叶虫
蛹	体长 6.5mm，略被刚毛，黄褐色，尾部分叉，微紫色	体长 4mm，半球形，淡黄色，体上生褐色短毛，尾端不分叉

资料来源：《蔬菜害虫测报与防治新技术》，陆自强和祝树德，1990

（三）发生规律

大猿叶虫在北方一年发生 2 代，长江流域 2~3 代，南方可发生 5~6 代。以成虫在枯叶，土缝、石块下越冬，以土中 5cm 左右处越冬为主。在我国南方，冬季温度较高，仍可外出取食活动，无滞育越冬的习性。翌年春 3 月上中旬越冬成虫外出活动，于 3 月中旬交尾产卵，4 月初至 5 月幼虫盛发。5 月中下旬成虫陆续羽化，不久便蛰伏越夏。9 月初成虫又开始活动，9 月下旬至 11 月中旬第二、第三代幼虫盛发。在杭州，第一代成虫在 5 月上旬出现，第二代成虫在 9 月底发生。在湖南，春季 1 代，秋季 2 代。重庆和湖南情况相似，春季 3 月幼虫开始发生，9—11 月均有幼虫和成虫为害。各地虽然发生情况不同，但严重为害期一般是在 3~5 月和 9—11 月。

大猿叶成虫的卵多产于根际土表或土缝间，或产在植株的心叶上，卵成堆，排列不整齐，每堆有卵 20 粒。每期可产卵 200~500 粒，多的可达 700 粒，幼虫都有假死习性，可以昼夜取食为害。成虫的耐饥力强，不善飞翔，其寿命平均 3 个月左右，最长可达 167d。春季发生的成虫，到夏初气温达 26.3~29.0℃时，即潜入 15cm 以下的土中蛰伏夏眠，或在杂草丛中和多苔藓的阴凉处夏眠，夏眠期可达 3 个月之久。到 8—9 月平均温度下降到 27℃左右时，又陆续出土为害、繁殖。卵期 3~6d，幼虫期 20d 左右。幼虫共分 4 龄。幼虫老熟后，即爬入枯叶、土缝、石块下化蛹，蛹期约 11d。

小猿叶虫一年发生 2~3 代，在杭州、湖南每年可发生 3 代。以成虫在根际的土隙缝、石块缝隙、叶下或杂草下越冬。翌年 2 月底至 3 月初成虫开始活动，直到 4 月还有越冬成虫出蛰活动。活动早的成虫于 3 月中旬产卵，3 月底卵孵化，4 月成虫和幼虫混合为害，4 月底 5 月初化蛹，成虫羽化。当 5 月中下旬气温升高以后，成虫开始夏眠。成虫夏眠时间不定，在气温不高、食料丰富时，夏眠期缩短或不休眠。在杭州和湖南，8 月下旬休眠的成虫又开始外出活动，9 月上旬产卵，9—11 月盛发，各虫态都有。秋季一般发生 2 代，于 12 月成虫开始越冬。

小猿叶虫成虫和幼虫的习性与大猿叶虫大致相似，但小猿叶虫无飞翔能力，全靠爬行迁移觅食。成虫寿命长短不一，长的达 4 年，平均 2 年左右。据日本报道，野外小猿叶虫平均寿命 505d，一头雌虫产卵数量高达 2 195 粒，平均 1 244 粒。卵都散产于叶基部，甚至幼根上，以叶柄上为最多，中脉和较大的叶脉上也有。产卵时，成虫先将组织咬一小孔，然后将卵产于孔中，多为一孔一卵。卵期约 7d。幼虫喜集中在心叶取食，昼夜活动。尤以晚上为甚。幼虫期第一代约 21d，其他各代 7~8d。幼虫老熟后，入土 3cm 左右筑一土室化蛹，蛹期 7~11d。

（四）防治方法

猿叶虫的防治可以采取农业防治、人工防治与化学防治相结合的办法，及时掌握虫情，严格控制其暴发为害。

1. 农业防治

早春或秋季在蔬菜种植前翻耕晒土，可消灭部分越冬或越夏的成虫。秋冬季结合积肥，铲除菜地附近的杂草，清除枯叶残株，可以除去部分早春食料和成虫蛰伏场所。利用成虫在杂草中越冬习性，集中烧毁。也可利用猿叶虫假死性，击落集中杀死。

2. 化学防治

一般可与菜青虫、小菜蛾、黄条跳甲等结合防治。掌握成、幼虫盛发期喷施或淋施，可选用45%马拉硫磷乳油1 500倍液、25g/L联苯菊酯乳油1 500倍液、5%啶虫脒乳油1 500倍液喷雾。每虫期施药1~2次，交替施用，喷匀淋足。还可用0.5%噻虫胺颗粒剂60~75kg/hm²，撒施。

七、黄曲条跳甲

（一）分布与为害

黄曲条跳甲 *Phyllotreta striolata*（Fabricius），属于鞘翅目叶甲科，俗称跳虱、狗虱虫、土跳蚤等。是世界性害虫，国内除新疆、西藏、青海尚无报道外，其余各省区市均有发生，是十字花科蔬菜的主要害虫之一。

（二）形态识别

黄曲条跳甲的形态特征如图8-7所示。

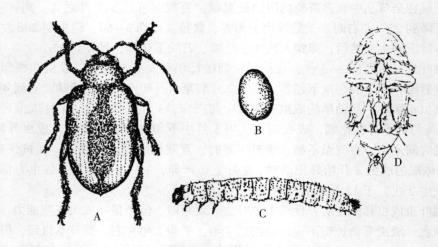

图8-7　黄曲条跳甲

A. 成虫；B. 卵；C. 幼虫；D. 蛹

（仿陆自强和祝树德，1990）

成虫：体长约2mm，长椭圆形，黑色有光泽。触角基部3节及跗节深褐色。胸背板及鞘翅上有许多点刻，排列成纵行，鞘翅中央有1条黄色曲条，两端大，中央狭，其外侧中部凹曲颇深；内侧中部直形，仅前后两端向内弯曲，后足透明。

卵：淡黄色，长约 0.3mm，椭圆形，初呈淡黄色，后变成乳白色。

幼虫：长圆筒形，黄白色，头部和前胸盾片及腹末臀板呈淡褐色，胸部及腹部均为乳白色，各节都有不显著的肉瘤，上生有细毛。1~3 龄幼虫体长分别为 1.52mm、2.40mm、3.87mm。

蛹：长约 2mm，椭圆形，乳白色，头部隐于前胸下面，翅芽和足达第五腹节，胸部背面有稀疏的褐色刚毛。腹末有 1 对叉状突起，叉端褐色。

（三）发生规律

1. 生物学习性

黄曲条跳甲每年的发生世代数因地区不同而异，北方 4~5 代，南方 7~8 代，江浙一带 6~7 代。以成虫在田间和沟边的落叶、杂草及土缝中越冬，3 月中下旬开始出蛰活动，在越冬蔬菜与春菜上取食活动，随着气温升高活动加强。4 月上旬开始产卵，以后每月发生 1 代，春季 1~2 代（5—6 月）与秋季 5~6 代（9—10 月）发生严重，北方秋季重于春季。

成虫、幼虫均可为害。成虫常咬食叶面造成小孔，并可形成不规则的裂孔，尤以幼苗受害最重，刚出土的幼苗，子叶被害，可整株枯死，造成缺苗毁种。幼虫只为害菜根，常将菜根表皮蛀成许多弯曲的虫道。咬断须根，使叶片由外向内发黄萎蔫而死。萝卜受害，造成许多黑色蛀斑，最后变黑腐烂。白菜受害，叶片变黑死亡。

成虫善跳，在中午前后活动最盛，雌虫卵巢未发育前飞翔能力较强，趋光性，趋黄色、绿色习性明显。中午强光下，常隐蔽在心叶或下部叶背面。阴雨天也隐蔽在叶背或土块下。成虫耐饥的能力与温度相关，10~12℃可耐饥 10~13d，18℃以上 3~5d。成虫寿命较长，有的可长达 1 年之久。

产卵历期可延续 1.0~1.5 月，每头雌虫产卵 150 粒，最多可产 600 粒。产卵以晴天午后为多，卵散产于植株周围湿润的土缝中或细根上，也可在植株基部咬一小孔产卵于内。

卵历期 3~5d。幼虫孵化后爬至根部，沿须根向主根内为害。剥食表皮，2 龄后部分可钻入根内为害。幼虫蜕皮 2 次，3 龄老熟，移至 3~7cm 深的土中作室化蛹。前蛹期 2~12d，蛹期 3~17d。

2. 发生生态

（1）温湿度。成虫活动与温度相关，日平均气温低于 20℃，高于 30℃，活动减少，夏季高温季节繁殖率下降，发生较轻。21~30℃ 为最适温度，耐低温能力较强，−5℃经 20d 仅死亡 10%，−10℃经 5d 死亡 20%~30%，−16℃经 10h 死亡 95%。各虫态的发育起点温度与有效积温见表 8-3。在 18~30℃条件下，各虫态的发育速率与温度成正相关，不同温度下与各虫态的历期见表 8-4。蛹有分级特征，见表 8-5。冬天温度高越冬基数高，6—7 月高温，降雨少，发生多，为害重。

表 8-3 黄曲条跳甲发育起点温度与有效积温

虫 态	发育起点温度（℃）	有效积温（d·℃）
卵	11.20±1.0	55.12±4.14

（续表）

虫　态	发育起点温度（℃）	有效积温（d·℃）
幼　虫	11.98±0.34	134.84±3.58
蛹	9.33±1.08	86.24±6.69
成　虫	13.00	—

资料来源：《蔬菜害虫测报与防治新技术》，陆自强和祝树德，1990

表8-4　不同温度下各虫态历期　　　　　　　　（单位：d）

温　度	卵	幼　虫				预蛹	蛹	全世代
		1龄	2龄	3龄	小计			
18℃	8	5.6	7.2	9.0	21.8	7.2	9.0	54
21℃	6	3	5	6.4	14.4	6.4	7.2	39
24℃	4	2.4	3.6	5.6	11.6	4.5	6.1	32
27℃	3.5	2.0	3.2	4	9.2	3.0	4.8	26
30℃	3	1.6	2.5	3.5	7.6	3.2	4.2	26

注：全世代含成虫平均寿命

资料来源：《蔬菜害虫测报与防治新技术》，陆自强和祝树德，1990

表8-5　黄曲条跳甲蛹分级特征

级　别	特　征	历期（d）
1	全体乳白色，复眼同体色	1.5~1.8
2	全体乳白色，复眼1/2变成淡褐色	1.0~1.5
3	全体乳白色，复眼1/2以上变成褐色	1.0~1.5
4	全体乳白色，后足胫节及上颚端部为红褐色	1.0~1.5
5	全体淡褐色，触角褐色	0.5~1.0

注：20℃条件下

资料来源：《蔬菜害虫测报与防治新技术》，陆自强和祝树德，1990

（2）食料。黄曲条跳甲寄主甚多，为害茄果类、瓜类和豆类蔬菜，但主要偏嗜白菜、萝卜、瓢儿菜、油菜、芥菜等十字花科蔬菜。在不同菜种中，以叶色乌绿的种类，如乌塔菜、四月慢等受害最重，十字花科蔬菜常年连作的地区发生重。

（3）土壤。壤土、沙壤土适合幼虫生长，为害重，沙土发生少。卵的孵化对相对湿度要求较高，相对湿度90%以上孵化率高，低于90%孵化率低，土壤含水量低，产卵极少，在雨水较多的春秋季有利于其发生。

（四）防治方法

黄曲条跳甲的防治难点在于抗药性强、成虫寿命长、虫口基数大，成虫具有假死性、幼虫吃根、成虫吃叶，造成用药浓度大。可根据各地具体情况综合使用如下措施：

1. 农业防治

保持田间清洁，清除杂草及残株落叶，播种前深耕土壤，消灭虫蛹，控制越冬基数，压低越冬虫量，最好将十字花科蔬菜与非十字花科蔬菜进行合理轮作。定植时，选用在防虫棚室培育的无虫苗。

2. 化学防治

播种前进行种子包衣，每100kg种子用30%噻虫嗪种子处理悬浮剂400～1 200g。生长期可选用25g/L联苯菊酯乳油1 500倍液、25%噻虫嗪水分散粒剂3 000倍液、5%啶虫脒乳油1 500倍液喷雾。

第二节　刺吸类

菜　蚜

为害十字花科蔬菜的蚜虫主要有3种：桃蚜（又称桃赤蚜）*Myzus persicae* (Sulzer)，萝卜蚜（菜缢管蚜）*Lipaphis erysimi* (Kaltenbach)，甘蓝蚜（又称菜蚜）*Brevicoryne brassicae* L.。上述3种蚜虫都属半翅目蚜科，俗称腻虫、蜜虫、菜虱。

（一）分布与为害

桃蚜、萝卜蚜、甘蓝蚜均为世界性害虫，萝卜蚜和桃蚜国内普遍分布，甘蓝蚜是贵州和新疆的优势种，宁夏①及东北的中部也有分布，在江苏、浙江、福建、云南、台湾等省虽有记载，但主要分布区在北方，江浙一带主要是桃蚜和萝卜蚜。

蚜虫的成虫、若虫均吸食植物体内的汁液，造成植株严重失水和营养不良，使叶片卷缩甚至枯死。由于蚜虫分泌蜜露，常导致煤污病，植株轻则不能正常生长，重则死亡。蚜虫又是多种病毒病的传播媒介，十字花科蔬菜病毒病大部分由菜蚜传播。蚜虫是非持久性病毒的媒介体，获毒传毒都很快，只要蚜虫吸食过感病植株，再迁飞到无病的植株上，短时间内即可传毒发病。病毒病是秋季十字花科蔬菜三大病害之一，对秋菜生产威胁甚大。

（二）形态识别

1. 桃　蚜

桃蚜的形态特征如图8-8所示。

有翅胎生雌蚜：体长2.00mm左右。头胸部黑色，额瘤显著，向内倾斜，中额瘤微隆起，眼瘤也显著。触角6节，除第3节基部淡黄色外其余均为黑色，第三节有感觉圈9～11个。腹部绿色、黄绿色、褐色或赤褐色，背面有淡黑色斑纹。腹管细长，秋季迁移蚜腹管的形状与无翅胎生雌蚜相同，春季迁移蚜则近基部不粗大，尾片中央稍凹缢，

―――――――――

① 宁夏回族自治区，全书简称宁夏。

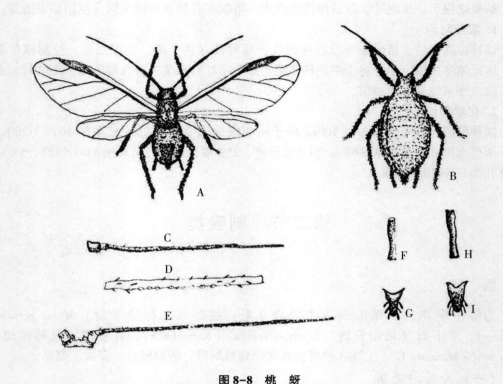

图8-8 桃 蚜

A. 有翅胎生雌蚜；B. 无翅胎生雌蚜；C. 无翅雌蚜触角；D. 有翅雌蚜第三节触角；

E. 有翅雌蚜触角；F-G. 有翅雌蚜触角及尾片；H-I. 无翅雌蚜腹管及尾片

（仿祝树德和陆自强，1996）

着生3对弯曲的侧毛。

无翅胎生雌蚜：体长约2.00mm。体色有黄绿色和红褐色两种。头部额瘤与眼瘤均与有翅胎生雌蚜相同。触角6节，长2.1mm，较体短，各节有瓦纹，第三、第四节无感觉圈，第五、第六节各有一个感觉圈。腹管淡黑色，细长，圆筒形，向端部渐细，有瓦纹。尾片圆锥形，绿、淡红、暗灰或黑色，近端部2/3收缩，两侧各有曲毛3根。

无翅有性雌蚜：体长1.52mm，体肉色或橘红色，头部额瘤显著外倾，触角6节，足跗节黑色，后足胫节较宽大，散布有感觉圈，腹管圆筒形，稍弯曲。

有翅雄蚜：与有翅胎生雌蚜秋季迁移蚜相似，腹部黑色斑点较大。

卵：长椭圆形，长径约0.66mm，短径约0.33mm。初产时黄绿色，后变黑色，有光泽。

2. 萝卜蚜

有翅胎生雌蚜：体长1.60~1.80mm。头胸部黑色有光泽，其他部分黄绿色至绿色。中额瘤明显隆起，额瘤微隆起，外倾呈浅"W"形，眼瘤显著。触角6节，第三、第四节黑色，第三节有感觉圈21~29个，第四节7~14个，排成一行，第五节0~4个，第六节1个。腹部暗绿色，腹管较短，圆筒形，具瓦纹，顶端收缩。尾片圆锥形，两侧各有刚毛 2~3 根。

无翅胎生雌蚜：体长约 1.80mm，卵形。全身黄绿色，被白粉。额瘤和眼瘤同有翅胎生雌蚜。触角 6 节，较体短，约为体长 2/3，只有第五、第六节各有 1 个感觉圈。胸部各节中央有个黑色横纹，并散生小黑点，腹管与尾片和有翅胎生雌蚜相同。

3. 甘蓝蚜

有翅胎生雌蚜：体长约 2.20mm。头胸部黑色，复眼赤色，腹部黄绿色。背面有数条不明显的暗色横带，两侧各有 5 个黑色斑，体被白粉，无额瘤。触角第三节有 37~49 个不规则排列的感觉圈。腹管较短，远比触角第五节短，中部稍膨大。尾片锥形，基部稍凹陷。

无翅胎生雌蚜：体长约 2.20mm。全体暗绿色，覆有白色蜡粉。无额瘤。触角只有第五、第六两节各有 1 个感觉圈。腹管表面有不明显的瓦纹。尾片近等边三角形，具瓦纹，有毛 7~8 根。

（三）发生规律

1. 生物学习性

桃　蚜

桃蚜一年发生的代数各地不同，北方一般可发生 10 余代，南方可达 30~40 代，生活史复杂。在菜区桃蚜存在生理分化现象，一部分桃蚜为全周期生活型（迁移型），另一部分为半周期生活型（留守型）。全周期型桃蚜冬天以卵在桃树等核果类果树的枝条、芽腋间裂缝等处越冬，第二年 3 月中旬至 4 月间孵化为干母，在桃、李等果树上孤雌生殖（胎生），繁殖 2~3 代，为害桃、李等果树。4 月下旬至 5 月，产生有翅胎生雌蚜迁飞至油菜及十字花科蔬菜、菠菜、烟草等夏寄主上繁殖为害。在蔬菜上以无翅胎生雌蚜为主，有时也分化一部分有翅蚜迁飞扩散。秋末（一般 10 月下旬至 11 月）产生有翅性母蚜，迁回木本寄主（冬寄主），产生雌雄性蚜交配产卵越冬，这类桃蚜属异态交替的类型，年生活史要经过木本寄主和草本寄主（夏寄主）来完成。而两性生殖发生在木本寄主上的半周期型桃蚜，年生活史均以孤雌生殖来完成，无异态交替现象，这类桃蚜终年在十字花科蔬菜或其他寄主上繁殖。在我国北方，也有以卵在窖贮大白菜上越冬，在菠菜的心叶里产卵过冬，少数以有翅成蚜在窖贮大白菜上过冬。在天津，有部分胎生雌蚜在菠菜上越冬。在长江流域，以成蚜和若蚜在油菜及十字花科蔬菜等的菜心里越冬，温度高的年份或在向阳大棚等地的十字花科蔬菜上仍能繁殖。在江浙，冬季无翅胎生雌蚜仍能胎生若蚜，并有有翅蚜出现，无明显的越冬现象。

桃蚜一般春季、秋季完成一代需 13~14d，夏季仅 7~10d。夏季孤雌胎生蚜的发育起点温度为 4.3℃，有效积温 137 d·℃。温度自 9.9℃升至 25℃时，平均发育历期由 24.5d 降至 8d，每天平均产蚜量由 1.1 头升至 3.3 头。但寿命由 69d 减少至 21d，为害最适期在春末夏初及秋季。

桃蚜增殖速率很快，在 20℃，相对湿度 80% 时，一个月可增殖 $1.22×10^3$ 倍，两个月可增殖 $1.5×10^6$ 倍。在温室中，一个月可增殖 $2.6×10^6$ 倍。所以蔬菜保护地栽培，不但为蚜虫安全越冬创造了条件，也为秋季蚜害增加了基数。

萝卜蚜

萝卜蚜为半周期生活型（留守型），在南方孤雌生殖，连续繁殖，在北方以卵在贮藏的蔬菜叶柄上越冬。终年均生活在同一种或近缘寄主植物上，没有木本寄主和草木寄主交替现象。长江流域以无翅胎生雌蚜在蔬菜心叶及杂草丛中越冬。杭州冬季温度降至−4℃时，无翅胎生雌蚜仍能活动，没有显著越冬现象。华北一年发生10~20多代，江苏南京30多代，湖南长沙34代，广州46代。以卵越冬的，翌年3—4月孵化为干母，繁殖几代后产生有翅蚜向其他十字花科植物上迁飞扩散，蔓延危害，至晚秋产生性蚜，交配产卵越冬。在江西以南全年都能繁殖。上海、南京以无翅胎生雌蚜和卵越冬的萝卜蚜次年2—3月即可繁殖为害。

萝卜蚜发育最适温度为15~26℃，相对湿度为70%以上。在适宜的条件下，无翅胎生雌蚜寿命可达两个月，夏季每雌一生可产胎生若蚜80~100头。不同温度下萝卜蚜的发育速率有明显差别，在9.3℃环境中发育期为17.5d，而27.9℃时仅需4.7d。

甘蓝蚜

在北纬42°~43°一带，一年可发生8~9代，在较温暖的地区则可发生10多代。在我国新疆北部以卵越冬，越冬卵主要产在晚甘蓝上，其次是球茎甘蓝、冬萝卜和冬白菜上。在温暖地区可以孤雌生殖繁殖，而不产卵越冬。在新疆地区，越冬卵在3—4月孵化，先在十字花科蔬菜上繁殖为害，5月中下旬迁移到春菜上为害，以6—7月的早甘蓝和7—8月的晚甘蓝受害最重，一般在10月上旬开始产卵越冬。在东北、北京地区，以卵在留种的或贮藏的菜株上越冬，少数亦可以成蚜和若蚜在菜窖中越冬。

甘蓝蚜的发育起点温度为4.5℃，有效积温为126 d·℃，最适发育温度为20~25℃，但产仔蚜总数以12~15℃时最多，从日平均温度与日平均生殖力看，以10~17℃为最适合，低于10℃或高于18℃均趋于减少，成蚜寿命随温度升高而缩短。

这3种蚜虫从春季至秋季主要靠有翅蚜的迁飞不断在田间扩散蔓延为害。有翅蚜每秒飞速可达67cm，每小时3~5km。菜蚜飞行的高度随季节而变化，但主要近地面迁飞。

有翅蚜的形成有多方面因素，营养和密度诱变是重要因素，食料恶化，高密度拥挤都易产生有翅蚜。此外，气象因素也很重要，高温干旱易产生有翅蚜。光照刺激，秋天短日照达10h，易产生有翅性母从第二寄主向第一寄主上迁飞。性母的形成与保幼激素的增加有一定的关系。无翅蚜也能爬行扩散，在18℃时，无翅蚜每分钟可爬行5.2cm，每天可爬行5~10m，在8.5℃时每分钟爬行1.2cm。有翅蚜迁飞，对黄色有趋性，绿色次之，对银灰色有负趋性。据试验，乳鸭黄色、金盏黄色诱力最强。在杭州，迁飞高峰为5月中旬和11月中旬，以上午10—12时和午后4—6时为两个迁飞高峰。秋季有翅蚜迁飞，正值油菜苗期，部分蚜虫迁入油菜田为害，同时传播病毒病。

在长江流域及其以南地区，桃蚜和萝卜蚜常混合发生，蚜虫的年种群动态有显著变化，其共同点为呈"双峰"型发生。一般早春数量增长较慢，春末夏初剧增，是第一个为害高峰；入夏减少，秋季密度又上升，干旱之年发生极多，形成第二个为害高峰。田间春季一般以桃蚜为主，秋天萝卜蚜上升。

雌蚜的后胸和后足的胫节、跗节上能释放性外激素。当外来敌害侵袭时，腹管内还能释放一种报警素"法泥醇",龄期愈大,释放的量也愈大,反应也愈敏感。

2. 发生生态

(1) 气候。气候条件是影响蚜虫种群消长的重要原因。春季、秋季的气温适宜蚜虫的繁殖,秋季雨水偏少发生更重。据报道,桃蚜比萝卜芽耐低温,萝卜蚜比桃蚜耐高温,低于18℃桃蚜比萝卜蚜发育快,19~27℃范围内两种蚜虫的发育速率基本一致,高于27℃萝卜蚜比桃蚜发育快。15~20℃最适萝卜蚜繁殖,温度高于27℃,相对湿度高于86%时繁殖量减少,阴雨潮湿对其繁殖不利。温度高于28℃或低于6℃,或相对湿度在40%以下,对桃蚜繁殖不利。总的看来,在蚜虫发生季节,如连续晴天,气候较干燥,蚜虫发生多,为害重。夏季高温对蚜虫的生长发育和繁殖均不利,大雨和暴雨对蚜虫有冲刷作用。

据报道,全周期型桃蚜从夏寄主向冬寄主上迁飞越冬的数量,常受秋季气温与冬寄主生长情况影响。气温低,桃叶落得早的年份,桃蚜回迁到桃树上产卵者少,翌年早春桃蚜密度低。反之,越冬产卵数量大,次年春季的蚜害可能重。

(2) 食料。3种蚜虫对寄主的营养反应有所不同,不同氨基酸含量影响其生长发育和繁殖。桃蚜发生量与寄主的谷氨酸、蛋氨酸、亮氨酸的含量呈正相关,而与氨基丁酸、酪氨酸、脯氨酸呈负相关。甘蓝蚜则与谷氨酸、苏氨酸、天冬氨酸呈正相关,与甘氨酸呈负相关。此外,甘蓝蚜与萝卜蚜的发生与寄主的芥子油糖苷的含量有关,甘蓝蚜与芥子油糖苷呈正相关,而桃蚜没有明显的相关性,所以不同蔬菜上蚜虫种类的分布也不同。桃蚜的食性很杂,除为害十字花科蔬菜外,还为害马铃薯、烟草、菠菜及核果类果树,如桃、李、杏等。萝卜蚜喜欢在叶面少蜡多毛的菜上为害,如萝卜、白菜,也可为害莴苣等非十字花科蔬菜。甘蓝蚜喜欢为害叶面上多蜡少毛的十字花科蔬菜,如甘蓝、球茎甘蓝、花椰菜、油菜等。

(3) 天敌。蚜虫的天敌种类很多,据北京调查有60多种。作用较大的有菜蚜茧蜂 *Diaeretiella rapae* M'Intosh 和烟蚜茧蜂 *Aphidius gifuensis* Ashmaed 等寄生性天敌,以及异色瓢虫 *Harmonia axyridis*(Pallas)、七星瓢虫 *Coccinella septempunctata* L.、龟纹瓢虫 *Propylaea japonica*(Thunberg)等捕食性天敌。草蛉 *Chrysopa* sp. 和食蚜蝇 *Syrphidae* 也有较大的控制作用。此外,蚜霉菌 *Entomophthora aphids* 等虫霉菌,在高温条件下对蚜虫的寄生率也很高。田间还有小花蝽、瘿蚊、蜘蛛等天敌,对蚜虫的发生起一定的抑制作用。

(4) 栽培措施。大白菜、油菜的播种期,苗床位置和品种与蚜虫的为害轻重有一定的关系。一般早播早栽蚜害重,因为早栽的油菜苗正值蚜虫迁飞期,迁入菜田的虫口相对的比迟播迟栽的多,且此时气温较高,也有利于蚜虫的繁殖。若油菜苗田靠近十字花科蔬菜田、桃园及杂草多的地方,则受害较重。春季十字花科蔬菜田靠近桃园,桃蚜为害也重。一般"胜利"油菜系统的品种蚜虫常比土种油菜少。江苏的大青口、小青口等青菜和枇杷缨萝卜品种对蚜虫具有一定的抗性。

(四) 防治方法

控制蚜虫为害和防止蚜虫传播病毒,要事先切实做好预防工作。蚜虫发生以后,考虑到防病毒病,则必须将蚜虫控制在毒源植物上,消灭在迁飞前,即在蚜虫产生有翅蚜之前防治。蔬菜蚜虫的防治可采取如下综合防治措施。

1. 农业防治

（1）合理布局。大面积的十字花科蔬菜地、留种地远离桃、李等果园，以减少蚜虫的迁入。

（2）清洁田园，结合积肥清除杂草。蔬菜收获后，及时处理残株败叶，结合中耕打去老叶、黄叶，间去病虫苗，并立即清出田间加以处理，可消灭大部分蚜虫。

（3）实行套作措施。如番茄地间种玉米，可减轻番茄上的为害。

（4）调节蔬菜生育期。秋季适当迟播迟栽十字花科蔬菜可减轻蚜虫为害。

（5）选用抗虫品种。白菜中的大青口、小青口，萝卜中的枇杷缨等品种都比较抗病虫，"胜利"油菜不但蚜害较轻，且能抗病毒病。

2. 物理防治

利用蚜虫忌避银色反应的习性，可采用银色反光塑料薄膜避蚜。早春甘蓝菜定植时，也可用地膜覆盖，既可增温又可防蚜治病。此外还可用黄皿或黄色板诱蚜。

3. 生物防治

注意保护天敌。蚜虫的天敌很多，捕食性天敌有草蛉、瓢虫、食蚜蝇、蜘蛛、隐翅虫等，每天每头可捕食 80~160 头蚜虫，对蚜虫有一定的控制作用。寄生蜂、蚜霉菌对蚜虫也有相当的控制力。另外，每公顷可选用 0.3% 苦参碱水剂 2 500~3 000mL 对水 600L 喷雾。

4. 化学防治

对叶菜类可选择具有内吸、触杀作用的低毒农药，一般在生长前期（尤其是苗期）和植株封垄以前喷药。喷药时要周到细致，特别注意心叶和叶背要全面喷到。可选用 4.5% 高效氯氰菊酯乳油 2 000 倍液、10% 吡虫啉可湿性粉剂 2 000 倍液、25% 噻虫嗪水分散粒剂 3 000 倍液、10% 烯啶虫胺水剂 2 000 倍液、50% 吡蚜酮水分散粒剂 3 000 倍液、5% 啶虫脒可湿性粉剂 1 500 倍液喷雾。

第九章　茄科蔬菜害虫

茄科蔬菜是我国重要的夏秋蔬菜，主要有番茄、辣椒、茄子、马铃薯四大类。茄科蔬菜害虫种类较多，约有 20 余种，多在蔬菜生长期为害，且为害方式不同，严重影响蔬菜的品质和产量。为害茄科蔬菜的主要害虫有二十八星瓢虫、西花蓟马、棕榈蓟马、朱砂叶螨、侧多食跗线螨等。

第一节　食叶类

二十八星瓢虫

为害茄科蔬菜的主要瓢虫种类为二十八星瓢虫，因两鞘翅上共有 28 个黑斑而得名。我国的主要种有茄二十八星瓢虫 *Epilachna vigintioctopunctata*（Fabricius）和马铃薯瓢虫 *Henosepilachna vigintioctomaculata*（Motschulsky），属鞘翅目瓢虫科，俗名均称茄虱。茄二十八星瓢虫又名酸浆瓢虫或小二十八星瓢虫，马铃薯瓢虫又称大二十八星瓢虫。下面对两种瓢虫进行比较介绍。

（一）分布与为害

据日本及国内资料，茄二十八星瓢虫分布于年平均等温线 14℃ 以南地区，为南方种；马铃薯瓢虫分布于年平均等温线 13℃ 以北，为北方种。年平均等温线 13~14℃ 地区，两种瓢虫混合发生。茄二十八星瓢虫和马铃薯瓢虫都是茄子、马铃薯、番茄等茄科蔬菜上的重要害虫。此外，还可为害豆科、葫芦科、十字花科及藜科等蔬菜。但对马铃薯、茄子的为害最重，成、幼虫食害寄主的叶片，有时还能为害果实和嫩茎。一般被害叶片仅残留上表皮，形成许多不规则的透明斑，使叶片变褐，枯萎，严重时只剩残茎。果实被害变硬，有苦味，不堪食用。茄二十八星瓢虫还能严重为害甜椒，取食叶片、嫩枝、果柄、果肉、花瓣等，尤其果柄受害最重，其次是果肉。

（二）形态识别

二十八星瓢虫的形态特征如图 9-1 所示。

成虫：身体均呈半球形，红褐色。全体密生黄褐色细毛，每一鞘翅上有 14 个黑斑。

卵：炮弹形，初产淡黄色，后变褐色。

幼虫：老熟幼虫淡黄色，纺锤形，中部膨大，背面隆起，体前各节生有整齐的枝刺，前胸及腹部第 8~9 节各有枝刺 4 根，其余各节为 6 根。

蛹：为淡黄色，椭圆形腹末端包有幼虫末次蜕的皮。羽化前背面显出淡黑色斑块。

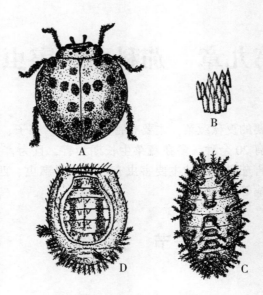

图 9-1　二十八星瓢虫

A. 成虫；B. 卵；C. 幼虫；D. 蛹

（仿陆自强和祝树德，1990）

两种瓢虫的形态特征很相似，它们的形态区别见表 9-1。

表 9-1　两种瓢虫的主要形态特征区别

虫　态	茄二十八星瓢虫	马铃薯瓢虫
成　虫	体略小，体长 6.1~6.7mm，前胸背板有 6 个对称的黑色小斑，每鞘翅基部 3 个黑斑后的 4 个斑排列在一条斜直线上	体略大，体长 7mm 左右，前胸背板中央有 1 个大的黑色剑状纵纹，两侧各有两个黑色小斑。每鞘翅基部 3 个黑斑后的 4 个斑排成两排，不在一条斜直线上
卵	略小，长 0.7~1.0mm，卵块卵粒排列紧密	略大，长 1.2~1.5mm，卵块卵粒排列疏松
幼　虫	体节枝刺毛为白色	体节枝刺毛为黑色
蛹	略小，长约 5.5mm，背面黑色斑纹色较浅	略大，长约 6mm，背面黑色斑纹色较深

资料来源：《蔬菜害虫测报与防治新技术》，陆自强和祝树德，1990

（三）发生规律

1. 生物学习性

茄二十八星瓢虫在福建一年发生 6 代，湖北、湖南、江苏、安徽等地 4~5 代。各地均以成虫在背风向阳的树皮下、树洞内、墙壁间隙、各种秸秆、杂草堆中及土缝内滞育越冬。以散居为主，偶有群集现象。由于越冬代成虫产卵期长达 2 个月之久，最长达 3 个月，故世代重叠。江苏扬州越冬代成虫由翌年 4 月上中旬开始活动，相继飞到离越冬场所较近的春马铃薯、茄子田中为害。5月中下旬马铃薯开始陆续收获，越冬代成虫、部分第一代幼虫转移到离马铃薯较近的茄子、番茄、辣椒地为害。各代幼虫盛发期：第一代5月下旬，第二代6月下旬至7月上旬，第三代7月下旬至8月上旬，第四代8月中下旬。一般越冬代虫源数量较少，故越冬代、第一代为害较轻，该虫的主害代为第二至第四代，由于此期正值6—8月，夏季的茄科蔬菜生长茂盛，食料丰富，害虫数量陡增，为害加剧，一株茄子上，幼虫、成虫多达数十头，数天后整个植株被啃食精光。8月底至9月底，茄科蔬菜陆续收获、翻耕，此时食料渐趋缺乏，幼虫、蛹死亡率较高，田间虫口大减，幼虫、成虫开始向野生寄主龙葵、酸浆等转移，少量转移到刀豆、豇豆、秋黄瓜上，但数量少，不造成为害。10月上中旬开始，成虫陆续飞向越冬场所滞育越冬。

马铃薯瓢虫在东北、华北一年发生1~2代，以成虫群集在背风向阳的山洞、石缝、树洞、树皮缝，墙缝及篱笆下、土穴等缝隙中越冬，尤其是背风向阳的山坡或丘陵坡地的阳面，土质以沙壤土最适合，入土深度一般3~7cm。越冬代成虫于5月中下旬出蛰，先在附近的杂草上栖息，5~6d后陆续转移到马铃薯、茄子上为害。6月上中旬为第一代卵盛期，6月下旬至7月上旬为第一代幼虫为害期，7月下旬至8月上中旬为第一代成虫羽化盛期。8月中旬第二代幼虫为害期，9月中旬后第二代成虫开始迁移越冬，10月上旬全部越冬。东北地区越冬成虫出蛰较晚，而进入越冬稍早。

茄二十八星瓢虫，成虫白天黑夜均可羽化，但以白天羽化为多。一般羽化后3~5h后即可取食飞行，3~4d后即可交配。雌雄一生均可多次交配，产卵均在白天，以卵块产在叶背面，中上部叶为多，也有少量产在茎、嫩梢及下部叶背上。每头雌虫产卵量最高达511粒，最少51粒，平均300粒左右。产卵历期差异极大，越冬代一般为2个月，最长达3个多月，最短1个星期左右；其他各代10~20d。成虫昼夜均能取食，偏嗜马铃薯及茄叶，其次为甜椒及番茄叶果。耐饥饿能力强，雌虫耐饥能力达10~12d，雄虫8~9d。成虫具假死性，有一定趋光性，但畏强光。食料缺乏时，有自残与取食卵的习性。卵多数在清晨孵化，极少在傍晚孵化，同一卵块孵化始自卵块边缘再及中央，孵化结束需1~3h。孵化率因受高温及天敌的影响，差异较大，有逐代降低趋势，32℃以上，卵易腐败变质。初孵幼虫常群集停留在卵块周围静伏，经5~6h，开始扩散取食，幼虫的扩散能力较弱，同一卵块孵出的幼虫，一般在本株及周围相连的植株上为害，昼夜均能取食，幼虫比成虫更畏强光，常停于叶背处，食料缺乏时也有自残及取食卵的习性。幼虫共4龄，昼夜均能脱皮。多数老熟幼虫在植株中下部及叶背上化蛹，化蛹前1~1.5d静伏不动，腹部末端紧贴寄主，体中部开始隆起，缩短，脱下最后一龄的皮留于蛹的尾部。初化蛹体色乳白，其上有微毛，蛹期一般为3~5d。

马铃薯瓢虫成虫夜晚静伏，白天活动，取食交配。产卵以上午10时至下午4时最为活跃。气温25℃飞翔活动最盛，阴雨刮风天则很少飞翔。成虫在午前多在叶背取食，下午4时后转向叶面取食。成、幼虫均有取食卵的习性。成虫有假死性，受惊后落地不动并分泌黄色黏液。越冬代成虫卵多数产在马铃薯苗基部叶背，产在叶面的较少。少数产卵于其他寄主。越冬代雌虫每头产卵量平均240粒左右，寿命45d左右。卵常20~30粒产在一起，卵期5~6d。越冬代成虫比其他代成虫个体大，幼虫共4龄，1龄时多群集叶背取食，2 龄后则分散为害，幼虫历期第一代和第二代依次约 23d 和 15d 左右。幼虫老熟后，多在植株基部的茎上或叶背面化蛹，少数在附近杂草、地面上化蛹。化蛹前，幼虫的末端依赖分泌物黏着在植物上，蛹期 5~7d。

2. 发生生态

（1）温湿度。茄二十八星瓢虫各虫态生长的最适温度为 25~30℃、相对湿度为 75%~85%，故在南方各省区 6—9 月间，雨后天晴极有利成虫的活动；当温度低于 22℃，成虫很少交配、产卵；秋冬季气温下降到 18℃ 以下时，成虫便进入越冬期。各虫态在 18~30℃ 适温区，温度升高，发育速度加快，发育速度与温度成正相关，但当温度高于 32℃ 发育速度减慢（表 9-2）。

表 9-2　茄二十八星瓢虫各虫态的发育起点温度及有效积温

虫　态	发育起点温度（℃）	有效积温（d·℃）	相关系数（r）
卵	10.7	63.2	1.0
幼　虫	11.7	216.7	1.0
蛹	14.3	53.1	1.0
1 个世代	12.0	476.0	0.9

资料来源：《蔬菜害虫测报与防治新技术》，陆自强和祝树德，1990

夏季的高温是影响马铃薯瓢虫发生的主要因素。在高温下，成虫匿居静伏，停止取食，初孵幼虫大量死亡，28℃ 以上即使孵化也难发育至成虫。据报道，成虫在 15~16℃ 不能产卵，22~28℃ 适于产卵，30℃ 即使产卵也难孵化，35℃ 以上产卵不正常，成虫陆续死亡，夏季高温对该虫的成长发育、繁殖极为不利。

（2）食料。两种瓢虫食性虽较杂，但均嗜好马铃薯叶，在相同条件下，马铃薯被害最重，其次是茄子，番茄、辣椒较轻。据扬州室内饲养结果表明，不同食料对茄二十八星瓢虫各龄的发育历期差异不大。各龄幼虫取食不同食料，取食量有差异；4 龄为暴食期，取食量占幼虫期总食量的 80% 以上，取食番茄的幼虫化的蛹比马铃薯、番茄的重。

据报道，马铃薯瓢虫成虫必须取食马铃薯叶后才能产卵；成虫取食马铃薯叶为主的产卵量大，以茄叶为主的产卵量小，因此马铃薯瓢虫的发生与马铃薯栽培有密切关系。在马铃薯春播夏收地区，越冬代成虫第一年虽有足够的马铃薯叶为食料，可以大量产卵造成幼虫严重为害，但当其发育到第一代成虫时，田间马铃薯已收获，无马铃薯叶供其取食，故当年不能产卵，只能到其他寄主上取食后便进入越冬期。在吉林、黑龙江等地为春播秋收的马铃薯栽培地，各代成虫、幼虫均有马铃薯叶取食，因此适于该虫发生。据研究，马铃薯瓢虫取食不同食料对其生长发育均有较大的影响，取食马铃薯者，成虫的体长、前胸宽度及翅均较长。

（3）天敌。捕食二十八星瓢虫的卵及低龄幼虫的天敌较多，主要有赤胸梳爪步甲 *Calathus halensis* Schaller、中华大刀螳 *Paratenodera sinensis*、黄足猎蝽 *Sirthenea flavipes* （Stal）、T 纹豹蛛 *Pardosa T-insignita*（Boes. et Str.）、中华微刺盲蝽 *C. chinensis* Schuh、

小黑蚁 *Camponotus various* Rogen、赤胸梳爪步甲 *Calathus halensis* Schaller、丁纹豹蛛 *Pardosa tinsignita* Boesetstr。小黑蚁、赤胸梳爪步甲、丁纹豹蛛每头每天平均捕食幼虫的量依次为 3.4 头、22 头、18 头，卵的量分别为 21 粒、83 粒、71 粒。另外还有寄生于幼虫的瓢虫双脊姬小蜂 *Pediobius foveolatus*、寄生于成虫的白僵菌 *Beauveria bassiana* 等对二十八星瓢虫有一定的控制作用。

（四）防治方法

1. 农业防治

重点消灭越冬虫源，及时处理马铃薯、茄子等残株及铲除杂草，有利于降低越冬虫源基数；发生期除草，也可消灭部分卵、幼虫及蛹。产卵盛期摘除叶背卵块，利用成虫的假死习性进行捕捉等，均可压低虫口基数。

2. 化学防治

应该抓住幼虫孵化或低龄幼虫期，适时用药防治。可选用 50%辛硫磷乳油 1 000 倍液、2.5%溴氰菊酯乳油 3 000 倍液、4.5%高效氯氰菊酯乳油 3 000 倍液、5%啶虫脒乳油 1 500 倍液喷雾。

第二节　锉吸类

一、西花蓟马

（一）分布与为害

西花蓟马 *Frankliniella occidentalis*，又称苜蓿蓟马，属于缨翅目蓟马科花蓟马属。西花蓟马是一种世界性入侵害虫。据报道已有 69 个国家和地区均有分布，主要包括美国、荷兰、英国、西班牙、以色列等 14 个国家。我国最早于 2003 年在北京首次发现西花蓟马，目前国内已知的有云南、浙江、江苏、河南、山东、天津、北京等省市均有分布。西花蓟马可为害 60 多科 500 余种植物，主要有菊科、葫芦科、豆科、十字花科等，以花卉、茄果类蔬菜发生最严重。

西花蓟马主要以成虫、若虫以锉吸式口器锉伤、刺吸植物嫩茎、叶、花、果实，使叶片皱缩、花瓣枯萎、茎和果实形成伤疤，严重时甚至整株枯萎。此外，该虫害还可传播嵌纹斑点病毒、番茄斑点萎蔫病毒。

（二）形态识别

成虫：雌成虫体长 1.3~1.4mm；雄成虫略小，体长 1~1.15mm。雌虫体黄色或褐色，腹部较圆；雄虫大部分为浅黄色，腹部狭窄。触角 8 节，第三节基部中间无加粗环，腹部第八节有梳状毛。前胸背板的前缘鬃与前角鬃近等长，眼后鬃较长，与眼间鬃大小相似。

卵：肾形，长约 0.25mm，白色。

若虫：初孵若虫体白色，蜕皮前变为黄色。2 龄若虫蜡黄色。3 龄若虫翅芽短，触角前伸。4 龄若虫翅芽长，超过腹部一半，几乎达腹部末端，触角向头后弯曲。

（三）发生规律

1. 生物学习性

根据有效积温法则对我国不同地区西花蓟马发生代数进行预测，结果表明，西花蓟马在华南、华中、华北、东北、西南（昆明）地区的年发生代数分别为 24～26 代、16～18 代、13～14 代、1～4 代和 13～15 代。西花蓟马以成虫和若虫在作物或杂草上越冬，或在耐寒作物如苜蓿和冬小麦上越冬。

若虫分 2 个龄期，初孵若虫即可取食，2 龄非常活跃，取食量明显增加，约为 1 龄的 3 倍，老熟若虫即在土表或土裂缝化蛹。成虫、若虫均有群集取食为害的习性，食物缺乏时若虫会自相残杀。雌虫营两性生殖和孤雌生殖，两性生殖以产雌虫为主，也可产雄虫，孤雌生殖仅产生雄虫。成虫常产卵于叶肉组织、花序或幼果内。成虫寿命一般为 20～30d，多则可达 40～70d，最多 90d。雄虫寿命较短，仅为雌虫的一半。雌成虫羽化后即可交配，且有多次交配习性。西花蓟马对蓝色、黄色和粉色均有趋性，以蓝色趋性最强，尤其以海蓝色诱集效果最好。

2. 发生生态

（1）温度。西花蓟马最适宜的温度为 20～25℃，温度过高、过低均对其生长、发育及繁殖均不利。随着温度的升高，各虫态发育速率明显加快。当温度为 15℃和 30℃时，卵期分别为 10.4d、2.56d，若虫期分别为 11.23d、4.13d，预蛹期分别为 2.23d、0.81d，蛹期分别为 5.02d、1.94d。不同温度下西花蓟马的存活率也不同，20℃时整个未成熟期的存活率最高为 62.8%，温度过高、过低存活率均下降。温度对西花蓟马种群增长影响较大，25℃时净生殖率、内禀增长率分别为 20.10%、0.18%；而 15℃时分别为 18.67%、0.10%。低温条件下，西花蓟马甚至不能完成发育，5℃下卵不能孵化，若虫不能发育至蛹，发育的成虫不能产卵。10℃西花蓟马的发育历期明显延长，但可完成生活史。

对取食黄瓜叶片的西花蓟马研究表明，卵、1 龄若虫、2 龄若虫、预蛹和蛹的发育起点温度分别为：10.2℃、6.2℃、5.6℃、3.5℃和 7.8℃，有效积温分别为 50.0 d·℃、32.3 d·℃、62.5 d·℃、19.6 d·℃、47.6 d·℃。整个世代的发育起点温度为 7.4℃，有效积温为 208 d·℃。

（2）食料。食料也是影响西花蓟马发育的重要因子。不同寄主植物黄瓜、甘蓝、莴苣、茄子、芹菜和大蒜叶片的实验种群生命表参数不同，西花蓟马未成熟期的历期以黄瓜上最短，为 11.43d；芹菜上最长，为 16.11d。产卵量以甘蓝上最大，2.88 粒/d，大蒜上最小 0.77 粒/d。种群趋势预测指数以甘蓝、莴苣上较大分别为 34.17、30.09，芹菜和大蒜上较小分别为 8.00 和 8.22。因此，以上几种蔬菜中，西花蓟马最适宜寄主为甘蓝和莴苣。西花蓟马取食不同豆科寄主植物时，各虫态的发育历期也存在差异。以取食四季豆叶片时发育最快，蚕豆叶片时发育最慢，取食大豆和豇豆的发育历期介于二者之间。因此，同一科寄主之间，西花蓟马的发育历期也存在显著差异。

（3）天敌。①捕食性蝽，包括花蝽 *Orius albidipennis*、肩毛小花蝽 *O. niger* (Wolff)、微小花蝽 *O. minutus* L. *O. majusculus*、*O. laevigatus*（Fieber）、*O. insidiosus*

（Say）和东亚小花蝽等；②捕食螨，包括尖狭下盾螨 *Hypoaspis aculeife*、兵下盾螨 *H. miles*、胡瓜新小绥螨、胡瓜钝绥螨、巴氏钝绥螨 *A. barkeri* 和不纯伊绥螨 *Iphiseius degenerans* 等；③真菌，包括球孢白僵菌 *Beauveria bassiana*（Balsamo），金龟子绿僵菌 *Metarhizium anisopliae*、蜡蚧轮枝菌 *Verticillium lecannii* 等；④线虫，包括寄生线虫嗜菌异小杆线虫 *Heterorhabditis bacteriophora* Poinar 等。

（四）防治方法

1. 植物检疫

（1）西花蓟马是检疫性害虫，对其进行严格的检疫，防止其扩散传播，一旦发现应立即封锁、消灭。

（2）对来自该虫发生区的蔬菜、花卉、苗木等植物及其繁殖材料，可先置于温室3~4d，使卵孵化后，然后冷藏低温处理杀死幼虫。

2. 农业防治

夏季休耕期时高温闷棚，清除棚内作物、杂草及棚周围植物，残存的若虫会因高温、缺乏食物等而致死。绽放的菊花对西花蓟马具有明显的诱集作用。地膜覆盖可防止其入土化蛹。

3. 物理防治

西花蓟马聚集信息素的主要成分为（R）-lavandulyl acetate 和 neryl（S）-2-methylbutaoate，二者进行适当配比，对成虫可达最佳的田间诱集效果。利用西花蓟马对海蓝色具有很强的趋性，可用海蓝色诱虫板对西花蓟马进行诱集，效果较好。同时，温室还可安装纱窗隔离成虫。

4. 生物防治

释放天敌，如国外报道，当西花蓟马大发生时（每叶5头西花蓟马成虫），以3：10益害比释放捕食性蝽 *Dicyphus tamanini*，可将西花蓟马种群控制在经济为害允许水平之下。也可选用10%多杀菌素悬浮剂3 000倍液喷雾。

5. 化学防治

每公顷可选用25%噻虫嗪水分散粒剂3 000倍液、5%啶虫脒乳油1 500倍液、10%吡虫啉可湿性粉剂2 000倍液、1%甲氨基阿维菌素苯甲酸盐微乳剂2 000倍液喷雾。

二、棕榈蓟马

（一）分布与为害

棕榈蓟马 *Thrips palmi* 属缨翅目蓟马科。又名瓜蓟马、节瓜蓟马。棕榈蓟马分布范围较广，主要包括亚洲、非洲、美洲、澳大利亚等多个地区和国家。我国主要发生于广东、广西、海南、湖南、湖北、浙江、江苏、上海、山东、河南、台湾等。棕榈蓟马的寄主范围广，包括茄科、葫芦科、豆科蔬菜，还可传播番茄斑萎病毒等多种病毒病，严重影响蔬菜的产量和品质。

（二）形态识别

成虫：雌虫体长1.0~1.1mm，雄虫体长0.8~0.9mm，虫体淡黄色。触角7节，单眼间鬃位于单眼三角形连线的外缘；前翅前缘鬃 21 条，下脉鬃 10~12 条；后胸盾片网状纹中有一对明显的钟状感觉器；雄虫第 3~7 节具腹腺域。

卵：肾形，长约 0.2mm。初产时白色。

若虫：初孵若虫白色，复眼红色。1~2 龄淡黄色，无翅。3 龄若虫黄白色，有翅芽，且可达 3~4 腹节，触角向前伸展。4 龄若虫黄色，单眼 3 个，翅芽可达腹部的 3/5，触角向后伸展。

（三）发生规律

1. 生物学习性

棕榈蓟马在南方可终年繁殖为害，发生 20 代以上。北方某些保护地蔬菜也可常年为害，露地蔬菜以 7—9 月为害较重。棕榈蓟马在江苏一年发生 12 代，第三代后世代重叠。第一代约为 5 月底至 6 月上旬，以后每半个月发生 1 代。第一至第三代主要为害春季蔬菜，第四至第七代主要为害夏季蔬菜，第八至第十二代为害秋季蔬菜。以第八至第十代发生最重。

成虫怕光，白天潜伏嫩叶丛、花器、幼果丛内取食。成虫一般多在上午羽化，羽化后数小时即可交尾。交尾后当晚即可产卵。雌虫以锯状产卵器刺锉叶片，产卵于叶肉内。产卵量平均 52.1 粒，最多可达 194 粒。雌成虫寿命平均 14.8d，最长可达 65d，最短 3d。雄成虫寿命平均 10.3d，最长 24d，最短 3d。卵期 3~19d；幼虫期 3~7d。幼虫活动力较强，畏光，多栖于叶片背面或叶丛毛中。2 龄若虫老熟后落地钻入土中，找到适宜场所后，静伏半天左右蜕皮成预蛹，再蜕皮变为蛹。蛹期 4~17d。棕榈蓟马有两性生殖和孤雌生殖两种。

2. 发生生态

（1）温度。棕榈蓟马适应的温度范围较广。不同温度下，卵、若虫的发育速率存在差异，在 12~36℃下范围内，随着温度的升高，各虫态的发育速率明显加快，发育历期也缩短。成虫产卵量以 25℃ 为最高，平均为 54.9 粒；成虫寿命最长，平均为 24.13d。温度达到 36℃时，卵量显著减少。棕榈蓟马产卵适温区为 20~30℃。卵、若虫的发育起点分别为 7.4℃、8.4℃，有效积温分别为 82.2 d·℃、164.3 d·℃。

棕榈蓟马对高温具有一定的忍耐力，对低温的耐受力更强。当温度高达 36℃时，卵仍可孵化并发育至成虫。当温度达 38℃时，卵不能孵化，若虫不能正常发育。据国外报道，棕榈蓟马在-10℃下，可忍耐 1d；-5℃下则可忍耐 1 个星期。

（2）食料。棕榈蓟马的嗜好寄主为葫芦科和茄科作物。不同食料对棕榈蓟马的繁殖力影响较大。如棕榈蓟马以取食节瓜品种"七星仔"的产卵量最大，为 54.9 粒，明显高于取食节瓜品种"红心""黑毛"及"杂优"，后 3 个品种之间的产卵量无显著差异。据国外报道，棕榈蓟马在黄瓜、甜瓜、茄子、南瓜上的产卵量也存在显著差异，依次分别为 59.6 粒、32.5 粒、25.1 粒、21.5 粒。

（3）天敌。棕榈蓟马的天敌种类很多，据广东地区调查，棕榈蓟马的天敌主要有中华微刺盲蝽 *C. chinensis* Schuh、黑带多盲蝽 *Dortuschinai* Miyamoto、黑肩绿盲蝽 *Cyrtorhinus lividipennis* （Reuter）、南方小花蝽 *OriusSimilis* Zheng、桑小花蝽 *O. sauteri* （Poppius）、大眼长蝽 *Geocoris pallidipennis* （Costa）、西方瘿蚊 *Arthrocnodaxoccidentalis* Eelt、长

毛捕食螨 Amblyseius longispinosus（Evans）、塔六点蓟马 Scolothrips takahashii Piesneer 等。其中中华微刺盲蝽捕食量大，数量多，对棕榈蓟马起主要控制作用。

（四）防治方法

1. 农业防治

清洁田园，及时清除前茬植株残体及杂草并烧毁；轮作换茬降低虫口基数；及时耕翻冬闲田，降低虫源量。清理大棚内的作物、杂草及棚周围植物，残存的若虫会因缺乏食物而饿死。种植诱虫植物菊花，据报道，绽放的菊花对西花蓟马具有明显的吸引作用。

2. 物理防治

利用棕榈蓟马对浅蓝色具有很强的趋性，可用浅蓝色诱虫板对棕榈蓟马进行诱集，效果较好。同时，温室还可安装纱窗隔离成虫。

3. 化学防治

选用药剂可参阅西花蓟马化学防治。

第三节　害螨类

一、朱砂叶螨

（一）分布与为害

朱砂叶螨 Tetranychus cinnabarinus（Boisduval）属蛛形纲蜱螨亚纲真螨目叶螨科。曾名棉红蜘蛛、棉叶螨，俗称红蜘蛛、火烧等。

朱砂叶螨寄主植物多达 110 多种，作物、观赏植物和野生杂草均能被取食，是棉花上的主要害螨。在蔬菜中，为害茄科的茄子、辣椒、马铃薯，葫芦科的南瓜、冬瓜、丝瓜，豆科的蚕豆、豌豆、大豆、绿豆，苋科的苋菜等。不仅可为害大田作物，也是保护地栽培蔬菜和温室蔬菜的主要有害生物。朱砂叶螨以成螨、若螨在蔬菜的叶背吸取汁液，使叶面的水分蒸腾增强，叶绿素变色，光合作用受到抑制，从而使叶面变红、干枯、脱落，甚至整株枯死。

（二）形态识别

朱砂叶螨的形态特征如图 9-2 所示。

成螨：雌成螨体长 0.42～0.51mm，宽 0.26～0.33mm。背面卵圆形。体色一般为深红色或锈红色，常可随寄主的种类而有变异，只有眼前方呈淡黄色，无季节性变化，全年都是红色。体躯的两侧有黑褐色长斑两块，从头胸部开端起延伸到腹部的后端，有时分为前后两块，前一块略大。雄成螨体长 0.37～0.42mm，宽 0.21～0.23mm，比雌螨小。背面成菱形，头胸部前端近圆形，腹部末端稍尖。阳具弯向背面形成端锤，其近侧突起钝圆，远侧突起尖利，体色为红色或橙红色。

卵：圆球，直径 0.13mm。初产时无色透明，渐变为淡黄至深黄色，孵化前呈微红色。

幼螨：体近圆形，色泽透明，取食后变暗，绿色，体长约0.15mm，宽0.12mm，足3对。

若螨：长约0.21mm，宽0.15mm，体色变深、微红，足4对，体侧出现明显的块状斑。雌若螨分前若螨和后若螨期，雄若螨无后若螨期，比雌若螨少蜕一次皮。

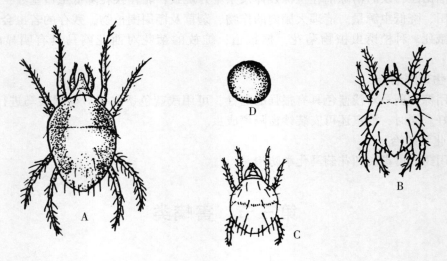

图9-2　朱砂叶螨

A. 雌成螨；B. 若螨；C. 幼螨；D. 卵

（仿祝树德和陆自强，1996）

朱砂叶螨和二斑叶螨极为相似，但可从3方面来加以区别：首先，从体色来分，朱砂叶螨为锈红色或深红色，而二斑叶螨为淡黄或黄绿色；其次，以后半体叶状结构来分，即前者呈较尖的半圆形，后者呈较宽的半圆形；最后，前者不滞育，后者雌螨滞育。但是对这些区别国外也有学者提出争议。这两种叶螨还有以下区别：一是朱砂叶螨足第一胫节刚毛数有变异，分别为10根、12根或13根，二斑叶螨足第一胫节刚毛为10根；二是朱砂叶螨阳茎锤大，近侧突起钝圆，远侧突起尖利，二斑叶螨阳茎端锤小，端锤近侧突起和远侧突起均较尖利；三是超微形态特征上，朱砂叶螨的纹突顶部明显尖而底部窄，二斑叶螨纹突基上为半圆形，底部宽而顶部钝；四是朱砂叶螨的过冷却点的平均值为−19.3℃，二斑叶螨过冷却点为−26.3℃；五是这两种叶螨的同工酶有明显的差异，苹果酸酶同工酶，朱砂叶螨仅显示一条谱带，二斑叶螨显示三条谱带。我国为害茄科、葫芦科、豆科等蔬菜上的叶螨种类及其分布，尚有待进一步的研究。

（三）发生规律

1. 生物学习性

朱砂叶螨发生代数随地区和气候而不同。北方一般发生12~15代，长江中下游地区约18~20代，华南可发生20代以上。长江中下游地区以成螨、部分若螨群集潜伏于向阳处的枯叶内、杂草根际及土块、树皮裂缝内过冬。据扬州调查，越冬的寄主杂草主要是婆婆指甲草、小蓟、繁缕等，此螨还可以成螨在芹菜上过冬。此外，温室、大棚内的蔬菜苗圃地也是重要越冬场所。越冬成螨和若螨多为雌螨，雄螨一般只占5%左右。江苏睢宁调查，越冬雌成螨在早春平均温度6.8℃时开始产卵繁殖。在扬州，如冬季气温较高，朱砂叶螨仍可取食活动，不断繁殖为害。

早春温度上升到10℃时，朱砂叶螨开始大量繁殖。一般在3—4月，先在杂草或蚕豆、草莓等作物上取食，4月中下旬开始转移到茄子、辣椒、瓜类等蔬菜上为害。开始点片发生，以后以受害株为中心，逐渐扩散。6—8月是为害高峰。一般在9月下旬到10月开始越冬。

朱砂叶螨繁殖方式主要为两性生殖，但可营孤雌生殖。雌螨一生只交配一次，雄螨可以多次交配。交配后1~3d，雌螨即可产卵，卵散产，多产于叶背。日产卵量为5~10粒。一生平均可产卵50~100粒，最多的达300多粒。卵孵化时，卵壳裂，幼螨爬出，先静伏于叶背上，蜕皮后为第一若螨，雄螨再蜕一次皮即为成螨，雌螨第二次蜕皮后即为第二若螨，再经一次蜕皮方变为成螨。经交配后的雌螨所繁殖的后代雌雄性比为4.5:1，未经交尾的行孤雌生殖，所繁殖的后代全为雄螨。雄螨与母体回交后产生的后代，则兼有雌雄两性。

不同温度下，各螨态的发育历期差异较大。在最适温度下，完成一个世代一般只要7~9d。

朱砂叶螨有爬迁习性，成螨在1h内能爬行3m。雌螨往往先危害植株的下部叶片后向上蔓延。当繁殖数量过多，食料不足和温度过高时，即迁移扩散，一是靠爬行，二是随风雨远距离扩散。

朱砂叶螨的寿命长短、性别与取食的食料有关。雄螨一般在交尾后即死亡，雌螨可存活2~5周，越冬的雌成螨可存活数月。据报道，取食茄子的雌成螨的寿命平均为9d，取食苋菜、南瓜、辣椒的寿命为15d左右。不同寄主对其产卵量也有影响，取食大豆叶的产卵量最高可达126粒。

2. 发生生态

（1）温湿度。温湿度是影响朱砂叶螨田间种群消长的重要因子。朱砂叶螨的卵、幼螨、若螨的发育起点温度分别为14.6℃、8.3℃、11.62℃，有效积温分别为47.2 d·℃、35.4 d·℃、46.6 d·℃。高温低湿有利其繁殖，发育最适温度为25~28℃，相对湿度33%~35%。平均温度在20℃以下，相对湿度在80%以上，不利其繁殖。温度超过34℃，停止繁殖。当早春温度回升快，朱砂叶螨活动就早，繁殖快，蔬菜受害重，保护地栽培蔬菜，由于温度高，发生早，为害也比露地蔬菜重。

雨水是影响田间种群消长的重要因素之一。雨水对朱砂叶螨的卵和成、若螨的发育都不利。增加田间湿度能使其种群数量下降。据资料分析，6月份降水量在100mm以下时，朱砂叶螨发生重，降水量在100~200mm时，发生中等，降水量在220mm以上时，发生轻微。蔬菜苗期大雨冲刷和泥水飞溅，可使部分叶螨死亡，同时降低卵的孵化率。当降水量较大，出现地表水流时，雨水又成为叶螨扩散蔓延的媒介。因此，大雨之后，气温适宜，可能会出现朱砂叶螨暴发。

据报道，长短光照对朱砂叶螨的影响有显著的差异。在 20℃时，短光照明显加速其发育，提高种群的内禀增长率 r_m 值，在最适温度以上则延缓发育，r_m 值相应降低。种群生殖的最适温度长光照是 25℃，短光照是 30℃。长光照 35℃时，发育速率最大，内禀增长率最高，r_m 可达 0.342 5，种群加倍日数最短，只需 1.9d。

（2）营养。营养条件对朱砂叶螨的发生有显著的影响。据研究，叶片愈老受害愈重。含氮量高的叶片繁殖量则大。因此，增施磷钾肥，可减轻为害。不同的寄主植物，除影响朱砂叶螨的寿命和产卵量外，还影响其生长发育。相同条件下，用不同食料饲养朱砂叶螨，结果如表 9-3。饲喂大豆叶的朱砂叶螨的发育历期最短，完成 1 个世代只需 10.3d，而饲喂茄叶的，完成 1 个世代约需 15d。

表 9-3　不同寄主对朱砂叶螨发育历期的影响

寄　主	发育历期（d）				
	卵	幼螨	若螨	产卵前期	全世代
茄　子	3.5	2.5	5.6	3.4	15
辣　椒	3.9	2.7	5.4	1.6	13.6
大　豆	3.8	1.9	3.4	1.2	10.3
南　瓜	3.6	2.4	4.2	2.3	12.5
苋　菜	4.0	2.1	3.9	4.4	14.4

资料来源：《蔬菜害虫测报与防治新技术》，陆自强和祝树德，1990

（3）天敌。朱砂叶螨的天敌很丰富，主要有各种捕食螨、食螨瓢虫、蓟马、草蛉以及各种蜘蛛。长毛钝绥螨 *Amblyseius longispinosus* Evanrs 是朱砂叶螨的专食性天敌，捕食量大，成螨每天可捕食朱砂叶螨卵 26 ~ 31 粒，幼螨 28 ~ 30 头，成螨 7.4 ~ 13 头；若螨每天可捕食卵 10 粒。德氏钝绥螨 *Amblyseiusdeleoni Muma* et Denmark 是其主要天敌，6—9 月成螨一生可捕食害螨的成螨、若螨 250 ~ 280 头、卵 145 粒。拟长毛钝绥螨 *Amblyseius pseudolongispinosus* Xin，Lang et Ke 成螨日捕食朱砂叶螨 6 头左右或卵 10 卵粒左右。食蚜绒螨 *Allothrombium* sp. 对朱砂叶螨的捕食量也较大，一头若螨日捕食者螨和卵 24 ~ 55 头（粒），成螨在 5 小时内捕食害螨共 92 头（粒）。深点食螨瓢虫 *Stethorus punctillum*（Weise）以捕食叶螨为主，对朱砂叶螨有一定的控制作用。此外，异色瓢虫 *Leis axyridis*（Pallas）、十三星瓢虫 *Hippodamia tredecimpunctata*（L.）、七星瓢虫 *Coccinellaseptempunctata*（L.）、龟纹瓢虫 *Propylaea japonica*（Thunberg）和黑襟毛瓢虫 *Scymnus*（*Neopullus*）*hoffmanni* Weise 等均能捕食朱砂叶螨。其他的捕食性天敌有南方小花蝽 *Oriussimilis*（Zheng）、大眼长蝽 *Geocoris pallidipennis*（Costa）、南亚大眼长蝽 *Geocoris ochropterus*（Fieber）、黄足毒隐翅虫 *Paederus fuscipes*（Curtis）、塔六点蓟马 *Scolothrips takahashii*（Prisener）、横纹蓟马 *Aeolothrips fasciatus*（L.）以及一些草蛉、蜘蛛等。

（4）栽培措施。朱砂叶螨的发生与耕作制度、栽培方式有密切的关系。前茬是豆类、油菜、绿肥及麦类，后茬或者间套茄子、辣椒、瓜类等蔬菜，这些蔬菜往往受害较重。如果茄子、辣椒、瓜类等蔬菜地靠近棉田、豆田或玉米田则发生重。因为这些作物起着增殖和桥梁作用。凡靠近沟渠、道路、房舍，或靠近桑树、刺槐、灌木丛的蔬菜地，由于杂草多，虫源多，又能在寄主间互相转移，朱砂叶螨就发生早、为害重。蔬菜的长势、长相也有一定的影响，长势差的通常被害严重。其原因是植株肥水失调，营养缺乏，生长瘦弱，植株内可溶性糖类较高，有利于朱砂叶螨的发生和繁殖。植株长得稀疏的比茂密的发生重，这主要是温度的影响。保护地栽培蔬菜，由于害螨发生早，虫源基数高，成为周围露地蔬菜的主要虫源。

（四）防治方法

蔬菜叶螨的防治，应以农业防治为基础，协调生物防治和化学防治。策略上应采取"早防早治"的原则，主攻点片发生阶段，把其危害控制在最低限度。

1. 农业防治

在早春、秋末结合积肥，清洁田园。蔬菜收获后，及时清除残株败叶，用以沤肥或销毁，可以消灭部分虫源。早春及时铲除杂草，可消灭早春的寄主。有的地方在蔬菜地种诱集作物，如间种玉米，在朱砂叶螨发生期，打去玉米下部的有虫的老叶（3~4片），可以减轻蔬菜上的螨量。在天气干旱时，注意灌溉并结合施肥，促进植株健壮，增强抗虫力。

2. 生物防治

朱砂叶螨天敌很多，有应用价值的种类有：长毛钝绥螨、德氏钝绥螨、异绒螨、塔六点蓟马、深点食螨瓢虫等。有条件的地方可以引进释放或田间保护利用。当田间的益害比为1：（10~15）时，一般在6~7d以后，害螨将下降90%以上，能控制其猖獗为害。此外，还可选用1.8%阿维菌素乳油2 000倍液喷雾。

3. 化学防治

在点片发生阶段，即可喷雾防治，药剂可选用15%哒螨灵乳油3 000倍液、57%炔螨特乳油1 500倍液、20%四螨嗪悬浮剂2 000倍液，还可选用43%联苯肼酯悬浮剂2 000倍液，建议连用2次，间隔7~10d。由于叶螨抗性问题突出，化学农药的使用，应注意经常轮换，使用复配增效药剂或一些新型的特效药剂。

二、侧多食跗线螨

（一）分布与为害

侧多食跗线螨 *Polyphagotarsonemus latus*（Banks），又称茶黄螨、茶半跗线螨、白蜘蛛等，属蛛形纲蜱螨亚纲真螨目跗线螨科。

侧多食跗线螨是世界性的主要害螨之一，分布遍及世界40多个国家，国内已知的有北京、江苏、四川、浙江、湖北、广东、贵州、天津、台湾等地有发生。寄主约有30多个科70多种植物，主要有茄子、辣椒、马铃薯、番茄、菜豆、豇豆、黄瓜、丝瓜、苦瓜、萝卜、蕹菜、芹菜等。此外，还有茶、柑橘、烟草及菊属的多种观赏植物。近年来，侧多食跗线螨在茄子、辣椒上发生普遍，已成为蔬菜上的主要害螨之一。

（二）形态识别

侧多食跗线螨的形态特征如图9-3所示。

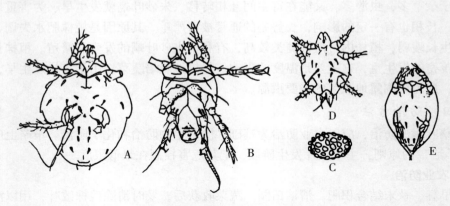

图9-3　侧多食跗线螨
A. 雌成螨；B. 雄成螨；C, D. 幼螨；E. 若螨
（仿祝树德和陆自强，1996）

雌成螨：椭圆形，长0.21mm，宽0.12mm，初化成螨时，淡黄色，后渐变为半透明，沿背中央有白色条纹。须肢特化成为两层鞘状物将螯肢包围，形似口器，向上有倒八字裂纹，前后各具1对刚毛。额具毛1对，身体背面有4块背板，1~3块背板各具毛1对，尾部具毛1对。第一对足跗节基部有棒状毛两根。第4对足纤细，跗节末端有一根鞭状刚毛比足长，亚端毛刺状，腹面后足体有4对刚毛。

雄成螨：淡黄色或橙黄色，半透明。体近六角形，长0.19mm，宽0.09mm。体末端有一锥台形尾吸盘，前足体有背毛4对，后足体背毛3对，末体背毛3对。体腹面、前足体刚毛3对，后足体刚毛4对，足强大，第四对足转节与腿节基部外侧略突，内侧削平，腿节末端具一弯月状突，突基有一相当长的内端腿毛。胫跗节弯曲，触毛与足等长，尾吸器圆盘状，形似荷叶，中间有一圆孔与内部相通，尾部腹面有很多刺状突。

卵：椭圆形，灰白色，长0.11mm，宽0.08mm。背面有6排白色突出的刻点，底面光滑。

幼螨：近椭圆形，3对足，乳白色，腹末尖，具1对刚毛，化若螨前体透明，移至叶脉附近化若螨。

若螨：梭形，半透明。雄若螨瘦尖，雌若螨较丰满。若螨是一个静止的生长发育阶段，被幼螨的表皮所包围，有的称之为"静止期"。

（三）发生规律

1. 生物学习性

侧多食跗线螨以雌成螨的个体或群体在避风的寄主植物的卷叶中、芽心、芽鳞内和叶柄的缝隙中越冬，龙葵、三叶草等杂草也可以越冬。各地发生代数不一，四川一年发生约25代，江苏也可发生20多代。在热带及温室条件下，全年都可发生，但冬季的繁殖力较低。

在北京地区，大棚内 5 月下旬开始发生，6 月下旬至 9 月中旬为盛发期，露地蔬菜以 7—9 月受害最重，茄子发生裂果高峰在 8 月中旬至 9 月上旬。冬季主要在温室内继续繁殖和越冬，亦有少数的雌成螨在露地的叶用甜菜的根部越冬。在江苏扬州、重庆地区的辣椒上，一般 6 月发生，为害盛期为 7—9 月，10 月以后气温逐渐下降，虫口数量逐渐减少。据试验观察发现，将盆栽辣椒放在向阳或室内室温下饲养观察，直到 12 月中旬，侧多食跗线螨仍能取食、为害，甚至产卵繁殖。翌年 3 月，越冬的雌螨开始向新抽发的嫩芽上转移。4 月下旬到 5 月上旬在野外的龙葵草上发现该螨活动繁殖，以后逐渐向茄科植物上转移。

侧多食跗线螨以成螨、幼螨集中在幼芽、嫩叶、花、幼果等处刺吸汁液。尤其是嫩叶背面取食，有明显的趋嫩性。植株受害后常造成畸形。受害叶背呈灰褐或黄褐，具油渍状光泽或油浸状，叶缘向下卷曲。受害的嫩茎、嫩枝变黄褐色，扭曲畸形，严重者植株顶部干枯。受害的蕾和花，重者不能开花、坐果；果实受害，果柄、萼片及果皮变为褐色，丧失光泽，木栓化。茄子受害后导致龟裂，呈开花的馒头状，味道苦涩，不堪食用。青椒受害严重者落叶、落花、落果，大幅度减产。受害番茄、叶片变窄，僵硬直立，皱缩或扭曲畸形，最后秃尖。马铃薯受害后，植株矮缩或自顶部开始凋萎，植株下部产生不定芽，严重者植株逐渐枯死。由于螨体较小，肉眼难以观察识别，上述的为害特征常被误为生理病害或病毒病。所以生产上必须根据其为害习性和为害症状加以准确判别。

侧多食跗线螨以两性生殖为主，也行孤雌生殖，但未交尾受精的卵孵化率低，蔬菜地内雌雄性比平均为 10.47 : 1，但室内饲养雌雄性比平均约为 7 : 1。成螨较为活跃，特别是雄螨的活动性强。雄螨常常到处爬行寻找雌若螨，当遇雌若螨时，用腹末锥台的吸盘将雌若螨挑起，背负雌若螨四处爬行或向植株上部幼嫩部分迁移。一般背负 1~2h。被雄螨携带的雌若螨在雄体上蜕皮后变为成螨，并立即与雄螨交尾。若螨未经背负而化成的雌螨也可与雄螨交尾。雄螨可以重复进行交尾。交尾后的雌成螨继续取食，卵多散产于叶背，幼果凹处或幼芽上。一天可产卵 4~9 粒，产卵历期 3~5d，平均每雌产卵 17 粒，多的可达 56 粒。雌成螨寿命最长 24d，最短 5d，平均 12.4d，雄成螨寿命最长 17d，最短 4d，平均 10.7d。

侧多食跗线螨的发育历期随温度的不同而有差异（表9-4）。在为害季节，卵经 2~3d 孵化，幼螨期只有 1~2d。若螨期更短，一般只有 0.5~1d，完成一个世代通常只要 5~7d。

侧多食跗线螨一生要经过卵、幼螨、若螨、成螨 4 个发育阶段。若螨期实际上是一个静止期，相当于全变态昆虫的蛹期，有的学者把这一发育阶段称为"蛹"。但是，若螨体形与幼螨、成螨相比有较大的差异。

侧多食跗线螨的传播蔓延除靠本身外，还可借助于风力作远距离传播以及人为的携带等。

表9-4　侧多食跗线螨在不同温度下的发育历期（d）

温度（℃）	发育历期（d）				
	卵期	幼螨	若螨	产卵前期	全世代
18	5.21	1.69	1.79	3.38	12.07
22	3.75	1.16	0.89	2.38	8.18
26	2.94	1.02	0.65	2.08	6.69
29	2.65	0.98	0.54	1.6	5.77
32	2.38	0.63	0.48	1.17	4.66

资料来源：《蔬菜害虫测报与防治新技术》，陆自强和祝树德，1990

2. 发生生态

（1）温湿度。温度和湿度是影响侧多食跗线螨种群消长的主要因子之一。适宜发育温度28~30℃，相对湿度80%~90%。该螨卵、幼螨、若螨、产卵前期的发育起点温度分别为13.07℃、10.12℃、13.42℃、15.06℃，有效积温分别为23.46 d·℃、15.09 d·℃、8.90 d·℃、15.85 d·℃。高温、高湿有利其生长发育，在15~30℃下发育速度随温度的升高而加快。该螨发育速率与温度成逻辑斯蒂曲线关系，温度对产卵有明显的影响，在25℃下，不管是日产卵量或总产卵量都最大，分别为3.24粒和50.19粒。日产卵量以15℃时最低，平均为0.45粒，30℃时日产卵量居第2位，但由于30℃下成螨的寿命随温度的升高而缩短，二者呈线性相关。雌螨寿命 $y = 68.277 - 2.034\,2x$。温度太高对该螨有明显的抑制作用，在35℃条件下，卵孵化率明显降低，幼螨几乎不能生存。据报道该螨的致死高温为43.6℃。

湿度影响侧多食跗线螨卵的孵化，其卵孵化要求相对湿度在80%以上。同时，高湿度对幼螨和若螨的生存皆有利，湿度影响该螨的发育历期。在不同湿度条件下各螨态的历期差异显著或极显著。随着湿度的增加，卵历期延长，高湿和低湿都会使若螨的历期延长。当相对湿度为64%，幼螨历期最长。高湿对侧多食跗线螨的行为并无明显的影响，不过叶面积水可严重影响其行动，大雨对其有冲刷作用。

（2）食料。不同的食料对侧多食跗线螨增殖有很大的影响。据日本报道，茄子叶片上的毛的数量和嫩老程度影响其增殖率，幼嫩而多毛的叶上产卵多，增殖力显著提高，毛稀而老的叶片上产卵少，增殖率低，这与该虫喜集中栖息于植物生长点的习性是一致的。同种植物的品种间发生轻重差异也很大。据3年调查和小区种植试验，发现青椒品种间侧多食跗线螨的为害存在明显的差异，苏州蜜早椒发生最重，南京早椒发生较轻，上海茄门甜椒、芜湖甜椒、"早×甜"等品种发生中等。室内饲养也表明，以苏州蜜早椒饲养的侧多食跗线螨产卵量最高。

（3）天敌。目前已知东方钝绥螨 *Amblyseius brientalis* Ehara，畸螯螨 *Typhlodromus sp.*，胡瓜钝绥螨 *Amblyseius cucumeris*（Oudemans）对侧多食跗线螨有明显的抑制作用。

（4）种群密度。侧多食跗线螨自身的种群密度对其种群消长有明显的制约作用。据该螨实验种群密度研究发现，幼若螨的密度与其死亡率呈抛物线关系。以青椒为例，当幼若螨的密度平均为 2~9 头/叶，幼若螨的死亡率随着密度的增加而下降，当幼若螨的密度平均为 9~42 头/叶时，其死亡率随密度的增加而上升。幼若螨在不同密度下发育速率的总趋势是随着密度的升高而逐渐减慢。当青椒上密度超过 25 头/叶时，该螨的发育速率趋于平衡，幼若螨的密度与成螨产卵量的关系呈单峰型。在青椒上最大产卵量的最适密度 8~9 头/叶，在此密度以下，产卵量反而下降。

（四）防治方法

1. 农业防治

（1）清洁田园铲除田边杂草，蔬菜收获后及时清除枯枝落叶，以减少越冬虫源。早春特别要注意拔除茄科蔬菜田的龙葵、三叶草等杂草，以免越冬虫源转入蔬菜为害。

（2）选栽抗虫品种，在侧多食跗线螨为害严重的地区，注意选栽一些抗虫品种，如南京早椒，或发生危害较轻的"早×甜"等品种。

2. 生物防治

可选用 1.8%阿维菌素乳油 2 000 倍液喷雾。

3. 化学防治

化学防治的关键是及早发现及时防治。可选用 20%双甲脒乳油 1 000 倍液、73%炔螨特乳油 1 500 倍液、15%哒螨灵乳油 3 000 倍液、20%四螨嗪悬浮剂 2 000 倍液喷雾。喷药的重点是植株的上部，尤其是嫩叶背面和嫩茎，对茄子和辣椒还应注意花器和幼果上喷药。

第十章 葫芦科及豆科蔬菜害虫

葫芦科蔬菜种类很多,主要有冬瓜、黄瓜、丝瓜、苦瓜、南瓜等。豆科蔬菜主要有豇豆、豌豆、蚕豆、菜豆、绿豆、毛豆、扁豆、四季豆等。为害葫芦科、茄科蔬菜的主要害虫有瓜螟、豇豆螟、豆荚螟、豆天蛾、黄守瓜、美洲斑潜蝇、南美斑潜蝇、三叶斑潜蝇、瓜蚜、烟粉虱、温室白粉虱、瓜实蝇等。此外,蜗牛和蛞蝓也可为害这两类蔬菜。

第一节 食叶类

一、瓜 螟

(一) 分布与为害

瓜螟 *Diaphaniaindica* Saunders,属鳞翅目螟蛾科。别名瓜绢螟、瓜野螟、瓜绢野螟,我国华东、华中、华南和西南各地区均有分布。幼虫主要为害葫芦科的叶片,严重时仅存叶脉,直接蛀入果实和茎蔓为害。瓜螟虽然对葫芦科各类瓜种都能为害,但偏嗜叶片较薄的冬瓜、丝瓜、苦瓜和小黄瓜。瓠瓜、南瓜、甜瓜上一般数量很少。此外,还为害茄子、番茄、马铃薯、酸浆、龙葵等植物。

(二) 形态识别

瓜螟的形态特征如图 10-1 所示。

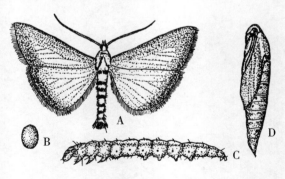

图 10-1 瓜 螟

A. 成虫;B. 卵;C. 幼虫;D. 蛹

(仿陆自强和祝树德,1990)

成虫：体长 11mm，翅展 25mm。头胸部黑色。前翅白色半透明，略带紫光，前翅前缘和外缘及后翅外缘均为黑色。腹部大部分白色，尾节黑色，末端具黄色毛丛，足白色。

卵：扁平椭圆形。淡黄色，表面有网状纹。

幼虫：成长幼虫体长 26mm。头部，前胸背板淡褐色，胸腹部草绿色，亚背线粗，白色，气门黑色，各体节有瘤状突起，并着生短毛。

蛹：长约 11mm。浓褐色。头部光滑尖瘦，翅芽伸及第六腹节。蛹外被薄茧。

（三）发生规律

瓜螟在江西一年发生 5 代，在杭州、广州可发生 5~6 代。一般认为瓜螟以老熟幼虫或蛹在寄主植物枯卷叶内越冬。据报道，7 月以前黑光灯下从未见过瓜螟成虫，大田从未见到瓜螟为害，室内饲养观察近 200 头瓜螟幼虫和蛹，无一能顺利过冬。在扬州，经多年的冬季普查，也未查到越冬虫源，因而推测瓜螟每年虫源可能是从外地迁入的。但另据报道，在杭州，田间 5 月下旬就已有瓜螟卵，6 月就有成虫出现，6 月下旬已完成了一代发育。因此，对瓜螟迁飞的推测表示怀疑。总之，瓜螟在杭州以北地区能否越冬需进一步的研究。

在广州地区，瓜螟成虫第一代发生在 4 月下旬至 5 月上旬，第二代 6 月上中旬，第三代 7 月中下旬，第四代 8 月下旬至 9 月上旬，第五代 10 月上中旬，第六代 11 月下旬至 12 月上旬。幼虫一般在 4—5 月开始为害，6—7 月虫口密度开始上升，8—9 月盛发，10 月以后虫口又下降，随后以幼虫进入越冬。据报道，在杭州，瓜螟在 7 月以前就开始发生，只是数量很少，曾经仅查获 1 头 4 龄、2 头 5 龄幼虫，于 6 月 13 日化蛹，24 日羽化成虫。8—9 月是瓜螟发生为害高峰，8 月初幼虫数量开始迅速上升。8 月中旬每平方米有 1~3 龄幼虫 140 头，4~5 龄幼虫 68 头，到 8 月下旬，整块地的瓜叶被食一空，幼虫群集于茎蔓瓜果上取食，8 月下旬秋黄瓜上卵量激增，幼虫数量开始上升，9 月以后就开始下降。瓜螟世代重叠十分严重，在 8—9 月的调查中，几乎每次都可见到卵、幼虫、蛹和成虫，黑光灯下 7 月下旬至 9 月中旬几乎每天都有成虫出现，这必然导致田间虫源的混乱。由于葫芦科作物茬口复杂，种植分散，同季节同一作物的播种期也参差不齐，以致同一时间不同作物或地块上虫龄结构有明显的差异。瓜螟在田间的为害一直持续到 11 月上旬。

瓜螟成虫白天潜伏于叶丛或杂草等隐蔽场所，夜间活动，趋光性弱。雌虫交配后即可产卵，卵产于叶背，散生或数粒在一起。初孵幼虫先在叶背取食为害，被害部呈灰白色斑块，3 龄后即吐丝将叶片左右缀合，匿居其中为害，可食光叶片，仅存叶脉，或蛀入幼果及花中为害，或潜蛀瓜藤。幼虫较活泼，遇惊即吐丝下垂，转移他处。幼虫的抗寒性较弱，在扬州地区幼虫不能安全过冬。幼虫老熟后在被害叶内作白色薄茧化蛹或在根际土表中化蛹。

据观察，瓜螟 8—9 月的为害程度与气温、降水量有一定的关系。此间若温度偏高、降水量偏少，发生则重。

瓜螟的发生受到多种天敌的制约。瓜螟卵期的寄主性天敌主要是拟澳洲赤眼蜂 *Trichogramma confusum* Viggani，寄生率高时可连续 10d 以上接近 100%，对瓜螟的发生有明显的抑制作用。幼虫期寄生性天敌有两种，即菲岛扁股小蜂 *Elasmus phlippinensis* Ashmead 和瓜螟绒茧蜂 *Apanteles taragamae* Vierick，在整个大田发生期间均可见到被这两种蜂寄生的瓜螟幼虫，但寄生率每年 10 月很少超过 15%，只有 10—11 月所有的葫芦科蔬菜临近倒架期间，寄生率才有所上升，高时也可达 50% 以上。

（四）防治方法

1. 农业防治

清洁田园，瓜果收摘完毕后，将枯藤落叶收集沤埋或烧毁，可降低越冬虫口密度。幼虫发生期间，人工摘除卷叶置于保护器中，可使害虫无法逃走，而寄生蜂能安全飞回田间。

2. 化学防治

可选用 0.5% 甲氨基阿维菌素苯甲酸盐微乳剂 2 000 倍液、20% 虫酰肼悬浮剂 1 500 倍液、50g/L 氟啶脲乳油 1 500 倍液、30% 茚虫威水分散粒剂 3 000 倍液喷雾。

二、豇豆螟

（一）分布与为害

豇豆螟 *Maruca testulalis* Geyer 属鳞翅目螟蛾科，又称豆野螟、豇豆荚螟。是我国豆类蔬菜，特别是豇豆上的主要害虫，幼虫主要蛀食豆类蔬菜的花器、鲜荚和种子，有时蛀茎秆、端梢、卷食叶片，严重影响豆类蔬菜的产量及质量，豇豆螟在我国各地普遍发生，尤其长江以南豇豆受害更为严重，近年来有加重的趋势。

（二）形态识别

豇豆螟的形态特征如图 10-2 所示。

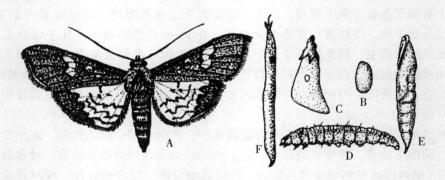

图 10-2　豇豆螟

A. 成虫；B. 卵；C. 产于花瓣上的卵；D. 幼虫；E. 蛹；F. 被害状

（仿祝树德和陆自强，1996）

成虫：体灰褐色，体长 10~13mm，翅展 20~26mm。触角丝状，黄褐色。前翅暗褐色，自外缘向内有大、中、小透明斑一块。后翅 1/3 面积处被深褐色条纹分开，近外缘暗褐色，其余透明，伴有闪光，内含 3 条淡褐色纵线，前缘近基部有两块小褐斑。停息时，前后翅平展。雌虫腹部较肥大，近末端圆筒形。雄虫尾部有灰黑色毛一丛，挤压后见黄白色抱握器 1 对。

卵：椭圆形、极扁形。长约 0.6mm，宽约 0.4mm。初产时淡黄绿色，拟同花托的颜色，孵化前橘红色，卵壳具 4~6 边形花纹。

幼虫：分 5 龄，黄绿至粉红色。中后胸背板上每节前排有毛片 4 个，各生 2 根细长的刚毛，后排有斑 2 个，无刚毛。腹部背面的毛片上都有 1 根刚毛，腹足趾钩为双序缺环。

蛹：茧长 18mm，宽 8mm。蛹室（土室）长 20~30mm，宽 10mm；蛹长 11~13mm，宽 2.5mm。头顶突出，翅芽伸至第四腹节，触角、中足胫节和喙都伸出第七腹节。中胸气门前方有 1 根刚毛。腹末臀棘 8 根，末端向内卷曲。初化蛹时绿色，复眼浅褐色；后期蛹茶褐色，复眼红褐色；羽化前黑褐色。翅芽上能见到成虫前翅的透明斑。茧为丝质，很薄，呈白色。

（三）发生规律

1. 生物学习性

豇豆螟年发生代数因地而异，一般在我国西北、华北地区一年发生 3~4 代，华东、华中地区 5~6 代，福建、广西、台湾 6~7 代，广东 9 代。以老熟幼虫、预蛹或蛹在土中越冬。江苏扬州、南通地区一年发生 5 代，5 月中下旬至 10 月田间均有发生，11 月后进入越冬。越冬代成虫出现于 5 月上中旬，第一代幼虫发生在 6 月上中旬，第二代幼虫发生在 6 月下旬至 7 月上中旬，第三代发生在 7 月下旬至 8 月上中旬，第四代发生在 8 月上中旬至 9 月，第五代 8 月下旬至 11 月初。从第二至第三代开始世代重叠严重。田间以 6 月中旬至 8 月下旬为害最严重，即第二至第三代为主害代。在自然条件下，豇豆螟的为害：前期（6 月上旬）在四季豆上，中后期（6 月中旬至 8 月）在豇豆上，后期（9 月后）在扁豆上发生量较大。据报道，我国黄海海面曾捕获到大量的豇豆螟。

成虫羽化不分昼夜，但以夜间为主，其中晚上 9 时至翌日凌晨 1 时羽化的占 53%。成虫吸取花蜜来补充营养。交尾、产卵均在傍晚，尤其以晚上 7—9 时为最盛。产卵前期 2~5d，少数 1d。卵多产在花蕾、花瓣或苞叶及花托上，少数产在嫩茎及荚上。卵散产，偶尔 4~5 粒并迭一起。雌虫每头平均产卵 80 粒左右，最高达 400 粒。白天，成虫停息于植株丛中较高处，稍有惊动则迅速飞散。有趋光性，但不强。初孵幼虫先食卵壳，之后从花瓣缝隙或咬小孔钻入花器，取食雌雄蕊。每朵被害花虫数不等，最多可达 14 头。一般 3 龄以后能吐丝下垂，连接附近的荚与花或荚与荚，也可作短距离爬行转移为害。蛀入孔较圆滑，幼虫蛀入花或荚内常排出粪便并伴有丝状物塞住入口，幼虫在荚内蛀孔道一般 1~5cm。幼虫昼伏夜出，有背光性，白天潜在花器、豆荚虫孔内，傍晚至翌晨 7 时许，爬出孔道活动或稍等片刻后又钻回原孔或转移为害，幼虫一生转株转荚 2~3 次。1~2 龄幼虫嗜好花器，随龄期增加嗜食鲜荚。4 龄起，同一花、荚内很少见到 2 头幼虫共存，幼虫有自残习性。据扬州调查表明，第二、第三代幼虫种群的空间分布型为聚集分布。老熟幼虫多数离开寄主，在附近的土表隐蔽处或浅土层内、豆支架中吐丝，将豆叶和泥土缀成疏松的蛹室，在其中结茧化蛹。据浙江报道，82.4% 幼虫在土表化蛹，5.9% 在植株（缀结枯枝残叶）上化蛹，11.7% 在豆架竹竿内化蛹。

豇豆螟在杭州高温季节 23~26d 完成一代，幼虫历期 10~12d，蛹历期 6~7d；春秋季节 30~40d 完成一代，幼虫历期 13~20d，蛹历期 10~11d。在扬州常温下饲养观察第

二、第三代各虫态历期为：卵期 2.5~4.0d，幼虫期 5.5~9.5d，预蛹期 1~2d，蛹期 5~9d，产卵前期 1~2d，成虫寿命 3~14d。

2. 发生生态

（1）温湿度。豇豆螟是一种喜温湿的害虫，如在杭州 1975 年 9 月平均温度为 26℃，秋豇豆被害很严重，而 1976 年同月平均温度为 22℃，受害很轻，但高温对其发生不利，1988 年 6 月下旬至 7 月中旬，扬州高温季节最高温度达 41℃，平均气温 36℃，豇豆花荚受害率 3%~4%，1989 年，平均气温低于 33℃，花荚受害率 15% 左右，最高达 20%。据河南南阳报道，连续阴雨相对湿度高，对豇豆螟发生有利，1982 年 7—8 月降雨日共 51d，相对湿度均在 82%~89%，豇豆螟发生特重，绿豆花蕾脱落率高达 80%，绿豆亩产仅 25kg。室内测定，如连续 5d 相对湿度在 70%，有 15% 卵萎缩干瘪，相对湿度在 80% 以上，卵孵化正常；连续阴雨能阻止天敌活动，因而也为该虫大发生创造了适宜条件。据扬州室内饲养表明，不同温度下，豇豆螟幼虫和蛹的发育速度不同，在适宜温度下，各虫态的发育随温度升高而加快，低于 20℃ 发育速度明显降低，高于 34℃ 幼虫发育受阻，历期延长，蛹不能羽化。豇豆螟幼虫、蛹发育最适温度 24~31℃，发育起点温度分别为 9.33℃、8.67℃，有效积温依次为 137.48 d·℃、172.22 d·℃。第四代老熟幼虫及蛹的过冷却点依次为 -5~-3℃、-13~-11℃。不同温度下豇豆螟幼虫、蛹的发育历期（表 10-1）。各龄幼虫的发育历期（表 10-2）。

表 10-1 不同温度下豇豆螟幼虫、蛹的发育历期

温度（℃）	发育历期（d）	
	幼虫	蛹
16	6.5	3.5
20	5.0	3.0
24	2.2	2.5
28	1.2	1.7
31	1.4	1.5
34	2.5	1.0

资料来源：《蔬菜害虫测报与防治新技术》，陆自强和祝树德，1990

表 10-2 不同温度下豆野螟各龄幼虫的发育历期

温度（℃）	发育历期（d）				
	1 龄	2 龄	3 龄	4 龄	5 龄
16	6.5	3.5	3.8	2.2	2.5
20	5.0	3.0	2.0	2.0	2.0
24	2.2	2.5	1.3	1.2	1.5
28	1.2	1.7	1.5	1.0	1.0
31	1.4	1.5	1.0	1.2	1.4
34	2.5	1.0	1.5	1.0	0.8

资料来源：《蔬菜害虫测报与防治新技术》，陆自强和祝树德，1990

（2）食料。豇豆螟发生的轻重，与寄主生育期关系密切，如寄主整个开花结荚阶段处在幼虫发生高峰期内，则受害严重，反之则轻。南通、扬州地区早豇豆开花结荚盛期在 6 月上中旬，第一代虫量少，为害较轻。中豇豆开花结荚盛期在 6 月下旬至 8 月上中旬，处于第 2~3 代幼虫发生高峰期，它们之间的增殖倍数为 2~4 倍，故中豇豆一般受害严重。晚豇豆处在 8 月下旬后，正值第四代幼虫发生期，由于前几代化学防治，故第四代幼虫量急剧下降，部分又转到扁豆、秋四季豆上，因而晚豇豆受害又较轻。另据河南等地报道，豇豆螟在南阳地区主要为害绿豆，绿豆生育期不同，花蕾上落卵量和被害程度有明显的差异。如绿豆花蕾期与成虫产卵盛期相逢是造成严重危害的重要因素之一。豇豆螟的危害与植物关系非常密切，绿豆与玉米间作受害轻，纯播绿豆受害重；适时间苗受害轻，植株过密受害重。由于纯绿豆地植株茂密，易于成虫隐蔽、取食和产卵，而间作地不利成虫飞翔产卵及隐蔽。豇豆螟的为害与豆品种有关，同花序长出的荚与荚间，或荚与植株的其他部位不相接触，花序梗长、籽小荚短、光滑少毛的豇豆品种，抗虫性强。近几年豇豆螟为害加剧的原因，可能与推广长荚大籽品种有关，这应引起育种工作者的注意。另据扬州报道，落地花与植株花之间、花害率、有虫率均呈正相关，8 月上旬起，落地花与植株花有虫率基本相近。落地花（x）与植株花上（y）的虫孔率直线回归方程为 $y = 5.6992 + 1.1101x$（$r = 0.8154$），有虫率的直线回归方程为 $y = 6.7953 + 1.3389x$（$r = 0.9004$）。

（3）天敌。豇豆螟天敌较多，主要捕食性天敌有小花蝽 *Orius similis* L.、屁步甲 *Pheropsophus jessoensis* Morawitz、胡蜂 Vespidae，还有草岭、瓢虫、蜘蛛等。小花蝽若虫日捕食豇豆螟卵 10~15 粒。幼虫期的寄生性天敌有黄眶离缘姬蜂 *Trathala flavo-orbitalis*（Cameron）、麦蛾茧蜂 *Habrobracon hebetor*（Say）、善飞狭颊寄生蝇 *Careelia evolans* Wiedemann。据南通调查，飞狭颊寄生蝇对第四代豇豆螟幼虫的寄生率最高达 55.56%，天敌能有效地控制豇豆螟的种群数量。

（四）防治方法

豇豆螟的防治要做到 3 个结合：治花与治荚相结合，植株花与落地花相结合，化学防治与农业防治、生物防治相结合。抓住两个重点，即治花为重点，花期治花、治荚为重点。

1. 农业防治

清洁果园，拾毁落地花及落荚，及时采收上市，避免能上市的豇豆遭到再次转移为害。有条件的地方，还可实行玉米与豆科作物间作，水旱轮作也可减轻为害。

2. 物理防治

灯光诱杀成虫在大面积连片种植豇豆、四季豆、绿豆等豆科作物的地方，5 月下旬至 10 月设黑光灯诱杀成虫，灯位稍高于豆架。

3. 化学防治

（1）防治指标。花害率 20%，百花有虫 10 头，荚害率 5%。使用这一指标时，施药时间要根据发生期预报从紧掌握。

（2）用药策略。根据豇豆螟成虫依随豆花蕾期产卵，幼虫主要为害花及嫩荚的习性，结合本地就豇豆种植制度与豇豆的发生动态，从 6 月中旬至 8 月，凡处于盛花期豇豆田一般必须用药 1~2 次，始花期开始用药，连续 2 次，间隔 5~7d，即能控制为害。大发生年份需要增加 1 次；轻发生年，喷药可推迟到盛花期用药 1 次。6 月上旬之前，9 月后分别为第一、第四代发生期，一般发生很轻可以不治。

（3）喷药时间。以上午 8—10 时，豆花开花时，效果最佳，其他时间，因豆花闭合，药剂接触不到虫体，效果差。另据幼虫昼伏夜出，背光性，傍晚在花外或荚外爬行转移的习性，晚上 7—9 时用药，防治效果较好。

（4）选用药剂。可选用 0.5%甲氨基阿维菌素苯甲酸盐微乳剂 2 000 倍液、50g/L 虱螨脲乳油 1 500 倍液、30%茚虫威水分散粒剂 3 000 倍液喷雾。

三、豆荚螟

（一）分布与为害

豆荚螟 *Etiella zinckenella*（Treitschke），属鳞翅目螟蛾科，是豆科植物的重要害虫。我国自东北南部起到广东均有分布，但以华东、华中、华南受害最重。豆荚螟属寡食性害虫，受害的主要蔬菜有大豆、豇豆、菜豆、扁豆、豌豆等。豆荚螟以幼虫在豆荚内蛀食，被害籽粒重则蛀空，轻则蛀成缺刻，几乎都不能作种子，严重影响豆类的产量与质量。

（二）形态识别

豆荚螟的形态特征如图 10-3 所示。

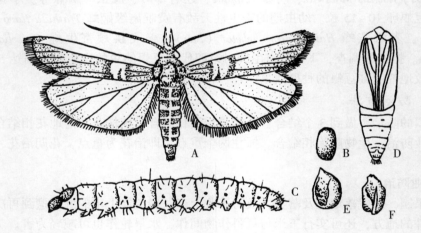

图 10-3 豆荚螟

A. 成虫；B. 卵；C. 幼虫；D. 蛹；E，F. 豆粒被害状

（仿祝树德和陆自强，1996）

成虫：体灰褐色。体长 10~12mm，翅展 22~24mm。下唇须长而向前突出。触角丝状，雄蛾鞭节基部有 1 丛灰色鳞毛。前翅狭长，灰褐色，覆有深褐色和黄白色鳞片；前缘自肩角至翅尖有 1 条白色纵带，翅基 1/3 处有金色隆起横带，外侧镶有淡黄褐色宽带。后翅黄白色，沿外缘褐色。雄蛾腹部末端钝形，且有长鳞毛丛；雌蛾腹部末端圆锥

形，鳞毛较少。

卵：椭圆形，长径 0.5~0.8mm，短径约 0.4mm。表面有不明显的多角形雕刻纹，初产时乳白色，渐变红色，孵化前呈浅橘黄色。

幼虫：共 5 龄，初孵幼虫为淡黄色，以后为灰绿至紫红色。4~5 龄幼虫的前胸背板近前缘中央有"人"字形黑斑，两侧各有黑斑 1 个，后缘中央有 2 个小黑斑。老熟幼虫体长 14~18mm，背线、亚背线、气门线、气门下线均明显，腹足趾钩为双序环状。

蛹：黄褐色，体长 9~10mm。触角及翅芽伸到第五腹节后缘，腹部末端具臀刺 6 根。蛹外包有白色丝质的长椭圆形茧，茧外附有土粒。

（三）发生规律

1. 生物学习性

豆荚螟年发生代数随地区和当地气候变化而异，华南地区 7~8 代，华中、华东地区 4~5 代，东北、西北南部地区 2 代。各地主要以老熟幼虫在寄主植物或晒场附近的土表下 5~6cm 深处结茧越冬，也有部分以蛹越冬。江苏 4 月上中旬为越冬幼虫化蛹盛期，4 月下旬至 5 月中旬陆续羽化出土，越冬代成虫在豌豆、绿豆或冬季豆科绿肥作物上产卵发育为害。各代幼虫的发生期为：第一代 5 月中旬至 6 月中旬；第二代 6 月上旬至 7 月下旬；第三代 7 月上旬至 8 月下旬；第四代 8 月中旬至 10 月中旬；第五代 9 月下旬至 10 月下旬，老熟幼虫开始越冬，11 月越冬全部结束。豆荚螟从第二代开始世代重叠。春季为害蚕豆，夏季、秋季主要为害大豆、豇豆，以 7—9 月为害最严重，主要代为第二至第四代。

成虫夜间活动，白天栖息在寄主及杂草丛间，具有较强的趋光性。羽化后当日交配，产卵前期 1~2d。大豆结荚前卵多产在幼嫩的叶柄、花柄、嫩芽或嫩叶背面，结荚后多产在豆荚上，特别喜产在刚刚伸长的豆荚上，有毛品种的豆荚上产卵尤多。一荚产卵 1~2 粒。产卵部位多数在荚上的细毛间或萼片下面，少数可产在叶柄等处，在豆科绿肥和豌豆上产卵时，多产在花苞和残留的雌蕊内部而不产在荚的表面。雌虫一生平均产卵 80 多粒，最多达 200 多粒。雌虫寿命约 9~12d，雄虫则稍短。卵经 3~5d 孵化，孵化时间多在上午 6—9 时。初孵幼虫先在荚面爬行 1~3h 后，选择适当位置先在荚表面吐丝结白色薄茧（丝囊）躲藏其中，经 6~8h，从丝囊下咬穿荚面蛀入荚内食害豆粒。3 龄后食量渐增，当豆荚内豆粒食尽后，可以转荚为害，转荚为害时，入孔处也有丝囊，但脱荚孔无丝囊。一头幼虫平均可食豆 3~5 粒，转荚为害 1~3 次。豆荚螟先在植株上部，渐至下部，一般以上部幼虫分布最多。幼虫在豆荚籽粒开始膨大到荚壳变黄绿色前侵入，存活显著减少，幼虫除为害豆荚外，还能蛀入豆茎内为害。在南京，幼虫平均历期第一代为 12d，第二代 10d，第三代 6.5d，第五代越冬幼虫长达 165d。幼虫老熟后，咬破荚壳，入土作茧化蛹，茧外粘有土粒。蛹期 6~11d，越冬代蛹期 28d 左右。豆荚螟在 20~30℃变温条件下，完成一代需 44d 左右，在 25~30℃完成一代约 39d。

2. 发生生态

（1）温湿度。豆荚螟的发育起点温度和有效积温见表 10-3。

表 10-3　豆荚螟各虫态的发育起点和有效积温

项　目	卵	幼 虫		蛹	
		雄	雌	雄	雌
发育起点（℃）	13.9	15.1	14.9	14.6	15
有效积温（d·℃）	67.9	166.5	168	147	135.7

资料来源：《蔬菜害虫测报与防治新技术》，陆自强和祝树德，1990

冬季低温对越冬幼虫有很大的影响。山东惠民地区研究结果表明：凡1月平均温度在-5℃以下，或冬季低温极值在-18℃下，越冬死亡率90%以上。豆荚螟在高温干旱下发生严重，而低温多雨则为害轻。江苏则有"旱年生虫，雨年虫少"的说法。豆荚螟发生期内，降水对蛹的影响最大。据惠民地区6年的观察：7月上旬降水量为50mm以上时，对蛹明显有抑制作用，如每亩灌水60m³，蛹死亡率达95.1%，而未灌水的自然死亡率仅7.6%。湿度过高，不利于产卵，如土壤饱和水分为100%时（绝对含水量31%），化蛹和羽化率均低，因而在适温条件下，湿度对豆荚螟发生的轻重有很大影响。

（2）食料。各种豆科作物受豆荚螟为害的轻重，与作物生育期关系非常密切，第一、第二代成虫产卵与作物结荚期吻合，为害则重，反之则轻。品种的成熟性和播期与豆荚受害程度有关，结荚期长的较结荚期短的受害重，荚毛多的比荚毛少的受害重。豆荚的危害程度与栽培制度及中间寄主的数量也密切相关，豆荚螟的早期世代常在比大豆开花结荚早的其他豆科植物上为害，而后转入豆田，如中间寄主面积大，种植期长，距离豆田近，均可使豆田虫口增加。如豆科绿肥作物种植面积扩大，使早期豆荚螟有了丰富的食料，有利生存和繁殖，大豆被害逐年加重。同一地区春、夏、秋几个不同时期种植大豆或混种豆科植物时，有利豆荚螟不同世代转移为害，其为害程度比单种一季大豆严重。一般春播夏熟品种受害轻，夏播秋熟品种受害重。

（3）天敌。包括寄生蜂、寄生蝇、寄生性微生物等，捕食性天敌有多种蜘蛛、螳螂等。据文献记载，有小茧蜂、赤眼蜂分别寄生于豆荚幼虫及卵上。广西调查赤眼蜂对卵的寄生率达45.4%。自然条件下，幼虫和蛹常遭受细菌、真菌（白僵菌）等病原微生物的侵染或被寄生蜂寄生而引起死亡。

（4）土质、地势。豆荚螟发生轻重与土质、地势有一定关系。河南报道，壤土地为害重，黏土地危害较轻；平地危害重，洼地危害轻；高坡、岗上地危害重，岗下地危害轻。同一品种调查，壤土地被害荚率为53.2%，黏土地只有10.8%。其原因，可能壤土地土壤较干燥，透水、透气性能好，有利于化蛹、羽化；地势低洼时，土壤湿度大，尤其遇上雨水多的年份，豆荚螟蛹不能正常羽化，为害相对减轻。

（四）防治方法

1. 农业防治

（1）合理轮作避免大豆与紫云英、苕子等豆科绿肥植物连作或邻作，有条件的地方，进行水旱轮作或与玉米间作。

（2）灌溉灭虫水旱轮作和水源方便的地区，可在秋、冬灌水数次，可促使越冬幼虫大量死亡。夏大豆开花结荚期，灌溉 1~2 次，可增加入土幼虫、蛹的死亡率，又能增产。

（3）豆科绿肥结荚前翻耕沤肥，及时收割大豆，及早运出本田，减少本田越冬幼虫。

（4）选育抗虫品种选育早熟丰产、结荚期短、豆荚毛少或无毛品种是减轻豆荚螟为害的有效措施之一。

（5）改变播种期，也可压低虫源，减轻为害。如郑州郊区，豆荚螟第二代卵盛期在 6 月中下旬，此时的主要寄主有刺槐、春播檵麻和春大豆，若能调整播种期，使卵盛期与荚期错开，即改春播大豆为夏播大豆或晚春播大豆使结荚期推迟到 7 月下旬，就可避开第二代幼虫的为害。

2. 生物防治

可使用 400 亿个/g 球孢白僵菌 500~1 000 倍液喷雾。也可在产卵始盛期期间释放赤眼蜂效果很好，据湖南经验，防治效果可达 86%。

3. 化学防治

在各代成虫盛发期至卵孵化盛期，喷药 1~2 次，以消灭成虫及初孵化的幼虫。根据成虫昼伏夜出和幼虫多在上午 6—9 时孵化的特性，喷药时间以上午 8—10 时效果最佳。在幼虫为害期，视豇豆受害的轻重程度，喷药 1~2 次，以消灭转移为害的幼虫。根据幼虫傍晚在豆荚外爬行转移的习性，喷药时间以晚上 7—9 时效果最佳。选用药剂参阅豇豆螟的化学防治。

四、豆天蛾

（一）分布与为害

豆天蛾 *Clanis bilineata* Walker 属鳞翅目天蛾科。豆天蛾以幼虫食害大豆叶，轻则吃成网孔，严重时可将豆株吃成光秆，不能结荚，而影响产量。主要分布于河北、河南、山东、安徽、江苏、湖北、四川、陕西等省。除为害大豆外，也能为害绿豆、豇豆、刺槐、藤萝等。

（二）形态特征

豆天蛾的形态特征如图 10-4 所示。

成虫：体和翅黄褐色，有的略带绿色。头胸背有暗紫色纵线。体长 40~45mm，翅展 100~120mm。前翅有 6 条浓色的波状横纹，近顶角有 1 个三角形褐色纹。后翅小，暗褐色，基部和后角附近黄褐色。

卵：椭圆形或球形，长 2~3mm，初产黄白色，孵化前变褐色。

幼虫：末龄幼虫体长 82~90mm，黄绿色。从腹部第一节起两侧各有 7 条向背面后方侧斜的黄白色斜线，背面观之如"八"字形。尾角黄绿色，短而向下弯曲。

蛹：体长 40~50mm，红褐色。喙与身体贴紧，末端露出。腹部第五至第七节气孔前各有 1 横沟纹。臀棘三角形，末端不分叉。

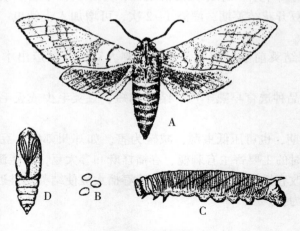

图 10-4 豆天蛾

A. 成虫；B. 卵；C. 幼虫；D. 蛹

（仿祝树德和陆自强，1996）

（三）发生规律

豆天蛾每年发生 1~2 代，河南、山东、江苏一年 1 代，湖北一年 2 代。以末龄幼虫在土中 9~12cm 深处越冬。越冬场所多在豆田及其附近土堆边、田埂等向阳地。翌年春暖时幼虫上升至土表作土室化蛹。蛹期约 10~15d，羽化多在清早和上午。

成虫白天栖息在生长茂盛的作物茎秆上，傍晚开始活动，晚 8 时后活动渐下降，晚 10 时后又活动直至黎明。飞翔力强，可振翅作远距离高飞。喜食花蜜。对黑光灯有较强趋性。成虫寿命 7~10d，羽化后 4~6h 交尾，交尾后一般 3h 即可产卵。卵多散产于叶基部，少数产在叶正面和茎秆上。每叶产卵数仅 1~2 粒，每雌可产卵 200~450 粒，平均约 350 粒。产卵期 2~5d，以前 3d 产卵最多。卵期 4~8d，孵化率高达 70%~100%，但初孵幼虫自然死亡率较高。

幼虫共 5 龄，初孵幼虫有背光性，白天潜伏叶背。1~2 龄为害顶部咬食叶缘成缺刻，一般不迁移；3~4 龄食量增大即转株为害；5 龄是暴食阶段，约占幼虫期总食量的 90%。因此，需消灭幼虫于 3 龄之前。

由于各地和各年气候条件的差异，各龄幼虫和历期也有不同，一般情况 1 龄约 4~5d，2 龄 2~5d，3 龄 5~9d，4 龄 7~12d，5 龄 9~15d。

山东、河南等 1 代地区，末龄幼虫于 6 月中旬化蛹，7 月上旬为羽化盛期。7 月中下旬至 8 月上旬为产卵盛期，7 月下旬至 8 月下旬为幼虫发生盛期，末龄幼虫于 9 月上旬入土越冬。

湖北 2 代地区，5 月上中旬开始化蛹和羽化，5 月上旬至 10 月上旬均出现成虫，以 7—8 月最多。第一代幼虫发生期在 5 月下旬至 7 月上旬，为害春播大豆。第二代在 7 月下旬至 9 月上旬，为害夏播大豆为主。全年以 8 月中下旬为害最重，9 月中旬后幼虫入土化蛹。

豆天蛾化蛹和羽化期间，如雨水适中，分布均匀发生则重。如雨水过多，发生期推迟。在植株茂密、地势低洼、土壤肥沃的淤地发生较重。

大豆品种不同受害程度也有异，以早熟、秆叶柔软、含蛋白质和脂肪量多的品种受害较重，而晚熟、秆硬、皮厚、抗涝性强、品质较差的品种受害较轻。

（四）防治方法

1. 农业防治

豆天蛾偏好植株茂密、地势低洼、土壤肥沃的淤地，以及早熟、茎秆柔软、蛋白质和脂肪含量多的大豆品种。因此选用晚熟、秆硬、皮厚、抗涝性强的品种，可以减轻豆天蛾的为害。及时进行秋耕、冬灌，降低豆天蛾越冬基数，水旱轮作，尽量避免连作豆科植物。如果有条件，还可在复播大豆播种前进行土壤深耕，将蛹消灭在羽化之前，也可减少豆天蛾为害。利用豆天蛾羽化后怕光的习性，早晨起来或小雨过后对豆天蛾进行捕捉，效果很好。可于成虫盛发期或 4 龄幼虫期间人工捕捉，在发生严重年份可发动群众在豆田耕地时随时拾虫，以控制越冬虫口基数。

2. 物理防治

利用成虫的趋光性，设黑光灯诱杀，可减少发生量，3 龄盛期是防治的最佳时期。

3. 化学防治

可选用 2%甲氨基阿维菌素苯甲酸盐可溶粒剂 3 000 倍液、20%虫酰肼悬浮剂 2 000 倍液、50g/L 氟啶脲乳油 2 000 倍液、150g/L 茚虫威悬浮剂 2 000 倍液喷雾。

五、黄守瓜

（一）分布与为害

黄守瓜通常指的是黄足黄守瓜 *Aulacophora femoralischinensis* Wesie，属鞘翅目叶甲科。俗称瓜萤、黄萤、守瓜等。我国已知的守瓜有 15 种，发生较重的有 4 种。除黄足黄守瓜外，为害蔬菜的还有黑股黄守瓜 *A. femoralis femoratis* Motsch、黄足黑守瓜 *A. cattigarensis* Weise 和黑足黑守瓜 *A. nigripennis* Motsch。黄足黄守瓜分布最广，发生最多，在华南、华东为害最重，华北次之，只有甘肃兰州以西未见发生。黑股黄守瓜国内仅有台湾省分布。下面以黄足黄守瓜为主加以介绍。

黄守瓜成虫、幼虫均可为害。寄主植物以葫芦科瓜类为主，如黄瓜、南瓜、冬瓜、西瓜、甜瓜等。此外，十字花科、茄科、豆科，以及桃、李、梨、柑橘、桑等也可食害。成虫早期危害瓜类幼苗和嫩茎，以后又能为害瓜的花和幼果。幼虫主要在土中为害瓜根，常造成瓜苗死亡，同时也能蛀入地面的瓜果为害，常造成缺苗，影响瓜的产量和质量。

（二）形态识别

黄守瓜的形态特征如图 10-5 所示。

成虫：体长 8~9mm，椭圆形。全体除复眼、上唇、后胸腹面、腹部等呈黑色外，其余皆呈黄色或橙红色而带有光泽。前胸背板长方形，有细刻点，中央有 1 个较深的波浪形凹沟。背板的前后四角各 1 根细长刚毛。鞘翅基部比前胸阔，两侧中后方膨

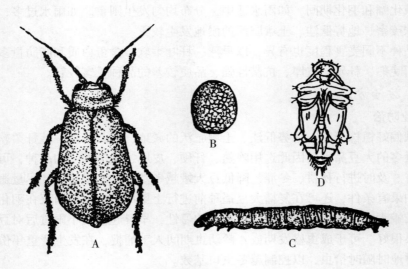

图 10-5　黄守瓜

A. 成虫；B. 卵；C. 幼虫；D. 蛹

（仿陆自强和祝树德，1990）

大，翅面密布刻点。雌虫腹部较膨大，末端为尖锥形，露出鞘翅外，腹部末节腹面有 1 个呈三角形的凹陷。雄虫腹末为圆锥形，较钝，部分露出鞘翅，腹部末节有匙形构造。

卵：近球形。长约 0.7~1mm。黄色。卵壳表面密布六角形皱纹。

幼虫：体长 12mm。长圆筒形。头褐色，胸腹部黄白色，前胸盾板黄色。腹部末端臀板长椭圆形，向后方伸出，上有圆圈状褐色斑纹，并有纵形凹纹 4 条。

蛹：体长约 6mm。纺锤形。乳白色。翅芽达腹部第五节，后足达腹部第六节，各腹节背面疏生褐色刚毛，腹部末端有巨刺 2 个。

几种守瓜成虫检索表

1. 鞘翅全部黑色，有时略带紫蓝或青色光泽，前胸背板全部橙色或红色 ………… 2
   鞘翅全部红黄色 ……………………………………………………………………… 3
2. 中胸腹板、后胸腹板及足全部黑色，触角烟色 ……… 黑足黑守瓜 *A. nigripennis*
   中胸腹板、后胸腹板及足全部橙黄或橙红色，足部黑色
   ………………………………………………………… 黄足黑守瓜 *A. cattigarensis*
3. 足棕黄或棕红色，有时胫节和跗节或多或少深色
   ………………………………………………… 黄足黄守瓜 *A. femoralis chinensis*
   中、后足黑色 ………………………………… 黑股黄守瓜 *A. femoralis femoratis*

（三）发生规律

1. 生物学特性

黄守瓜在我国北方一年发生 1 代，长江中下游地区以 1 代为主，部分 2 代，江西南部、福建 2 代，广东、广西 2~3 代，台湾省 3~4 代。各地以成虫潜伏在避风向阳的杂草根际，落叶下、土缝间及瓦砾下越冬。越冬成虫常有群集性，每个群居点常有十几头到数十头。在 0℃ 以下成虫全部不活动，冬天温度高，也会离开越冬场所外出活动，甚至还能取食。当土温达 6℃ 时越冬成虫开始活动，达 10℃ 时全部出蛰，但常因春季低温而冻死。出蛰的成虫先后分散在背风向阳的作物、杂草上取食活动，随着气温上升逐渐扩大活动范围，在菜园、果园内取食嫩叶，到瓜苗出土移栽后再迁飞到瓜田为害。

一年发生 1 代地区，如江苏、湖北，越冬成虫翌年 3 月下旬开始活动，5 月上旬末至 5 月中旬及 6 月上旬有两次产卵盛期。5 月中旬卵开始孵化，6 月中旬幼虫盛发，6 月中旬至 7 月上旬化蛹，7 月开始羽化成虫。在江苏，部分成虫可产卵发生第一代。一年发生 2 代地区，如福建、江西，越冬成虫于 3 月下旬至 4 月初开始活动，5 月上中旬产卵，5 月中下旬卵孵化，6 月末至 7 月上旬化蛹，7 月中下旬产卵发生第二代。7 月下旬卵孵化成幼虫，10 月第二代成虫越冬。

黄守瓜成虫喜在温暖的晴天活动，早晨露水干后取食，一般以上午 8—10 时和下午 2—5 时活动最盛。阴天成虫活动迟钝，雨天不活动，因而雨后天晴时，往往因为饥饿而造成大量为害。成虫的飞翔力较强，感觉灵敏，稍受惊扰即坠落一段时间再展翅飞翔。成虫又具有假死性。越冬成虫寿命很长，在北方可达 1 年左右，活动期 5~6 个月。成虫对黄色有趋性且喜欢取食瓜类的嫩叶，常常咬断瓜苗的嫩茎，因此瓜苗在 5~6 片真叶以前，受害最严重。在开花前主要取食瓜叶，成虫常以自己的身体为半径旋转咬食一圈，使叶片成干枯的环形，或半圆形食痕及圆形孔洞，成为黄守瓜为害的典型特征。开花后，瓜的茎叶老硬，此时仅食表皮，又能食害瓜花和幼果。

雌成虫一生可交尾多次，越冬成虫出蛰后便可交尾，交尾后 1~2d 开始产卵，雌虫一生可产卵 150~2 000 多粒。卵多产在寄主根部附近的土表凹陷处，成堆或散产。成虫产卵对土壤有一定的选择性，以壤土中产卵最多，黏土次之，沙土最少。寄主须根浅，卵离土面也浅，深者离土面深，一般在 5cm 左右。

卵耐水不耐旱，水浸 144h 后还有 75% 孵化，在 45℃ 高温下受热 1h，孵化率只达 44%。卵历期一般为 10~14d，最短的一周即可孵化。在日平均温度 15℃ 时，卵期 28d。

幼虫共分 3 龄，每 10d 左右脱 1 次皮，经 1 个月左右老熟。幼虫孵化很快潜入土中寻找寄主组织，先食害细根，后吃支根、主根及茎基。3 龄后可钻入主根或近地面茎内为害。幼虫蛀食主根后，叶子瘪缩，蛀入茎基则地面瓜藤枯萎，甚至全株死亡。幼虫可转株为害，高龄幼虫还可蛀食贴地面的瓜果。幼虫最喜欢食甜瓜，其次是菜瓜、西瓜和南瓜，而在丝瓜根中很少能完成发育。幼虫在土中深度一般为 6~10cm。幼虫期 19~34d，平均 30d 左右。幼虫老熟后，不食不动，多在瓜根附近土中 10~13cm 深处做蛹室化蛹。入土深度与土壤湿度有关，积过水的地多在 5~7cm 深处，而土壤干燥的则在 8~12.5cm 处。前蛹期 4d 左右，蛹期 12~22d。

2. 发生生态

（1）温度。黄守瓜是喜温性害虫，成虫在-8℃以下经12h即死亡。冬季的寒冷是限制它向北分布和次年虫口数量的重要因素。成虫20℃开始产卵，24℃最盛。温度达18℃才向瓜田迁飞。成虫的活动受气温影响很大，喜欢温暖且耐热。成虫活动以24℃最适宜，在41℃下受热1h，死亡率不过18%。雌成虫在适温范围内，温度越高，产卵量愈大。

（2）湿度。成虫产卵、卵的孵化，在适温条件下，要求较高的湿度。春季降雨早，成虫产卵提前，反之延迟。每次降雨后，田间卵量常增加。卵在25℃时，相对湿度75%以下卵不能孵化，在100%的相对湿度下孵化率100%。因此，成虫产卵期间气温变化、降雨早晚和雨多寡，是影响当年虫口多少和发生早晚的重要条件。

（3）土壤。黄守瓜的卵和幼虫期都在土中，因此土壤的质地和性质对此虫的生长发育有密切的关系。就土质而言，壤土和黏土易于保水，适于成虫产卵，卵的孵化率也高，并且化蛹时易于做蛹室，利于成虫羽化出土。幼虫生活在壤土中也有利于发育。沙土由于保水保湿差，不利于成虫产卵和卵的孵化。所以土壤对黄守瓜发生的影响，以壤土为最好，黏土次之，沙土最差。近山区、丘陵、道边发生较多。

（4）栽培制度。冬作的地区，若将春季的瓜苗种植于冬作物间，常可以减轻为害。瓜与甘蓝、芹菜及莴苣等间作，瓜的受害程度显著降低。间作植株愈高，瓜苗受害越轻。早熟栽培可以减轻为害。

（四）防治方法

防治黄守瓜应抓紧在瓜苗期及时防治成虫，但瓜类幼苗对不少药剂比较敏感，易产生药害，所以要注意选择适当的药剂。对黄守瓜的防治可采取以下措施。

1. 农业防治

（1）调节栽植期。利用温床育苗，提早移栽，待成虫活动时，瓜苗已长大，可减轻受害。

（2）适当间作。在瓜苗期适当种植一些高秆作物，使瓜苗受害减轻。

（3）阻隔成虫产卵：在瓜苗四周铺地膜或撒布草木灰、麦芒、麦秆、木屑等，以阻止成虫在瓜苗根部产卵，起保护瓜苗的作用。

（4）捕杀成虫在清晨露水未干以前捕杀成虫，或白天用网捕成虫。

2. 化学防治

常用药剂参阅黄曲条跳甲的化学防治。

第二节　潜叶类

一、美洲斑潜蝇

（一）分布与为害

美洲斑潜蝇 *Liriomyza sativae* Blanchard，又名蔬菜斑潜蝇、美洲甜瓜斑潜蝇、苜蓿

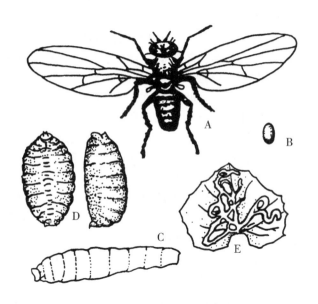

斑潜蝇，属双翅目潜蝇科。美洲斑潜蝇分布范围很广，从热带、亚热带到温带均有分布。主要分布于北美洲、南美洲、大洋洲、亚洲、非洲部分国家及加勒比地区。20 世纪 90 年代中期传入中国，1994—1995 年先后在海南岛、广州发现。已知寄主植物涉及13 个科的 60 余种植物，其中以葫芦科、茄科和豆科作物受害最严重，主要寄主有黄瓜、丝瓜、冬瓜、辣椒、番茄、茄子、马铃薯、菜豆、豇豆等，也可为害十字花科的萝卜、青菜、白菜等蔬菜。此外还为害菊花、万寿菊、大丽花等多种花卉。

美洲斑潜蝇以幼虫蛀食叶片上下表皮之间的叶肉为主，形成带湿黑和干褐区域的黄白色斑，坑道长达 30~50mm，宽达 3mm。成虫产卵取食也造成伤斑，使植物叶片的叶绿素细胞受到破坏，光合作用面积减少。虫体的活动还能传播多种病毒。受害严重的植株可造成叶片枯黄脱落，甚至整株枯死。

（二）形态识别

美洲斑潜蝇的形态特征如图 10-6 所示。

图 10-6　美洲斑潜蝇
A. 成虫；B. 卵；C. 幼虫；D. 蛹；E. 为害状
（仿蔡平和祝树德，2003）

成虫：体小型，长 1.3~2.3mm，淡灰黑色。头部、额略突于复眼上方，略小于复眼宽的 1.5 倍；触角和颜面为亮黄色；复眼后缘黑色，外顶鬃常着生于黑色区、越近上侧额区暗色逐渐变淡，近内顶鬃基部色变褐，内顶鬃可能位于暗色区或黄色区；具 2 上侧额鬃和 2 下侧额鬃，后者鬃较弱。胸部的中胸背板亮黑色；背中鬃 4 根，为 3+1 式；第三和第四根稍弱，第一和第二根鬃的距离为第二和第三根距离的两倍，第二，第三和第四鬃的距离几乎相等；中鬃排成不规则的 4 列；中胸侧板黄色，有一变异的黑色区。腹侧板几乎为一大型的黑色三角形斑所充满，但其上缘常具有宽的黄色区，小盾片鲜黄色。翅长 1.3~1.7mm，中室小，M_{3+4} 脉前段长度为基段长度的 3~4 倍，腋瓣黄色，缘毛色暗。足的腿节和基节黄色，胫节和跗节色较暗，前足为黄褐色，后足为黑褐色。腹部大部分为黑色，背板两侧为黄色。

卵：椭圆形，长径为 0.2~0.3mm，短径为 0.10~0.15mm，米色，略透明。

幼虫：蛆状，初孵化无色，渐变淡黄绿色，后期变为橙黄色，长约 3mm。后气门突呈圆锥状突起，顶端三分叉，各具一个开口，两端的突起呈长形，共 3 龄。

蛹：椭圆形，围蛹，腹面稍扁平，长 1.7~2.3mm。橙黄色，后气门突与幼虫相同。

（三）发生规律

美洲斑潜蝇在我国发生代数南北差异很大，海南 21~24 代，周年发生，无越冬现象。广东 14~17 代，浙江温州 13~14 代，黄淮地区 9~11 代，山东露地 6~8 代、保护地冬季 3~4 代，北京 8~9 代，辽宁 7~8 代。在北方自然条件下不能越冬，可在保护地越冬和继续为害。各地危害盛期一般在 5—10 月，是夏秋蔬菜上的重要害虫。北方露地为害盛期为 8—9 月，保护地为 11 月和翌年 4—6 月。该虫世代重叠严重。

美洲斑潜蝇成虫大部分在上午羽化，上午 8 时至下午 2 时是成虫羽化高峰期。一般雄虫较雌虫先出现，成虫羽化后 24 小时即可交尾产卵。卵散产于叶片表皮下，每一产卵痕中产 1 粒卵。产卵痕长椭圆形，较饱满、透明；而取食痕略凹陷，扇形或不规则圆形。叶片伤孔中仅 15% 左右为产卵痕。在 24℃ 和 29℃ 条件下，平均单雌产卵量 70.5~120.8 粒，成虫寿命 8.7~12.7d，产卵高峰在羽化后 3~7d。雌虫刺伤植物寄主叶片，形成刺孔，呈刻点状，雌虫通过刻点取食和产卵；雄虫不能刺伤叶片，但可取食雌虫刺伤点的汁液。叶面上可见大量的灰白色的小斑点，不规则形，直径 0.15~0.3mm。雄虫和雌虫在实验室条件下均可食稀释的蜂蜜，在野外则可取食花蜜。成虫飞行能力较弱，一般能飞行数十米，也有报道可飞行 100m 以上。

幼虫孵化后潜食叶肉，每蛀道中 1 头幼虫，随着幼虫龄期的增大，蛀道逐渐加长增粗。隧道常为白色，并附带有枯黑和干棕色的斑块区，呈典型的蛇形状，紧密盘绕并有一定的规律性。幼虫仅在叶片的栅栏组织中为害，多不为害下部的海绵组织，所有仅在叶片正面可见蛀道。幼虫共分 3 龄，区分龄期的主要依据为头咽骨长度，1 龄头咽骨长为 0.10mm，2 龄 0.17mm，3 龄 0.27mm。幼虫发育历期一般为 3~8d。老熟幼虫在化蛹前常常爬出潜叶隧道或咬一小孔爬出，多数在叶背面化蛹。叶正面的较少，也有时落入土中化蛹。老熟幼虫爬出叶片后 2~4h 后化蛹。在相同温度下，蛹历期要比幼虫历期长得多。

影响美洲斑潜蝇发生的主要因子为温度、湿度和寄主。温度对美洲斑潜蝇的发育历期有明显影响，各虫态的发育历期都随温度的增加而递减。如温度 19℃ 时，卵期、幼虫期、蛹期、整个世代分别为 4.83d、7.49d、15.79d、28.33d，在 30℃ 时卵期、幼虫期、蛹期、整个世代依次分别为 1.88d、3.18d、6.59d、11.75d。在花斑芸豆上，卵、幼虫、蛹的发育起点温度分别为 8.9℃、10.1℃、9.6℃。刚产下的卵冷藏在 0℃ 下，可存活 3 周。若卵经历 36~48h 的孵化期之后，卵经 1 周就会死亡。温度对各虫态的存活率影响较大。当温度大于 34℃ 或小于 19℃ 时，各虫态的存活率都显著降低。湿度对存活率的影响主要发生在蛹期，当湿度低于 50% 时，蛹的羽化率显著降低。在高温、低湿的条件下，蛹不能羽化。美洲斑潜蝇寄主植物种类较多，但最喜食葫芦科、茄科和豆科作物。不同寄主各虫态的发育历期及幼虫死亡率差异显著。如美洲斑潜蝇在选择性强的四季豆上发育历期短，化蛹率高，雌成虫寿命长，生殖力高；在选择性差的黄瓜上发育历期长，化蛹率低，雌成虫寿命短，生殖力低。

美洲斑潜蝇的寄生性天敌种类较多，如底比斯釉姬小蜂 *Chrysocharis pentheus* Walker、丽潜蝇姬小蜂 *Neuchrysocharis formosa* Westwood、冈崎釉姬小蜂 *Chrysonotomyia okazakii* Kamijo、亮翅长柄姬小蜂 *Hemiptarsenus varicornis* Girault、甘蓝潜蝇茧蜂 *Opius dimidiatus* Ashmead 和离潜蝇茧蜂 *Opius dissitus* Muesebeck。研究表明，以上天敌种类对美洲斑潜蝇有重要的控制作用。

由于美洲斑潜蝇的飞行力有限，所以自然扩散能力弱。主要靠卵和幼虫随寄主植株、切条、切花、叶菜、带叶的瓜果豆菜，作为瓜果豆菜的铺垫、填充、包装物的叶片，或蛹随盆栽植株的土壤、交通工具等远距离的传播。

（四）防治方法

1. 植物检疫

（1）对该虫应进行严格的检疫，防止其扩散传播，一旦发现应立即封锁、扑灭。

（2）对来自该虫发生区的瓜果豆菜类，要严禁带叶，禁用寄主植物的叶片、茎蔓作为铺垫、填充和包装材料。

（3）对被侵染的观赏植物的切条、叶片等寄主植物及其繁殖材料，可先置于温室 3~4d，使卵孵化后，然后在 0℃下冷藏 1~2 周杀死幼虫；也可用溴甲烷熏蒸处理。

2. 农业防治

在斑潜蝇为害的地区，将斑潜蝇嗜好的作物与其不为害的作物进行套种或轮作，适当疏植，增加田间通透性，收获后及时清洁田园，把被斑潜蝇为害的作物进行集中深埋、沤肥或烧毁。

3. 物理防治

采用灭蝇纸诱杀成虫，在成虫始盛期至盛末期，每亩置 15 个诱杀点，每个点放置 1 张诱蝇纸诱杀成虫，3~5d 天更换 1 次。也可用斑潜蝇诱杀卡，使用时把诱杀卡揭开挂在斑潜蝇多的地方。室外使用时 15d 换 1 次。

4. 化学防治

在掌握该虫生物学及生态学习性的基础上，选择好防治适期。由于该虫的卵历期短、高龄幼虫的抗药性较强，可选择在成虫高峰期至卵孵盛期用药或初龄幼虫高峰期用药。可选用 10%灭蝇胺悬浮剂 1 000 倍液。

二、南美斑潜蝇

（一）分布与为害

南美斑潜蝇于 1962 年在阿根廷瓜叶菊上发现和记述，曾造成当地 80%以上的甜菜植株受害，后在美国加利福尼亚州常出现周期性大暴发，导致部分地区蔬菜损失在 50%以上，甚至绝产。1993 年年初在云南省嵩明县杨林镇洋吉梗和菊花上首次被发现，

1997 年云南全省受害面积达 500 万亩，其中蚕豆 200 多万亩，蔬菜 100 万亩，马铃薯 37 万亩，花卉、烤烟等近 140 万亩。不久向全国蔓延，迄今主要分布于辽宁、黑龙江、山东、北京、河北、甘肃、新疆、青海、宁夏、云南、贵州、四川、福建、陕西、江苏等省市地区。南美斑潜蝇的成虫、幼虫的为害特征与美洲斑潜蝇相似，但南美斑潜蝇幼虫更喜食叶片的海绵组织。

（二）形态识别

南美斑潜蝇的形态特征如图 10-7 所示。

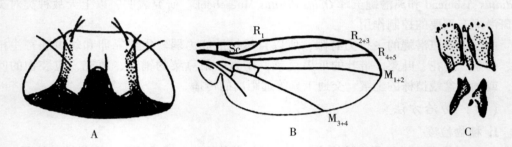

图 10-7　南美斑潜蝇

A. 成虫头部背面观；B. 翅脉相；C. 雄成虫外生殖器端阳体

（仿陈乃中，1999）

成虫：体小型，内、外顶鬃均着生在黑色区，中胸侧板有灰黑色斑；中胸背板具 3+1 条背中鬃，中鬃不规则排列成 4 列，翅 M_{3+4} 末段为次末段的 1.5~2 倍；雄虫外生殖器端阳体与中阳体仅以膜囊相连，阳茎端呈双鱼形。

卵：椭圆形，长径为 0.28mm，短径为 0.15mm，乳白色，略透明。

幼虫：初孵半透明，随虫体长大渐变为乳白色，有些个体带有少许黄色。老熟幼虫体长 2.3~3.2mm，后气门突具 6~9 个气孔。

蛹：淡褐至黑褐色，腹面略扁平，长 1.3~2.5mm。

（三）发生规律

南美斑潜蝇喜欢温暖凉爽环境，它们主要生存在温带以及海拔较高的地区，三叶斑潜蝇的发育起点温度和致死高温分别为 8.7℃和 38℃。在北方自然条件下不能越冬，可在保护地越冬和继续为害。南美斑潜蝇成虫大部分在上午羽化，上午 8 时至下午 2 时是成虫羽化高峰期。成虫羽化后 24h 内可进行交配，一次长时间交尾可使雌虫全部卵受精。

南美斑潜蝇世代发育的最低、最高临界温度分别为 7℃和 32℃，最适发育温度为 22℃。南美斑潜蝇更耐低温，不适宜高温下生存，因此，在我国，春秋季节南美斑潜蝇的发生为害重。南美斑潜蝇在 25℃下需 15.68d，卵期为 2.31d，幼虫期 5.84d，蛹 7.91d，雌成虫寿命为 11.42d，雄虫 4.3d，平均每头雌虫产卵 133 粒。在 18~30℃范围内，南美斑潜蝇的繁殖力随温度升高，先升后降。

目前已报道的南美斑潜蝇捕食性和寄生性天敌已有上百种，捕食性天敌有三突花蛛 *Misumenops tricuspidatus* 等。寄生性天敌主要是：潜蝇茧蜂属 *Opius*、潜蝇姬小蜂属 *Dig-*

lyphus、离颚茧蜂属 *Dacnusa* 等。

（四）防治方法

参阅美洲斑潜蝇的防治方法。

三、三叶斑潜蝇

（一）分布与为害

三叶斑潜蝇 *Liriomyza trifolii* 又名三叶草斑潜蝇，属双翅目潜蝇科。在 1988 年因进口非洲菊种苗进入台湾省，2005 年 12 月在广东省中山市坦洲镇蔬菜种植基地被发现为害蔬菜。现在在我国主要分布于海南、云南、广东、广西、上海、福建、浙江、江苏、台湾等地区。三叶斑潜蝇是多食性昆虫，寄主范围广，已记载寄主有 25 科，尤其喜食菊科植物，为豆科、茄科、葫芦科、石竹科、锦葵科、十字花科、伞形科等。主要为害白菜、甜菜、辣椒、芹菜、大白菜、黄瓜、棉花、大蒜、韭菜、莴苣、洋葱、豌豆、红花菜豆、利马豆、菜豆、马铃薯、菠菜、番茄、豇豆、西瓜、其他瓜类、葫芦科蔬菜、紫苜蓿、菊花等植物。三叶斑潜蝇的成虫、幼虫的为害特征与美洲斑潜蝇相似，幼虫均为害叶片的栅栏组织。

（二）形态识别

三叶斑潜蝇的形态特征如图 10-8 所示。

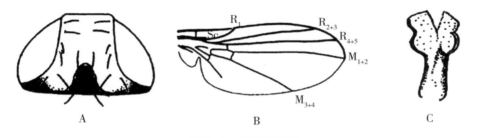

图 10-8　三叶斑潜蝇
A. 成虫头部背面观；B. 翅脉相；C. 雄成虫外生殖器端阳体
（仿陈乃中，1999）

成虫：体小型，内外顶鬃着生处黄色，触角各节亮黄色。中胸背板灰黑色，大部分无光泽，后角黄色。中鬃很弱，前方呈不规则 3~4 行，后方 2 行，或缺失。中侧片下缘具黑斑，腹侧片大部分黑色。翅中室小，M_{3+4} 末段为次末段长度的 3 倍。雄虫外生殖器端阳体淡色，分为两片，外缘明显缢缩，中阳体狭长，基阳体极淡色，仅一侧可见轮廓。

卵：椭圆形，米色，半透明，大小为（0.20~0.30）mm×（0.10~0.15）mm。

幼虫：初孵半透明，后渐变为橙黄色，老熟幼虫体长为 3.0mm 左右。腹部末端有两个后气门，形似三突锥，每侧后气门有 3 个孔与外界相通。

蛹：椭圆形，腹面略扁平，大小为（1.30~2.30）mm×（0.5~0.75）mm，浅橙黄色。

（三）发生规律

三叶斑潜蝇成虫的羽化一般在上午 7 时至下午 2 时，高峰在上午 10 时以前，补充营养后 24h 内即可以交配产卵，一次交尾足够供全部卵受精。成虫除具有趋嫩性还具有趋光性，并对黄色具有强烈的趋性。幼虫排出的虫粪交替排列在潜道的两侧，潜道的长度和宽度随着幼虫生长而变化。幼虫根据头咽骨的长度可划分成 3 龄。3 龄幼虫的取食量占全部取食量的 80%，是主要为害龄期。老熟幼虫从潜道的顶端用口钩咬破叶片表皮钻出，滚落土中或在叶片表面上化蛹，每天幼虫出叶的高峰期为上午 7—11 时。

三叶斑潜蝇在低纬度和温度高的地区或温室，全年都可发生和繁殖，完成一代约 3 周左右。室温下菜豆上三叶斑潜蝇卵发育至成虫羽化需 16.6d，其中卵期为 3.3d，幼虫期为 4.6d，1~3 龄分别为 0.9d、0.9d、2.8d，蛹期为 8.6d。三叶斑潜蝇的发育起点温度和致死高温分别为 8.7℃和 38℃，三叶斑潜蝇适宜生存温度范围广，耐高温，同时它和三叶斑潜蝇适宜生存温度基本重叠，与南美斑潜蝇存在大部分重叠。三叶斑潜蝇在 35℃时仍可正常生长发育，在 38~40℃高温下能正常产卵但不能完成世代。但三叶斑潜蝇与美洲斑潜蝇相比，其耐高低温能力更强，更能适应夏季高温炎热和春秋低温寒冷环境。

（四）防治方法

参阅美洲斑潜蝇的防治方法。

第三节　刺吸类

一、瓜　蚜

（一）分布与为害

瓜蚜即棉蚜 *Aphis gossypii* Glover，属半翅目蚜科。俗称蜜虫、腻虫、油汗等。瓜蚜是世界性害虫，我国遍布各地，但为害程度因地而异，北方一般发生较重，长江流域次之，南方干旱年份为害也很严重。

瓜蚜的寄主种类很多，全世界有 74 科 285 种植物，我国已记载 113 种。冬寄主主要是木槿、花椒、石榴、鼠李、夏枯草、车前草等；夏寄主主要是瓜类和棉花。此外，还为害黄麻、红麻、菊科、茄科、苋科等植物。一年、二年生花卉、蜀葵受害严重。

瓜蚜以成虫及若虫栖息在瓜叶背面和嫩梢嫩茎上吸食汁液。瓜苗嫩叶及生长点被害后，使植株提前枯死，大大缩短了结瓜期，减少瓜的产量。

（二）形态识别

瓜蚜的形态特征如图 10-9 所示。

干母：体长 1.6mm，无翅。全体茶褐色。触角 5 节，约为体长一半。

无翅胎生雌蚜：体长 1.5~1.9mm，宽 0.65~0.86mm。夏季黄绿色，春、秋季为墨

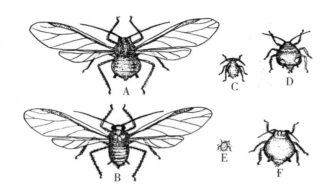

图 10-9 瓜 蚜

A. 有翅胎生雌蚜；B. 雄蚜；C. 有翅若蚜；D. 无翅胎生雌蚜；E. 无翅若蚜；F. 产卵雌蚜

（仿祝树德和陆自强，1996）

绿色至蓝黑色。体背有斑纹，腹管、尾片均为灰黑至黑色。全体被有蜡粉。触角 6 节，第三至第四节无感觉圈。腹管长圆筒形，具瓦纹。尾片圆锥形，近中部收缩，具刚毛 4~7 根。

有翅胎生雌蚜：体长 1.2~1.9mm，宽 0.45~0.62mm。体黄色或浅绿色。前胸背板黑色，夏季个体腹部多为淡黄绿色。春秋季多为蓝黑色，背面两侧有 3~4 对黑斑。触角比体长，共 6 节，第三节感觉圈 4~10 个，一般为 6~7 个，几乎排成一排。第四节感觉圈 0~2 个，近第五节端部有 1 个感觉圈。腹部圆筒形，黑色，表面具瓦纹。尾片与无翅胎生雌蚜相同。

卵：椭圆形，长 0.49~0.69mm，宽 0.23~0.36mm，初产时黄绿色，后变为深褐色或黑色，具光泽。

若蚜：无翅若蚜共 4 龄，末龄若蚜体长 1.63mm，宽 0.89mm。夏季体黄色或黄绿色。春、秋季蓝灰色，复眼红色。有翅若蚜亦 4 龄，3 龄若蚜出现翅芽，翅芽后半部为灰黄色。夏末体淡黄色，春、秋季灰黄色，形同无翅若蚜。腹部第一、第六节的背面中侧和第二至第四腹节背面两侧各有白圆斑 1 个。

（三）发生规律

1. 生物学习性

瓜蚜每年发生代数因地区及气候条件不同而差异，华北地区一年发生 10 多代，长江流域 20~30 代。由于瓜蚜无滞育现象，只要满足瓜蚜生长繁殖的条件，无论南方或北方均可周年发生。在华南和云南的宾川、潞江等地终年无性繁殖，不经过有性世代。北方冬季可在温室大棚的瓜类上、重庆冬季在蜀葵上、广西冬季在锦葵科的野生棉花上继续繁殖。在我国北部和中部地区一般以卵在冬寄主木槿、花椒、石榴、木芙蓉、扶桑、鼠李的枝条和夏枯草的基部越冬。上海郊区发现棉田中的通泉草和蚊母草也是其越冬寄主。

翌年春，当 5 月平均气温稳定到 6℃ 以上（南方在 2 月间，长江中下游在 3 月中旬，北方在 4 月间），越冬卵开始孵化为干母，孵化期可延续到 20～30d。越冬卵孵化一般多与越冬寄主叶芽的萌芽相吻合。当 5 月平均气温达 12℃时，干母在冬寄主上行孤雌胎生繁殖 2～3 代，然后产生有翅胎生雌蚜，在 4—5 月初，从冬寄主向夏寄主（侨居寄主）上迁飞，即向瓜类蔬菜或其他夏寄主上转移为害。在夏寄主上，不断以孤雌生殖方式繁殖有翅或无翅的雌蚜（侨居蚜），增殖扩散为害。夏季 4～5d 即可完成一代，每头雌蚜一生能繁殖 60～70 头若蚜。秋末冬初由于气温下降，侨居寄主已枯老，不适于瓜蚜生活时，侨居蚜就产生有翅产雌性母和无翅产雄性母。有翅产雌性母迁回到冬寄主上，产生产卵型的无翅雌蚜；同时无翅产雄性母在夏寄主上产生有翅雄性蚜。有翅雄性蚜也迁回到冬寄主上与产卵型的无翅雌性蚜交尾产生卵，以卵在冬寄主枝条隙缝和芽腋处越冬。有翅产雌性母向冬寄主上迁飞时期，在东北地区一般为 9 月，最迟可到 10 月上旬，黄河流域多在 10 月上旬，长江流域多在 10 月下旬至 11 月。

瓜蚜在我国大部分地区有两种繁殖方式，一种是有性繁殖即晚秋经过雌雄蚜交尾产卵繁殖，一年中只发生在冬寄主上；另一种是孤雌繁殖，即无翅胎生雌蚜和有翅胎生雌蚜不经过交尾，而以卵胎生繁殖，直接产生若蚜，这种生殖方式是瓜蚜的主要生殖方式。

瓜蚜具有较强的迁飞和扩散能力。瓜蚜的扩散蔓延为害，主要靠有翅蚜的迁飞，无翅蚜的爬行及借助于风力或人力的携带，在寄主间转移和夏寄主上的扩散，具有一定的规律。一般当有翅成蚜和有翅若蚜占总蚜量的 15% 左右时，5d 以后将出现大量的有翅蚜迁飞。一日之中有翅蚜的迁飞高峰通常在上午 7—9 时和下午 4—6 时，具有向阳飞行的习性。瓜蚜从冬寄主向夏寄主迁飞或从夏寄主向冬寄主迁飞，各地迁飞时期年度间相对稳定，呈现一定的规律。而在夏寄主之间的迁飞扩散，各地形成迁飞的峰次不一，北方一般只有一次迁飞高峰，而在长江流域通常有 3 次迁飞高峰。

瓜蚜对葫芦科瓜类的为害主要在春末夏初，秋季一般轻于春季。春末夏初正是大田瓜类的苗期受害最重。夏季在温湿度适宜时，有时也能大发生。

2. 发生动态

（1）温湿度。温湿度对于瓜蚜的越冬基数、卵孵化率、干母的成活率以及冬寄主上的增殖倍数有影响。当性母转移到冬寄主上时，其产卵量的多少取决于夏寄主（瓜类、棉花）等衰老迟早与晚秋气候条件等。如夏寄主早衰、气温偏低、雨量较多，其产卵量就少。早春卵的孵化率与 1 月气温的高低有一定的关系，温度过低，孵化率常降低。如果 3—4 月的温度高于常年，则有翅蚜从冬寄主上迁入夏寄主的数量就多，初期苗发生严重。

瓜蚜的生长发育与温、湿度有密切的关系。瓜蚜繁殖最佳温度 16～22℃，北方温度在 25℃以上，南方在 27℃以上，其发育即可受到抑制。5 日平均气温在 25℃以上及平均相对湿度在 75% 以上，对其繁殖很不利，虫口密度下降。一般湿度在 75% 以上，大发生的可能性小，而干旱气候适于瓜蚜发生。故北方蚜害较南方重。雨水对瓜蚜的发生有一定的影响，尤其是暴雨可以直接冲刷蚜虫，迅速降低虫口密度，但小雨对蚜虫影响不大。

（2）营养。有翅蚜的发生与植株生育阶段关系密切。早春以后草本寄主的植株及木本寄主幼嫩部分渐趋衰老，瓜蚜的营养恶化，大量的有翅蚜向瓜类或棉花田迁移。生长季节瓜蚜的迁飞转移也与夏寄主的不同生育阶段营养条件的改变有关。一般基肥少，追化肥多，氮素含量高，疯长过嫩的植株蚜虫多；施肥正常，生长健壮，早发稳长的植株蚜虫增殖较慢。

（3）种植方式。北方保护地栽培条件下，冬天无翅胎生雌蚜继续繁殖为害，也是露天蔬菜的重要蚜源。在露地蔬菜，一般离瓜蚜越冬场所和越冬寄主植物近的瓜田受害重，窝风地也重。此外，瓜田与油菜田套作，或瓜类的苗圃地靠近油菜地，瓜蚜迁入早，蚜害亦重。4—5 月黄色油菜花瓣可起到诱蚜作用，同时油菜下部茎秆叶少，通风透光，湿度低，温度高，也有利于瓜蚜的迁入。

（4）天敌。瓜蚜的天敌很多。在捕食性天敌中，蜘蛛占有绝对优势，约占总天敌数的 75%以上。蜘蛛分布普遍，出现早，数量大，寿命长，对蚜虫的控制作用较大。对瓜蚜捕食作用大的蜘蛛种类有草间小黑蛛 *Erigonidium graminicolum*（Sundevall）、星豹蛛 *Pardosa astrigera* Koch、三突花蛛 *Misumenops tricuspidatus*（Fabricius）等。它们的日捕量分别为 70 头、190 头、84 头。瓢虫有七星瓢虫 *Coccinella septempunctata* L.、龟纹瓢虫 *Propylaea japonica*（Tunb）、黑襟毛瓢虫 *Scymnus hoffmanni* Weise 等，瓢虫幼期捕食蚜量在 200 头以上，多的达 300 头。据报道，1 头中华草蛉 *Chrysopa sinica* Tjeder 幼虫期能捕食瓜蚜 600~700 头，丽草蛉 *C. formosa* Brauer 和大草蛉 *C. septempunctata* Wesmael 食蚜量也很大。捕食性蝽类有华姬猎蝽 *Nabissinoferus* Hsiao 和微小花蝽 *Oriusminutus* L. 等，前者成虫平均每日捕食蚜量为 78 头。主要食蚜蝇有斜斑鼓额食蚜蝇 *Lasiopticus pyrastri*（L.）、大灰食蚜蝇 *Syrphus corollae* 和黑带食蚜蝇 *Epistrophe balteala* De Geer 等，幼虫平均每天可食瓜蚜 120 头，整个幼虫期，每头幼虫可捕食蚜虫 840~1 500头。寄生性天敌有棉蚜茧蜂 *Lysiphlebia japonica*（Ashmead）和棉短瘤蚜茧蜂 *Trioxys rietscheli* Mackauer 及蚜霉菌 *Entomophthora* sp. 等。

（四）防治方法

参阅桃蚜的防治方法。

二、烟粉虱

（一）分布与为害

烟粉虱 *Bemisia tabaci*（Gennadius）属半翅目粉虱科，又称棉粉虱、甘薯粉虱。烟粉虱分布范围很广，原发于热带和亚热带。该虫首先报道于 1889 年，在希腊的烟草上发现并命名。20 世纪 80 年代中后期，起源于中东和小亚细亚地区的所谓"B 型"烟粉虱入侵美洲、大洋洲、亚洲，在许多国家和地区对数十种作物造成严重的经济损失，世界自然保护联盟将其列入全球 100 种为害最严重的入侵生物。目前，除了南极洲外，烟粉虱在其他各大洲均有分布。在我国，烟粉虱的最早记录于 20 世纪 40 年代，但一直不是主要害虫；20 世纪 90 年代中后期，B 型烟粉虱传入我国许多地区并暴发成灾；2003年首次发现"Q 型"烟粉虱传入我国，并随后逐年取代了 B 型烟粉虱成为烟粉虱的优势生物型。

烟粉虱的寄主范围广泛，至少对600多种植物造成危害。烟粉虱对作物的为害方式包括直接为害与间接为害：可直接吸取植物汁液，导致植株萎缩、变黄甚至枯死；若虫和成虫还可分泌蜜露，诱发煤污病，影响植物光合作用；更为重要的是，烟粉虱还可传播多种植物病毒导致病毒病，如2009年烟粉虱传播导致的番茄黄化曲叶病毒病在我国发病面积约20万 hm^2，直接经济损失高达数10亿元人民币。

（二）形态识别

烟粉虱的形态特征如图10-10所示。

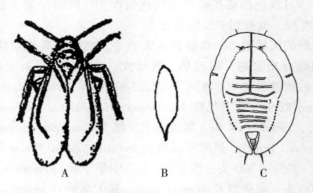

图10-10 烟粉虱

A. 成虫；B. 卵；C. 蛹

（仿王吉锐，2015）

烟粉虱的生活周期有卵、若虫和成虫3个虫态，其中若虫有4龄，通常将4龄若虫后期不再取食的阶段称为伪蛹。

成虫：雌虫体长（0.91 ± 0.04）mm，翅展（2.13 ± 0.06）mm；雄虫体长（0.85±0.05）mm，翅展1.81 ± 0.06mm。虫体淡黄白色到白色；复眼红色，肾形；单眼2个；触角发达，7节。翅白色无斑点，被有蜡粉。前翅有两条翅脉，第一条脉不分叉，停息时左右翅合拢呈屋脊状。足3对，跗节2节，爪2个。

卵：椭圆形，有小柄，与叶面垂直，卵柄通过产卵器插入叶内，保持水分平衡，不易脱落。卵初产时淡黄绿色，孵化前颜色加深，呈琥珀色至深褐色，但不变黑。卵散产，在叶背分布不规则。

若虫：1~4龄，椭圆形。1龄体长约0.27mm，宽0.14mm，有触角和足，能爬行，腹末端有1对明显的刚毛，腹部平、背部微隆起，淡绿色至黄色可透见2个黄色点。2龄、3龄体长分别为0.36mm和0.50mm，足和触角退化至仅1节，体缘分泌蜡质，固着为害。若虫孵化后在叶背可作短距离游走，数小时至3d找到适当的取食场所后，口器即插入叶片组织内吸食，1龄若虫多在其孵化处活动取食。2龄后各龄若虫以口器刺入寄主植物叶背组织内，吸食汁液，且固定不动，直至成虫羽化。

伪蛹：即4龄若虫后期，淡绿色或黄色，长0.6~0.9mm，伪蛹蛹壳边缘扁薄或自然下陷无周缘蜡丝。胸气门和尾气门外常有蜡缘饰，在胸气门处呈左右对称。伪蛹蛹背蜡丝的有无常随寄主而异。在有茸毛的植物上，多数伪蛹蛹壳生有背部刚毛；而在光滑的植物上，多数伪蛹蛹壳没有背部刚毛，此外还有体型大小和边缘规则与否等变化。管状肛门孔后端有 5~7 个瘤状突起。

（三）发生规律

1. 生物学习性

烟粉虱可分为多种生物型，目前至少确定了 24 个生物型分别为 A 型、AN 型、B 型、B2 型、C 型、Cassava（木薯）型、D 型、E 型、F 型、G 型、G/H 型、H 型、I 型、J 型、K 型、L 型、M 型、N 型、NA 型、Okra（秋葵）型、P 型、Q 型、R 型、S 型，其中在我国为害严重的为 B 型、Q 型。近年来研究表明，烟粉虱是一个含有许多隐种的复合种（Species complex）。许多生物型实际上是存在生殖隔离的隐种（Cryptic species），例如，B 型烟粉虱、Q 型烟粉虱分别被称为 MEAM1 隐种、MED 隐种。为了论述方便，此处仍称为生物型。

不同的烟粉虱生物型具有一定的地理分布，根据不同种群的亲缘关系的远近，大致上可分为 8 个地理种群：撒哈拉沙漠以南地区种群、非洲种群、新大陆种群、地中海地区种群、中东地区种群、亚洲 1 种群、亚洲 2 种群和澳大利亚/澳洲种群。B 型烟粉虱可能来源于非洲东/北部、中东或阿拉伯半岛地区。Q 型烟粉虱来源于地中海或中东地区或北非地区，主要在伊比利亚半岛、萨丁尼亚、西西里岛以及摩洛哥地区。

大多数烟粉虱生物型是多食性的，如 A 型、B 型、J 型、Q 型、木薯型、秋葵型；也有寡食性或单食性的，如非洲象牙海岸的 C 型仅为害木薯和野茄，非洲贝宁的 E 型仅为害 *Assysasia* spp.，波多黎各岛的 N 型仅为害 *Jatropha* 棉叶。

不同的烟粉虱生物型传播病毒的能力存在差异，如 A 型、B 型烟粉虱均可传播新旧大陆联体病毒，同时 A 型烟粉虱还可传播莴苣黄叶病毒，B 型烟粉虱传播少量莴苣黄叶病毒；E 型烟粉虱传播金色花叶病毒。一些烟粉虱生物型不能传播某些联体病毒，不是由于没有传毒能力，而可能是由于不能取食该病毒感染的植物。

不同的烟粉虱生物型对化学农药的抗性存在差异，如 B 型烟粉虱对氯氰菊酯的抗药性强于 A 型烟粉虱。Q 型烟粉虱对吡丙醚和新烟碱类杀虫剂具有较高的抗性；在以色列田间 Q 型烟粉虱的比例显著高于 B 型烟粉虱，这可能与其对这 2 种药剂的抗性有关。在我国也发现，Q 型烟粉虱较 B 型烟粉虱对新烟碱类杀虫剂具有更高的抗性。

烟粉虱在我国南方每年发生 11~15 代；而在我国北方露地不能越冬，保护地可常年发生，每年繁殖 10 代以上，呈现明显的世代重叠现象。扬州地区烟粉虱在露地一般不能安全越冬，除非遇到暖冬，冬天最低气温不低于 4℃或-4℃低温持续时间较短。烟粉虱在单层大棚也很难越冬，一般在双层大棚内能安全越冬，越冬虫态以伪蛹为主。烟粉虱在日光温室内不仅能安全越冬，气温稍高还能繁殖。江苏地区烟粉虱属秋季多发型害虫，始发期在 6 月中下旬，盛发期在 8 月下旬至 10 月中下旬。

2. 发生生态

（1）温度。烟粉虱适宜的温度范围很广，耐高温和低温的能力均比较强。烟粉虱各发育阶段忍耐高温范围为 35.1~37.0℃，忍耐低温范围为 11.6~13.5℃，而最适宜温度范围为 25~27℃。在 19~34℃范围内，烟粉虱各虫态的存活率都在 68%以上。25℃时各虫态存活率均在95%以上。25℃条件下种群趋势指数最高，为39.01；其次是28℃，种群趋势指数为33；最低为28℃，种群趋势指数为16.92。卵、1~3龄若虫、伪蛹、成虫产卵前期、全世代的理论最适温度分别为25.68℃、25.84℃、25.02℃、26.06℃、25.47℃，理论最适产卵温度为27.35℃。烟粉虱卵、若虫、伪蛹、世代发育起点温度分别为12.32℃、13.04℃、11.75℃、9.09℃，有效积温分别为111.26 d·℃、91.46 d·℃、116.16 d·℃、454.81 d·℃。

（2）湿度。烟粉虱生长、发育、存活的最适湿度为60%~80%。烟粉虱成虫对湿度的选择表现为80%>60%>100%>40%。不同湿度条件下，烟粉虱发育历期差异不明显，但对各虫态的存活率影响显著。温度为25℃，相对湿度60%、80%条件下，整个世代的存活率分别为41.67%和39.67%，卵的孵化率分别为65.33%和66.00%，而湿度过高或过低，世代存活率只有25%左右，卵孵化率只有不到60%。

湿度对成虫寿命及产卵影响显著，温度为25℃，相对湿度60%、80%条件下，成虫产卵量分别为171.00粒/雌和167.75粒/雌，雌雄成虫的寿命分别为18.00d和18.25d、11.25d和11.25d。而湿度40%和100%时，成虫产卵量分别为101.00粒/雌和89.0粒/雌，雌雄成虫的寿命分别为14.50d和13.50d、9.25d和7.75d。不同湿度条件下，烟粉虱的种群增长指数以60%和80%较高，分别为45.60和43.08，而湿度40%和100%时，种群增长指数分别为16.16和11.57。

（3）天敌。烟粉虱的天敌资源很丰富，包括膜翅目、鞘翅目、脉翅目、半翅目的天敌昆虫和捕食性螨类，以及一些寄生真菌等。在世界范围内，烟粉虱有45种寄生性天敌（恩蚜小蜂属和桨角蚜小蜂属等），62种捕食性天敌（瓢虫、草蛉和花蝽等）和7种虫生真菌（拟青霉、轮枝菌和座壳孢菌等），对粉虱影响比较大的是丽蚜小蜂。据调查，我国有19种寄生性天敌，主要是恩蚜小蜂属（*Encarsia*）和桨角蚜小蜂属（*Eretmocerus*）的种类；18种捕食性天敌（瓢虫、草蛉、花蝽等）和4种虫生真菌：玫烟色拟青霉（*Paecilomyces fumosoroseus*）、蜡蚧轮枝菌（*Verticillium lecanii*）、粉虱座壳孢（*Aschersonia aleyrodis*）和白僵菌（*Beauveria bassiana*）。

（四）防治方法

烟粉虱繁殖速度快，一年可发生多代，世代重叠；同时，成虫体被蜡质，寄主广泛，传播途径多，对化学药剂易产生抗性，单靠化学药剂进行防治效果很不理想，必须采取综合治理措施才能取得理想效果。

1. 农业防治

加强栽培管理。培育无虫苗，育苗时要把苗床和生产温室分开，育苗前先彻底消灭残余的虫口。棚室花卉在定植前彻底清除前茬作物的残株、茎叶和杂草；棚室生产要合理安排茬口。黄瓜、番茄、茄子、辣椒、菜豆等不要混栽，有条件的可与芹菜、韭菜、蒜、蒜黄等间作套种。

2. 物理防治

由于烟粉虱成虫有强烈的趋黄性，可悬挂黄色粘虫板诱杀成虫。将1m×0.2m的废旧纤维板或纸板，涂制成橙黄色，再涂一层黏性油（10号机油加少许黄油调成），悬挂于行间（与植株同高），当黄板粘满烟粉虱时，再次涂抹沾油，7~10d涂抹1次，1昼夜可诱杀成虫万只以上。此外，在通风口安装密封50~60筛目尼龙纱网控制外来虫源。

3. 生物防治

在棚室中释放人工繁殖的丽蚜小蜂 *Encarsia formosa* 寄生烟粉虱。释放方法为，在保护地番茄或黄瓜上，作物定植后，即挂诱虫黄板监测，发现烟粉虱成虫后，每天调查植株叶片，当平均每株有粉虱成虫0.5头左右时，即可第一次放蜂，每隔7~10d放蜂1次，连续放3~5次，放蜂量以蜂虫比为3：1为宜。放蜂的保护地要求白天温度能达到20~35℃，夜间温度不低于15℃，具有充足的光照。可以在蜂处于蛹期时（也称黑蛹）时释放，也可以在蜂羽化后直接释放成虫。如放黑蛹，只要将蜂卡剪成小块置于植株上即可。此外，释放中华草蛉、微小花蝽、东亚小花蝽等捕食性天敌对烟粉虱也有一定的控制作用。此外，在国外也用烟色拟青霉 *P. fumosoroseus* 制剂、白僵菌 *B. bassiana* 来防治烟粉虱。

4. 化学防治

可选用10%烯啶虫胺水剂2 000倍液、25%噻虫嗪水分散粒剂3 000倍液、50%噻虫胺水分散粒剂2 000倍液、20%呋虫胺可溶性粉剂2 000倍液、50%氟啶虫胺腈水分散粒剂2 000倍液、22.4%螺虫乙酯悬浮剂2 000倍液喷雾，对叶片正反两面均匀喷雾，每7~10d一次，连续防治2~3次，以早晨6—7时施药为宜。保护地可每公顷3%高效氯氰菊酯烟剂3 750~5 250g，或10%异丙威烟剂4 500~6 000g，于傍晚点燃闭棚熏12h。烟粉虱发生盛期可先熏烟后喷药。

三、温室白粉虱

（一）分布与为害

温室白粉虱 *Trialeurodes vaporariorum*（Westwood）属半翅目粉虱科，是欧美各国温室作物的重要害虫。我国的虫源可能是20世纪70年代从国外随苗木、果品传入，80年代已在北方各地发生，并逐步向南方蔓延。该虫为害47科200余种植物，除为害温室、大棚等保护地蔬菜外，还为害露地蔬菜。主要寄主有黄瓜、菜豆、茄子、番茄、辣椒等。常见为害的花卉有一串红、倒挂金钟、瓜叶菊、杜娟、扶桑、桂花、茉莉、大丽花、万寿菊、夜来香、佛手等，也是温室蔬菜的重要害虫。

（二）形态识别

温室白粉虱的形态特征如图10-11所示。

成虫：体长1.5mm左右，淡黄色，翅面覆盖白色蜡粉。

卵：长椭圆形，0.20~0.25mm，有短卵柄，初产时淡黄色，后变黑色。

若虫：长卵圆形，扁平，淡黄绿色，体表具长短不一的蜡质丝状突起，共3龄，1龄、2龄、3龄体长分别为0.29mm、0.38mm、0.52mm。

伪蛹：即为4龄若虫，长0.8mm左右，椭圆形，一般背面具8对蜡质刚毛状突起。

（三）发生规律

1. 生物学习性

温室白粉虱在温室等保护设施中，冬季可以继续繁殖为害，温室是主要越冬场所。

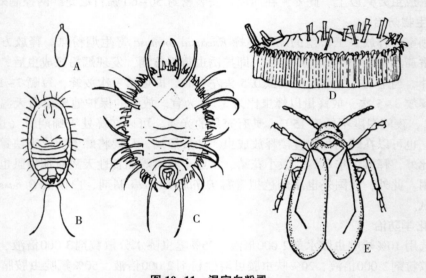

图 10-11　温室白粉虱
A. 卵；B. 若虫；C. 蛹背面观；D. 蛹侧面观；E. 成虫
（仿祝树德和陆自强，1996）

冬季在温暖地区，卵可以在菊科植物上越冬，次年春后，从越冬场所向蔬菜上逐渐迁移扩散，7—8 月成虫密度增长较快，8—9 月间为害严重，10 月中下旬以后气温下降，虫口数量逐渐减少，并开始向温室内迁移继续繁殖为害，在温室内一年可发生 10 多代。

成虫、若虫均偏嗜上部嫩叶，在叶背栖息，吸食。成虫羽化常在清晨，从蛹背呈"T"形裂开，在叶背雌雄成虫成对排列，羽化后 1~3 d 即可交配产卵。两性生殖产下受精卵，将来发育成雌虫；孤雌生殖发育为雄虫。每雌虫产卵 100~200 粒，卵多产在上部嫩叶上，每天产卵 2~9 粒卵不等。随着植株生长，成虫也不断地向上部叶片转移，植株上各虫态的分布形成一定规律，最上部的嫩叶以成虫和初产的淡黄色卵为最多，稍下部的叶片多为初龄若虫，再下为中、老龄若虫，最下部叶蛹为多。成虫寿命长达 20~30 d，产卵历期较长，若虫孵化后几小时内活动性较强，系徘徊期，然后营固着生活。第一次蜕皮后，触角、足消失，成虫对黄色有较强的趋性，但忌避白色、银白色。不善于飞翔，从温室、大棚向外由近及远迁移扩散，在邻近虫源的花卉田先由点片发生，然后逐渐蔓延。

成虫、若虫群集叶背，口器可深及叶部筛管，叶片受害变黄。成虫、若虫均能分泌蜜露，堆聚于果实与叶面上，引起煤污病。叶片污染后妨碍植物光合作用和呼吸作用，也可造成叶片萎蔫。

2. 发生生态

（1）寄主。温室白粉虱寄主种类很多，蔬菜上主要寄主有黄瓜、番茄、茄子、菜豆、辣椒等，其次为冬瓜、豆类，在白菜、芥菜、萝卜、芹菜亦偶有发生。另外，还可为害烟草、中药材、花卉、果树等多种植物，但偏嗜叶片多毛的茄科、葫芦科蔬菜。

温室白粉虱的发生与保护田栽培发展有关，在温室、大棚栽培的茄果类蔬菜上发生早，发生多；露地栽培发生较迟。由于该虫虫体小，吸着力强，常可依附苗木、果品等扩散传播。

（2）温度。温室白粉虱的生长发育、繁殖与温度有关。卵发育起点温度为7.2℃，生存的最适温度为20~28℃，30℃以上，卵、幼虫死亡率高，成虫寿命缩短，产卵少，甚至不繁殖，所以夏季凉爽，冬天越冬环境较好的地区发生较多。我国南方发生较少，这和夏季高温有关。不同温度下各虫态的发育历期、净繁殖率、增殖倍数如表10-4、表10-5所示。

表10-4　温室白粉虱种群增殖与温度关系

种群增殖参数	15℃	18℃	21℃	24℃	25℃	30℃
世代平均时间（d）	77	53	53	41	35	36
世代净增殖率	17.0	49.6	146.7	124.7	135.5	2.7
月增殖倍数	3.0	9.0	16.6	42.8	67.6	2.3

注：资料来源：《蔬菜害虫测报与防治新技术》，陆自强和祝树德，1990

表10-5　温室白粉虱发育与温度的关系

温度（℃）	发育所需历期（d）			
	卵	1~2龄幼虫	伪蛹	小计
15	14.8	20.1	19.0	53.8
18	10.8	14.0	13.0	37.2
21	7.8	10.8	9.9	28.5
24	6.3	8.7	8.0	23.0
27	5.3	7.3	6.7	19.3

资料来源：《蔬菜害虫测报与防治新技术》，陆自强和祝树德，1990

温室白粉虱抗寒性较差，各虫态不同：卵>成虫>蛹>若虫，所以在我国北部地区很难在田间越冬，冬天较温暖的地区或暖冬年份，卵可在露地向阳坡杂草上越冬。

（四）防治方法

1. 农业防治

对田园及温室大棚内外的杂草残枝败叶需及时处理，整枝时打下的嫩芽、叶片、残枝等也应及时处理。

2. 物理防治

色板诱杀与驱避不同黄色诱虫效果存在差异，以橘橙黄为最佳，在室内设置橙皮黄色诱虫板，挂在行间15m高处，有明显的诱虫效果。在温室、大棚的门窗或通风口，悬挂白色或银白色的塑料条，可驱避成虫侵入。

3. 生物防治

人工释放草蛉，据报道，1头草蛉一生平均能捕食粉虱若虫172.6头，在温室内利用捕食性天敌效果较好。利用释放寄生性天敌丽蚜小蜂 *Encarsia formosa Gahan* 控制温室白粉虱已有不少成功报道，丽蚜小蜂产卵在温室白粉虱的若虫和蛹体内，被寄生的白粉虱经 9~10d 后变黑死亡。据在茄科植物上试验，按每平方米释放 10 头丽蚜小蜂，19 周内完全控制为害。还可利用粉虱座壳孢 *Aschersonia aleyrodis* 防治粉虱也有效果，该菌仅感染粉虱幼虫，寄生后虫体边缘全部充满菌丝体而死亡。

4. 化学防治

化学防治温室白粉虱，力求掌握在点片发生阶段用药。可选用 10% 吡虫啉可湿性粉剂 2 000 倍液、50% 噻虫胺水分散粒剂 2 000 倍液、5% 啶虫脒乳油 1 500 倍液、25% 噻虫嗪水分散粒剂 3 000 倍液喷雾。

第四节　钻蛀类

为害葫芦科蔬菜的钻蛀果实类害虫主要为瓜实蝇，是世界性的入侵害虫，广泛分布于世界多个国家和地区，已被日本、美国、印度尼西亚和巴基斯坦等许多国家和列为检疫对象。

瓜实蝇

（一）分布与为害

瓜实蝇 *Zeugodacus cucurbitae*（Coquillett），属双翅目实蝇科。又名黄瓜实蝇、瓜小实蝇、瓜大实蝇、瓜蛆。广泛分布于热带、亚热带 30 多个国家和地区，我国主要分布于广东、广西、海南、福建、云南、贵州、四川、重庆、湖南、湖北、江西、江苏、浙江、台湾和香港等地。瓜实蝇是蔬菜、水果的重要害虫，其寄主范围广，包括甜瓜、苦瓜、丝瓜、黄瓜、南瓜、西瓜、冬瓜、佛手瓜、葫芦、西葫芦、辣椒、菜豆、番茄，以及无花果、杧果、番石榴、木瓜、梨、桃等 100 多种水果和蔬菜。

（二）形态识别

瓜实蝇的形态特征如图 10-12 所示。

成虫：体形似蜂，以橙色到褐色为主，长 8~9mm，翅展 16~18mm。雌虫比雄虫略小，初羽化成虫体色较淡，体大小不及产卵成虫的一半。复眼茶褐色或蓝绿色（有光泽），复眼间有前后排列的两个褐色斑，触角黑色，后顶鬃和背侧鬃明显。前胸背面两侧各有一黄色斑点，中胸两侧各有一较粗黄色竖条斑，背面有并列的 3 条黄色纵纹，后胸小盾片黄色至土黄色；翅膜质，透明，有光泽，亚前缘脉和臀区各有一长条斑，翅尖有一圆形斑，径中横脉和中肘横脉有一前窄后宽的斑块；腿节淡黄色。产卵器扁平，坚硬。瓜实蝇腹部近椭圆形，向内凹陷如汤匙，由 5 节组成。第二至第三节两侧各有一条黑色纵纹呈"八"形；腹背纵纹从第四节直达腹端，并与第四节前缘和第五节后缘的黑色横纹相交成"干"形。

卵：细长，长 0.8~1.3mm，一端稍尖，乳白色。

幼虫：共 3 龄，蛆状，初为乳白色，长 1.1mm；老熟幼虫米黄色，长 10~20mm，

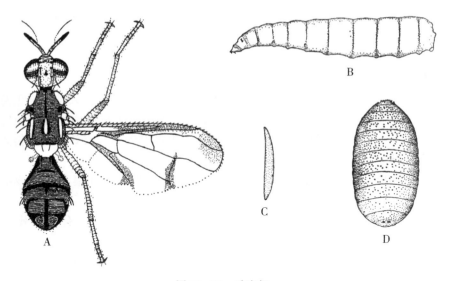

图 10-12　瓜实蝇

A. 成虫；B. 幼虫；C. 卵；D. 蛹

（仿陈乃忠和沈佐锐，2002）

前小后大，尾端最大，呈截形。口钩黑褐色，有时透过表皮可见其呈窄 "V" 形，尾端截形面上有两个突出颗粒，呈黑褐色或淡褐色。

蛹：初为米黄色，后黄褐色，长 5~6mm，圆筒形。

（三）发生规律

不同地区瓜实蝇发生代数不同，世代重叠现象明显。江西抚州一年发生 3~4 代，贵州 5~6 代，云南昆明 5 代、瑞丽 7~8 代，福建福州 7~8 代，广东广州 8 代，海南 9~10 代。冷凉地区多以老熟幼虫、蛹在土中越冬，南方地区无明显越冬现象。一般次年 4 月开始活动；5—6 月种群数量上升，为害加重；7—8 月进入发生、危害盛期，9 月后数量呈下降趋势。南方如广东大部、福建南部、云南南部、广西南部、海南等地该虫发生为害时期一般为 3—11 月。

成虫白天活动，飞翔迅捷，傍晚后静伏于挂果植株间、杂草中等地方过夜，对糖、酒、醋及芳香物质有趋性。老熟幼虫在瓜果落地前或落地后弹跳落地、入土、化蛹。入土深度 2~8cm，以 4~6cm 居多。土壤含水量高于 25% 不利于化蛹。成虫发生数量与田间蔬菜尤其是瓜果类蔬菜的丰富度相关。

该虫雌虫以产卵管刺入瓜果表皮，并产卵，孵化后幼虫蛀食瓜果瓤，发育至老熟后从瓜果中脱出、入土化蛹。受害瓜果轻的局部变色，重至腐烂变臭，大量脱落。一般被产卵管刺伤处会畸形、下陷、流胶，果皮变硬，果味变苦涩。瓜实蝇为害严重影响瓜果品质和产量。

瓜实蝇的卵、幼虫、蛹发育起点温度分别为 12.1℃、11.9℃、11.7℃，有效积温分别为 17.2 d·℃、76.4 d·℃、134.9 d·℃。在 22~30℃时，瓜实蝇卵历期 1~2d，幼虫历期5~8d，蛹历期7~13d，雌虫产卵前期为9~16d，成虫寿命90~140d，世代长度为23~40d。单雌产卵量760~940粒，平均850粒；每天产卵平均9~15粒，产卵期长45~70d。

（四）防治方法

1. 植物检疫

对发生区输入的水果和瓜果类蔬菜进行检疫；加强检疫处理，采用药剂熏蒸、蒸热处理、热水处理、低温处理、γ射线辐射处理等技术有效杀灭瓜果内实蝇害虫等。建立和完善实蝇发生、为害监测网络，及时掌握该类害虫种群动态，有效防止其传入。

2. 农业防治

（1）做好田园卫生。及时摘除被害果和捡拾成熟落地果，并集中深埋或沤肥，减少幼虫入土化蛹的数量。

（2）深耕翻土灭虫。冬、春季或者化蛹盛期深耕翻土1次，有效杀死土中幼虫和蛹。

（3）合理栽培。大面积成片种植单一瓜果品种，调整瓜果生育期，统一采收，以切断该虫食物链。

（4）套袋保果。在瓜果幼嫩时成虫未产卵前，进行套袋，防止成虫产卵为害。

（5）使用抗性品种。种植对瓜实蝇有抗性的瓜果类品种，有效控制其自然种群增殖。

3. 物理防治

在盛发期大面积使用性诱剂（诱蝇酮 Cue-lure）、蛋白诱剂等诱杀成虫。

（1）性诱剂诱杀。目前使用的性诱剂主要是诱蝇酮和甲基丁香酚。使用性诱剂进行诱捕，使雄性成虫数量减少，从而减少与雌成虫的交配概率，大幅度降低下一代虫口数量。

（2）蛋白诱剂诱杀。蛋白诱剂能同时诱集瓜实蝇的雌虫和雄虫，比性诱剂效果更好。酵母水解物、酵母抽提物、台糖酵母粉和蛋白类的黄豆蛋白、酪蛋白A、酪蛋白B等都对瓜实蝇具有较高的引诱率。美国陶氏益农公司登记的猎蝇饵剂（GF-120）已广泛用于瓜实蝇的防治。使用蛋白诱剂诱杀时，可加入少量杀虫剂敌百虫，每亩放置诱虫笼2~3个，每20d左右更换一次诱剂。也可向诱虫笼内同时放入性诱剂—诱蝇酮。

（3）粘蝇纸诱杀。在瓜实蝇的为害高峰期使用粘蝇纸，能有效降低虫口密度、减少为害。粘蝇纸的合理设置密度为每15~20m²放1张，有效时间可达15d。粘蝇纸可以单独使用，如用竹签支撑分布于瓜地或者直接悬挂在瓜棚下。

（4）诱黏剂诱杀。该方法将黏胶和实蝇引诱剂结合起来，吸引虫体黏于黏胶后自然死亡，能高效诱杀各类瓜果实蝇。

4. 生物防治

瓜实蝇的寄生性天敌如阿里山潜蝇茧蜂 *Fopius arisanus*（Sonan）已被用于瓜实蝇的综合防治；病原微生物如斯氏线虫墨西哥品系 *Steinernemacarpocapsae*、绿僵菌 *Metarhizium anisopliae*、球孢白僵菌 *Beauveria bassiana* 等都对瓜实蝇具有致病性；通过释放不育雄虫，可以避免不育的雌虫叮咬瓜果。可选用1.8%阿维菌素乳油2 000倍液喷雾。

5. 化学防治

在成虫盛发期，于上午或者傍晚，选用以下杀虫剂：2.5%溴氰菊酯乳油2 500倍液、4.5%高效氯氰菊酯乳油1 500倍液、20%氰戊菊酯乳油3 000倍液等喷雾。每3~5d喷施一次，连续喷施2~3次。使用50%辛硫磷乳油800倍液将瓜果掉落较为集中的地点及其周围土壤喷淋至湿润。

第五节　蜗牛与蛞蝓

一、蜗　牛

（一）分布与为害

为害温室与露地蔬菜及观赏植物的蜗牛主要有同型巴蜗牛 *Bradybaena similaris*（Ferussac）和灰巴蜗牛 *Bradybaena ravida*（Benson）两种。属软体动物门腹足纲巴蜗牛科。我国分布广，为害重。据报道，江苏、山东、河南等地均有分布。蜗牛可为害瓜类蔬菜、番茄、茄子、白菜、萝卜及多种花木，常将嫩叶、嫩茎梢食成不规则的洞孔或缺刻，苗期能咬断幼苗。

（二）形态识别

同型巴蜗牛贝壳中等，壳坚实而质厚，呈扁球形，有5~6个螺层，前几个螺层缓慢增长。略膨胀，螺旋部低矮，在体螺层周缘或缝合线上常有1暗色带，壳顶钝。壳面黄褐色至红褐色，壳口马蹄形，口缘锋利。轴缘上部和下部略外折，略遮盖脐孔小而深，呈洞穴状，壳高12mm，宽16mm。

灰巴蜗牛的形态特征如图10-13所示。灰巴蜗牛贝壳中等，呈卵圆形，有5~6螺层，壳面呈黄褐色或琥珀色。壳顶尖，缝合线深。壳口椭圆形，口缘完整，略外折，锋利，易碎。脐孔狭小，呈缝隙状，壳高19mm，宽21mm。

图10-13　灰巴蜗牛
（仿祝树德和陆自强，1996）

（三）发生规律

成虫与幼虫均能用齿舌和颚片刮锉为害花木、蔬菜的幼芽、嫩叶、茎、花、根、果，形成不整齐的缺刻或孔洞，叶脉部常残存，并分泌有光泽的白色黏液，食痕部易受细菌感染而发病。

生活在潮湿的灌木、草丛田埂、石块、花盆下及作物根部的土块、缝隙和温室四壁阴暗潮湿、多腐殖质的地方。年生活周期有两种类型。种群大多数在4—5月交配，产卵30~35粒。卵脆弱，在阳光下易破裂。初孵幼螺只取食叶肉，留下表层。幼螺历期6~7个月，成螺历期5~10个月。夜出性，白天常潜伏在落叶、花盆、土块砖块下、土隙中，成虫也在这些场所越冬。完成一世代1~1.5年。以幼螺越冬，春夏季继续生长，秋季成螺交尾产卵，温暖、潮湿的环境有利它的发生，雨后活动增强。

（四）防治方法

1. 农业防治

温室要通风透光，清除各种杂物与杂草，排干积水，力求室内清洁干燥，破坏蜗牛栖息和产卵场所。田间抓紧雨后除草松土，以及在产卵高峰期中耕翻土，使卵暴露土表爆裂。蜗牛昼伏夜出，黄昏为害。在田间或温室中设置瓦块、菜叶、杂草或扎成把的树枝，白天它们常躲藏在其中，可集中捕捉。还可在沟渠边、苗床周围和垄间撒石灰封锁带。

2. 生物防治

保护蜗牛的天敌，如步甲和萤火虫，或者可在大田内放养鸭子，啄食蜗牛，减少蜗牛数量。

3. 化学防治

可选用6%四聚乙醛颗粒剂6 000~7 500g/hm² 撒施。

二、蛞蝓

（一）分布与为害

蛞蝓属软体动物门，腹足纲，蛞蝓科。几乎分布于世界各地，在我国各省区市均有分布。在温室或田间经常发生的蛞蝓有野蛞蝓 *Agriolimax agrestis* L.、黄蛞蝓 *Limax flavus* L.、双线嗜黏液蛞蝓 *Phiolomycus bilineatue*（Benson）。

（二）形态识别

3种蛞蝓的形态特征如图10-14所示。野蛞蝓体长30~60mm，宽4~6mm。体表呈暗灰色、黄白色或灰红色，少数有不明显的暗带或斑点。触角两对，暗黑色，外套膜为体长的1/3，其边缘卷起，上有明显的同心圆生长线，黏液无色。

黄蛞蝓体长100mm，宽12mm。体表为黄褐色或深橙色，并有零散的黄色斑点，靠近足部两侧的颜色较淡。在体背前端的1/3处有1椭圆形外套膜。

双线嗜黏液蛞蝓体长35~37mm，宽6~7mm。体灰白色或淡黄褐色，背部中央和两侧有1条黑色斑点组成的纵带，外套膜大，覆盖整个体背，黏液为乳白色。

（三）发生规律

成体、幼体均能为害多种观赏植物及蔬菜的叶、茎，偏嗜含水量多、幼嫩的部位，

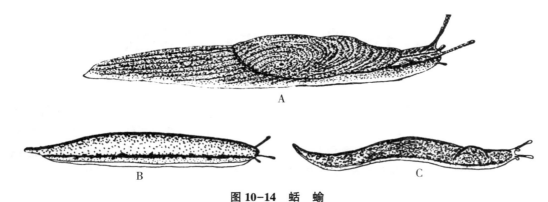

图10-14　蛞　蝓

A. 野蛞蝓；B. 双线嗜黏液蛞蝓；C. 黄蛞蝓

（仿祝树德和陆自强，1996）

形成不规则的缺刻与孔洞，爬行过的地方有白色黏液带。发生环境与蜗牛类似。以成体或幼体越冬。春、秋季产卵，卵为白色，小粒，具卵囊，每囊40~60粒左右。产卵在杂草及枯叶上。黄蛞蝓产卵在盆钵、土块、砖石下面。孵化后幼体待秋后发育为成虫。每天取食以体重计算，每克体重取食叶片0.01~0.10g。温度19~29℃、相对湿度88%~95%最为活跃，雨后活动性增强。对低温有较强忍受力，-7℃不致死亡，遇不良环境休眠期长达1~2年，在温室中可周年生长。

（四）防治方法

1. 农业防治

利用蛞蝓对甜、香、腥气味有趋性这一特点，在保护地内栽苗前，可用新鲜的杂草、菜叶等有气味食物堆放在田间诱集，天亮前集中人工捕捉；在蔬菜生长期间，一旦发现蛞蝓，可利用其在浇水后、晚间、阴天爬出取食活动的习性，人工诱杀。

2. 生物防治

蛙类，尤其是雌蛙是蛞蝓最主要的天敌，可将蛙类引入具有围栏的田地中防治蛞蝓，也可将家禽放入果园内取食蛞蝓。

3. 化学防治

田间施用6%四聚乙醛颗粒剂，用药时应注意选择在蛞蝓活动旺盛时期用药，每公顷使用药剂7 500g，均匀撒施或拌细土撒施于地表或作物根系周围，施药后不要在田间内踩踏，不宜浇水，药粒被冲入水中会影响药效，需补施。

第十一章　水生蔬菜害虫

我国水生蔬菜种类繁多，主要有莲藕、茭白、慈姑、荸荠、菱、芡实、莼菜等，多分布于长江流域以南，以江苏、湖北、浙江、湖南、福建等省栽培较多。为害水生蔬菜害虫约有40多种，主要种类有菱角萤叶甲、菰毛眼水蝇、长绿飞虱、莲缢管蚜、慈姑钻心虫、黄色白禾螟、莲藕食根金花虫等，已成为水生蔬菜生产的重要障碍。

第一节　食叶类

一、菱角萤叶甲

（一）分布与为害

菱角萤叶甲 *Galerucella birmanica* Jacoby 属鞘翅目叶甲科。为害菱角、莼菜等，分布广、为害重，如江苏省高邮市汤庄乡曾受害面积达72%，减产60%以上。杭州、苏州、东山等地该虫为害，严重影响菱角、莼菜生产。

（二）形态识别

菱角萤叶甲的形态特征如图11-1所示。

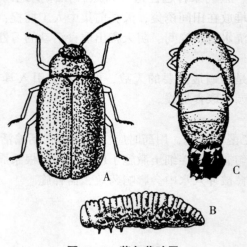

图 11-1　菱角萤叶甲
A. 成虫；B. 幼虫；C. 蛹
（仿祝树德和陆自强，1996）

成虫：长 5mm 左右。褐色，披白色绒毛。头顶后颊部黑色。触角 11 节。丝状，黑褐色。成虫复眼突出，黑褐色。前胸背板两侧黑色，中央具一"工"形光滑区，小盾片黑色。鞘翅折缘黄色，腹部可见 5 节，第五节后缘中央有一缺口，雌虫缺口较小，后缘稍平截；雄虫较大，后缘呈圆弧状，体型略小于雌虫。

卵：椭圆形。长径 0.44~0.51mm，短径 0.3~0.37mm。初产卵黄色，后渐转为橙色，卵端出现一圆形红斑，卵纹呈圆形网络状突起。

幼虫：体 12 节。初孵幼虫黄色。胸节中央具 1 纵沟，胸足 4 节，末节具 1 爪和 1 吸盘，各腹节背面具 1 横褶，最末 1 节腹突特大，背板后缘具刚毛 1 排 10 根。幼虫分 3 龄。1 龄头宽为 0.2~0.34mm，体长 0.85~2.0mm；2 龄、3 龄头宽分别为 0.46~0.51mm、0.75~0.85mm，体长分别为 2.5~6.0mm、6.2~9.0mm，刚脱皮的幼虫头及前胸背板黄色。

蛹：裸蛹。长 5.0~5.5mm，宽 2.5mm，初化时，鲜黄色，后渐变为暗黄色。两侧有黑色气门 6 对，尾端常被老龄幼虫残皮所包裹。

（三）发生规律

1. 生物学习性

菱角萤叶甲以成虫在茭白、芦苇、杂草等残茬或塘边土缝等处越冬。越冬成虫 4 月上旬开始活动，4 月底、5 月初茭盘一出水面，就迁飞到茭盘上啃食叶肉，并进入交配高峰，取食后 3~4d 产卵。扬州地区一年可发生 7 代，第一代发生在 5 月初至 6 月上旬，第二代 6 月上旬至 7 月上旬，第三代 6 月底至 7 月中旬，第四代 7 月中旬至 8 月上旬，第五代 8 月上旬至 9 月上旬，第六代 8 月下旬至 9 月下旬，第七代发生在 9 月下旬以后。10 月下旬成虫陆续进入越冬场所越冬。越冬成虫出蛰时间参差不一，产卵历期长达 30d 左右，所以有世代重叠现象。

系统调查表明，菱角萤叶甲发生世代虽多，但全年种群数量以 6 月中旬到 7 月中旬为最多（第二、第三代），为害最重，7 月下旬以后常受高温、雨水等因素影响，种群数量下降。

成虫、幼虫均能取食，用菱角、莼菜、芡实、小叶眼子菜、鸭跖草、四叶萍、槐叶萍、子午莲、水花生、榆悦蓼、水鳖饲养，结果表明，菱角萤叶甲取食菱角、莼菜，在食料不足的情况下也能少量取食水鳖。每头成虫、幼虫一生平均食叶量分别为 358.8mm²，140.0mm²。幼虫食量因龄期而异，1 龄期食量较少，平均食叶 10.5mm²，占幼虫期总食量的 7.5%，2 龄平均食叶 24.0mm²，占总食量的 17.1%，3 龄进入暴食期，平均食叶 105.5mm²，占总食量的 75.4%。菱叶被害，轻者千疮百孔，重者叶肉全部食尽，菱塘一片焦黄。

越冬成虫生殖滞育，雌虫卵巢保持在发育初级阶段，但菱角一旦出水，即迁入菱塘交配取食，取食后卵巢发育甚快，3~4d 即可产卵。雌虫常选择在菱盘的中层叶片正面产卵、每头雌虫平均产卵 25 块，每卵块平均含卵 20 粒。

2. 发生生态

（1）温度。菱角萤叶甲各代、各虫态的发育历期因温度不同而异，不同温度下各虫态的发育历期见表 11-1。

表 11-1　不同温度下菱角萤叶甲发育历期

虫　态	发育历期（d）						
	20℃	22℃	24℃	27℃	30℃	32℃	34℃
卵	8.16	7.26	5.85	4.26	3.98	3.85	3.87
幼虫	18.20	15.87	13.82	8.82	7.82	7.40	7.71
蛹	9.70	5.25	4.06	3.05	2.66	2.82	2.58
成虫产卵前期	10.25	8.56	2.57	2.01	1.69	1.53	2.23
全世代	46.31	36.94	25.76	18.14	16.15	15.20	16.39

资料来源：《蔬菜害虫测报与防治新技术》，陆自强和祝树德，1990

20~32℃是生长发育的最适温区。各虫态发育历期随温度的升高而缩短，34℃时各虫态发育受抑制，历期延长，各虫态及全世代的发育起点温度及有效积温见表 11-2。

表 11-2　菱角萤叶甲的发育起点温度与有效积温

虫　态	卵	幼　虫	蛹	产卵前期	全世代
起点温度（℃）	9.66	12.66	14.63	18.08	13.86
有效积温（d·℃）	84.92	145.23	42.15	20.65	278.45

资料来源：《蔬菜害虫测报与防治新技术》，陆自强和祝树德，1990

菱角萤叶甲对极端的高、低温度反应敏感。36℃、24h，卵孵化率、幼虫存活率显著降低，分别为 31.5%、50.0%；38℃、24h，卵、幼虫全部死亡率为 20%，-11~-6℃，5h，死亡率为 100%。菱角萤叶甲是一种不耐高温，抗寒力较弱的昆虫，它的分布及年度间数量变动，受温度影响较大。

（2）雨水。雨水对菱角萤叶甲的冲刷致死作用明显，特别是 1~2 龄幼虫尤为敏感，降雨强度 4mm/h，冲刷致死率高达 50% 左右。

各虫态浸水试验表明，幼虫抗水力较弱，卵次之，蛹较强。幼虫浸水 4h 死亡率高达 80%，不同龄期抗水浸能力不同，3 龄>2 龄>1 龄；蛹浸水 2d 死亡率 12%，4d 死亡率 64%，预蛹抗水浸能力比蛹弱，死亡率平均比蛹期高 10%~12%；卵浸水 2d 死亡率 11%，4d 死亡率达 79.8%。卵的抗水性与胚胎发育有关，胚盘期>翻转期>胚熟期，胚熟期的卵浸水 24h 死亡率高达 100%，所以雨日多，降水量大，种群增殖受到抑制。

（3）天敌。菱角萤叶甲天敌有点刻三线大龙虱 Cybister tripunctatus、鼎斑龙虱 Eretes stricticus、正盾黑锤牙甲 Hydrophilus affinis、红脊胸牙甲 Sternolophus rufipes、尖翅条纹牙甲 Berosus lewisius 等，其中以前两种食量较大。

（四）防治方法

采取农业防治与化学防治相结合的方法，越冬期清除越冬场所，降低越冬基数，化学防治狠治第二代，补治第三代。控制 6 月中旬至 7 月下旬的为害高峰。

1. 农业防治

控制越冬虫源秋后及时处理菱盘，可以压低越冬成虫的数量，江苏地区 10 月 10 日左右处理老菱盘，越冬成虫减少，翌年第一代卵量也明显低于其他处理。冬季烧毁河、塘边茭白残堆，清除杂草可以直接杀死越冬成虫。

2. 生物防治

可选用1.8%阿维菌素乳油2 000倍液喷雾。

3. 化学防治

低龄幼虫期可选用25g/L联苯菊酯乳油1 500倍液喷雾。

二、菰毛眼水蝇

（一）分布与为害

菰毛眼水蝇 *Hydrellia magna* Miyagi 属双翅目水蝇科，自20世纪80年代在江苏无锡郊区发现以来，为害日趋加重，严重影响茭白的产量和质量。据调查，江苏、上海、浙江、湖南等地均有分布，是茭白的主要害虫之一。为害茭白的水蝇除菰毛眼水蝇外，还有灰刺角水蝇 *Notiphila canescens* Miyagi，稻水蝇 *Ephydra macellaria* Egger 等，以菰毛眼水蝇发生最多，其次是灰刺角水蝇，再次为稻水蝇，其比例约为5：2：1。

（二）形态识别

菰毛眼水蝇的形态特征如图11-2所示。

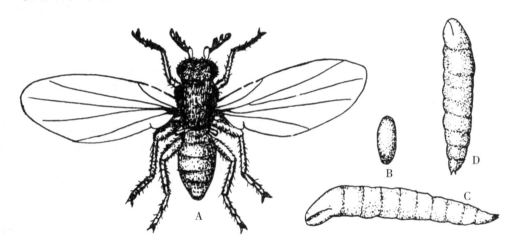

图11-2 菰毛眼水蝇

A. 成虫；B. 卵；C. 幼虫；D. 蛹

（仿陆自强和祝树德，1996）

成虫：体型小，灰褐色，体长2.4~3.2mm，平均2.9mm。前翅前缘有两个缺刻，额具密绒毛。触角芒长，呈梳状。复眼具毛。中胸具背中鬃。触角第三节、足基节、胫节、跗节、下颚、平衡棒均为黄色，雄虫侧尾叶色淡。

卵：长梭形，长0.5~0.7mm，宽0.2~0.3mm。初产乳白色，依稀可见2~3条纵纹。3~4d后，颜色转深，具7~8条明显的纵纹。

幼虫：长圆筒形。老熟幼虫体长6~8mm。初孵幼虫乳白色，后变为黄绿色或淡黄色。体表光滑，具刚毛，体分 11 节。口针黑褐色，后端分叉。前胸气门突起，突起末端具少数长指形构造，腹部末端有气门突 1 对。

蛹：圆筒形。长 5～9mm，宽 2～3mm。初化蛹为黄绿色，后为黄棕色至褐色。体 11 节，头部前端有 2 丛黑鬃。尾部有黑色气门突 1 对。

（三）发生规律

1. 生物学习性

菰毛眼水蝇以幼虫在茭墩中越冬。一年两季茭田，幼虫一般在茭白的茭墩内过冬；一季茭，幼虫则集中在铲除的茭墩内。老茭田铲除的雄茭、灰茭的茭墩内也有大量的幼虫。田边、池塘堆放茭墩残茬的地方也是菰毛眼水蝇重要的越冬场所。据无锡郊区调查，茭墩中幼虫越冬虫量较大，每茭墩中越冬虫量高的达 4～5 头，一般为 1～2 头，幼虫多数在茭墩的根茎壁上。据测定，幼虫向根茎壁转移。活动较迟的幼虫可转移到新抽发叶片的鞘内潜食为害。老熟幼虫 3 月中旬开始化蛹，化蛹高峰在 5 月上中旬，越冬代蛹历期 14～22d；幼虫化蛹期不整齐，前后达两个月之久，4 月中旬成虫开始羽化，最迟可到 6 月上旬、羽化高峰在 5 月下旬，越冬代成虫 4 月中旬就开始产卵，进入第一代。

菰毛眼水蝇在江苏、上海等地一年发生 4～5 代。第五代为不完整世代，越冬代成虫发生在 4—5 月，第一代 4 月下旬至 6 月，第二代 6—7 月，第三代 7—8 月，第四代 8 月下旬至 9 月，第五代发生在 10 月，以老熟幼虫越冬。由于越冬代发生时间不整齐，第一代开始即世代重叠。

菰毛眼水蝇的主要发生期为 5 月上旬至 10 月中旬，为害高峰期为 7 月下旬至 10 月上旬，幼虫发生量与成虫基本上呈同步增长，从 8 月上旬开始种群数量急增，秋季重于春季，主害代为第三代，其次是第四代。

成虫多在清晨 3～5 时羽化，不少羽化孔还留有蛹壳。初羽化的成虫腹部深绿色，3～5d 后色渐淡。成虫羽化后先在原叶鞘上爬动，到上午 8—9 时开始飞翔。成虫羽化第 2d 交尾，交尾时雄虫飞到雌虫背上，雌虫两翅微展，时而作短程爬动，交尾时间一般持续 26～35min。成虫交尾的当天就能产卵，以第二天产卵量为最高，以后逐渐减少。产卵期一般为 5～6d，最短的只有 2d，最长可达 15d，每雌一生产卵 18～60 粒。卵散产，大多数产于茭白叶片的叶鞘上，也有少数产在茭白叶片，极少数产在茭肉上，茭白叶鞘上的卵，以上叶鞘背面最多，约占叶鞘着卵量的 80.5%。叶鞘正面只占 19.5%。此外，还有少量卵，产于看麦娘、绿萍、水花生等杂草上，平均温度 22～25℃时，卵历期 4～7d。

初孵幼虫一般在孵化后 4～5h 开始钻蛀，幼虫大多从茭白叶鞘基部蛀入，先在叶鞘表皮内来回蛀食然后向内，深度平均可达 6.8mm，潜道长 81.5～257.2mm，宽为 1.2～3.2mm，虫道内充满褐色碎粒或结成黄褐色块状。叶鞘被害后沿虫道腐烂、倒伏。幼虫老熟后，在叶鞘内化蛹，叶鞘上残留羽化孔。

幼虫除为害叶鞘外、还可为害茭肉。初孵幼虫从茭肉基部钻入，外表蛀入孔不明显，茭肉虫道平均长 38mm，宽为 0.8～2.2mm，随着为害的加重，虫道渐宽，为害重的虫道宽可达 12～14mm，幼虫老熟后向外钻一个孔，茭肉外表可见黄褐色斑孔，幼虫取食时以黑色口针固定于叶鞘或叶肉组织内刮食。取食时幼虫体色可分为 3 段，前部为淡黄色，中部为深绿色，后部为草绿色。幼虫有转移为害习性，幼虫取食约 10d 后，体型明显增大，活动性逐渐减退，15~18d 后，大多数幼虫老熟钻出茭肉进入叶鞘准备化蛹。在叶鞘内为害的幼虫，静止 1~2d 预蛹，幼虫为害期一般为 15~25d。

幼虫为害部位多集中于离茭墩高 10~25cm 的叶鞘上，随着季节变化，其部位相应变化，4—6 月幼虫主要在叶鞘上为害。为害茭肉较少，从 7 月开始，幼虫为害茭肉加重，7—9 月茭肉上的虫量约占总量的 37.5%~42%。

2. 发生生态

（1）食料。菰毛眼水蝇成虫在茭白田分布有一定的规律，成虫多集中田边 1~3m处。越远离田边成虫越少，而田埂、河塘、水池边杂草成虫最多。以第三代成虫为例，离田边 3m、2m、1m 处，成虫数量分别为 0.5 头/m²、1.1 头/m²、2.4 头/m²，而田埂杂草成虫多达 5.2 头/m²。因此，防治成虫应以田埂、河边为重点。菰毛眼水蝇幼虫和蛹在田间分布极不均匀，在田间为负二项分布。

第一、第二代蛹和幼虫多集中茭白的第二叶鞘上，其次是第三、第四叶鞘上，茭肉和心叶上蛹壳极少；而从第三代开始幼虫蛀食茭肉，这时幼虫和蛹数以第三叶鞘上最多，其次是第四叶鞘。菱肉中也有相当多的虫量。

（2）温度。温度是影响菰毛眼水蝇的重要因子，高温对该虫有抑制作用，在适宜的温度范围，随温度的升高发育速率加快。各虫态历期也相应缩短（表 11-3）。

表 11-3 菰毛眼水蝇不同温度下的发育历期

温　度	发育历期（d）			
	卵	幼虫	蛹	成虫
22~25℃	6.8	22.1	10.4	29.7
24~27℃	5.4	18.3	7.8	21.0

资料来源：《蔬菜害虫测报与防治新技术》，陆自强和祝树德，1990

（3）小环境。根据无锡等地调查，近风景区、旅游区茭白田发生多，如无锡市梅园、蠡园乡菰毛眼水蝇的虫口密度明显高于其他乡。旅游区的路边、田埂，河边瓜皮、果壳等污物多，成虫喜欢密集于这些腐烂物上活动，田园卫生差，特别是腐烂物多的田块能引诱成虫，为害也重。

（四）防治方法

1. 农业防治

（1）清除越冬场所，压低越冬虫源基数。幼虫在雄茭、灰茭的残株上越冬，单季茭田挖除的雄茭、灰茭等残茬是春季茭白田的主要虫源，清除残茬、集中烧毁、深埋水淹，可压低越冬虫源基数。

（2）清除田间杂草，清洁田园。田边瓜皮果壳等腐烂物质多，为成虫提供补充营养，另外菰毛眼水蝇可产卵在看麦娘、浮萍、水花生等杂草上，因此铲除杂草，清洁田园可以减少产卵场所和成虫取食来源，能减轻菰毛眼水蝇的为害。

2. 生物防治

可选用 1.8%阿维菌素乳油 2 000 倍液喷雾。

3. 化学防治

可与防治茭白其他害虫结合起来用药。可选用 4.5%高效氯氰菊酯乳油 2 000 倍液喷雾。

第二节 刺吸类

一、长绿飞虱

（一）分布与为害

长绿飞虱 *Saccharosydne procerus*（Matsumura）属半翅目飞虱科。是为害茭白的主要害虫。成虫、幼虫刺吸汁液，严重时茭白整株枯黄，叶片卷曲枯死，植株矮小，茭白失收。

（二）形态识别

长绿飞虱的形态特征如图 11-3 所示。

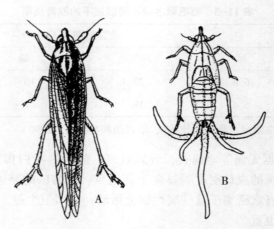

图 11-3 长绿飞虱

A. 成虫；B. 若虫

（仿陆自强和祝树德，1990）

成虫：淡绿色。体长雌 5.7mm，雄 5.2mm（含翅长）。头顶向前方突出，颜面纵沟、夹沟黄绿色。前胸背板有 3 条纵脊。中胸小盾片也具有 3 条脊。翅较长超过腹部。后足第一跗节极长。复眼和单眼为黑色至红褐色，喙末端和后足胫距齿黑褐色，个别个体前翅端部有黑褐色条纹。

卵：乳白色，香蕉形，约 0.7mm 左右。卵上覆有白蜡粉，卵粒主要产在叶片中脉小隔室内，散产。

若虫：分 5 龄。体背披白色蜡粉或蜡丝，以腹端拖出的 5 根尾丝最长，似金鱼形。①1 龄，体长 1.20mm，头宽 0.16mm，初孵时黄白色，后带绿色，腹部第五至第八节有 1 个橘红或橙黄色斑，翅芽未显，后胸长于前中胸。后端角尖。②2 龄，体长 1.32mm，头宽 0.18mm，体色同 1 龄后期，翅芽开始发育，后胸长于前胸、中胸，后端角钝圆。③3 龄，体长 2.12mm，头宽 0.20mm，体淡绿色，翅芽明显可见，前翅芽伸达后胸背板中部，后胸仅略长于中胸。④4 龄，体长 2.69mm，头宽 0.21mm，体色同 3 龄，有些腹面腹背中线两侧出现暗褐色斑，前翅芽伸达腹部第二节，后翅芽伸达腹部第三节，中胸长于前胸、后胸，后足胫节距后缘出现 5 个细齿。⑤5 龄，体长 1.06mm，头宽 0.32mm，体色同 4 龄，前翅芽伸达腹部第四或第五节，覆盖后翅芽，中胸长于前胸、后胸，后足胫节距后缘具齿 11~16 个。

（三）发生规律

1. 生物学习性

长绿飞虱一年发生 5 代，以滞育卵在茭白残留叶鞘、叶脉内越冬。3 月底至 4 月初孵化，5 月上中旬第一代成虫出现，在茭白上为害，并向新茭白田扩迁，第二代在 5 月中旬前后到 6 月中下旬，第三代在 7 月至 8 月上中旬，以后世代重叠，第四代发生在 8 月中下旬，第五代发生在 9—10 月，第四代后期与第五代成虫产卵在叶鞘或叶脉内滞育越冬。

雌成虫有产卵前期，越冬代和第 1 代成虫产卵前期分别为 6.0~6.4d，4.7~5.2d，每头雌虫产卵 150 粒左右，最多达 250 粒，产卵历期一般为 12d，最短 9d，最长 17d。

成虫产卵时间，产卵部位均有一定规律，昼夜均可产卵，但以上午 11 时至下午 3 时产卵最多，占日卵量的 52.97%。卵单产，卵帽上覆盖白色蜡粉，每一隔室大多为 1 粒卵，极少 2 粒卵，雌虫喜在嫩叶叶肋背面肥厚组织内产卵，叶背面卵量占 66.25%，叶鞘占 21.71%；叶正面的落卵量较少，占 12.01%，倒 4 叶至倒 6 叶卵量最大，占全株量的 84.38%。

田间越冬代成虫调查结果表明，雌虫多于雄虫，雌雄比为 1∶0.80。长绿飞虱成虫有一定的趋光性。据记载，1976—1981 年灯下共诱到 97 头，其中雌虫占 43.60%，雄虫占 56.40%，雄虫趋光性稍强于雌虫。成虫、若虫对茭白有较强的趋嫩绿性，喜聚集在心叶和倒 2 叶上为害。

2. 发生生态

（1）温湿度。温湿度影响各虫态的发育。在 20~28℃，温度对生长发育及繁殖有利，繁殖力强，数量增殖快，日平均温度超过 33℃，卵、若虫发育受抑制。越冬滞育的卵抗寒性较强，但到早春滞育被解除，抗逆性减弱，-8~-7℃ 条件下 24h 不能孵化。越冬卵有一定抗水性，残茬淹水 2d 卵均能孵化，但浸水 3d 以上可致死。

（2）食料。长绿飞虱成、若虫主要取食茭白、野茭白。用蒲饲养成虫，也能完成生活史，但死亡率高。在水稻上不能存活。初孵若虫耐饥能力低，2d 内找不到饲料死亡率达 50%，3d 死亡 100%，所以具备适生寄主是该虫猖獗发生的基本条件。

（3）天敌。长绿飞虱寄生性天敌主要有：稻虱缨小蜂 *Anagrus nilaparvatae*，蔗虱缨小蜂 *A. optabilis*，拟稻虱缨小蜂 *A. paranilaparvatae* 和长管稻虱缨小蜂 *A. longitubulosus*。主要捕食性天敌主要有：粽管巢蛛 *Clubiona japonicola*，三突花蛛 *Misumenops tricuspidatus*，锥腹肖蛸 *Tetragnatha maxillosa*。

（四）防治方法

长绿飞虱繁殖力强，数量增殖快，茭白分蘖性强，生长快，封行后防治工作很难开展，所以该虫的防治要采取"压前控后"的对策，以老茭田为重点防治对象田，农业防治与化学防治紧密结合，压低老茭田虫口密度，保护新茭。

1. 农业防治

当年秋茭收获后，大面积割除茭白、野茭白等残茬，晒干作燃料，翌年3月中下旬再全面清除一次，把残留的枯叶浸到河塘水中或在老茭白上水3~5d，就可淹杀虫卵，降低虫口密度。根据扬州大学试验结果表明，凡清除越冬虫源的田块或无越冬虫源的田块，越冬代发生数量较少，4月17日调查，平均每株不到4.5头，第一代发生量亦少。而没有清除虫源的地块越冬代发生数量多，平均每株有16.9头，越冬代成虫产卵量大，第一代发生数量多。

2. 化学防治

化学防治应以越冬代为重点。越冬卵虽然孵化时间长，龄期不整齐，但到2~3龄盛末时，越冬卵大部分都已孵化，药剂防治以2~3龄盛末为防治适期，可以采用10%吡虫啉可湿性粉剂2 000倍液、25%噻虫嗪水分散粒剂3 000倍液、50%吡蚜酮水分散粒剂3 000倍液、10%烯啶虫胺水剂2 000倍液、20%醚菊酯乳油2 000~3 000倍喷雾。

二、莲缢管蚜

（一）分布与为害

莲缢管蚜 *Rhopalosiphum nymphaeae* L. 属半翅目蚜科。是长江中下游地区慈姑、荷藕、芡实、菱角等水生蔬菜的重要害虫。

（二）形态识别

卵：长卵圆形，长0.55~0.71mm，宽0.30~0.39mm。黑色。成蚜莲缢管蚜有6个不同形态型。

无翅胎生雌蚜：体长2.3mm，体宽1.6mm。褐绿至深褐色，被薄蜡粉。触角6节，额瘤不明显，胸、腹背面具小圆圈连成的网纹，腹管中部和顶部缢缩，端部膨大，尾片毛5根。

有翅胎生雌蚜：体长2.3mm，宽1.0mm。头胸黑色，腹部褐绿色至深褐色。额瘤不明显。触角6节，第三、第四节有感觉圈。腹管形状与无翅胎生蚜相同，尾片毛5根。

干母：无翅。体长2.4mm，体宽1.5mm。体型与无翅胎生雌蚜相似。体色为棕色或深棕色，被薄蜡粉。触角5~6节。胸腹部背面由细线条连成网状纹。腹管短，从基部到端部逐渐变细。尾片毛 8 根。

雌性蚜：无翅。体长 1.7mm，宽 0.8mm。褐绿色至黑褐色，触角 5~6 节。胸腹背面有小点联成的网状纹。腹管无明显缢缩，后足胫节具感觉圈。

雄性蚜：有翅。体长 2.2mm，宽 0.9mm。与有翅胎生雌蚜相似，但体型小。触角 3~5 节均有感觉圈。抱握器和阳具明显。

性母：有翅，是第二寄主（慈姑等）向第一寄主（桃树等）迁移的回迁蚜，形态与有翅胎生雌蚜相似。

（三）发生规律

1. 生物学习性

莲缢管蚜在江苏为全周期生活型，冬季以卵在桃、李、杏、樱桃等核果树上越冬，翌年 3 月初，当日平均气温稳定在 12℃，越冬卵孵化。干母于桃树上繁殖产生胎生雌蚜，一般年份在桃树上繁殖 4~5 代，是江苏为害桃树的主要蚜种之一。4 月下旬至 5 月上旬产生有翅蚜迁至慈姑、莲藕、菱角等水生蔬菜和其他水生植物上繁殖，受害轻者显现黄白斑痕，重者叶片皱缩卷曲，茎叶枯黄。在慈姑等水生蔬菜上可繁殖 25 代左右，10 月中下旬产生有翅产雌性母蚜迁至越冬寄主，产生雌性蚜。产雄性母蚜在慈姑等植物上产生雄性蚜，回迁冬寄主，11 月上中旬交配产卵，雌性蚜产卵历期持续时间较长，暖冬年份，雌性蚜产卵历期从 11 月中旬一直持续到翌年 3 月上旬。

据报道莲缢管蚜在我国南部地区，如温州等地以无翅胎生雌蚜在红萍等水生植物上越冬，系半周期生活型。

莲缢管蚜雌性蚜喜在核果树枝条的叶芽、分枝、翘皮等处产卵，但对寄主枝条高度、直径、部位有一定的选择性，卵主要分布在离地面 1~2m 高的树枝上，以 10~15mm 直径枝条的中下部卵量分布最多。越冬卵抗寒性强，孵化率高，但孵化率与产卵时期有一定关系，冬前产的卵（11—12 月）孵化率高，冬后卵孵化率低。

无翅胎生蚜羽化后的当天就可产若蚜，28℃ 温度下羽化后 2~10d 内，产蚜最多，羽化后 10d 产蚜量占总蚜量的 86.5%。昼夜均可产蚜，但以每日上午 10 时至下午 4 时产蚜量最多，占全天产蚜量的 40% 左右，晚上 8—10 时时产蚜量最少，占 18.3%。

莲缢管蚜一般一生蜕 4 次皮，若虫有 4 个龄期，少数有 3 个或 5 个龄期，3 龄、4 龄、5 龄期的蚜虫分别占 4.8%、90.5%、4.8%。在 26℃ 温度下 1 龄、2 龄、3 龄、4 龄、5 龄分别为 1.2d、1.3d、1.3d、1.1d、1.2d，完成一世代约为 6~7d。但各龄历期与温度相关，在 22~30℃ 的温度范围内，若虫历期相差不大，18℃ 温度下历期显著增长（表 11-4）。

表 11-4　不同温度下各龄若虫历期

温　度	若虫各个龄历期（d）				若虫期（d）
	1 龄	2 龄	3 龄	4 龄	
26℃	1.2	1.3	1.3	1.2	5.0
22℃	1.4	1.4	1.5	1.3	5.6

（续表）

温　度	若虫各个龄历期（d）				若虫期（d）
	1 龄	2 龄	3 龄	4 龄	
18℃	2.5	2.8	3.2	2.4	10.9

资料来源：《蔬菜害虫测报与防治新技术》，陆自强和祝树德，1990

2. 发生生态

（1）温湿度。莲缢管蚜若虫期发育起点温度为 11.24℃，有效积温为 69.26 d·℃。成蚜寿命随温度的增加而明显缩短，16℃时平均寿命为 28.8d，32℃时为 8.6d，20~28℃时平均寿命为 24.3~15.5d。产卵量在 20~28℃温度范围内较高，24℃平均每头雌蚜产蚜量高达 61 头，32℃和 16℃产蚜量骤降，20~28℃是莲缢管蚜生存繁殖的最适温度范围。29℃是生长发育上限，夏季高温，生长发育、繁殖受抑制。莲缢管蚜喜偏湿环境，相对湿度80%以上，成虫寿命长，产蚜量较多，85%~95% 寿命长达 9.7~10.4d，产蚜量分别为 30~35 头；相对湿度低于 80%，寿命、繁殖率显著下降。莲缢管蚜对湿度的适应性，可能与长期生活于水生植物上有关，田间调查中也发现，凡缺水的慈姑田蚜虫发生较轻，而长期积水，生长茂密的田块则发生重。大雨对蚜虫有冲刷致死作用。

（2）寄主。莲缢管蚜全年的种群动态呈现多峰，第一次蚜量高峰发生在越冬寄主上，时间为 4 月下旬到 5 月初，在慈姑、荷藕混生地区，莲缢管蚜 5 月初从越冬寄主首先迁入荷藕和紫背浮萍上，呈单峰发生型。5 月中下旬慈姑出苗后陆续迁向慈姑，在慈姑上出现两次高峰，第一峰在 6 月中下旬，此期间江苏日平均温度在 24~28℃，适合蚜虫繁殖。盛夏高温季节对蚜虫发生不利，蚜量骤降。8 月中下旬气温在平均温度26℃以下，蚜量回升，8 月下旬至 9 月初出现第二高峰，此峰持续时间长，蚜量大，慈姑进入地下茎生长期，受害重，损失大，是防治的关键期。

莲缢管蚜偏嗜嫩茎、嫩叶，大部分集中在心叶和倒 2 叶片与叶柄上，受害植株生长量降低，出叶速度缓慢，慈姑地下茎生长受抑制，产量降低。

莲缢管蚜虽然为害多种水生植物，但对寄主种类有偏嗜性，生命表研究证明，其内禀增长率为慈姑>荷藕>紫背浮萍。早春萍、藕混生，萍、慈姑混生田蚜虫发生早，数量上升快，纯慈姑田蚜虫发生迟，数量上升慢；春、夏在混栽区发生早，为害重，纯夏茬慈姑则发生迟，为害轻。

（3）天敌莲缢管蚜的天敌众多，有长突毛瓢虫 *Scymnus yamato Kamiga*、黑襟毛瓢虫 *Scymnus（Neopullus）hoffmanni Weise*、中华草蛉 *Chrysopa sinica*、黑食蚜盲蝽 *Deraeocoris punctulatus*、黄斑盘瓢虫 *Coelophora saucia Mulsant*、异色瓢虫 *Leis axyricdis*、黑带食蚜蝇 *Epistroph balteata* 等，6 月下旬至 7 月天敌数量大，对蚜虫控制作用明显。

（四）防治方法

1. 农业防治

慈姑生产中，力求成片种植，减少春夏茬混栽，慈姑、荷藕混栽，清除田内浮萍，合理控制种植密度。

2. 化学防治

可选用5%啶虫脒乳油1 500倍液、10%吡虫啉可湿性粉剂2 000倍液、50%吡蚜酮水分散粒剂3 000倍液喷雾。

第三节　钻蛀类

一、慈姑钻心虫

（一）分布与为害

慈姑钻心虫 *Phalonidia* sp. 属鳞翅目细卷叶蛾科，发生普遍，为害严重。据江苏海安、扬州、邗江等地调查，为害严重的田块，株受害率最高达70%，平均25%，是慈姑的重要钻蛀性害虫。

（二）形态识别

慈姑钻心虫的形态特征如图11-4所示。

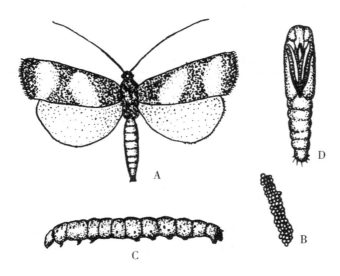

图11-4　慈姑钻心虫

A. 成虫；B. 卵；C. 幼虫；D. 蛹

（仿陆自强和祝树德，1990）

成虫：翅展13~17mm。头部棕黄色，覆有黄色鳞毛。触角基部呈银黄色，其余褐色。下唇须黄色，长而向前伸并稍向上弯曲，第二节膨大并有浅黄色鳞毛。胸腹部褐色。前翅银黄色，基部前缘有长三角形的褐色斑，翅中央从前缘中部至后缘中部，有几乎与后缘平行的宽褐色中带，翅端部有不规则的褐色小斑1个；后翅淡灰褐色，具银白色的缘毛。前足、中足胫节与跗节褐色，散布不规则的小白斑，后足银黄色。

卵：卵块鱼鳞状，乳白色，卵粒扁平，椭圆形，长而较光滑，中央略隆起，长约0.8mm，宽0.6mm。

幼虫：一般为4龄，老熟幼虫长13~16mm，浅绿色，越冬代体色变化较大，有的呈浅紫红色，也有呈黄褐色，黄绿色。前胸背板两侧各有毛5根，前3后2排列；中后胸背板两侧各有毛7根，前6后1排列，第一至第八腹节背面有毛6根，前4后2排列，第九腹节背面有毛3片，排列成1行，每个毛片有毛2根左右，臀足背面有刚毛8根，趾钩为单序圆环，外侧较疏，臀足为单序中带。

蛹：长7.5~9.5mm，宽3~4mm。黄褐色。复眼深褐色。腹部背面各节有2横列小刺，前缘小刺大而疏，后缘小刺较小而密，腹部末端有臀棘3根，中间4根较细，两侧和端部的较粗，臀棘末端不卷曲。

（三）发生规律

慈姑钻心虫在江苏一年发生3~4代。越冬幼虫在平均气温达23℃开始化蛹；6月上旬进入始蛹期，6月中旬进入化蛹高峰，6月下旬羽化产卵。第一代幼虫为害高峰期在7月中旬，主要为害栽培较早的慈姑，7月下旬进入化蛹期，7月底8月初羽化产卵。第二代为害较重，主要为害期在8月中旬，8月下旬进入化蛹期。8月底9月初成虫羽化产卵。第三代是不完整的世代；10月底11月初老熟幼虫开始越冬，如秋季温度较高，10月上中旬还可发生不完整的第四代。由于越冬代成虫发生期较长，世代重叠。在江苏地区各代各虫态历期如表11-5。

表11-5 慈姑钻心虫各虫态历期

发生代数	发育历期（d）			
	卵	幼虫	蛹	成虫
一	5.5	20	8	6.5
二	3.5	19	9	7
三	3.5	27	28	5

资料来源：《蔬菜害虫测报与防治新技术》，陆自强和祝树德，1990

老熟幼虫在慈姑的残茬叶柄中越冬，全株都有分布，但以离地2~3cm处为多。越冬幼虫有群集性，每株残茬中最多达23头，少则1头，平均每株有虫2.7头。抗寒力较强，4龄幼虫过冷却点平均-19℃，结冰点为-16℃。

成虫夜出性，白天栖息于慈姑植株的各部位，羽化后2~3d开始交尾，3~4d后开始产卵。卵块产在慈姑叶柄和叶片上，但以叶柄中下部为主，占总卵数的82.4%。成虫需补充营养，供2%糖水喂饲的成虫产卵早，产卵多。卵块大小不一，最大卵块有卵157粒，最小卵块有14粒。3~4行排在一起呈鱼鳞状。产卵有选择性，喜产在绿色叶位，很少产在外层黄叶柄上。

幼虫上午7—8时半孵化最多，9时以后孵化较少，孵化时间比较集中，同一卵块在10min左右基本孵完。初孵幼虫不食卵壳，常在卵壳周围徘徊，以后往下爬行至离水面1~3cm的叶柄处，群集蛀入表皮，少数钻入内径，或钻入叶表面内取食叶肉，一般孵化后 0.5~3.0h 全部钻入，如 3h 后不能钻入则大部分死亡。据观察，同一卵块先孵出来的幼虫生命力强，蛀入率高，后孵化的幼虫生命力弱，爬行慢，蛀入率低。随着幼虫长大，在叶柄内逐渐向上蛀食，2 龄以后的幼虫能转株为害，受害叶柄出现黄斑，随着为害加剧，叶柄折断。

野外调查尚未发现其他寄主，室内饲养能食害茭白、荸荠、水花生，也能化蛹及羽化。老熟幼虫在叶柄内化蛹，化蛹前，先咬好一个羽化孔，在离羽化孔不远处化蛹，头朝下，蛹尾有丝粘结在叶柄内壁上。羽化后，蛹壳竖立在羽化孔外。

（四）防治方法

1. 农业防治

消除越冬场所，减少越冬基数，拔去慈姑残茬，集中烧毁或沤肥，消灭越冬幼虫。

2. 生物防治

可选用 1.8% 阿维菌素乳油 2 000 倍液喷雾。

3. 化学防治

在卵孵化高峰期进行施药防治。可选用 100g/L 虫螨腈悬浮 1 500 倍液喷雾。

二、黄色白禾螟

（一）分布与为害

黄色白禾螟 *Scirpophaga xanthopygata* Schawerda、荸荠白禾螟 *S. nivella*（Fabricius），均是我国荸荠产区的主要钻蛀性害虫，前者在苏、皖、浙 3 省发生较为严重。后者分布较广，是我国南方各地荸荠的重要害虫。这两种害虫为害与发生规律基本相似，防治方法也相似。

（二）形态识别

黄色白禾螟的形态特征如图 11-5 所示。

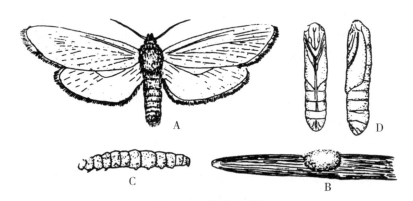

图 11-5　黄色白禾螟
A. 成虫；B. 卵块；C. 幼虫；D. 蛹
（仿祝树德和陆自强，1996）

成虫：翅展 23~26mm，雌虫 40~42mm。头、胸、腹背白色。双翅系纯白，无斑纹。腹部末端绒毛纯白。雄蛾翅反面呈暗褐色，喙不明显，下唇须发达，较长，向水平方向前伸，下唇须第二节超过头长 2 倍（荸荠白禾螟体型略小，雌蛾腹部末端绒毛棕褐色）。卵粒堆积成块，呈长馒头状，表面覆盖褐色鳞毛。卵块长 1.5cm 左右，宽 0.8cm 左右，平均每卵块含卵 200 粒左右。

幼虫：虫体白色至褐色，头部及前胸背板骨化，呈褐色，初脱皮的幼虫头部及前胸背板浅黄色。腹足趾钩列为单行多序环，幼虫分 5 个龄期。1 龄头宽 0.24~0.25mm，体长 1.5~5mm；2 龄头宽 0.38~0.40mm，体长 5~9mm；3 龄头宽 0.45~0.59mm，体长 9~13mm；4 龄头宽 0.84~0.94mm，体长 13~20mm；5 龄头宽 1.05~1.23mm，体长 20~25mm。预蛹期体缩短，变粗。

蛹：蛹体白色、黄褐色。雌蛹体长 18~20mm，宽 4mm，翅芽伸长达腹部第 6 节，中足伸达腹部第 4 节中部，后足伸达腹部第 7 节；雄蛹体长 14~15mm，宽 3mm，翅芽伸达腹部第六节，中足伸达腹部第六节中部，后足伸达腹部第七节。

（三）发生规律

1. 生物学习性

黄色白禾螟以 3 龄幼虫在荸荠残茬、残茎中滞育越冬，江苏地区一般在 10 月中旬，以 3 龄幼虫吐丝结茧、老龄幼虫在荸荠残茬中越冬。开春后，随着气温升高，越冬幼虫发育；5 月上中旬进入蛹期，有少数幼虫还可转移到莎草科、禾本科草上取食发育，在杂草上化蛹。5 月下旬至 6 月上旬越冬代始蛾。6 月中旬盛发，第一代发生在 6 月上旬至 7 月下旬，第二代发生在 7 月中下旬至 8 月中旬，第三代发生在 8 月上旬至 9 月中旬。第二、第三代成虫产卵在荸荠种苗田和本田，这两代是主要为害世代。第四代是不完全世代，10 月中旬进入越冬期。

成虫羽化 1d 后即可交尾，交尾高峰发生在凌晨，交尾历时 2~3h，交尾后雌雄常栖息在同一株荸荠上，雌在前，雄在后，交尾后雌蛾当天即可产卵，产卵时间大都集中在晚上 6—8 时。成虫有趋绿性，产卵在荸荠茎秆顶端，一般在高茎尖 1.6~10.0cm 处为多。成虫一生可产卵 4~5 块，每卵块平均含卵 150~225 粒。卵块大小与世代数有关，一般越冬代产的卵块较小，含卵粒少，第二代、第三代卵块较大，据 50 个卵块检查，最多含卵 278 粒，最少含卵 26 粒，平均含卵 170 粒。卵块孵化时间大多数在上午 8—9 时。

初孵幼虫钻出卵壳后，或是沿茎向下爬行。在近水面 9~15cm 处钻入茎内，或是吐丝下垂入水，虽然幼虫常因落水而死，但仍有部分幼虫重新爬上茎秆钻茎为害。

低龄幼虫有群集性。2~3 龄以后转株危害、转株孔椭圆形，孔口大都离地面 10cm 左右，孔口近缘黑褐色。

据田间接卵块系统观察表明，一般孵化后 3d 就可以出现枯心，但出现枯心的高峰在孵化后 21d，每一卵块（第 3 代卵块）平均可形成枯心苗 51 株。

老熟幼虫在荸荠中结茧化蛹，结茧前先要咬好羽化孔，一般化蛹部位在离水面 20cm 处，根据蛹的成熟程度可以分为 3 级，各级特征及历期如表 11-6 所示。

表 11-6 蛹发育级别与特征

级 别	特 征	历期（d）
Ⅰ	体乳白至乳黄色，体软，复眼同体同色，而后转为浅灰色	2~3
Ⅱ	复眼灰褐色，上半部色浅，下半部色深，触角与体同色转为基部呈深褐色，胸部前缘与侧缘呈灰色，腹部第一节呈灰色，而后第一、第二节色渐变为黄褐色，并各出现一黑色横带	2~3
Ⅲ	触角整个为黑色，前足、中足、后足依次颜色变深，腹部各节颜色均渐转为黄褐色，而后呈银灰色	2~3

资料来源：《蔬菜害虫测报与防治新技术》，陆自强和祝树德，1990

2. 发生生态

（1）温度。各虫态的发育速率与温度相关，气温高，发育快，历期短。不同温度下的各代各虫态的历期如表 11-7 所示。越冬幼虫有较强的抗寒性，过冷却点与结冰点分别为-12.25℃，-5.25℃，但抗寒力与体内脂肪及水分含量有关，脂肪含量高，含水量低的幼虫抗寒力较强。

表 11-7 不同温度下平均发育历期

温度（℃）	发育历期（d）				
	卵	幼虫	蛹	成虫	全世代
20	10	23	14	6~7	53~54
26	8	19	8~9	5~6	40~42
29	6~7	18	7	5	36~37

资料来源：《蔬菜害虫测报与防治新技术》，陆自强和祝树德，1990

（2）食料。黄色白禾螟的发生与栽培制度有关，一般早栽的荸荠，施肥多生长嫩绿的田块，受害期长，为害程度重，据调查早栽田比迟栽田为害率高 22%~64%。

（3）天敌。黄色白禾螟天敌甚多，特别是卵寄生蜂，对压低害虫种群数量有一定作用。据第二代卵期调查，在扬州地区拟澳洲赤眼蜂 *Tricehogranma confusum*，寄生率高达 45.95%，此外，捕食性天敌有蜘蛛、青蛙、蜻蜓等。

（四）防治方法

1. 农业防治

（1）荸荠收获后及时清除并集中销毁田间遗留的残茬枯茎，5 月上旬前后铲除荸荠田遗留的球茎抽生的植株。

（2）适时栽种如江浙地区，在 7 月中下旬移栽，有利避过 2 代白禾螟的危害和减轻第三代为害，可减少损失。

（3）在化蛹高峰期可用深水灌淹方法灭杀蛹。

2. 生物防治

可选用 1.8%阿维菌素乳油 2 000 倍液喷雾。

3. 化学防治

可选用 25g/L 联苯菊酯乳油 1 500 倍液喷雾。

三、莲藕食根金花虫

(一) 分布与为害

莲藕食根金花虫 *Donacia provostii* Fairmaire 属鞘翅目叶甲科，俗名地蛆，国内分布甚广，是深水藕地区荷藕的重要害虫。以幼虫在荷藕的根须、藕段等处为害，被害处呈黑褐色斑点，根部发黑，荷叶发黄，藕株生长受阻，减产 15%~20%。同时由于外观损伤，严重影响荷藕的加工与出口创汇。

(二) 形态识别

莲藕食根金花虫的形态特征如图 11-6 所示。

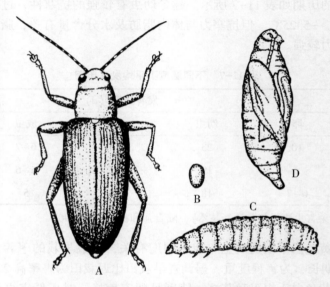

图 11-6　莲藕食根金花虫
A. 成虫；B. 卵；C. 幼虫；D. 蛹
(仿祝树德和陆自强，1996)

成虫：绿褐色有金属光泽，体长约 6mm。腹部有厚密的银白色绒毛。触角各节端部黑褐色，基部黄褐色。前胸背板近似四方形。鞘翅有刻点和纵沟，翅端平截，腹部末端稍露出翅外，各足腿节有蓝绿色光泽，后足腿节端部有 1 齿状刺。

卵：长约 1mm，长椭圆形，稍扁平，表面光滑，初产时乳白色，将孵化时变为淡黄色。卵常 20~30 粒聚产成块，卵块上面覆盖白色透明的胶状物。

幼虫：白色蛆状，头小，胸腹部肥大，稍弯曲。胸足 3 对，无腹足，尾端有 1 对褐色爪状尾钩。

蛹：长约 8mm，白色，藏在红褐色的胶质薄茧内。

（三）发生规律

该虫在江苏一年发生 1 代，以幼虫在荷藕根须和藕节间越冬，翌年 4 月下旬至 5 月上旬越冬幼虫开始活动为害，5—6 月开始化蛹羽化，6—7 月羽化盛期，7 月间为成虫产卵盛期，7 月下旬至 8 月上旬为卵孵盛期，幼虫孵化后，即入水钻入土中食害藕节。

成虫在土中羽化后，即向上爬，并浮出水面，1~2d 后交配，之后 1~2d 开始产卵，历期 4~8d，卵主要产在藕塘中眼子菜叶背，其次是荷叶、鸭舌草、长叶泽泻等叶面上。成虫行动活泼，受惊动既能贴水面飞遁，也能潜水而逃逸，成虫寿命 8~9d，卵期 6~9d，孵化最适温度为 20~26℃，以下午 2~6 时孵化最多。老熟幼虫在黏液包围体躯，经 1d 黏液硬化，形成胶质薄茧而化蛹其中，蛹历期 15~17d。

莲藕食根金花虫主要发生在丘陵山区或低洼地区长期积水的老沤田、低洼田、池塘、湖荡中的荷藕田中，一般浅水田藕则很少发生。另外，眼子菜多的藕塘，虫量多，受害重；眼子菜少的田块受害轻。搁田晒塘对幼虫发生不利，土壤含水量低于 10%，7d 后幼虫仅存活 3.3%，而土壤含水量在 20% 以上，幼虫则能长期存活，所以常年积水和排水不良的低洼田，有利于它的发生，为害重。

（四）防治方法

1. 农业防治

（1）种栽荷藕时，进行土质改良，早春每亩施石灰 50kg，以中和土壤中的酸性，既能防治病害，增强植株的抗病性，又能防治越冬代食根金花虫的幼虫，有条件的地方，可施茶籽饼粉，每亩 15~20kg，对防治早春出蛰活动的食根金花虫幼虫效果更好，防治适期一般在 4 月中旬至 5 月上旬。

（2）荷藕生长期间，及时清除田间杂草，特别是眼子菜、鸭舌草等，减少食根金花虫成虫的取食及产卵场所。

（3）水旱轮作，莲藕食根金花虫发生严重的田块改种一两年旱作，或冬季排出田间积水。

2. 化学防治

莲藕食根金花虫发生较重的田块，在 4 月中下旬，一般要在早春荷藕发芽前，排出田间积水，每公顷用 5% 辛硫磷颗粒剂 40~45kg 拌细土 300kg 施入土内，并适当耕翻。

参考文献

陈金翠，侯德佳，王泽华，等．2017．7 种药剂对温室白粉虱不同虫态的防治效果 [J]．植物保护，43（4）：228-232．

陈乃中．1999．美洲斑潜蝇等重要潜蝇的鉴别 [J]．应用昆虫学报，6（4）：222-226．

陈夜江，罗宏伟，黄建，等．2001．湿度对烟粉虱实验种群的影响 [J]．华东昆虫学报，10（2）：76-80．

褚栋，毕玉平，张友军，等．2005．烟粉虱生物型研究进展 [J]．生态学报，25（12）：3 398-3 405．

董钧锋，张友军，朱国仁，等．2012．甜菜夜蛾在四种寄主植物上的生命表参数比较研究 [J]．应用昆虫学报，4 906：1 468-1 473．

韩兰芝，翟保平，张孝羲．2003．不同温度下甜菜夜蛾实验种群生命表研究 [J]．昆虫学报，46（2）：184-189．

郝树广，康乐．2001．温、湿度对美洲斑潜蝇发育、存活及食量的影响 [J]．昆虫学报，44（3）：332-336．

何玉仙，黄建．2005．烟粉虱抗药性的研究进展 [J]．华东昆虫学报，14（4）：336-342．

黄荣华，周军，张顺良，等．2015．菜粉蝶生物防治研究进展 [J]．江西农业学报，27（10）：46-49．

江幸福，罗礼智，胡毅．1999．幼虫食物对甜菜夜蛾生长发育、繁殖及飞行的影响 [J]．昆虫学报（3）：270-276．

江幸福，罗礼智．2010．我国甜菜夜蛾发生为害特点及治理措施 [J]．长江蔬菜，18：93-95．

金党琴．2004．烟粉虱的生物学及暴发机理研究 [D]．扬州：扬州大学．

康乐．1996．斑潜蝇的生态学与持续控制 [M]．北京：科学出版社．

雷仲仁，朱灿健，张长青．2007．重大外来入侵害虫三叶斑潜蝇在中国的风险性分析 [J]．植物保护，33（1）：37-41．

李景柱，郅军锐，盖海涛．2011．寄主和温度对西花蓟马生长发育的影响 [J]．生态学杂志，30（3）：558-563．

李书林，蒋林忠，孙国俊，等．2007．棕榈蓟马发生特点及防治技术 [J]．江苏农业科学（3）：86-87．

梁广勤，梁国真．1993．实蝇及其防除 [M]．广州：广东科学出版社．

梁广文，詹根祥，曾玲．2001．寄生蜂对美洲斑潜蝇自然种群控制作用的评价 [J]．

应用生态学报，12（2）：257-260.

林文彩，章金明，郦卫弟，等. 2015. 菜蚜对杀虫剂的敏感性试验 [J]. 浙江农业科学，56（8）：1 249-1 251.

刘欢，向亚林，赵晓峰，等. 2018. 黄曲条跳甲综合防治技术的研究与示范 [J]. 环境昆虫学报，40（2）：461-467.

刘银泉，刘树生. 2012. 烟粉虱的分类地位及在中国的分布 [J]. 生物安全学报，21（4）：247-255.

陆自强，祝树德. 1990. 蔬菜害虫测报与防治新技术 [M]. 南京：江苏科技出版社.

马新耀，程作慧，刘耀华，等. 2016. 藿香精油对朱砂叶螨的触杀毒力及几种保护酶活性的影响 [J]. 中国生物防治学报，32（6）：689-697.

马新耀，刘耀华，程作慧，等. 2017. 艾蒿精油对朱砂叶螨的生物活性及几种保护酶活性的影响 [J]. 中国生物防治学报，33（2）：289-296.

孟瑞霞，张青文，刘小侠. 2008. 烟粉虱生物防治应用现状 [J]. 中国生物防治，24（1）：80-85.

孟祥锋，何俊华，刘树生，等. 2006. 烟粉虱的寄生蜂及其应用 [J]. 中国生物防治，22（3）：174-179.

牛成伟，张青文，叶志华，等. 2006. 不同地区甜菜夜蛾种群的遗传多样性分析 [J]. 昆虫学报，49（5）：867-873.

庞保平，程家安，黄恩友，等. 2005. 不同寄主植物对美洲斑潜蝇种群参数的影响 [J]. 植物保护，31（2）：26-28.

苏建亚. 1998. 甜菜夜蛾的迁飞及在我国的发生 [J]. 应用昆虫学报，35（1）：55-57.

田华. 2009. 大豆害虫豆天蛾的危害与综合防治 [J]. 南阳师范学院学报，8（6）：58-60.

涂小云，王国红. 2010. 茄二十八星瓢虫生物防治研究进展 [J]. 中国植保导刊，30（3）：13-16.

汪兴鉴，黄顶成，李红梅，等，2006. 三叶草斑潜蝇的入侵、鉴定及在中国适生区分析 [J]. 应用昆虫学报，43（4）：540-554.

汪兴鉴. 1995. 重要果蔬类有害实蝇概论 [J]. 植物检疫，9（1）：20-30.

王国红，涂小云. 2005. 瓢虫柄腹姬小蜂对茄二十八星瓢虫功能反应的研究 [J]. 生态学杂志，24（7）：736-740.

王凯歌，益浩，雷仲仁，等，2013. 两种外来入侵斑潜蝇在海南地区的竞争取代调查分析 [J]. 中国农业科学，46（22）：4 842-4 848.

王瑞明，徐文华，林付根，等. 2007. 江苏沿海农区甜菜夜蛾发生特点研究进展 [J]. 华东昆虫学报（2）：81-86.

王音，雷仲仁，问锦曾，等，2000. 温度对美洲斑潜蝇发育、取食、产卵、和寿命的影响 [J]. 植物保护学报，27（3）：201-214.

王泽华，石宝才，宫亚军，等 . 2013. 棕榈蓟马的识别与防治 ［J］. 中国蔬菜 （13）：28-29.

吴佳教，张维球，梁广文 . 1995. 温度对节瓜蓟马发育及产卵力的影响 ［J］. 华南农业大学学报，16（4）：14-19.

吴青君，张友军，徐宝云，等 . 2005. 入侵害虫西花蓟马的生物学、危害及防治技术 ［J］. 应用昆虫学报，42（1）：11-14.

武晓云，程晓非，张宏瑞，等 . 2006. 西花蓟马（*Frankliniella occidentalis*）研究进展 ［J］. 云南农业大学学报，21（2）：178-183.

夏朝真 . 2011. 黄曲条跳甲的综合防治技术 ［D］. 福州：福建农林大学 .

余金咏，吴伟坚，梁广文 . 2012. 中华微刺盲蝽对茄二十八星瓢虫卵的捕食功能反应 ［J］. 中国植保导刊，32（8）：11-13.

张灿，王兴民，邱宝利，等 . 2015. 烟粉虱热点问题研究进展 ［J］. 应用昆虫学报，52（1）：32-46.

张娜，郭建英，万方浩，等 . 2009. 甜菜夜蛾对不同寄主植物的产卵和取食选择 ［J］. 昆虫学报，52（11）：1 229-1 235.

张志军，张友军，徐宝云，等 . 2012. 温度对西花蓟马生长发育、繁殖和种群增长的影响 ［J］. 昆虫学报，55（10）：1 168-1 177.

章士美，赵泳祥 . 1996. 中国农林昆虫地理分布 ［M］. 北京：中国农业出版社 .

朱彬年，彭炳光，黄华林，等 . 1988. 棕榈蓟马生物学特性及防治研究简报 ［J］. 广西农业科学（2）：44-46.

祝树德，陆自强 . 1996. 园艺昆虫学 ［M］. 北京：中国农业科学技术出版社 .

祝树德，任璐，钱坤 . 2003. 温度对甜菜夜蛾实验种群的影响 ［J］. 扬州大学学报 （农业与生命科学版），24（1）：75-78.

第三篇
果树害虫

第十二章　苹果、梨害虫

苹果、梨树是落叶果树中的重要树种，主要生产基地包括辽宁、山东、河北、河南、山西、新疆、江苏、安徽、陕西等省区。随着果园栽培区域的迅速扩展，苹果、梨树害虫种类越来越复杂。据记载，苹果害虫有 348 种，梨树害虫有 341 种，其中为害较重的有 20 余种。为害苹果树、梨树的主要害虫有黑绒金龟子、顶梢卷叶蛾、旋纹潜叶蛾、金纹细蛾、苹果黄蚜、梨二叉蚜、梨木虱、梨圆蚧、梨茎蜂、桑天牛、桃小食心虫、梨小食心虫、梨大食心虫、苹果蠹蛾、山楂叶螨等。

第一节　食叶类

苹果、梨上的食叶类害虫种类不多，常见的主要黑绒金龟子。该害虫分布广泛，在我国的华北、东北和西北各省均有发生。黑绒金龟子除了以幼虫为害幼苗的根部外，主要是以成虫为害各种针叶、阔叶树种的叶片和芽，还为害苹果、梨等果树的花器，是果树、人工林等的重要害虫。

黑绒金龟子

（一）分布与为害

黑绒金龟子 *Maladera orientalis* Motschulsky 属鞘翅目金龟子科，又名东方金龟子。分布很广，遍及我国黑龙江、吉林、辽宁、内蒙古、河北、河南、山东、山西、陕西、甘肃、宁夏、四川、湖北、江西、安徽、江苏、浙江、台湾等省区，以东北及黄河故道地区的果园发生普遍，尤其是山丘地带的果树受害比较严重。食性很复杂，已知其寄主植物有苹果、梨、葡萄、桃、李、樱桃、梅、山楂、柿等多种果树；桑、杨、柳、榆、松、黄菠萝、臭椿等多种林木、花卉；亦可为害禾谷类、豆类、麻类、花生、甜菜、烟草、棉花、瓜类、蔬菜和啤酒花等；还可取食多种杂草，如蒲公英、羊蹄叶、龙葵等。黑绒金龟子幼虫一般为害性不大，仅在土内取食一些植物根。成虫主要食害寄主的嫩芽、新叶及花朵，尤其嗜食幼嫩的芽叶，且常群集暴食，所以幼树受害更为严重。

（二）形态识别

成虫：体长 8~9mm，宽 5~6mm，卵圆形，雄虫比雌虫略小，全体黑褐或黑紫色，密被灰黑色短绒毛，具光泽。触角褐色，由 9 节组成。前胸背板密布刻点，其侧缘弧形，并有 1 列刺毛；鞘翅上具有数条隆起线，两侧亦有刺毛；前足胫节有 2 刺；后足胫节细长，其端部内侧有沟状凹陷；腹部最后 1 对气门露出鞘翅外。

卵：椭圆形，长径约 1mm，乳白色，有光泽，孵化前色泽变暗。

幼虫：老熟幼虫体长约 16mm，头部黄褐色，胴部乳白色，多皱褶，被有黄褐色细毛，肛腹片上约有 28 根刺，横向排列成单行弧状。

蛹：体长 6~9mm，黄色，裸蛹，头部黑褐色。

（三）发生规律

在东北地区一年发生 1 代，以成虫在土壤内越冬。翌年春季当土层解冻到 20~30cm 后（约在 4 月上中旬），越冬成虫即逐渐上升。4 月中下旬至 5 月初（5d 平均气温达 10℃以上时）大量出土活动。先在发芽较早的杂草上（蒲公英、羊蹄叶等），或杨树、柳树、榆树等取食幼嫩的芽、叶，待果树发出新叶时，即逐渐转移到果树上为害，为害盛期在 5 月初至 6 月中旬，6 月为产卵时期。卵产在草荒地、豆地、果园间作地或绿肥地里，以 5~10cm 深表土层内最多。卵期 9d 左右，6 月中下旬就开始出现新一代的幼虫。幼虫取食植物的幼根，至秋季（约 8 月中旬至 9 月中旬）3 龄老熟幼虫迁入 20~30cm 处作土室化蛹，蛹期约 10d，羽化出来的成虫则不再出土而进入越冬状态。

成虫在日落前后从土里爬出来，成虫飞翔力较强，傍晚飞到果园内，多往返于果树的周围取食为害，并进行交尾活动。以温暖无风的天气出现最多，成虫活动的适宜温度为 20~25℃，降水量大，湿度高有利于成虫出土为害。一般在晚上 9—10 时，成虫自动落地钻进土里潜伏，或飞往果园附近的土内潜伏。

成虫有较强的趋光性；嗜食榆树、柳树、杨树的芽、叶，故可利用此习性进行诱杀；成虫有假死习性，可采取震落方法捕杀。

（四）防治方法

1. 农业防治

在成虫发生期，利用其假死习性于傍晚震落捕杀。因此虫为害树种很多，除果树上进行捕杀外，对于果树周围的其他树木也要进行捕杀，才能获得更好的效果。

2. 物理防治

利用成虫的趋光性，在成虫发生期可设置黑光灯诱杀。

3. 化学防治

（1）对苗圃或新植果园，在成虫出现盛期，可于无风的下午 3 时左右，用长约 60cm 的杨树、榆树、柳树枝条沾上 90%敌百虫可溶粉剂 100 倍液（最好将树枝条浸沾在药液内 2~3h 后取出使用），然后分散安插在地里诱杀成虫，可收到良好效果。

（2）利用成虫入土习性，于发生前在树下撒 3%辛硫磷颗粒剂、5%吡虫啉颗粒剂，施后耙松表土，使部分入土的成虫触药中毒而死。

（3）成虫发生大量时，可选用 90%敌百虫可溶粉剂 800 倍液、50%马拉硫磷乳油 2 000 倍液、4.5%高效氯氰菊酯乳油 1 500 倍液喷雾。

第二节　卷叶类

一、顶梢卷叶蛾

（一）分布与为害

顶梢卷叶蛾 *Spilonota lechriaspis* Meyrick 属鳞翅目小卷叶蛾科。顶梢卷叶蛾是我国苹果产区普遍发生的害虫。它分布于东北、华北、西北、华东及华中地区。中华人民共和国成立后，黄河故道沙荒地带种植大量苹果树，江苏徐淮故道沙荒地区的果园几乎连成一片，这些地区在发展苹果栽培过程中，特别是在育苗的过程中，苹果的砧木、幼苗、幼树及结果树均受此虫的为害，尤其是管理比较粗放的果园受害尤重。

（二）形态识别

顶梢卷叶蛾的形态特征如图 12-1 所示。

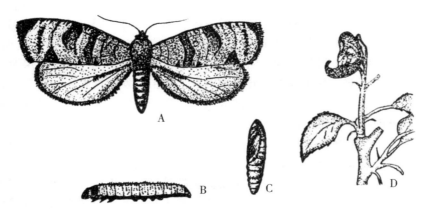

图 12-1　顶梢卷叶蛾
A. 成虫；B. 幼虫；C. 蛹；D. 被害状
（仿祝树德和陆自强，1996）

成虫：体长 6~8mm，翅展 12~14mm。全体银灰褐色。翅基部 1/3 处及翅中部有 1 个暗褐色弓形横带，后缘近臀角处具有 1 个近似三角形暗褐色的臀角斑，前缘至臀角间具有 6~8 个黑褐色平行短纹。两前翅合拢时，后缘的三角形斑合为棱形。

卵：乳白色，扁椭圆形。长径 0.7mm，短径 0.5mm。卵壳上有明显的多角形横纹。卵系散产。

幼虫：体长 8~11mm。身体粗短，污白色。头部枣红或暗棕色至黑色，前胸背及胸足暗棕至黑色。

蛹：体长 0.5mm。黄褐色，纺锤形。

（三）发生规律

顶梢卷叶蛾在辽宁、山东青岛、山西一年发生 2 代，黄河故道地区（河南、江苏、安徽）一年发生 3 代，北京地区一年也有 3 代。以 2~3 龄幼虫，主要在枝梢顶端的卷叶团中结茧越冬，少数在侧芽腋上过冬。越冬幼虫于早春苹果树发芽时出蛰为害嫩叶，开始大部分转移至顶部第一至第三芽内，并且越是活动前期，幼虫越接近顶芽，以后逐渐向下扩展，因此在冬季，早春结合果树修剪，除去越冬被害枝梢，是减少虫源的有效防治方法，特别是出圃的苗木更为重要，越冬代幼虫转害春梢，5 月末、6 月上旬幼虫老熟，即在卷叶内作茧化蛹。第一次成虫（越冬代成虫）出现在 6 月，成虫喜欢糖蜜，略有趋光性，白天不活动，藏在叶背或者阴蔽的枝条上，晚间活动，交尾，产卵。卵主要产在叶片上，以绒毛多的叶背上居多，而且选择在当年生枝梢中部的叶片上。卵粒散产。卵期约 6~7d，幼虫孵化后爬全梢端，卷缀嫩叶为害，并吐丝缠缀从叶背上啃下来的绒毛作茧，幼虫取食时身体探出茧外食害嫩叶。第一代幼虫是为害木苗最严重的时期，第一代成虫出现在 7 月，第二代成虫出现在 8 月，继续产卵繁殖。幼虫为害至 10 月中下旬，即在顶梢卷叶团中作茧越冬。

顶梢卷叶蛾主要为害蔷薇科中的苹果属及梨属的果树。苹果属中如苹果、海棠、山荆子、花药、榛子、奈子；梨属中的如洋梨、白梨系统各品种均能被害。一般地说，苹果属比梨属受害重。不同品种或同品种不同树龄、不同树势及同一株树不同部位的新梢受害程度都有差异。苹果品种中以小国光，元帅受害较重，红玉、大旭、倭锦则较轻。同品种树龄小的受害重于树龄大的，树势强的重于树势弱的；同一株树外层及上部新梢被害重于内层及中下部。受害轻重差异的原因在于成虫盛发时期是否与寄主新梢的生长盛期相一致，如二者吻合时则被害重，如成虫盛发期新梢已停止生长，则受害重。幼苗及幼树生长旺盛时期被害重。同品种的不同树龄被害轻重的差别，这在中国梨上表现得特别明显，因中国梨当树龄大后，一般如只有春梢而不抽秋梢就不适于此虫寄生。所以田间幼虫数量消长与寄主新梢开始生长和新梢停止生长的时期总是相一致的。一般自 6 月开始至秋季为止。顶梢卷叶蛾以幼虫主要为害枝梢嫩叶，把嫩叶紧缀一起成团，也能为害嫩梢，有时食去生长点，阻碍和延缓新梢正常生长发育，对苹果幼树提前结果，早期丰产，苗木的快速育苗和结果树产量都有很大影响。因此，防治顶梢卷叶蛾应着重消灭越冬代幼虫及第一代幼龄幼虫，以减轻后期虫口密度过高和世代重叠在防治上所造成的困难。

（四）防治方法

根据顶梢卷叶蛾发生规律的特点，结合实践经验，应采用人工和药剂相结合的综合措施，重点消灭越冬代和第一代幼龄幼虫，保护春梢受害和减少后期虫口密度。

1. 农业防治

在冬春修剪果树时，将被害梢彻底剪除，并收集烧毁，是减少虫源的重要措施。剪除虫梢效果虽好，但不彻底，应在越冬代成虫羽化之前，再进行 1 次人工捕捉。在幼树及苗木上，越冬代成虫羽化前可以进行人工摘除虫梢 1~2 次，以减少第一代的为害。

2. 生物防治

可选用 1.8%阿维菌素乳油2 500倍液喷雾。

3. 化学防治

药剂防治掌握在第一代卵盛期和卵孵化盛期，可选用 2.5%溴氰菊酯乳油 2 500 倍液、20%氰戊菊酯乳油 2 000 倍液、20%虫酰肼悬浮剂 2 000~2 500 倍液、5%虱螨脲悬浮剂 1 000~2 000 倍液喷雾。

二、褐卷叶蛾

（一）分布与为害

褐卷叶蛾 *Pandemis heparana* Denis et Schifferuler 属鳞翅目卷叶蛾科。又名褐带卷叶蛾，简称"褐卷"。在我国苹果产区发生普遍。分布于东北、华北、西北、华中及华东等地区，其中以东北、华北果区受害比较严重。褐卷叶蛾的食性很杂，为害植物有苹果、梨、桃、杏、樱桃、柳、杨、榛、鼠李、水曲柳、栎、绣线菊、毛赤杨、山毛榉、榆、椴、花楸、越橘、珍珠菜、蛇麻、桑等。

幼虫取食新芽、嫩叶和花蕾；常吐丝缀连 2~3 叶或纵卷 1 叶、潜藏叶卷内食害；如叶片与果实贴近，则将叶片缀粘于果面，并啃食果皮和果肉，被害果面呈现不规则的片状凹陷伤疤，受害部周围常呈木质化，故亦有"舐皮虫"之称。严重影响果实质量。

（二）形态识别

成虫：体长 8~11mm，翅展 16~25mm。体及前翅前缘稍呈弧形拱起（雄蛾较明显），外缘较直，顶角不突出。雄蛾无前翅褶。翅面具网状细纹；基斑、中带和端纹均为深褐色；中带下半部增宽，其内侧中部呈角状突出，外侧略弯曲；后翅灰褐色。下唇须前伸，腹面光滑，第二节最长。

卵：扁椭圆形，长径 0.9mm，短径 0.7mm，淡黄绿色，近孵化期褐色。数十粒排列在一起呈鱼鳞状卵块。

幼虫：体长 18~22mm，头近似方形，体绿色，头及前胸背板淡绿色，大多数个体前胸背板后缘两侧各有 1 黑斑。毛片色稍淡，臀栉 4~5 刺。

蛹：体长 9~11mm，头、胸部背面深褐色，腹面稍带绿色，腹部第二节背面有两横列，分别靠近前后节间的刺突，各列刺突均较小；腹面第三至第七节背面亦有两列刺突，第一排刺突大而稀，靠近间节，第二排刺突小而密，均在节之中部或稍偏下部。

（三）发生规律

褐卷叶蛾在辽宁兴城一年发生 2 代。河北昌黎、山东青岛、陕西等地区一年发生 3 代。各地区均以幼龄幼虫在树干粗皮裂缝、剪锯口及潜皮蛾幼虫为害，在爆翘皮内结白色薄茧越冬。幼虫越冬的部位一般在结果大树上，以三大主枝及主干上居多，在幼树上则以剪锯口周围死皮中或枯叶与枝条贴合处较多。在辽宁兴城 5 月上旬苹果树萌芽时，越冬小幼虫开始出蛰，食害幼嫩的芽、叶和花蕾，受害重的果树不能展叶和开花。5 月下旬至 6 月上旬幼虫稍大即卷叶为害。6 月中旬幼虫老熟后，在被害卷叶内开始化蛹，蛹期一般为 8~10d，6 月下至 7 月中旬羽化成虫，进行交尾产卵。7 月上中旬为产卵盛期，卵期 7~8d，第一代幼虫发生在 7 月中旬至 8 月上旬，幼虫不仅卷食叶片，且啃果为害。8 月中旬化蛹，8 月下旬至 9 月上旬第一代成虫出现，继续产卵繁殖，第二代幼虫发生在 9 月上旬至 10 月，为害不久，于 10 月上中旬小幼虫寻找适合场所结茧越冬。

成虫对糖醋液有趋化性，并有较弱的趋光性。白天隐蔽在叶背或草丛内，夜间进行交尾产卵活动。卵多产在叶面上，少数产在果实上。每雌蛾可产卵 140 粒左右，初孵化的幼虫群栖叶上，食害叶肉致叶片呈筛孔状，幼虫成长后则分散为害。幼虫活泼，如遇惊动即吐丝下落，用手轻触其头部，即迅速后退，触其尾部即迅速向前或跳动逃逸。一般在同一株树上的内膛枝和上部枝被害较重。

雨水较多的年份，在果园内常见有天敌寄生现象，应注意保护和利用天敌；有条件的地区可进行人工饲养和释放。

（四）防治方法

参阅顶梢卷叶蛾的防治方法。

第三节　潜叶类

一、旋纹潜叶蛾

（一）分布与为害

旋纹潜叶蛾 *Leucoptera scitella* Zeller 属鳞翅目潜叶蛾科，又名苹果潜叶蛾。分布于我国东北、华北及西北各果区。除东北发生较轻外，在黄河故道地区，如河南黄泛区农场、仪封园艺场，山东烟台、陕西三原和延安等地，都曾经大发生过，造成苹果树不同程度的损害。目前已知寄主植物有苹果、梨、沙果、海棠、三叶海棠、山荆子等，以苹果受害最重。幼虫在叶内作螺旋状潜食叶肉，将粪便成螺旋状排集于叶肉，造成圆形或不正形的黑褐色虫斑。严重受害时，1 个叶片上有虫斑十余至数十个，造成果树果期落叶，严重影响果树的正常发育。

（二）形态识别

旋纹潜叶蛾的形态特征如图 12-2 所示。

成虫：体长约 2.3mm，翅展 6.0~6.5mm。头部、胸部、腹部腹面及足银白色。头部背面有 1 丛竖起的银白色毛。前翅底色银白，近端部（约占翅面 2/5 处）大部橙黄色，其前缘及翅端共有 7 条褐色纹，在第二至第三短褐纹下有 1 个银白色小斑点，翅端下方有 2 个大深紫色斑，前翅前半部缀有很长浅褐色斑，缘毛白色。

卵：扁椭圆形，上有网状脊纹。长径约 0.27mm，短径约为 0.22mm。

幼虫：老熟幼虫身体略扁，体长 4.7~5.5mm。身体乳白色。头部及前胸背板为棕黄色。胸足棕色或暗褐。后胸及第一和第二腹节每节侧面各有管状突起（共 3 对），上生 1 根刚毛。气门小，圆形。腹足趾钩为单序环。

蛹：体长约 4mm。体色淡黄至黑褐色。长椭圆形。

（三）发生规律

旋纹潜叶蛾在河北昌黎一年发生 3 代，山东烟台一年发生 4 代。以蛹主要在枝干缝

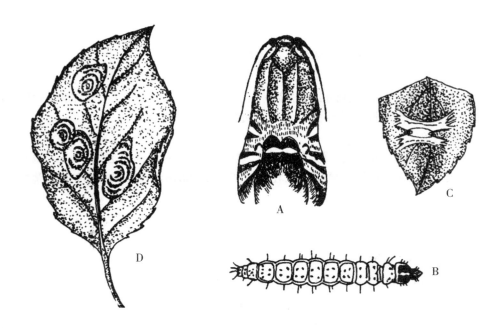

图 12-2　旋纹潜叶蛾

A. 成虫；B. 幼虫；C. 茧；D. 被害状

（仿祝树德和陆自强，1996）

隙内及粗糙的树皮处结茧越冬。5 月中旬发生越冬代成虫；6 月下旬全 7 月上旬发生第一代成虫；7 月下旬至 8 月下旬发生第二代成虫；9 月上旬发生第三代成虫；9 月底至10 月上旬以第四代蛹越冬。一年中以第二代为害严重。

河南郑州此虫发生的情况是：越冬蛹于 4 月中旬至 5 月中下旬羽化，羽化期约35d，盛期为 4 月末及 5 月初，第一代幼虫初见于 5 月初，至 6 月初已全部脱出。成虫寿命 2~5d；第一代卵期为 13~14d，蛹期 10~11d。估计一年发生 4~5 代。

成虫全天均可羽化，但以早晨 5—8 时羽化数量最多。成虫白天活动，夜间静伏于枝、叶上，有趋光性。交尾后即可产卵。

卵散产于叶背，幼虫孵化后，直接于卵壳贴着叶片处潜入叶内，食害叶肉，被害处从叶正面看为圆形的褐斑。严重时一叶上有虫斑 10 余块，通常一叶上有虫斑 4~5 块以上，就会落叶。发生多时，一般于第二代幼虫为害后，即 7—8 月造成大量落叶。

幼虫在叶肉作螺旋状食害。非越冬代幼虫老熟后，主要在叶面上吐丝作白色"工"形丝幕，两端系于叶面上，在丝幕中化蛹。越冬代幼虫老熟后，大多吐丝下垂，爬到枝干上或在落叶上结茧化蛹越冬。

旋纹潜叶蛾的幼虫和蛹在自然界常被一种寡节小蜂科的寄生蜂寄生，越冬代寄生率可达 60%以上。此蜂在郑州以蛹在潜叶蛾蛹内越冬，翌年 4 月上旬开始羽化，全年约发生 10 个世代。此蜂分布很广，对控制旋纹潜叶蛾的发生有较大的作用，应注意保护。

（四）防治方法

1. 农业防治

秋季及早春果树休眠期清除落叶，刮老树皮及翘皮。

2. 生物防治

可选用1.8%阿维菌素乳油1 000倍液、16 000IU/mg Bt 可湿性粉剂 800 倍液喷雾，对成虫、卵及初孵化刚蛀入叶片内的幼虫均有良好防治效果。

3. 化学防治

果树生长期掌握成虫（主要是越冬代及第一代）盛发期，可选用50%杀螟硫磷乳剂1 000倍液、2.5%高效氯氟氰菊酯水乳剂1 000~2 000倍液、4.5%高效氯氰菊酯乳油2 000~3 000倍液喷雾。

二、金纹细蛾

（一）分布与为害

金纹细蛾 *Lithocolletis ringoniella* Matsumura 属鳞翅目细蛾科。在辽宁、河北、河南、山东、山西、陕西、甘肃、安徽、江苏等省均有发生，近年来日趋严重。寄主植物以苹果为主，其次是梨、李、桃、樱桃、海棠等。幼虫潜伏在叶背面表皮下取食叶肉，致使叶背被害部位仅剩下表皮，外观呈泡囊状。泡囊约黄豆粒大小，幼虫潜伏其中。透过下表皮尚能看到小堆黑色粪粒。叶片正面被害部位则呈黄绿色网眼状虫疤。1个泡囊内仅有1头幼虫，严重时1片叶上有泡囊10个左右，使全叶皱缩，光合作用受到极大破坏，导致植株提早落叶，对树势和正常生育影响较大。

（二）形态识别

金纹细蛾的形态特征如图12-3所示。

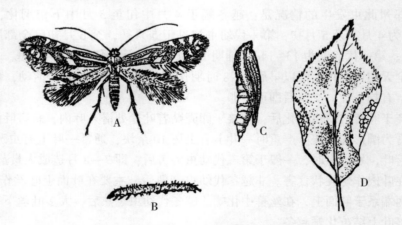

图12-3 金纹细蛾

A. 成虫；B. 幼虫；C. 蛹；D. 被害状

（仿祝树德和陆自强，1996）

成虫：体长约2.5mm，翅展约6.5mm，为微小型蛾。复眼黑色，触角丝状，头部银白色，头顶端有 2 丛金色鳞毛。体与前翅均为金褐色，前翅狭长，翅端部前、后缘各有 3 条白色和褐色相间的放射状条纹。后翅尖细，灰色，缘毛甚长。

卵：扁椭圆形，长径约 0.3mm，乳白色，半透明，有光泽。

幼虫：老熟幼虫体长约 6mm，稍扁，细纺锤形，黄色。头扁平，单眼 3 对，口器淡褐色。初龄幼虫体扁平。头三角形，前胸宽，胸足及臀足发达，腹足 3 对。单眼仅 1 对，体黄绿色。

蛹：体长约 4mm，黄绿色，复眼红色，头部两侧有 1 对角状突起，触角比身体长。

（三）发生规律

在辽宁旅顺与大连、山东、陕西关中、甘肃天水等地区一年均为 5 代。旅顺与大连地区成虫发生盛期为：越冬代 4 月中旬；第一代 6 月上旬；第二代 7 月中旬；第三代 8 月；第四代 9 月下旬；最后一代幼虫于 11 月上中旬在叶内化蛹过冬。翌年果树发芽时，出现越冬代成虫，成虫喜在早晨或傍晚围绕树干附近飞舞，进行交尾、产卵活动。卵多产在嫩叶背面，单粒散产。越冬代成虫多集中在发芽早的树种上产卵，如海棠、沙果、山丁子和祝光苹果着卵最多，其次是红香蕉、金帅、秋花皮和青香蕉等品种。小国光由于发芽晚，早期几乎不受害。室内饲养的成虫，每头能产卵 40~50 粒。幼虫孵化时，在卵与叶片相接处咬破卵壳，直接蛀入叶内为害。幼虫老熟后即在被害泡囊内化蛹。成虫羽化时，蛹壳半露在泡囊之外。此虫一般春季发生较轻，至秋季逐渐严重。

金纹细蛾在自然界常被天敌寄生，如金纹细蛾跳小蜂 Ageniaspis pestacsipes Rate，系多胚生殖，1 头金纹细蛾幼虫体内可羽化出 7~13 头跳小蜂，金纹细蛾幼虫被寄生的情况：第一代寄生率可达 2%（5 月上旬调查）；第二代寄生率上升 17%（6 月下旬调查）；第三代寄生率上升到 50%。

（四）防治方法

1. 农业防治

在越冬代成虫羽化前（3 月以前），彻底清扫果内落叶，集中烧毁，消灭越冬蛹。

2. 生物防治

可选用 1.8% 阿维菌素乳油 3 000~4 000 倍液喷雾。

3. 化学防治

成虫发生盛期，可选用 50% 杀螟硫磷乳油 1 000 倍液、5% 灭幼脲悬浮剂 2 000 倍液、20% 杀铃脲悬浮剂 8 000 倍液、35% 氯虫苯甲酰胺水分散粒剂 18 000~25 000 倍液喷雾。一般情况下可与其他害虫的防治结合进行。

第四节　刺吸类

一、苹果黄蚜

（一）分布与为害

苹果黄蚜 Aphis citricola Vonder Goot 属半翅目蚜虫科，俗称蜜虫、腻虫。在中国发生比较广泛，分布于黑龙江、吉林、辽宁、河北、河南、山东、山西、陕西、宁夏、新疆、四川、云南、江苏、浙江、湖北、台湾等省区的果产区。寄主植物有苹果、梨、桃、李、杏、樱桃、沙果、海棠、山楂、枇杷等。它以成虫或若虫群集为害新梢、嫩芽和叶片。被害叶的叶尖向叶背横卷（这与苹果瘤蚜为害而纵卷的被害叶片极易区别），蚜群刺吸叶片汁液后，影响光合作用，抑制了新梢生长，严重时则能引起早期落叶和树势衰弱。

（二）形态识别

苹果黄蚜的形态特征如图 12-4 所示。

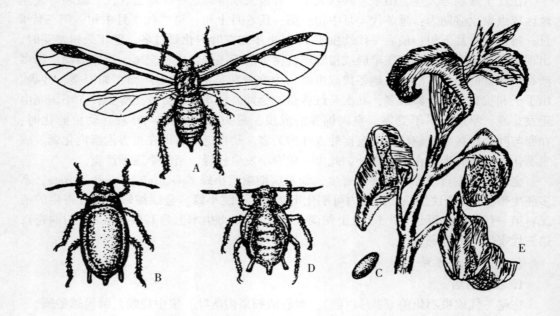

图 12-4 苹果黄蚜

A. 有翅胎生雌蚜；B. 无翅胎生雌蚜；C. 卵；D. 若蚜；E. 被害状

（仿祝树德和陆自强，1996）

成蚜：无翅胎生雌蚜体长约 1.6mm，近纺锤形，体黄、黄绿或绿色。头部、复眼、口器、腹管和尾片均为黑色，口器长达中足基节窝，触角显著比体短，其基部淡黑色。腹管圆柱形，尾片指头形，共有 10 根左右弯曲的毛。体两侧有明显的乳头状突起。有翅胎生雌蚜体长约 1.5mm，头、胸部、口器、腹管和尾片均为黑色。复眼暗红色，口器可及后足的基节窝，触角较体短，共 6 节，第三节有圆形感觉孔 6~10 个，第四节有 2~4 个。腹部黄绿或绿色，两侧有黑斑，并具有明显的乳头状突起。

卵：椭圆形、漆黑色，有光泽。

若虫：鲜黄色，似无翅胎生雌蚜，触角、复眼、足和腹管均为黑色，腹管很短，腹部较肥大。有翅蚜胸部具翅芽 1 对。

（三）发生规律

华北地区一年发生 10 余代，以卵在小枝条的芽侧或裂缝内越冬。第二年 4 月下旬果树芽萌发时，越冬卵开始孵化，5 月上旬孵化结束。初孵幼蚜群集在芽或叶上为害，经 10d 左右即产生无翅胎生雌蚜，其中也有少数有翅胎生雌蚜。自春季至秋季均以孤雌胎生方式繁殖。初期繁殖较慢，6—7 月繁殖加快，为害严重，树梢、叶片，叶柄甚至新梢上常密布蚜群，此时有翅胎生雌蚜大量出现，并向其他植株上转移扩散，至 8—9 月发生数量逐渐减少，至 10 月开始产生有性蚜，进行交尾产卵越冬。未经交尾的雌蚜亦能产卵。

苹果黄蚜在华北地区发生普遍，据调查，在 20 年生以上的苹果树上，苹果黄蚜的大量发生是在苹果新梢生长的速生期之后，故对苹果黄蚜的为害有一定的忍耐性，在一般情况下，对苹果黄蚜可不作为重点防治对象，苹果幼树，则相反，要适时进行防治。

蚜虫的天敌种类较多，如草蛉、食蚜蝇、各种瓢虫及寄生蜂等。这些天敌对抑制蚜虫发生具有重要作用。

（四）防治方法

1. 物理防治

利用成蚜对黄色有较强趋性的特点，为害期悬挂黄色粘虫板诱杀有翅蚜。

2. 生物防治

蚜虫为害期，释放天敌异色瓢虫 *Harmonia axyridis* Pallas 进行防治。可选用 1.8%阿维菌素乳油 3 000~5 000 倍喷雾。

3. 化学防治

（1）果树休眠期的防治可结合叶螨、介壳虫的防治，在果树发芽以前喷布含油量 5%的矿物油乳剂，可以杀死越冬的蚜卵。

（2）果树生长期的防治可选用 10%吡虫啉可湿性粉剂 3 000 倍液、2.5%溴氰菊酯乳油 8 000 倍液、5%啶虫脒乳油 1 000 倍液喷雾。

二、梨二叉蚜

（一）分布与为害

梨二叉蚜 *Schizaphis piricola*（Matsumura）属半翅目蚜科，又名梨蚜、梨腻虫、卷叶蚜等。几乎国内各梨区均有发生。为害梨、狗尾草。成虫、若虫均可为害。群集芽、叶、嫩梢和茎上吸食汁液。为害梨叶时，群集叶面上吸食，致使被害叶由两侧向正面纵卷成筒状，早期脱落，影响产量与花芽分化，削弱树势。

（二）形态识别

梨二叉蚜的形态特征如图 12-5 所示。

无翅胎生雌蚜：体长 2mm 左右，绿、暗绿、黄褐色；常具疏松白色蜡粉。头部口器伸达中足基部；复眼红褐色；触角丝状 6 节，端部黑色，第五节末端有 1 个感觉孔。各足腿节，胫节的端部和跗节黑褐色。腹管长大黑色，圆筒形，末端收缩。尾片圆锥形，侧毛 3 对。

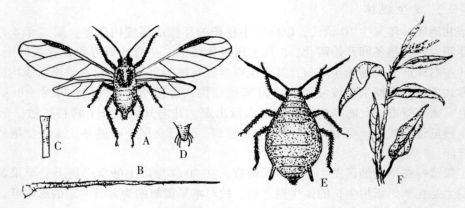

图 12-5　梨二叉蚜

A. 有翅胎生雌蚜；B. 无翅胎生雌蚜触角；C. 有翅胎生雌蚜腹管；

D. 有翅胎生雌蚜尾片；E. 无翅胎生雌蚜；F. 被害状

（仿祝树德和陆自强，1996）

　　有翅胎生雌蚜：体长 1.5mm 左右，翅展 5mm 左右，头胸部黑色；额瘤微突出；口器黑色，端部伸达后足基部；触角 6 节，淡黑色，第三节有感觉孔 20~24 个，第四节有 5~8 个，第五节有 4 个，复眼暗红色。前翅中脉分二叉，故称二叉蚜。足、腹管和尾片同无翅胎生雌蚜。

　　卵：椭圆形，长 0.7mm 左右，黑色有光泽。

　　若虫：与无翅胎生雌蚜相似，体小，绿色，有翅若蚜胸部较大，后期有翅芽伸出。

（三）发生规律

　　一年发生约 20 代左右，生活周期的类型属乔迁式。以卵在梨树的芽附近或果台、枝权等缝隙内越冬。梨花芽萌动时开始孵化，群集于露绿的芽上为害，花芽现蕾后便钻入花序中为害花蕾和嫩叶，展叶即到叶面上为害，致使叶片向上纵卷成筒状。以梢顶嫩叶受害较重，一般落花后大量出现卷叶，为害繁殖至落花后半月左右开始出现有翅蚜。武汉地区 4 月中旬开始出现，以后逐渐增多，至 5 月下旬陆续迁移到夏寄主——狗尾草上繁殖为害。北方果区 5 月份陆续产生有翅蚜，全 6 月上旬迁移到夏寄主上，6 月中旬以后，梨树上基本绝迹。秋季 9—10 月又产生有翅蚜由夏寄主迁回梨树上繁殖为害，产生有性蚜，雌雄交尾产卵，以卵越冬。华北一年春、秋两季于梨树上繁殖为害，以春季为害较重，尤以 4 月下旬至 5 月为害最重，造成大量卷叶，影响枝梢生长，引起早期落叶。秋季为害远轻于春季。卵散产于枝条，果台等各种皱缝处，以芽腋处较多，严重时常数粒至数十粒密集在一起。

　　天敌有瓢虫、草蛉、食蚜蝇、蚜茧蜂等，对此虫有很大的抑制作用。

（四）防治方法

1. 农业防治

在发生数量不大的情况下，早期摘除被害卷叶，集中处理消灭蚜虫。

2. 生物防治

瓢虫、蚜茧蜂、蜘蛛等是梨二叉蚜的主要天敌，可在梨园四周和果树行间种植紫花苜蓿、豌豆等豆科植物，或全园种植三叶草，营造天敌适宜的生存环境。

3. 化学防治

蚜卵基本孵化完毕，梨芽尚未开放时至发芽展叶期是药剂防治的关键时期，卷叶后施药效果不好。可选用10%吡虫啉可湿性粉剂2 000~2 500倍液、40%毒死蜱微乳剂1 500~2 000倍液、5%啶虫脒乳油2 000~2 500倍液喷雾。

三、梨木虱

（一）分布与为害

梨木虱 *Psyla chinensis* Yang et Li 属半翅目，木虱科。梨木虱分布普遍，但以北方梨区（如河北、河南、山西、山东及甘肃等省）较为常见。近年来，江苏各果园普遍发生，常暴发为害。有的年份极为严重。

梨木虱食性比较专一，主要为害梨树。在华北常见的梨品种中，以鸭梨、蜜梨和慈梨受害最重，因为这些品种叶片蜡质较薄，而蜡质层较厚的品种如京白梨、八里香等受害很轻。春季多集中于新梢，叶柄为害，夏、秋多在叶背取食。成虫及若虫吸食芽、叶及嫩梢汁液，受害的叶片，发生褐色枯斑，为害严重时全叶变为褐色，引起早期落叶。若虫在叶片上分泌大量蜜汁黏液，诱致煤烟病，常将相邻两张叶片黏合在一起，若虫则栖居其间为害。当有蚜虫发生时，若虫大部分钻在蚜虫为害的卷叶内为害，此时喷药防治，不易接触虫体，造成防治上困难。新梢受害后，有萎缩现象，使发育不良。

（二）形态识别

梨木虱的形态特征如图 12-6 所示。

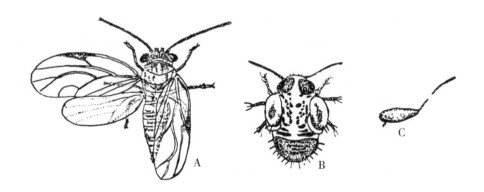

图 12-6　梨木虱
A. 雌成虫；B. 若虫；C. 卵
（仿祝树德和陆自强，1996）

成虫：冬型雄虫长2.8~3.2mm，雌虫长3.0~3.1mm。体褐色，有黑色斑纹，头顶及足色淡，前翅后缘臀区有明显褐斑。夏型雄虫长 2.3~2.6mm，雌虫长 2.8~2.9mm，体色由绿至黄变化很大，绿色型仅中胸背板大部黄色，臀片上有黄褐色带；黄色型除胸背斑纹为黄褐色外，其余均为黄色，翅上无斑纹。

卵：一端稍尖，具有细柄。越冬成虫早春产卵黄色，夏季卵均为乳白色。

若虫：体扁椭圆形，第一代初孵若虫体淡黄色，复眼红色，夏季各代初孵若虫为乳白色，稍大后即变绿色。翅芽突出在两侧。晚秋末代老若虫褐色。

（三）发生规律

河北省昌黎一年发生 3~5 代，以发生 4 代为多；河北中南部一年发生 5~6 代。以成虫主要在枝干的树皮裂缝内，少数在杂草、落叶及土隙中越冬。

越冬成虫于 3 月上旬（鸭梨花芽膨大期）开始出蛰活动，3 月中旬（鸭梨花芽鳞片露白期）为出蛰盛期，末期在 3 月下旬，出蛰期长达 1 个月左右。

成虫出蛰后，即在 1 年生新梢上取食为害，交尾产卵。第一代卵初现于 3 月中旬，盛期在 4 月中旬，末期在 5 月上旬。越冬成虫出蛰盛期正是第一代卵出现的时期，这是药剂防治的最有利时机，掌握大部分越冬成虫出蛰后产卵前，当成虫暴露在枝条上，进行连续防治可以达到彻底防治的目的。当第一代若虫大量出现以后，世代相互重叠，栖居场所不一，此时叶片已长大，影响药剂周密的喷布，防治不易彻底。

各代成虫发生期大致是：第一代成虫出现在 5 月上旬；第二代在 6 月上旬；第三代在 7 月上旬；第四代在 8 月中旬。第四代成虫多为越冬型，此代发生早的仍可产卵。在 9 月中旬出现的第 5 代成虫则全部为越冬型。

成虫活泼善跳。越冬成虫出蛰后在温度很低时，活动力差，且无显著的假死性。此代成虫寿命很长。卵主要产在短果枝的叶痕上，以后各代的卵大多产在叶面中脉沟内，或叶缘锯齿内，叶背极少。成虫生殖力强，平均每雌虫产卵 290 粒。

第一代若虫孵化后，为害初萌发的芽，常钻入已裂开的芽内，嫩叶及新梢为害，以后各代若虫多在叶片上为害（正反面均有），且分泌大量蜜汁黏液。

梨木虱的发生与温度关系极大，在干旱季节发生严重，降雨多的季节发生则轻。在河北省中南部梨区雨季前为害比较严重。

天敌很多，已知有花蝽、瓢虫、草蛉、蓟马、捕食性螨及寄生蜂。其中以寄生蜂、花蝽及瓢虫抑制作用最大。

（四）防治方法

1. 农业防治

早春刮树皮，清洁果园，都能消灭一部分越冬成虫，应当大力推行。

2. 生物防治

可选用 1.8%阿维菌素乳油 3 000 倍液喷雾。

3. 化学防治

防治梨木虱的关键在于加强早期防治，掌握越冬成虫出蛰盛期，集中消灭越冬成虫及已产下的一部分卵，此时梨树尚未长叶，成虫及卵均暴露在枝条上，效果显著。可选用 20%氰戊菊酯乳油 2 000 倍液、5%高效氯氰菊酯乳油 2 000 倍液、10%吡虫啉可湿性粉剂 3 000 倍液、5% 啶虫脒乳油 2 000~2 500 倍液喷雾。

四、梨圆蚧

（一）分布与为害

梨圆蚧 Quadraspidiotus perniciosus Comstock 属半翅目盾蚧科。又名轮心介壳虫。在国内分布普遍，为害区偏于北方。梨圆蚧是国际检疫对象之一。食性极杂，已知寄主植物在 150 种以上，主要为害果树和林木。果树中主要为害梨苹果、枣、核桃、桃、杏、李、梅、樱桃、葡萄、柿、山楂等。梨圆蚧能寄生果树的所有地上部分，特别是枝干。刺吸枝干后，引起皮层木栓化和韧皮部、导管组织的衰亡，皮层爆裂，抑制生长，引起落叶，甚至枝梢干枯和整株死亡。在果实上寄生，多集中在萼洼和梗洼处，围绕介壳形成紫红色的斑点，降低果品价值。

（二）形态识别

雌虫：体背覆盖近圆形介壳，介壳直径约 1.8mm，灰白色或灰褐色，有同心轮纹，介壳中间的突起称为壳点，脐状，黄色或黄褐色。虫体扁椭圆形，橙黄色。体长 0.91~1.48mm，宽约 0.75~1.23mm。口器丝状，位于腹面中央，眼及足退化。臀板约有 20 个长管形圆柱腺，中臀叶发达，外侧明显凹陷，第二臀叶小，外缘倾斜凹陷，第三臀叶退化为突起物。臀栉排列顺序为 2-2-6。

雄虫：介壳长椭圆形，较雌介壳小，壳点位于介壳的一端。虫体橙黄色，体长 0.6mm。眼暗紫红色，口器退化，触角念珠状，11 节。翅 1 对，交尾器剑状。

若虫：初龄体长 0.2mm，椭圆形，橙黄色。3 对足发达，尾端有 2 根长毛。雌若虫蜕皮 3 次，介壳圆形。雄若虫蜕皮 2 次，介壳长椭圆形，化蛹在介壳下，蛹淡黄色，圆锥形。

（三）发生规律

在辽宁南部，山东和陕西一年发生 3 代，主要以 1~2 龄若虫及少数受精雌虫在枝干上过冬。翌春继续为害，4 月上旬可以分辨雌雄，4 月中旬雄虫化蛹。5 月上中旬羽化，交尾后即行死亡，雌虫继续取食约 1 个月，到 6 月上中旬越冬代雌虫陆续产仔，可延迟到 7 月上旬。第一代雌虫产仔期为 7 月下旬至 9 月上旬，第二代雌虫产仔期自 9 月至 11 月上旬。世代很不整齐。

梨圆蚧行两性生殖，未受精雌虫体扁平。各代雌雄性比，第一代为 1.7∶1.0，第二代为 1.0∶1.2。梨圆蚧胎生繁殖，各代产仔数 54 头至 108 头，最多产仔 326 头，第二代产仔较其他代高。初龄若虫孵出，向嫩枝、果实、叶片上爬行，在 1~2d 内找到合适部位，将口器插入寄主组织内，则固定不再移动，分泌蜡丝，逐渐形成白色介壳。该虫主要集中在枝干阳面。第一代若虫部分迁移到果实上，夏秋之后发生的一部分若虫迁移到叶上为害，多集中叶脉处。果实受害以晚熟品种为重，早熟品种受害轻。梨圆蚧的扩散为害，主要依靠 1 龄若虫爬行，远距离传播主要靠苗木，接穗和果品调运。

在梨树上的发生规律，据在辽宁兴城观察，一年发生 2 代，均以 2 龄若虫过冬，5 月下旬至 6 月上旬雄虫羽化，羽化期很集中，5d 内有 90% 羽化，6 月下旬至 7 月中旬为雌虫产仔期，平均每雌虫产仔 59.7 头，第一代雄虫羽化盛期 7 月下旬至 8 月中旬，8 月中旬至 10 月上旬为雌虫产仔期。平均每雌虫产仔 72.1 头。雌雄性比，越冬代为 2.5∶1，第一代为 1.2∶1。越冬死亡率达 36.4%。

梨圆蚧的捕食性天敌中，以红点瓢虫 *Chilocorus kuxwanae* Silvestri 和肾斑唇瓢虫 *C. renipusulatis*（Scriba）最为常见，1 头瓢虫成虫在 1 个月内可捕食梨圆蚧成虫和若虫 700 头，幼虫每月捕食 350 头介壳虫。在寄生性天敌中，有红圆蚧金黄蚜小蜂 *Prospaltell aaurantii*（Howard），短缘毛蚧小蜂 *Aphytisproclia* Walk 等。

（四）防治方法

1. 农业防治

在果树落叶后，或在果树萌芽前，可喷施 5°Bé 石硫合剂，或 4% ~ 6% 的煤焦油（或机械油）乳剂，都有很好的防治效果。此外，结合冬季修剪，及时剪除严重受害枝梢。

2. 化学防治

根据梨圆蚧的发生规律，雄虫羽化和雌虫产仔期是药剂防治的关键时期，可选用 50% 杀螟硫磷乳油 1 000 倍液、25% 噻嗪酮可湿性粉剂 1 500 ~ 2 000 倍液、22% 氟啶虫胺腈可湿性粉剂 5 000 ~ 6 000 倍液喷雾。

五、梨网蝽

（一）分布与为害

梨网蝽 *Stephanitis nashi* Esaki et Takeya 属半翅目网蝽科，又名梨花网蝽、梨军配虫，俗名花编虫。分布较广，东北、华北、山东、河南、安徽、陕西、湖北、湖南、江苏、浙江、福建、广东、广西、四川等地均有发生。成虫和若虫皆栖居于寄主叶片背面刺吸为害。被害叶正面形成苍白斑点，叶片背面因此虫所排出的斑斑点点的褐色粪便，和产卵时留下的蝇粪状黑点，使整个叶背面呈现出锈黄色，极易识别。受害严重时候，使叶片早期脱落，影响树势和产量。该虫除了为害梨树外，还为害苹果、海棠、花红、沙果、桃、李、杏等果树及多种花卉林木。

（二）形态识别

梨网蝽的形态特征如图 12-7 所示。

成虫：体长 3.5mm 左右，扁平、暗褐色。头小，复眼暗黑色；触角丝状 4 节，第一、第二节短，第三节细长，第四节端部略膨大。前胸背板有纵隆起，向后延伸如扁板状，盖住小盾片，两侧向外突出呈翼片状。前翅略呈长方形，具黑褐色斑纹，静止时两翅叠起黑褐色斑纹呈 "X" 状。前胸背板与前翅均半透明，具褐色细网纹。胸部腹面黑褐色常有白粉。足黄褐色，腹部金黄色，上有黑色斑纹。

卵：长椭圆形，一端略弯曲，长径 0.6mm 左右。初产淡绿色半透明，后淡黄色。

若虫：共 5 龄。初孵若虫乳白色近透明，数小时后变为淡绿色，最后变成深褐色。3 龄后有明显的翅芽，腹部两侧及后缘有 1 环黄褐色刺状突起。成长若虫头、胸部、腹部均有刺突，头部 5 根，前方 3 根，中部两侧各 1 根，胸部两侧各 1 根，腹部各节两侧

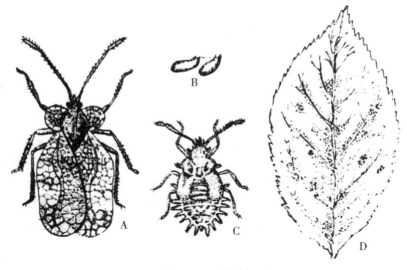

图 12-7　梨网蝽
A. 成虫；B. 卵；C. 若虫；D. 被害状
（仿祝树德和陆自强，1996）

与背面也各有 1 根。

（三）发生规律

每年发生代数因地而异，长江流域一年 4~5 代；北方果区 3~4 代。各地均以成虫在枯枝落叶，枝干翘皮裂缝，杂草及土，石缝中越冬。北方果区翌年 4 月上中旬开始陆续活动，飞到寄主上取食为害。山西省太谷地区 5 月初为出蛰盛期。由于成虫出蛰期不整齐，5 月中旬以后各虫态同时出现，世代重叠，1 年中以 7—8 月为害最重。

成虫产卵于叶背面叶肉内，每次产 1 粒卵。常数粒至数十粒相邻产于主脉两侧的叶肉内，每雌可产卵 15~60 粒。卵期 15d 左右。初孵若虫不甚活动，有群集性，2 龄后逐渐扩大为害范围。成虫、若虫喜群集叶背主脉附近，被害处叶面呈现黄白色斑点，随着为害的加重而斑点扩大，至全叶苍白，早期脱落。叶背和下边叶面上常落有黑褐色带黏性分泌物和粪便，并诱致煤烟病发生，影响树势和来年结果，对当年的产量与品质也有一定影响。为害至 10 月中下旬以后，成虫寻找适当处所越冬。

（四）防治方法

1. 农业防治

成虫春季出蛰活动前，彻底清理园内及附近的杂草，枯枝落叶，集中烧毁或深埋，消灭越冬成虫。9 月间树干上束草诱集越冬成虫，清理果园时一起处理。

2. 化学防治

重点放在越冬成虫出蛰后和第一代若虫的防治，可选用 6% 吡虫啉可溶性液剂 3 000~4 000 倍液、20% 氰戊菊酯乳油 2 000 倍液、3% 啶虫脒乳油 1 500 倍液喷雾。

第五节 钻蛀类

一、桃小食心虫

（一）分布与为害

桃小食心虫 *Carposina niponensis* Walsingham 属鳞翅目果蛀蛾科，简称"桃小"。在国内分布于东北、华北、西北、华东、华中地区，其中主要是北部及西北部苹果、梨及枣产区。国外仅分布于日本、朝鲜及俄罗斯的远东地区。桃小食心虫的寄主植物已知有10余种，主要分布于蔷薇科和鼠李科果树，前者包括苹果、花红、海棠、各种梨、山楂、桃、杏、李等；后者包括枣、酸枣。其中以苹果、梨、枣、花红、山楂受害最重，核果类受害较轻。

此虫为害苹果时，一般在幼虫蛀果后不久，从果孔处流出泪珠状的胶质点。胶质点不久即干涸，在果孔处留下一小片白色蜡质膜。随着果实的生长，入果孔愈合成1个小黑点，周围的果质略呈凹陷。幼虫入果后在皮下潜食果肉，因而果面上显出凹陷的痕迹，使果实变形，造成畸形，所谓"猴头果"。幼虫在发育后期，食量增大，在果内纵横潜食，排粪于果实内，造成所谓的"豆沙馅"，使果实失去食用价值，造成严重损失。

（二）形态识别

桃小食心虫的形态特征如图12-8所示。

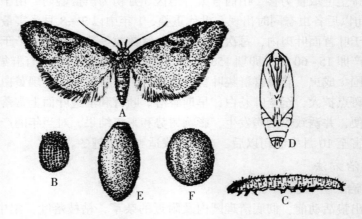

图12-8 桃小食心虫
A. 成虫；B. 卵；C. 幼虫；D. 蛹；E. 夏茧；F. 冬茧
（仿祝树德和陆自强，1996）

成虫：体灰白色或浅灰褐色。雌虫体长7~8mm，翅展16~18mm；雄虫体长5~6mm，翅展13~15mm。前翅近前缘中部有1蓝黑色近三角形的大斑。基部及中央部分具有 7 簇黄褐色或蓝褐色的斜立鳞片。前缘凸弯，顶角显著。缘毛灰褐色。雄性触角每节腹面具有纤毛，下唇须短，向上翘；雌性触角无纤毛，下唇须长而直，略呈三角形。后翅灰色，缘毛长，浅灰色。

　　卵：深红色，竖椭圆形或桶形，卵壳上具有不规则略呈椭圆形刻纹。端部 1/4 处环生 2-3 圈 "Y" 状刺。

　　幼虫：末龄体长 13~16mm。全体为桃红色，幼龄幼虫体色淡黄色或白色。前胸侧毛组具 2 毛。第八腹节的气门较其他各节的更靠近背中线。腹足趾钩排成单序环。无臀栉。

　　蛹：体长 6.5~8.6mm。全体淡黄白色以至黄褐色。体壁光滑无刺。翅、足及触角不紧贴蛹体而游离。茧有两种。一种为扁圆形的越冬茧，由幼虫吐丝缀合土粒而成，十分紧密。另一种为纺锤形的"蛹化茧"，亦称"夏茧"，亦由幼虫吐丝缀合细土粒而成，质地疏松，一端留有准备成虫羽化的孔。

（三）发生规律

　　桃小食心虫在辽宁山东、河北、山西、陕西等苹果产区一年发生 1 代，部分个体发生第二代。在甘肃天水一带，一年仅发生 1 代。江苏一年发生 2~3 代。主要以老熟幼虫在土内作扁圆形"冬茧"越冬。

　　越冬幼虫出土时期，因地区、年份和寄主的不同而有差异。辽宁省南部苹果产区，越冬幼虫自 5 月中旬开始出土，延续逾 60d，成为以后各虫态发生时期长及前后世代重叠的原因。越冬幼虫出土始期主要与温度有关，出土前一旬的平均气温一般为 16.9℃，地温为 19.7℃。在开始出土期间，如有适当的雨水，即可连续出土。在长期缺雨的情况下，则将推迟幼虫大量出土的盛期。

　　越冬幼虫出土后，一般在 1d 内即作成纺锤形的"夏茧"，在其中化蛹。"夏茧"都在土表，贴附着土块或地面其他物体。出土至羽化所需时间为 11~20d，平均为 14d。

　　越冬代成虫一般在 6 月上中旬陆续发生，江苏田间第一代幼虫 6 月初开始蛀果，6月中旬开始脱果。第二代幼虫 7 月上旬蛀果，7 月下旬脱果，第三代幼虫 8 月上旬开始蛀果，8 月下旬开始脱果。9 月 10 日以后脱果的幼虫全部结茧越冬。

　　在地下室或半地下室仓库内，经过 5~6 个月的贮藏期间，一部分 5 龄幼虫仍能保持生活力。此外，由于幼虫脱果时期延续很长及果实带虫的情况，所以幼虫越冬的场所就不仅限于果园内，凡堆放过果实的地方，都可能有幼虫越冬，特别是大量堆果场所、果实收购站、果酒厂。因此，在这些地方消灭脱果越冬的幼虫，应作为防治措施中的重要的环节。

　　桃小食心虫幼虫具有背光的习性，越冬幼虫在果园内的分布规律随地形土壤，果园管理情况以及耕作制度的不同而有差异。在平地果园，如树盘内土壤细而平整，无杂草及间作物，脱果幼虫多集中于树冠下距树干 33~100cm 范围内的土里，结成"冬茧"越冬，且以树干基部背阴面虫数最多。如树冠下土、石块多，或间作其他作物，脱果幼虫即就地入土，结茧越冬，冬茧多分散在树冠外围土里。山地果园，地形更为复杂，冬茧的分布则更为分散，这就增加了山地果园消灭越冬幼虫的困难。冬茧在土中分布的深度，以 3cm 深左右的土中数最多，约占 80%，了解冬茧分布规律，对指导防治工作具有重要意义。

桃小食心虫有发生局部世代的现象。根据观察，第一代幼虫脱果愈晚者，进入滞育的数量愈多。幼虫的滞育与幼虫生活期间的光照长短及温度条件有关。在 13h 光照下发育的幼虫，不论在何种温度下，脱果的幼虫全部或近乎全部滞育。每日光照 15h，温度在 18~22℃ 时，滞育率增至 41% 左右。温度在 25℃ 下，每日 17h 以上光照时，则又有半数以上幼虫进入滞育。由此可知，桃小食心虫是一种滞育中间型的昆虫，其临界光周期为 14h 20min。在自然条件下，幼虫发育期间，光周期的季节性变化是诱致第一代幼虫滞育的主导生态因子。

试验还证明，桃小食心虫幼虫蛀食不同品种果实，因果实内含物的差异，对蛀果幼虫成活率、幼虫历期及滞育率均不相同。蛀食"红玉"及"金冠"比"国光"成活率高 30%~40%，幼虫期短 5d，滞育率低。

桃小食心虫成虫白天不活动，日落以后稍见活动，深夜最为活泼。雌虫寿命在 21~27℃ 下平均 4~6d，18℃ 以下平均为 9.6d。羽化后经 1~3d 产卵。成虫生殖力一般 1 头雌虫产卵数 10~100 粒不等。干旱炎热的夏季对此虫发生有抑制作用，如早春温暖，夏季气温正常而潮湿的年份，则有利于此虫大量发生。

卵绝大部分产在果实上，极少数产于叶、芽、枝上。在果实上的卵，90% 以上产于萼洼，梗洼内约占 5.9%，极少数在果实胴部及果柄上。一果上的卵不定，多者可达 20~30 粒，卵在田间自然孵化率很高，一般在 85%~99%。

幼虫孵化后，在果面爬行数 10min 至数小时之久，寻找适当部位，开始啃咬果皮，咬下的果皮，并不吞食，因此胃毒剂对它无效。大部分幼虫均从果实胴部蛀入果肉，幼虫入果后，大多直入果心，食害果实种籽，然后再潜食果内。幼虫老熟后，咬一圆孔，脱出果外。在初咬穿的脱果孔外，常留积有新鲜虫粪。幼虫爬出孔口，直接落地，入土结茧越冬或结茧化蛹继续发生第二代。

桃小食心虫有几种寄生蜂，其中以一种甲腹茧蜂 *Chelonus* sp. 和一种齿腿姬蜂 *Pristomerus* sp. 的寄生率较高。据中国农业科学院果树研究所在辽西梨区北镇、锦西一带调查，寄生率可达 22%~30%。

（四）防治方法

桃小食心虫的防治，经多年生产实践证明，采用树上与树下防治相结合，园内与园外防治相结合，化学与人工防治相结合的一系列综合防治措施，对全面控制此虫为害，提高好果率，起了显著的作用。

1. 农业防治

从 6 月下旬开始，每半个月摘除虫果 1 次，加以及时处理，这是消灭虫源的一种方法，不可忽视。由于中晚熟的苹果，采收时带走大量未及脱果的幼虫。因此，在大量堆放果实的场所，如果园内、食品公司收购站、苹果包装厂、酿酒厂等处，可能遗留下大量越冬幼虫。在这些主要堆放果实的地方，先用石滚镇压后，再铺上沙土 3~7cm，然后堆放果实；将脱出的幼虫诱集到堆果处的沙土中，集中消灭。桃小食心虫除为害苹果外，梨、枣、杏等都是它的寄主，特别是在枣上，为害相当严重。为了全面消灭桃小食心虫的为害，就有必要对这些果树加强管理，了解桃小食心虫在这些果树上的为害情况、发生规律并进行必要的防治工作。

2. 物理防治

一般通过田间调查，当卵果率达1%~2%时进行防治，有条件地区利用桃小性诱剂诱捕成虫，预测成虫发生期。确定用药适期，每一果园挂5个诱捕器，以橡皮诱芯或聚乙烯管为载体，每诱芯含量为500μg，每天检查1次记载诱蛾数，在诱蛾盛期进行药剂防治。

3. 化学防治

加强地面防治，一般在4月下旬到5月上旬越冬幼虫出土前用药、有条件地区做好越冬幼虫出土测报。利用桃小性诱剂诱到雄蛾时，做好防治准备，当连续3d诱到雄蛾，即可进行第一次地面施药。树上施药可选用2.5%溴氰菊酯乳油3 000~5 000倍液、20%氰戊菊酯乳油3 000~6 000倍液、10%氯氰菊酯乳油5 000倍液、4%高氯·甲维盐微乳剂1 500倍液喷雾、6%阿维·氯苯酰悬浮剂3 000~4 000倍液喷雾。

二、梨小食心虫

（一）分布与为害

梨小食心虫 *Grapholitha molesta* Busck 属鳞翅目小卷叶蛾科，简称"梨小"，又名东方果蛀蛾、桃折心虫，俗称蛀虫，黑膏药。国外广布亚洲、欧洲、美洲、澳洲。国内分布遍及南、北各果区，是果树食心虫中最常见的一种，以幼虫主要蛀食梨、桃、苹果的果实和桃树的新梢。一般在桃、梨等果树混栽的果园为害严重，有些地区在为害严重的年份，晚熟梨品种的虫果率可达50%以上，虫果常因腐烂不堪食用，严重影响果实的品质和产量。桃梢被害后萎蔫枯干。影响桃树生长。此外，还为害李、梅、杏、樱桃、苹果、海棠、沙果、山楂、枇杷等果实，以及李、桃、樱桃的嫩梢及枇杷幼苗的主干。碧桃、樱花、红叶李等花木的嫩梢也常受其为害。

（二）形态识别

梨小食心虫的形态特征如图12-9所示。

成虫：体长4.6~6.0mm，翅展10.6~15.0mm。雌雄极少差异。全体灰褐色，无光泽。前翅灰褐色，无紫色光泽（苹小食心虫前翅有紫色光泽）。前缘具有10组白色斜纹。翅上密布白色鳞片，除近顶角下外缘处的白点外，排列很不规则。外缘不很倾斜。静止时两翅合拢，两外缘构成的角度较大，成为钝角。

卵：淡黄白色，近乎白色，半透明，扁椭圆形，中央隆起，周缘扁平。

幼虫：末龄幼虫体长10~13mm。全体非骨化部分淡黄白色或黄褐色。臀板浅黄褐色或粉红色，上有深褐色斑点，腹部末端具有臀栉，臀栉具4~7齿。

蛹：体长6~7mm，纺锤形，黄褐色，腹部第三至七节背面前后缘各有1行小刺，第8~10节各具稍大的刺1排，腹部末端有8根钩刺。茧白色，丝质，扁平椭圆形，长约10mm左右。

（三）发生规律

黄河故道，陕西关中一年发生4~5代，南方各省区市一年约发生6~7代。以老熟

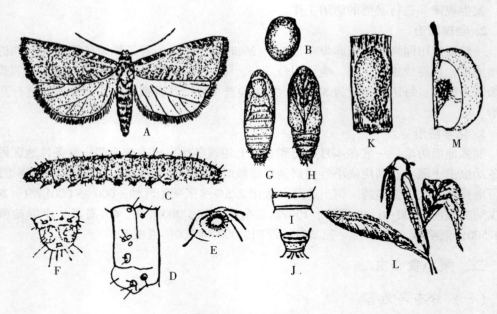

图 12-9　梨小食心虫

A. 成虫；B. 卵；C. 幼虫；D. 幼虫第二腹节侧面；E. 幼虫腹足趾沟；F. 幼虫第九
和第十节腹面；G. 蛹背面观；H. 蛹腹面观；I. 蛹第四腹节背面；J. 蛹腹末背面；
K. 茧；L. 桃梢被害状；M. 梨果被害状

（仿祝树德和陆自强，1996）

　　幼虫主要在树体上翘皮裂缝中结茧越冬，在树干基部接近土面处以及果实仓库及果品包
装器材中也有幼虫越冬。在一年发生 3~4 代的桃、梨混种地区，越冬幼虫最早于 4 月
上中旬化蛹，越冬代成虫一般出现在 4 月中旬至 6 月中旬。这一代成虫主要产卵在桃树
新梢上，第一代幼虫大部分发生于 5 月。第二代的卵主要发生在 6 月至 7 月上旬，大部
分也产在桃树上，少部分产在梨树上，幼虫继续为害新梢、桃果及早熟品种的梨，但数
量不多。第三代卵盛发于 7 月中旬至 8 月上旬，这时产在梨树上的卵数多于桃树。第四
代卵盛发于 8 月中下旬，主要是产在梨树上。从桃及梨上卵量的全年消长来看，桃梢一
般在 4 月底及 5 月上旬开始着卵直至 9 月，全年中以 6 月着卵量最大。梨果上一般自 6
月上旬开始着卵，直至果实采收，但 7 月下旬以前卵量很少，从 7 月下旬起日益增多，
至 8 月下旬着卵量最多。因此，第一代幼虫为害新梢，第二代幼虫基本上也是为害新
梢，第三和第四代幼虫只少部分害梢，而为害桃及梨的果实则日益严重。白梨以 8 月中
下旬受害最重，7 月中下旬之前，梨果上着卵不多，且梨果坚硬，生长迟缓，这时梨果
被害则很少。由此可知，春季桃新梢开始被害后，新梢被害率逐渐增加，至 7 月下旬
后，被害梢已很少增加，此时果实开始受害，而且被害率逐渐上升。

　　第三代为害梨果的幼虫，一部分在果实采收前脱果，另一部分在采收后才脱果。脱
果较早的可以继续化蛹而发生第四代，脱果晚的则进入滞育（越冬）状态。引起梨小
食心虫滞育的主导因子是幼虫生活期间每日光照时间的长短。据已有研究指出，在适宜

的温度范围内，在每日 14h 以上的光照条件发育的梨小幼虫，几乎全不滞育，当光照时间在 11~13h，可使 90% 以上的幼虫进入滞育。因此，在梨小食心虫发生 3~4 代地区，第三代幼虫的发生期正处于每日 14h 以上的日照时间逐渐缩短的时候，因而造成第四代的发生，至于第三代幼虫的滞育数量以及第四代的发生期则因纬度、温度等条件而不同。由于第四代发生较晚，已接近果实采收期，因此，第四代幼虫多数不能在采收前成长老熟脱果。这些幼虫在梨果采收后，仍可在果内继续为害，一部分也可能在果内成长老熟而脱果。

综上所述，在一年发生 3~4 代的地区，春季世代主要为害桃等新梢，秋季世代主要为害梨果，夏季世代一部分为害新梢，一部分为害果实。第四代是一个局部的世代，主要加害采收后的果实，往往不能在当年完成发育。

由于梨小食心虫有转移寄主的习性，因此，在桃、梨混种的果园，为害比较严重。在寄主植物种类更多的地方，生活史就更加复杂。根据这种情况，桃树上保梢和保果的化学防治，应自第一代卵发生至采收前进行剪除被害梢及喷药，梨树上一般可以从 7 月中下旬开始防治，8 月是重点防治时期。

梨小食心虫成虫白天多静伏在叶、枝和杂草等处，黄昏后活动，趋化性在羽化始期比较明显。成虫产卵前期 1~3d，夜间产卵、散产在桃树上以产在桃梢上部嫩梢第三至第七片的叶背为多，一般老叶和新发出的叶上很少产卵，每梢产卵 1 粒。在梨果上卵多产在果面，尤以两果靠拢处为多，套袋果如纸袋破损，于果面和果梗上也会产卵。在梨的品种间产卵差异很大，以中晚熟品种上最喜产卵。成虫产卵最适温度为 24~29℃，相对湿度为 70%~100%。成虫寿命一般 3~6d；我国中部第一代卵期 7~10d，以后各代为 4~6d。幼虫期 15d 左右，蛹期 7~10d，但越冬蛹期在 10d 以上。

桃梢上的卵孵化后，幼虫从梢端第二至第三片叶子的基部蛀入梢中，不久由蛀孔流出树胶，并有粒状虫粪排出，被害梢先端凋萎，最后干枯下垂。一般幼虫蛀入梢后，向下蛀食，当蛀到硬化部分，又从梢中爬出，转移他梢为害，1 条幼虫可为害 2~3 个新梢，幼虫老熟后在桃树枝干翘皮裂缝等处作茧化蛹，幼树上可爬到树干基部的裂缝中作茧化蛹。梨果上的卵孵化后，幼虫先在果面爬行，然后蛀入果内，多从萼洼或梗洼处蛀入，蛀孔很小以后蛀孔周围变黑腐烂，形成 1 块黑疤，幼虫逐渐蛀入果心，虫粪也排在果内，一般一果只有 1 头幼虫。幼虫老熟后，爬出果外，在树干基部地皮缝隙间作茧化蛹，也有幼虫老熟后不出果，就在果内化蛹。幼虫脱果孔大，有虫粪。

梨小食心虫一般在雨水多的年份，湿度高，成虫产卵数量多，为害严重，因此在适宜的温度条件下，湿度对成虫寿命、交尾和产卵有显著影响。

梨小食心虫的天敌主要有寄生于幼虫的小茧蜂 *Macrocentrus ancylivorus* Duk.、中国齿腿姬蜂 *Pristomerus thinensis* Ashmead，纯唇姬蜂 *Eriborus* sp.；寄生于卵的拟澳洲赤眼蜂 *Trichogramma confusum* Vigg 等。

（四）防治方法

由于梨小食心虫寄主植物多，而且有转移寄主和为害梢及果实的习性。因此，在防治上必须了解它在不同寄主上的发生情况和转移的规律。在药剂防治上要做好虫情测报工作，采用调查被害梢及田间卵量消长情况来指导适时打药，提高防治效果。掌握各代成虫发生消长情况，指导喷药，提高药剂防治的效果。

1. 农业防治

（1）避免混栽。建立新果园时，尽可能避免桃、杏、李、樱桃、梨、苹果混栽。在已经混栽的果园内，应在梨小食心虫的主要寄主植物上，加强防治工作。

（2）消灭越冬幼虫。早春发芽前，有幼虫越冬的果树，如桃、梨、苹果树等，进行刮除老树皮，刮下的粗皮集中烧毁。在越冬幼虫脱果前（北部果区一般在8月中旬前），在主枝主干上，利用束草或麻袋片诱杀脱果越冬的幼虫。处理果筐、果箱及填料，可以消灭一部分越冬幼虫。

（3）剪除被害桃梢。应在5—6月新梢被害时及时剪下虫梢，集中处理。

2. 物理防治

可以利用性诱剂诱杀成虫，性诱捕器最适合放置高度为1.5m，水盆口径20~25cm，放置位置为树冠北面外侧。可以采用成虫的趋光性和趋化性，采用黑光灯或诱集剂（5%的糖水加0.1%黄樟油或八角茴香油）诱集成虫的方法。还可以利用性信息素迷向成虫，迷向器悬挂于树冠上部1/3、距地面高度不低于1.7m的果树西面和南面。

3. 化学防治

在成虫高峰期后3~5d内，可选用2.5%高效氯氟氰菊酯乳油2 000倍液、2.5%高效氯氰菊酯乳油2 000倍液、20%氯虫苯甲酰胺悬浮剂6 000倍液、1%甲氨基阿维菌素苯甲酸盐乳油2 000倍液喷雾。

三、梨大食心虫

（一）分布与为害

梨大食心虫 *Nephopteryx pirivorella* Matsumura 属鳞翅目螟蛾科。又名梨斑螟蛾，俗称"吊死鬼""黑钻眼"。全国各梨区普遍发生，其中以吉林、辽宁、河北、山西、山东、河南、安徽、福建等省受害比较重。幼虫为害梨芽，主要是花芽，也为害梨果，主要是幼果。

越冬幼虫多数为害花芽，从芽的基部蛀入直达花轴髓部，虫孔外有细小虫粪，有丝缀连，被害芽干瘪。越冬后的幼虫，转芽为害时，先于芽鳞内吐丝缀鳞片，不使脱落，逐渐向髓部食害，外部有虫粪，花丛被害严重时，常全部凋萎。幼果被害时，蛀孔处有虫粪堆积，果柄基部有大量缠丝，使被害幼果不易脱落，尤其接近化蛹时，被害果实的果柄基部有白丝缠绕在枝上，被害果甚至变黑枯干，悬挂在枝上，至冬不落。

（二）形态识别

梨大食心虫的形态特征如图12-10所示。

成虫：体长10~12mm，翅展24~26mm。全体暗灰褐色，前翅具有紫色光泽，距前翅基部2/5和1/4处，各有灰色横线1条，此横线嵌有紫褐色宽边。在翅中央中室上方有1白斑。后翅灰褐色，外缘毛灰褐色。

卵：椭圆形，稍扁平。初产下时为黄白色，1~2d后变为红色。

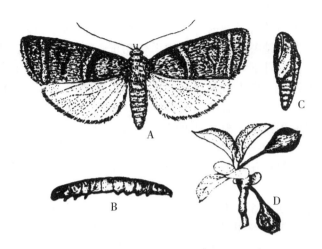

图 12-10　梨大食心虫

A. 成虫；B. 幼虫；C. 蛹；D. 被害状

（仿祝树德和陆自强，1996）

幼虫：老熟幼虫体长 17~20mm。头部和前胸背板为褐色。身体背面为暗红褐色至暗绿色。腹面色稍浅。臀板为深褐色。腹足趾钩为双序环，无臀栉。

蛹：体长约 12mm。身体短而粗。初化蛹时体色碧绿，以后逐渐变为黄褐色。第十节末端有小钩刺 8 根。

（三）发生规律

1 年发生的代数因地区而不同。在东北延边梨区 1 年发生 1 代，山东和重庆地区 1 年发生 2 代，河北省 1 年发生 2 代，少数只发生 1 代，陕西铜川大多数 1 年发生 1 代，少数发生 2 代，河南郑州 1 年发生 2~3 代。在 1 年发生 2 代以上的地区，世代间有重叠现象。

各地均以幼龄幼虫在芽（主要是花芽）内结茧越冬。被害芽比较瘦缩，外部有一很小的虫孔，容易识别。

在河北省越冬幼虫于 3 月下旬梨芽萌动时开始转害新芽（主要是花芽）。转芽时期比较集中，幼虫出蛰后的 7~10d 而进入转芽盛期（4 月中旬）。全部转芽期在华北地区，一般前后约 1 个多月，但盛期时间较短，这是防治有利时期。幼虫转入新芽后，即在芽的鳞片内咬食为害，蛀孔外常堆积有少量有虫丝的碎屑，借以堵塞蛀孔，有个别的幼虫蛀入芽心，食害生长点，此芽即将枯死，因此引起第二次转芽为害。一般幼虫均不深入芽心，因此多数花芽被害后仍能发芽开花。发芽开花后，幼虫即在花丛基部为害，并吐丝绕鳞片，不使脱落。

越冬幼虫转芽的情况，在不同地区表现也不一样。在吉林延吉及河北昌黎地区，大部分越冬幼虫均要转芽为害，而郑州地区只有部分幼虫出蛰害芽，因此早春梨芽受害较少，枯萎花丛也不见多，晚出蛰的幼虫，直接为害幼果及果台。从越冬幼虫出蛰与梨树物候期的关系来看，不同地区的幼虫出蛰始期，均为梨花芽萌动期。但出蛰的盛期和末期与各地的梨树物候期的相关则有所不同。

幼虫转芽及在花芽内为害时期前后1个月，待果实长到拇指大时（4月下旬），即开始转入幼果为害。各地越冬代幼虫为害幼果初期正是梨果脱萼期。转果时期为5月初至6月上中旬，盛期在5月下旬。大多数越冬幼虫出蛰后，先为害1个花芽再害果，少数为害2个花芽后再害果，极少数是直接害果。幼虫在果内为害约20d，即行化蛹。多数幼虫只为害1个果实，有时也有转果为害的情况，但为数不多，被害的果实上，留有颇大的蛀果孔，孔口堆积虫粪。蛹发生期在5月下旬或6月上旬至6月下旬或7月上旬，盛期在6月中旬。蛹期一般8~11d。幼虫化蛹前有吐丝缠绕果柄及做羽化道的习性，均在夜间进行。一般在化蛹前5~15d即开始缠柄，2~3d前做羽化道，这是摘除被害果的适宜时期。

越冬代成虫羽化时期为6月上中旬至7月上中旬，盛期为6月下旬。成虫羽化后晚间活动，趋光性不强，多在黎明时交尾交卵。卵多产于萼洼、芽旁及枝的粗皮处，每处产卵1~2粒。卵期5~7d。在芽上及枝上的卵孵化的幼虫先为害芽后再为害果。如卵产在果实上则直接蛀果为害。第一代幼虫害果期在6月中旬至8月上旬，幼虫老熟后仍在果实中化蛹。梨采收前后大都已羽化完毕。

第一代成虫羽化时期为7月下旬至8月中下旬。成虫的卵大部分都产在芽上或芽的附近，第二代幼虫孵化后即蛀入芽内，经短期为害后，即在芽内越冬。在二代区均以越冬代幼虫为害幼果最为严重，第一代幼虫为害果实较轻。唯鸭梨有时受害较重。

（四）防治方法

目前，生产上仍采用人工与药剂相结合的办法进行防治，控制为害。

1. 农业防治

结合梨树修剪，剪除虫芽，或早春检查梨芽，将被害虫芽摘除。开花后幼虫转果前，检查被害花簇，将已枯萎的花簇摘除，同时可敲打树枝，震落未受害花簇基部的鳞片，发现有鳞片不掉落的花簇，即有幼虫潜伏在鳞片内为害，可人工捏杀鳞片内的幼虫。在幼虫化蛹期，成虫羽化之前，组织人工摘除被害果，并加以集中处理，重点摘除越冬代幼虫的被害果。

2. 物理防治

在越冬代成虫发生时期，结合果园其他害虫的防治，利用黑光灯诱杀成虫。

3. 生物防治

梨大食心虫的天敌较多，主要有黄眶离缘姬蜂 *Trathala flavoorbitalis* Camerom、瘤姬蜂 *Exeristes* sp.、离缝姬蜂 *Campoplex* sp. 等。寄生蜂对梨大食心虫种群的抑制作用很大，特别是控制后期的为害。

4. 化学防治

在梨大食心虫生活周期中有几次转移暴露时期，首先是越冬幼虫出蛰转芽和转果两个时期，其次是第一和第二代卵孵化盛期。掌握上述关键时期，使用药剂防治，是控制此虫为害的重要措施。

（1）掌握越冬的幼虫出蛰转芽时期，可选用2.5%溴氰菊酯乳油3 000倍液、20%氰戊菊酯乳油2 500倍液喷雾，施药时间应掌握在1%越冬幼虫转芽时，喷药时间不能超过 2d。

（2）防治转果期幼虫可选用 2.5% 溴氰菊酯乳油 3 000 倍液、20% 氰戊菊酯乳油 2 500 倍液喷雾。幼虫转果初期，华北地区正是梨果脱萼期。转果盛期在 5 月下旬，用药的适期可以根据梨树物候期来掌握。

（3）防治第一代卵及初孵化的幼虫，必要时可喷药两次，第一次掌握在成虫卵盛期，第二次在第一次施药后半个月进行。可选用 20% 氰戊菊酯乳油 2 000~2 500 倍液、5% 氟虫脲乳油 1 000~2 000 倍液喷雾。

（4）防治第二代卵及初孵化的幼虫，施药的适期要掌握在初龄幼虫钻入越冬芽以前。药剂种类、施药浓度及技术要求与第一代卵期的防治相同。

四、苹果蠹蛾

（一）分布与为害

苹果蠹蛾 *Cydia pomonella* L.，属于鳞翅目卷蛾科。又名苹果小卷蛾、苹果食心虫。苹果蠹蛾是一种世界性的检疫害虫，广泛分布于各大洲几乎所有的苹果产区，在我国主要分布于西北和东北地区。此虫寄主广泛，主要为害苹果、梨、桃、李、樱桃、巴旦杏、胡桃及海棠等。苹果蠹蛾以幼虫蛀食寄主的果实，幼虫孵化后很快便钻入果内蛀食果肉和种子。调查发现，在管理粗放的果园，苹果蠹蛾的蛀果率几乎在 50% 以上，严重的果园甚至可达 80% 以上，导致大量果实提前脱落和腐烂。此外，幼虫蛀食的同时还将黑褐色的粪便沿着蛀道排出至果实表面，使得真菌滋生并侵入果实，严重影响果实的质量，对全球梨果产业造成巨大的经济损失。

（二）形态识别

成虫：体长约 8mm，翅展 15~22mm，体灰褐色，略带金属光泽。前翅臀角大斑深褐色，椭圆形，有 3 条青铜色条纹，其间显出 4~5 条褐色横纹。翅基部颜色稍浅，呈褐色，其外缘突出，略呈三角形，其间杂有较深的斜形波状纹。翅中部颜色最浅，呈淡褐色，其间亦杂有褐色斜形波状纹。雌雄前翅反面区别明显，雄蛾前翅中室后缘有 1 块黑褐色条板，翅缰 1 根，雌蛾具翅缰 4 根。

幼虫：体长 14~20mm，初孵幼虫淡黄色，稍大为淡红色或红色。前胸侧毛组 K 群 3 根毛，腹足趾钩单序缺环，19~23 根，臀足趾钩 14~18 根，无臀栉。

卵：椭圆形，扁平状，直径 1.10~1.20mm，乳白色，中央部分略隆起。初产时为半透明，发育到一定阶段出现淡红色的圈。

蛹：体长 7~10mm，全体黄褐色，复眼黑色。肛门两侧各具 2 根钩状毛，腹部末端具 6 根（腹面 4 根，背面 2 根）钩状毛，共 10 根。第二至第七腹节背面前后缘均有 1 排整齐的刺，前面 1 排较粗，后面 1 排细小。第八至第十腹节背面仅有 1 排刺，第十节的刺常为 7 根或 8 根。雌雄蛹外观略有差异。雌蛹触角较短，不及中足末端，生殖孔开口第八、第九节腹面；雄蛹触角较长，接近中足末端，生殖孔开口在第九腹节腹面。

（三）发生规律

苹果蠹蛾发生世代随分布区域的不同而存在差异。该虫在温带地区一年可发生 2

代，而在热带地区一年可发生 3~4 代，且具有严重的世代重叠现象。在我国西北地区，苹果蠹蛾一年发生 2~3 代，以 4~5 龄老熟幼虫在果树的翘皮下、果树基部的土壤中及果园中的其他废弃物上越冬。在翌年春季平均气温高达 10℃ 左右时（一般在 4 月上旬），越冬幼虫开始化蛹，整个蛹期大约经历 27d。成虫昼伏夜出，具有趋光性。

雌蛾在羽化 1~2d 后达到性成熟，通过释放性信息素吸引雄蛾。成虫在黄昏或黄昏后活动并进行交配，交配时间为 2.00~4.50h。雌蛾通常在温暖的夜晚（12~30℃）产卵，产卵期一般为 3~6d，共约产卵 250~300 粒，在最后 1 次产卵后 4~5d 内死亡。该虫对产卵位置具有明显的选择性。卵多单产于叶和果实上，尤其以上层果实及叶片上产卵较多，中层次之，下层最少。果树的向阳面、背风处以及生长稀疏的果实上着卵较多。

卵孵化期约为 5~12d，初孵幼虫在果面爬行，寻找果面的损伤处、花萼或梗洼等处蛀入果实。幼虫蛀入后，先在果皮下取食，做 1 个小室并蜕皮于其中，之后继续向种室方向蛀入，在种室附近进行第二次蜕皮。3 龄幼虫开始蛀入种室并取食种子。待蜕第三次皮后，幼虫向外做较直的蛀道，转果为害。

幼虫在果实内发育至 4~5 龄后脱果，通常在树干翘皮下、粗枝裂缝中、空心树干中、根际树洞内等处结茧化蛹，也可在脱落树皮下、根际周围 3~5mm 表土内、植株残体中、干枯蛀果内以及果品贮藏处、包装物内结茧化蛹。蛹期的长短与温度有关，一般为 7~30d。

苹果蠹蛾喜干、厌湿，适生温度范围广。苹果蠹蛾生长发育的最适相对湿度为 70%~80%，当相对湿度超过 70% 时成虫产卵即受制约，而当相对湿度低于 70%，甚至低至 50% 以下时，成虫都能正常交配。所以，苹果蠹蛾常在干热的年份大发生，而在降雨较多的年份为害较轻。此外，苹果蠹蛾的最适生长发育温度为 15~30℃，当温度高于 32℃ 或低于 11℃ 时，该虫的生长发育明显受阻。苹果蠹蛾属于短日照滞育昆虫，光周期是引起老熟幼虫滞育的主要因素，老熟幼虫的滞育率一般为 25%~30%。

（四）防治方法

1. 植物检疫

（1）产地检疫：调查栽种寄主植物的果园、集贸市场、果品存储及集散地等区域的虫果状况；检查果木树干翘皮裂缝等处老熟幼虫及蛹的存在状况；对疫情发生区域采取必要的隔离措施。

（2）调运检疫：对来自疫区的寄主植物产品及其包装材料进行抽样检查，抽样比例为一批货物（果品、苗木）总件数的 1%。主要检查果品表面的蛀孔、虫疤、虫粪及其各个虫态，苗木及包装材料上有无作茧的老熟幼虫或蛹，运载工具上是否有残留的果品、包装物等。

2. 农业防治

保持果园清洁。摘除虫果，刮除翘皮，清理树洞，清理果园中的落果。

3. 物理防治

使用黑光灯诱捕成虫。根据老熟幼虫潜伏化蛹的习性，在主干或粗枝上绑缚宽约 15cm 的麻袋片、柴草等，诱集越冬幼虫。11 月至翌年 2 月底前，结合刮树皮，取下草环集中烧毁。该方法可以有效消灭越冬幼虫，减少第二年发生的虫源。也可用性诱剂诱集苹果蠹蛾雄蛾或用迷向丝干扰苹果蠹蛾交配。

4. 化学防治

在我国苹果蠹蛾发生严重的地区，化学防治仍是控制苹果蠹蛾的主要手段。为了指导最佳施药，必须做好测报工作。应多选择无公害的化学药剂，注意使用不同类型、不同作用机理的农药搭配使用，以达到更好的防治效果。

一般选择在成虫产卵盛期进行防治，而且要在第一次喷药后7~10d再喷一次，以加强防效。可选用2.5%高效氯氟氰菊酯乳油3 000倍液、20%氰戊菊酯乳油2 000~3 000倍液、35%氯虫苯甲酰胺水分散粒剂7 000~10 000倍液、25%灭幼脲悬浮剂1 000~2 000倍液喷雾。

五、梨茎蜂

（一）分布与为害

梨茎蜂 *Janus piri* Okamota et Muramatsu 属膜翅目茎蜂科，又名梨梢茎蜂、梨茎锯蜂，俗称折梢虫、剪头虫。全国各地梨栽培区普遍分布，是梨树春梢的重要害虫。成虫产卵为害春梢，受害严重的梨园，满园断梢累累，大树被害后影响树势及产量，幼树被害后则影响树冠扩大和整形。梨茎蜂主要为害梨，也为害棠梨及沙果。此外，近年来根据华北的调查研究，发现有另一种叫作葛氏梨茎蜂 *Janus gussakovskovskii* Maa，已知分布于河北和福建（邵武），国内记载系茎蜂的发生规律和生活习性，有可能是两个种的混杂。

（二）形态识别

梨茎蜂的形态特征如图12-11所示。

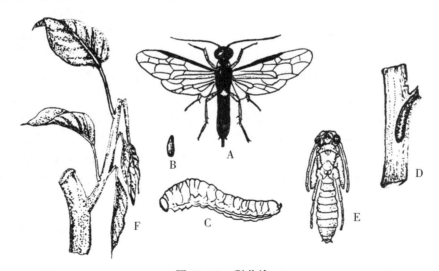

图12-11　梨茎蜂
A. 成虫；B. 卵；C. 幼虫；D. 幼虫为害枝；E. 蛹；F. 成虫产卵为害
（仿祝树德和陆自强，1996）

成虫：体长 9~10mm，翅透明，除前胸后缘两侧、翅基部、中胸侧板及后胸背的后端黄色外，其余身体各部黑色。后足腿节末端及胫节前端褐色，其余黄色。雌虫臀部可见 9 节，第七至第九节的腹面中央有 1 纵沟，内有 1 锯齿状产卵器。

卵：乳白色，透明，长椭圆形，稍弯曲，长 0.9~1.0mm。

幼虫：老熟幼虫体长 10~11mm，头部淡褐色，胸腹部黄白色，胸足退化，各体节侧板突出形成扁平侧缘。体稍扁，头部、胸部向下弯，尾端向上翘。

蛹：体长 10mm 左右，裸蛹，全体乳白色，复眼红色，近羽化前变为黑色。茧棕褐色膜状，长椭圆形。

（三）发生规律

南方（浙江、江西、四川等省）梨茎蜂一年发生 1 代，以幼虫在被害枝内越冬。12 月下旬已开始见蛹，3 月下旬、4 月上旬成虫羽化，4 月上中旬产卵。浙江杭州，卵于 5 月上旬开始孵化，6 月中旬结束。幼虫 6 月下旬全部蛀入老枝，8 月上旬全部在老枝内休眠，翌年 1 月上旬开始化蛹，2 月下旬结束。成虫在被害枝内羽化，在枝内停留 3~6d 后出枝。成虫出枝时，先在幼虫为害的半截枝近基部处咬一圆形羽化孔，一般多在天气晴朗的中午前后从羽化孔飞出。出枝后白天非常活跃，在梨树枝梢间飞翔，早晚及夜间不活动，停息在梨叶反面，阴天活动较差。梨树尚未抽梢时出枝的，大都栖息在附近作物和果树上。成虫取食花蜜和露水，对糖蜜和糖、酒、醋液无趋性，也无趋光性。成虫出枝后，当天即可交尾产卵，产卵时刻以中午前后最盛。产卵前往返于新梢嫩茎上，选择适宜处所，以产卵器将嫩茎锯断，而一边的皮层切断，使断梢留在上面，然后再将产卵器插入断口下方 1.5~6.0mm 处的韧皮部和木质部之间产卵 1 粒，在产卵处的嫩茎表皮上不久即出现一黑色小条状产卵痕。产卵后成虫再将断口下部的叶柄也切断，隔 1~2d 上部断梢凋萎下垂，变黑枯死，遇风吹落，成为光秃断枝。老梢上不产卵，也有将嫩梢切断而不产卵的，据调查不同品种的被害梢有卵率达 64.2%~79.3%。以枝条顶梢最易受害，以下各梢受害程度依次递减，枝长梢多的品种被害可至第七新梢。幼虫在嫩茎髓部蛀食，边蛀食边排泄粪便，食过的空隙都由粪便填塞，凡食过的嫩茎日久都成黑褐色半截枝，脆而易断；待嫩茎食完向下继续蛀食老枝。在老枝内蛀食成一稍呈弯曲的长椭圆形穴，大小与身体相适，穴壁光滑。幼虫老熟后在穴内调转身体头部向上，并作一褐色膜状薄茧，不食不动，开始休眠。每一被害梢，仅有幼虫 1 头。休眠幼虫隔几个月后体伸直呈圆筒形而为预蛹，然后在原处化蛹。江西南昌观察各虫态历期：卵期 28~56d，幼虫取食期 50~60d，连同越冬期共达 8 个多月，蛹期 42~65d，成虫寿命雌 6~14d，雄 3~9d。

（四）防治方法

1. 农业防治

（1）做好冬管。冬季结合修剪，剪去的被害枝在 3 月间要处理完毕，最好结合保护寄生蜂。不能剪除的被害枝，可用铁丝戳入被害的老枝内，以杀死幼虫或蛹。

（2）捕捉成虫。利用成虫的群栖性和停息在树冠下部新梢叶背的习性，在早春梨树新梢抽发时，于早晚或阴天捕捉成虫。

（3）剪除被害梢。成虫产卵结束后，及时剪除被害新梢，只要在断口下 1cm 处剪除，就能将所产的卵全部消灭。此法对大树因操作不便不能彻底，但对苗木和幼树的效果很好，基本上可控制虫害。

2. 化学防治

掌握在成虫发生高峰期，可选用 10% 吡虫啉可湿性粉剂 2 500 倍液、2.5% 溴氰菊酯乳油 2 000 倍液喷雾。

六、桑天牛

（一）分布与为害

桑天牛 Apriona geomari Hope 属鞘翅目天牛科，俗称"蛤虫"，分布全国各地。是多种果树、林木的重要害虫，特别是管理粗放，种植桑树地区的苹果受害最重。幼虫蛀食树干，成虫啃食嫩枝皮层，造成许多孔洞，使果树生长衰弱，叶色变黄，严重时枝干枯死。

（二）形态识别

成虫：体长 36~46mm。体褐黑色，密被黄褐色细绒毛。触角鞭状，头部和前胸背板中央有纵沟，前胸背板有横隆起纹，两侧中央各有 1 个刺状突起。鞘翅基部有许多黑色有光泽的瘤状突起。

卵：椭圆形，稍扁平，弯曲。初产时黄白色，近孵化时变淡褐色，长 6~7mm。

幼虫：老熟时体长约 70mm，圆筒形，乳白色，头部黄褐色，第一胸节特大，方形，背板上密生黄褐色刚毛和赤褐色点粒，并有凹陷的"小"形纹。

蛹：长约 50mm，淡黄色。

（三）发生规律

桑天牛 2~3 年完成一代，以幼虫在枝干内越冬。幼虫经过 2 个冬天，在第三年 6—7 月，老熟幼虫在隧道下 1~3 个排粪孔的上方外侧咬 1 个羽化孔，使树皮略肿起或破裂，在羽化孔下 70~120mm 处做蛹室，以蛀屑填塞蛀道两端，然后在其中化蛹。成虫羽化后，在蛹室内静伏 5~7d，自羽化孔钻出，啃食枝干皮层、叶片和嫩芽。生活 10~15d 则开始产卵。产卵前先选择 10mm 左右的小枝条，在基部或中部用嘴将表皮咬成"U"形伤口，然后将卵产在中央伤口内，每处产卵 1~5 粒，一生可产卵 100 余粒。成虫寿命长 40d 左右。卵经 2 周孵化。孵化的幼虫先向枝条上方蛀食约 10mm，然后掉头向下蛀食，并逐渐深入心材，每蛀食 5~6cm 长时向外蛀一排粪孔，由此排出粪便，堆积地面，排粪孔均在同一方位顺序向下排列，遇有分枝或木质较硬处才转向另一边。随着幼虫的长大，排粪孔的距离也越来越远，幼虫一生所蛀孔道可达 1.7~2m 长，有时直达根的基部。孔道直，内无虫粪。幼虫多于最下一个排粪孔的下方。越冬幼虫因蛀道底部有积水，多向上移。虫体上方常塞有木屑。

（四）防治方法

1. 农业防治

于 6—7 月成虫发生期，组织人力进行捕捉，成虫白天不易飞动，特别在雨后，用棍敲打枝干，即惊落地面，然后踏死。成虫发生期，经常检查产卵伤口和排粪情况，如有发现，可用小尖刀在产卵刻槽中间刺入，即可把卵杀死。

2. 化学防治

可选用3%高效氯氰菊酯微囊悬浮剂500~1 000倍液、2%噻虫啉微囊悬浮剂1 000~2 500倍液喷雾。

第六节 害螨类

在苹果、梨上发生的害螨类比较常见的是山楂叶螨。该螨是我国北方落叶果树（主要是核果类和仁果类）的一种重要害螨。山楂叶螨常以成螨、若螨刺吸叶片及萌发芽的汁液，也可为害梨树花序和幼果，严重时造成叶片枯焦，树势衰弱，影响当年及来年产量。该螨繁殖能力强，如果不能及时防治，常会造成大量减产，严重时可减产30%以上。

山楂叶螨

（一）分布与为害

山楂叶螨 *Tetranychus viennensis* Zacher 属蛛形纲蜱螨亚纲真螨目叶螨科。山楂叶螨主要为害苹果、梨、桃、李、杏、山楂，其中苹果、梨、桃受害最重。

山楂叶螨吸食叶片及初萌发芽的汁液，猖獗的年份也可为害幼果。芽严重受害后，不能继续萌发而死亡叶片受害后，最初呈现很多的失绿小斑点，随后扩大连成片，终至全叶变为焦黄而脱落。大发生年份，7—8月树叶大部分落光，甚至造成2次开花。严重受害的树，不仅当年果实不能成熟，并且大大影响了当年花芽的形成和翌年的产量。

（二）形态识别

山楂叶螨的形态特征如图12-12所示。

图12-12 山楂叶螨

A. 雌成螨；B. 雄成螨

（仿祝树德和陆自强，1996）

成螨：雌成虫体长 0.5mm，宽 0.3mm。前体部与后体部交界处最宽，体背前方稍隆起的身体背面共有刚毛 26 根，分成 6 排，刚毛细长，基部无瘤。足黄白色，比体短。雌虫有冬、夏型，冬型体色鲜红，略有光泽，夏型雌虫初蜕皮时体色红，取食为暗红色。雄成虫体长 0.4mm。宽 0.25mm。身体末端尖削。初蜕皮时为浅黄绿色，逐渐变为绿色及橙黄色。体背两侧有黑绿色斑纹 2 条。

卵：圆球形，橙红色，后期产的卵颜色浅淡，为橙黄色或黄白色。

幼螨：足 3 对。体圆形，黄白色，取食后变为淡绿色。

若螨：足 4 对。前期若螨体背开始出现刚毛，两侧有明显的黑绿色斑纹，并开始吐丝。后期若螨可辨别雌雄，雌者身体呈卵圆形，翠绿色，雄者身体末端尖削。

（三）发生规律

1. 生物学特性

山楂叶螨在北部果区均以受精雌虫在枝干树皮裂缝内、粗皮下及靠近树干基部 3cm 深的土块缝里越冬，在大发生的年份，还可以潜藏在落叶、枯草或石块下面越冬。每年发生的代数，主要受各地区气候条件和其他因子的影响而有差异。在北部果区，一般每年发生 5~9 代，如辽宁省一年发生 3~6 代，河北省 3~7 代，山西省 6~7 代。越冬雌虫第二年春天当苹果芽膨大的时候，就开始活动，出蛰上树，等芽开绽以后，露出绿顶，即转到芽上为害，展叶以后即转到叶片上为害。越冬雌虫出蛰的时期各地也不一致，随着各地和年度间的气候条件的不同，有迟有早，一般地说，当日平均气温 9~10℃，芽露绿顶时，开始出蛰。华北地区约 4 月上旬前后。在昼夜气温较高时刻，集中到芽上取食，气温较低时或阴天，经常到附近树皮缝隙内潜伏。苹果树展叶到花序分离至初花期（华北地区约 4 月中旬前后）是成虫出蛰盛期。整个出蛰约 40d，但大部分在 20d 内出蛰。这时越冬的雌虫为害嫩叶 7~8d 以后就开始产卵，在盛花期前后产卵最多。卵经 8~10d 左右孵化，在落花后 1 周左右，卵基本孵化完毕，同时出现第一代雌成虫，这时还没有产卵，此时越冬雌虫已经大部分死亡，这是防治上有利时机。第二代卵在 6 月上旬（落花以后）开始孵化，盛孵期大约在落花以后 1 个月。正值高温期的来临，如不及时控制，则会引起猖獗，不少果园常因药剂防治的干扰，山楂叶螨还会在后期（7—8 月）猖獗起来。正常情况下山楂叶螨于 9—10 月产生越冬型成虫。越冬雌虫出现的早晚与树受害程度有关。严重被害的树，叶片焦枯脱落，7 月下旬就能出现大量越冬雌虫（体色鲜红）、轻害树一般要在 9 月下旬后才大量发生越冬雌虫。

山楂叶螨性不活泼，常常一小群一小群在叶背面为害，并吐丝拉网（雄虫无此习性），卵多产在叶背主脉两边及丝网上。雌螨亦可行孤雌生殖，但所产之卵，孵化后皆为雄性。在一般情况下，早春出蛰以后、雄虫多集中在树冠的内膛枝，造成局部受害的现象。到第一代成虫出现以后，渐向树冠外围扩散，为害全树。随着虫口数量的增加，逐渐向周围上下扩散，扩大为害。全年为害时间很长，从 4 月直到 10 月。

山楂叶螨一年发生代数多，繁殖力强，发育速度快，这是它本身的生物学特性，但造成果园内猖獗发生，还必须具备一定的外界条件，如一定的虫口基数、气候、食料和天敌等。

2. 发生生态

（1）气候。温度在气候条件中占主导地位。温度的高低决定了叶螨各虫态的发育历期、繁殖速率、产卵量的多少等。据报道，山楂叶螨的适宜温度为 25~30℃。一般适宜的相对湿度是 40%~70%。干燥炎热的气候条件往往会导致叶螨的猖獗。山楂叶螨在平均气温为 18℃左右的 5 月，每月只能繁殖 1 代，而平均气温达 24~26℃的 6—7 月，每月能繁殖 2~3 代。如果早春积累了一定的虫口基数，高温季节来临前未及时防治，则一遇高温干旱便有猖獗的危险。

（2）天敌。叶螨的自然敌害很多，在不常喷药的果园中，天敌类群及数量很多，常将叶螨种群数量控制在不至明显为害水平上。根据调查，最主要的类群或种类有：①专食叶螨的食螨瓢虫。其种类较多，主要有深点食螨瓢虫、束管食螨瓢虫、陕西食螨瓢虫等。这类捕食性天敌数量在开始增长以前，一般要求高密度的猎物。②暗小花蝽 *Orius tristicolor*（White），是多食性天敌。取食蚜虫、介壳虫和叶螨，它们在果园里持续发生。③中华草蛉 *Chrysoperla sinica* Tjeder，也为多食性天敌。取食蚜虫、叶螨和鳞翅目小幼虫。其 1 龄幼虫较喜食苹果树的叶螨，在自然条件下，以 6 月中下旬发生量大。④塔六点蓟马 *Scolothrips takahashii* Priesner，专食叶螨。⑤捕食性螨类，主要食物为叶螨，一些还以花粉为食。据调查，在果树上发现捕食叶螨的种类有 10 种以上，其中最主要的种类是植绥螨科的拟长毛钝绥螨、平腹钝绥螨、东方钝绥螨等。

（3）食料。苹果的不同品种，不同树势及叶片的不同营养水平（以含氮量为准）都会影响叶螨种群数量的变化。苹果品种中以红元帅受害最重，国光次之，树势强的树对叶螨为害的忍耐力强于衰弱树或在贫瘠土壤上生长的树。从不同时间，不同次数施用氮肥的情况来看，一般叶片含氮水平过高的，叶螨发生数量就多。因此，适宜的氮肥需要量不但不影响苹果的产量，也能相对减轻叶螨的为害。

（四）防治方法

害螨的防治，应采取抓住关键，合理用药，注意保护天敌的策略。

1. 农业防治

早春果树萌发前，彻底刮除主枝、主干上的翘皮及粗皮，集中烧毁，可消灭大量山楂叶螨的过冬雌成虫，幼树可在越冬雌虫下树前束草诱集，于早春解冻前取下烧毁。

2. 化学防治

可选用的药剂有石硫合剂，花前用 0.5°Bé，花后用 0.2°Bé。也可选用 73%炔螨特 3 000 倍液、20%双甲脒乳油 1 000 倍液、20%甲氰菊酯乳油 3 000~4 000 倍液、5%噻螨酮乳油 1 000~2 000 倍液、15%哒螨灵乳油 2 000~3 000 倍液喷雾。同时要掌握防治适期，山楂叶螨的防治关键时期是花前和花后。防治的经验指标是雨季来临前，山楂叶螨活动虫态每叶平均 2 头。此外，还应强调果园其他害虫的综合防治，以减少树上打药次数。

第十三章　桃、李、杏、梅害虫

我国桃、李种植分布很广，桃以华北、西北、华东地区种植较多，李则以华北、华东、华南种植较多。杏和梅以秦岭淮河为分界线，北方主要栽培杏，集中在华北和西北的一些省区市，梅主要产在华东地区。据记载我国为害桃、李、杏、梅的害虫分别有231种、162种、124种、92种。为害这4类果树的害虫常常混合发生，主要有杏星毛虫、桃蚜虫、桑白蚧、朝鲜球坚蚧、桃红颈天牛、桃蛀螟等。

第一节　食叶类

桃、李、杏、梅上的食叶害虫主要是鳞翅目害虫的幼虫，以杏星毛虫为害较重。该害虫在我国普遍发生，幼虫主要为害杏、桃、李等核果的叶、芽、花等部位。幼虫在春天开始活动后，钻入刚萌动的花芽中为害，以后取食叶片，使叶片呈现缺刻和孔洞，严重时可将叶片吃光，影响树势和产量。

杏星毛虫

（一）分布与为害

杏星毛虫 *Illiberis psychina* Oberthur 属鳞翅目斑蛾科。又名桃斑蛾、梅薰蛾，俗称夜猴子、红肚皮虫等。广泛分布在华北、华东、西北各地。其中河北、河南、山西和陕西部分地区为害严重在长江流域、上海郊区逐渐蔓延。主要为害杏、桃、李、梅、樱桃，也为害梨和柿树。以幼虫食害芽、花及嫩叶。个别果园杏芽被蛀食，杏树迟迟不能发芽开花，甚至引起整株死亡。

（二）形态识别

杏星毛虫的形态特征如图13-1所示。

成虫：体长8~10mm，翅展约23mm，全体黑色，有黑蓝色光泽，翅半透明，翅脉和边缘黑色。

卵：椭圆形，长0.6mm，初产淡黄色，后变黑褐色。

幼虫：老熟幼虫体长15~18mm，头小褐色，体背面暗紫色，腹面紫红色，每节有6个毛丛，白色。

蛹：长8~10mm，淡黄褐色，羽化前变黑褐色。

茧：幼虫老熟后作椭圆形白色丝茧，长15~20mm。茧外附虫粪或土粒。

（三）发生规律

各地均一年发生1代，以初龄幼虫在老树皮裂缝里作小白茧越冬，翌春2月底，杏花

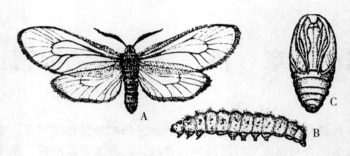

图13-1 杏星毛虫
A. 成虫；B. 幼虫；C. 蛹
（仿祝树德和陆自强，1996）

芽尚未萌动即出来蛀食芽，在芽旁蛀有针孔大小的洞，芽即不萌发。严重时枝条不萌芽，枯死。花期为害花和嫩叶。幼虫白天躲藏在背阴树干缝隙和土壤缝里，傍晚6—9时上树为害，故有"夜猴子"之称，多先为害下部枝。也有少数幼虫吐丝缀连2~3片叶子藏在里边。在华北地区5月中下旬幼虫老熟，在叶背、枝干缝、土缝作茧化蛹，蛹期15~20d，6月上中旬羽化。成虫飞翔力弱，早晨假死落地，极易捕捉。羽化后不久即交尾，交尾时间长达20h，交尾后第二天即开始产卵，卵多产于叶背主脉处，亦有产在枝条上的。每一卵块一般70~80粒卵，每雌蛾产卵150粒左右。卵期12~14d，幼虫孵化后咬食叶肉，使叶片成窗孔状，为害不久即陆续潜伏越冬。幼虫期有黑疣姬蜂寄主和食虫蜻天敌。

（四）防治方法

1. 农业防治

冬季刮刷老树皮，消灭越冬幼虫。成虫羽化期，人工捕杀成虫。

2. 化学防治

在越冬幼虫开始出蛰为害和第一代幼龄幼虫为害期，可选用50%杀螟硫磷乳油1 000倍液、20%氰戊菊酯乳油2 000~2 500倍液、5%氟虫脲乳油1 000~2 000倍液、20%虫酰肼悬浮剂1 500~2 000倍液喷雾。早春利用幼虫白天下树习性，树干基部培圆形土堆，并撒布40%毒死蜱可湿性粉剂毒杀幼虫。

第二节　刺吸类

一、蚜虫类

（一）分布与为害

为害桃、李、杏梅的蚜虫有以下4种。

（1）桃蚜 *Myzus persicae* Sulzer，又名烟蚜、桃赤蚜。分布极广，遍及全世界，国内南、北果区普遍分布。寄主植物广泛，越冬及早春寄主以桃为主，其他有李、杏、樱桃、梨、柑橘、柿等，夏秋寄主则有烟草、茄、大豆、瓜类、番茄、白菜、甘蓝等，已记载桃蚜寄主达300多种。

（2）桃粉蚜 *Hyalopterus arundimis* Fabricius，又名桃大尾蚜、桃粉吹蚜。我国南、北果区都有分布。越冬及早春寄主，除桃外，还有李、杏、梨、樱桃、梅等；夏秋寄主为禾本科杂草。

（3）桃瘤蚜 *Myzns momonmis* Mats，国外分布日本，国内分布东北、华北、华东、西北、西南、台湾。越冬及早春寄主为桃、樱桃，还有梨、梅；夏秋寄主在南京为害艾蒿。

（4）莲缢管蚜 *Rhopalosiphum nymphaeae* L.，分布极广，日本、美国、东南亚均有分布，国内东北、华北、华中、华东、华南、西南各地均有分布，越冬及早春寄主为桃、樱桃、杏等，夏秋寄主有慈姑、荷藕、芡实等水生蔬菜和多种水生植物。

上述4种蚜虫均属半翅目蚜科。俗名统称蜜虫、油虫，以桃蚜和桃粉蚜为害最普遍，桃瘤蚜在局部果园有为害。蚜虫大量发生时，密集在嫩梢上和叶片上吮吸汁液，被害桃叶苍白卷缩，以致脱落，影响桃果产量及花芽形成，并大大削弱树势。桃蚜又是目前传播病毒的一种严重害虫。

（二）形态识别

桃粉蚜和桃瘤蚜的形态特征如图13-2所示。

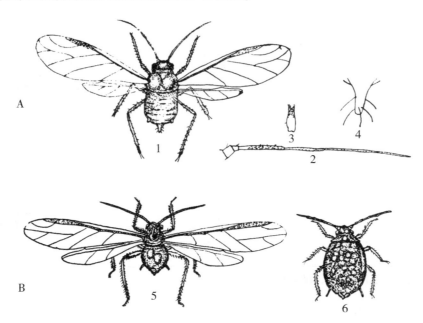

图13-2　桃粉蚜和桃瘤蚜
A. 桃粉蚜：1. 有翅胎生雌蚜　2. 触角　3. 腹管　4. 尾片；
B. 桃瘤蚜：5. 有翅胎生雌蚜　6. 无翅胎生雌蚜
（仿祝树德和陆自强，1996）

4种蚜虫形态特征如表13-1所示。

表 13-1　为害桃树的 4 种蚜虫形态区别

种　类	卵	若　虫	成　虫	
			有翅胎生雌蚜	无雌胎生雌蚜
桃　蚜	初为绿色，长椭圆形，长径 1.2mm，有光泽	体小，似无翅胎生雌蚜	体长 1.8~2.1mm；头部、胸部黑色，腹部绿、黄绿、褐、赤褐色、背面有黑斑；触角上感觉圈第三节 10~15 个排列成 1 行，第四节无，第五、第六节各 1 个；腹管细长，圆筒形端部黑色，尾片圆锥形；额瘤显著，向内倾斜	体长 2.0mm 左右；体鸭梨形，全体绿、橘黄、赤褐黄等色变化大，有光泽；腹管及尾片和额瘤同有翅蚜
桃粉蚜	椭圆形，长径 0.55~0.7mm，初产时淡黄绿色，后变黑色有光泽	体小，似无翅胎生雌蚜，淡绿色体上有少量的粉	体长 1.5mm 左右；头部、胸部黑色，腹部黄绿色或橙绿色，体上被有白蜡粉；触角上感觉圈第三节 32~40 个，排列不整齐，第四节 5~8 个；腹管短小，尾片较无翅蚜小；额瘤不显著	体长 2.25mm 左右；长椭圆形，淡绿色，体上被有白粉；腹管短小、圆锥形、长大、有 3 对长毛；额瘤同有翅蚜
桃瘤蚜	椭圆形，紫黑色	体小，似无翅胎生雌蚜，淡绿色，头部和腹管深绿色	体长 1.8mm 左右；淡黄褐色，足之腿节，胫节末及跗节色深；触角上感觉圈第三节约 30 个，第四节 9~10 个，第五节 3 个；腹管圆柱状，有褐色覆瓦片纹，尾片短小；额瘤显著，向内倾斜	体长 2.1mm 左右；体长椭圆形较肥大，头部黑色，体深绿或黄褐色；腹管圆筒形；尾片和额瘤同有翅蚜
莲缢管蚜	长卵圆形长，0.55~0.7mm，黑色	体小，似无翅胎生雌蚜	体长 2.3mm；头胸黑色，腹部褐绿色至深褐色；触角上感觉圈第三节，第四节有感觉孔 10~12 个，排列成行；腹管中部、顶部缢缩，端部大尾片小，有毛 5 根；额瘤不显著	体长 2.5mm；褐绿至深褐色，被蓝蜡粉，腹背面具圆网纹；腹管及尾片和额瘤同有翅蚜

资料来源：《园艺昆虫学》，祝树德和陆自强，1996

（三）发生规律

（1）桃蚜、莲缢管蚜。参见蔬菜害虫中相关章节。

（2）桃粉蚜。江西南昌一年发生 20 代以上，冬季以卵在桃、李、杏、梅等果树枝条的芽腋和树皮的裂缝处越冬，常数粒或数十粒集在一起，次年桃树萌芽时卵开始孵化，以无翅胎生雌蚜不新进行繁殖，产生有翅蚜后，迁往禾本科芦苇上寄生，至晚秋又产生有翅蚜迁返桃、李、杏、梅等果树，产卵越冬。

（3）桃瘤蚜。北方果区一年发生 10 多代，在江西约有 30 代，均以卵在桃、樱桃等枝条的芽腋处越冬。江苏南京越冬卵3月上旬开始孵化，3月下旬至4月上中旬发生最多，4月末产生有翅蚜，大量迁飞至艾上，10月下旬重迁返桃等果树，11月上中旬产卵越冬。在北方果区5月才见此蚜虫为害，6—7月繁殖最盛，为害最重。10月有翅蚜迁返桃等果树产卵越冬。

（四）防治方法

1. 物理防治

有翅成蚜对黄色、橙黄色有较强的趋性，可在黄色板上涂抹机油、凡士林等进行诱杀。对已产生抗性的桃蚜可用0.5kg洗衣皂加水40~50kg喷洒。

2. 生物防治

桃树蚜虫天敌很多，控制作用很强，据观察1头七星瓢虫 Coccinella septempunctata、大草蛉 Chrysopa pallens 的一生可捕食4 000~5 000头蚜虫，大型食蚜蝇幼虫1d可捕食几百头蚜虫。应注意保护天敌。另外，可选用0.3%印楝素乳油1 200倍液喷雾。

3. 化学防治

药剂防治应掌握在春季花未开而卵已全部孵化，但尚未大量繁殖和卷叶以前喷药。花后至初夏，根据虫情再喷药1~2次。秋后迁返桃树的虫口数最大时，也可喷药。可选用10%吡虫啉可湿性粉剂2 000~2 500倍液、50%吡蚜酮可湿性粉剂5 000倍液、3%啶虫脒乳油2 000~2 500倍液喷雾。

二、桑白蚧

（一）分布与为害

桑白蚧 Pseudaulacaspis pentagona Targioni 属半翅目盾蚧科。又名桑盾蚧、桃介壳虫等。在我国分布较广，已知辽宁、河北、山东、山西、河南、陕西、甘肃、安徽、江苏、浙江、湖南、江西、四川、广西、广东、福建、台湾等省区均有发生。是南方桃树和李树以及北方果区的一种重要害虫。寄主有苹果、梨、桃、杏、李、梅、樱桃、醋栗、枇杷、葡萄、核桃、柿、无花果等果树，还为害桑、茶、梧桐、柳、槐、枫、槭、白杨、苦楝、皂角、丁香、棕树等。在果树上以核果类发生较重，各地为害桃树较为严重。以雌成虫和若虫群集固着在枝干上吸食养分，偶有在果实和叶片上为害的，严重时介壳密集重叠，形成枝条表面凸凹不平，削弱树势，甚至枝条或全株死亡，一旦发生，不及时防治，3~5年可将桃园破坏。

（二）形态识别

桑白蚧的形态特征如图13-3所示。

成虫：雌成虫橙黄或橘红色，体长1mm左右，宽卵圆形，扁平，触角短小退化成瘤状，上有1根粗大的刚毛。腹部分节明显，分节线较深；臀板较宽，臀叶3对，中间最大近三角形；第二、第三对臀叶均分为两瓣，第二臀叶内瓣明显，外瓣较小；第三臀叶退化很短。肛门位于臀板中央；围绕生殖孔有5群盘状腺孔，称围阴腺，上中群17~20个，上侧群27~48个，下侧群25~55个。雌虫介壳圆形，直径2.0~2.5mm，略隆起有螺旋纹，灰白至灰褐色；壳点黄褐色，在介壳中央偏旁。雄虫体长0.65~0.70mm，

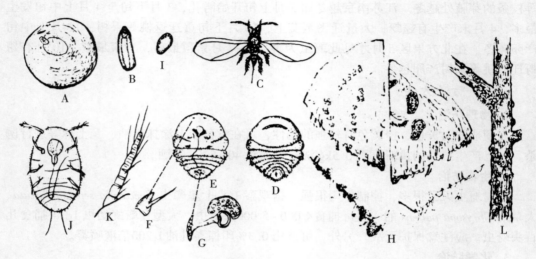

图13-3　桑白蚧

A. 雌介壳；B. 雄介壳；C. 雄成虫；D. 雌虫背面；E. 雌虫腹面；F. 雌成虫触角；G. 雌虫前气门；
H. 雌虫臀板及边缘放大（左背面右腹面）；I. 卵；J. 若虫腹面；K. 若虫触角；L. 枝条被害状

（仿祝树德和陆自强，1996）

翅展1.32mm左右。橙色至橘红色，体略呈长纺锤形。眼黑色；触角10节略于体等长，念珠状，上生很多毛。胸部发达；仅有1对前翅，卵形被细毛，后翅特化为平衡棒。足3对，细长多毛。腹部长，末端尖削，端部具一性刺交配器。介壳长约1mm，细长白色，背面有3条纵脊，壳点橙黄色，位于壳的前端。

卵：椭圆形，长径0.25~0.30mm，短径0.10~0.12mm，初产淡粉红色，渐变淡黄褐色，孵化前为橘红色。

若虫：初孵若虫淡黄褐色，扁卵圆形，以中足和后足处最阔，体长0.3mm左右。眼、触角和足俱全。触角长5节，足发达能爬行。腹部末端具尾毛两根。两眼间有2个腺孔，分泌绵毛状物遮盖身体。蜕皮之后眼、触角、足毛、尾毛均退化或消失，开始分泌介壳，第一次蜕下的皮负于介壳上，偏一方，称壳点。雌性形状与雌成虫相似。

（三）发生规律

每年发生代数因地而异，广东5代，浙江3代，北方各地2代。浙江各代若虫发生期：第一代4—5月，第二代6—7月，第三代8—9月。

北方各省均以第二代受精雌虫于枝条上越冬。次年开始为害和产卵日期因地区而异。在山西省太谷桃树上观察，3月中旬前后桃树萌动之后开始吸食为害，虫体迅速膨大，4月下旬开始产卵，4月底5月初为产卵盛期，5月上旬为末期。雌虫产完卵就干缩死亡。卵期15d左右，5月上旬开始孵化，5月中旬（岗山白桃花萼大量脱落期）为孵化盛期，至6月中旬开始羽化，6月下旬为羽化盛期。交尾后雄虫死亡，雌虫腹部逐渐膨大，至7月中旬开始产卵，7月下旬为产卵盛期，卵期10d左右。7月下旬开始孵化，7 月末为孵化盛期。若虫为害至 8 月中下旬开始羽化，8 月末为羽化盛期。交尾后雌虫继续为害至秋末越冬。

雄成虫寿命极短，仅 1d 左右，羽化后便寻找雌虫交尾，午间活动，交尾 4~5min，不久即死亡。雌虫平时介壳与树体接触紧密，产卵期较为松弛，有的略翘起有缝；产卵于体后堆积介壳下，常相连呈念珠状，产完卵虫体腹部缩短色变深，不久干缩死亡。越冬代雌虫产卵量较高，平均每雌产卵 120 余粒，最多 183 粒，最少 54 粒；第一代雌虫产卵量较低，平均每雌产 46 粒左右，最多 114 粒，最少 20 粒。

若虫孵化后在母壳下停留数小时而后逐渐爬出分散活动 1d 左右，多于 2~5 年生枝条上固定取食，以枝条分杈处和阴面密度较大。经 5~7d 开始分泌出绵毛状白色蜡粉覆盖于体上，逐渐加厚不久便蜕皮，蜕皮时自腹部裂开，虫体微向后移，继续分泌蜡壳造成介壳。雄若虫期 2 龄，蜕第二次皮后变为前蛹，经蛹羽化为成虫，蛹期 1 周时间。雌若虫期 2 龄，蜕第二次皮羽化成虫。

一般新感染的植株，雌虫数量较大；感染已久的植株，雄虫数量逐增，严重时雄介壳密而重叠，枝条上似挂一层棉絮。红点唇瓢虫 *Chilorus kuvanae* Silvestri 和日本方头甲 *Cybocophalus mipponicus* Endrody-Younga 对桑白蚧捕食能力很强，是控制桑白蚧的有效天敌。

（四）防治方法

以若虫分散转移期化学防治为主，结合其他措施进行综合防治。

1. 农业防治

可用硬毛刷或铜（钢）丝刷，刷掉枝干上虫体。结合整枝修剪，剪除被害较重的枝条。

2. 生物防治

可选用 0.3% 苦参碱水剂 800 倍液喷雾。

3. 化学防治

若虫分散转移期可选用 50% 马拉硫磷乳油 1 000 倍液、20% 氰戊菊酯乳油 2 000 倍液、25% 噻嗪酮可湿性粉剂 400 倍液喷雾，均有较好的杀虫效果。

三、朝鲜球坚蚧

（一）分布与为害

朝鲜球坚蚧 *Didesmococcus koreanus* Borchs，属于半翅目蚧科。又名桃球坚蚧，俗称"杏虱子"。分布于辽宁、黑龙江、河北、河南、山东、山西、浙江、江苏、湖北、江西、陕西、四川、云南等省。寄主有桃、杏、梅。是梅树主要害虫之一。在山东桃及杏树上普遍为害。虫口密度大，终生吸取寄主汁液。受害后，寄主生长不良，受害严重的寄主致死。果树被害以后，树势、产量均受到影响。

（二）形态识别

成虫：雌成虫体近乎球形，后端直截，前端和身体两侧的下方弯曲直径 3.0~4.5mm，高 3.5mm。初期介壳质软，黄褐色，后期硬化红褐色至黑褐色，表面皱纹不明显，体背面有纵列点刻3~4行或不成行。腹面与枝接合处有白色蜡粉。体腹面淡红色，体节隐约可分。口器淡褐色，下唇三角形，足及触角正常存在。雄成虫体长2mm，赤褐色，有发达的足及1对前翅，半透明，翅脉简单，腹部末端外生殖器两侧各生有1条白色蜡质长毛，长1mm左右。介壳长扁圆形，蜡质表面光滑，长1.8mm，宽1mm。近化蛹时，介壳与虫体分离。

卵：椭圆形，长约0.3mm，粉红色，半透明，附着1层白色蜡粉。

若虫：初孵时，体椭圆形，体背面上隆起，体长0.5mm左右，淡粉红色，腹部末端有两条细毛，活动力强。固着后的若虫体长0.5mm，体背覆盖丝状蜡质物，口器棕黄色丝状，长2.5mm左右，插于寄主组织内。越冬后的若虫，体背淡黑褐色并有数十条黄白色的条纹，上被有1层极薄的蜡层。雌性体长2mm，体表有黑褐色相间的横纹。雄性略瘦小，体表近尾端1/3处有两块黄色斑纹。

蛹：裸蛹，体长1.8mm，赤褐色，腹末有1黄褐色的刺状突。

（三）发生规律

一年发生1代，以2龄若虫固着在枝条上越冬。翌年3月上中旬开始活动，从蜡堆里的蜕皮中爬出，另找固着地点，群居在枝条上为害，不久便逐渐分化为雌性、雄性。雌性若虫于3月下旬又蜕皮1次，体背逐渐膨大成球形。雄性若虫于4月上旬分泌白色蜡质形成介壳，再蜕皮化蛹其中，4月中旬开始羽化为成虫。4月下到5月上旬，雄成虫羽化并与雌成虫交配。交配后的雌虫体迅速膨大，逐渐硬化，5月上旬开始产卵，一般50多粒。卵期7d，5月中旬为若虫孵化盛期，初孵化若虫从母体臀裂处爬出，在寄主上爬行1~2d，寻找适当地点，以枝条裂缝处和枝条基部叶痕中为多。固定后，身体稍长大，两侧分泌白色丝状蜡质物，覆盖虫体背面，6月中旬后蜡丝又逐渐融化白色蜡层，包在虫体四周，此时发育缓慢，雌雄难分，越冬前蜕皮1次，蜕皮包于2龄若虫体下，到10月，随之进入越冬。

雄虫寿命仅2d，每次交配约1分钟，雌雄比为3：1，不交配，雌虫亦能产卵，并孵出若虫。

重要天敌是黑缘红瓢虫 *Chilocorus rubldus* Hope，其成虫、幼虫皆捕食蚧的若虫和雌成虫，1头瓢虫幼虫一昼夜可取食5头朝鲜球坚蚧雌虫，1头瓢虫的一生可捕食2 000余头朝鲜球坚蚧，捕食量较大，是抑制朝鲜球坚蚧大发生的重要因素。

（四）防治方法

1. 生物防治

可选用5%阿维菌素乳油500倍液喷雾。注意保护天敌，尽量不喷或少喷广谱性杀虫剂。

2. 化学防治

早春发芽前，均匀喷施5°Bé石硫合剂。2月、5月中下旬若虫孵化期可选用0.2~0.3°Bé石硫合剂、50%马拉硫磷乳油800~1 000倍液、20%氰戊菊酯乳油2 000倍液、70%吡虫啉水分散粒剂1 000倍液、25%噻嗪酮可湿性粉剂400倍液喷雾。

第三节　钻蛀类

一、桃红颈天牛

（一）分布与为害

桃红颈天牛 *Aromia bungii* Fald，属于鞘翅目天牛科。分布内蒙古、河南、河北、山西、陕西、山东、江苏、四川、广东、福建等省（区）。为害桃、李、杏、梅、樱桃等。幼虫在木质部蛀隧道，造成树干中空，皮层脱离。使树势衰弱，常引起死亡。

（二）形态识别

桃红颈天牛的形态特征如图 13-4 所示。

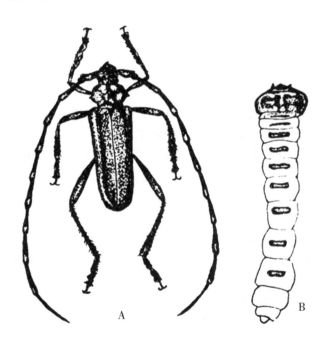

图13-4　桃红颈天牛

A. 成虫；B. 幼虫

（仿祝树德和陆自强，1996）

成虫：体长 28~37mm，黑色，前胸大部棕红色或全部黑色，有光泽。前胸两侧各有 1 刺突，背面有瘤状突起。

卵：长圆形，乳白色，长 6~7mm。

幼虫：体长 50mm，黄白色。前胸背板扁平方形，前缘黄褐色，中间色淡。

蛹：淡黄白色，长 36mm。前胸两侧和前缘中央各有突起 1 个。

（三）发生规律

华北地区每两年发生 1 代，以幼虫在树干蛀道内过冬。翌年春天恢复活动，在皮层下和木质部钻蛀不规则的隧道，并向蛀孔外排出大量红褐色虫粪及碎屑，堆满树干基部地面，5—6 月为害最重，严重时树干全部被蛀空而死。5—6 月老熟幼虫黏结粪便、木屑在木质部做室化蛹。6—7 月成虫羽化后，先在蛹室内停留 3~5d，然后钻出，经 2~3d 交配。卵多产在主干、主枝的树皮缝隙中，以近地面 33cm 范围内较多。卵期 8d 左右。幼虫孵化后，头向下蛀入韧皮部，先在树皮下蛀食，经过停育过冬，翌春继续向下蛀食皮层，至 7—8 月当幼虫长到体长 30mm 后，头向上往木质部蛀食。再经过冬天，到第三年 5—6 月老熟化蛹，蛹期 10d 左右羽化为成虫。幼虫一生蛀隧道总长 50~60cm。

（四）防治方法

1. 农业防治

幼虫孵化后，经常检查枝干，发现虫粪时，即将皮下的小幼虫用铁丝钩杀，或用接枝刀在幼虫为害部位顺树干纵划两三道杀死幼虫。

2. 化学防治

（1）6—7 月成虫出现期，利用午间成虫静息枝条的习性，震落捕捉成虫。在大枝及树干上可选用 2.5% 高效氯氟氰菊酯乳油 3 000 倍液、2% 噻虫啉微囊悬浮剂 1 000~2 500 倍液喷雾。

（2）虫孔施药。见新鲜虫粪排出蛀孔外时，清洁一下排粪孔，将 2% 噻虫啉悬浮剂注入虫孔内，每孔注入 3~5mL，然后取黏泥团紧压虫孔。

（3）成虫发生前，在树干和主枝上涂石硫合剂，防止成虫产卵。

二、桃蛀螟

（一）分布与为害

桃蛀螟 *Dichocrocis punctiferalis* Guenée 属于鳞翅目螟蛾科。又名桃蠹螟、桃斑蛀螟；俗称蛀心虫、食心虫。分布于辽宁、河北、河南、山东、山西、陕西、甘肃、四川、云南、贵州、湖南、湖北、江西、安徽、江苏、浙江、福建、广东、广西、台湾。是桃的重要害虫。以幼虫蛀食桃果，使果实不能发育，常变色脱落或果内充满虫粪，不可食用，对产量和质量影响很大，群众常用"十桃九蛀"反映此虫对桃果为害的严重性。除为害桃外，也能为害梨、李、苹果、杏、石榴、板栗、山楂、枇杷、龙眼、荔枝、无花果、杧果等多种果树的果实，还可以为害向日葵、玉米、麻等作物，以及松、杉、桧等林木，是一种多食性害虫。

（二）形态识别

桃蛀螟的形态特征如图 13-5 所示。

成虫：体长 10mm 左右，翅展 20~26mm，全体黄色。胸部、腹部、翅上都具有黑色斑点。前翅黑斑有 25~26 个，后翅约 10 个，但个体间有变异。腹部第一、第三至第六节背面各有 3 个黑点，第七节有时只有 1 个黑点，第二、第八节无黑点。雄蛾第九节末端为黑色，甚为显著，雌蛾则不易见到。

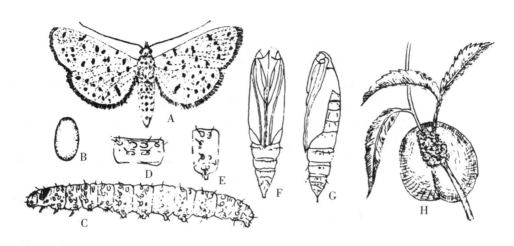

图13-5　桃蛀螟

A. 成虫；B. 卵；C. 幼虫；D. 幼虫第四腹节背面；
E. 幼虫第四腹节侧面；F. 蛹腹面；G. 蛹侧面；H. 被害状
（仿祝树德和陆自强，1996）

卵：椭圆形，长0.6~0.7mm，初产时乳白色，2~3d后变为橘红色，孵化前变为红褐色。

幼虫：老熟时体长22mm左右，头部暗黑色，胸腹部颜色多变化，有暗红、淡灰褐、浅灰蓝色等，腹面多为淡绿色。前胸背板深褐色，中胸、后胸及第1至第8腹节，各有褐色大小毛片8个，排列成2列，前列6个，后列2个。

蛹：褐色，体长13mm左右，翅芽达第五腹节。第五至七腹节从背面前后缘各有深褐色的突起线，沿突起线上着生小齿1列。臀棘细长，末端有卷曲的刺6根。

（三）发生规律

辽宁南部一年发生2代，陕西、山东2~3代，南京、河南4代，江西、湖北5代。均以老熟幼虫越冬。据山东肥城报道也有以蛹越冬的。越冬场所在长江流域一般多在向日葵遗株和落叶、玉米、高粱等的遗株或蓖麻的种子中越冬，而以在向日葵花盘和玉米茎秆中越冬的最多；在北方则于果树翘皮裂缝里、树洞里、果实、种子内、堆果场、向日葵花盘、高粱穗、玉米秆等处越冬，也有在板栗堆果场的仓库壁缝间越冬。长江流域越冬幼虫一般于翌年4月间开始化蛹，化蛹期先后不齐，以致第一代发蛾期延长，造成后期世代重叠。江苏南京越冬代成虫发生在5月上中旬。第一代6月中下旬至8月上旬。第二代7月下旬至8月上旬，第三代8月中旬，第四代9月中下旬。

成虫羽化时间多在晚上7—10时，以晚上8—9时最盛。成虫白天及阴雨天停息在桃叶背面和叶丛中，傍晚以后开始活动，取食花蜜，还可吸食桃和葡萄等成熟果实的汁液。有趋光性，对黑光灯趋性强，普通灯光趋性不强，对糖、醋液也有趋性。产卵前期3d，产卵时间多在夜间9—10时，喜产在枝叶密茂处的桃果上及两个或两个以桃果互相紧靠的地方。卵散产，每果上的卵数多者可达20~30粒。在一个果上以胴部最多，果肩次之，缝合线处最少。成虫产卵对果实成熟度有一定的选择性，早熟品种着卵早，晚熟品种则晚。晚熟桃比中熟桃上着卵多。

长江流域第一代幼虫主要为害桃果，少数为害李、梨、苹果等果实。第二代幼虫大部为害桃果，部分转移为害玉米等作物，以后各代主要为害玉米、向日葵等作物。在无果树地区则全年为害玉米和向日葵等。山东肥城地区，第一代幼虫为害桃，第二代幼虫为害桃，少数为害农作物，第三代幼虫转害大枣、蓖麻，少数为害晚熟桃。华北第一代幼虫在桃上为害，第二代幼虫在向日葵及柿、石榴、板栗等上为害。桃蛀螟卵期平均 5~6d，幼虫期平均 12.5~18.4d，蛹期 8~10d，越冬代蛹期 19.6d，成虫寿命 7.5~14.8d。桃蛀螟卵期、幼虫期、蛹期及全世代的发育起点温度分别为 10.37℃、10.06℃、14.27℃ 和 11.85℃，有效积温依次为 70.84 d·℃、287.71 d·℃、118.42 d·℃ 和 509.06 d·℃。

卵多于清晨孵化，初孵幼虫先在果梗、果蒂基部吐丝蛀食果皮后，从果梗基部沿果核蛀入果心为害，蛀食幼嫩核仁和果肉。果外有蛀孔，常由孔中流出胶质，并排出褐色颗粒状粪便，流胶与粪便黏结而附贴在果面上，果内也有虫粪。1 个桃果内常有数条幼虫，部分幼虫可转果为害。幼虫 5 龄，老熟后一般在果内，或结果枝上及两果相接触处，结白色茧化蛹，也可在果内化蛹。但在玉米上桃蛀螟的卵多产在雄穗上，幼虫孵化后多从雄穗的小花、花梗及叶鞘蛀入，然后渐移到茎内和雄穗中为害。老熟后转移到雄穗、叶鞘、茎秆、雌穗轴中化蛹。在向日葵上，卵多产在密腺盘和萼片尖端，花丝和花冠管内壁也有。幼虫孵化后蛀食种子。一个花盘最多有幼虫 160 多头，老熟后在花下子房上化蛹，少数在茎秆内化蛹。在广东、广西、浙江、河南，幼虫啃食马尾松的松针和嫩梢，常数十条蛀入嫩梢取食，导致松梢枯死。

（四）防治方法

由于桃蛀螟寄主多，且有转换寄主的特点，在防治方法方面，应以消灭越冬幼虫为主，结合果园管理除虫。桃果不套袋的果园，要掌握关键时期喷药防治。

1. 农业防治

（1）清除越冬寄主中的越冬幼虫。冬季清除玉米、向日葵、高粱、蓖麻等遗株，在 4 月前处理完毕，并将桃树老翘皮刮净，集中处理，以消灭越冬幼虫，是防治桃蛀螟的重要措施。

（2）果实套袋。桃果套袋，早熟品种在套袋前结合防治其他病虫害喷药 1 次，以消灭早期桃蛀螟所产的卵。

（3）清理虫果。拾毁落果和摘除虫果，消灭果内幼虫。

2. 物理防治

在桃园内点黑光灯或用糖醋液诱杀成虫，可结合诱杀梨小食心虫进行。

3. 化学防治

不套袋的果园，要掌握第一、第二代成虫产卵高峰期喷药。可选用 50%杀螟硫磷乳油 1 000 倍液、2.5%高效氟氯氰菊酯乳油 1 000 倍液、30%茚虫威水分散粒剂 3 000 倍液、1%甲氨基阿维菌素苯甲酸盐乳油 2 000 倍液喷雾。桃树品种不同，受害的时间也不同。因此，喷药时间和次数也不相同。

第十四章　柑橘害虫

柑橘是我国主要果树之一，全国约有 17 个省区有柑橘分布，其中以四川、广东、广西、福建、浙江、湖南等省区栽培较多。柑橘害虫种类繁多，全国记载的已有近 400 种。由于害虫的为害，降低了柑橘的产量和品质，严重影响了柑橘的生产和外销。为害柑橘的害虫主要有凤蝶、矢尖蚧、黑点蚧、橘蚜、橘二叉蚜、黑刺粉虱、柑橘木虱、橘潜蛾、褐天牛、橘小实蝇、柑橘锈螨、柑橘全爪螨等。

第一节　食叶类

在我国，柑橘上的食叶害虫主要是凤蝶类，该害虫属于鳞翅目，凤蝶科。其中，柑橘凤蝶和玉带凤蝶在国内柑橘种植区发生严重。下面对两种凤蝶进行比较介绍。

凤　蝶

（一）分布与为害

凤蝶属于鳞翅目凤蝶科。为害柑橘的凤蝶据我国已记载的有 11 种，其中分布普遍的主要有：柑橘凤蝶 *Papilio xuthus* L.、玉带凤蝶 *P. palytes* L. 柑橘凤蝶和玉带凤蝶国外分布在日本、朝鲜、马来西亚、菲律宾、印度、大洋洲。国内各柑橘产区都有分布。凤蝶是柑橘苗木和幼树重要害虫，山地或近山地橘园发生较多。幼虫食害叶片，苗木和幼树叶片常被吃光，影响橘树生长。两种凤蝶寄主植物主要是柑橘类，柑橘凤蝶和玉带凤蝶还能为害花椒和黄檗。

（二）形态识别

柑橘凤蝶和玉带凤蝶各虫态特征见表 14-1，柑橘凤蝶的形态特征如图 14-1 所示。

表 14-1　柑橘凤蝶和玉带凤蝶各虫态特征

虫　态	柑橘凤蝶	玉带凤蝶
成　虫	体长 21~24mm，翅展 69~75mm。体背有纵行宽大黑纹，两侧黄白色。前翅黑色，前翅近外缘有 8 个半月形黄斑，近翅中央有 1 列黄色斑纹，近前缘的小，向后缘逐渐增大。翅基部近前缘处有 5 条黄色纵条纹，其外方又有 2 个黄斑。后翅也是黑色，并有黄斑纹，近外缘处有半月形黄斑，在臀角处有 1 橙黄色圆斑，斑内有 1 小黑点	体长 25~27mm，翅展 95~100mm。全体黑色。前翅黑色，雄虫前翅外缘有 9 个黄白色斑点，有时仅是 7 个；雌虫前翅无斑纹，后翅也是黑色；雄虫翅中央部横列大型黄斑 7 个；雌虫翅外缘有半月型红色小斑点数个，在臀角处有深红色眼状纹，但后翅纹常有变化

（续表）

虫 态	柑橘凤蝶	玉带凤蝶
卵	球形，直径约 1.5mm。初为淡白色，后变深黄，孵化前紫黑色	球形，直径约为 1.2mm。初为黄绿，后变深黄，孵化前紫黑色
幼虫	成长幼虫体长 48mm 左右，3 龄前幼虫暗褐色，似鸟粪，体上有肉刺状突起。成长幼虫黄绿色，后胸背面两侧有蛇眼纹，左右相连似马蹄形。臭丫腺橙黄色	成长幼虫体长 45mm 左右。3 龄前幼虫暗褐色，似柑橘凤蝶，成长幼虫深绿色，后胸前缘有 1 齿状黑线纹，中间有 4 个灰紫色斑。臭丫腺紫红色
蛹	体长 30mm 左右，蛹淡绿色稍带暗褐色，体较瘦，头顶部有 2 突起 "V" 形，胸背面有 1 尖锐突起	蛹体长 30mm 左右，蛹体色变化大，有灰黄，灰褐及绿色等，体较肥胖，中部膨大，头顶部有 2 突起呈 "V" 形，胸背面突起不尖锐

资料来源：《园艺昆虫学》，祝树德和陆自强，1996

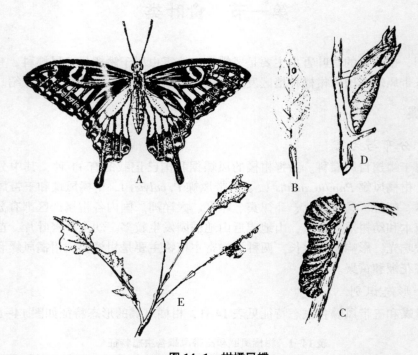

图 14-1 柑橘凤蝶

A. 成虫；B. 产卵叶；C. 幼虫；D. 蛹；E. 被害枝叶

（仿祝树德和陆自强，1996）

（三）发生规律

柑橘凤蝶：浙江黄岩、四川成都、湖南均一年发生 3 代，江西南昌 4 代及不完全 5 代，福建漳州及台湾省 5~6 代，各地均以蛹附在橘树叶背、枝干上及其他比较隐蔽场所越冬。浙江黄岩各代成虫发生期：第一代 5—6 月、第二代 7—8 月、第三代 9—10 月。

玉带凤蝶：浙江黄岩一年发生 4 代，四川成都、江西南昌 1 年 4 代，部分 5 代，福建福州和广东广州 1 年 6 代，均以蛹附在橘树叶背、枝干及邻近其他附着物上越冬。浙江黄岩各代成虫发生期分别为 5 月上中旬、6 月中下旬、7 月中下旬及 8 月中下旬；各代幼虫发生期分别为 5 月中旬至 6 月上旬、6 月下旬至 7 月上旬、7 月下旬至 8 月上旬及 8 月下旬至 9 月中旬。江西南昌各代成虫发生期：3 月中下旬至 5 月上旬、4 月末至 6 月上旬、6 月中旬至 7 月中下旬，以后各世代重叠，不易划分。田间 4—11 月都能见到幼虫，12 月下旬还能见到幼虫，但霜后即冻死。成虫在 10 月底、11 月初终见。

凤蝶的习性基本相似，田间常混合发生，成虫都是大形蝶类，日间活动，飞翔力强，吸食花蜜，交配后雌虫当日或隔日产卵，卵散产于枝梢嫩叶尖端，上午 9~12 时产卵最多。幼虫孵化后先食去卵壳，再取食嫩叶边缘，长大后嫩叶片常被吃光，老叶片仅留主脉，1 头 5 龄幼虫一昼夜可食大叶 5~6 片。3 龄前的幼虫在叶片很像鸟粪，幼虫若受惊扰则伸出臭"Y"腺，放出芳香气，老熟后在叶背、枝上等阴蔽处所，吐丝固定其尾部，再作一丝环绕腹部第二至第三节之间，将身体携在树上化蛹。蛹色常随化蛹环境而不同。

凤蝶蛹期的天敌黄金小蜂 *Prteromalus puparum* L. 和广大腿小蜂 *Brachymeria lasus* Walker 寄生率很高，对凤蝶发生起一定的抑制作用。

（四）防治方法

防治凤蝶，应以人工捕捉为主，幼虫发生多时，可喷药防治。

1. 农业防治

冬季在橘园巡视，清除越冬蛹，并保护寄生蜂。5—10 月，结合橘园管理工作，捕捉卵、幼虫和蛹，并保护蛹寄生蜂。

2. 生物防治

可选用 1.8%阿维菌素乳油 1 000 倍液喷雾。

3. 化学防治

幼虫发生多时，可选用 5%氟啶脲乳油 2 000 倍液、20%氰戊菊酯乳油 2 000 倍液、5%氯氰菊酯乳油 2 000 倍液、20%氟虫双酰胺悬浮剂 1 500 倍液、150g/L 茚虫威悬浮剂 2 000 倍液、1%甲氨基阿维菌素苯甲酸盐乳油 2 000 倍液喷雾。

第二节 刺吸类

一、矢尖蚧

（一）分布与为害

矢尖蚧 *Unaspis yanonensis* Kuwana 属半翅目盾蚧科。国内柑橘区普遍发生，四川、贵州、浙江、福建（北部）、江苏发生较多，湖南、湖北、广西次之。寄主有柑橘、龙眼。为害果、叶及枝干，发生多时，叶片干枯，卷缩，树势衰弱。

（二）形态识别

矢尖蚧的形态特征如图 14-2 所示。

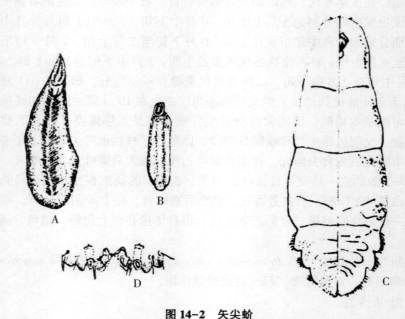

图14-2 矢尖蚧

A. 雌虫介壳；B. 雄虫介壳；C. 雌成虫（左背面右腹面）；D. 雌成虫臀板边缘

（仿祝树德和陆自强，1996）

介壳：雌蚧介壳细长，2.0~3.5mm，紫褐色周围有丝边。前端尖、后端宽、中央有1纵脊，蜕皮位于前端。雄介壳白色，蜡质长形，两侧平行。壳背有3条纵脊，蜕皮位于前端，长1.3~1.6mm。

雌成虫：体长形，橘橙色，长2.5mm。胸部长，腹部短，前胸与中胸分节明显。第一、第二腹节边缘突出。臀板上有臀叶3对。中央1对较大，且陷在臀板尾洼内。其内缘有小齿刻，第二、第三对臀叶皆分裂为2瓣。臀缘上有缘管腺7对，背管腺较小而多排列不整齐。

雄成虫：体橘橙色，长0.5mm，具翅1对，翅展1.7mm，腹部末端具针状交尾器。

卵：椭圆形，长约0.2mm，橙黄色。

（三）发生规律

在湖南一年发生3代，福建一年发生3代，少数4代，以受精雌虫越冬为多，也有少数以若虫越冬。次年5月中下旬产卵。第一代若虫在5月下旬发生，多在老叶上寄生为害。第二代若虫在7月中旬出现，大部分寄生在新叶上，一部分寄生在果实上。第三代若虫在9月上旬出现。成虫于10月下旬出现。雌成虫产卵期长，可逾40d，每雌产卵数130~190粒。产于母体下，产卵期极短。若虫期在夏秋季30~35d，秋季逾50d，蛹期3d左右。第一、第二代历期约2个月，第三代可达8个月以上。

我国发现有金黄蚜小蜂 *Aphytis chrysomphali* Mercet、短缘毛蚜小蜂 *Aphytis proclia* Walk、长缘毛蚜小蜂 *Aphytis aonidiae* Merc。日本曾从我国四川引进矢尖蚧蚜小蜂 *Aphytis yanonensis* Debach et Rosen 和花角蚜小蜂 *Physcuse fulvus* Compere et Annecke 控制矢尖蚧

取得成效。

（四）防治方法

1. 植物检疫

有蚧寄生的苗木进行消毒处理，防止蚧传播。常用的熏蒸剂有溴甲烷。溴甲烷熏蒸不影响苗木生活力。

2. 农业防治

结合修剪在卵孵化前剪去虫枝，集中烧毁。除吹绵蚧外，可先将虫枝集中放于果园外的空地上，经 1 周后，再行烧毁，以便保护天敌，控制幼蚧，可减轻为害。

3. 生物防治

蚧类的天敌种类颇多，特别是对一些有效天敌，如捕食吹绵蚧的大红瓢虫，澳洲瓢虫；寄生在盾蚧类的金黄小蚜蜂等，应加强保护、放饲和人工转移以控制蚧的为害。

4. 化学防治

化学防治应掌握在卵盛孵期喷药，每隔 10~15d 一次，连续 2~3 次，效果很好，可选用 50%马拉硫磷乳油 800 倍液、2.5%高效氯氟氰菊酯乳油 2 000 倍液、25%噻嗪酮可湿性粉剂 1 000~1 500 倍液、22%氟啶虫胺腈可湿性粉剂 4 500~6 000 倍液、10.5%高氯·啶虫脒乳油 3 000~4 000 倍液喷雾。

二、褐圆蚧

（一）分布与为害

褐圆蚧 Chryomphalus aonidum（L.）属半翅目盾蚧科，广布于欧、亚、美、大洋、非各洲；我国华南地区发生极为普遍。夏秋季为害较严重，导致叶片早落，果实生长不良，被害果失去商品价值。

（二）形态识别

介壳：雌蚧介壳圆形，略近扁平，紫褐色。第一次蜕皮壳位于中央，如帽顶状，第二次蜕皮壳颜色稍淡，两壳点均在中央相重叠。雄蚧介壳色泽及质地同雌介壳，长卵形略小。

雌成虫：倒卵形，淡黄色，体长 1mm，宽 0.73mm。臀叶 4 对，中间 3 对比较发达，第四对仅成 1 突起。第二腹节两侧背面和臀板前缘的圆柱形腺管，细而长。肛门位置接近于臀板后缘，阴门周腺 5 群。

雄成虫：体淡橙黄色，足、触角、交尾器及胸部背面褐色，前翅 1 对，半透明，体长 0.75mm 左右。

卵：椭圆形或长卵形，长 0.3mm，淡紫色。

（三）发生规律

在陕西汉中地区一年发生 3 代，福建省 4 代，台湾省 4~6 代，广东省 5~6 代，以受精雌成虫越冬。在福州各代 1 龄若虫盛发期如下：第一代 5 月中旬，第二代 7 月中旬，第三代 9 月下旬，第四代 10 月下旬至 11 月中旬，一年中以夏秋季为害最重。

褐圆蚧行两性生殖，产卵于介壳下。卵孵化为若虫后自由活动，等寻得适宜场所即行固定取食，分泌蜡质物覆盖体背。第一次蜕皮后，足和触角均告消失。雌性若虫多在叶背果实上为害，两次蜕皮后化为成虫。雄性若虫多固定于叶面刺吸为害，蜕皮后经预蛹和蛹期羽化为成虫。雌虫不经交配不能繁殖，交配在晚上进行，交配后 2~3 周产卵，产卵期 2~8 周。寄生于果上的雌虫繁殖能力较强，平均每雌可产卵 145 粒，寄生于叶上的仅 80 粒。雌成虫寿命长，能生活数月。雄成虫寿命短，仅 4~5d。自孵化至成虫历期因温度而异：在 15~16℃时，雌虫约 82d，雄虫约 78d；在 25~27℃时，雌虫约 26d，雄虫约 28d。

已发现天敌有寄生蜂 12 种，以蚜小蜂科的金黄蚜小蜂 *Aphytis chrysomphai* Merc 和双带巨角跳小蜂 *Compertlla bifassatus* How 最为普遍，寄生率亦高，此外还有多种瓢虫如红点唇瓢虫 *Chilocorud kuwana* Silvestri、细缘唇瓢虫 *Chilocorus cirumdatus* Gyllenhal 等，以及草蛉等。

（四）防治方法

参阅矢尖蚧的防治方法。

三、黑点蚧

（一）分布与为害

黑点蚧 *Parlatoria zizyphus* Luas 属半翅目盾蚧科。国内遍布于各柑橘产区，在华南、西南、台湾等地为害较多。国外广布于亚、欧、美三洲。寄主植物除柑橘类外，还为害枣、椰子、月桂等。在柑橘类中，橙、柑、橘受害较重；柠檬、柚子受害较轻。雌成虫及若虫常群集于果上为害影响树势和果实的商品价值。

（二）形态识别

介壳：雌蚧介壳近长方形，黑色。第一次蜕皮壳位于第二次蜕皮壳之前端，椭圆形。第二次蜕皮壳背面有两条纵脊，后面有灰色薄蜡质物。雄虫介壳小而窄，长形，第一次蜕皮壳黑色，椭圆形，突出于灰色的蜡壳前端。

雌成虫：体淡紫色，椭圆形，虫体前端两侧各有 1 个大的耳状突起。臀叶 4 对，第一至第三对很发达，每侧有 1 个不明显缺刻。第四叶不明显。圆锥状，叶间臀栉细长刷状，阴门周腺 4 群。

雄成虫：紫红色，具翅 1 对，半透明，腹端具针状交尾器。

（三）发生规律

在浙江、福建每年发生 3 代，重庆每年 4 代。以雌成虫或卵越冬。4 月由老叶上孵出的若虫蔓延至新梢，5 月开始蔓延到幼果上寄生为害，7 月再蔓延至当年秋梢为害，此后继续在叶及果上繁殖为害。

雌虫寿命和产卵期都很长，并能以孤雌生殖方式进行繁殖，凡生长衰弱的郁闭果园为害较重。我国已发现黑点蚧天敌有黄圆蚧蚜小蜂 *Aspidiotiphagus citrinus* Mayr、中华圆蚧蚜小蜂 *Pteroptri rchinensis*（Howard）、蚜小蜂 *Aphytis* sp. 和红点唇瓢虫 *Chiocorus huwa-nae* Silvestri 与 *Soymnus* sp. 等，其中以前两种较有利用价值。

（四）防治方法

参阅矢尖蚧的防治方法。

四、橘 蚜

（一）分布与为害

橘蚜 *Toxoptera citricida* Kirkaldy 国外分布于日本、印度尼西亚、印度、斯里兰卡、非洲、南美洲、夏威夷；中国长江以南各橘区都有分布。寄主植物除柑橘外，还有桃、梨、柿等果树。

成虫和若虫群集在新梢的嫩叶和嫩茎上吮吸汁液，嫩叶受害后呈凹凸不平的皱缩、卷曲、节间缩短，不能正常伸展，严重时引起落果及大量新梢无法抽出，影响树势和次年结果，并能诱发煤烟病，橘蚜、棉蚜和绣线菊蚜等，还可传播柑橘衰退病，造成的损失有时超过蚜虫本身的为害。

（二）形态识别

橘蚜的形态特征如图 14-3 所示。

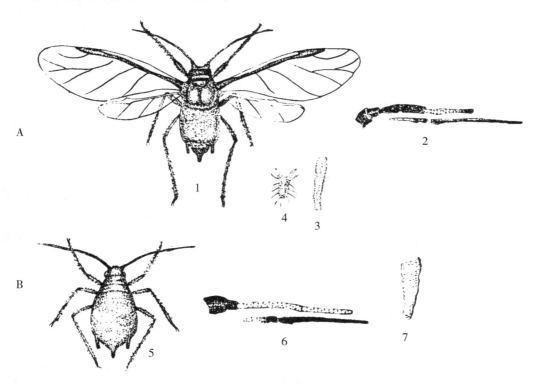

图 14-3 橘蚜

A. 有翅胎生雌蚜：1. 成虫 2. 触角 3. 腹管 4. 尾片；

B. 无翅胎生雌蚜：5. 成虫 6. 触角 7. 腹管

（仿祝树德和陆自强，1996）

无翅胎生成雌蚜：体长约 1.3mm，全体漆黑色，触角灰褐色，复眼红黑色，足胫节端部及爪黑色。腹管呈管状，尾片上生丛毛。有翅胎生成雌蚜与无翅胎生雌蚜相似，但触角第三节有感觉圈 6～17 个，呈不规则排列，翅白色透明，翅痣淡黄褐色。无翅成雄蚜形状与雌蚜相似，全体深褐色，触角第五节端部仅有 1 个感觉圈。足胫节端部及爪褐色，后胫节特别膨大。有翅成雄蚜触角第三节上有感觉圈 45 个，第四节 27 个，第五节 1 个，第六节 5 个。

卵：黑色有光泽，椭圆形，长约 0.6mm，初产时淡黄色，渐变黄褐，最后变成黑色。

若虫：体褐色，有翅蚜的翅芽在 3 龄和 4 龄已明显可见。

（三）发生规律

浙江黄岩一年发生 10～20 多代，室内饲养可达 24 代之多；广东一年 24 代以上。越冬虫态因地区不同而异。浙江、江西均以卵在橘树枝干上越冬，广东和福建南部则全年可在橘树上进行孤雌繁殖、没有休眠现象。浙江黄岩次年 3 月下旬至 4 月上旬越冬卵孵化为无翅胎生若虫，在新梢嫩叶、蕾、花及幼果上为害，至晚秋产生有性雌蚜与有翅雄蚜交配，11 月下旬至 12 月产卵越冬。在江西南昌越冬卵于 2 月中旬至 3 月中旬孵化，以 2 月下旬、3 月上旬孵化最盛，一年中 4—5 月（有时为 5—6 月）及 9—10 月发生较多，12 月产卵越冬。

若虫成熟羽化为成虫后，在当天或隔日即能开始胎生幼蚜。1 头无翅胎生雌蚜产仔数最多可达 68.6 头。有翅胎生雌蚜的繁殖力往往比无翅者较低。

有性雌蚜于交配后第二天开始产卵，可产卵 7 粒，寿命 20d 左右。

繁殖最适温度在 24～27℃，以晚春和早秋繁殖最盛，广州则以春梢和冬梢上发生较多。夏季高温对橘蚜不利，死亡率高，生殖力低，故夏季发生较少。

（四）防治方法

防治橘蚜应掌握适当时期，当发现 25% 新梢上有蚜虫时，即进行喷药。可选用 50% 马拉硫磷乳油 1 000 倍液、20% 氰戊菊酯乳油 1 000～2 000 倍液、2.5% 溴氰菊酯 2 000～3 000 倍液、10% 烯啶虫胺可溶液剂 4 000～5 000 倍液、50% 抗蚜威可湿性粉剂 1 000～1 500 倍、10% 吡虫啉可湿性粉剂 2 000～2 500 倍液喷雾。

五、橘二叉蚜

（一）分布与为害

橘二叉蚜 *Toxoptera aurantii*（Boyer de Fonscolombe），又称茶蚜、茶二叉蚜。分布遍及全世界，中国安徽、浙江、江西、湖北、湖南、福建、广东、广西、台湾、四川、贵州、云南等省区均有分布。寄主植物除柑橘外，还有茶、油茶、可可、咖啡、柳、榕等。

成虫和若虫群集在新梢的嫩叶和嫩茎上吮吸汁液，嫩叶受害后呈凹凸不平的皱缩、卷曲、节间缩短，不能正常伸展，严重时引起落果及大量新梢无法抽出，影响树势和次年结果，并能诱发煤烟病。

（二）形态识别

无翅胎生成雌蚜：体长约 2mm，近圆形，暗褐色或黑褐色，胸部和腹部背面有网状纹。有翅胎生成雌蚜体长 1.6mm，黑褐色，触角暗黄色，第三节有 5～7 个感觉圈排成 1 列，前翅中脉分二叉，腹部背面两侧各有 4 个黑斑，腹管黑色，长于尾片。

若虫：1 龄淡棕色或淡黄色，体长 0.2～0.5mm，触角 4 节，2 龄触角 5 节，3 龄 6 节。

（三）发生规律

在中国台湾 1 年发生 10 多代。浙江、江西、四川均以无翅胎生雌蚜在橘树上越冬。重庆在茶树上冬季仍见胎生繁殖，没有休眠现象。越冬雌蚜 3—4 月开始取食，为害新梢嫩叶，5—6 月繁殖最盛。当虫口较多时，产生有翅胎生雌蚜，迁飞到其他新梢上为害，并继续繁殖。

（四）防治方法

参阅橘蚜的防治方法。

六、黑刺粉虱

（一）分布与为害

黑刺粉虱 *Aleurocanthus spiniferus* Quaintance 属半翅目粉虱科。又名柑橘刺粉虱、橘刺粉虱。国外分布于印度、美国等地。国内分布于江苏、安徽、浙江、福建、台湾、广东、广西、江西、湖南、四川、贵州、云南等省区。是柑橘的重要害虫，也为害油茶、山茶、柿、梨、葡萄、枇杷、樟树、蔷薇、月季、柳及通草等。幼虫在叶背面吸取汁液，并分泌大量蜜露，诱致煤烟病发生，阻碍光合作用，为害严重时引起大量落叶。为害柑橘叶片时，被害处的叶片正面出现黄斑。

（二）形态识别

黑刺粉虱的形态特征如图 14-4 所示。

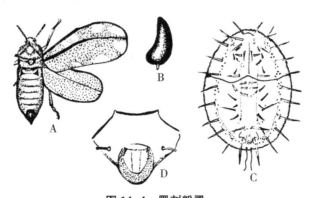

图 14-4　黑刺粉虱
A. 成虫；B. 卵；C. 蛹壳；D. 管状孔
（仿祝树德和陆自强，1996）

成虫：体长 0.88~1.36mm，雄虫较小。体橙黄色至褐色，具白色薄蜡粉，口器淡黄色，复眼玫瑰红色；前翅紫褐色，有 7 个不规则的白斑（前足较中、后足色淡）。触角 7 节，以第三节最长，雌的以第一节最短，雄的第四节最短。

卵：长 0.21~0.26mm，顶端较尖，基部钝圆，中部微弯曲。具卵柄，柄长约 0.06mm。初为乳白色，后渐转淡黄、深黄色，孵化前变紫褐色。卵壳表面密布近六角形的网纹。

幼虫：共 3 龄。初孵幼虫椭圆形，长 0.21~0.26mm，淡黄色，半透明，渐变灰黄色、褐色、黑色并有光泽，眼紫红色，足淡黄至灰黄色，体背有刺毛 6 对，头部、胸部各 1 对，其余 4 对在管状孔四周。2 龄幼虫黄黑色，体背刺毛 9 对，体四周有圈白色蜡质物。3 龄幼虫深黑色，体背刺毛 14 对，体长 0.7mm 左右，体四周白色蜡质物增多。1~2 龄幼虫蜕皮后，蜕皮依次叠积在背盘区中央。

蛹：雌蛹壳卵形，长 1.16mm，漆黑色具光泽，边缘锯齿状，四周有 1 圈白色蜡质物。背面显著隆起，胸部有 9 对刺毛。腹部有 10 对刺毛，两侧边缘雌蛹有刺毛 11 对，雄蛹有 10 对。

（三）发生规律

在浙江、安徽、福建、湖南等地均一年发生 4 代，四川 4~5 代，均以幼虫在叶背过冬。在杭州翌年 3 月化蛹，4 月上旬越冬代成虫开始羽化。

成虫多在上午羽化，少数下午羽化。羽化后蛹壳背面留有一"T"形裂口。白天活动，而以早上 8—9 时和下午日落前后活动最盛。晴天比阴雨天活跃。飞翔力不强，但可随风传播，不畏光，常停息芽叶上或叶背，雨天或晨露未干前不活动。羽化 2~3h 后交尾，一生交尾多次。卵散产于叶背，常数粒至数十粒靠近在一起，以中下部成叶和老叶上为多。一雌产卵 20 粒左右。孵化率一般在 80% 左右。除两性生殖外，有时也可行孤雌生殖，其后代则均为雄性。

初孵幼虫常在卵壳上略停留即开始游荡活动，但爬行不远，多固着在卵壳附近吸食，并在虫体周围开始分泌白蜡丝。脱皮前，足收缩，蜕皮后蜕皮留于体背，每蜕皮一次，均将前次蜕皮向上推，积于体背。

凡橘树茂密，偏施氮肥，通风透光不良、受害常较重。

黑刺粉虱的天敌有寄生蜂、寄生菌、瓢虫和草蛉等，其中黄盾扑虱蚜小蜂（斯氏蚜小蜂）*Prospaltella smithi* Silvestri 和黑刺粉虱细蜂 *Amitus hesperidum* Silvestri 寄生率高、分布广，是控制黑刺粉虱发生的重要因子。它们在黑刺粉虱 1~2 龄幼虫体内产卵，待寄主化蛹时方羽化飞出。

（四）防治方法

1. 农业防治

加强园林管理，适当修剪、疏枝，勤除杂草，合理施肥，改进橘园通风透光条件、以抑制其发生。

2. 生物防治

刺粉虱黑蜂和黄盾恩蚜小蜂对黑刺粉虱的种群增长起着明显的控制作用。在福建沙县的柑橘园内，黑刺粉虱越冬期间被寄生率最高可达 88.9%，对于控制第一代黑刺粉虱的发生至关重要。日本曾从我国引去黄盾扑虱蚜小蜂防治柑橘上的黑刺粉虱，获得显著成效。

3. 化学防治

在发生严重的园内，可于低龄幼虫盛期用药。可选用 50% 马拉硫磷乳油 1 000 倍液、25g/L 联苯菊酯乳油 800~1 200 倍液、10% 吡虫啉可湿性粉剂 3 000 倍液、20% 噻嗪酮可湿性粉剂 2 500 倍液喷雾。可于 4 月开始观察叶背已裂开的蛹壳数达 50% 以上时即为成虫盛发期，10d 后开始采摘有卵叶 100 片（分散在 20 丛茶树的中下部，每丛取 5 叶），检查卵孵化数和叶背 1 龄幼虫数，当孵化率达 80% 左右时即可喷药。

七、柑橘木虱

（一）分布与为害

柑橘木虱 *Diaphorina citri* Kuwayama 属半翅目木虱科。国外分布于巴基斯坦、泰国、印度、缅甸、马来西亚、菲律宾、斯里兰卡、印度尼西亚、沙特阿拉伯、毛里求斯、留尼汪、巴西等地。中国分布于浙江（南部）、福建、台湾、广东、广西、江西（南部）、湖南（南部）、四川、贵州、云南等省区。寄主为芸香科植物，如柑橘、黄皮、九里香等。以成虫、若虫吸食芽梢汁液，为害严重时，幼芽嫩梢萎缩干枯，新叶扭曲成畸形。若虫还能排泄含糖分的白色分泌物，污染枝叶，引起煤病发生，影响光合作用。此虫也是柑橘黄龙病的传播媒介。

（二）形态识别

成虫：体长（连翅）2.8~3.0mm，青灰色具褐色斑纹。头部前面的 2 个颊锥明显突出如剪刀状。复眼暗红色；单眼 3 个，橘红色。触角 10 节，末端具 2 个不等长的刚毛。胸部略隆起。前翅半透明，散布褐色斑纹；近翅缘色较深，构成黑褐色宽带纹，自前缘中部起绕过外缘至后缘中部，而在翅尖处间断；外缘有 5 个透明斑。后翅透明。足的腿节和基节基部黑褐色，其余淡黄色。腹部背面青灰色，腹面淡绿色，生殖期间橙黄色至橘红色。雌虫腹部纺锤形，末端尖削。雄虫腹部长筒形，末端圆钝。

卵：杧果形，长 0.3mm，宽 0.2mm，初产时乳白色，渐转橙黄色，孵化前变为橙色。表面光滑，顶端尖削，基端具 1 短柄。

若虫：扁椭圆形，背面略隆起，腹部周缘分泌短蜡丝。共 5 龄。体色随虫龄增长而加深。1 龄无翅芽。2 龄起翅芽显露。3 龄翅芽增长加宽。4 龄翅芽宽大。成长若虫体长 1.80~2.02mm。翅芽更宽大，体显得短胖。初期黄色，中、后胸及第一至四腹节背面两侧均具黄褐色斑纹，第五腹节以后呈褐色。后期体转青绿色，自头部至第四腹节背面中央呈黄白色或黄绿色。

（三）发生规律

1. 生物学习性

浙江平阳一年发生 6~7 代，广东 10~11 代，以成虫在寄主叶背越冬。世代重叠现象显著，全年同一时期可见各虫态。在浙江平阳，一般产卵至 11 月中旬结束，柑橘若有冬芽萌发，12 月上中旬还能产卵，虽可发育为若虫，但都不能羽化为成虫。

据浙江平阳观察，越冬成虫于翌年 3 中下旬气温升至 13℃以上时，开始产卵于芽缝中，4 月中旬 16℃时若虫出现，5 月上旬达 20℃时始见第一代成虫，第二代成虫于 6 月中旬，第三代成虫于 7 月下旬至 9 月下旬，第四代成虫于 8 月下旬至 11 月下旬，第 5 代成虫于 9 月下旬至翌年 5 月下旬。

成虫有多次交尾习性，每次交尾历时多在 1h 以内。产卵前期最短 6d，最长 30d，各代平均 8.6~17.6d。雌虫交尾 2~3d 后开始产卵。产卵期 9.1~30.4d。每雌一生产卵量最少 3 粒，最多 762 粒，各代平均 121.8~277.3 粒，以第二、第四代为多。有趋嫩绿产卵的习性。卵常成堆成排或散产于未张开的嫩叶缝隙中，或零星产于嫩叶的叶柄及嫩茎上，以长 3cm 以下的嫩梢上为多。卵的孵化率甚高，平均可达 95.5%。

成虫平常分散叶背叶脉上和芽上栖息取食，头部朝下，腹部翘起，与叶、芽表面成 45°。气温在 8℃以下时，成虫很少活动，11℃以上才开始活动，3~15℃活动较多，22℃以上活动频繁，24~29℃时能飞善跳。

1~3 龄若虫活动性很差，大多数栖息于芽梢的叶背缝除吸食汁液；4~5 龄开始分散至嫩枝上。

2. 发生生态

柑橘木虱的发生与环境的关系密切，常受食料、气候、天敌等因素的影响。

（1）食料。柑橘木虱的发生消长，常受柑橘抽梢的影响。东南沿海一带，柑橘木虱的虫口数量消长常与柑橘芽梢抽生时期相一致。在福建福州柑橘木虱虫口数量一年中有 3 个高峰，分别出现于 3 月中旬至 4 月、5 月下旬至 6 月下旬和 7—9 月，恰值春、夏、秋梢的主要抽生期。一般秋梢上发生数量最多，为害最重，秋芽因之而枯死；春梢次之；夏梢数量少，因夏梢抽发不整齐，且伸长快而易老化。

同一时期内，同一橘园中，橘株间芽梢的有无，也会影响其发生数量。据浙江平阳调查，有芽梢的橘株上的各虫态总数为无芽梢桔株上的 34.9 倍。无芽梢枯树上虽有虫，但增殖不大。

（2）气候。暴雨对木虱能起冲刷作用，台风暴雨常引起虫口数量的骤降。

（3）天敌。国内已发现木虱啮小蜂属和木虱跳小蜂属的小蜂，最具有效控制作用的为两种：柑橘木虱啮小蜂 *Tamarixia radiate* 和阿里食跳小蜂 *Diaphorencyrtus aligarhensis*。常见的捕食性天敌有四斑月瓢虫 *Menochius guadriplagiata* Swartz、双带盘瓢虫 *Lemnia biplagiata*（Swartz）、八斑和瓢虫 *Synharmonia octomaculata*（Fabricius）和异色瓢虫，以及亚非草蛉 *Chrysopa boninensis* Okamoto 和大草蛉 *C. septempunctata* Wesmael 等。

（四）防治方法

1. 农业防治

注意树冠管理，促进树势，使新梢抽发整齐，并摘除零星枝梢，以减少木虱产卵繁殖场所。砍除已失去结果能力的衰弱树，以减虫源。成片橘园最好种植同一柑橘品种，既便于栽培管理，又可造成不利于木虱发生的环境条件。

2. 化学防治

应结合冬季清园，防治 1 次，再于春、秋季防治其他梢期害虫时，结合防治。可选用 50%马拉硫磷乳油 1 000~1 500倍液、20%氰戊菊酯乳油 3 000倍液、2.5%溴氰菊酯乳油 2 500倍液、25g/L 联苯菊酯乳油 800~1 200倍液、10%吡虫啉可湿性粉剂 1 000倍液、21%噻虫嗪悬浮剂 3 500~4 000倍液、22.4%螺虫乙酯悬浮剂 4 000~5 000倍液、100g/L 吡丙醚乳油 1 000~1 500倍液喷雾。

第三节　钻蛀类

一、橘潜蛾

（一）分布与为害

橘潜蛾 *Phyllocnistis citrella* Stainton 属鳞翅目橘潜蛾科。又名柑橘潜叶蛾，俗称鬼画符、绘图虫。国外分布于日本、朝鲜、菲律宾、马来群岛、缅甸、印度、大洋洲、非洲、欧洲，中国分布于江苏、浙江、江西、福建、台湾、广东、广西、湖南、湖北、四川、云南、贵州等省区。寄主植物为柑橘类。幼虫在柑橘嫩茎、嫩叶表皮下钻蛀为害，造成银白色蜿蜒虫道，叶片受害后卷缩脱落，使柑橘生长受阻，幼树延迟结果，成年树则影响产量。同时，由于此虫为害，往往引起溃疡病的发生，且受害后形成的卷叶又为螨类、卷叶蛾等多种害虫聚居和越冬的处所。春梢受害极轻、夏秋梢受害极严重，不论苗木、幼年树、成年树均能受害，尤以苗木、幼树上发生最多。

（二）形态识别

成虫：小型蛾，体长仅 2mm，翅展 5.3mm，体和前翅均银白色。头部银白色，复眼黑色，突出；触角细长，丝形，14 节；下唇须 3 节，向上伸。前胸披银白色长毛。前翅尖叶形，基部具 2 条黑色纵纹，二纹基部结合，长约前翅之半，前纹接近前缘，后纹位于翅中部；约近翅中部有开口的"Y"形黑色横纹；近前缘中部至外缘具浓黄色缘毛，翅尖具黑色大圆斑，在大黑斑之前还有 1 个较小的白斑，后翅银白色，针叶形，缘毛较前翅的长。足亦银白色，细长。前足短，中足较长，后足最长。后足胫节有 1 排长毛列。雄蛾腹部末端较尖细，披白色鳞毛。雌蛾腹部末端近于平截，末端两侧可见黑色毛束。

卵：椭圆形，长 0.30~0.36mm，宽 0.20~0.28mm，透明。

幼虫：初龄幼虫体长 4mm，黄绿色。胸部第一、第二节膨大近方形，尾端尖细，足退化。成长幼虫体长 4mm，黄绿色。头部扁平似楔形。胸腹部变扁平。第一至第八腹节近方形，胸腹部每节背面在背中线两侧各有 4 个凹孔，排列整齐。腹末端尖细，具 1 对较长的尾状物。雄幼虫第五腹节背中线两侧可见两个肾形生殖腺。预蛹体长 3.5mm，宽 0.7mm，乳白色，长筒形。中胸、后胸较大，第三至第七腹节两侧各有肉质刺突起。

蛹：长 2.8mm，初呈淡黄色，后变深黄褐色。头三角形，长而尖，顶端具一倒丁字形黑色骨头构造。复眼红黑色，近肾形。中足约达第四腹节后缘；前翅达第六腹节后缘，触角和后足均长于前翅，达第七腹节，后足又较触角略长。第一腹节背面中部靠后方有小长椭圆形突起；以后各腹节两侧近中部各有一疣状突起，各着生 1 根长刚毛；第三腹节起背面中央各有 2 列粗大刺突，其旁密生小刺突。末节两侧有明显肉质刺各 1 个。茧质薄，黄褐色。

（三）发生规律

浙江黄岩一年约发生 9~10 代。田间各世代重叠。大多数以蛹越冬，少数以幼虫越冬。各代虫态历期因气温而异，在 24~29℃卵历期为 1~2d，幼虫期 4~6d、蛹期 5~8d。平均世代历期为 13~16d。

成虫多于清晨羽化，白天栖息于苗圃、果园附近的杂草上，一般于傍晚开始活动，晚上 7—8 时最盛，10 时以后仍有少数活动。趋光性不强，飞翔敏捷。羽化后半小时即行交尾，经 1~4d 产卵。卵产于嫩叶背面中脉两侧。多产卵于长 0.5~2.5cm 的叶上，叶长超过 2.5cm 以上，即不适其产卵。成虫寿命 5~9d，平均 7d 左右，雌虫寿命略长。

幼虫将孵出前，卵壳出现纵长皱纹，从壳外可分辨出卷曲于卵内的幼虫。幼虫孵出后即由卵壳底面潜入叶表皮下，边食边前进，逐渐啮成弯曲的白色虫道。幼虫自孵出至成熟，均在被有薄膜的虫道内活动，若将薄膜弄破，虫体暴露于空气中，即行死亡。幼虫老熟后，停止取食，体稍缩小，渐变为乳白色而成预蛹，常在叶缘附近将叶缘卷起，包围身体，并吐丝结茧化蛹其中。

橘潜蛾的发生和为害程度与气温、食物关系密切。在浙江黄岩，一般春梢极少受害，夏、秋季新梢受害严重，且抽梢不整齐的枯树受害重于抽梢整齐的。广东观察，冬春（11 月上旬至翌年 4 月上旬）连续 10d 日平均最低气温在 15℃以下，日平均最高气温在 26℃以下，并将持续下降，橘潜蛾虫口逐渐减少，发生为害轻。4 月中旬至 5 月下旬连续 10d 最低气温平均在 18℃以上，日最高气温平均在 25℃以上，并继续上升，虫口便开始回升。此时抽发的晚春梢和早夏梢为其提供了食物条件。当夏季（5 月下旬至 7 月上旬）连续 10d 日最高气温平均达 33.2℃以上，气温过高，虫口下降。秋季（8 月下旬至 11 月上旬）高温季节过后，又逢秋梢盛发，因此虫口又很快上升，为害加重。从春季至秋季，橘树均有新梢萌发，为橘潜蛾提供了丰富的食料，若气温适宜常能造成猖獗为害，春季虽有春梢供橘潜蛾取食，但气温低，虫口较少，因此为害轻。

在橘潜蛾发生为害期间，如能控制抽梢则可抑制发生，减轻为害。抹除春夏季及秋季之间零星抽发的嫩梢，使抽梢整齐集中，控制在橘潜蛾成虫低峰期放梢，从而恶化幼虫食物条件，可减轻橘潜蛾的为害。

（四）防治方法

应结合栽培管理措施，进行抹芽，控制在成虫低峰期统一放梢，避开成虫产卵盛期。在放梢期间及时喷药杀除成虫和低龄幼虫。并加强水肥管理，促使受害幼叶的伤愈。

1. 农业防治

扫除落叶，连同苗圃中剪除的受害嫩梢集中烧毁，可压低越冬虫口基数，减少柑橘溃疡病的传播来源，消灭潜藏在卷叶内的其他越冬害虫。于春、夏、秋抹除零星、陆续抽发的嫩梢，或在计划放秋梢前 15~20d 进行夏剪，使放梢时间集中。并将抹除或剪下的嫩梢集中烧毁可以有效地抑制橘潜蛾的发生和为害。同时可以检查新梢顶部 5 片叶，当发现卵或低龄幼虫数量显著减少时，抹净最后 1 次梢，使树统一放梢。

2. 化学防治

掌握在新梢萌发不超过 3mm，或新叶受害率达 5% 左右时开始喷药，隔 5d 喷第二次，再隔 7d 喷第三次。重点保顶梢叶片，杀死成虫及低龄幼虫。以防止成虫为主，喷药宜在早、晚进行，而对低龄幼虫，则宜在晴天午后用药，利用高温促进熏蒸和渗透作用，提高药效。可选用 25% 杀虫双水剂 600~800 倍液、20% 氰戊菊酯 2 000~2 500 倍液喷雾。

二、褐天牛

（一）分布与为害

褐天牛 *Nadezhdiella cantori* Hope，国内分布于长江流域以南各省区，山东、河南、陕西等省也有分布。寄主植物有柑橘、柠檬、柚、红橘、甜橙。还为害多种林木。幼虫蛀害柑橘主干和主枝，一般在距地面 16cm 以上的树枝条干中为害，造成树干内蛀道纵横，影响水分和养分输导，以致树势衰退，重则整枝枯萎或全株死亡。

（二）形态识别

褐天牛的形态特征如图 14-5 所示。

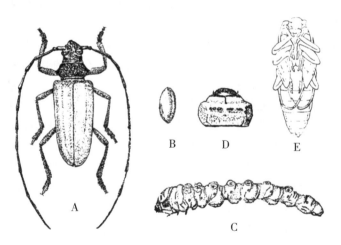

图 14-5 褐天牛
A. 成虫；B. 卵；C. 幼虫；D. 幼虫头部和前胸；E. 蛹
（仿祝树德和陆自强，1996）

成虫：体长 26~51mm，黑褐色，有光泽，被灰黄色短绒毛。头顶两复眼间有 1 深沟。触角基瘤之前，额中央又有 2 条弧形深沟，呈括弧状。触角基瘤隆起，其上方并有 1 小瘤突。雄虫触角超过体长 1/2~2/3；雌虫触角较体略短。触角第一节粗大，上有不规则的横皱纹，第四节较第三节或第五节均短，第五至第十节末端外角突出；触角各节内端角均无小刺。前胸宽大于长，背面呈较密而又不规则的脑状皱褶，侧刺突尖起。鞘翅肩部隆起，两侧近于平行，末端略为斜切，内端角尖狭，但不尖锐。

卵：长约 3mm，椭圆形，上端有胶状的乳头状突起，卵壳表面有网纹及细刺状突起，初产时乳白色，逐渐变黄，孵化前呈灰褐色。

幼虫：老熟时体长 46~56mm，乳白色。体呈扁圆筒形。前胸背板上有横列分成 4 段的棕色宽带。位于中央的 2 段较长，两侧者较短。胸足细小。中胸的腹面、后胸及腹部 1~7 节背腹两面均具移动器，背面的移动器呈"中"字形。

蛹：淡黄色，翅芽叶形，伸达腹部第三节的背面后端，其余各部分似成虫。

（三）发生规律

在国内柑橘产区两年完成 1 代。7 月上旬以前孵化出的幼虫，于次年 8 月上旬至 10 月上旬化蛹，10 月上旬至 11 月上旬羽化为成虫，在蛹室中越冬，第三年 4 月下旬成虫外出活动：8 月以后孵出的幼虫，则需经历两个冬季，至第三年 5—6 月化蛹，8 月以后成虫才外出活动。越冬虫态有成虫、二年生幼虫和当年幼虫。四川橘农根据当年 8—10 月和翌年 5—6 月钩捕到褐天牛的蛹，以及观察到绝大多数成虫在大暑前活动，少数成虫在白露节仍有活动，总结为"夏虫多、早出早产卵；秋虫少、晚出晚产卵"。又据江西观察，成虫从 4 月中旬至 6 月上旬自羽化孔钻出活动，4 月底至 5 月初钻出最多，5 月上旬开始产卵，产卵期可延续至 9 月下旬。在整个产卵期间，有两个比较集中的阶段，即自 5 月上旬至 7 月上旬为第一阶段，所产卵数约占全期产卵数的 70%~80%；从 8 月初至 9 月下旬为第二阶段，约占全期产卵数的 20%~30%，越冬成虫，自羽化孔钻出后，一般白天均潜伏于树洞内，经过相当时间始行外出，此时间之长短视外界气温而异。成虫出洞时刻自黄昏开始，晚上 8—9 时出洞最盛，特别是下雨前天气闷热，出洞更多。成虫活跃于树干间，交尾、产卵。至深夜 11 时，气温渐降，成虫又陆续潜入洞内。月夜对其活动无甚影响；黄昏细雨，仍见离洞，但数量减少；间歇大雨，晴后即见出洞；大雨连续不断，则未见外活动。成虫多产卵于树干伤口或洞口边缘、裂缝及表皮凹陷处，每处产卵 1 粒，个别 2 粒。卵的附着部位高度，从主干距地面 16cm 开始，到侧枝 3m 高均有分布，以近主干分叉处密度最大。老龄树由于皮层粗糙，侧枝部分凹陷，产卵部位分散。每雌产卵数由数十粒至百余粒，产卵期可持续 3 个月左右。成虫羽化后在蛹室中经十余天至月余，长者可达 6~7 个月。钻出蛹室后寿命 3~4 个月，卵期 5 月间为 12~15d；6 月间为 7~10d。

幼虫在皮下蛀食时间，依季节和树皮的老嫩而不同，在大暑前孵出以及取食柔嫩树皮的幼虫，停留在皮下约 20d；在白露前后孵出或取食粗老树皮的幼虫，在皮下停留约 7~15d。初孵幼虫所在部位的树皮表面呈现流胶。幼虫体长达 10~15mm 时，开始蛀入木质部，通常先横向蛀行，然后转而向上蛀食。少数幼虫在向上蛀食时，如遇坚硬木质或有隧道的障碍，即改变前进方向，因而造成若干岔道。幼虫蛀道上有 3~5 个气孔与外界相通。老熟虫在蛀道内选择适当地点，吐出 1 种白垩质物，封闭两端，再以排泄物填充其内。造成长椭圆形的蛹室，随即化蛹。由夏卵孵出的幼虫期为 15~17 个月，秋卵孵出的为 20 个月左右。蛹期约 1 个月。

（四）防治方法

1. 农业防治

抓好园林管理，加强柑橘树的栽培管理，促使植株生长旺盛，保持树干光滑，可减少褐天牛成虫产卵。及时剪除被害枝梢，消灭幼虫，避免蛀入大枝为害。减除枯枝时，务使断面光滑整齐，以期愈合好伤口，避免成虫产卵。对衰老树，及早砍伐处理，减少虫源。褐天牛成虫喜在闷热夜晚活动，成虫大量出孔时，及时组织人员捕杀成虫。夏至前后，检查天牛易于产卵的部位和初孵幼虫为害症状，发现后即用利刀快凿削除虫卵，在幼虫初孵前铲除效果较好。秋分和清明前后，检查树体，凡有虫屑虫粪者，尤其是新鲜虫粪，可用钢丝钩杀幼虫。

2. 化学防治

药物毒杀幼虫，对于蛀入木质部较深的幼虫，先检查排粪孔，然后用铅条制成的锥子，在锥尖上裹着小棉球，沾10%甲维·吡虫啉可溶液剂塞入虫孔，或用针管将药液注入虫孔内毒杀。可选用3%高效氯氰菊酯微囊悬浮剂500~1 000倍液、15%吡虫啉微囊悬浮剂3 000~4 000倍液、2%噻虫啉微囊悬浮剂900~2 500倍液喷雾防治褐天牛成虫。

三、橘小实蝇

（一）分布与为害

橘小实蝇 Oriental fruit fly，*Bactrocera dorsalis* Hendel，属双翅目实蝇科，俗称针蜂、果蛆，是当前我国南方果蔬生产上为害最为严重的害虫之一。该虫原产于亚洲热带和亚热带地区。

橘小实蝇的寄主范围非常广泛，我国主要水果、瓜茄类几乎均在其为害之列。如番石榴、杨桃、杧果、柑橘、桃、李、莲雾、番荔枝、枣、青梅、枇杷、橄榄、番木瓜、葡萄、梨、杨梅、香蕉、黄瓜、丝瓜、苦瓜、南瓜、冬瓜、番茄、茄子等46个科250余种水果、瓜茄类作物及野生植物。

成虫产卵于寄主果实内，幼虫孵化后在果内为害果肉，引起果肉腐烂，常常造成果实在田间裂果、烂果、落果，或采摘后出现腐烂，引致减产或失去食用价值。切开受害果，其中可发现有蛆在为害。成虫产卵时在果实表面形成伤口，致使汁液大量溢出，伤口愈合后在果实表面形成疤痕。成虫产卵所形成的伤口容易导致病原微生物的侵入，使果实腐烂。在热带地区，橘小实蝇常与寡鬃实蝇属 Dacus、果实蝇属 Bactrocera 种类混合发生。

（二）形态识别

橘小实蝇的形态特征如图14-6所示。

成虫：体长6.6~7.5mm，翅展约16mm，体型小，体黄褐色至黑色。胸背面黑褐色，具2条黄色纵纹。小盾片黄至橙黄色，与上述两条黄色纵带连成"V"形，腹部椭圆形，黄至黄褐色，有"T"形的黑纹。翅透明，长约为宽的2.5倍。脉纹黑褐色。产卵器长，由3节组成。

卵：梭形微弯，长一般0.8~1.2mm，宽一般0.2~0.3mm；初产时白色透明，后渐变成乳黄色。

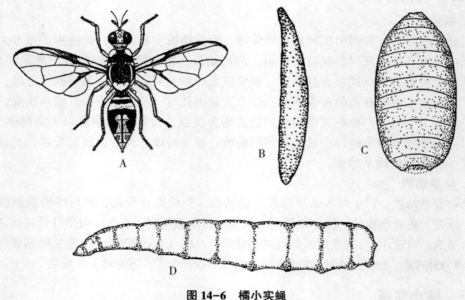

图 14-6　橘小实蝇

A. 成虫；B. 卵；C. 蛹；D. 幼虫

（仿刘秀琼，1966）

幼虫：老熟体长 8~10mm，宽 2~3mm。黄白色，圆锥形，前端细小，后端圆大，由大小不等的 11 节组成。头部口钩黑褐色，呈镰刀状。

蛹：椭圆形围蛹，长 5mm，淡黄至黄褐色，蛹体上残留有由幼虫前气门突起而成的暗点，后端后气门处稍收缩。

（三）发生规律

橘小实蝇在我国适生区域内，每年可发生多代，发生的代数与该地的气候、食物等关系密切。田间世代重叠，冬季没有明显休眠。该虫在广东三角洲地区、海南每年发生 9~10 代，6—8 月和 11—12 月为成虫发生高峰。在福建厦门、云南西双版纳等地，每年发生 5~6 代，6—8 月是成虫发生高峰期。

橘小实蝇卵期 1~3d，幼虫期 9~35d，蛹期 7~14d，成虫羽化后需经 10~30d 取食补充营养才开始交尾产卵。雌虫主要选择黄熟的果实产卵，小果上不产卵，在完全膨大但未成熟的果实上有少量产卵。产卵于果皮内，每处产卵 5~10 粒，每雌虫产卵量最高可达 1 000 多粒。孵化后幼虫在果肉内蛀食为害，老熟幼虫弹跳或爬行到潮湿疏松的土表下 2~3cm 化蛹。成虫喜食带有酸甜味的物质，具趋光性和喜低栖阴凉环境的习性。

温度、湿度及食物是影响橘小实蝇发育、存活和繁殖的主要因素。橘小实蝇各虫态适宜发育的平均气温在 14℃ 以上，最适发育温度为 25~30℃。气温高于 34℃ 或低于 15℃ 均对其发育不利，会造成成虫大量死亡。整个世代的发育起点温度为 12.19℃，完成整个生活史所需的有效积温为 334.4 d·℃。湿度与降雨主要影响成虫产卵及幼虫化蛹。月降水量低于 50mm 以下对橘小实蝇种群不利，而 100~200mm 的月降水量有助于橘小实蝇种群的增长。月降水量大于250mm以上将导致橘小实蝇种群数量下降。土壤的湿度（含水量）对老熟幼虫化蛹有重要影响。土壤含水量在60%~70%时幼虫入土快，预蛹期短，蛹羽化率高；土壤含水量低于40%或高于80%时，老熟幼虫入土慢，幼虫和蛹的死亡率高。

（四）防治方法

为了控制橘小实蝇的为害，保护水果的安全生产，必须推广应用橘小实蝇种群控制技术系统。要以虫情监测为依据，以农业防治为基础，以引诱、套袋为核心技术，以化学防治为配套技术。主要防治措施有清园、挂性引诱瓶、毒饵诱杀、套袋保果、使用线虫、施用药剂加诱饵等。将各项控制技术措施科学、合理组配成控制技术系统，可将橘小实蝇的为害控制在经济允许水平以下。

1. 植物检疫

加强检疫，禁止带虫果实输入热区；在出口果蔬生产基地进行橘小实蝇监测，对橘小实蝇发生严重的基地应采取综合措施压低虫口，并对拟出口产品进行蒸热或熏蒸或冷藏处理，防止此虫随果实进行传播。

2. 农业防治

（1）合理安排种植结构。进行区域或小区品种单一栽培，成片种植单一果树和品种，使物候期一致，以利于统一防治。同一果园内及附近不要种植不同成熟期的瓜果类寄主作物，以免其通过转移寄主完成周年繁殖。

（2）搞好田园清洁。及时摘除被害果，并收集田间烂果、落地果，集中深埋、火烧、沤浸或用杀虫药液浸泡等以杀死果内幼虫，深埋虫果的深度至少要在45cm以上。

（3）翻耕灭虫。结合冬春季节清园，在果园和果园附近翻耕果园地面土层，有条件的可灌水2~3次，以减少和杀死土中的幼虫、预蛹和蛹，或在树冠滴水线范围内撒施药剂，杀死在地面化蛹的虫口数量。

（4）果实套袋在幼果期，成虫未产卵前，选质地好、透光、透气性较强的白色塑料袋对果实套袋，扎口朝下，防成虫产卵为害。

3. 物理防治

主要针对采摘后的果实，不同类型的水果处理方式略有差异。

（1）热处理。将杧果等在46℃热水中浸泡60min；或通过蒸热将果实温度从室温下提高至43℃，然后在50%~80%相对湿度下将果肉中心温度提高至47℃，保持10~20min。对于荔枝、龙眼等水果，利用蒸汽将果肉温度升至30℃，然后在50min内使果肉温度从30℃上升到41℃，再让果肉温度继续上升到46.5℃并维持10min；或通过蒸热将荔枝果实中心温度升至47℃，保持15min，然后降至常温。

（2）冷藏处理。将荔枝果实置于0℃或更低温度下保持10d；将龙眼果实置于0.99℃或更低下处理13d；将柚子置于1.7±0.06℃下，至果心温度达到2℃时，贮藏处理14d。

（3）辐射处理。将被橘小实蝇产卵的果实，采用剂量为95Gy的^{60}Co进行辐射处理，可杀死其中虫卵而使之不能正常孵化。或用^{60}Co-γ射线0.30~1.9kGy照射果实，使果实中的实蝇幼虫多数不能化蛹，或化蛹但不能羽化为成虫。

4. 生物防治

（1）保护和利用天敌。橘小实蝇有多种寄生和捕食性天敌，如实蝇茧蜂（拉丁文）、跳小蜂、黄金小蜂等幼虫寄生蜂，以及蚂蚁、隐翅虫、步行虫等能捕食裸露的实蝇老熟幼虫、蛹和刚羽化的成虫。使用小卷蛾斯氏线虫 *Steinernemac arpocapsae* A11 品系等对橘小实蝇 3 龄老熟幼虫具有强侵染力的天敌产品，防治土壤中化蛹的老熟幼虫，使用剂量为 300 条/cm²。

（2）应用不育成虫防治。采用剂量为 75~90Gy 的 ^{60}Co 对橘小实蝇蛹进行辐射不育处理后投放到野外的环境，成虫羽化后雄性成虫与野外的雌性成虫交配，产下的卵不孵化，雌性成虫与野外的雄性成虫交配，雌虫不产卵，从而降低田间橘小实蝇种群数量。

5. 化学防治

（1）毒饵诱杀成虫。在植株树冠喷洒毒饵诱杀成虫，即使用高效氯氟氰菊酯、阿维菌素等药剂加 3%红糖，每隔 15d 左右喷药一次，每次喷 1/3 株数；或用 1%水解蛋白液加入 0.1%马拉硫磷混合配成毒饵，按每亩果园设 6 个点喷施，每个点喷混合液约 100mL，点喷射到树叶上。根据虫情确定喷药次数。

（2）使用药剂进行田间保果或杀死地表虫口。在果实膨大期转色前，可选用 2.5%高效氯氰菊酯乳油 2 000~3 000 倍液喷雾，喷药时间宜选在上午 10 时前或下午 4—6 时，每 7~10d 喷药一次，连续喷药 3~5 次；在果园及其附近浅翻表土，使用辛硫磷等配制成药液喷湿地面或将其拌制成含量为 0.3%~0.5%的毒土在植株树冠下滴水线范围内撒施，每亩使用 30kg 左右毒土，可杀灭橘小实蝇老熟幼虫和蛹。

第四节　害螨类

一、柑橘锈螨

（一）分布与为害

柑橘锈螨 *Phyllocopturaoleivora* Ashmead 属蛛形纲蜱螨亚纲真螨目瘿螨科，又名锈蜘蛛、锈壁虱，俗称紫柑（福州）、象皮柑（四川）、火柑子、黑皮果，乌番（闽南）、铜病（浙江）、油柑子、焙叶（汕头）等。我国分布于四川、云南、贵州、广东、广西、湖南、湖北、江西、浙江、福建、江苏、台湾等省区。仅为害柑橘类，其中以柑橘、橙、柠檬受害最重，柚、金柑受害较轻。以成、若螨群集在果面叶片及绿色嫩枝上为害、刺破表皮细胞、吸食汁液，果皮受害后变为黑褐色，果皮粗糙，布满龟裂网状细纹，品质变劣，降低商品价值。早期受害，果形变小影响产量。叶上常群集在叶背为害。被害叶初为黄褐色，后变黑褐色，导致落叶，影响果树长势和次年结果。

（二）形态识别

柑橘锈螨的形态特征如图 14-7 所示。

成螨：体长 0.1~0.2mm，楔形或胡萝卜形、黄色或橙黄色。头小，向前方伸出。

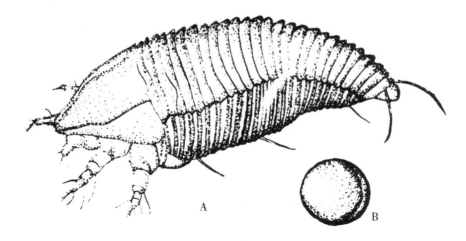

图 14-7　柑橘锈螨

A. 成螨；B. 卵

（仿祝树德和陆自强，1996）

具螯枝和须肢各 1 对。头胸部背面平滑，足 2 对。腹部有许多环纹，背面环纹为 28 个、腹面环纹约背面的 2 倍，腹末具伪足 1 对。其卵圆球形，表面光滑，灰色透明。

若螨：形似成螨、较小。腹部光滑、环纹不明显，尾端尖细，具足 2 对。1 龄若螨灰色，半透明，2 龄若螨体淡黄色。

（三）发生规律

柑橘锈螨每年发生世代数，随地区及气候不同而异。福建一年约发生 24 代，浙江黄岩 18 代，湖南 18~20 代，世代重叠。冬季以成螨在柑橘腋芽处和因病虫引起的卷叶内越冬。在广东常在秋梢叶片上越冬，在福建于 4 月初开始在春梢新叶上发现，5 月中旬以后虫口迅速增加，至 7 月下旬达到最高峰。此后春梢叶上虫口下降，转移到果实及秋梢上为害；5 月上旬开始在幼果上发现，7 月上旬以后虫口迅速增加，下旬以后逐渐猖獗，至 9 月中旬果实上虫口达到最高峰。

在浙江黄岩越冬成螨于 3 月中旬开始产卵繁殖，5 月上旬开始迁移至新梢，6 月下旬开始在果实上发现，而以 7—9 月为害最严重。重庆及江津等地，春梢抽发以后即为害春梢嫩叶，5—10 月为害果实。在湖南、河南地区越冬成虫于 4 月上中旬开始活动，5 月上旬为害春梢嫩叶，5 月下旬至 6 月上中旬陆续上幼果为害，7—8 月果上虫口急增为害严重，9—10 月部分转移至秋梢上为害。当 7—8 月柑橘锈螨发生猖獗时期在叶片和果面上常常附有大量虫体和蜕皮壳，好像薄敷一层灰尘，这个时期以前，适于喷药防治。

柑橘锈螨在气温 10℃ 以下，停止发育，在 15℃ 左右，成螨才始产卵。1 世代历时在 30℃ 为 9~10d，21~25℃ 为 13~14d，17~20℃ 为 18~28d，在夏季 7—8 月大发生期，1 个月可发生 3 代。

此虫行孤雌生殖，卵散产于叶背及果面凹陷处，叶面较少，室内饲养雌螨产卵数多达 35 粒。若螨蜕皮 2 次。初孵若螨静伏不动，后渐活动。2 龄若螨活动性较大。成螨和若螨均能蠕动爬行，且可弹跳。喜阴蔽，常在树冠下部和内部的叶片及果实上开始发生为害，逐渐向树冠上部和外部蔓延扩展。以叶背和果柄下方及阴面的虫口密度较大。

柑橘锈螨发生轻重，与气候条件，栽培管理及天敌活动等密切相关。夏季高温干旱地区，有利于此虫的生长繁殖同时不利于其天敌——多毛菌的寄生发展，大风雨对此虫有冲刷作用；冬季低温、冰冻地区越冬死亡率高。栽培管理粗放，土壤干旱、树势衰弱的柑橘园，锈螨发生比较严重；果园覆盖，水分充足，或在天旱时适当进行灌溉与施肥的可减轻为害。

（四）防治方法

柑橘锈螨的防治，应加强橘园的肥水管理，采用合理施药和保护天敌等综合防治措施。同时，为了避免盲目用药，保护柑橘园天敌，而又能及时防治，必须做好测报进行虫情检查。如果不能用手持放大镜检查，也可以采用目测方法。环树一周，一发现叶片或果实上有一层薄薄灰尘似的，说明虫口密度已经很大，须及时施药。

1. 农业防治

加强柑橘园水肥管理、增强树势，或果园覆盖，改变果园小气候，可减轻为害。在喷射农药时注意加入 0.5% 尿素作根外追肥，使叶片迅速变绿，增强光合作用，对恢复树势起到良好的效果。

2. 生物防治

保护利用天敌，多毛菌常在高温多雨条件下大量流行，是控制锈螨发生的一个重要因素，使用农药要注意选用选择性的农药、合理用药，以保护各种天敌。使用 1.8% 阿维菌素悬浮剂 2 000 倍液喷雾，防治效果在 90% 以上。

3. 化学防治

6—9 月根据虫情发生情况及时喷药防治。喷药时必须先喷树冠的里面，后喷树冠的外周。叶背面和果实的阴暗面，尤其多为柑橘锈螨的生活处所，更应周密喷射，才能收到较好的防治效果。可选用 57% 炔螨特乳油 1 500~2 000 倍液、20% 四螨嗪悬浮剂 1 500~2 000 倍液喷雾。

二、柑橘全爪螨

（一）分布与为害

柑橘全爪螨 *Panonychus citri* Mc Gregor 属蛛形纲蜱螨亚纲真螨目叶螨科。又名瘤皮红蜘蛛、柑橘红蜘蛛。我国江苏、江西、福建、浙江、广东、广西、湖南、湖北、台湾、河南、陕西、四川、云南、贵州等省区均有分布。近年来某些地区由于使用农药不当，生态系受到破坏，柑橘全爪螨上升为重要害虫。柑橘全爪螨为害柑橘类植物，成螨、若螨、幼螨均能为害，以口器刺破叶片，绿色枝梢及果实表皮，吸收汁液，以叶片受害最为严重，特别是苗圃和幼树受害更重。被害叶面呈现许多灰色小斑点，减少光泽，严重时全叶灰色，大量落叶，严重影响树势和产量。

（二）形态识别

柑橘全爪螨的形态特征如图 14-8 所示。

成螨：雌体长 0.3~0.4mm，暗红色，椭圆形，背部及背侧有瘤状突起，上生红色刚毛，故有"瘤皮红蜘蛛"之称；足 4 对。雄成螨体较雌的略小，鲜红色后端较狭，呈楔形。

卵：球形略扁，直径 0.13mm，红色有光泽。卵上有 1 垂直的柄，柄端有 10~12 条细丝，向四周散射伸出，附着于叶面上。

幼螨：体长 0.2mm，体色较淡，足 3 对。

若螨：形状色泽近似成螨，个体较小，足 4 对。幼螨蜕皮后为前期若螨，体长 0.2~0.25mm，第二次蜕皮后期若螨，体长 0.25~0.3mm，第三次蜕皮后为成螨。

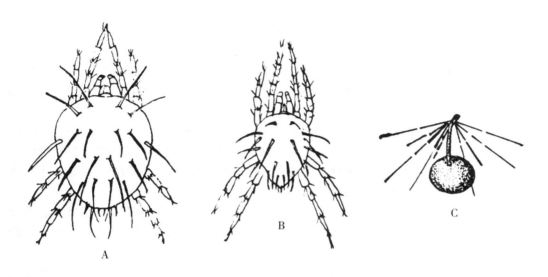

图 14-8　柑橘全爪螨

A. 雌成螨背面观；B. 雄成螨背面观；C. 卵

（仿祝树德和陆自强，1996）

（三）发生规律

1. 生物学习性

柑橘全爪螨一年发生代数，因各地温度高低而异。在年平均气温 20℃ 地区，一年发生约 20 代；18℃ 地区，一年可发生 16~17 代；15℃ 地区，一年发生 12~15 代。世代重叠。多以卵或部分成螨和幼体在枝条裂缝及叶背越冬。

一年中以春秋两季发生最为严重。一般 3 月虫口开始增长，4—5 月春梢时期，虫口达到高峰，全爪螨从老梢上迁移至新梢为害，迁上新梢后 1 个月左在就成灾害。6 月虫口密度开始下降，7—8 月高温季节数量很少，秋季 9—10 月气温渐降，虫口又复回升，为害秋梢亦颇严重。

在气温 25℃ 和相对湿度 85% 下，卵期 6.5d 左右，幼螨 2.5d 左右，前若螨 2.5d 左右，后若螨 3d 左右，成螨产卵前期 1.5d 左右，完成 1 世代需 16d 左右。在气温 30℃ 和相对湿度 85℃ 下，卵期 5d 左右，幼螨 2.5d 左右，前若螨 2d 左右，后若螨 2d 左右，完成 1 世代需 13~14d。

柑橘全爪螨行两性生殖，有时进行孤雌生殖，但后代多为雄螨。雌螨出现后即进行交配，一生可交配多次。每雌每日平均可产卵 2.9~4.8 粒，一生平均可产 3.17~62.9 粒。春季世代产量最多，夏季世代产卵量最少。卵多产于叶片，果实及嫩枝上，叶片正、反面均有，但以叶背主脉两侧居多。卵的发育起点温度 8.2℃，积温 109.6 d·℃，孵化最适湿度为 25%~26%，卵孵化率为 80.6%~100%。

2. 发生生态

影响柑橘红叶螨大发生因素较为复杂，有气候、天敌、人为（如施用农药、栽培措施）等，其中气温和天敌往往起主导作用。

（1）气候。春季高温干旱少雨，是柑橘全爪螨猖獗发生的重要因素之一，而夏季高温则对其生存繁殖不利。当温度超过 30℃ 就逐渐不适合其生长发育，叶螨的死亡率增加。春季旬平均气温 12℃ 左右时，叶上虫口开始增长，气温上到 10℃ 左右时，虫口成倍增加，气温超过 20℃ 时，虫口盛发，当旬平均气温超过 25℃ 时，则迅速下降。春季发生比较严重，即气温比较适宜的缘故。

（2）营养。在柑橘树分布上，常随枝梢抽发顺序而转移。春季先在春梢上，继而转移至夏梢，再则秋梢，这种趋势可能是新抽发的梢叶有较好的营养条件，嫩梢新叶组织柔嫩，可溶性糖类和水解氮化合物含量高，有利发育和繁殖。据报道，在嫩叶上取食的雌螨产卵量比在老叶上取食的大得多。

（3）越冬基数。春季发生的轻重与越冬虫口基数有关。若越冬虫口基数大，每叶虫数超过 1 头以上的，当年可能发生猖獗；若越冬虫口基数小，每叶虫口数在 0.5 头以下的，当年可能一般发生。

（4）天敌。柑橘全爪螨天敌种类很多，国内已发现的 11 种食螨瓢虫，几乎都能取食柑橘全爪螨；捕食性蓟马、草蛉、隐翅虫、花蝽、蜘蛛及寄生菌等，都有显著的抑制作用，应加以保护利用。特别是食螨瓢虫抑制作用显著，捕食量大，自然控制效能高。

（四）防治方法

柑橘全爪螨的防治应在加强栽培管理（如水肥管理，果园覆盖）和保护天敌的基础上，做好虫情测报（包括天敌种类、数量调查），及时采取防治措施。防治要适期，虫口密度大的树在春梢芽长 1~2cm，越冬卵孵化盛期，虫未上新梢、叶片为害时喷第一次药，以后根据虫势的发展和天敌数量的多少、气候情况，决定喷第二次药的时间。

1. 生物防治

利用和保护天敌，对柑橘全爪螨控制作用显著，尤其是食螨瓢虫和捕食螨。若在 3—5 月和 9—10 月保护利用或助迁引进食螨瓢虫，能控制春梢期和秋梢期柑橘全爪螨的为害。当每叶平均有柑橘全爪螨 2 头以下的柑橘树上，每株释放钝绥螨 200~400 头，放后一个半月可控制其为害。

2. 化学防治

可选用 50% 马拉硫磷乳油 500~1 000 倍液、73% 炔螨特乳油 1 000 倍液、20% 双甲脒乳油 1 500 倍液喷雾。

第十五章　葡萄、柿及其他果树害虫

葡萄在我国种植分布很广，北起黑龙江，南止滇南，其中以黄河流域为主。据记载我国葡萄害虫有 135 种，主要种类有葡萄二星叶蝉和葡萄透翅蛾等。柿树是我国主要木本粮油树种之一，栽培历史悠久。为害柿树的害虫约有 80 余种，其中对生产影响较大的有柿绵蚧、柿粉蚧、柿蒂虫等。另外，枣树、山楂在我国分布也较广，主要害虫有山楂粉蝶、枣黏虫、白小食心虫、枣瘿蚊等。

第一节　食叶类

一、山楂粉蝶

（一）分布与为害

山楂粉蝶 *Aporia crataegi* Linnaeus，属于鳞翅目粉蝶科。又名苹果粉蝶，俗称白蝴蝶。山楂粉蝶分布于东北、华北、西北、山东、河南、四川等省。主要为害山楂、苹果、海棠、梨、桃、李、杏、樱桃等果树，也取食山杨、春榆、冷杉等多种树木。

幼虫咬食芽、叶、花蕾和花瓣。低龄幼虫群居树冠上，吐丝结网作巢，夜间或阴雨天潜伏巢内，白天出巢为害；老龄幼虫分散取食。山楂粉蝶为害严重时，可将全树的花芽、叶芽和花蕾全部吃光，造成秃枝光树，不仅使当年产量下降，而且对来年的产量和树势也有较大的影响。

（二）形态识别

成虫：体长 22~25mm，翅展 64~76mm。体黑色，头、胸部及各足腿节被淡黄白至灰白色鳞毛，触角棍棒状，黑色，端部淡黄白色。翅白色，雌虫略带灰白色，翅脉和外缘黑色，前翅外缘除臀脉外，各脉末端均有 1 个三角形黑斑。雌虫腹部较大，雄虫腹部较细瘦。

卵：竖立似弹头，高约 1.5mm，横径约 0.5mm。卵壳表面有纵脊纹 12~14 条，卵顶周缘具 7 个尖状突起，似花瓣裂状。卵鲜黄色，有光泽，数十粒紧密排列成卵块。

幼虫：老熟时体长 38~45mm。体较粗壮，灰褐色，全体密布小黑点，并疏生黄白色短细毛。头部、前胸背板、胸足和臀板均为黑色。腹部背面有 3 条黑色纵带，其间夹有 2 条黄褐色纵带，体两侧灰色，腹面紫灰色。气门近椭圆形。腹足外侧各 1 黑斑，腹足趾钩单序中带。

蛹：体长约 25mm，以丝将蛹体缚于小枝上，称为缢蛹。蛹有两种色型。黑型蛹体黄白色，具多量的黑色斑点，头、口器、足、触角、复眼，以及胸部背面隆起的纵脊、翅缘和腹部腹面均为黑色，头顶有黄色瘤状突起，复眼上缘有 1 个黄斑。黑型蛹约占总蛹量的 32%。黄型蛹占总蛹量的 68% 左右，体黄色，体上的黑色斑点小且少，体略小，其他形态特征与黑型蛹相似。

（三）发生规律

山楂粉蝶一年发生 1 代。以 2~3 龄幼虫群集在树枝上吐丝将树梢叶片粘在一起成囊状，在叶囊内结茧越冬。春季果树发芽时开始出蛰，初期群集在芽上为害，随后取食嫩叶、花蕾、花瓣，常拉丝结网，白天为害，夜晚或阴雨天潜伏于网巢内。幼虫稍大即离巢分散活动，4~5 龄幼虫不活泼，有假死习性，遇惊动立即落地，卷缩成团。5 月上中旬幼虫陆续老熟，在枝干上或杂草上化蛹，以尾端臀棘固定，并用丝缠绕蛹体，上半部斜悬在枝条上，预蛹期 2~3d，蛹期 17~21d。5 月下旬开始羽化，成虫白天活动，气温高时十分活跃，常在树冠周围飞舞，相互追逐，取食花蜜，也常群集在大葱、紫穗槐等花上取食花蜜，或在水沟旁吮水。羽化后不久便交尾产卵。6 月上旬产卵盛期，成虫多于上午 10—12 时产卵，成块产于叶片上，叶背多于叶面。每雌蝶可产卵 200~500 粒，多者可达 800 余粒。卵期 15~19d。初孵幼虫有取食卵壳的习性，取食一半左右时即吐丝结网，在网下啃食叶肉，被害叶仅剩下一层下表皮，但产在叶背面的卵块，幼虫孵化后不取食卵壳，随即转移到叶面为害。此时幼虫食量不大，经 1~2 次蜕皮后，约 7 月中下旬开始将被害叶以丝缀连成囊状，并以丝将叶囊缠于枝条上，使之长久不落，致被害叶逐渐卷曲枯萎，而叶囊内的小幼虫则结小茧群居其中，并越夏和越冬。

山楂粉蝶在自然条件下常被天敌寄生，幼虫期有黄绒茧蜂寄生，寄生率达 60%~70%；蛹期有姬蜂寄生，寄生率有时达 70% 以上；幼虫期常被细菌性软化病菌浸染，感病幼虫初期萎靡不振，而后虫体软化变黑死亡，尸体头、尾下垂，以腹足悬挂在枝、叶上。

（四）防治方法

1. 农业防治

越冬幼虫作成的枯叶囊挂在树上，极易识别，可结合修剪将其摘除，集中处理，此法简而易行，效果显著。利用成虫清晨不能飞翔的特点，组织人力在开花植物上捕杀产卵的成虫，以减轻下一代为害。在卵块密度较大的果园内，进行摘除卵块，借以压低虫口密度。

2. 化学防治

（1）春季越冬幼虫开始活动时，或夏季幼虫孵化后进行药剂防治。可选用 10% 氯氰菊酯乳油 2 000~3 000 倍液、2.5% 溴氰菊酯乳油 2 000~3 000 倍液、5% 甲氨基阿维菌素苯甲酸盐微乳剂 2 500 倍液、25% 灭幼脲悬浮剂 1 500 倍液喷雾。

（2）在发生面积较大，发生地又缺乏水源的地块，于成虫羽化高峰期和卵孵化后幼虫为害期，利用傍晚到次日凌晨的"逆温效应"，用烟雾机进行烟雾施放，消灭成虫和低龄幼虫。药剂可选用 4.5% 高效氯氰菊酯乳油，发烟剂使用 0# 柴油，药油比例以 1：（9~10）为宜。

二、枣黏虫

（一）分布与为害

枣黏虫 *Ancylis sativa* Liu，属鳞翅目小卷蛾科。又名枣镰翅小卷蛾、黏叶虫，国外分布于日本。中国陕西、河北、河南、山西、山东、江苏、浙江、湖南等产枣省区都有分布。幼虫为害枣树的芽、花、叶，并蛀食枣果，造成枣花枯死、枣果脱落，对产量影响极大。

（二）形态识别

成虫：体长 6~7mm，翅展 14mm 左右，体和前翅均为黄褐色。前翅略具闪光，前缘有黑褐短斜纹 10 余条，翅中部有黑褐色纵纹 2 条，翅尖尖状突出；后翅深灰色；前翅、后翅缘毛均较长。足黄色，跗节具黑褐色环纹。腹部末端可见明显的圆形开孔，雌蛾开孔光滑周围无毛，雄蛾开孔周围具有茸毛。

卵：扁平椭圆形，鳞片状，极薄，长 0.57~0.68mm，宽 0.43~0.62mm。卵壳上有网状纹。初产时透明无色，略具闪光，2d 后呈红黄色，中央呈现 1 小红点，最后变为橘红色。

幼虫：初孵幼虫体长 1mm 左右，头部黑褐色，胸腹部淡黄色，背面略带红色。以后随所取食料（叶、花、果）不同而呈黄、黄绿或绿色。老熟幼虫体长 12mm 左右，头部赤褐色，胸腹部黄白色。前胸盾赤褐色，分为两片，其两侧和前足之间各有赤褐色斑纹 2 个。腹末节背面有"山"字形赤褐色斑纹 1 个。前胸足赤褐色，中胸足色较浅，后胸足近白色。

蛹：体细长，长 6~7mm。初化蛹时绿色，渐呈黄褐色，最后变为赤褐色。腹部各节背面前后缘各有 1 列突起，前缘的突起较后缘的大；腹末臀棘上具曲毛 8 根。

（三）发生规律

1. 生物学习性

河北、山东、陕西一年发生 3 代，江苏一年 4 代左右，浙江一年 5 代，有世代重叠现象，均以蛹在枣树主干粗皮裂缝内越冬，翌春羽化为成虫。在山东 3 月中旬至 4 月下旬成虫羽化，产卵于嫩芽和光滑的枝条上。4 月中旬至 6 月下旬发生第一代幼虫，6 月下旬至 7 月上旬发生第一代成虫，4 月下旬至 7 月上旬发生第 2 代幼虫，7 月中旬发生第二代成虫，7 月下旬至 10 月下旬发生第三代幼虫，9 月上旬开始化蛹越冬。

在发生 3 代地区，越冬代成虫在枣枝上产卵，第一代幼虫孵出后咬食未展叶的嫩芽，继之为害嫩叶，常使枣树不能正常发芽，外观似枯死，造成当年第二次发芽，季节延迟，产量大减。第二代幼虫发生正值枣树开花，幼虫为害枣花，继之为害叶片和幼果。第三代幼虫除为害枣叶外，还啃食果皮和蛀害果实，造成落果，影响产量和品质。

在发生 5 代地区（如浙江义乌），第一代幼虫发生于枣树展叶期，叶片生长受阻，影响开花结果。第二代幼虫发生适值枣树开花（一般在头花期和二花期），幼虫为害枣花，使着果稀少，严重影响产量。第三代幼虫发生于枣果生长期（一般为大枣的果实如拇指大小时），初孵幼虫先为害叶，稍大后蛀入果实为害，造成落果，是黏虫为害最重时期，也是影响青枣产量最关键的时期。第四代幼虫发生在采收时，第五代幼虫发生在落叶前，均为害枣叶，影响不大。第二、第三代，旬平均温度23~27.6℃时，卵历期5~6d，幼虫期为15d左右，蛹期为6~8d，成虫寿命7~9d。

成虫白天潜伏在枣叶背面或在枣树下的间作物上，夜间活动，飞翔力弱，对黑光灯、糖醋液有趋性。羽化后翌晨5—9时交尾，交尾翌日开始产卵，以第一和第二天的产卵量最多。卵多散产于枣叶正面中脉两侧，每张叶片上有卵1~3粒，以一叶一卵为多。

幼虫为害枣叶时，吐丝将嫩叶两三片缀合在一起，在内啮食叶肉呈网膜状。为害枣花，侵入花序食害，咬断花柄、蛀食花蕾、吐丝将花缠绕在枝上，被害花逐渐变色，但不落花，常造成满树枣花枯黑一片。为害枣果，除啃伤表皮外，并蛀入果肉食害，粪便排出果外，被害果不久即变红脱落，也有幼虫吐丝将被害果和叶粘在一起经久不落。幼虫能吐丝下垂，随风飘迁。幼虫共5龄，老熟后在叶包内、花序中、枣果内或树皮裂缝等处结白色薄茧化蛹。

2. 发生生态

雌虫产卵受气温影响。气温在25℃时最适产卵，产卵期长，产卵量多；22℃时产卵较适，产卵较多；30℃以上不适产卵，产卵期短，产卵量少。一般以第二代产卵量最多，每雌平均产卵208.5粒；第一代次之，平均153.5粒；第三代最少，平均97.2粒。

（四）防治方法

1. 农业防治

（1）冬季刮树皮灭蛹。在冬季或早春刮除树干粗皮，锯去砍枝时留下的破枝头，主干涂白、堵塞树洞是消灭越冬蛹的有效措施。刮下的老树皮应集中处理。

（2）发生期束草诱集灭蛹。在各代幼虫化蛹前，可在主干分叉处束草，引幼虫在其中化蛹，然后及时解除束草带回处理，以杀虫蛹。

2. 物理防治

在成虫羽化期，可在枣园使用黑光灯或性诱剂诱杀成虫。

据报道，枣黏虫的性信息素是不饱和9-十二烯醇乙酸酯为主，其中以其顺反比为20：80和17：83的配比诱蛾效果最好。

3. 生物防治

枣树生长期，尤其是开花、结果期，为了减少药害和残留，可通过释放赤眼蜂和使用生物农药的途径来防治。在枣黏虫第二、第三代卵期，每株释放松毛虫赤眼蜂3 000~5 000头，寄生率可达85%。

4. 化学防治

做好虫情测报，掌握各代幼虫孵化盛期，进行喷药。可选用25%灭幼脲悬浮剂1 500倍液、2.5%溴氰菊酯乳油2 000倍液、2.5%高效氯氰菊酯乳油2 000倍液喷雾。一般第二代需喷药2次，第一、第三代各喷药1次，可在孵化高峰开始喷药。

第二节 刺吸类

一、葡萄二星叶蝉

(一) 分布与为害

葡萄二星叶蝉 *Erythroneura apicalis* Nawa，属于半翅目叶蝉科。又名葡萄二黄斑小叶蝉、葡萄斑叶蝉。分布在华北、西北和长江流域。一般在通风不良，杂草繁生的葡萄园发生比较多。除为害葡萄外，还为害蜀葵、苹果、梨、桃、樱桃、山楂及多种花卉等。近来北方部分苹果产区受此虫为害较重。以成虫、若虫聚集在葡萄叶的背面吸食汁液，严重时叶片苍白或焦枯，影响枝条成熟和花芽分化。

(二) 形态识别

葡萄二星叶蝉的形态特征如图 15-1 所示。

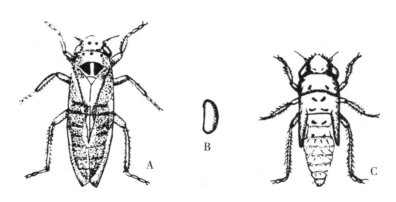

图 15-1 葡萄二星叶蝉
A. 成虫；B. 卵；C. 若虫
(仿祝树德和陆自强，1996)

成虫：体长 3.17mm 左右。有红褐色及黄白色两型。越冬前的成虫皆为红褐色。头顶有两个明显的圆形斑点，前胸背板前缘，有圆形小黑点 3 枚，形成 1 列，小盾片前缘左右各有大的三角形黑斑。翅半透明，上有淡黄色及深浅不同的红褐色相间的花斑，翅端部呈淡黑褐色。个体间斑纹的颜色变化较大，有的全无斑纹。

卵：黄白色，长椭圆形，稍弯曲，长约 0.2mm。

若虫：初孵时为白色，后色变深，有红褐与黄白两种色型。黄白色型，体淡黄色，尾部不上举，成熟时体长约 2mm；红褐色体型，体红褐色，尾部向上举，成熟时体长约 1.6mm。

（三）发生规律

在陕西、山东一年发生3代，河北一年2代。以成虫在葡萄园附近的石缝、落叶、杂草中过冬。翌年春天葡萄发芽前，先在园边发芽早的蜀葵或苹果、樱桃、梨、山楂等果树上吸食嫩叶汁液，在葡萄展叶花穗出现前后，再迁到上面为害。成虫将卵产生于葡萄叶背面叶脉的表皮上，卵散产。5月中下旬孵化出若虫。6月上中旬出现第一代成虫，第二代成虫于8月中旬发生最多，第三代成虫9—10月最盛。在葡萄整个生长季节，均受其害。先从蔓条基部老叶上发生，逐渐向上部叶片蔓延，不喜欢为害嫩叶。叶片背面光滑无茸毛的欧洲品种受害严重。叶片背面有茸毛的美洲品系则受害轻微。一般通风不良的棚架，杂草繁生的葡萄园发生重。

（四）防治方法

1. 农业防治

在葡萄生长期，使葡萄枝叶分布均匀、通风透光良好；秋后清除葡萄园落叶、枯草，消灭其越冬场所，都能显著减少害虫数量。

2. 生物防治

可选用5%除虫菊素乳油1 000~2 000倍液、0.3%印楝素乳油800~1 000倍液喷雾。

3. 化学防治

第一代若虫盛发期是药剂防治的有利时期，可结合其他虫害进行防治。可选用25%噻虫嗪水分散粒剂3 000倍液、10%吡虫啉可湿性粉剂1 500倍液、3%啶虫脒乳油2 000倍液喷雾。施药时间最好选在早晨气温较低时或阴天施用，药效发挥较好。

二、柿绵蚧

（一）分布与为害

柿绵蚧 *Acanthococcus kaki* Kuwana，属于半翅目蚧总科绵蚧科。又名柿绒蚧、柿毡蚧。分布于河南、河北、山东、山西、安徽等地。为害柿树的嫩枝、幼叶和果实。若虫和成虫最喜欢群集在果实下面及柿蒂与果实相接合的缝隙处为害。被害处初呈黄绿色小点，逐渐扩大成果斑，使果实提前软化脱落，降低产量和品质。

（二）形态识别

柿绵蚧的形态特征如图15-2所示。

成虫：雌成虫体长约1.5mm，宽1.0mm左右，椭圆形，紫红色。腹部边缘有白色弯曲的细毛状蜡质分泌物。老熟时被包于1个白色如大米粒的毡状蜡囊中。尾部卵囊由白色絮状蜡质物构成。雄成虫体长约1.2mm，紫红色。翅半透明。介壳椭圆形，质地和雌虫相同。

卵：长0.3~0.4mm，紫红色，椭圆形，表面附有白色蜡粉及蜡丝。

若虫：体长0.5mm，紫红色，体扁平，椭圆形，周身有短的刺状突起。

（三）发生规律

山东菏泽地区每年发生4代，广西5~6代，以初龄若虫在2、3代生枝条皮层裂缝、粗皮下及干柿蒂上越冬。来年4月中下旬开始出蛰，爬到嫩芽、新梢、叶柄、叶背

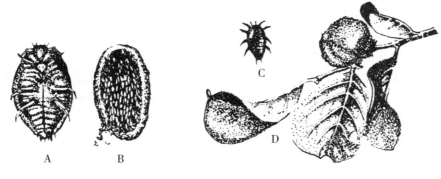

图 15-2　柿绵蚧

A. 雌成虫；B. 雌成虫腹下卵粒；C. 若虫；D. 被害状

（仿祝树德和陆自强，1996）

等处吸食汁液，以后在柿蒂或果实表面固着为害，同时形成蜡被，逐渐长大分化为雌雄两性。5 月下旬成虫交配，以后雌虫体背面逐渐形态卵囊，开始产卵，随着卵的不断产出，虫体逐渐缩向前方，每雌可产卵 51～169 粒。卵期 12～21d。6 月中旬、7 月中旬、8 月中旬和 9 月中旬为各代若虫孵化盛期，10 月中旬若虫开始越冬。每代一般经 30d，冬季 1 代长 180～190d。前两代主要为害柿叶及 1～2 年生小枝，后两代主要为害柿果，以第三代为害最重，嫩枝被害后，轻者有形成黑斑，重者枯死。叶片被害呈畸形，提早脱落。被害幼果早期容易造成脱落，长大以后则由绿变黄，由硬变软，俗称"柿烘"。枝多、叶茂、皮薄、多汁的品种受害最重。

（四）防治方法

1. 农业防治

加强土肥水综合管理，增强树势，提高树体抗性；注意接穗来源，不让带虫接穗引入，已有虫的苗木要进行消毒后再进行栽植；8 月中下旬在大枝基部绑草垫，冬季解下烧毁，可诱杀老熟幼虫。注意果园清洁，结合冬季修剪，去除枯枝、老翘皮和残留柿蒂并集中烧毁。

2. 生物防治

黑缘红瓢虫和红点唇瓢虫，对柿绵蚧的发生有一定的控制作用，当大量发生时，应尽量少用或不用广谱性农药，以免杀伤天敌。

3. 化学防治

早春柿树发芽前，喷洒 1 次 5～7°Bé 石硫合剂，或 5%柴油乳剂，消灭越冬若虫；4 月上旬至 5 月初，柿树展叶至开花前或各代初龄若虫期，可选用 10%吡虫啉可湿性粉剂 1 000～1 500 倍液、25%噻嗪酮可湿性粉剂 500 倍液喷雾。

三、柿粉蚧

（一）分布与为害

柿粉蚧 *Phenacoccus pergandei* Cockerell，属于半翅目粉蚧科，又名柿长绵粉蚧。分布于河南、河北、山东、江苏等地。为害柿、草果、梨、枇杷、无花果及桑等。成虫和若虫吸食柿树嫩枝、幼叶和果实，对产量和质量影响很大。

（二）形态识别

柿粉蚧的形态特征如图 15-3 所示。

成虫：雌成虫体长 2.8~3.4mm，宽 2.1~2.6mm，无翅，体上介壳为椭圆形，略扁平，全体浓褐色，表面被覆一层白色绒状蜡粉。雄成虫体长 2.0~2.2mm，前翅发达，后翅退化，翅展 3.5mm，腹部末端两侧各有 1 对细长的蜡丝。

卵：淡黄色，卵圆形，密集排列于卵袋内。

若虫：椭圆形，淡褐色，半透明。

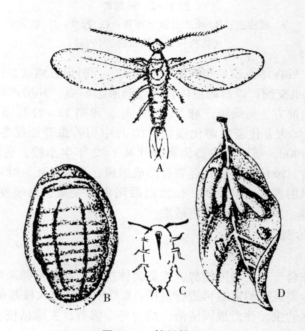

图 15-3　柿粉蚧

A. 雄成虫；B. 雌成虫；C. 若虫；D. 柿叶下的卵囊

（仿祝树德和陆自强，1996）

（三）发生规律

河南、山东每年发生 1 代，以若虫越冬。来年 5 月开始出蛰，转移到嫩枝、幼叶及果实和柿蒂上吸食汁液。果实受害后，被害部位初为黄色，逐渐凹陷变为黑色，受害重的果实，最后变烘脱落。若虫于 5 月中旬变为成虫，5 月下旬大多转移到叶下面，分泌白色绵状物，形成白色带状卵囊，长达 20~65mm，宽 5mm 左右，卵即产于其中。每雌虫可产卵 500~1 500 粒。卵期逾 20d。若虫孵化后，爬出卵囊，于叶下面叶脉、叶缘寄生为害。10—11 月，若虫转移到枝干的老皮及裂缝处过冬。

（四）防治方法

1. 植物检疫

对苗木、接穗和果品的采购、调运过程及保护区实施检疫，以防传播蔓延。

2. 生物防治

保护利用黑缘红瓢虫、草蛉及柿粉蚧长索跳小蜂等天敌昆虫，对柿粉蚧具有一定的控制作用。

3. 化学防治

初冬在树体上喷洒 5°Bé 石硫合剂、95%机油乳剂、15%~20%柴油乳剂、8~10 倍松脂合剂，消灭越冬若虫；在越冬若虫出蛰期，可选用 48%毒死蜱乳油 2 000 倍液喷雾；在卵孵化盛期和 1 龄若虫发生期，可选用 25%噻嗪酮可湿性粉剂 500 倍液喷雾。7—9 月尽量避免喷洒化学杀虫剂，以免造成残留。

第三节　钻蛀类

一、葡萄透翅蛾

（一）分布与为害

葡萄透翅蛾 *Paranthrene regalis* Butler，属于鳞翅目透翅蛾科。主要分布在山东、河南、河北、陕西、内蒙古、吉林、四川、贵州、江苏、浙江等省（区）。幼虫蛀食葡萄枝蔓。从髓部蛀食后，被害部位肿大，叶片发黄，果实脱落，被蛀食的茎蔓容易折断枯死。除葡萄外也能为害野葡萄。

（二）形态识别

葡萄透翅蛾的形态特征如图 15-4 所示。

成虫：体长 18~20mm，翅展 34mm 左右，全体黑褐色。头的前部及颈部黄色，触角紫黑色。后胸两侧黄色。前翅赤褐色，前缘及翅脉黑色，后翅透明。腹部有 3 条黄色横带，以第四节的 1 条最宽，第六节的次之，第五节的最细。雄蛾腹部末端左、右有长毛丛 1 束。

卵：椭圆形，略扁平，紫褐色，长约 1.1mm。

幼虫：共 5 龄。老熟幼虫体长 38mm 左右。全体略呈圆筒形。头部红褐色，胸腹部黄白色，老熟时带紫红色。前胸背板有倒"八"形纹，前部色淡。

蛹：体长 18mm 左右，全体略呈圆筒形，红褐色。腹部第二节至第六节背面有刺两行，第七至第八节背面有刺 1 行，末节腹面有刺 1 列。

（三）发生规律

各地均一年 1 代，以 7—8 月为害最严重，10 月以老熟幼虫在蔓枝中越冬。翌年春季，越冬幼虫在被害处的内侧咬一圆形羽化孔，然后在蛹室作茧化蛹。各地出蛾期先后不一。江苏，5 月上旬成虫开始羽化，一般中午前后羽化为多；河北，6 月上旬成虫开

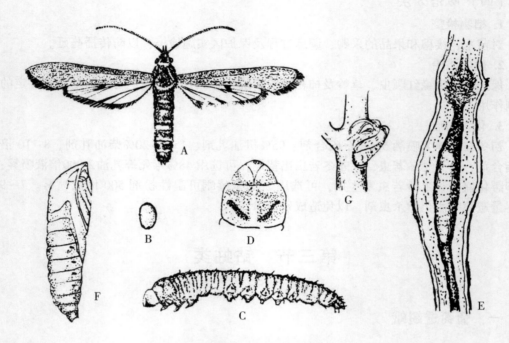

图 15-4　葡萄透翅蛾

A. 雌成虫；B. 卵；C. 幼虫；D. 幼虫头部及前胸背板；E. 幼虫为害；F. 蛹；G. 成虫羽化后的蛹壳

（仿祝树德与陆自强，1996）

始羽化。

　　成虫日出性，行动迅捷，中午为活动高峰，飞翔力强，有趋光性，性比约为 1：1。雌蛾羽化当日即可交配，交配高峰在下午 1—2 时，交配时间长达 1~2h。翌日开始产卵，产卵前期 1~2d。卵单粒产于葡萄嫩头、嫩茎、叶柄及叶脉处，平均 45 粒，卵期约 10d，初孵幼虫多从葡萄叶柄基部及叶节蛀入嫩茎，从茎头或第二、第三节钻入为多，钻入孔一般在节上或节附近 1~2cm 处。虫口圆形，光滑，有虫粪在洞口。然后向下蛀食，转入粗枝后则多向上蛀食。葡萄多以直径约 5cm 以上的枝条受害，较嫩枝条受害常肿胀膨大，老枝受害则多枯死。特别是主枝受害，造成大量落果，严重影响产量。幼虫一般可转移 1~2 次，多在 7—8 月转移。在生长势弱、节间短及较细枝条转移次数多。较高龄幼虫转入新枝后，常先在蛀孔下环蛀一较大的空腔，使得受害枝极易折断和枯死。幼虫在为害期常将大量虫粪从蛀孔处排出。10 月以后，幼虫在被害枝蔓内越冬。

（四）防治方法

1. 农业防治

　　选择抗虫葡萄品种，加强田间水肥管理，提高葡萄树自身的抗性；结合冬季修剪，将被害枝蔓剪除，以消灭越冬幼虫；6—8 月剪除被害枯梢和膨大的嫩枝。剪除的枝蔓要及时处理。

2. 物理防治

使用诱虫灯或性诱剂诱杀。

3. 生物防治

可选用2%阿维菌素乳油2 000倍液喷雾。

4. 化学防治

掌握成虫期和幼虫孵化期，可选用45%杀螟硫磷乳油1 000~1 500倍液、20%氰戊菊酯乳油3 000倍液、5%甲氨基阿维菌素苯甲酸盐微乳剂3 000倍液喷雾。

二、柿蒂虫

（一）分布与为害

柿蒂虫 *Kakivoria flavofasciata* Nagano，属于鳞翅目举肢蛾科，又名柿实蛾、柿食心虫，俗称柿烘虫。分布于河北、河南、山东、山西、陕西、安徽、江苏、湖北等柿产区。幼虫钻食柿果，造成柿子早期发红、变软、脱落。为害严重者，能造成绝产。

（二）形态识别

柿蒂虫的形态特征如图15-5所示。

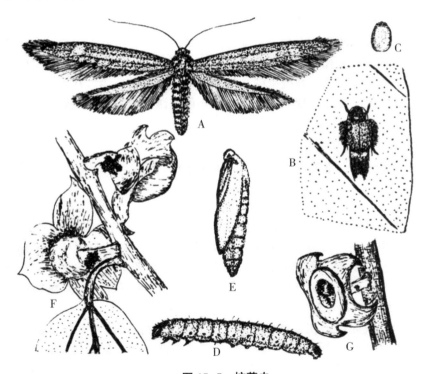

图15-5　柿蒂虫

A. 成虫；B. 成虫休止状；C. 卵；D. 幼虫；E. 蛹；F，G. 被害状

（仿祝树德与陆自强，1996）

成虫：雌蛾体长约7.0mm，翅展15.0~17.0mm。雄蛾体长约5.5mm，翅展14.0~

15.0mm。头部黄褐色，略有金属光泽，复眼红褐色，触角丝状。全体呈紫褐色，但胸部中央为黄褐色。前后翅均狭长，端部缘毛较长。前翅前缘近顶端处有1条由前缘斜向外缘的黄色带状纹。足和腹部末端呈黄褐色。后足长，静止时向后上方伸举。

卵：乳白色，近椭圆形。长径0.50mm，短径0.36mm。卵壳表面有细微小纵纹，上部有白色短毛。

幼虫：老熟幼虫体长约10mm。头部黄褐色，前胸背板及臀板暗褐色，胴部各节背面呈淡暗紫色。中胸、后胸背面有"X"形皱纹，并在中部有1横列毛瘤，毛瘤上有1白色细长毛。胸足浅黄色。

蛹：全体褐色，长约7mm。化蛹于污白色的茧内。

（三）发生规律

一年发生2代。以老熟幼虫在树皮裂缝里或树干基部附近土里，结茧越冬。在河北、河南、山东及山西等柿子产区，越冬幼虫于4月中下旬化蛹，5月上旬成虫开始羽化，盛期在5月中旬。5月下旬第一代幼虫开始为害幼果，6月下旬至7月上旬幼虫老熟，一部分老熟幼虫在被害果内，一部分在树皮裂缝下结茧化蛹。第一代成虫在7月上旬至7月下旬羽化，盛期在7月中旬。第二代幼虫自8月上旬至柿子采收期陆续为害柿果，自8月下旬以后，幼虫陆续老熟越冬。

成虫白天多静伏在叶片背面或其他阴暗处，夜间活动，交尾产卵。卵多产在果梗与果蒂缝隙处。每雌蛾能产卵10~40粒，卵期5~7d。第一代幼虫孵化后，多自果柄蛀入幼果内为害，粪便排于蛀孔外。1头幼虫能蛀食4~6个幼果。被害果由绿色变为灰褐色，最后干枯。由于幼虫吐丝缠绕果柄，故被害果不易脱落。第二代幼虫一般在柿蒂下为害果肉，被害果提前变红、变软、脱落。在多雨高湿的天气，幼虫转果较多，造成大量落果。

（四）防治方法

由于柿树种植分散，管理粗放，应采用农业防治为主，化学防治为辅的综合防治措施。

1. 农业防治

（1）刮树皮：冬季刮除枝干上的老粗皮，集中烧毁，消灭越冬幼虫。

（2）摘除虫果：在幼虫害果期，第一代6月中下旬，第二代8月中下旬，摘除虫果2~3次。要掌握好时间，要摘得彻底，摘除虫果时必须将柿蒂摘下，一起处理，才能收到良好效果。缺点是果实已经受害，但是第一代摘除得好，可以减轻第二代的为害，当年做得彻底，可以减轻第二年虫口密度和为害。

（3）树干束草或涂白：在8月中旬及7月中旬以前，在刮过老粗皮的树干及主枝上绑草诱集越冬幼虫，冬季将草解下烧毁。也可在刮除老翘皮后将树干涂白。涂白剂常用配方为：水10份、生石灰3份、石硫合剂原液0.5份、食盐0.5份、植物油少许。

2. 生物防治

在柿园中放养姬蜂等柿蒂虫的天敌。

3. 化学防治

在各代成虫盛发期，5月中下旬（越冬代成虫羽化高峰期）与7月中旬（第1代成虫羽化高峰期）树冠喷药防治 1 次，同时也兼治其他次要害虫。可选用 25% 灭幼脲悬浮剂 1 500 倍液、2.5% 高效氯氰菊酯乳油 2 000~2 500 倍液、20% 甲氰菊酯乳油 2 500 倍液喷雾。以上 3 种药剂根据条件任选一种使用即可，用药的重点部位是果实果蒂处。

三、白小食心虫

（一）分布与为害

白小食心虫 *Spilonota albicana* Matsumura，属于鳞翅目卷蛾科。又名苹果白蛀蛾、桃白小卷蛾，简称"白小"。白小食心虫分布于东北、华北、华东、河南、陕西和四川等地。寄主主要有山楂、苹果、梨、桃、李、樱桃和海棠等果树，是山楂主要害虫之一。白小食心虫以幼虫蛀食果实，多数从果实的萼洼处蛀入，并将虫粪堆积在蛀孔外。

（二）形态识别

白小食心虫的形态特征如图 15-6 所示。

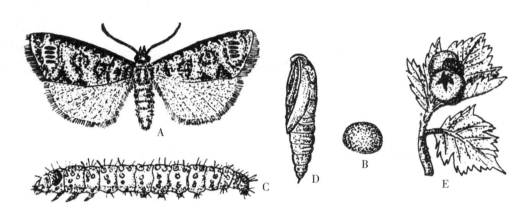

图 15-6　白小食心虫
A. 成虫；B. 卵；C. 幼虫；D. 蛹；E. 被害状
（仿祝树德与陆自强，1996）

成虫：体长约 6.5mm，翅展约 15mm，体和前翅灰白色，后翅灰褐色。复眼黑色，触角丝状，淡黄褐色。前翅前缘具有 8 组不甚明显的白色短斜纹，翅顶至偏后缘的外方为暗褐色，暗褐色区域内有 4~5 条排列整齐的暗紫色短横纹，翅面中部有灰色近"弓"字形横纹 2 条，后缘近臀角处有 1 个较大暗紫色斑纹，缘毛褐色。

卵：扁椭圆形，中部稍隆起，表面有细微的皱纹。长径约 0.5mm，淡黄白色，孵化前呈黑褐色。

幼虫：老熟时体长 10~12mm，体赤褐或淡褐色，头褐色，前胸背板、臀板和胸足均为黑褐色。低龄幼虫体污白色，稍带红色。各体节毛片大而明显，淡褐色。腹部末端具深褐色臀栉，具有 6~7 根栉齿。腹足趾钩为双序环。

蛹：体长约 7mm，黄褐色，腹部背面第三至第七节各有两排短刺，前排粗大，排列较稀，后排细小，排列较密。腹部末端具有 8 根钩状臀棘。

茧：长径约 10mm，以丝将叶片边缘对折缀结而呈饺子状。

（三）发生规律

白小食心虫在辽宁省山楂产区每年发生 2 代。以老熟幼虫在地面作茧越冬。幼虫作茧时，吐丝缀连叶片，边缘折叠成饺子状，常混杂在地被物内。翌年 5 月上旬开始化蛹，5 月中旬为化蛹盛期，蛹期 15~22d，5 月下旬至 6 月中旬越冬代成虫羽化，羽化期十分集中。成虫羽化时间多为上午 5—7 时，遇雨降温时，可能延至当天下午羽化，第一代卵期为 6 月上旬至 7 月上旬，卵多产在叶背面，少数产在叶正面或果面。幼虫孵化后爬至果实萼洼处、两果相接处或果叶相贴处，吐丝缀连并蛀入果内为害。第一代幼虫有转果为害的习性，被害果干枯而脱落。幼虫期 45d 左右，7 月上旬至 8 月中旬老熟幼虫在果内化蛹，蛹期约 10d。7 月中下旬至 8 月下旬第一代成虫出现，第二代卵多产于果面，少数产在叶背面。

在山楂上为害幼果时，幼虫常从两果相接处或叶片和果实相贴处蛀入果内，也有的吐丝缀连叶片为害，并将虫粪缀结成较大的粪团。在果内幼虫顺两果核之间向果梗方向蛀食，然后再以果梗部为起点，又多次向萼洼方向蛀食，形成以果梗部为中心的放射形蛀食孔道。后期入果者，因果肉已较厚，致虫道短而简单。在大型果实如苹果等上为害时，幼虫仅在蛀孔附近蛀食，萼洼处虫粪堆叠。8 月下旬至 10 月上旬幼虫老熟后，陆续脱果越冬。

（四）防治方法

1. 农业防治

（1）秋季彻底清扫果园，清除杂草和落叶，集中烧毁或深埋，以消灭越冬幼虫。

（2）春季刨树盘，将表土翻到底层 10cm 以下，可以闷死羽化的成虫。

（3）及时摘除第一代被害果，并集中烧毁，此法在小树冠的山楂园内尤为可行。

（4）越冬脱果前，在主干上束草诱杀脱果越冬的幼虫。

（5）种植诱集植物，在果园周围零星种植李子树，诱集白小食心虫产卵。7 月初，在幼虫脱果前及时摘除虫果，并集中销毁。

2. 物理防治

使用黑光灯、性诱剂或糖醋液（红糖：醋：白酒：水 = 1：4：1：16）加少量敌百虫，诱杀成虫。

3. 生物防治

利用捕食性天敌如草蛉、瓢虫、花蝽、蜘蛛、步行甲、蚂蚁等，或寄生性天敌如赤眼蜂、姬蜂、甲腹茧蜂等防治白小食心虫。

4. 化学防治

果树落叶后至萌芽前，对全园树体喷施 3~5°Bé 石硫合剂；开花期是防治白小食心虫的最佳时机，可选用 35%氯虫苯甲酰胺水分散粒剂 8 000 倍液、20%甲氰菊酯乳油 2 000~3 000 倍液喷雾；在卵盛期可选用 20%氰戊菊酯乳油 3 000 倍液、25%灭幼脲悬浮剂 1 000 倍液喷雾。在天敌数量大时，要避开天敌发生期用药，不要施用全杀性杀虫剂，以发挥天敌控制害虫的作用。

四、枣瘿蚊

（一）分布与为害

枣瘿蚊 Contarinia sp.，属于双翅目瘿蚊科。俗称枣叶蛆、枣蛆，分布全国各地枣区。该虫以幼虫为害红枣、酸枣的嫩芽、嫩叶、叶片、花蕾和幼果。叶片受害后变为筒状弯曲，色紫红，质硬而脆，不久就变黑枯萎，叶柄形成离层而脱落。花蕾被害后，花萼膨大，花蕾不能开放，枯黄脱落。为害幼果时，幼虫在果心内蛀食，使幼果不能正常发育，不久即变黄脱落。

（二）形态识别

成虫：雌成虫体长 1.4~2.0mm。复眼大，黑色，呈肾形。触角细长，念珠状，黑色，各节上着生环状刚毛。胸部色深，腹部、胸背有 3 块黑褐色斑，后胸显著突起。足 3 对，细而长，前足与中足几乎等长，后足较长。雌成虫腹部大，共 8 节，第一至五节背面有红褐色带，除胸部以外，腹部和足均长有细毛。腹部末端具明显管状产卵器。前翅透明，后翅退化为平衡棒。雄成虫略小，体长 1.1~1.3mm，灰黄色。触角发达，各节呈瓶状，有细颈，膨大部分生有长毛和环丝两圈，长过体半。腹部细长，足 3 对，细长，疏生细毛。

卵：长约 0.3mm，长椭圆形，一端稍狭，有光泽。常数十粒产于新芽间。

幼虫：体长 1.5~2.9mm，乳白色，胸部剑骨片黄褐至暗褐色，腹部刚毛 8 根，表皮呈鳞片状波纹，有明显体节，无足。

蛹：裸蛹，纺锤形，长 1.5~2.0mm，头、胸、足及翅芽呈灰褐色，腹部橘红色，头部有角刺一对。

茧：椭圆形，长径 2.0mm，丝质，灰白色，胶质外附土粒。

（三）发生规律

浙江每年发生 3~4 代，以幼虫在树下土壤浅层结薄茧越冬。翌年 4 月中下旬枣树发芽展叶前，幼虫即在嫩叶内为害，造成卷叶。每叶有幼虫 5~6 头，多至十几头。4 月底 5 月初幼虫老熟，先后从被害卷叶内脱出落地，在土中化蛹。5 月上旬成虫羽化，5 月中下旬第二代幼虫为害花蕾及嫩叶。为害花蕾的幼虫在花蕾内化蛹，羽化时蛹壳多露在花蕾外面。由于这代幼虫为害枣树器官不同，成虫发生很不整齐，形成世代重叠。第三代幼虫一部分为害幼果，一部分仍为害嫩叶，6 月底至 7 月上中旬幼虫在果内蛀食，老熟后在果内化蛹，继续发生第四代。8 月上中旬在嫩叶上仍能见到为害，这代幼虫老熟后，即入土结茧越冬。在河北阜平一带，5—6 月此虫为害严重，后期虫量少，为害较轻。在前期大小枣树受害程度一般差异不大，但后期小树上嫩叶被害较多，老叶未见卷曲。

（四）防治方法

1. 农业防治

适时修剪枣树，增加通风透光，破坏枣瘿蚊生境。及时清理枣园的虫枝、虫果及杂草等，减少越冬虫源。高龄幼虫期和蛹期要搞好深中耕及灌水，消灭土中的幼虫，破坏蛹的羽化环境。

2. 生物防治

保护和利用天敌，利用枣园边角余地种植一些花期长的植物，以招引寄生蜂、寄生蝇和草蛉等。在枣树树干绑带或包扎废纸、布条等，能招引枣园周围的天敌，如小花蝽等。

3. 化学防治

4月中下旬发芽前对树体匀喷一次 1~5°Bé 石硫合剂。5月上中旬萌芽展叶时，结合防治枣尺蠖，可选用 2.5%溴氰菊酯乳油 3 000~4 000 倍液喷雾。5月中下旬幼叶长 10mm 左右时，可选用 10%吡虫啉可湿性粉剂 4 000 倍液、50%辛硫磷乳油 1 000 倍液喷雾。6月上旬可选用 2.5%高效氯氟氰菊酯乳油 2 500 倍液、2.5%溴氰菊酯乳油 2 000~3 000 倍液喷雾，隔 10d 再喷 1 次，防治成虫。6—7月在树干周围半径 1m 的地面上，施用 50%辛硫磷颗粒剂，每亩 0.5kg，施后轻耙，可杀死入土化蛹的老熟幼虫。这一措施可结合防治枣树上的桃小食心虫进行。

参考文献

陈国生 . 2008. 梨大食心虫发生规律及综合防治 [J]. 北方果树 (1)：64.

陈金翠，侯德佳，王泽华，等 . 2017. 7 种药剂对温室白粉虱不同虫态的防治效果 [J]. 植物保护，43 (4)：228-232.

丁丽，徐清来，杨坤 . 2015. 不同枣粘虫诱芯的诱虫效果筛选试验 [J]. 中国果菜，35：41-43.

杜艳丽，郭洪梅，孙淑玲，等 . 2012. 温度对桃蛀螟生长发育和繁殖的影响 [J]. 昆虫学报，55 (5)：561-569.

范仁俊，刘中芳，陆俊姣，等 . 2013. 我国梨小食心虫综合防治研究进展 [J]. 应用昆虫学报，50 (6)：1 509-1 513.

郭蕾，邱宝利，吴洪基，等 . 2007. 黑刺粉虱的发生、为害及其生物防治国内研究概况 [J]. 昆虫天敌 (3)：123-128.

郭亚君，胡百选，杨小峰，等 . 2011. 柿长粉蚧的发生规律与防治技术 [J]. 现代园艺 (2)：34-35.

胡学林，朱婉婷，曹丽艳，等 . 2014. 新疆哈密设施桃树春季桃蚜的发生及防控技术 [J]. 中国果树 (3)：75-77.

穆娟，丑雅杰，张科临 . 2017. 柿树柿绵蚧防治技术 [J]. 西北园艺 (5)：55-56.

谭树人 . 2010. 梨圆蚧的为害及综合防治 [J]. 北方果树 (4)：30-31.

唐燕平，丁玉洲，王同生，等 . 2013. 桑天牛对补充营养寄主的选择性及诱杀药剂筛选 [J]. 应用昆虫学报，50 (4)：1 109-1 114.

陶晡，齐爱勇，魏学军 . 2013. 冀中南梨区梨木虱的发生规律及综合防控技术 [J]. 中国果树 (6)：70-72.

温雪飞，邹继美 . 2007. 山楂粉蝶的发生与防治 [J]. 北方园艺 (9)：218-219.

庚琴，封云涛，郭晓君，等 . 2017. 湿度对梨小食心虫存活和繁殖的影响 [J]. 昆虫学报，60 (6)：659-665.

翟浩，张勇，李晓军，等 . 2017. 苹果矮砧密植栽培模式下桃小食心虫发生规律 [J]. 植物保护，43 (5)：169-173.

张立功，李丙智 . 2006. 葡萄常见病虫害防治农药 [J]. 西北园艺 (2)：33-34.

张涛，李婷，冯渊博 . 2011. 梨网蝽在西安市樱桃上的危害与防治 [J]. 北方果树 (5)：37-38.

章玉苹，李敦松，黄少华，等 . 2009. 柑橘木虱的生物防治研究进展 ［J］. 中国生物防治，25（2）：160-164.

赵素荣，张泽勇，闫春艳 . 2010. 枣瘿蚊发生规律及防治措施 ［J］. 河北果树（1）：50-51.

祝树德，陆自强 . 1996. 园艺昆虫学 ［M］. 北京：中国农业科技出版社 .

第四篇
茶树害虫

第十六章 茶树害虫

我国茶区分布广泛，害虫种类繁多。据不完全统计，全国常见茶树害虫有 400 多种，其中经常发生为害的有 50~60 种，主要种类有茶尺蠖、茶黑毒蛾、茶卷叶蛾、假眼小绿叶蝉、茶枝小蠹虫等。

各地主要茶树害虫的种类并非固定不变，随着时间和空间转移，虫情也会发生变化，次要害虫可上升为主要害虫。这不仅在防治上要注意兼治，且应结合实际，随时注意害虫发生的新动向，并采取相应的防治措施。

第一节 食叶类

一、茶尺蠖

（一）分布与为害

茶尺蠖 *Ectropis oblique* hypulina Wehrli，属鳞翅目尺蠖科，又名拱拱虫、量寸虫、寸梗虫、吊丝虫等，是茶园尺蟥类中发生最普遍、为害最严重的种类之一。国内分布于江苏、浙江、安徽、江西、湖北、湖南等省。以浙江杭州、湖州、绍兴、宁波地区，江苏宜溧山区，以及安徽宜城、郎溪、广德一带发生最多。一年中以夏、秋茶期间为害最重。严重时可使枝梗光秃，状如火烧，有时无茶可采，造成树势衰弱，耐寒力差，冬季易受冻害，两三年后才能恢复原有产量。除茶树外，尚可为害大豆、豇豆、芝麻、向日葵及辣蓼等。

（二）形态识别

茶尺蠖的形态特征如图 16-1 所示。

成虫：体长 9~12mm，翅展 20~30mm。全体灰白色，翅面疏被茶褐或黑褐色鳞片。前翅内横线、外横线、外缘线和亚外缘线黑褐色，弯曲成波状纹，有时内横线和亚外缘线不明显，外缘有 7 个小黑点；后翅稍短小，外横线和亚外缘线深茶褐色，亚外缘线有时不明显，外缘有 5 个小黑点。秋季发生的通常体色较深，线纹明显，体型较大。有时体翅黑褐色，翅面线纹不明显。

卵：为椭圆形，长径约 0.8mm，短径 0.5mm。初产时鲜绿色，后渐变黄绿色，再转灰绿色，近孵化时黑色。常数十粒、百余粒重叠成堆，覆有灰白色絮状物。

幼虫：共 4~5 龄。初孵幼虫体长约 1.5mm；黑色；胸部、腹部每节都有环列白色

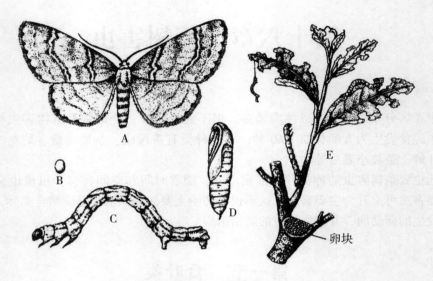

图 16-1 茶尺蠖
A. 成虫；B. 卵；C. 幼虫；D. 蛹；E. 为害状
（仿谭济才，2011）

小点和纵行白线，后期体长 4mm 左右。2 龄初体长 4~6mm；头黑褐色，胸部、腹部赭色或深茶褐色，白点、白线全消失，腹部第一节背面有 2 个不明显的黑点。3 龄初体长 7~9mm；茶褐色；第二节背面黑纹呈"八"字形，第八节出现一个不明显的倒"八"字形黑纹。4 龄初体长 13~16mm；灰褐色第 8 节背面的倒"八"字形斑纹明显。5 龄初体长 18~22mm，腹部第二节至第四节背面的黑色菱形斑纹及第八节背面的倒"八"字形黑纹均甚明显。

蛹：长椭圆形，长 10~14mm，赭褐色。第五腹节前缘两侧各有眼状斑 1 个。臀棘近三角形，有的臀棘末端有 1 个分叉的短刺。

（三）发生规律

1. 生物学习性

在江苏南部和安徽宣城、郎溪、广德一带一年发生 5~6 代。在浙江杭州一年发生 6~7 代，一般年份均以 6 代为主，10 月平均气温在 20℃以上，则可能部分发生 7 代。以蛹在树冠下土中越冬。在杭州翌年 3 月初开始羽化出土。一般 4 月上中旬第一代幼虫开始发生，为害春茶。第二代幼虫于 5 月下旬至 6 月上旬发生，第三代幼虫于 6 月中旬至 7 月上旬发生，均为害夏茶。以后大体上每月发生 1 代，直至最后一代以老熟幼虫入土化蛹越冬。由于越冬蛹羽化迟早不一，加之发生代数多，从第三代开始即有世代重叠现象。各代各虫态发生期见表 16-1。

表 16-1　茶尺蠖各代各虫态发生期（浙江杭州）

代　别	各虫态发生期（月/旬）				受害的主要茶季
	卵	幼虫	蛹	成　虫	
1	3/上—4/上	3/下—5/上	4/下—5/下	5/中—5/下	头茶
2	5/中—5/下	5/下—6/上	6/上—6/中	6/中—6/下	二茶
3	6/中—6/下	6/中—7/上	7 上—7/中	7/中	二茶
4	7/中—7/下	7/中—8/下	7 下—8/中	8/上—8/中	三茶
5	8/上—9/中	8/上—9/上	8/下—9/上	9/上—9/中	四茶
6	9/上—9/中	9/中—9/上	9/下至越冬（部分）	10/上—10/中	四茶
7	10/中—10/下	10 下—12/中	12/中至越冬	次年 3/上—4/上	四茶

资料来源：《茶树病虫防治学》，谭济才，2011

成虫羽化以清晨和晚 5—9 时为盛。白天 4 翅平展静伏茶丛中，傍晚开始活动，有趋光性和一定的趋化性，糖醋液能诱到雌雄蛾。成虫对茶树新梢气味有较强的定向选择性。经触角电位测定表明，对 1-戊烯-3-醇、顺-3-己烯-1-醇、正戊醇、反-2-己烯醛、正庚醇和香叶醇反应较强，而对水杨酸甲酯、橙花叔醇反应较弱。羽化后当晚即可交配，以翌日晚间为多。雌蛾多数仅交配 1 次，个别 2 次，雄蛾能多次交配，最多 5 次，平均 3.4 次。雌蛾产卵器释放出引起雄蛾求偶反应的性外激素主要成分之一为十八碳环氧二烯。交配后翌日即开始产卵，产卵均在夜晚，以晚 8 时至凌晨 0 时为盛。卵成堆产在茶树上部枝丫间、茎基裂缝和枯枝落叶间。产卵量以春、秋季节较多，每雌产卵 272~718 粒，平均 300 余粒；夏季较少，100~200 粒。成虫寿命般 3~7d，平均气温 19℃时 6~7d，27℃时 3~4d。

卵均在白天孵化，以上午 10 时至下午 3 时为盛。同一卵块的卵粒在 1d 内孵化完毕。卵期 5~32d，平均 19.5℃时 10d，24~25℃时 7d，27~28℃时 6d。在皖南自然变温下测定，第一代卵的发育起点温度为（6.13±0.13）℃，有效积温（153.91±53.9）d·℃，发育历期（N）与温度（T）间的关系式为：$N = 153.91/(T-6.13)$。

初孵幼虫爬行迅速，有趋光性、趋嫩性。据观察，1 龄幼虫喜趋向柠檬黄、土黄、黄绿等色。2 龄后怕阳光，晴天日间常躲在叶背或丛间隐蔽处，以腹足固定，体躯大部离开枝叶，受惊动后立即吐丝下垂。清晨前及黄昏后取食最盛。1 龄幼虫仅食叶肉，残留表皮，被害叶呈现褐色点状凹斑。2 龄即能穿孔，或自边缘咬食嫩叶，形成缺刻（花边叶）。3 龄后食量急增，严重日时连叶脉也吃光，造成秃枝，促使茶树衰老，甚至死亡。幼虫共 4 龄或 5 龄，第一代、第二代、第六代大多 4 龄后即化蛹，少数 5 龄后化蛹；而第三代、第四代、第五代大多 5 龄，仅少数 4 龄化蛹。

幼虫老熟后，即落到树冠下入土化蛹。化蛹前先在土中作一土室，入土化蛹的深度一般为 1cm 左右，越冬蛹 1.5~3cm。大发生时也有在落叶间化蛹的，化蛹部位均在离茶丛基部 33cm 处，以 20cm 内为最多。越冬蛹在茶树南面较多。越冬蛹历期 132~

164d，第一代和第五代 9~10d，第二至第四代一般 6~8d。

2. 发生生态

（1）温湿度。据安徽恒温下测定，全世代发育起点（6.90±0.90）℃，有效积温（631.59±31.59）d·℃。

茶尺蠖高山茶园一般发生不多，而山坞、四周环山的地区和避风向阳、阳光充分的茶园常受害较重。茶树生长好、留叶多、较郁闭的茶园往往发生较多。避风向阳、地势平坦、温度较高、土壤湿润的茶园，第一代发生较早。

若秋季前期温暖，促使发生第七代，到后期低温，第七代幼虫死亡多，越冬蝇的数量减少。如冬季气温特低，越冬蛹死亡增加，同样能够减少翌年的发生基数。4 月以后，凡阴雨连绵，或多雾多露、温度高，有利于成虫羽化和卵的孵化，虫口会逐代迅速上升。

（2）天敌。目前已发现的天敌有姬蜂、茧蜂、寄蝇、步行虫、蚂蚁、蜘蛛、线虫、病毒、真菌及鸟类等。20 世纪 70 年代初期，在浙江杭州茶叶试验场及其周边部分茶园调查，寄生蜂有茶尺蠖绒茧蜂 *Apanteles* sp.、单白绵绒茧蜂 *Panteles* sp. 和尺蠖悬姬蜂 *Charops* sp.。它们占寄生天敌总数的 99.06%，其中茶尺蠖绒茧蜂又占寄生蜂总数的 95.93%。能捕食茶尺蠖的主要天敌为蜘蛛和鸟类。蜘蛛的优势种类有八斑鞘腹蛛 *Caleosoma Octomaculatum* Bösenberg et Strand、草间小黑蛛 *Erigonidium gramicola* Sundevall、斑管巢蛛 *Clubiona reichlini* Schenkel、鞍形花蟹蛛 *Xysticus ephippiatus* Simon。病原性天敌主要有茶尺蠖核型多角体病毒 EoNPV、苏云金杆菌和圆孢虫疫霉 *Erynia radicans* Breefeld Humber et Ben-Zeev。

（四）防治方法

1. 农业防治

在越冬期间，结合秋冬季深耕施基肥，清除树冠下表土中虫蛹，深埋施肥沟底。若结合培土，在茶丛根颈四周培土 10cm，并加镇压，效果更好。根据幼虫受惊后吐丝下垂的习性，可在傍晚或清晨打落承接，加以消灭。也可于清晨在成虫静伏的场所进行捕杀。

2. 生物防治

尽量减少化学农药使用次数，降低农药用量，以保护自然天敌，充分发挥其自然控制作用。对茶尺蠖，可自茶园采集或通过人工饲养的越冬绒茧蜂茧，室内保护过冬，于翌年待蜂羽化后释放到茶园中，以防治茶尺蠖第一代幼虫；对第一代、第二代及第五代或第六代可施用茶尺蠖核型多角体病毒（NPV）悬浮液，一般浓度为 1.5×10^{10} 个 PIB/mL，使用时期掌握在 1 龄、2 龄幼虫期，可选用 100 亿孢子/mL 短稳杆菌 500~700 倍液、0.3% 印楝素乳油 1 000 倍液喷雾。

3. 物理防治

在成虫盛发期，设置频振式杀虫灯或采用配有光源的高压电网进行诱杀。

4. 化学防治

茶尺蠖防治的重点是第四代，其次是第三代、第五代，第一代、第二代提倡挑治。应严格按防治指标实施，以 1 龄、2 龄幼虫盛期施药最好。施药方式以低容量蓬面扫喷为宜。要注意轮换用药，并注意保护天敌。寄生蜂寄生率高时，不宜也不必施药。药剂可选用5%氯虫苯甲酰胺悬浮剂2 000倍液、10%高效氯氰菊酯可湿性粉剂2 000倍液、50%丁醚脲悬浮剂3 000倍液、5%甲氨基阿维菌素苯甲酸盐3 000倍液等。

二、茶黑毒蛾

(一) 分布与为害

茶黑毒蛾 *Dasychira baibarand* Matsumura，属鳞翅目毒蛾科。我国分布于安徽、江苏、浙江、福建、湖北、湖南、贵州、云南、广西、台湾等省区。近年来在安徽、浙江、湖南、云南等省局部茶园暴发成灾，为害日趋严重。国外日本有发生。

寄主植物除茶外，还为害油茶。据云南报道，还为害山茶科红木荷（本地名红毛树）、云南山枇花（野草果）、小山茶花，桦木科植物尼泊尔桤木（旱冬瓜）、滇桤木（水冬瓜），杜鹃科圆叶米饭花等多种植物。特别是茶树叶受害更为严重，幼虫嚼食茶树叶片成缺刻或孔洞，严重时把叶片、嫩梢食光，影响翌年产量、质量。幼虫毒毛虫触及人体引起红肿痛痒。

(二) 形态识别

茶黑毒蛾形态特征如图16-2所示。

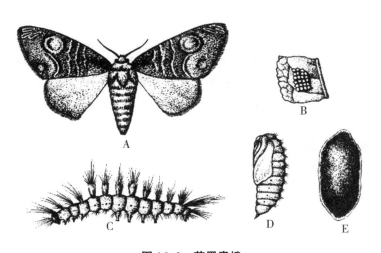

图16-2 茶黑毒蛾
A. 成虫；B. 卵块；C. 幼虫；D. 蛹；E. 茧
（仿谭济才，2011）

成虫：雄蛾体长13～15mm，翅展28～30mm。雌蛾体长18mm，翅展36～38mm。体、翅暗褐色至栗黑色。触角雄蛾为长双栉齿状，雌蛾为短双栉齿状。前翅浅栗色，上面密布黑褐色鳞片，基部颜色较深，中区铅色，内横线与中横线靠近，锯齿状，外横线稍粗，黑色，呈波形，其内侧近前缘有一个近圆形较大的斑纹，斑纹中央黑褐色，边缘白色。下方臀角内侧有一个不规则黑褐色斑块。近顶角处常有3～4个短小黑色斜纹。后翅灰褐色，比前翅色浅，无线纹。足被长毛，静止时多毛的前足伸向前面。

卵：为扁球形或球形，灰白色，坚硬，中央通常有凹陷，无光泽。卵块一般有卵粒20~30 粒，多达 100 粒以上，排列整齐或不整齐，有的重叠成堆。

幼虫：共有 5 龄，各龄幼虫形态差异较大。初孵幼虫有小刺状长毛，幼虫老熟时体长 23~30mm。头部褐色至黑褐色，背中及体侧有红色纵线，各体节疣突上多白、黑色细毛，放射状簇生。前胸两侧有较大的黑色毛瘤，毛瘤上有多根长毛向前伸出。腹部第一至第四节背面各有 1 对黄褐色毛束耸立、毛密而排列整齐的毛刷。第 5 节背面有 1 对白色毛束，短而较稀疏。第六节、第七节背中央各有 1 个翻缩腺，椭圆形凹陷，浅黄色。第八节背面有 1 束灰褐色毛丛，向后斜伸。

蛹：体长 13~15mm，黄褐色有光泽，体表多黄色短毛，腹末臀棘较尖，末端有小钩。蛹外有丝质的绒茧。茧椭圆形，多细茸毛，松软，棕黄色。

（三）发生规律

1. 生物学习性

茶黑毒蛾在皖南、杭州均一年发生 4 代。主要以卵在茶树中、下部老叶背面越冬。据报道，近年来云南昆明、南涧等地人工饲养和野外观察结果，一年发生 4~5 代。在海拔 1 500m 以下发生 5 代，无越冬期；在海拔 1 500~2 300m 茶园，一年发生多为 4~5 代，有越冬期。1 800m 以上地区各虫态均可越冬，但以蛹和卵为主（占越冬虫源的 72.4%），其次是幼虫（占越冬虫源的 25.3%）和成虫（占越冬虫源的 2.3%）。成虫白天栖于茶丛枝干及叶片背面，黄昏后开始飞翔活动，有趋光性，雄蛾扑灯较多。雌蛾羽化当天即可交配。交配后 1~2d 开始产卵。卵多产于老叶背面、茶丛下杂草上，也有产在其他寄主上的。产卵量各代不等。第一代的产卵量较大，每雌蛾平均为 277 粒，以后各代产卵量有所减少。卵块近三角形整齐排列在叶背面，有的还重叠成堆。成虫羽化期如遇旬均温 28℃ 以上的高温，就明显抑制虫情的发生。在杭州均温 28℃ 以下，蛹羽化正常，高于 30℃，蛹全部死亡。初孵幼虫群集性很强，常停留在卵块四周取食卵壳，以后群集于茶丛中、下部叶片背面取食叶肉。2 龄后开始分散，并迁至茶丛嫩叶背面为害。多在黄昏至清晨取食。幼虫有假死性，受惊时则吐丝下垂或蜷缩坠落。老熟后在茶丛基部土隙中、枯枝落叶下、树干分杈等处结茧化蛹。蛹期第四代最长，平均 16.2d，第三代最短，平均 9.6d，第一代、第二代 11~12d。除第四代外，各代发生都较整齐。各虫态发生期见表 16-2。

表 16-2 茶黑毒蛾各代发生期（浙江杭州）

代 别	各代发生期（月/旬）			
	卵期	幼虫期	蛹期	成虫期
1 代	头年9/中—4/中	4/上—5/中	5/上—5/下	5/下—6/上
2 代	5/下—6/上	6/上—6/下	6/中—7/上	7/上—7/中
3 代	7/上—7/下	7/下—8/中	8/上—8/中	8/中—8/下
4 代	8/中—8/下	8/下—9/下	9/中—10/中	9/中—10/中

资料来源：《茶树病虫防治学》，谭济才，2010

在云南一年发生 4~5 代地区。各代幼虫发生期：第一代 3 月下旬至 5 月中旬，第二代 6 月上旬至 7 月下旬，第三代 8 月中旬至 10 月上旬，第四代 10 月中旬至 11 月下旬。为害严重的为第一代、第二代、第四代（海拔 2 000m 高的茶园为第三代）。

2. 发生生态

茶黑毒蛾有间歇发生和局部严重为害的特点，这与环境条件有关。一般冬季温暖，春暖较早，又有适当的湿度，幼虫发生早，且严重。温度、湿度直接影响各虫态的发育速度。

（1）温湿度。据黄山茶林场资料，茶黑毒蛾最适温度 20~25℃，湿度 80% 以上，当地 5 月下旬至 6 月、8 月下旬至 9 月，因气候适宜，虫口数量较多。早春气温高低影响越冬卵孵化的早迟，还影响成虫产卵量和产卵场所。如皖南屯溪低山区春暖较早，3 月下旬幼虫孵化，而黄山及祁门一带高山区则 4 月初才见始孵。由于季节性温度、湿度的影响，在黄山山区，1 代、2 代多发生在海拔 300m 以下的低山或阳坡茶园，3 代、4 代常发生在 500m 以上茶园。

据云南南涧观察，茶黑毒蛾最适的温度为 22.4~26.5℃。平均温度在 4.2℃ 时停止活动，8.5℃ 开始取食生长。超过 28℃ 时，各虫态生长发育不良。适宜湿度为 70%~80%，如 2 月下旬开始，温、湿度同时升高，3 月下旬至 5 月中旬常暴发为害春茶。夏季如降水量丰富，虽有发生，但不会造成严重为害。若降水量偏少，温度偏高，春季又有丰富的虫源，该虫会暴发。秋季若 10 月下旬降水量偏少，温暖情况下，10 月下旬至 11 月中旬出现一次发生高峰期，为害秋茶。

（2）天敌。茶黑毒蛾的发生与天敌的多少有密切的关系。如卵寄生的赤眼蜂 *Trichogramma* sp. 对卵的寄生率高达 40%~70%。

（四）防治方法

1. 农业防治

抓住越冬期及时清除园内枯枝落叶和杂草，结合翻挖茶园和施底肥，深埋地下，根际培土，消灭越冬虫源。摘除各代卵块，并及时处理，尤其是 11 月至翌年 3 月摘除越冬卵块，效果更好。将摘出的卵块放入寄生蜂保护器内，以利卵寄生蜂羽化后飞回茶园。在 1 龄、2 龄幼虫期，将群集的幼虫连叶剪下，集中消灭。盛蛹期进行中耕培土，在根际培土 6cm 以上，稍加压紧，防止成虫羽化出土。

2. 生物防治

在幼虫 3 龄前喷施 2 亿个孢子/mL 的 Bt 菌剂或 1 亿个多角体/mL 的核型多角体病毒制剂，防治效果达 95% 以上。利用茶毛虫黑卵蜂、绒茧蜂寄生茶毛虫的卵和幼虫。

利用雌成虫的性激素引诱雄成虫捕杀。从室内饲养老龄幼虫中获得未交尾的雌成虫，将未交配的雌成虫，放入小铁丝笼内，每天黄昏后放入茶园，铁丝笼稍高于茶丛蓬面诱集雄蛾，次日早晨在铁丝笼外集中消灭。收集未经交尾的雌蛾，取腹末 3 节，放入二氯甲烷溶液内浸泡数小时，用研钵磨碎，继续浸泡 24h 后用滤纸过滤，滤液每毫升 10 个雌当量滴于 5cm×5cm 的滤纸上，制成性诱纸芯。纸芯用铁丝串穿，放在直径 10cm 左右的水盆诱捕器中，盆内放水并加入少量洗衣粉，每天黄昏放出，次日清晨收回，可诱集较多雄蛾。

3. 物理防治

在成虫羽化期，每晚7—11时在茶园用电灯或频振式杀虫灯进行诱杀，并根据发蛾数量可作害虫的预测预报。

4. 化学防治

可选用4.5%高效氯氰菊酯乳油1 500~2 000倍液喷雾。

第二节　卷叶类

茶卷叶蛾

（一）分布与为害

茶卷叶蛾（*Homona coffearia* Nietner）又名褐带长卷叶蛾、后黄卷叶蛾、茶淡黄卷叶蛾，属鳞翅目卷叶蛾科。分布在江苏、浙江、安徽、江西、福建、台湾、湖南、广东、广西、四川、贵州、云南等地区均有分布，局部茶区发生严重。斯里兰卡、印度等也有发生。以幼虫为害嫩叶、嫩枝，常将叶片吐丝粘缀在一起，幼虫即藏身其中取食为害。除为害茶树外，还为害油茶、柑橘、咖啡等。

（二）形态识别

茶卷叶蛾形态特征如图16-3所示。

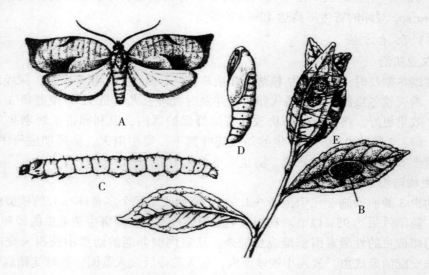

图16-3　茶卷叶蛾
A. 雌成虫；B. 卵；C. 幼虫；D. 蛹；E. 为害状
（仿谭济才，2011）

成虫：体长8~11mm，翅展23~30mm。体、翅多淡黄褐色，色斑多变。前翅略呈长方形，浆状，淡棕色，翅尖深褐色，翅面多深色细横纹。雄蛾前翅色斑较深，前缘中部还有 1 个半椭圆形黑斑，肩角前缘有一明显向上翻折的半椭圆深褐色加厚部分。

卵：扁平，椭圆形，淡黄色，成百粒在叶面排成鱼鳞状，覆透明胶质，卵块长椭圆形，长约 10mm。

幼虫：体长 18~26mm，头褐色，体黄绿色至淡灰绿色。前胸硬质板近半月形，褐色，后缘深，两侧下方各有 2 个褐色小点，体表有白色短毛。

蛹：长 11~13mm，黄褐至暗褐色。腹部 2~8 节背面前、后缘均有 1 列短刺。臀棘长，黑色，末端有 8 枚小钩刺。

（三）发生规律

1. 生物学习性

我国安徽、浙江一年发生 4 代，湖南 4~5 代，福建、台湾 6 代，均以老熟幼虫在卷叶苞内越冬。翌年 4 月上旬开始化蛹羽化。4 代区各代幼虫分别于 5 月中下旬、6 月下旬至 7 月初、7 月下旬至 8 月中旬、9 月中旬至翌年 4 月上旬发生。6 代区各代幼虫盛发期分别于 5 月中下旬、7 月上旬、8 月上旬、8 月中旬、10 月上旬、11 月上旬发生。

成虫夜晚活动，趋光性较强。卵块产于成叶、老叶片正面。每雌蛾平均产卵 330 粒。幼虫幼时趋嫩，初孵化幼虫活泼，吐丝或爬行分散，在芽梢上卷缀嫩叶藏身，咬食叶肉。以后随虫龄增长，食叶量日益增加，卷叶数多、苞大，甚至可多达 10 叶，成叶、老叶同样蚕食，受惊即弹跳坠地。食完一苞再转结新苞为害。幼虫大多 6 龄，幼虫老熟后即留在苞内化蛹。

2. 发生生态

一年发生 2~3 代，以幼虫在卷叶苞内或土中结茧越冬；翌年 4 月上旬开始为害；幼虫极活泼，受惊后将离开。

（1）温湿度。长势旺盛、芽叶稠密的茶园发生较多。5—6 月间雨湿天利其发生，秋季常受干旱和天敌制约。

（2）天敌。常见天敌主要有卵寄生的拟澳洲赤眼蜂，幼虫期寄生有绒茧蜂 *Apanteles* spp. 等。还有步甲和多种蜘蛛等，有一定的自然控制作用。

（四）防治方法

1. 农业防治

摘除卷叶，其中有幼虫和蛹；由于幼虫善跳，捕捉时，防止逃逸。

2 物理防治

悬挂黑光灯，诱捕成虫。

3. 生物防治

在第一、第二代成虫产卵期释放松毛虫赤眼蜂，每代放蜂 3~4 次，隔 5~7d 一次，每公顷放蜂量约为 2.5 万头。也可在 1~2 龄幼虫盛发期，可选用 0.3% 苦参碱 400 倍液、2.5% 鱼藤酮乳油 300~500 倍液喷雾。

4. 化学防治

幼虫发生期，可选用 50% 杀螟硫磷乳油 1 000 倍液喷雾。

第三节　刺吸类

为害茶树的主要刺吸类害虫为假眼小绿叶蝉，是我国各茶区普遍发生的优势种。除茶树外，还可为害多种豆类、蔬菜等作物，以及马唐等杂草。

假眼小绿叶蝉

（一）分布与危害

假眼小绿叶蝉 *Empoasca vitis* Gothe 属半翅目叶蝉科小绿叶蝉属。分布范围南起北纬18°的海南省，北至北纬37°的山东省，西起东经94°的西藏自治区，东至东经122°的台湾省，几乎分布我国所有茶区。以成虫和若虫吸取芽叶汁液，导致茶树芽叶生长迟缓、焦边、焦叶，造成茶树叶减产。

（二）形态识别

假眼小绿叶蝉形态特征如图16-4所示。

成虫：头至翅端长3.1~3.8mm，淡绿色至淡黄绿色。头冠中域大多有两个绿色斑点，头前缘有1对绿色晕圈（假单眼），复眼灰褐色。中胸小盾板有白色条带，横刻平直。前翅淡黄绿色，前缘基部绿色，翅端透明或微烟褐；第三端室的前后两端脉基部大多起自一点（个别有1极短共柄），致第三端室呈长三角形。足与体同色，但各足胫节端部及跗节绿色。

卵：为新月形，长约0.8mm，宽约0.15mm。初为乳白色，渐转淡绿色，孵化前前端透见1对红色眼点。

若虫：共5龄。1龄体长0.8~0.9mm，体乳白，头大体纤细，体疏覆细毛，复眼突出，红色；2龄体长0.9~1.1mm，体淡黄色，体节分明，复眼灰白色；3龄体长1.5~1.8mm，体淡绿色，腹部明显增大，翅芽开始显露，复眼灰白色；4龄体长1.9~2.0mm，体淡绿色，翅芽明显，复眼灰白色；5龄体长2.0~2.2mm，体草绿色，翅芽伸达腹部第五节，第四腹节膨大，复眼灰白色。

（三）发生规律

1. 生物学习性

在长江流域年发生9~11代，福建11~12代，广东12~13代，广西13代，海南15代。以成虫在茶丛内叶背、冬作豆类、绿肥、杂草或其他植物上越冬。在华南一带越冬现象不明显，甚至冬季也有卵及若虫存在。在长江流域，越冬成虫一般于3月间当气温升至10℃以上，即活动取食，并逐渐孕卵繁殖，4月上中旬第1代若虫盛发。此后每半月至1个月发生1代，直至11月停止繁殖。由于代数多，且成虫产卵期长（越冬成虫产卵期长达1个月），致使世代发生极为重叠。

各虫态历期：卵期在生长季节一般为7~8d，早春则超过20d；若虫期一般10d左右，春秋低温季节若虫期长达25d甚至更长；成虫期一般25~30d，越冬代成虫期长达150d左右。

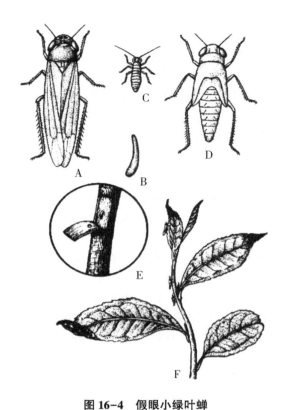

图 16-4　假眼小绿叶蝉

A. 成虫；B. 卵；C. 初孵若虫；D. 龄若虫；E. 产卵状；F. 为害状

（仿谭济才，2011）

　　成虫和若虫均趋嫩为害。多栖于芽梢叶背，且以芽下 2~3 叶叶背虫口为多。成虫对茶梢挥发物中的芳樟醇、青叶醇和反-2-己烯醛趋性最强，香叶醇、罗勒烯和顺-3-己烯-1-醇次之。成虫和若虫均喜横行，除幼龄若虫较迟钝外，3 龄后活泼，善爬善跳，稍受惊动即跳去或沿茶枝迅速向下潜逃。成虫和若虫均怕湿畏光，阴雨天气或晨露未干时静伏不动。1d 内于晨露干后活动逐渐增强，中午烈日直射，活动暂时减弱，并向茶丛内转移，徒长枝芽叶上虫口较多。若虫蜕下的皮留在叶背。

　　成虫飞翔能力不强，但有趋光和趋色性，其中尤喜趋黄色。室内外试验均显示，该叶蝉嗜好选择黄绿色和浅绿色。羽化后 1~2d 即可交尾产卵。卵散产于嫩茎皮层和木质部之间，茶褐色的枝条上不产卵。卵在顶芽至芽下第 1 叶间茎内占 14.2%，芽下第一和第二叶间嫩茎内占 24.9%，芽下第二和第三叶间嫩茎内占 55.7%，叶柄处占 5.2%。主脉及蕾柄上很少。雌成虫产卵量因季节而异。春季最多，平均每雌产 32 粒；秋季次之，12 粒；夏季最少，9 粒。

　　成虫、若虫刺吸芽叶，随着刺吸频率增加，芽梢输导组织受损愈趋严重，为害程度随之相应表现为下列 5 个等级：0 级——芽叶生长正常，未受害；1 级——受害芽叶呈现湿润状斑，晴天午间暂时出现凋萎；2 级——红脉期，叶脉、叶缘变暗红，迎着阳光清楚易见；3 级——焦边期，叶脉、叶缘红色转深，并向叶片中部扩展，叶尖、叶缘逐渐卷曲，"焦头""焦边"，芽叶生长停滞；4级——枯焦期，焦状向全叶扩张，直至全叶枯焦，以至脱落，如同火烧。

假眼小绿叶蝉在一年中的消长，因地理条件及环境气候条件的不同而有较大的差异。据1984—1988年苏、浙、赣、湘、闽川等省植物保护总站调查结果显示，年消长规律基本上有双峰型、迟单峰型和早单峰型3种类型。双峰型主要发生在四季分明的平地低丘茶区，冬季有明显的低温期，夏季（7—8月）有明显的高温干旱期，7月平均气温28~29℃，年降水量在1 000mm以上，虫口主要集中在春、秋两季。一年中呈现明显两个高峰，其中第一峰自5月下旬起至7月中下旬，以6月虫量最为集中，主要为害第二轮茶（夏茶）；第二峰出现在8月中下旬至11月上旬，以9—10月虫量较多，主要为害第四轮茶（秋茶）。第一峰虫量一般高于第二峰，为全年的主害峰，但高峰持续期则以第二峰较长。这类型发生于浙江、江苏、安徽、福建、江西、湖南、广东等省的黄土丘陵及平地茶区。

迟单峰型主要发生于浙江、江西、安徽、福建、湖南等省海拔在500m以上的茶区，这类茶区虽然四季分明，但冬季气温较低，无霜期较双峰型地区为短，一般春茶到5月上旬才开采，秋茶9月底即可结束。在这些茶区全年通常只有1个虫口高峰，但峰期持续较长。般在5月之前为田间虫量聚积期，6月中下旬开始进入高峰期，9月底或10月初可结束高峰。峰期虫量以7—8月最大，主要为害整个秋茶。

2. 发生生态

（1）温湿度。早单峰型主要发生于冬季温暖、夏季无酷热的茶区。四川等省的山区茶园是这一类型的代表。这一地区全年气温1月最低，月平均气温在8℃以上，7月气温最高，月平均气温25℃左右，雨量充沛，7—8月的雨日数在30~40d，年降水量在1 500mm以上，这样的环境条件极有利于其繁殖。在这些地区通常只有一个虫口高峰，且峰期特别长。一般5月开始虫口逐渐上升，6—10月虫量多，尤以7月虫量最高，为害整个夏茶、秋茶，茶树严重受害。

气温、降水量和雨日数是影响其虫口消长的主要气候因子。冬季气温的高低影响越冬成虫的存活和繁殖。在浙江杭州，越冬成虫的存活率与冬季日平均气温在0℃及以下的天数呈极显著负相关，与气温最低月平均气温呈正相关。即越冬成虫存活率随冬季气温的升高而上升，繁殖力则随冬季气温的降低而减弱。夏季气温主要影响峰型。夏季有明显的高温干旱期是造成双峰型的主要原因。其生长发育与繁殖的适温区为17~29℃，最适温为20~26℃。当出现连续平均气温在29℃以上时，则虫量急剧下降。雨日数主要影响其繁殖。一般认为，雨日多，时晴时于雨，有利于繁殖。但双峰型地区，3—4月雨日多则不利于第一峰的聚积，第二峰的虫量则随7—9月雨日增多而增加。暴雨会导致虫口明显下降，如在我国东南沿海地区，热带风暴或台风活动频繁的年份，第二峰的为害则相对较轻。

茶园栽培环境与管理也影响种群的消长。背风向阳的茶园，越冬虫口存活较多，春季发生较早。芽叶稠密，长势郁闭，留叶较多，杂草丛生，间作豆类，均有利于发生。据调查，杂草多比无杂草的茶园虫口高6倍，留叶采比不留叶采的茶园虫口高50%以上。茶叶采摘也能明显影响种群的消长，因为采摘可摘除大量的叶蝉卵和部分低龄若虫。据调查，分批及时采摘的茶园与不采摘的茶园相比，叶蝉峰期虫量前者比后者减少79.6%~83.7%。在云南，一些邻近阔叶林的茶园受害较重。在茶树品种之间，一般以萌发较早，芽叶较密，持嫩性较强的品种受害较重。据报道，海南种正由于芽密，比云南大叶种虫口多4.55倍。安徽调查，福鼎大白茶虫口>黄叶早>皖农92号>上梅洲>紫阳槠叶种。经分析，虫口多少与茶叶中多酚类含量及酚氨比值之间呈负相关。

（2）天敌。天敌对假眼小绿叶蝉有一定自然控制作用。天敌主要以捕食性的蜘蛛为主，其次有瓢虫、螳螂等。白斑猎蛛 *Evarcha albaria* L. Koch 每头雌蛛、雄蛛对成虫的捕食上限分别为21.4头和12.2头，对4~5龄若虫分别为24.6头和26.9头；迷宫漏斗蛛 *Agelena labyrinthica* Clerck 每头雌蛛、雄蛛对该蝉成虫的捕食上限分别为142.9头和77.5头。云南发现有圆子虫霉 *Entomophthora sphoerosperma* Fresenins 等真菌寄生，雨季常有流行。

（四）防治方法

1. 农业防治

清除茶园及其附近的杂草，减少越冬和当年的虫口。及时分批采茶，随芽梢带走大量虫卵，并恶化其营养条件和产卵场所。在采摘中，不留叶和少留叶的灭虫效果更好，即芽梢嫩茎应连叶采下。一些山区老式茶园，春茶、夏茶集中采，秋茶集中养，由于采摘彻底，对虫口控制也有良好效果。

2. 生物防治

保护天敌，应尽量减少施药次数，降低农药使用量，充分发挥天敌对种群的控制作用。

3. 物理防治

及时分批采摘，可随芽叶带走大量的虫卵和低龄若虫。

4. 化学防治

根据虫情检查，掌握防治指标，及时施药，把虫口控制在高峰到来之前。假眼小绿叶蝉的防治指标因各地生产情况而有不同。防治适期应掌握在入峰后（高峰前期），且田间若虫占总量的80%以上。施药方式以低容量蓬面扫喷为宜。药剂可选用2.5%联苯菊酯乳油3 000倍液、10%吡虫啉可湿性粉剂3 000倍液喷雾。

第四节　钻蛀类

为害茶树较重的钻蛀类害虫主要为茶枝小蠹虫，是热带茶区威胁较大的一种害虫，为害茶、橡胶、咖啡、柳等植物。

茶枝小蠹虫

（一）分布与危害

茶枝小蠹虫 *Xylebors fornicates* Eichh 又称茶枝小蠹，属鞘翅目小蠹甲科。在海南、广东、福建、台湾、云南、四川、贵州等省均有分布，以海南、贵州等发生较为严重。主要以成虫蛀食茶树枝干，轻则造成树势衰弱，重则造成枯枝，甚至整株折断，严重为害时茶园成片毁灭。

（二）形态识别

茶枝小蠹虫形态特征如图16-5所示。

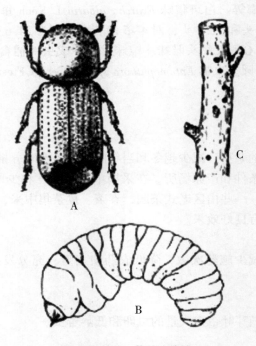

图16-5 茶枝小蠹虫
A. 成虫；B. 幼虫；C. 为害状
（仿谭济才，2011）

成虫：小型甲虫，体长2.0~2.4mm，圆筒形，黑褐色，有强光泽。头半球形，倾覆于前胸下方。复眼球形。触角锤状，短而弯作膝形。前胸发达，前胸背板长略小宽，背中至前缘多颗粒点突。鞘翅长为前胸背板长的1.6倍，翅侧缘前3/4两边平行并微向外侧弓曲，后端1/4收成圆弧形。鞘翅刻点沟稍微凹陷，各沟间部的刻点上生1根茸毛，在翅面上排成纵列。

卵：球形，乳白色。

幼虫：体长3~4mm，体白色，头黄，肥而多皱。

蛹：长约2mm，椭圆形，白色。

（三）发生规律

在海南省一年发生3~4代。以幼虫在虫道内越冬。世代重叠，发生不整齐，一般完成1代需要50d左右。1—2月和4—6月成虫为害最盛。

雌成虫羽化后在原驻口孔口附近，待雄虫飞来进入蛀孔交尾后，即移至离地面50cm以下的主干或1~2级分析上咬破皮层，蛀成新孔并蛀入木质部内取食，虫道弯曲或呈环状，被害枝干仍然继续生长。雌虫进入新孔同时带进一种真菌*Monnacrosp ambrosium*在虫道壁上生长。卵即产于新虫道内化蛹。一般一孔1雌，偶有一孔2~5雌。孔口常有米黄色粪屑堆作圆柱状突出孔外。

茶枝小蠹虫喜干燥而畏潮湿。旱季受害重，雨湿为害轻。闷热时成虫常伏于孔口透气，孔口遇水湿，则立即将湿木屑顶出孔外，因而喷药时，成虫易触药杀伤。

树龄、品种及肥培管理与虫口发生有关。一般以10年生以上、长势较差、抗逆性较弱的茶树受害较重。管理粗放，水土流失，茶园干旱以及偏施氮肥的茶园也易受害。

（四）防治方法

1. 农业防治

茶园铺草抗旱，增施有机肥，适当增施磷、钾肥，以增强茶树长势、提高抗性。茶园用肥中加入少量醋酸钾有利于茶树皂苷生物合成，从而干扰幼虫化蛹而达到防治目的。在已经发生小蠹虫的茶园中，选育抗性品种加速繁育。

2. 化学防治

可选用10%氯氰菊酯乳油2 000~2 500倍液喷雾。

参考文献

胡萃，朱俊庆，叶恭银，等 . 1994. 茶尺蠖 [M]. 上海：上海科学技术出版社 .

许宁，陈雪芬，陈华才，等 . 1996. 茶树品种抗茶橙瘿螨的形态与生化特征 [J]. 茶叶科学，16（2）：125-130.

叶恭银，胡萃 . 1991. 三种主要环境因子对茶尺蠖核多角体病毒力影响 [J]. 应用生态学报，2（3）：269-274.

殷坤山，洪北边，洪子华，等 . 1992. 茶尺蠖性息素的提取与生物鉴定 [M] // 茶叶科学论文集，上海：上海科学技术出版社 .

赵冬春，陈宗懋，程家安，等 . 2000. 茶小绿叶蝉对不同颜色偏嗜性的研究 [J]. 茶叶科学，20（2）：101-104.

赵冬春，陈宗懋，程家安 . 2002. 茶树—假眼小绿叶蝉—白斑猎蛛间化学通迅物的分离与活性鉴定 [J]. 茶叶科学，22（2）：109-114.

第五篇
园林害虫

第十七章　林荫观赏树木害虫

林荫观赏树木是城乡园林绿地及风景区绿化的主要植物。具有姿态美、色彩美、风韵美等特点。观赏树木种类繁多，包括行道树、绿荫树、绿篱树、孤植树等，其害虫种类也很繁杂。为害观赏树木的害虫主要有蛾类（如刺蛾、袋蛾、美国白蛾、马尾松毛虫等）、蚧类（如日本松干蚧、日本蜡蚧）、梧桐木虱、栾多态毛蚜以及天牛等。这些害虫的为害不仅影响树木的观赏价值，同时虫粪也可造成环境污染。

第一节　食叶类

一、黄刺蛾

（一）分布与为害

黄刺蛾 *Cnidocampa flavescens* Walker，分布很广，全国各省区市几乎都有发生。食性很杂，为害树木达 120 种以上。被害林木和花卉主要有枫杨、悬铃木、三角枫、重阳木、乌桕、刺槐、青桐、泡桐、杨、柳、榆、梅花、蜡梅、石榴、西府海棠、贴梗海棠、紫薇、月季、紫荆、樱花等，还为害桃、梨、苹果、枣、山楂等果树。黄刺蛾是我国城市园林绿化、风景区、防护林、特种经济林及果树的重要害虫。

（二）形态识别

黄刺蛾的形态特征如图 17-1 所示。

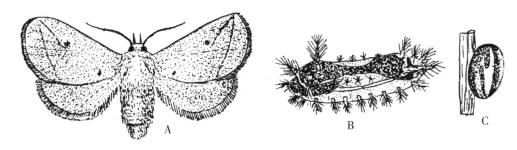

图 17-1　黄刺蛾

A. 成虫；B. 幼虫；C. 茧

（仿祝树德和陆自强，1996）

成虫：雌蛾体长 15～17mm，翅展 35～39mm；雄蛾体长 13～15mm，翅展 30～32mm。体黄色。触角丝状，棕褐色。前翅内半部黄色，有 2 个褐色圆斑点，外半部为褐色，有 2 条褐色斜线，在翅尖汇合于一点，呈倒"V"形，内面 1 条伸到中室下角，为黄色与褐色分界线，后翅灰黄色。

卵：扁椭圆形，长 1.4～1.5mm，宽 0.9mm，淡黄色，成薄膜状，卵膜上有龟状刻纹。

幼虫：体粗肥，老熟幼虫体长 25mm。头小，淡褐色。体黄绿色，体背上有 1 个前后宽中间狭的哑铃形的紫褐色斑。自第二体节起，各节背线两侧有 1 对枝刺，以第三、第四和第十节为大，枝刺上长有黑色刺毛。体的两侧各有 9 个枝刺。胸足 3 对，短小。腹足退化，但具吸盘。

茧：椭圆形，长 11.5～14.5mm，灰白色，质地硬，具黑褐纵纹，形似雀蛋。

蛹：椭圆形，粗肥，淡黄褐色。

（三）发生规律

黄刺蛾在华北一年发生 1 代，在江苏、安徽、上海、浙江一年 2 代。以老熟幼虫结茧在枝干上越冬。发生 2 代地区，越冬幼虫 5 月中下旬开始化蛹，6 月上中旬成虫羽化。第一代幼虫为害盛期是 6 月下旬至 7 月中旬，7 月下旬开始，幼虫结茧化蛹，成虫发生于 8 月上中旬。第二代幼虫为害盛期是 8 月下旬至 9 月中旬，9 月下旬幼虫陆续在枝干上结茧越冬。黄刺蛾在各地的发生期见表 17-1。

表 17-1 黄刺蛾在各地的发生期

地 区	发生期（月/旬）					
	越冬代成虫	第一代			第二代	
		卵孵化	结茧	成虫	卵孵化	结茧
辽 宁	6/中—7/中	7/上中	8/中—9/下	—	—	—
北 京	6/中—7/上	7/上中	8/中下	8/下	8 月底	9 月下
南 京	5/中—6/中	6/上中	7/下—8/上	8/上中	8/中下	9/下—10/上
合 肥	5/中—6/中	6/上	7/中—8/月	7/下—8/月	8 月	9/下—10/中
武 昌	5/中—6/中	6/上中	—	7/中—8/中	7/下—8/上	9/上—11/上
四川灌县	6/中—6/下	6/中下	7/中下	7/下—8/中	8/上	9/中下

资料来源：《园艺昆虫学》，祝树德和陆自强，1996

成虫多在傍晚羽化。羽化时，茧的顶部形成 1 个裂盖，成虫自裂口逸出。据电镜观察，茧内壁上端有圈痕迹，厚度为 0.26mm，茧壳其他部位及茧盖中心厚度均达 0.46mm，可见幼虫结茧时就留下了成虫羽化的茧盖。据报道，蛹的复眼之间具有 1 个匙形突起，突起的边缘排列着 18～20 个小齿。由于蛹的腹节蠕动，使身体在茧内旋回，同时它的破茧器在茧壁上磨擦，如此在茧壁上刻画成一圆周。成虫羽化前，蛹的腹节伸张，头胸也随之升高，触及茧顶，于是刻画成的圆盖便受压与茧身脱离形成 1 个洞口，同时蛹胸背面裂开，先是触角及足伸展，向外爬动，逐渐胸、翅伸出茧外，最后腹部也脱茧而出。成虫夜间活动，白天静伏于叶背面，有趋光性。成虫产卵于树叶近末端处背面，卵散产或数粒产在一起。每雌产卵量为49~67粒，卵期5~6d。成虫寿命4~7d。卵多在白天孵化，孵化前可见到卵壳内乳黄色的幼虫和枝刺及黄褐色的口器等。

初孵幼虫先食卵壳，再取食叶片的下表皮和叶肉，形成透明小斑，1d后为害的小斑连接成块。4龄时蚕食叶片成孔洞。5龄后能将叶吃光，仅留叶脉和叶柄。幼虫共7龄，历期22~33d。幼虫体上的毒毛，接触人体的皮肤引起剧烈疼痛和奇痒。

老熟幼虫吐丝缠绕树枝，然后在树枝上吐丝结网茧，先结上半个，再翻转身子结下半个连成整茧。茧始则透明，可见幼虫的活动。初结茧为白色，渐渐变为灰白色，随着幼虫分泌钙质黏液，即凝成硬茧，不久显露出1条褐色纵纹。结茧时间约2~4h。第一代幼虫结的茧，小而薄，第二代幼虫结的越冬茧大而厚。

黄刺蛾茧期的天敌主要有上海青蜂 *Chrysis shanghaiensis* Smith 和朝鲜姬蜂 *Chllorocryptus coreanus* Szeplgei 等。上海青蜂的寄生率很高，有一定的控制作用。刺蛾广肩小蜂 *Euryto mamonemae* Roschka 在上海每年发生3代，以成熟幼虫在寄主茧内越冬。螳螂能捕食黄刺蛾的成虫和幼虫，捕食幼虫后安然无恙。另外刺蛾的卵还能被赤眼蜂寄生，幼虫期有病菌感染。

（四）防治方法

1. 农业防治

（1）消灭虫茧。7—8月或冬季在被害树枝干上采茧，集中投入寄生性天敌保护笼中，或结合观赏树木的整枝修剪，剪除虫茧，集中烧毁。有的刺蛾（如褐刺蛾、褐边绿刺蛾、扁刺蛾）结茧在树体周围的土下越冬，可结合松土翻地、施肥等措施，挖除地下虫茧，消灭其中的幼虫。

（2）摘除虫叶。黄刺蛾初孵幼虫有群集性，被害叶呈枯黄膜状，目标明显。在小面积范围内，可以组织人力摘除虫叶，消灭幼虫，注意切勿使虫体接触皮肤。

2. 物理防治

多数刺蛾都有较强的趋光性，可设置黑光灯诱杀成虫。

3. 生物防治

可选用含孢量100亿个/g的苏云金杆菌悬浮剂500~800倍液喷雾。

4. 化学防治

黄刺蛾低龄幼虫群集且对药剂敏感，化学防治适期一般在3龄幼虫以前。可选用20%虫酰肼悬浮剂2 000倍液、25%灭幼脲悬浮剂1 000倍液、2.5%溴氰菊酯乳油2 000~3 000倍液、20%氰戊菊酯乳油等2 000~3 000倍液喷雾。

二、褐刺蛾

（一）分布与为害

褐刺蛾 *Setora postornata* Hampson，又名桑褐刺蛾、桑刺毛、红绿刺蛾等。国外主要分布于印度。我国分布于江苏、浙江、福建、台湾、广东、江西、湖南、湖北、四川、云南、河北等省。据报道，寄主植物达46科126种植物。主要为害悬铃木、枫杨、白杨、香樟、乌桕、喜树、臭椿、苦楝、重阳木、红叶李、蜡梅、海棠、紫薇、玉兰、樱花、山茶、月季等观赏树木和花卉，还为害桃、梨、苹果、柿、柑橘、银杏、葡萄等果树。

（二）形态识别

褐刺蛾的形态特征如图17-2所示。

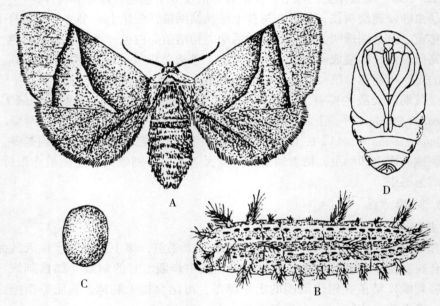

图17-2　褐刺蛾

A. 成虫；B. 幼虫；C. 茧；D. 蛹

（仿祝树德和陆自强，1996）

成虫：雌虫体长17.5~19.5mm，翅展38.0~41.0mm；雄虫体长17.0~18.0mm，翅展30.0~36.0mm。体灰褐色。复眼黑色。雌虫触角丝状，雄虫触角单栉齿状。前翅灰褐带紫色，散布有雾状黑点。前翅前缘离翅基近2/3处向臀角和基角各引1条深色弧线，呈倒"V"字形，臀角处有1个古铜色大斑。

卵：扁平，长椭圆形。初产时为黄色，半透明，以后逐渐变深。

幼虫：体黄绿色，老熟幼虫约33mm。背线蓝色。亚背线分黄色型和红色型两类：黄色型枝刺黄色；红色型枝刺紫红色。中胸至第9节，每节于亚背线上着生枝刺1对。后胸及第一、第五、第八和第九腹节上枝刺特别长。

茧：灰褐色，表面有褐色点纹。茧呈椭圆形，长约15mm。

蛹：卵圆形，初为黄色，后渐转褐色，翅芽长达第六腹节。

（三）发生规律

褐刺蛾在江苏、浙江、上海等地一年发生2代，以老熟幼虫在3.5~7.0cm深的土中结椭圆形硬茧越冬。翌年5月上旬开始化蛹，化蛹高峰在5月中下旬。5月下旬开始出现成虫。6 月上旬为成虫羽化产卵盛期。第一代幼虫主要发生在 6 月中旬至 7 月中旬。7 月下旬老熟幼虫爬行或坠落地面，在土中结茧化蛹，8 月上旬成虫羽化。第二代幼虫主要发生在 8 月中下旬至 9 月下旬。9 月下旬老熟幼虫开始结茧越冬。少数幼虫在10 月中下旬还可见活动。第二代发生不整齐，幼虫为害期较长。卵历期 5~10d，幼虫期 35~45d，蛹期 7~10d，越冬代蛹期约 20d。成虫寿命多数为 5~8d。夏天气温过高或干燥，有少数第一代幼虫在茧内滞育，至第二年才羽化成虫。

成虫：羽化多在下午 6—9 时，羽化后一般需历时 50min 才开始飞翔、交尾。交尾后次日产卵。卵多散产于叶背边缘，也有数粒连在一起的。每雌产卵量为 49~396 粒。成虫有趋光性，晚上 8 时前扑灯最盛，对紫外光和白炽光有明显的趋性，对红、绿、紫色灯光反应较差，初孵幼虫能取食卵壳，各龄幼虫还能啃食蜕皮。4 龄以前幼虫食叶肉，留下透明表皮，以后可咬穿叶片，形成孔洞或缺刻。4 龄以后幼虫多沿叶缘蚕食，仅留主脉。幼虫共 8 龄。幼虫老熟后沿树干爬下或直接坠落地面，在树体的根际、疏松表土层、草丛间或土石缝中结茧。最深可达 3~7cm。

褐刺蛾的天敌主要有刺蛾寄蝇 *Chaetexorista javana* Bergenstamm 和刺蛾紫姬蜂 *Chlorocryptus purpuratus* Smith。

（四）防治方法

1. 农业防治

结合园林培管措施，进行冬耕培土或施肥时，挖除土内越冬虫茧。

2. 化学防治

参阅黄刺蛾的化学防治方法。

三、褐边绿刺蛾

（一）分布与为害

褐边绿刺蛾 *Latoia consocia* Walker，又名绿刺蛾、青刺蛾、四点刺蛾、曲纹刺蛾。国外分布于日本、朝鲜、俄罗斯等地。中国几乎遍及全国，主要分布于东北、华北、华东、中南地区，以及四川、云南、陕西等地。褐边绿刺蛾寄主很多，主要为害悬铃木、枫杨、白杨、槭树、刺槐、乌桕、喜树、冬青、白蜡、紫荆、梅花、海棠、月季、樱花等多种树木及花卉。此外，还为害苹果、梨、桃、柿、枣、柑橘等多种果树。

（二）形态识别

褐边绿刺蛾的形态特征如图 17-3 所示。

成虫：雌虫体长 16~17mm，雄虫 13~15mm。头、胸部粉绿色，头顶和胸背中央有棕色纵线，腹部灰黄色。前翅绿色，基部有暗褐色大斑，外缘灰黄色，散生暗褐色小点，其内有暗褐色波状条带和短横线纹。后翅灰黄色。前翅、后翅缘毛浅褐色。

卵：扁平，椭圆形，浅黄绿色。长径约 2mm。

幼虫：老熟幼虫体长 24~27mm。头小，体短而粗。背线黄绿至浅蓝色，亚背线浅黄色。从中胸至第八腹节各有 4 个瘤状突起，瘤突上生棕黄色刺毛丛。腹部末端有 4 个球状蓝黑色刺毛。

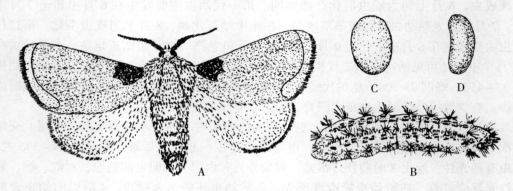

图 17-3 褐边绿刺蛾

A. 成虫；B. 幼虫；C. 茧；D. 蛹

（仿朱天辉和孙绪艮，2007）

茧：椭圆形，暗褐色，坚硬，长约 14mm。

蛹：卵圆形，长约 15~17mm，黄褐色。

（三）发生规律

褐边绿刺蛾在我国东北、北京、山东等地一年发生 1 代。在河南及长江下游地区一年发生 2 代。南方可以完成 3 代。无论是发生 1 代还是 2 代地区均以老熟幼虫结茧越冬，结茧场所在发生 1 代的地区多在树冠下草丛浅土层内，或在主干基部土下贴树皮的部位；发生 2 代地区除上述场所外，还可在落叶下、主侧枝的树皮上等部位。

发生 1 代地区，越冬幼虫于翌年 5 月中下旬开始化蛹，6 月上中旬开始羽化，陆续羽化至 7 月中旬。幼虫从 6 月下旬开始孵化，7—8 月幼虫为害，8 月为害较重。8 月下旬至 9 月间幼虫老熟，陆续下树寻找适当场所结茧越冬。

发生 2 代地区，越冬幼虫于翌年春化蛹，成虫 6 月初羽化。第一代幼虫发生于 6—7 月，第二代幼虫发生于 8 月下旬至 9 月、10 月上旬入土结茧越冬。

成虫具有较强的趋光性，在夜间交尾。卵产于叶背，数十粒成块，呈鱼鳞状排列，每雌产卵 150 粒左右。初孵幼虫群集为害，形成明显的枯斑，2~3 龄以后逐渐分散为害。卵期 5~7d，幼虫期 20~30d，成虫寿命 3~8d。

（四）防治方法

参阅黄刺蛾的防治方法。

四、扁刺蛾

（一）分布与为害

扁刺蛾 *Thosea sinensis* Walker，又名扁棘刺蛾。国外分布于印度及印度尼西亚，国内分布于吉林、辽宁、山东、河北、河南、安徽、江苏、上海、浙江、江西、湖北、湖南、四川、云南、广东、广西、台湾等省区，以黄河故道以南、江浙一带发生较多。为害悬铃木、枫杨、白杨、大叶黄杨、香樟、泡桐、苦楝、白榆、柳、紫薇、紫荆、月季、桂花、梅花、桃花、西府海棠、山茶、珊瑚树、牡丹、芍药等多种林木花卉，还有苹果、梨、柑橘、李、杏、枇杷、核桃等多种果树。

（二）形态识别

扁刺蛾的形态特征如图17-4所示。

图17-4 扁刺蛾
A. 成虫；B. 幼虫；C. 茧
（仿祝树德和陆自强，1996）

成虫：雌虫体长16.5~17.5mm，雄虫体长14~16mm。体灰褐色。复眼黑褐色，触角褐色。雌虫触角丝状，基部的十数节呈栉齿状，雄蛾的栉齿更为发达。前翅灰褐色，自前缘近顶角向后缘斜伸一褐色线，线一侧色淡，形成一灰色宽带，后翅暗灰褐色。前足各关节处具1个白斑。

卵：扁平光滑，椭圆形。长约1.1mm，初产时为淡黄绿色，孵化前呈灰褐色。

幼虫：老熟虫体长22~26mm，宽约16mm，体扁，椭圆形，背部稍隆起，形似龟背。全体绿或黄绿色，背线白色。体边缘每侧有10个瘤状突起，其上生毛。各体节背面枝刺不发达，第四节背面两侧各有1个红点。

茧：近圆球形，长12~16mm，暗褐色，似鸟蛋。

蛹：近纺锤形，体长11~15mm，初化蛹为乳白色，近羽化时为黄褐色。

（三）发生规律

扁刺蛾在河北、陕西等一年发生1代。在长江下游地区，一年发生2代，少数发生3代。以老熟幼虫在树体下周围土中结茧越冬。

扁刺蛾在江苏、浙江一年发生2代。越冬幼虫5月初开始化蛹，5月下旬成虫开始羽化，6月中旬为羽化盛期。第一代幼虫为害主要在6月中旬至7月中旬，7月下旬老熟幼虫开始陆续结茧越冬。江西南昌少数发生3代，第三代始于9月初，而止于10月底。10月以后，树上仍可见少数幼虫，10月下旬陆续结茧越冬。

成虫多集中在黄昏时羽化，尤以下午6—8时羽化最盛。成虫羽化后，即交尾，次日产卵。卵多散产于叶面上。初孵幼虫停息在卵壳附近，并不取食，蜕过第一次皮后，先取食卵壳，再啃食叶肉，留下皮层。幼虫自6龄起取食全叶。幼虫共8龄，老熟后即下树入土结茧。下树时间多在晚上8时至翌晨6时，后半夜下树的数量最多。结茧部位的深度和树干的远近均与树干周围土质有关。黏土地结茧位置浅而距离树干远，腐殖质多的土壤及沙壤地结茧位置较深，距树干近，而且比较密集。

（四）防治方法

1. 农业防治

在幼虫下树结茧之前，疏松树干周围的土壤，以引诱幼虫集中结茧，然后收集消灭，或结合冬季深翻树盘、施肥等措施，拾除虫茧，集中销毁。

2. 化学防治

参阅黄刺蛾的化学防治方法。

五、大袋蛾

（一）分布与为害

大袋蛾 *Cryptothelea variegata* Snellen，又名大窠蓑蛾、避债蛾、大皮虫。国外分布于印度、菲律宾、印度尼西亚、斯里兰卡、日本、俄罗斯、马来西亚。中国分布于华东、中南、西南等地区。长江沿岸及以南各省市为害较重，据调查寄主 90 个科 612 种植物，其中有 33 种受害严重，主要为害泡桐、悬铃木、白榆、重阳木、垂柳、香樟、水杉、雪松、圆柏、侧柏、木芙蓉、月季、海桐、木兰、蜡梅、冬青、樱花等林木花卉，以及梨、苹果、柑橘、桃、葡萄等多种果树。此外，大豆、棉花、玉米等农作物也可受其为害。大袋蛾是为害园林植物的主要杂食性食叶害虫之一。

（二）形态识别

大袋蛾的形态特征如图 17-5 所示。

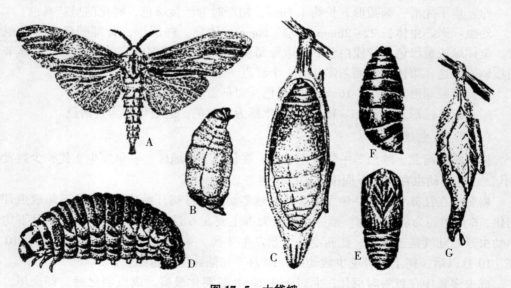

图 17-5　大袋蛾

A. 雄成虫；B. 雌成虫；C. 雌袋；D. 幼虫；E. F. 蛹；G. 雄袋

（仿祝树德和陆自强，1996）

成虫：雌雄异型。雄成虫有翅，体长15~17mm，翅展35~44mm。体黑褐色，触角羽状。胸部背面有5条深纵纹。前、后翅均褐色。前翅有4~5个透明斑。雌成虫无翅，蛆形，体长25mm左右，头部黄褐色，胸、腹部黄白色多茸毛，体壁薄，在体外能看到腹内卵粒。腹部末端有1带状棕色绒毛环。尾部有1肉质突起。

卵：椭圆形，淡黄色或白色，卵多产在护囊的蛹壳内。

幼虫：共5龄，成熟幼虫体长25~40mm。3龄起，雌雄二型明显。雌幼虫头部赤褐色，头顶有环状斑。前、中胸背板有4条纵向暗褐色带，后胸背板有5条黑褐色带。亚背线、气门上线附近具大型赤褐色斑。雄幼虫黄褐色，头部暗色，前胸、中胸背板中央有1条纵向白带。两侧暗黑色，体比雌虫小得多。

蛹：雌蛹似围蛹，纺锤形，赤褐色，尾端有3根小刺。雄蛹为被蛹，长椭圆形，初化蛹为乳白色，后变为暗褐色。腹末有1对角质化突起，顶端尖，向下弯曲成钩状。护囊呈纺锤形，长52~60mm，护囊上常缀附较完整的叶片和小枝。

（三）发生规律

在安徽、江苏、上海、浙江、江西、湖北等地一年发生1代，极少发生2代，但第二代幼虫多不能越冬。广州一年发生2代。以老熟幼虫在护囊里挂在枝梢上越冬，翌年春幼虫不再取食，气温适宜时便开始化蛹。各地发生期见表17-2。

表17-2　大袋蛾在各地发生期

地　区	发生期（月/旬）			
	化蛹	成虫羽化	幼虫孵化	幼虫越冬
江　苏	4—5	5—7/中	5/下—7/下	10/中下
上　海	4/上中	5/上—6/上	5/下—6/中	10/下—11
安　徽	4/中—5/上	5	5/下—7/下	11
江西（南昌）	3/下—5/上	4/下—5/下	5/中下—6/上	10/中下—11
浙　江	4/下	5/上中	5/下	—

资料来源：《园艺昆虫学》，祝树德和陆自强，1996

成虫羽化多在傍晚前后。雄蛾在黄昏时比较活跃，有趋光性，灯下以晚上8~9时诱蛾最多，约占全夜诱蛾量的80%。雌蛾羽化后，留在护囊内，雄蛾飞至护囊上将腹部伸入护囊与雌虫交尾。雌成虫产卵于囊内，每雌产卵最多5 800多粒，平均3 400粒。据报道，成虫产卵量与其幼虫体重呈正相关。卵期11~21d。安徽合肥、上海卵历期一般为20d左右。

初孵幼虫在护囊内滞留3~4d后蜂拥而出，吐丝下垂，借风力扩散蔓延，4级风力可飘至500m以外。降至适宜的寄主上后，并不立即取食，而首先营囊，一面吐丝，一面缀叶表碎片，粘于丝上围成一圈圈，约半小时，便造成1个与虫体大小相当的囊袋，虫体匿居其中。此后，随着幼虫的取食、蜕皮、长大，囊袋逐渐加长增宽。幼虫取食迁移时均负囊活动。幼虫具明显的趋光性，多聚集于树枝梢顶头和树冠顶部为害。取食时将头伸出袋外，胸足把持树叶，腹部将袋竖起，取食叶片。1~2龄咬食叶肉，残留表皮。3龄后食量增大，食叶穿孔或仅留叶脉。1~2龄每日取食叶面积为37.57mm²，3龄576.3mm²，4~5龄可食2 985.2mm²。一头4龄以上的幼虫可食尽2片茶叶或1根新生芽梢。4龄后幼虫分散，背负囊袋转移到树冠外围的叶背为害。幼虫取食与气候条件有关。在雨天多风时，一般不取食，晴热天中午取食亦弱，下午3—4时后取食渐增。幼虫有较强的忌避性和耐饥性。7—9月幼虫老熟，在护囊封口前为害最重。

从10月中旬起，老熟幼虫陆续向枝梢端部转移，将囊袋固定在小枝上，袋口用丝封闭，开始越冬。越冬幼虫的抗寒力很强。翌年春老熟幼虫化蛹前，先在袋内倒转头向，蜕最后一次皮化蛹。蛹头部向着排泄口，利于成虫羽化出袋。

大袋蛾一般在7—8月气温偏高干旱为害猖獗。雨水多影响幼虫孵化，并易引起病流行，而大量罹病死亡，不易成灾。6—8月降水量在300mm以下时，易暴发成灾。

（四）防治方法

1. 农业防治

秋季、冬季树木落叶后，护囊很易寻找。结合整枝、修剪，摘除虫囊，消灭越冬幼虫，这对植株较矮的林木、绿化苗圃、果园、茶园更有意义。

2. 物理防治

利用大袋蛾的趋性，用黑光灯诱杀成虫。大袋蛾性外激素诱杀成虫，效果也很显著。

3. 生物防治

幼虫和蛹期有多种寄生性和捕食性天敌，如鸟类、姬蜂、寄生蝇及致病微生物等，应注意保护利用。另外，微生物农药防治大袋蛾效果非常明显。可选用含孢量100亿个/g的苏云金杆菌悬浮剂500倍液喷雾。

4. 化学防治

在幼虫初龄阶段，可选用25%灭幼脲悬浮剂1 500倍液、20%虫酰肼悬浮剂1 000~2 000倍液、2.5%高效氯氰菊酯乳油2 000倍液喷雾。喷雾时注意喷到树冠顶部。

六、茶袋蛾

（一）分布与为害

茶袋蛾 *Cryptothelea minuscula* Butler，又名小窠蓑蛾。国外分布于日本；国内分布于江苏、上海、浙江、福建、安徽、江西、湖北、湖南、河南、广东、广西、贵州、四川等省区市。为害悬铃木、柳、杨、榆、枫杨、扁柏、三角枫、重阳木、南洋杉、槭树、月季、玫瑰、紫薇、紫荆、山茶、梅花、石榴、木槿等林木花卉，还为害苹果、梨、柑橘、柿、桃、葡萄等果树，茶树受害亦很重。

（二）形态识别

茶袋蛾的形态特征如图17-6所示。

成虫：雌成虫无翅，体长12~16mm，似蛆状。头小，褐色，胸腹部黄白色，腹部肥大，第四至第七节周围有黄色茸毛。雄虫有翅，体长11~15mm，翅展22~30mm，体

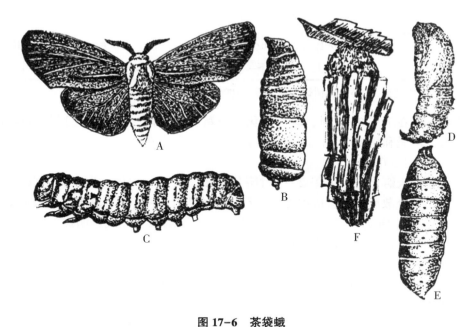

图 17-6　茶袋蛾
A. 雄成虫；B. 雌成虫；C. 幼虫；D. 雄蛹；E. 雌蛹；F. 囊袋
（仿祝树德和陆自强，1996）

和翅为褐色，胸腹部密被鳞毛，前翅外缘中前方有 2 个近方形透明斑。

卵：椭圆形，豆黄色，长约 0.8mm。

幼虫：老熟幼虫体长 16~28mm，头宽 2.90~3.40mm。头黄褐色，体色肉黄色至紫褐色，胸背及臀板黑褐色。胸部背面有 2 条褐色纵纹。每节纵纹两侧各有褐斑 1 个。腹部背面有 2 条褐色纵纹。每节纵纹两侧各有褐斑 1 个。腹部背面各节有 4 个黑色小突起，排成"八"字形。

蛹：雌蛹似围蛹，褐色，长 14~18mm，腹末臀棘 1 对。雄蛹为被蛹，橙红至褐色，长 10~13mm，纺锤形。护囊枯枝色，长约 25~30mm，囊外缀附长短不一的小枝梗，纵向并列，护囊两端附有碎叶片，囊颈灰白松软。

（三）发生规律

茶袋蛾在浙江、贵州一年发生 1 代，安徽、江苏、湖南、江西一年发生 2 代，福建、广西一年发生 3 代。一般以 3~4 龄幼虫（也有老熟幼虫）在树枝上护囊内越冬。发生 1 代地区，越冬幼虫 3 月开始活动，一般当气温达到 10℃ 左右时活动取食。雄蛾 5 月下旬至 6 月中旬化蛹，雌虫 6 月中下旬化蛹。成虫 6 月中旬至 7 月上旬出现，7 月上旬产卵。卵经 1 周孵化，幼虫期逾 200d。10 月中下旬开始越冬。发生 2 代地区如湖南，其发生期见表 17-3。

表 17-3 长沙茶袋蛾各代虫态发生期

代 别	发生期（月/旬）			
	卵	幼虫	蛹	成虫
第一代	5/中—7/上	6/上—8/下	7/下—9/上	8/中—10/上
第二代（越冬代）	8/中—10/上	8/下—次年6/上	次年5/上—6/上	次年5/中—7/上

资料来源：《园艺昆虫学》，祝树德和陆自强，1996

成虫羽化多在下午 3—4 时，雌虫羽化后仍留在护囊内，雄蛾羽化后从囊口飞出，于羽化后次日清晨和傍晚交尾。雌雄交尾后，雌蛾将卵产在囊内蛹壳中。平均每雌产卵 676 粒，多的可达 3 000 粒。

幼虫多在白天孵化，以下午 2—3 时孵化最多。幼虫孵化后，先在囊内取食卵壳，再从囊口爬出，分散后开始营造护囊，先不断吐丝粘附各种碎屑，在腰部围成一圈，再向两端扩大，不到 1h 即可完成，然后开始为害。初孵幼虫食叶成透明斑，长大后食叶成孔洞和缺刻。虫口多时，还能剥食枝皮，啃食果肉。幼虫期一般 6 龄，4 龄后能咬取长短不一的小枝并列于囊外。幼虫取食多在清晨、傍晚或阴天，晴天中午很少取食。幼虫蜕皮或化蛹前，吐丝封闭囊口，并拴牢在枝梗上，经 2 天蜕皮，继续为害。幼虫老熟后在囊内化蛹。

茶袋蛾天敌有桑蟥聚瘤姬蜂 *Gregopimpla kuwanae* Viereck、蓑蛾瘤姬蜂 *Sericopimpla sagrae sauleri* Cushman 及一种小蜂 *Chalcis mikado* Cameron。此外还有寄生蝇、线虫和细菌等。

（四）防治方法

参阅大袋蛾的防治方法。

七、碧鹏袋蛾

（一）分布与为害

碧鹏袋蛾 *Acanthoecia bipars* Walker，国外分布于日本，中国主要分布于北京地区。寄主植物有洋槐、榆、丁香、云杉、落叶松、侧柏、贴梗海棠、榆叶梅、紫荆、月季、小叶黄杨、蛇目菊、醉鱼草、君子兰、黄刺莓等林木花卉；此外，还有柿、苹果、李、杏、葡萄等果树；也能为害白菜；同时幼虫还捕食桃树、李树等寄主植物上的桃蚜 *Myzus persicae* Sulzer，洋槐上的洋槐蚜 *Aphis robiniae* Macchiati，国槐树上的国槐蚜 *Aphis sophoricola* Zhang，蔷薇等树上的月季长尾蚜 *Macrosiphum rosirvorum* Zhang。

（二）形态识别

成虫：雄成虫体长约 8mm，翅展 18~25mm。头部和前胸灰白色，后胸和腹部烟黑色有白毛。前翅基部的 1/3 和后翅基部的 2/3 烟黑色，其余部分半透明，翅脉和翅缘上有黑鳞。雌成虫无翅，蛆形，淡黄色，体长 10~15mm。

卵：略呈椭圆形，淡黄色，卵壳软，直径 0.8~1.0mm。

幼虫：体长 18~20mm，乳白色，头部有不规则黑褐色斑纹，胸部有 6 条黑褐色纵带。胸足白色有黑褐色斑纹。气门黑褐色。

蛹：雄蛹体长 12~13mm，雌蛹 14~16mm，深褐色或棕色。护囊长 25~30mm，细长，质地致密，表面附有寄主植物的小断枝。

（三）发生规律

北京地区一年发生 1 代。以卵在护囊内越冬。翌年 4 月下旬至 5 月上旬卵开始孵化。越冬卵在室内 18℃ 条件下经 10d 左右即可孵化。孵化时，透过卵壳可见卷曲的幼虫在卵内蠕动，同时用上颚和前足多次穿破卵壳，经 1~3h 即破卵而出。初孵幼虫极为活跃，迅速从雌蛾腹部下面爬出护囊口，聚集在护囊表面或吐丝下垂，随风扩散到树叶、树枝上做护囊。初孵幼虫经 1~2h 可做好护囊。幼虫一生不停地修补和扩建护囊，使之适应龄期的增长。幼虫为害植物的叶、嫩芽、嫩枝梢、树皮、花蕾、花、果实等，并且还捕食寄主植物上的蚜虫。1 龄幼虫平均一天每头可捕食 0.8 头蚜虫，最多可达 3 头蚜虫。1 龄幼虫可耐饥生存 4~7d，随着龄期的增加幼虫的耐饥力增加，6 龄以上的幼虫耐饥力可达 10~15d。幼虫为害严重时，常将树叶吃光，残留叶脉和枝条，树上挂满蓑囊。由于幼虫耐饥时间长，可等树木第二次发芽，又继续为害，导致树木枯死。8 月中下旬老熟幼虫陆续化蛹。化蛹时将囊固定在枝条上，在囊内吐丝做成疏松丝絮，然后头朝下，虫体倒转，以臀足挂在护囊上端化蛹，9 月上中旬出现成虫。雌成虫终生不离护囊。雄虫羽化后离开护囊。交配时，雌蛾将头胸部伸出囊外，招引雄蛾交尾。雌蛾产卵于护囊的蛹壳内，开始越冬。

（四）防治方法

参阅大袋蛾的防治方法。

八、白囊袋蛾

（一）分布与为害

白囊袋蛾 *Chalioides kondonis* Matsumura，又名白茧蓑蛾，曾名棉条蓑蛾。国内分布于浙江、江苏、安徽、江西、福建、台湾、湖北、湖南、广东、四川、贵州、云南等省。寄主植物有悬铃木、枫阳、重阳木、榆、喜树、梅、三角枫、紫荆、木槿、合欢、绣球花、洋槐、白杨等树木花卉，还有梨、桃、柑橘、柿、石榴等果树。

（二）形态识别

成虫：雌虫体长 9mm 左右，蛆形，无翅，黄白色。雄虫体长 8~11mm，翅展 18~20mm，体淡褐色，有白色鳞毛，前后翅均透明。

卵：椭圆形，黄白色，长约 0.9mm。

幼虫：老熟幼虫体长约 30mm，体红褐色。头褐色，有黑色点纹。中胸、后胸背板由白色背纵线分成两块，各体节有深褐色点纹。

蛹：赤褐色或黑褐色。护囊中型，长圆锥形，灰白色，以丝缀成，不附枝叶，表面光滑。幼虫老熟时，护囊长约 30mm。

（三）发生规律

白囊袋蛾一年发生 1 代，以低龄幼虫在护囊内越冬。翌年 3 月中下旬，越冬幼虫开始为害，6 月间化蛹，6 月中下旬开始出现成虫。成虫羽化后交尾产卵，7 月下旬幼虫开始孵化，11 月幼虫开始越冬。安徽合肥各地的发生期为：蛹期 5 月下旬至 7 月下旬，成虫期 6 月中旬至 8 月上旬，卵期 6 月中旬至 8 月上旬，幼虫期 7 月上旬至翌年 7 月上旬。

白囊袋蛾同一护囊中的卵孵化出的幼虫，初期分布较集中，以后逐渐分散为害。到 11 月气温下降，树叶落地时，低龄幼虫随落叶落至地面，于越冬前或来年春天温暖时，可再爬上树为害，也有护囊挂在枝干上，幼虫在护囊内越冬的。

（四）防治方法

参阅大袋蛾的防治方法。

九、小袋蛾

（一）分布与为害

小袋蛾 *Acanthopsyche* sp.，又称小蓑蛾、小皮虫。主要分布于我国安徽、江苏、上海、浙江、江西、福建、湖南、湖北、四川、台湾等省市。为害悬铃木、重阳木、白杨、刺槐、三角枫、柳、榆、樟、杏、梨、紫荆、山茶等树木花卉。

（二）形态识别

成虫：雌成虫无翅，蛆形，体长 6~8mm，头部咖啡色，胸部、腹部黄白色。雄蛾体长 4mm 左右，翅展 11~13mm，前翅黑色，后翅银灰色，有光泽。

卵：椭圆形，黄白色。长 0.6mm，宽 0.4mm。

幼虫：老熟幼虫体长约 8mm，乳白色。中胸、后胸背面硬皮板褐色，分为 4 块，中间两块大。腹部背面第十节硬皮板深褐色。

蛹：长 5~7mm，黄褐色，雄蛹腹末有 2 根短刺。护囊长约 7~12mm，囊外附有碎片和小枝皮。从幼虫老熟到化蛹后，虫囊上端只有 1 根细长丝索与枝叶相连。

（三）发生规律

小袋蛾在江苏、上海、浙江、安徽一年发生 2 代。以 3~4 龄幼虫在护囊内越冬，翌年 3 月开始活动取食。据观察，在杭州越冬幼虫于 5 月中旬开始化蛹，5 月下旬至 6 月中旬成虫羽化，6 月下旬成虫开始产卵。每头雌蛾产卵 109~266 粒，平均 200 粒左右。第一代幼虫为害在 6 月中旬至 8 月中旬，第二代幼虫为害在 8 月下旬至 9 月下旬。第一代卵期为 7d 左右，幼虫期 38~77d。第二代卵期 5d 左右。幼虫期 253~289d（含越冬）。蛹期 17~33d。雄虫寿命 2~5d，雌虫寿命 20d 以上。老熟幼虫化蛹前先吐 1 根 10mm 左右的长丝索，一端粘附在枝叶上，使护囊悬在下面，然后吐丝封闭囊口，虫体头尾倒转，在护囊中化蛹。

（四）防治方法

参阅大袋蛾的防治方法。

十、乌桕毒蛾

（一）分布与为害

乌桕毒蛾 *Euproctis bipunctapex* Hampson，又名乌桕黄毒蛾、乌桕毛虫、枇杷毒蛾。分布于我国上海、浙江、福建、江西、江苏、安徽、湖南、湖北、四川、广西、台湾、西藏等省区市。幼虫为害乌桕、重阳木、女贞、油桐、刺槐、樟、杨、枫香、枇杷、桃、李、柑橘等多种园林树木。幼虫大量食害柏叶、幼芽、嫩枝外皮及果皮，为害严重时，将乌桕叶全部吃光，轻则影响生长和结实，降低柏子产量，严重时整株枯死。幼虫毒毛触及皮肤，引起红肿疼痛。

（二）形态识别

乌桕毒蛾的形态特征如图 17-7 所示。

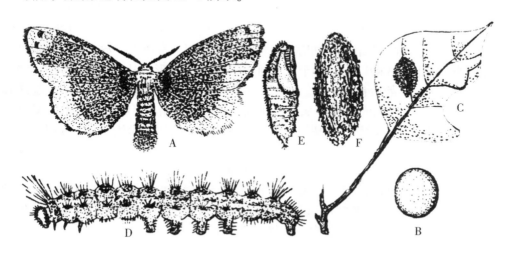

图 17-7　乌桕毒蛾
A. 成虫；B，C. 卵；D. 幼虫；E. 蛹；F. 茧
（仿祝树德和陆自强，1996）

成虫：雄蛾体长 9~11mm，翅展 26~38mm；雌蛾体长 13~15mm，翅展 36~42mm，体黄色有赭褐色斑纹。前翅顶角黄色三角区内有两个明显的黑色圆斑。前翅前缘、臀角三角区、后翅外缘均为黄色，其余为褐色。腹部末端有黄色丛毛。

卵：淡绿或黄绿色，椭圆形。卵块长圆形或馒头状，长 10~18mm，宽 8~11mm，外覆深黄色茸毛。

幼虫：老熟幼虫体长 24~30mm。头黑褐色，胸腹部部黄褐色。胸部、腹部各节背面及两侧均有黑色毛瘤，每节 4 个，中胸、后胸背面两个较小，第一、第二节和第八腹节背面上的 1 对特别明显，左右相连接，其上杂生棕黄色和白色长毛。后胸节毛瘤和翻缩腺橘红色。背面和侧面毛瘤间有 1 纵行白线。

茧：长 15~20mm，黄褐色，质地薄，茧外附有幼虫的灰白色毒毛。

蛹：长 10~15mm，椭圆形，黄褐色，腹部具灰黄色丛毛，腹末具臀棘，其末端有钩刺 1 丛。

（三）发生规律

1. 生物学习性

江苏、上海、浙江、湖北、湖南一年发生 2 代，以幼虫（一般是 3~5 龄）作薄丝网幕，群集于树干向阳的凹陷处或枝杈处越冬。翌年 3—4 月幼虫出蛰活动，取食嫩枝。

5月中下旬结茧化蛹，6月上中旬成虫羽化，交尾产卵。6月下旬至7月上旬第1代幼虫孵化，8月中下旬化蛹，9月上中旬第一代成虫羽化产卵，第二代幼虫9月中下旬孵化，取食为害至11月中下旬。幼虫爬至树干上做丝网，群集越冬。

成虫多在下午5—8时羽化白天不活动，多静伏于荫蔽处的乌桕、油桐等阔叶树的叶背或灌木丛中，晚间飞翔活动，以下午6—10时为最盛。成虫有趋光性，飞翔力强，交配后即产卵，产卵时间多在晚上10时至次日早上6时，以凌晨0—5时最盛。卵成块产于叶背。每雌产卵200~300粒，卵期10~16d。成虫寿命2~4d，最长为7d。

幼虫共10龄。第一代幼虫期约2个月，第2代幼虫期（越冬代）可达3个多月。幼虫孵化以早上8时左右最盛。初孵幼虫群集卵块周围，常数十、数百头群集取食，甚至数千条群集成团。3龄以前多栖于叶背排成圆形或椭圆形，从中央向叶缘取食叶肉，留下叶脉和表皮，3龄后食害全叶。4龄幼虫常将几枝小叶以丝网缠结一团，隐蔽其中取食。5龄幼虫多群集叶的两面，头对头排列，从叶尖开始向叶柄咬食叶片。夏季高温时，通常于每天上午9时后，从树冠迁到树干的阴面一侧作网隐伏，下午5时后又继续上树大量取食为害。越冬幼虫常数百头至数千头呈3~10层重叠于枝权、树干和树干基部背风面及向阳裂缝处生活。在越冬虫群的外面，被有0.2~2.0mm厚的丝网幕。越冬虫群在树上的高度常与树龄有关：35~40年以上的柏树，虫群多分布在3~7m高的枝权处；20~30年生的柏树，多在8m以下的枝权处，树干次之，树基极少；4~15年生的柏树，多分布于树干的基部，其次为枝权及树干上。

2. 发生生态

乌桕毒蛾在高温高湿的年份易发生，而干旱年份发生轻。乌桕毒蛾为害时，以生长健壮、枝叶茂盛的壮年柏受害最重，幼龄树次之，老树较少受害。杂草丛生的山坡上的柏树受害也重。

已发现的天敌有茶毒蛾黑卵蜂 *Telenomus euproctidis* Wilcox，桑毒蛾绒茧蜂 *Apanteles femoratus* Ashmead、广大腿小蜂 *Brachymeria lasus* Walker 以及多种寄蝇等。

（四）防治方法

1. 农业防治

利用幼虫群集越冬或夏季高温时下树隐蔽的习性，在树干基部束草诱杀，待幼虫躲进稻草后，将草解下，集中烧毁。还可结合冬季修整树形、培土、施肥等抚育活动，消灭聚集越冬的虫群。在低矮的观赏植物上结合护养管理摘除卵块。由于幼虫体毛和卵块上的茸毛有毒，作业时要注意不要触及人体。此外，毒蛾的蛹大都集中于树干或树权处，可用竹片等刮杀。

2. 物理防治

可用黑光灯诱杀乌桕毒蛾的成虫。

3. 生物防治

可选用含孢量100亿个/g苏云金杆菌悬浮剂150~200倍液、含孢量400亿个/g球孢白僵菌可湿性粉剂1 500~2 500倍液喷雾。注意保护天敌生物。

4. 化学防治

在幼虫初孵期，可选用50%杀螟硫磷乳油1 000倍液、25%灭幼脲悬浮剂1 000~

2 000倍液、5%甲氨基阿维菌素苯甲酸盐水分散粒剂1 000~2 000倍液喷雾。在树体高大，虫口密度大时可用20%氰戊菊酯乳油100倍液涂刷树干，对乌桕毒蛾具有较好防治效果。

十一、桑毛虫

（一）分布与为害

桑毛虫 *Porthesia xanthocampa* Dyar，又名黄尾白毒蛾、盗毒蛾、桑毒蛾、金毛虫等。我国分布于黑龙江、内蒙古、陕西、四川、贵州、云南、广东、广西、江苏、上海、浙江等省区市。分布在东北的是黄尾毒蛾 *Euproctis similis* Dyar，分布在长江流域的是桑毛虫 *P. xanthocampa* Dyar，这是两个生态亚种，两省成虫形态几乎无区别，但幼虫色彩有异。桑毛虫幼虫除为害桑树外，还取食白杨、垂柳、枫杨、榆、重阳木、椿、珊瑚树、悬铃木、泡桐、苹果、梨、梅花、月季、十姐妹、桃花、海棠花等多种林木花卉和果树。桑毛虫幼虫取食多种植物的芽、叶，幼龄幼虫先食叶肉，仅留下表皮，稍大后蚕食叶皮和叶肉成孔洞和缺刻，仅留叶脉。幼虫体上有毒毛，可随蜕皮飞散，结茧时毒毛可从体上脱落粘附在茧上。当人体接触毛时，可引起红肿疼痛，淋巴发炎，大量吸入人体时，可致严重中毒。1972年上海市桑毛虫大发生，造成桑毛虫皮炎大流行，其流行之广，发病率之高为医学史上所罕见。因此，它是一种重要的致病性卫生害虫。

（二）形态识别

桑毛虫的形态特征如图17-8所示。

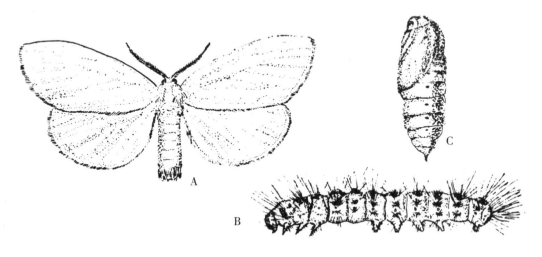

图17-8　桑毛虫
A. 成虫；B. 幼虫；C. 蛹
（仿祝树德和陆自强，1996）

成虫：雌蛾体长18mm，翅展36mm，雄蛾体长12mm，翅展30mm，全体白色。复眼黑色，触角双栉齿状，土黄色，前翅后缘近臀角处有 2 个褐色斑纹，雌蛾腹部末端有金黄色的绒毛 1 丛；雄蛾从第三节起有黄毛，末端毛丛短。

卵：扁圆形，灰黄色。直径长 0.6~0.7mm，卵块带状或不规则。上面覆盖黄毛。

幼虫：老熟幼虫体长约 30mm，头部黑褐色，胴部黄色，有 1 条红色背线。亚背线、气门上线和气门线为黑褐色，均断续不连。各体节上有很多红、黑色毛瘤，上生黑色及黄褐色长毛和松枝状的白毛，第一、第二腹节膨大，其背面各有 1 个黑色成块毛丛，第六、第七腹节背中央各有 1 个盘状突起的红色翻缩腺。

蛹：圆筒形，长 0.9~11.5mm，黄褐色，胸部、腹部有幼虫期毛瘤遗迹，并有黄色刚毛。臀棘较长，成束，茧土黄色，长椭圆形，长 13~18mm，茧层薄，外面附有幼虫脱落的体毛。

（三）发生规律

桑毛虫一年发生的代数，因地区不同而有较大差异。内蒙古、大兴安岭一年发生 1 代，辽宁、陕西一年发生 2 代，江苏、上海、浙江、四川一年发生 3 代，少数 4 代，广东发生 6 代。各地均以幼虫在树干粗皮裂缝内或枯叶里结茧越冬。越冬虫龄以 3~4 龄幼虫为主。第二年早春气温上升到 16℃ 以上时，越冬幼虫破茧而出，开始为害新芽和嫩叶。江苏、浙江在 4 月初，江西在 3 月中下旬，广东在 3 月上旬，内蒙古、大兴安岭在 5 月中下旬开始为害。各代幼虫为害盛期如表 17-4 所示。

表 17-4　桑毛虫各代幼虫为害期

地　点	为害期					
	第一代	第二代	第三代	第四代	第五代	第六代
河北唐山	5—6 月	7 月上旬—8 月上旬				
辽　宁	7—8 月	10 月				
江苏、浙江	6 月中旬	8 月上旬	9 月上中月	10 月上中旬		
江　西	5 月中旬—6 月下旬	6 月下旬—7 月下旬	8 月上旬—9 月上旬	9 月下旬—10 月下旬		
广　东	4 月中下旬	6 月上旬	7 月中旬	8 月中下旬	9 月下旬—10 月上旬	11 月上旬

资料来源：《园艺昆虫学》，祝树德和陆自强，1996

成虫白天静伏林丛叶间，晚间飞翔活动，有趋光性。多在夜间产卵于叶背，产卵时将腹末黄毛覆在卵块上。1~2 代每雌平均产卵达 430 粒，一雌蛾最多产卵 681 粒。产卵前期平均 2.7d，产卵期平均 7.5d，第一天产卵量占总产卵量 64.3%。雌虫寿命 7~17d，雄虫寿命 4~14d，最长可达 21d。

初孵幼虫群集为害，4 龄后分散取食，自 2 龄开始长出毒毛。幼虫蜕皮 5~7 次。经 20~37d 老熟化蛹。幼虫老熟后。在卷叶内、叶背面、树皮裂缝或寄主附近土面、杂草、篱笆等处结茧。初结的茧较疏松，以后不断吐丝加厚，并把体毛蜕下，粘在茧上。幼虫具假死性，受惊动后，身体蜷缩，直接落地或吐丝下垂，随风飘荡，迁移邻树。长江以南地区，幼虫在 10 月（初霜前）寻枝干裂缝、蛀孔或枯叶等处吐丝作茧蛰伏越冬。

桑毛虫已知天敌有桑毛虫黑卵蜂 *Tricnomus abnormis* Crawford、桑毛虫绒茧蜂 *Apanteles femoratus* Ashmead 等。桑毛虫病毒对该虫有一定的控制作用。

（四）防治方法

1. 农业防治

（1）束草诱集越冬幼虫将稻草束与树干或分枝上，待幼虫翌年活动前，把束草解下，放入寄生蜂保护器中，待天敌羽化飞出后，再把草束等烧毁。

（2）人工摘卵结合园林护养，及时摘除低矮观赏植物上的桑毛虫卵块及初孵集群的幼虫，集中消灭。

2. 生物防治

在低龄幼虫期，喷施含孢量 100 亿个/g 苏云金杆菌悬浮剂 800 倍液。另外，注意保护寄生性天敌，应用多角体病毒防治。

3. 化学防治

在各代卵孵盛期可选用 50% 辛硫磷乳油 2 000 倍液喷雾。此外，可选用 20% 氰戊菊酯乳油 3 000 倍液、10% 氯氰菊酯乳油 3 000 倍液、5% 甲氨基阿维菌素苯甲酸盐水分散粒剂 1 000~2 000 倍液喷雾。

十二、舞毒蛾

（一）分布与为害

舞毒蛾 *Lymantria dispar* L.，又名秋千毛虫、柿毛虫，是世界性的大害虫。国内分布很广，遍及 20 多个省区市。幼虫食性很杂，能取食 500 多种植物，为害多种针叶和阔叶树木和果树，其中以杨、柳、榆、栎、桦、云杉、苹果、山楂、柿、杏等受害最重。被害的花卉有月季、蔷薇、海棠、紫薇、荷花、桃花等，大发生时，也为害农作物和杂草。

（二）形态识别

舞毒蛾的形态特征如图 17-9 所示。

成虫：雌雄异型十分明显。雌蛾体较大，体长 28mm，翅展 75mm 左右。体污白色，前翅斑纹变异较大，具 4 条锯齿状黑色黄线，中室有 1 黑点，中室端部横脉上为 "<" 形黑纹。前后翅缘毛黑白相间。雌蛾腹部肥大，末端着生棕黄色毛丛。雄蛾体长 18mm，翅展约 47mm，体色较深，似枯叶，前翅灰褐或暗褐色，具与雌蛾相似的斑纹。

卵：圆球形，两端略扁平，直径 0.9~1.3mm，黄褐。卵块形状不规则，直径 2~4cm，每块有 400~500 粒，其上覆盖很厚的黄褐色绒毛。

幼虫：1 龄幼虫体黑褐色，体毛长，着生在毛瘤上，体毛中具呈泡状扩大的毛，称为 "风帆"，能乘风传播。2 龄幼虫 "风帆" 消失，胴部显现出两块黄色斑纹。3 龄以后，背面 2 列毛瘤具有典型的颜色。前 5 对蓝色，后 7 对红色，均具黑毛，两侧毛瘤灰色。幼虫体色多变，有黄色、黑色和灰色，具暗色纵条，头部黄褐色，具 "∧" 形黑

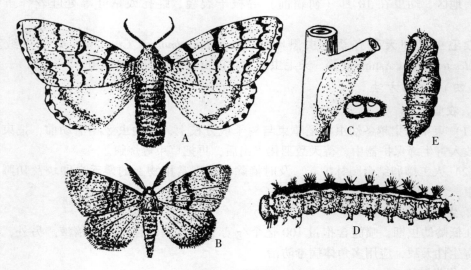

图17-9　舞毒蛾

A. 雌成虫；B. 雄成虫；C. 卵及卵块；D. 幼虫；E. 蛹

（仿唐尚杰，1983）

色粗纹。

蛹：纺锤形，黑褐色，18～37mm，头、胸背面及腹部有不明显的毛瘤，并着生锈黄色毛丛，无茧。

（三）发生规律

舞毒蛾一年发生1代，以完成胚胎发育的幼虫在卵内越冬。越冬卵块多在树皮上及梯田堰缝、土石缝中。翌年4月下旬或5月上旬幼虫孵化，孵化期多与寄主的发芽期相吻合。初孵幼虫体轻毛长，有吃卵壳的习性，树上不残留卵块痕迹，成群停留在树上，气温转暖时上树取食幼芽以后蚕食叶片。1龄幼虫日夜生活在树上，群集叶片背面，白天静止不动，夜间取食叶片成孔洞，受惊动则吐丝下垂，并借风吹动传播。2龄以后，白天匿居树皮裂缝中或树干基部的石块下，夜间上树取食，天亮时又爬回树下隐藏。幼虫夜间上树蜕皮，蜕皮5～6次老熟。幼虫迁移性很强，后期幼虫能爬行转移为害。幼虫历期约1.5个月，6月中旬开始老熟，于枝叶间、树干裂缝处、石块下、树洞等处吐少量丝缠固其化蛹。蛹期10～14d。

成虫于6月下旬至7月间羽化，不久开始交尾产卵。雌蛾一生产卵400～1 200粒。冬季暖和的地方，卵多产于树干上部或粗枝上；冬季寒冷的地方，则产在树干的基部。卵成块，上覆一层雌蛾腹部末端的体毛。卵块能忍受-20℃的低温。成虫有趋光性。雄蛾白天常在林内翩跹飞舞，旋转飞翔，"舞毒蛾"由此得名。雌蛾不太活动，常停留在树干上。

舞毒蛾繁殖的有利条件是干燥、温暖、稀疏的纯林。因此，一般在林缘、阳坡、林间道路两侧、居民附近林区内，小气候条件有利，常常引起舞毒蛾的大发生。

（四）防治方法

1. 农业防治

刮除老桩翘皮，摘除卵块或初孵群集的幼虫，同时还要及时挖出土石缝中的卵块或蛹，集中消灭。此外，彻底清除园林内的枯枝落叶，冬季树干刷涂白剂或波尔多液。

2. 生物防治

招引和保护食虫鸟类，特别是公园、果园及防护林带，把寄生性和捕食性天敌从老发生地引到新发生地。舞毒蛾的天敌种类较多，寄生性天敌主要有梳胫饰腹寄蝇 *Blepharipa schineri* Mesnil、银毒蛾蜉寄蝇 *Parasetigena silvestris* Robineau-Desvoidy、舞毒蛾黑瘤姬蜂 *Coccygonmimus disparis* Viereck 等。在 1~3 龄幼虫期，可选用每毫升含 $2×10^6$ 舞毒蛾核型多角体病毒制剂 3 000 倍液喷雾。

3. 化学防治

参阅乌桕毒蛾的化学防治方法。

十三、丝棉木金星尺蠖

（一）分布与为害

丝棉木金星尺蠖 *Calospilos suspecta* Warren，又叫大叶黄杨尺蠖，属鳞翅目尺蛾科。由于幼虫体细长，通常除 3 对胸足外，只有第六、第八腹节各有腹足 1 对行走时弯成环，一曲一伸，似尺量物，因而得名"尺蠖"，亦称"造桥虫""步曲"。它是园林观赏植物的主要害虫之一，国内分布于华东、华北、西北、中南等地区。主要为害丝棉木、大叶黄杨、欧洲卫茅、扶芳藤、榆、柳等树木。近几年此虫为害日趋严重，不少地区的大叶黄杨绿篱叶片常被吃尽，造成大片绿篱枯死。

（二）形态识别

丝棉木金星尺蠖的形态特征如图 17-10 所示。

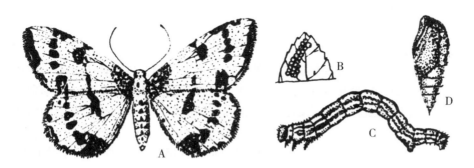

图 17-10　丝棉木金星尺蠖

A. 成虫；B. 卵；C. 幼虫；D. 蛹

（仿祝树德和陆自强，1996）

成虫：雌虫体长 13~15mm，翅展 37~43mm。翅银白色，具淡灰色斑纹，前翅外缘有 1 行连续的淡灰色纹，外横线呈 1 行淡灰色斑，上端分岔，下端有一块大斑。前翅、后翅近臀角处各有 1 个红褐色花斑。胸部背面黑褐色，腹部暗黄色，有黑斑点组成的条纹 9 行。雄虫体长 10~13mm。翅展 33~43mm。翅上斑纹与雌虫相同，腹部有黑斑点组成的条纹 7 行。

卵：近椭圆形，初产时淡黄色，后呈灰褐色，卵壳上有白色六角形的网状纹。

幼虫：老熟幼虫体长 27~30mm，全体黑色，头部、胸足黑色，腹足端部黄色。背线、亚背线、气门上线有白色、黄白色纵线 5 条贯穿虫体。各纵线间有细的横纹环绕虫体。具 3 对胸足，腹部仅第六、第十节上有腹足各 1 对。

蛹：纺锤形，棕褐色，长 13~16mm，腹末有 1 分叉的臀棘。

（三）发生规律

各地发生世代有差异，北京、武汉一年发生 8 代。江苏、上海一年可以发生 4 代，极少数发生 5 代，以蛹在寄主基部周围 4cm 左右的土层内越冬。据观察，在扬州 12 月还可见到幼虫在向阳的绿篱上为害。同一地区发生的世代数也有不同。有的以第三代蛹于 10 月下旬越冬，也有的以第四代蛹于 11 月越冬。第一代或第二代有部分蛹在土壤内越夏。因此，各代发生期不整齐，有世代重叠现象，越冬蛹翌年 3 月中旬即可羽化成虫，4 月上旬可见幼虫开始为害。全年以 5—7 月为害最猖獗。4—11 月均可见幼虫为害，从 10 月下旬开始老熟幼虫爬下或坠落地面入土化蛹越冬。

成虫多在黄昏或夜间羽化。白天多停息在枝叶间，飞翔力不强，极易捕捉。黄昏时开始外出活动，具弱趋光性。成虫交尾后 2~3d 产卵。卵常数粒或数十粒成块产于嫩绿植株上部的叶背。少数产在叶柄、枝条、枝干的交叉处及裂缝中。每雌平均产卵 248 粒。卵期 4~7d。成虫寿命平均 7d 左右。

初孵幼虫有群集性，2 龄后逐渐分散。1~2 龄幼虫喜食顶端嫩叶叶肉，仅留一层透明表皮。3 龄后食量加大，能将叶片吃光。幼虫有假死性，受惊后则吐丝下垂卷曲在地面上。白天大多数都躲入枝叶茂盛之处，傍晚及夜间外出取食，阴天整天活动取食。幼虫共 5 龄，第一代幼虫期 35d，第二、第三代幼虫 23~25d。

（四）防治方法

1. 农业防治

成虫羽化后一般栖息在植株的中下部，白天很少飞翔，可以徒手捕杀，或用纱网兜捕杀。根据初孵幼虫有群集为害的习性，结合整枝剪除虫枝集中杀死。冬季翻耕根际土壤，可杀死越冬蛹成虫产卵高峰期，铲除根际周围的杂草，以消灭杂草上的卵块。

2. 生物防治

可选用含孢量 100 亿个/g 苏云金杆菌悬浮剂 500 倍液、0.2% 苦皮藤素水乳剂 1 000 倍液喷雾。此外，注意保护天敌。

3. 化学防治

对于低矮林木或绿篱可选用 50% 马拉硫磷乳油 1 000 倍液、2.5% 溴氰菊酯乳油 3 000 倍液、2.5% 高效氯氟氰菊酯乳油 2 000~3 000 倍液、0.5% 甲氨基阿维菌素苯甲酸盐微乳剂 1 000~1 500 倍液、20% 除虫脲悬浮剂 1 500~2 000 倍液喷雾。对于较高大的林木，可在成虫羽化盛期至 3 龄幼虫期，施放烟雾剂。

十四、樟巢螟

（一）分布与为害

樟巢螟 *Orthaga achatina* Butler，又名樟丛螟、樟叶瘤丛螟。属鳞翅目螟蛾科。主要分布在江苏、浙江、上海、福建、江西、湖南等省市。为害香樟、山苍子、山胡椒等樟科植物。

（二）形态识别

樟巢螟的形态特征如图 17-11 所示。

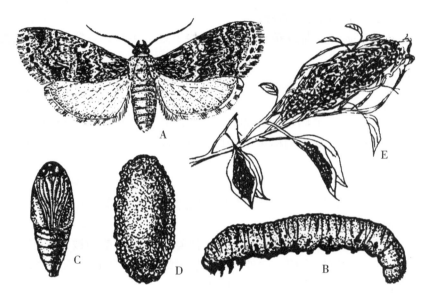

图 17-11　樟巢螟
A. 成虫；B. 幼虫；C. 蛹；D. 土茧；E. 为害状
（仿祝树德和陆自强，1996）

成虫：体长 12~15mm，翅展 25~30mm，体灰褐色。雄蛾前翅有蓝绿色金属光泽，中室内横线外侧有若干黑褐色鳞片。雄蛾前缘中部在亚前缘脉上有 1 个淡黄色的翅痣，翅痣骨化，呈三角形。雌蛾无此痕迹，全翅棕褐色，内横线淡灰色呈曲折波浪形，内横线与外横线之间有淡色圆形斑纹，不太明显。后翅灰褐色。

卵：椭圆形，扁平，呈鳞片状重叠排列。卵粒长 0.5~1.0mm，初产乳白半透明，孵化前呈淡红色。

幼虫：灰黑至棕黑色，老熟时体长 20~25mm，胴部背线浅，亚背线较宽，气门线细而明显。

蛹：棕红色，长 12~15mm，腹部末端有臀棘 8 根，等长挺直，顶端稍粗。

茧：扁椭圆形，长 13.0~16.5mm。

（三）发生规律

樟巢螟一年发生 2 代，局部发生 3 代。以老熟幼虫在浅土层中结茧越冬。翌年 4 月中下旬成虫羽化，成虫白天静伏隐蔽处，晚上活动。有趋光性。卵产于叶背边缘或两片叶片叠合的间隙内。每个卵块 15~140 余粒，平均 30 粒左右。卵期 8~10d 第一代幼虫为害期为 5 月底至 7 月中旬，6 月上中旬对香樟造成为害。第二代幼虫参差不齐，严重为害期 8—9 月，最迟 11 月还有为害。初龄幼虫群集为害，常将几张叶片缀合一起或卷单叶，隐藏其中啃食叶肉。随着龄期的增大，还将新梢枝叶或临近的枝叶用丝缀合，使成一团团的"虫巢"，远看似鸟窝，幼虫躲在其中食害，每巢有幼虫 20~30 头，有时还会有几个不同龄期的幼虫。虫粪排在"虫巢"内，部分排在地上。幼虫快老熟时在"虫巢"内各自做一道黄色的丝质隧道。幼虫很活跃，在隧道内能进能退。在扯破"虫巢"后，还会吐丝下垂，屈曲跳跃。老熟幼虫均下地结茧化蛹。第二代幼虫为害至 10 月底陆续下树入土结茧越冬。

（四）防治方法

1. 农业防治

幼虫期（9 月前）人工摘除"虫巢"，或用高枝剪、长柄有齿梳具梳除"虫巢"，集中烧毁。冬季在有"虫巢"的樟树的根际周围和树冠下，挖除虫茧或翻耕树冠下的土壤，消灭越冬虫茧。

2. 物理防治

樟巢螟成虫具有趋光性，可在成虫发生盛期进行灯光诱杀。

3. 生物防治

幼虫期有姬蜂、茧蜂和寄蝇等多种天敌，注意区别正常茧和被寄生茧，使寄生蜂、寄生蝇正常羽化，扩大寄生作用。此外，蜘蛛、猎蝽、步甲等捕食天敌对樟巢螟初孵幼虫也有很好的捕杀作用。也可选用 2%阿维菌素乳油 1 500 倍液、0.5%苦参碱水剂 1 000 倍液喷雾。

4. 化学防治

幼虫初孵期为防治适期。可选用 25%灭幼脲悬浮剂 1 500 倍液喷雾。可在树体打孔，使用注射器注入一定量杀螟硫磷制剂，通过药物的内吸传输以达到杀灭害虫的目的。

十五、黄杨绢野螟

（一）分布与为害

黄杨绢野螟 *Diaphania perspectalis* Walker，又叫黄杨野螟。江苏、浙江、上海、湖南、湖北、四川、广东等省市均有分布。为害雀舌黄杨和瓜子黄杨等黄杨科观赏植物。

（二）形态识别

成虫：体长 20~24mm，翅展 42~50mm，体翅灰白色，前翅前缘、外缘、后缘，后翅外后缘有紫褐色宽带，前缘紫褐色带上有 2 个白斑，鳞毛有光泽，紫红色闪光。雄蛾腹部末端有黑褐色毛丛。

卵：扁椭圆形，背面稍隆起，长 1.50mm，初产淡绿色。幼虫老熟幼虫体长 35~

42mm。头部黑色，胴部黄绿色。背线、亚背线及气门上线深绿至墨绿色，气门线橙黄色。各体节亚背线及气门线上具黑褐色毛瘤。腹足端部红褐色。

蛹：翠绿色至黄褐色，长 18~20mm，腹末有先端卷曲的臀棘 8 根。

（三）发生规律

黄杨绢野螟年发生 3 代，以 2~3 龄幼虫在虫苞中结薄茧越冬。虫苞中带有 1 片枯叶。翌年 3 月陆续出蛰为害，出蛰盛期在 4 月上旬。5 月上中旬陆续化蛹。蛹期 14d 左右。5 月中下旬成虫羽化。成虫昼伏夜出，有趋光性。成虫产卵前期 3d 左右。成虫卵成块产于叶背，呈鱼鳞状排列，每雌产卵 200~300 粒。卵期 4~5d。幼虫多在中午孵化。幼虫 6 龄前吐丝缀连嫩枝、叶片，取食叶肉，致使新梢叶残损枯萎。4 龄后，进入暴食期，严重时可将叶片食尽。末龄幼虫的食叶量占总食量的 85% 左右。6 月下旬至 7 月上旬幼虫老熟，在被害枝叶间吐丝结虫苞，在其中化蛹。第二代幼虫为害期主要在 7 月中下旬，第三代幼虫为害期 8 月下旬至 9 月。9 月中下旬以 2~3 龄幼虫结虫苞，并在虫苞内越冬。

（四）防治方法

1. 农业防治

越冬期，人工摘除虫苞，减少越冬基数。在幼虫发生期，根据此虫早期有吐丝缀叶为害的习性，人工捕杀雀舌黄杨、瓜子黄杨等绿篱的幼虫。

2. 生物防治

要注意保护好和利用好寄生性凹眼姬蜂、茧蜂、跳小蜂以及寄生蝇等天敌。有条件时，可进行天敌释放，来扩大寄生天敌的种群数量，抑制害虫种群数量的增长。在平时的管护过程中要区别好黄杨绢野螟正常茧和被寄生茧，并适当采取保护措施，使寄生蜂、寄生蝇等能够正常羽化。也可选用含孢量 100 亿个/g 的苏云金杆菌悬浮剂 500 倍液、1.2% 苦参碱·烟碱乳油 1 000 倍液喷雾。

3. 化学防治

做好虫情测报工作，适时合理的进行喷药。可选用 50% 杀螟硫磷乳油 1 500 倍液、4.5% 高效氯氰菊酯乳油 2 000 倍液、20% 甲氰菊酯乳油 2 000 倍液、3% 阿维·氟铃脲乳油 1 000 倍液、20% 除虫脲悬浮剂 2 500 倍液喷雾。

十六、美国白蛾

（一）分布与为害

美国白蛾 *Hyphantria cunea* Drury，又名秋幕毛虫、美国白灯蛾，属鳞翅目灯蛾科，是世界性的检疫害虫。

美国白蛾原产于北美，分布美国、加拿大南部及墨西哥。1940 年传入欧洲，1945 年传入亚洲日本，1979 年在我国辽宁省东部地区发现，并迅速传到辽东半岛、山东半岛和陕西。目前正在向南方蔓延。美国白蛾食性杂，主要为害行道树、观赏树木及果树，尤以阔叶树为重。我国辽宁发现的美国白蛾的寄主植物有 37 个科 94 种植物。被害行道树有杨树、柳树、悬铃木、白蜡、榆、槐、椿等，还为害桃、樱桃、海棠、丁香、五叶枫、爬山虎等花木，也为害玉米、大豆及蔬菜。幼虫食害叶片，被害叶片只留叶脉，使树木生长不良。

（二）形态识别

美国白蛾的形态特征如图 17-12 所示。

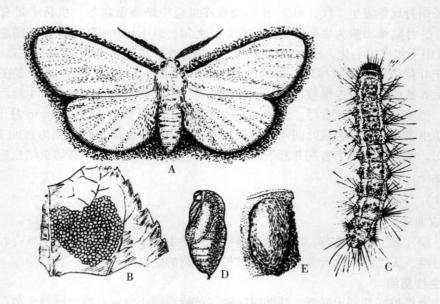

图 17-12 美国白蛾

A. 成虫；B. 卵；C. 幼虫；D. 蛹；E. 茧

（仿蔡平和祝树德，2003）

成虫：为纯白色中型蛾子，体长 9~12mm。头白色，复眼黑褐色，下唇须小，端部黑褐色，口器短而纤细。胸部背面密布白毛，多数个体腹部白色，无斑点，少数个体腹部黄色上有黑点。雄蛾触角黑色，双栉齿状，翅展 23~34mm，前翅上散生几个或多个黑褐斑点；雌蛾触角褐色，锯齿状，翅展 33~44mm，前翅为纯白色，后翅常为纯白色或在近边缘处有小黑点。

卵：圆球形，直径 0.5mm，初产浅黄绿色，后变灰绿色，有较强的光泽，卵面布有规则的凹陷刻纹。

幼虫：分为"黑头型"和"红头型"。我国目前发现的多为"黑头型"。老熟幼虫头宽 2.5mm，体长 28~35mm。"黑头型"头黑色具光泽，从侧线到背方具 1 条灰褐色的宽纵带。背线、气门下线为浅黄色，背部毛瘤黑色，体侧毛瘤多为橙黄色，毛瘤上生白色长毛丛，混杂有少量的黑毛。气门白色，椭圆形，具黑边。胸足黑色，臀足发达。"红头型"头柿红色，体由淡色至深色，底色乳黄色，具暗斑，几条纵线呈乳白色，在每节前缘或后缘中断。

蛹：长 8~15mm，暗红褐色，臀棘 8~17 根，每根钩刺的末端呈喇叭口状，中间凹陷。

（三）发生规律

1. 生物学习性

美国白蛾在我国辽宁每年发生2代。以蛹结茧在老树皮下、地面枯枝落叶和表土内越冬。翌年5月中旬开始羽化。两代成虫发生期分别在5月中旬至6月下旬、7月下旬至8月中旬，5月下旬幼虫普遍孵化。第一代幼虫发生期5月下旬至7月下旬；第二代幼虫发生期8月上旬至11月上旬。幼虫为害盛期分别为6月中旬至7月下旬、8月下旬至9月下旬。9月初开始化蛹越冬。平均气温18~28℃时，成虫寿命3~11d，平均5d；卵期4~11d，平均7d；幼虫期34~47d，平均40d；蛹期9~11d，平均10d。

成虫喜夜间活动和交尾，飞翔力不强，趋光性也不强。产卵于叶背，卵单层排列成块（"红头型"多为双层排列），一个卵块一般有500~600粒卵，最多达1940粒。卵块上覆盖白色的鳞毛。

幼虫孵出几小时后即拉丝网。3~4龄幼虫的网幕直径可达1m以上，从树冠沿树干拉至地面，高达3m。幼虫在多数地区为7龄，一般可经历5~8龄。进入5龄后，幼虫开始抛弃网幕，分成小群在叶面自由取食。1头幼虫一生可吃10~15片叶。当幼虫老熟后，则停止取食，沿树干下行。在树干的老皮下或附近其他地方寻觅化蛹处。若钻入表土内，则形成蛹室，蛹室内壁衬以幼虫吐的丝和幼虫的体毛。在茧内，幼虫蜕去最后一次皮成蛹。

2. 发生生态

（1）温湿度。美国白蛾喜欢生活在阳光充足且温暖的地方，在公园、果园、村落周围和庭院、交通线两旁的树木上尤为集中。温度过高或过低均不利于其发育，但高湿对幼虫发育有利。平均温度15℃以上作为美国白蛾的活动界限。越冬蛹能忍受-30~-25℃的低温，但对早春温度的骤然变动十分敏感。

（2）天敌。美国白蛾共有捕食性天敌和寄生性天敌175种。常见的有核型多角体病毒（NPV）、日本追寄蝇 *Exorista japonica* Townsend 以及周氏啮小蜂 *Chouioia cunea* Yang 等。捕食性天敌还有草蛉、胡蜂、蜘蛛、鸟类等。

（四）防治方法

1. 植物检疫

疫区苗木未经过处理严禁外运，疫区内积极防治，并加强对外检疫。

2. 农业防治

根据幼虫在4龄以前群居网幕为害的习性，可剪除网幕，集中烧毁。老熟幼虫转移时，可在树干周围束草，诱集化蛹，然后解下诱草烧毁。

3. 生物防治

应用苏云金杆菌等微生物制剂防治。可选用含孢量100亿个/g苏云金杆菌悬浮剂500倍液、含孢量400亿个/g球孢白僵菌可湿性粉剂1500~2500倍液喷雾。保护和利用天敌，可以在发生期人工释放周氏啮小蜂以增加天敌数量。此外，还可在美国白蛾发生地区，放养一些家禽。

4. 化学防治

在幼虫发生破网初期喷药防治最佳。可选用50%杀螟硫磷乳油1000倍液、30%毒死蜱微囊悬浮剂 1 000~1 500 倍液、2.5% 高效氯氰菊酯乳油 1 500 倍液、25% 灭幼脲悬浮剂 1 500 倍液、20% 虫酰肼 1 000~2 000 倍液、3% 甲氨基阿维菌素苯甲酸盐微乳剂 1 000~2 000 倍液喷雾。

十七、蓝目天蛾

(一) 分布与为害

蓝目天蛾 *Smerinthus planus* Walker，又名柳天蛾，属鳞翅目天蛾科。体中型到大型，前翅狭长且外缘斜。触角顶端多呈钩状。成虫飞行力强大，幼虫体表光滑或具有颗粒，腹部第八节背面常着生 1 个尾角，很多种类是园林植物上的常见害虫。我国分布于东北地区，以及内蒙古、河北、河南、山东、江苏、安徽、浙江、江西、陕西、宁夏、甘肃等省区。为害杨、毛白杨、旱柳、河柳、梅花、桃花、樱花等多种树木花卉。

(二) 形态识别

成虫：体长 32~36mm，翅展 85~92mm。体、前翅均为黄褐色，触角淡黄色。腹部背面有 1 深褐色大斑。前翅外缘内陷成锯齿状，缘毛极短。后翅灰褐色，中央紫红色有 1 深蓝色的大圆斑，上方为粉红色，外围蓝黑色。

卵：椭圆形，长径 1.8mm，初产鲜绿色，有光泽，后为黄绿色。

幼虫：老熟幼虫 70~80mm，体黄绿色，有黄白色细颗粒。胸部各节有较细的横褶。腹部第一至第八节两侧有淡黄色斜纹，最后 1 条直达尾角，尾角斜向后方。气门筛淡黄色，围气门片黑色，前方常有紫色斑 1 块。

蛹：长 28~35mm，初化蛹为暗红色，后变为暗褐色。

(三) 发生规律

蓝目天蛾发生的世代数随地区而异。东北地区一年 1 代，华北地区一年 2 代，长江流域一年 4 代。以蛹在 60~100mm 土中越冬。2 代区 5 月中下旬出现成虫，4 代区 4 月中旬开始出现成虫。成虫多在晚间羽化，蛹壳裂破时，有清脆响声。成虫飞翔力强，有明显的趋光性。一般多在夜间交尾，交尾历时长达 5h。交尾后第二天产卵。卵一般散产于叶背和枝条上。每雌一生可产卵 200~400 粒。卵经 7~14d 孵化为幼虫。

初孵幼虫先食去大半卵壳，然后爬到叶片主脉上停留，1~2 龄分散取食较嫩的叶片，将叶片吃成缺刻，5 龄后常将叶片吃尽，仅剩光枝。初龄幼虫体色与寄主叶相似。老熟幼虫化蛹前 2~3d，体背呈暗红色，从树上爬下，在土内筑土室化蛹。

(四) 防治方法

1. 农业防治

翻土灭蛹，尤其是越冬蛹，可结合冬翻或培土时进行。幼虫为害状明显，粪粒大，根据地面粪粒，寻找幼虫，人工捕杀。

2. 物理防治

成虫发生期，灯光诱杀成虫。

3. 生物防治

保护螳螂、胡蜂、茧蜂、益鸟等天敌。可选用含孢量 100 亿个/g 的苏云金杆菌可湿性粉剂 600 倍液喷雾。

4. 化学防治

虫口密度大时，在幼虫 3 龄前，可选用 50%马拉硫磷乳油 1 000~1 500 倍液、50%杀螟硫磷乳油 1 000~2 000 倍液、2.5%溴氰菊酯乳油 2 500~5 000 倍液喷雾。3 龄后的幼虫可选用 20%除虫脲悬浮剂 3 000 倍液、25%灭幼脲悬浮剂 2 000~2 500 倍液、20%虫酰肼悬浮剂 1 500~2 000 倍液喷雾。

十八、马尾松毛虫

（一）分布与为害

马尾松毛虫 *Dendrolimus punctatus* Walker，是我国松林最严重的历史性大害虫。分布于秦岭至淮河主流一线以南，几乎遍及沿海岛屿，西达四川，计有 15 个省区市。主要为害马尾松、黑松、火炬松、湿地松。以马尾松受害最重。常间歇性猖獗成灾。松树一旦受害，轻则生长迟缓、松脂减产、种子歉收，严重时针叶被吃光，如同火烧，使成片松林枯死。此外，人体接触毒毛，使人发生"松毛虫病"，引起皮炎、关节肿痛、手足奇痒，少数还有畏寒、低热、头痛、乏力等症状。

（二）形态识别

马尾松毛虫的形态特征如图 17-13 所示。

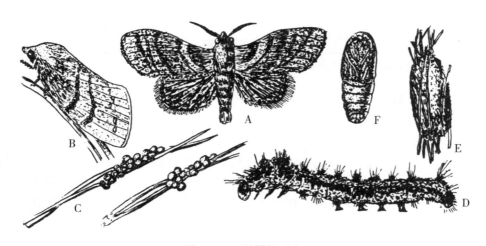

图 17-13 马尾松毛虫

A. 雄成虫；B. 雌成虫；C. 卵；D. 幼虫；E. 茧；F. 蛹

（仿李梦楼，2002）

成虫：体色变化大，有灰白、灰褐、黄褐等色，雌蛾体色比雄蛾浅。雄蛾较小，体长 20.0~28.7mm，翅展 36.0~49.0mm。触角羽状。前翅横线色深、明显，中室白斑显著，亚外缘线黑斑列内侧呈褐色，腹末细削，休止时腹末鳞毛外露。雌蛾体 18.4~29.4mm，翅展 42.8~56.7mm。触角短、栉齿状。前翅中室白斑不明显。前翅具 5 条深褐色横线，外横线略呈波状纹，亚外缘列 8~9 个黑褐色斑点。

卵：椭圆形，长约 1.5mm，宽约 1.1mm，初产时多为粉红色，近孵化时变为紫黑色。

幼虫：体色随龄期不同而异。大致有棕红色和灰黑色两种。贴体的纺锤形倒伏鳞片有银白色和银黄色两种。头部黄褐色，中、后胸背有明显的蓝黑色毒毛带。腹部各节背面毛簇中有窄而扁平的片状毛，体侧着生许多白色长毛，并有一条连贯胸腹部的纵带，自中胸至腹部第八节气门后上方，在纵带上各有 1 白色斑点，老熟幼虫体长 47~61mm。各龄幼虫区别见表 17-5。

蛹：纺锤形。长 22~37mm，棕褐色。臀棘细长。茧长椭圆形，灰白色至黄褐色，茧外部散生黑色短毒毛。

表 17-5 马尾松毛虫各龄幼虫形态区别

龄 期	头宽（mm）	体长（mm）	主要特征
1	0.6~0.9	3~8	头部褐色，体灰褐色，渐变浅黄色，腹部第二至第五节两侧有 4 个明显的黑褐色斑点
2	1.0~1.3	8~14	体棕黄色，混有白色小点，中后胸具 1 条深褐色斑，腹部第四和第五节间有蝶形灰白色斑
3	1.5~1.7	11~20	体黑褐或棕褐色，中后胸出现 2 条黑色毒毛带
4	1.9~2.4	17~32	头黑色，腹部各节背面出现白色小点 4 个，排成四分形
5	2.6~3.1	27~50	头黑褐色，各节有黑色横纹出现，腹部各节背面有 2 丛发达的刚毛束，体侧密生白色长毛
6	3.4~3.7	40~61	体黑色，中胸至腹部第八节气门上方纵带上各有白色斑点，其余同 5 龄

资料来源：《园艺昆虫学》，祝树德和陆自强，1996

（三）发生规律

1. 生物学习性

发生世代数随地理分布有较大差异。一般每年可发生 2~4 代。但在同一地区，也常有世代分化现象。河南省南部每年发生 2 代，长江流域各省每年发生 2~3 代，福建、台湾及珠江流域每年发生 3~4 代。以 3~5 龄幼虫在树皮裂缝、树下杂草丛内、石砾或针叶丛中越冬。各代发生期在同一地区相对稳定，在不同地区的出蛰和入蛰期，以及各代孵化、结茧期见表 17-6。

表 17-6 马尾松毛虫在不同地区的发生期

地 点	代 数（代/年）	发生期（月/旬）									入蛰期
		越冬代		第1代		第2代		第3代		第4代	
		出蛰	结茧	孵化	结茧	孵化	结茧	孵化	结茧	孵化	
河南固始	2	3/下	5/上	5/中	7/中	7/下	—	—	—	—	11/上
重庆	2~3	3/上	4/中	5/中	7/上	7/下	9/上	9/下	—	—	11/中
湖南东安	2~3	2/中	4/中	5/上	7/下	7/下	9/上	9/下	—	—	11/中

（续表）

地　点	代　数（代/年）	发生期（月/旬）									入蛰期
		越冬代		第1代		第2代		第3代		第4代	
		出蛰	结茧	孵化	结茧	孵化	结茧	孵化	结茧	孵化	
江苏南京	2~3	3/上	4/中	5/上	7/中	7/下	9/上	9/下	—	—	11/下
浙江余杭	2~3	2/下	4/中	5/上	7/中	7/下	9/上	9/中	—	—	11/下
广西南宁	3~4	2/下	3/下	4/下	6/上	6/下	8/上	8/下	9/下	10/中	11/下
广东广州	3~4	2/上	3/下	4/中	5/中	6/上	7/中	8/上	9/下	10/上	12/上

资料来源：《园艺昆虫学》，祝树德和陆自强，1996

马尾松毛虫各虫态发育的历期，因地区和世代不同而异。越冬代幼虫蛰伏期：广东不足60d，湖南90d左右，在河南长达120d以上。在湖南，卵期第一代为11d，第二代为7d，第三代7d；幼虫期第一代平均49d，第二代63d；蛹期越冬代平均21d，第一代16d，第二代13d；成虫期越冬代平均7.5d，第一代7d，第二代8d。

成虫羽化、交尾、产卵都在夜间进行。羽化以晚上8—11时最盛，雄蛾羽化盛期比雌蛾早。一般在羽化当夜或次日晚上交尾，大都仅交尾1次，交尾后次日晚产卵。卵多聚产于生长良好的松针或小枝上，在被害重的松针上则很少产卵。卵常排成串珠状或堆成块。每雌产卵80~760粒不等，一般为300~400粒，以越冬代产卵量最多，其次为第二代，第一代最低。成虫产卵量与蛹重呈正相关。林缘或林中稀疏的地区，松树生长健壮，通风良好，卵块密度较大。产卵部位多在树冠的中下部。

成虫的扩散迁移在丘陵地区一般多在300m内，最远的飞翔距离可达1 900m，一天最远可飞600m。成虫有趋光性，雌蛾产卵前趋光性较差。

卵的孵化比较整齐，一个卵块在2~3d内孵化完毕。孵化多从清晨开始，以上午9—11时最盛。卵的孵化率一般在97%以上。

初孵幼虫有食卵壳的习性，然后在附近的针叶上群集取食。幼虫一般为6龄（个别7~10龄）。1~2龄幼虫受惊即吐丝下垂，啃食针叶边缘，使叶丛呈现枯黄卷曲；3~4龄幼虫分散为害，啃食整个松针，受惊后弹跳坠落；5~6龄幼虫有迁移习性，在松树受害严重时，大量的老熟幼虫在地面爬行。遇惊扰即抓紧枝条，头、胸部翘起，以示抵抗。如突然遇到较大的惊动，部分幼虫落地。幼虫的食量较大，每雌虫平均一生可食松针约100束（每两针为一束），折合松针长约30m（马尾松每根松针长约15cm）。5~6龄幼虫的食量占一生总食量的70%~80%，雌虫比雄虫食量多1/3。幼虫老熟后在针叶丛间或树皮裂缝中结茧化蛹，受害较重的松林，常在树下草丛中或其他地被物上结茧化蛹。

2. 发生生态

马尾松毛虫的发生与环境、气候、食料、天敌等关系十分密切。生态条件的变动不仅影响其数量消长，而且影响其发生世代，形成间歇性的猖獗为害。

（1）温湿度。越冬幼虫一般在日平均温度达10℃左右开始活动取食，如遇寒流侵袭，日平均温度突然降到5℃以下，连续几天可使越冬幼虫大量死亡。极端高温，不利于幼虫的生长发育，当地表温度超过40℃时，地面爬行的幼虫将大量死亡。高温影响马尾松毛虫卵的孵化，在32℃气温下，孵化率为40%左右。当相对湿度长期处于75%以下时，卵、幼虫、蛹均不能正常发育。温度22℃、相对湿度90%左右是其生长的适宜环境。5月和8月的温湿系数显著高于历年的平均值时，则有利其猖獗为害。狂风暴雨对初龄幼虫起机械杀伤作用，而长期阴雨，利于病菌繁殖流行，导致幼虫大量死亡。微风细雨反而有利于扩散生存。幼虫在光照充分或长日照下，生长快，发育良好，甚至能增加世代数；反之，生长迟缓，甚至停止发育，进入休眠。

（2）食料。在食料丰富的条件下，幼虫生长健壮，雌性比、蛹长、蛹重、产卵量、世代数增加。食料不足，易引起大量死亡，造成雄性比增高，蛹重减轻，产卵量降低、世代数也减少。松林的受害程度直接影响到马尾松毛虫种群数量的发生动态。当松毛虫大量发生时常常幼虫尚未达到老熟阶段松针就被吃光，由于食料缺乏，幼虫大量死亡，如果幼虫已接近老熟，缺食可促使幼虫提早结茧化蛹，但结茧化蛹率及羽化率都比较低，马尾松针叶内所含成分不同，对松毛虫的生长发育也有影响。第一代幼虫喜欢取食老叶，如果老叶被食尽，连续以幼嫩针叶为食，则发育不良。因为新针叶水分多、含酸量高，同时纤维素、可溶性碳水化合物及蛋白质的含量较少，不利于其生长发育。

（3）天敌。我国松毛虫类的天敌初步调查已知有276种，其中马尾松毛虫的天敌已知的有70种以上，抑制作用较大的有以下5类。①益鸟：有40多种鸟类能吃松毛虫。其中作用较大的有大杜鹃 *Cuculuscanorus* L.、中杜鹃 *C. saturatus* Blyth、灰卷尾 *Dicrurus leucophaeus* Vieillot、大山雀 *Parus major* L.、灰喜鹊 *Cyanopica cyana* Hartert 等。②天敌昆虫：马尾松毛虫的寄生和捕食昆虫天敌很多，寄生蜂已发现不下50种，其中卵寄生蜂有14种以上。分布广、寄生率高的有松毛虫黑卵蜂 *Telenomus dendrolimusi* Chu、松茸毒蛾黑卵蜂 *T. dasychira* Chen、松毛虫赤眼蜂 *Trichogramma dendrolimi* Matsumura 等。幼虫期寄生蜂有松毛虫内茧蜂（红头小茧蜂）*Rogas dendrolimi* Matsumura、黑胸姬蜂 *Hyposoter takagii* Matsumura 等。幼虫—蛹跨期寄生蜂有松毛虫黑点瘤姬蜂 *Xanthopimpla pedator* Fabricius 和舞毒蛾黑瘤姬蜂 *Coccygomimus disparis* Viereck 等。寄蝇已发现10多种，作用比较显著的有蚕饰腹寄蝇 *Blepharipa zebina* Walker、家蚕追寄蝇 *Exorista sorbillans* Wiedemann 和伞裙追寄蝇 *E. civilis* Rondani 等。捕食性天敌还有螽斯、螳螂、猎蝽、胡蜂和蚂蚁等。③真菌：发生最普遍的是白僵菌 *Beauveria bassiana* Balsmo，还有黄僵菌、囊子菌及虫生菌等。④细菌：主要有苏云金杆菌 *Bacillus thuringiensis* 和杀螟杆菌 *Bacillus cereus* 等。⑤病毒：主要有马尾松毛虫核型多角体病毒（NPV）、马尾松毛虫质型多角体病毒（CPV）及马尾松毛虫颗粒体病毒（GV）等。

（4）地形地势与林分状况。在海拔200m以下的丘陵地区，有大面积马尾松纯林，生长较差而稀，植被少，人、畜活动频繁，天敌少，是马尾松毛虫经常猖獗为害的基地。在浅山地带，如山西为200~400m的半山区，湖南为300~500m的山区，广西为400~500m的山地，多为松树纯林，山脚或山洼处有混交林，植被丰富，马尾松毛虫发生数量一般不大，个别年份猖獗为害。在深山地带，如江西海拔400m以上、湖南广西600~700m以上高山区的松林，生长茂密高大。林相复杂、低温多湿、日照短，一般不会发生灾害。马尾松毛虫主要发生在干燥纯松林及 10 年左右的幼林中。这类松林温湿度适宜，生物群落较简单，天敌数量少，不足以控制其为害。而混交林内灌木茂盛、植被丰富，郁闭度大，生物群落复杂，天敌资源丰富，所以能控制其猖獗为害。

（四）防治方法

根据历年的发生情况和环境条件，确定虫灾范围和防治重点，做好虫情监测工作。防治策略上应采取林业技术为基础、生物防治为主导、药剂或其他方法以应急的综合防治措施，以促进园林的生态平衡。

1. 农业防治

（1）加强营林技术措施。在植树造林时，应营造混交林，并注意合理密植。以针叶和阔叶树成块状或带状混交。如在南方使马尾松与木荷、樟树、白栎、枫香、油桐或相思树混交。每亩可植 450 株左右，促使及早郁闭。对已有的疏林地、应补植阔叶树种，保持林分郁闭。抚育时，要防止过度间伐或修枝，林内要适当保持一定的杂灌木和植被。注意选育抗性树种，有条件的地区可考虑多栽种黑松、火炬松、湿地松等，这些树种林学性能优良，相对马尾松而言，对松毛虫有一定程度的抗性。

（2）人工捕捉。在虫灾面积小和零星分散的幼林，可组织劳力捕杀幼虫、摘茧、采卵。

2. 物理防治

用高压电网灯、黑光灯、普通电灯都有较好的诱杀效果。如果常年坚持设灯，可大大降低虫口密度。采用水盆式诱捕器，用马尾松毛虫性外激素的诱捕效果最好。

3. 生物防治

（1）可选用含孢量 100 亿个/g 的苏云金杆菌悬浮剂 500 倍液喷雾，宜在温度较高的季节使用。

（2）有条件的地区，用人工繁殖的松毛虫赤眼蜂 *Trichogramma dendrolimi* Matsumura 和松毛虫黑卵蜂 *Trichogramma dendrolimusi* Chu，在各代松毛虫产卵初期、盛期和末期分批散放于林间，特别注意在第一、第三代放蜂（第二代为高温季节，放蜂效果不显著），每亩放蜂 5 万~10 万头。

（3）松毛虫的捕食性和寄生性天敌很多，应尽量设法使它们定居和繁衍，禁止破坏林内杂灌木和植被，或适当地栽植野生果树和灌木，冬季或初春使用寄生蜂保护器。适时在小范围内使用化学农药，尽量减少杀伤天敌。在鸟类繁殖期间禁止破坏鸟巢，损害鸟蛋和幼鸟，防止枪杀鸟类，还可利用人工巢箱招引益鸟，使更多的益鸟在林内定居繁殖。此外，还可在林内引移食虫蚂蚁，拟黑多刺蚁 *Polyrhachis dives* Smith 防治松毛虫有明显的效果。

4. 化学防治

松毛虫在 3~4 龄时抗药性极弱，是化学防治的最佳时机。在使用农药时要注意作用方式、混合使用和交替轮换使用，以延缓松毛虫的抗药性。可选用 50%马拉硫磷乳油 1 000 倍液、50%杀螟硫磷乳油 1 000 倍液、25%灭幼脲悬浮剂 1 000~2 000 倍液、20%虫酰肼悬浮剂 1 000~2 000 倍液喷雾。

十九、榆琉璃叶甲

（一）分布与为害

榆琉璃叶甲 *Ambrostoma fortunei* Baly，又名榆夏叶甲、琉璃金花虫，属鞘翅目叶甲科。主要分布在江西、浙江、江苏、福建、湖南、河南、贵州等地。为害榆树。成虫、幼虫都能为害刚萌发的嫩芽，啃食枝梢皮层及叶片。

（二）形态识别

榆琉璃叶甲的形态特征如图 17-14 所示。

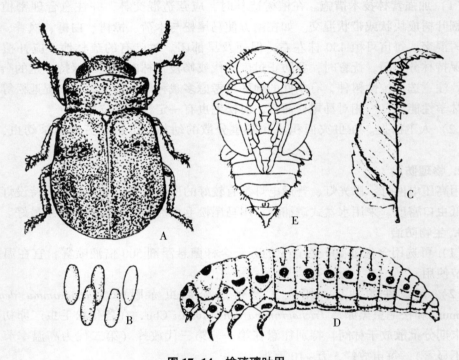

图 17-14　榆琉璃叶甲
A. 成虫；B. 卵；C. 产于叶背的卵；D. 幼虫；E. 蛹
（仿祝树德和陆自强，1996）

成虫：雌成虫体长约 11mm，雄成虫 10mm。椭圆形，背面隆起，蓝绿色，有紫红色光泽。头部宽，触角 11 节，紫黑色。前胸背板横宽，呈矩形，前缘角向前突出，后缘角尖锐，中部刻点稀疏，近两侧的凹洼内有许多刻点，鞘翅长达腹末，鞘翅上刻点有规则地略排成双行。后翅膜质，呈淡桃红色，折放在前翅下。

卵：长椭圆形，长约 1.9mm，褐色。

幼虫：老熟幼虫体长 10~11mm，全体黄绿色，背线暗绿色，各节中部有横皱纹 1 条。头部有黑点 6 个，头顶的 2 个最大。前胸前面中央有 2 个黑点。中胸两侧各有两个黑点，前面的 1 个较小。后胸两侧各有黑点 1 个。3 对足基部外侧各有黑点 1 个。腹部各节的气门的周围黑色，向末端黑圈渐小。

蛹：蛹长 6~9mm，淡黄色，头部颅侧区有 1 毛片，足及 4 翅外露，腹部各节两侧有稀疏白毛。

（三）发生规律

榆琉璃叶甲一年 1 代，以成虫在榆树枯叶中、枝杈下或攀缘植物的缠绕处越冬。在江西 3 月底榆树萌发新芽时，越冬成虫开始出蛰取食，交尾产卵。每次交尾历时 2 ~ 32h，一般为 8 ~ 9h。每天可连续交尾 2 ~ 3 次。卵产于小枝或叶背面，竖立聚生，排成 2 行。每块卵 5~33 粒，平均 14 粒。每产 1 块后隔 3~4d 再产，产卵期可持续 2 个月，每雌平均产卵 128 粒。卵期 6~14d。

幼虫 4 月上旬始见。初孵幼虫分散栖息于叶的背面，食害嫩叶，从边缘开始取食，造成不规则缺刻，幼虫渐长，能将全叶吃光，仅留叶脉。幼虫期 16~19d，4 月底至 5 月初开始化蛹。幼虫老熟后沿树干下行，入土做土室化蛹。入土深度与土壤质地有关。黏土较壤土浅。在榆树生长含腐殖质较多的黏土中，幼虫入土深度为 3~7cm，距主干周围 7~19cm 的土中化蛹的最多。预蛹 6~8d，蛹期 8~11d。5 月上中旬于 7 月上中旬陆续羽化为成虫。越冬成虫产卵后相继死亡。新羽化的成虫有越夏习性，在天气炎热时，常躲在小枝杈处不动，天气转凉，又外出取食。成虫不善飞翔，有假死性。到 11 月中下旬成虫开始蛰伏越冬。

（四）防治方法

1. 农业防治

榆琉璃叶甲食性单一，在营造林荫带或行道树时，将榆树与其他林木混交，能减轻其为害。早春越冬成虫上树时，振落捕杀，或利用其越夏和假死性捕杀。

2. 化学防治

在早春成虫出蛰后和幼虫孵化盛期，可选用 50% 马拉硫磷乳油 1 000 倍液、50% 吡虫·杀虫单水分散粒剂 600~800 倍液喷雾。近成虫出土前在树干基部撒一圈 3~4cm 宽的药带防治成虫。

二十、樟叶蜂

（一）分布与为害

樟叶蜂 *Mesonura rufonota* Rohwer，属膜翅目叶蜂科。我国分布于广东、广西、福建、浙江、上海、江苏、江西、湖南、四川、台湾等省区市。寄主植物为樟树。

（二）形态识别

樟叶蜂的形态特征如图 17-15 所示。

成虫：雌成虫体长 7~9mm，翅展 16~18mm，雄虫比雌虫略小。头部黑褐色，触角丝状。中胸背板发达，棕黄色，有"X"形花纹。前胸背板、中胸背板中叶和侧叶小盾、盾片附器、后小盾片和中胸腹板均黑色。腹部蓝黑色有光泽。雌虫腹部末端锯鞘黑褐色，具 15 个锯齿。

卵：肾形，长约 1mm，乳白色，近孵化有黑褐色眼点。

幼虫：浅绿色，全体多皱纹。头黑色，胸部及第一、第二腹节背面密布黑色小点。胸足黑色间有浅绿色斑纹。老熟幼虫长15~18mm。

蛹：长椭圆形，浅黄色，长6~10mm，茧长椭圆形，黑褐色，丝质，长8~14mm。

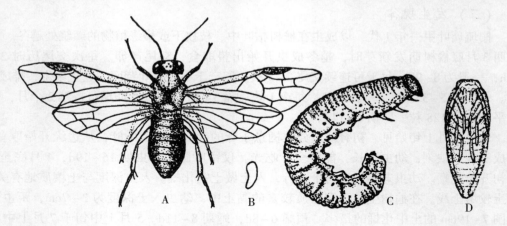

图17-15 樟叶蜂
A. 成虫；B. 卵；C. 幼虫；D. 蛹
（仿张执中，2001）

（三）发生规律

樟叶蜂在江浙一带一年发生1~2代，上海一般发生2代，南方各地一般2~3代。据广州室内观察，一年可以完成7代。以老熟幼虫在土内结茧越冬。樟叶蜂幼虫有在茧内滞育现象，第一代幼虫老熟入土结茧后，有的可滞育到第二年才继续发育。有的当年化蛹后，成虫繁殖第二代。同一地区，发生的世代数可不同。上海、浙江4月上中旬出现成虫。

成虫白天羽化，以上午10时至中午12时为多。其活动交尾产卵也在白天进行。交尾后即可产卵。卵散产于嫩叶组织内，产卵时以产卵器的锯齿将叶片下表皮锯破，卵即产在锯痕内。产卵处叶表微微隆起，棕色，呈半月形。卵分布于主脉旁和叶片上，成行排列。每雌平均产卵109粒，每叶着卵1~10粒。成虫虽能行孤雌生殖，但后代发育均为雄虫。卵期2.5~11d。

幼虫孵出后即在卵叶上取食叶背表皮和叶肉，留上表皮，稍大后吃叶成孔洞和缺刻，并能转叶为害。幼虫主要取食嫩叶，4龄食量最大。经10~20d老熟幼虫入土结茧，部分幼虫滞育；部分幼虫化蛹，蛹期12d。5月下旬羽化为成虫。6月上中旬第二代幼虫开始为害。滞育的幼虫从数周至一年以上，有的可长达数年之久。据试验，取食新鲜嫩叶的幼虫可不滞育或很少滞育，而取食20年树龄的樟树叶的幼虫，结茧滞育率高达90%。

气温过高，卵和幼虫的死亡率也高，成虫往往失去飞翔能力，不能交尾产卵。因此，7月以后树上很难找到此虫。

（四）防治方法

1. 生物防治

幼虫发生期可选用含孢量100亿个/g的苏云金杆菌悬浮剂500倍液喷雾。

2. 化学防治

第1代幼虫期药剂防治，可选用50%马拉硫磷乳油1 000倍液、0.5%甲氨基阿维菌素苯甲酸盐乳油2 000倍液、5%氟啶脲乳油1 000倍液喷雾。

第二节　刺吸类

一、日本松干蚧

（一）分布与为害

日本松干蚧 *Matsucoccus matsumurae* Kuwana，又名松干蚧、松干介壳虫，属半翅目蚧总科珠蚧科。我国分布于辽宁、山东、江苏、浙江、上海等地。寄主有赤松、油松、黑松、马尾松等。

（二）形态识别

日本松干蚧的形态特征如图17-16所示。

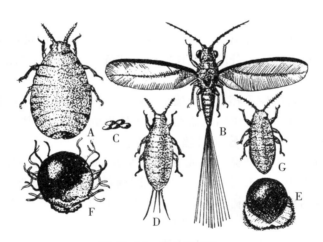

图17-16　日本松干蚧
A. 雌成虫；B. 雄成虫；C. 卵；D. 一龄初孵若虫；
E. 一龄寄生若虫；F. 二龄无肢雌若虫；G. 三龄雄若虫
（仿祝树德和陆自强，1996）

成虫：雌成虫卵圆形，体长2.5~3.3mm，橙褐色，体壁柔韧，体节不明显，头部较窄，腹部肥大。触角9节，口器退化。胸足3对。全身背、腹面有双孔管腺分布。腹末臀裂纵向凹入。雄成虫体长1.3~1.5mm，翅展3.5~3.9mm。头、胸部黑色，腹部淡褐色，触角丝状，10 节。口器退化，复眼大而突出，紫绿色。胸部膨大，前翅发达，膜质半透明，翅面有明显的羽状纹。后翅退化为平衡棒。腹部 9 节，在第八节的背面有一马鞍形的硬片，其上生柱状管腺 10~18 根，分泌白色长蜡丝，腹部末端有一沟状交尾器，向腹面弯曲。

卵：长椭圆形，长 0.24mm，包被于蜡质白色卵囊中，初产为黄到棕黄色，渐加深为棕黄色。

若虫：1 龄若虫橙黄色，长椭圆形。触角 6 节，单眼 1 对，紫黑色。喙圆锥状，口针极长，卷在腹内，腹足发达，3 对，末端有长、短尾毛 1 对。1 龄寄生若虫，头胸部愈合增宽，体变成梨形或心脏形，体背两侧有白色蜡丝，腹面有触角和胸足。2 龄无肢若虫，触角、眼、足等消失，口器特别发达，体周围有蜡粉组成的长蜡丝，雌雄分化。雌虫圆球形，橙黄色；雄虫椭圆形，褐色。3 龄雄若虫，长椭圆形，橙褐色，口器退化。

雄蛹：分前蛹和蛹。前蛹形成翅芽。前蛹蜕皮成为蛹。头胸部淡褐色，眼紫褐色，附肢灰白色。雄蛹包被于白色椭圆形的小茧中。

（三）发生规律

日本松干蚧一年发生 2 代，以 1 龄若虫越冬（或越夏）。各代发生期随早春气温回升的早晚而有差异，越冬代成虫在江、浙、沪地区出现在 3 月下旬至 5 月下旬。山东在 5 月下旬至 6 月中旬。第一代成虫期，山东地区是 7 月下旬至 10 月中旬，而江、浙、沪地区是 9 月下旬至 11 月上旬。第一代 1 龄寄生若虫进入越冬期北方比南方早。

成虫羽化多集中在清晨日出后，以上午 5—9 时最多。雌成虫羽化时，由 2 龄无肢雌若虫背部裂开，逐渐展翅，分泌白色长蜡丝，破茧而出。成虫交尾多在早晨，以早上 6—8 时为盛。雌雄均可多次交尾。

雌成虫交尾后，喜沿树干爬行，于枝丫、翘皮裂缝、球果鳞片或顶芽基部等隐蔽处潜伏不动，由体壁多孔盘腺分泌白色蜡丝包被虫体形成卵囊。交尾后第二天开始产卵于卵囊内。在产卵过程中，继续分泌蜡丝，扩大卵囊。每雌产卵平均 268 粒，最多 600 粒。未经交尾的雌成虫不能产卵。雄成虫交尾后不久死亡，最长的寿命为 1d。雌成虫寿命 5~14d。卵历期 10~15d。同一卵囊的卵陆续孵化，经 3~5d 结束。

初孵若虫甚为活跃，喜沿树干向上爬行，活动 1~2d 后固定于寄主上。蜕第一次皮后，附肢消失，体外分泌蜡丝，显露于树皮裂缝外，是为害严重的时期。

日本松干蚧多集中于枝、干的阴面为害。当虫口密度大时，使植株内皮组织遭受破坏，造成生长缓慢。若虫在松树上寄生有逐年向上转移的习性。其扩散蔓延和远距离传播，主要是通过风、雨和人为活动等途径进行的。

日本松干蚧的天敌有瓢虫、草蛉、花蝽、瘿蚊、食蚜蝇、蚂蚁、蜘蛛、捕食螨等 30 多种。其中松干蚧花蝽 *Elatophilus nipponensis* Hiura、圆果大赤螨 *Anystis baccarum* Linnaeus、蒙古光瓢虫 *Brumus mongol* Barovsky、异色瓢虫 *Harmonia axyridis* Pallas 等作用较大。

（四）防治方法

1. 植物检疫

严禁带有松干蚧的苗木、原木、枝柴调入无虫区。

2. 农业防治

营林防治，封山育林，恢复林分植被，改善生态环境；营造混交林，补植阔叶树或对此虫抗性较强的树种，如红松、樟子松等；及时修枝，清除有虫枝干，造成不适于松干蚧繁殖的条件。

3. 生物防治

保护和利用天敌，减少用药，同时移放瓢虫、花蝽、大赤螨等天敌，也可收集这些天敌散放或进行人工饲养繁殖后散放。

4. 化学防治

（1）药剂涂干对已有日本松干蚧寄生的松树，在气温10℃以上的季节，涂50%毒死蜱乳油3~5倍液。涂药时在树干刮成露出韧皮部的半环交错涂药面，两半环间隔5cm。

（2）打针注药用尖针在树基部成40°~50°角倾斜打入，孔深1~2cm，然后注入30%敌百虫乳油，防治越冬代害虫。小树用乳油0.3~0.6mL，开1孔，加5倍水注入。大树用乳油0.8~1.2mL，开2孔或3孔注入。

（3）适期施药在卵囊盛期至初孵若虫期，可选用50%杀螟硫磷乳油200~300倍液、10%吡虫啉可湿性粉剂1 000~2 000倍液喷雾。

二、日本蜡蚧

（一）分布与为害

日本蜡蚧 *Ceroplastes japonicas* Guaind，又名龟蜡蚧，属半翅目蚧总科蚧科。国内主要分布在江苏、上海、浙江、江西、福建、安徽、湖南、湖北、河南、河北、山东、山西、江西、四川、广东、台湾等省市。据初步统计可为害30科52种植物，主要有大叶黄杨、悬铃木、雪松、构骨、柳、重阳木、红叶李、瓜子黄杨、雀舌黄杨、山茶花、含笑、蜡梅、月桂、女贞、木兰、白兰、夹竹桃、石榴、柿、梨、枣、桃、柑橘、茶、桑等多种花木和果树。

（二）形态识别

日本蜡蚧的形态特征如图17-17所示。

成虫：雌成虫被厚蜡，蜡壳灰白色或黄白色。老熟产卵时呈肉红色，背面隆起，分成几块，半球形，状如龟背。虫体卵圆形，紫红色，触角丝状6节，体长2~3mm。雄成虫体长1.28mm，棕褐色，头、胸面色较深，翅透明，具2条翅脉。

卵：长卵形，纵长0.3mm，初产橙黄色，近孵化紫红色。

若虫：初孵若虫体扁，椭圆形，长0.3~0.5mm。2龄若虫被蜡层，长约1.5mm，体背部被蜡壳覆盖，周缘13个蜡突，呈放射状。若虫后期蜡壳加厚雌雄异态。雌虫介壳椭圆形，背板微隆起，周缘有8个蜡突。雄虫蜡壳为长椭圆形，星芒状，周缘13个

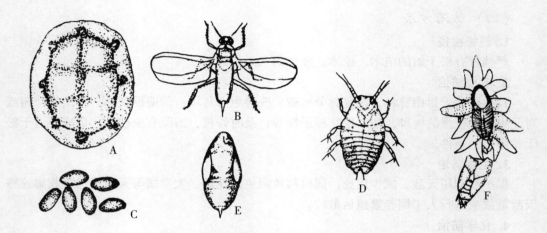

图 17-17　日本蜡蚧

A. 雌成虫；B. 雄成虫；C. 卵；D. 初孵若虫；E. 雄蛹；F. 雄介壳及蛹壳

（仿朱天辉和孙绪艮，2007）

蜡突。

雄蛹：椭圆形，长 1.2mm，紫红色。腹末有明显的交尾器。

（三）发生规律

日本蜡蚧一年发生 1 代，以受精的雌成虫在枝干上越冬。翌年 3 月开始取食，4 月虫体迅速增大，5 月产卵。每雌产卵 1 000~2 000 粒，卵期 21~30d。江浙一带 5 月下旬卵开始孵化，6 月上中旬为孵化盛期，可延续到 8 月初。

初孵若虫先停留在母体下 1~5d 后爬出，离壳时间以上午 10 时到下午 2 时为最多。同一雌成虫所产的卵，从孵化到全部爬出需 15~20d。爬出的若虫先在小枝上活动，并到叶上作短时间取食后再游荡爬动，寻觅定居住所。一般多在叶的正、反面叶脉两侧，叶背更多些。爬行时间约 6~24h，此时常借风力被送至他处。若虫在叶上固定 12~24h，背上出现两列白色蜡点，3d 左右蜡点连成粗蜡条，体周缘出现白色蜡质芒状线，7~10d 从叶片迁回到嫩枝，蜡壳形成。雌若虫蜕皮时，新梢上第二次蜕皮时迁移更甚，在一两个月后大虫常沿叶面的叶脉而固定，大多迁移到枝条上。雄若虫蜕皮时少数移动，一般仍在叶上雄虫 9 月化蛹，9—10 月羽化成虫。雄成虫羽化后，在蜡层下停留 1~2d 后飞出，与雌虫交配，寿命一般 1~3d。

日本蜡蚧的蜡被的形成有星芒状硬质蜡质和龟甲状软质蜡被两个阶段。若虫孵化后 6h 左右开始分泌出蜡质物，15d 左右形成一个初期的星芒状蜡被，以后继续增长和发展。在此期间，雌、雄若虫的蜡被同为星芒状。随着雌雄若虫形态上的分化，在若虫孵化后 40d 左右，蜡被亦开始发生明显分化。若虫的蜡被在原星芒状的基础上继续发展和完善，而若虫则开始分泌出大量的软质新蜡，重新形成一个初期的龟甲状软质蜡被。原星芒状蜡被中心被推至软质蜡被之上，而后脱落。周围星芒被嵌入新蜡被之中，雄虫蜡色泽雪白，质地松脆，熔点 71~73℃，雌虫蜡壳灰白色质地细软油润，熔点 42~44℃。两种蜡被的形成过程与虫龄密切相关。初期星芒状硬质蜡被于 1 龄内形成，初期的龟甲状软蜡被于雌虫的 3 龄初期开始产生。

日本蜡蚧的天敌很多。有重要作用的是红点唇瓢虫 *Chilocorus kuwanae* Silvestri 和蒙古光瓢虫 *Brumus mongol* Barvosky 两种捕食性天敌。此外，还有多种寄生蜂。

（四）防治方法

1. 植物检疫

对苗木、接穗、砧木等做好严格的检疫。

2. 农业防治

结合修剪，剪除有虫枝条，并收集有虫枝梢集中于寄生蜂保护笼中，以发挥寄生蜂的作用。

3. 生物防治

保护和释放天敌，发挥天敌对害虫的控制作用。

4. 化学防治

用药适期在若虫孵化盛期至固着、蜡被盛期前。南方一般在 5 月下旬至 6 月下旬，北方 6 月下旬至 7 月上旬可选用 50%杀螟硫磷乳油 1 000 倍液、4.5%高效氯氰菊酯乳油 800~1 000 倍液、40%螺虫·毒死蜱悬浮剂 1 500~2 000 倍液、10%吡虫啉可湿性粉剂 1 000~2 000 倍液喷雾。在秋冬季节（落叶后不久至发芽前）喷施 10%柴油乳剂，也有较好的防治效果。

三、梧桐木虱

（一）分布与为害

梧桐木虱 *Thysanogyna limbata* Enderlein，又叫青桐木虱，属半翅目木虱科。分布于陕西、河南、河北、山东、江苏、上海、浙江、北京及华南各省市。主要为害青桐，楸、樟也常受害，是行道树、园林和绿化树的主要害虫。成若虫聚集于叶背、幼芽、嫩枝和花序上吸取汁液，使叶片变黄、凋萎、早落。同时，若虫还分泌大量白色絮状蜡丝，诱发煤污病。

（二）形态识别

梧桐木虱的形态特征如图 17-18 所示。

成虫：黄绿色，体长 4~5mm，翅展 12~13mm，雄虫略小。头顶两侧陷入。复眼赤褐色，突出，呈半球形，中胸前盾片上有 2 条浅褐色纵纹，中央有浅沟，盾片上有纵纹 6 条。小盾片浅黄色。翅无色透明，翅脉茶黄色，前缘近端部有 1 褐斑。

卵：纺锤形，一端较尖，长约 0.7mm。初产时为浅黄白色，渐变为黄褐色。

若虫：共 3 龄，1~2 龄体稍扁，略呈长方形。末龄近圆筒形，灰绿色，体被较厚的白色絮状蜡质物，翅芽明显，腹末褐色部位的黄色圆点数目增多。

（三）发生规律

梧桐木虱在江苏南京一年主要发生 1 代，部分 2 代，以产在枝干上的卵越冬。翌年越冬卵孵化与青桐顶芽萌发具有明显的物候联系。4 月中旬末，青桐顶芽萌发，越冬卵开始孵化，顶芽萌发盛期，越冬卵进入盛孵期。卵孵化期相当集中，约 10d。第一代若

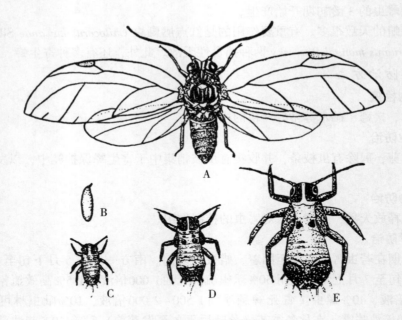

图 17-18　梧桐木虱

A. 成虫；B. 卵；C. 一龄若虫；D. 二龄若虫；E. 三龄若虫

（仿朱天辉和孙绪艮，2007）

虫发生期为 4 月中旬末至 6 月上旬，盛期是 5 月上中旬。第一代为主害代，5 月中旬至 6 月上旬为害最重。成虫发生期从 5 月中旬至 7 月上中旬。第二代卵发生期为 5 月下旬至 7 月下旬，成虫发生于 6 月至 11 月上旬。第二代成虫 7 月下旬开始产卵，成虫产卵于枝干上越冬。据观察，第一代成虫产于叶背上的卵当年能孵化为第二代，产于枝干上的卵则滞育越冬。梧桐木虱每年以发生 1 代为主，2 代种群密度极低。

　　第一代成虫产的非滞育卵，在平均温度 26.5℃时，卵历期 15.6d。初孵若虫沿枝条爬行到嫩枝叶背栖息。若虫爬行迅速，有群集性。第一代 1 龄若虫期 13.8d，2 龄 5.8d，3 龄 8.4d。

　　1 龄若虫多栖息在叶脉的附近或交叉处，在叶面上取食。2~3 龄若虫一般群栖在叶背基部，多从叶脉上取食。若虫的蜡腺孔的数目和大小随虫龄的增加而增加，2~3 龄若虫都匿居于自身所分泌的堆积成丛的白色蜡质物中。若虫取食的同时还排泄蜜露，蜜露滴随取食量逐渐增大，带黏滞性，虫体爬动时常拖成一长柄，随腹部的摆动而摆动。

　　成虫无趋光性，通常很少飞行，主要靠爬行觅食寻偶。当前进遇阻时，则向后跳或原地跳动。当遇碰触时，则迅捷飞走。成虫繁殖能力强，每雌最高产卵量 1 701 粒，平均 560 粒。卵散产于叶片的背面或枝条的表面。交配时虫体并列或相交成一定的夹角，雌虫一生多次交配并连续产卵。

　　已知天敌有 2 种草蛉和 3 种瓢虫，可以捕食此虫的若虫和卵。寄生若虫的还有两种寄生蜂。大草蛉 *Chryso papallens* Rambur 对梧桐木虱的控制作用最大。

（四）防治方法

1. 生物防治

注意保护利用瓢虫、草蛉、寄生蜂等天敌昆虫。此外，可选用 1.8%阿维菌素乳油 2 000 倍液喷雾。

2. 化学防治

（1）冬季或早春修除侧枝留主枝，用石硫合剂涂抹以防除越冬卵。也可选用 65% 矿物油乳剂 8 倍液喷雾。

（2）大发生时，可选用 5%吡虫啉乳油 1 500 倍液、4.5%高效氯氰菊酯乳油 2 000 倍液喷雾。防治适期一般掌握在 5 月上旬越冬卵孵盛期大草蛉幼虫大量发生前。

四、栾多态毛蚜

（一）分布与为害

栾多态毛蚜 *Periphyllus koelreuteria* Takahashi，属于半翅目毛蚜科，在我国主要分布于华中、华东及华北地区。该虫是为害栾树的主要害虫之一，主要以成蚜、若蚜群集吸食栾树的嫩芽、嫩叶、嫩梢等幼嫩部位，使得叶片生长不良或蜷缩。栾多态毛蚜发生严重时，虫体会布满嫩枝，造成枝条生长停滞，甚至枯死。同时，该蚜分泌的蜜露常使树冠下路面黏泞，污及行人。其分泌的蜜露会覆盖在枝叶表面，形成一层油质胶状物，极易诱发叶片和下层灌木产生煤污病，进而影响其观赏价值。

（二）形态识别

无翅孤雌蚜：体长约 3.0mm，宽约 1.6mm，长卵圆形。体黄褐、黄绿或墨绿色，触角、足、腹管和尾片黑色。胸背有深褐色毛瘤 3 个，呈三角形排列，两侧有月牙形褐色斑。尾毛 27~32 根，触角第三节有毛 23 根和感觉圈 33~46 根。

有翅孤雌蚜：体长约 3.3mm，宽约 1.3mm，翅展为 6.0mm 左右。头和胸部黑色，腹部黄色，第一至第六腹节中、侧斑融合成各节黑带，体背有明显的黑色横带。

越夏滞育型蚜：初龄的越夏型蚜身体很小，体圆而扁平。典型特征是身体多个部位具有叶状体，其中头顶 4 个，中胸及后胸侧面各 1 个，腹侧 9 个，触角第一节上 2 个，触角第二节上 1 个，腿节上 1 个，前足胫节上 6 个，中足胫节上 7~9 个。此外，越夏蚜的腹部背板上还具有斑纹。

卵：椭圆形，深墨绿色。

若蚜：浅绿色，外观与无翅成蚜相似。

（三）发生规律

栾多态毛蚜的年生活方式属于全周期越夏式，一年发生数代，条件适宜时，5~7d 即可完成一代，若虫共 4~5 龄。以卵在芽缝、树皮裂缝及枝条折断处越冬。3 月上中旬越冬卵孵化为干母，成熟后干母在树枝上移动，每遇叶芽处就产生几头幼蚜，可产生 100 头以上的有翅和无翅孤雌蚜。4 月中下旬出现大量有翅蚜，进行迁飞扩散，虫口大增。4 月中下旬至 5 月为害最严重，枝条嫩梢、嫩叶布满虫体，吸食树木养分，受害枝梢弯曲，叶片卷缩。严重时人在树下行走感觉树在"下雨"，树枝、树干、地面都洒有许多蜜露，既影响树木生长，又影响环境卫生。5月中下旬在栾树叶背面产生越夏滞育型蚜，不食不动，静伏在叶背面4~5个月，身体不长大。9月越夏蚜开始生长，经4次蜕皮成长为性母。10月中下旬产生有性蚜，即有翅胎生雄蚜和无翅胎生雌蚜，交尾后在树上产卵越冬，产卵盛期在11月中下旬，每雌产卵量约为12粒。次年早春，随着栾树芽苞的生长发育，陆续孵化，繁殖为害幼芽、嫩叶。

（四）防治方法

1. 农业防治

主要是做好栾树修剪工作，合理修枝。在4月及时剪掉虫枝或虫害严重的萌生枝，不但可以消灭初发生尚未扩散的蚜虫，还可以保持通风透光，以利于减少虫口密度；入秋后进行适当修剪，剪掉一部分顶端小枝条，减少越冬虫口数量；在10月下旬，有性蚜在树上产卵准备越冬的这段时间，可以采用高压水枪冲洗树干树枝、用扫把清洗树干等措施，能够有效杀死准备产卵的蚜虫以及已产出的虫卵。

2. 生物防治

注意保护和利用瓢虫、草蛉等天敌，充分发挥天敌对蚜虫的控制作用；蚜虫发生严重时，可选用1%苦参碱可溶液剂1 500~2 000倍液、1.8%阿维菌素乳油1 500~2 000倍液、5%除虫菊素乳油1 000~2 000倍液、10%烟碱水剂500~1 000倍液喷雾。

3. 化学防治

在早春树木发芽前，对于越冬虫卵多的树木，可选用25%吡蚜酮可湿性粉剂2 000倍液喷雾；在发生为害期，可选用10%吡虫啉可湿性粉剂1 500倍液喷雾；在有性蚜交尾、产卵过冬的这段时间，可选用4.5%高效氯氰菊酯乳油2 000倍液、2.5%溴氰菊酯乳油2 000倍液、2.5%高效氯氟氰菊酯微乳剂2 000~3 000倍液喷雾。

第三节　钻蛀类

一、桑天牛

（一）分布与为害

桑天牛 *Apriona germari* Hope，全国各地均有分布，寄主数十种。主要为害桑、白榆、枸、杨、旱柳、海棠、樱花、无花果、枫杨、油桐、山核桃、柞、柑橘、枇杷等林木和果树。

（二）形态识别

成虫：体长26~51mm，体宽8~16mm。体和鞘翅都为黄褐色，密被黄褐色茸毛。头顶隆起，中央有1纵沟。雌成虫触角稍长于体，雄虫则超出体长2~3节。触角第一、第二节呈黑色，从第三节起每节基部约1/3灰白色，端部黑褐色。前胸背面有横行皱纹，两侧中央各有1刺状突起。鞘翅内外端角为刺状突出。基部密生颗粒状小黑点。

卵：扁平，长椭圆形，长5~7mm，一端细长，略弯曲，乳白色，近孵化时变为淡褐色。

幼虫：圆筒形，乳白色。老熟时体长 45~60mm。前胸特别发达，硬皮板后半部密生棕色颗粒小点，其中央夹有 3 对尖叶状凹陷纹，似"小"字纹。

蛹：纺锤形，长约 50mm，淡黄色。第一至第六节背面两侧各有 1 对刚毛区，翅芽达第三腹节，尾端较尖削，轮生刚毛。

（三）发生规律

桑天牛在南方每年发生 1 代，江苏、浙江等省 2 年 1 代；在北方 2 年或 3 年完成 1 代。以未成熟幼虫在树干孔道中越冬。2~3 年 1 代时，幼虫期长达 2 年，至第二年 6 月初化蛹，6 月下旬羽化。7 月中上旬产卵高峰，下旬孵化。每年 1 代的地区，越冬幼虫 5 月上旬化蛹，下旬羽化，6 月上旬产卵，中旬孵化。

成虫于 6—7 月羽化后，一般晚间活动，高峰在晚上 8—10 时。有假死性，喜食新枝树皮、嫩叶及嫩芽。伤痕边缘残留绒毛状纤维物，如枝条四周皮层被害，即凋萎枯死，被害伤痕呈不规则条状。补充营养寄主对产卵、成虫寿命有影响，以桑树、构树饲养食量大，产卵多，寿命长，而榆树、杨树、苹果树饲养基本不产卵。卵多产在直径 10~30mm 粗的 1 年生枝条上，产卵部位距地面 110~180mm，2~3 年生幼树主干占总产卵量的 89%。先咬破树皮和木质部，形成长"U"形伤口，然后产卵于其中。卵多产于夜间，每夜产 4~5 粒。每雌虫约产卵 100 多粒。卵经两周左右孵化，初孵幼虫即蛀入木质部，逐渐侵入内部，向下蛀食成直的孔道。孔道的横断面略呈扁形，每隔 3~5cm 距离，向外蛀一排粪孔，见有新鲜粪屑者其内必有幼虫。老熟幼虫常在根部蛀食，化蛹时头向上方，以木屑填塞蛀道上下两端。蛹经 25~30d 羽化，从已咬成的圆形羽化孔外出。成虫寿命可逾 80d，到 11 月间即少见。不同杨树受害不一。1~3 年生被害率 3.2%，4~5 年生被害率 35.4%，6~8 年生被害率 51.2%。随着树龄增长主干被害率有下降趋势。离虫源田（桑园）近的林木受害重，远者则轻。

（四）防治方法

1. 农业防治

（1）捕捉。成虫天牛成虫羽化后，一般有补充营养阶段。根据各种天牛活动规律，可捕捉成虫。如星天牛等多于中午前后啃食嫩枝皮并觅偶交尾，并喜在叶枫、柑橘、紫薇、苦楝、枣、悬铃木等树冠顶端向阳处活动，每天上午 11 时至下午 2 时，可进行人工捕捉。云斑天牛等以夜出性为主，产卵部位亦低，可在其交尾、产卵高峰时用手电照明捕捉，效果极佳。

（2）灭卵。根据天牛产卵部位，在各种天牛产卵盛期，在树干上寻找产卵痕，发现后用硬物进行击毁。此法防治效果好，工效高，对卵、初孵幼虫都有效。

（3）钩除幼虫。星天牛以 8—9 月钩除新孵幼虫最适宜，伤痕小，愈合快，收效大，工效高。钩除时，首先要寻找干部有新鲜排泄的孔洞，此时大多为 1~2 龄初孵幼虫在皮层活动阶段，用嫁接刀即能挑出初孵幼虫，3 龄后蛀入木质部，则需用钢丝钩钩虫，但伤口尽量做到越小越好。发现新鲜排粪孔可用铁丝刺死或钩捉。

（4）园艺技术。加强养护管理，进行合理疏枝修剪，使树木通风透光，可降低产卵率。选种对天牛有抗性的意大利杨对防治天牛有一定作用。对历年来受天牛为害的老树，其树枝折断或枯死，而体内还残留很多幼虫者，应及早淘汰伐除，柴堆也应及时处理掉。桑天牛发生重的地区，淘汰桑树、枸树可明显减轻为害。另外用石硫合剂进行树干涂白也可预防天牛产卵。

2. 生物防治

保护招引食虫益鸟，人工繁放肿腿蜂、蚜茧蜂等；通过束草招集花绒坚甲，然后引渡到有星天牛为害的树木上；应用昆虫病原线虫小卷蛾斯氏线虫 *Steinernema carpocapsae*，用海绵小块蘸稀释后的线虫液（5 000条/mL），在8月底堵洞对桑天牛防效高达95%以上；可选用含孢量400亿个/g球孢白僵菌可湿性粉剂1 500~2 500倍液喷雾（防治成虫）或注入产卵孔（防治幼虫）。

3. 化学防治

发现新鲜蛀孔（或通气孔），先用嫁接刀将虫粪、木屑清除，然后注射50%杀螟硫磷乳油50倍液，从上向下注射或将5%溴氰菊酯微胶囊剂注入孔内，再用湿泥封死蛀孔和出气孔，成虫期可选用3%高效氯氰菊酯微囊悬浮剂200~600倍液、3%噻虫啉微囊悬浮剂1 000~2 000倍液喷雾。

二、星天牛

（一）分布与为害

星天牛 *Anoplophora chinensis* Forster，又名柑橘星天牛，是观赏绿化树木的重要害虫。寄主有50多种，如悬铃木、柳、杨、榆、槐、桑、核桃、乌桕、苦楝、梧桐、楸、月季、樱花、桃、柑橘等。

（二）形态识别

星天牛的形态特征如图17-19所示。

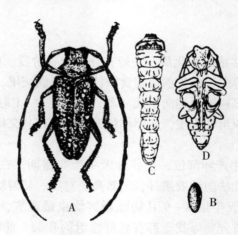

图17-19 星天牛
A. 成虫；B. 卵；C. 幼虫；D. 蛹
（仿祝树德和陆自强，1996）

成虫：体长 19~41mm，宽 6.0~13.5mm。雌大雄小，体漆黑，带金属光泽，头部和体腹面被银灰色和部分蓝灰色细毛，但不形成斑纹。触角第 1~2 节黑色，其他各节基部 1/3 有淡蓝色毛环，其余部分黑色。雌虫触角超出体 1~2 节，雄虫触角超出身体 4~5 节。鞘翅基部有黑色小颗粒，前翅具大小白斑约 20 个，排成 5 横行。斑点变异较大，有时很不整齐，不易辨别行列。

卵：长椭圆形，长一般 5~6mm，宽一般 2.2~2.4mm。初产时白色，以后渐变为浅黄白色。

幼虫：体长 38~60mm，乳白色至淡黄色。头部褐色，长方形，中部前方较宽，后方缢入。前胸略扁，背板骨化区呈"凸"字形。凸字形纹上方有两个飞鸟形纹。主腹片两侧各有 1 块密布微刺突的卵圆形区。

蛹：纺锤形，长 30~38mm，初为淡黄色，羽化前各部分逐渐变为黄褐色至黑色。翅芽超过腹部第三节后缘。

（三）发生规律

星天牛在江苏、浙江、上海地区一年发生 1 代，以幼虫在被害寄主木质部内越冬。越冬幼虫次年 3 月以后开始活动，至清明前后有排泄物出现。多数幼虫建成长 3.5~4.0cm，宽 1.8~2.3cm 的蛹室和直通表皮的圆形羽化孔，虫体逐渐缩小，不取食，伏于蛹室内。4 月上旬气温稳定在 15℃ 以上时开始化蛹，5 月下旬化蛹基本结束。蛹期长短各地不一，一般 20d 左右。5 月中下旬成虫开始羽化，6 月中上旬到 7 月上旬为成虫出孔高峰。成虫羽化后在蛹室停留 4~8d，待体变硬后才从圆形羽化孔外出，啮食寄主幼嫩枝梢树皮作补充营养。一般雄虫出现早，雌虫稍迟，羽化 10~15d 后才交尾。雌雄虫可多次交尾，交尾后 3~4d，于 6 月上旬，雌成虫在树干主侧枝下部或茎干基部露地侧根上产卵，7 月中上旬为产卵高峰，以树干基部向上 10cm 以内为多。产卵前先在树皮上咬深约 2mm，长约 8mm 的"丁"形或"八"形刻槽。再将卵管插入刻槽一边的树皮夹缝中产卵。每一刻槽产 1 粒，产卵后分泌一种胶状物质封口。每雌虫一生可产卵 91~325 粒，平均 194 粒。产卵量与体长呈正相关。每天产卵集中在上午 9—10 时，下午 2—3 时。成虫寿命 40~90d，平均 78d，从 5 月下旬开始到 7 月下旬均有成虫活动。飞翔距离可达 40~50m。

星天牛卵期 9~15d，于 6 月中旬孵化，7 月中下旬为孵化高峰。幼虫孵化后，即从产卵处蛀入，1 龄幼虫在树皮内侧韧皮部取食，形成不规则的扁平虫道，虫道中充满虫粪。受害的悬铃木上有深褐色似酱油状的树液向下流淌。2 龄后（约 1 个月后），开始向木质部蛀食，蛀至木质部 2~3cm 深度转向上蛀。上蛀高度不一，蛀道加宽，并开有通气孔，从中排出粪便，并杂有木屑，极易辨认。9 月下旬后，绝大部分幼虫已成长至 3 龄，转头向下，顺着原虫道向下移动，至蛀入孔后，再开辟新虫道向下蛀进，并在其中为害和越冬。整个幼虫期长达 10 个月。虫道长 50~60cm。还有部分虫道在表层盘旋或环状蛀食，能使几米高的花木当年枯萎死亡。

星天牛的天敌有天牛茧蜂 *Parabrulleia shibuensis* Matsumura、桑天牛长尾啮小蜂 *Aprostocetus fukutai* Miwa et Sonan 等，蚂蚁搬食幼虫，蠼螋取食幼虫和蛹，此外幼虫体上有多种寄生菌。

（四）防治方法

参阅桑天牛的防治方法。

三、光肩星天牛

（一）分布与为害

光肩星天牛 *Anoplophora glabripennis* Motsch，主要为害樱花、柳、榆、槭、刺槐等树种，是国内广布性害虫，但北方多于南方。

（二）形态识别

成虫：体黑色，有光泽，体长 20~35mm，宽 7~12mm，雌大雄小。头部比前胸略小，自后头经头顶至唇基有 1 条纵沟，以头顶部分最为明显。自第三节开始，触角各节基部均呈灰蓝色。雌虫触角约为体长的 1.3 倍，最后一节末端为灰白色。雄虫触角约为体长的 2.5 倍，最后一节末端为黑色。前胸两侧各有 1 刺状突起，鞘翅上各有大小不同的由白色绒毛组成的斑纹 20 个左右。鞘翅基部光滑，无粒状突起。这是在形态上与星天牛的基本区别。

卵：乳白色，长椭圆形，长 5.5~7.0mm，两端略弯曲，将孵化时变成黄色。

幼虫：初孵化时为乳白色，取食后呈淡红色。老熟幼虫体带黄色，体长约 50mm。前胸大而长，其背板后半部颜色较深，呈"凸"字形，其上方无鸟纹。前胸腹板主腹片两侧无骨化的卵形斑。

蛹：全体乳白色至黄白色。体长 30~37mm，宽约 11mm，附肢颜色较浅。前胸背板两侧各有侧刺突 1 个。翅芽尖端达腹部第四节，腹面呈尾足状，其下面及后面有若干黑褐色小刺。

（三）发生规律

光肩星天牛在长江中下游地区一年发生 1 代，极少两年 1 代。以 1~3 龄幼虫越冬。翌年 3 月下旬开始活动取食，有排泄物排出，4 月底 5 月初开始在隧道上部作蛹室，经 10~40d 后至 6 月中下旬化蛹，蛹期 20d 左右。

羽化为成虫后，在蛹室内停留 7d 左右，然后咬 10mm 左右的羽化孔飞出。成虫飞出后在 8~12 时最活跃，取食寄主植物的嫩枝皮作为补充营养。经 2~3d 后交尾。以 8~14 时为多，成虫一生可交尾数次。成虫产卵亦在 12~14 时为多。产卵前，成虫用上颚咬成 1 椭圆形刻槽，然后把产卵管插入韧皮部与木质部之间将卵产出。每一刻槽产卵 1 粒，产卵后分泌一种粘胶状物把产卵孔堵住，产卵疤痕为椭圆形或唇形。每雌虫产卵 30 粒左右，从树的根际开始直至树梢直径 4mm 处均有刻槽分布，主要集中在二年生枝丛和树干枝杈及萌生枝条的地方。树皮刻槽并不全部产卵。空槽无胶状物堵孔，易区别。成虫飞翔力弱，敏感性不强，容易捕捉。趋光性也弱，仅能诱到个别成虫。成虫寿命，雌虫为 40d 左右，雄虫 20d 左右。卵期在夏季 10d 左右，少数秋后产的卵可滞育到第二年才孵化。

幼虫孵出后开始取食腐坏的韧皮部，并将褐色粪便及蛀屑从产卵孔中排出。3 龄后幼虫在树皮下取食约 3.8cm² 后，开始蛀入木质部，从产卵孔中排出白色的木丝，起初隧道最长约 15cm，最短 3.5cm，平均 9.6cm。在蛀入木质部后往往仍回至韧皮部与木质部之间取食，使树皮陷落，树体生长畸形。

光肩星天牛喜寄生于杨树、柳树和糖槭树上，能使成片糖槭树毁灭。光肩星天牛天敌有花绒坚甲 *Dastarcus helophoroides* Fairmaire 和斑啄木鸟 *Picoides major* L.。

（四）防治方法

参阅桑天牛的防治方法。

四、云斑天牛

（一）分布与为害

云斑天牛 *Batocera horsfieldi* Hope，也是观赏、绿化树木的主要害虫。寄主 60 种以上，主要为害白腊、泡桐、女贞、乌桕、枫杨、桉树、柳、杨、榆、桑、核桃、枇杷、无花果、板栗、麻栎、木麻黄等行道树和庭园树。全国广为分布，但南方多于北方。

（二）形态识别

云斑天牛的形态特征如图 17-20 所示。

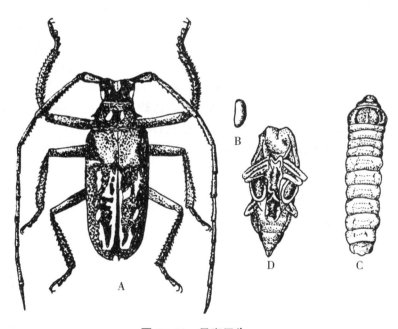

图 17-20 云斑天牛

A. 成虫；B. 卵；C. 幼虫；D. 蛹

（仿祝树德和陆自强，1996）

成虫：体型较大，体长 32~65mm，体宽 9~20mm。体黑色或黑褐色，密被灰白色绒毛。前胸背板中央有 1 对近肾形白或枯黄色斑，两侧中央各有 1 个粗大尖刺突。小盾片半圆形，密被灰白色绒毛。鞘翅上有排成 2~3 纵行 10 余个云片状斑纹，斑纹的形状和颜色变异很大，色斑呈黄白色或杏黄、橘红色混杂，翅中部前有许多小圆斑，或斑点扩大，亦呈云片状斑纹，翅末端微向内斜切，外端钝圆或略尖，内端角短刺状。触角从第二节起，每节都有许多细齿。雌虫触角较体略长，雄虫触角超出体长 3~4 节。翅基部有颗粒状光亮瘤突，约占鞘翅 1/4。体两侧由复眼后方起至最后一腹节各有 1 条白色绒毛组成的纵带。

卵：长 6~10mm，长椭圆形，稍弯。淡黄色。

幼虫：体长 70~80mm，乳白色至淡黄色，头部深褐色，前胸硬皮板淡棕色，略呈方形，前沿中部稍外凸，近中线有 2 个小黄点，点上各生刚毛 1 根。

蛹：长 40~70mm，乳白至淡黄色。腹部第一至第六节背面中央两侧密生棕色刚毛，末端锥状，尖端斜向后方。

（三）发生规律

云斑天牛在我国各地均 2~3 年完成一代。以幼虫和成虫在蛀道蛹室内越冬。成虫于翌年 4 月中旬咬 1 圆形羽化孔，至 5—6 月陆续飞出树干，进行取食、交尾、产卵。成虫食叶及新枝嫩皮补充营养，昼夜均能飞翔活动，但以晚间活动、产卵为多。晚上 8—11 时为交尾、产卵高峰。卵大多产于树干离地面 1.7m 左右处，在直径 10~20cm 大的树干上，周围一圈可连续产卵 5~8 次。先头朝下在树皮上咬成圆形或椭圆形小指头大小的浅穴，然后调头将产卵管从小孔插入寄主皮层，产卵于浅穴上方。每穴产卵 1 粒。每雌虫产卵 40 粒左右。成虫寿命包括在树体内停留的时间约 9 个月，但从羽化孔飞出后仅 40d 左右，受惊动时坠落地面。卵期 9~15d，初孵幼虫先在韧皮部或边材蛀成"△"状蚀痕，被害部分树皮外张，不久即纵裂，由此排出较长的粪屑。其后渐蛀入木质部，深达髓心，再转向上蛀，蛀道略弯曲。老熟幼虫在蛀道末端做蛹室化蛹。部分蛹当年 8 月可羽化。成虫在蛀道内可生活 9 个月左右，到翌年 5 月出孔。

天敌有马尾蜂 Eurobracon yokohamae，寄生率较高，对抑制其发生有一定作用。

（四）防治方法

参阅桑天牛的防治方法。

五、六星吉丁虫

（一）分布与为害

吉丁虫属鞘翅目吉丁虫科。本科是木本植物茎干的钻蛀性害虫。蛀道位于树皮下、树皮中或根中，有些幼虫生活在草本植物的茎中，少数潜叶或形成虫瘿。成虫色彩鲜艳，具光彩夺目的金属光泽，多绿、蓝、青、紫、古铜色，身体长形，末端尖削，外形很像叩头虫。幼虫群众称为"溜皮虫"或"串皮虫"。头小，几乎全部缩入胸部。一般为乳白色。蛀木类型的吉丁虫前宽后窄，有扁而膨大的前胸，无胸足。为害园林树木的吉丁虫常见有六星吉丁虫 Chrysobothris succedana Saund、金缘吉丁虫 Lampra limbata Gebler、大叶黄杨吉丁虫 Agrilus sp.。

六星吉丁虫又名钉子虫。分布在辽宁、河南、江苏、上海、浙江一带。为害重阳木、悬铃木、枫杨、五角枫、红梅、樱花等花木。

（二）形态识别

六星吉丁虫的形态特征如图 17-21 所示。

成虫：体长 10~13mm，略呈纺锤形，全体墨绿色，有光泽。头部青蓝色，每鞘翅有等距排成的 1 行 3 个白色圆斑。

卵：乳白色，椭圆形。

幼虫：老熟幼虫长约 30mm 左右，体扁平，头小，腹部白色，胸部第一节特别膨大，中央有黄褐色"人"字形纹。第三、第四节短小，以后各节逐渐增大，而呈"元丁"形。

蛹：乳白色，体形大小与成虫相似。

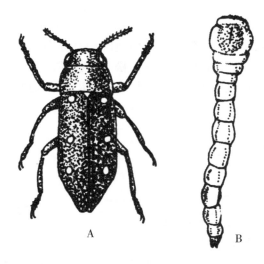

图 17-21　六星吉丁虫

A. 成虫；B. 幼虫

（仿祝树德与陆自强，1996）

（三）发生规律

在上海一年 1 代，以幼虫在蛀道内越冬。翌年 4 月下旬在蛀道内化蛹，5—6 月羽化为成虫。成虫盛期在 6—7 月。羽化孔扁平光滑。成虫在早晨露未干前较迟钝，并有假死性。成虫取食嫩枝、果柄，中午交配，产卵在皮层缝隙间。幼虫孵化后先在皮层为害，排泄物不排向外面，然后蛀入木质部为害。茎干直径 5~10cm 粗的枝条内，幼虫多达 100 多头，围绕枝干串食皮层，使树皮外表呈现红褐色，树皮干裂翘起，韧皮部全部被破坏，其中充满红褐色粉末粘结的块状虫粪。幼虫蛀道最长可达 20cm 左右。幼虫6—9 月为害韧皮部，有时全株枯死，幼虫仍在其中活动。9 月下旬幼虫进入木质部，虫粪呈现白色。在钻入木质部前，先咬 1 个新月形的羽化孔，孔口附近有虫粪堵塞，不易被发现。翌年成虫羽化时咬破虫孔飞出。

（四）防治方法

1. 农业防治

在成虫羽化前，及时清除枯枝、死树或被害枝条，以减少虫源。在早晨露水未干前震动树干，将其踩死，或网捕处死。在发现树皮翘起，一剥即落并有虫粪时，立即掏去虫粪，捕捉幼虫，如果幼虫已钻入木质部，可顺蛀道钩除幼虫，或用小刀戳死。

2. 化学防治

参阅桑天牛的化学防治方法。

六、松梢螟

（一）分布与为害

松梢螟 *Dioryctria splendidella* Herrich-Schaeffer，又名松梢斑螟、云杉球果螟。我国分布很广，东北、华北、华东、华南、华中地区均有分布。主要为害火炬松、湿地松、马尾松、黑松、油松、红松、黄山松、华山松、云杉等林木。幼虫蛀食主梢，引起侧梢丛生，使树冠畸形。幼虫还蛀食幼树枝干，在韧皮部及边材上蛀成孔道，影响幼苗生长。

（二）形态识别

松梢螟的形态特征如图 17-22 所示。

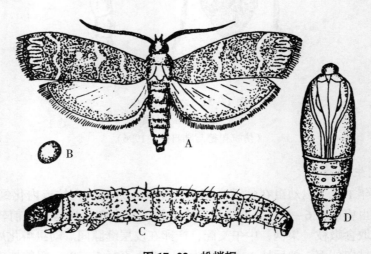

图 17-22　松梢螟
A. 成虫；B. 卵；C. 幼虫；D. 蛹
（仿祝树德与陆自强，1996）

成虫：体长 10~16mm，翅展 20~30mm。灰褐色。前翅暗灰色，中室有 1 肾形大白斑，白点与外缘之间有 1 条明显的白色波状横纹，白点与翅基部间有两条白色波状横纹，翅外缘近缘毛处有 1 条直的黑色横带。后翅灰褐色，无斑纹。

卵：椭圆形，黄白色，有光泽，近孵化时为樱红色。

幼虫：体长 25mm 左右。头部及前胸背板赤褐色，胸、腹部淡褐色。体表有许多褐色毛片，腹部各节有毛片 4 对，背面的 2 对较小，呈梯形排列，腹足趾钩单序环。

蛹：红褐色，长 11~15mm，腹端有 1 块黑褐色的骨化狭条，其上着生 3 对沟状臀棘，中央两根很长。

（三）发生规律

松梢螟在吉林每年发生 1 代，北京每年 2 代，南京每年 2~3 代。以幼虫在被害梢的蛀道内及球果中越冬，部分幼虫在枝干伤口皮下越冬，翌年 3 月底至 4 月初越冬幼虫开始活动，在被害梢内继续蛀食，部分幼虫转移到新梢为害。5 月上旬幼虫陆续老熟，在被害梢内做蛹室化蛹。蛹期 15d 左右。

成虫羽化时间多在上午 11 时左右，成虫白天静伏，夜晚活动，飞翔迅速，有趋光性。成虫产卵在嫩梢针叶上或叶鞘基部，也可产在当年被害梢的枯黄针叶凹槽处，少部分卵产在被害球果及树皮伤口处。卵散产。每雌产卵量平均 50 粒。卵历期平均 6d。

初孵化幼虫迅速爬行到附近被害枯梢的旧蛀道内隐蔽，取食旧蛀道的碎屑、粪便等腐殖质，然后从旧道爬出，吐丝下垂，寻找新梢为害。为害时先啃咬嫩皮，形成 1 个指头大小的疤痕，被啃咬处有松脂凝结，以后逐渐蛀入髓心，形成一条长约 15~30cm 的蛀道，蛀口圆形，外面有大量的蛀屑及粪便堆积。幼虫大多数为害直径 8~10mm 的中央顶梢，4~10 年生的幼树被害最重。一年发生 2 代地区，第二代成虫出现在 8 月上旬至 9 月下旬，成虫高峰期不明显，各代各龄幼虫期也不整齐，有世代重叠现象。11 月以后幼虫越冬。

松梢螟大多数发生在 4~10 年生的、郁闭度小、生长不良的幼林，一般情况下，国外松受害比国内松严重，在国外松中火炬松被害最重。

（四）防治方法

1. 农业防治

对被害严重的幼松，根据幼虫越冬的蛀道，在冬季将被害梢剪除，集中烧毁。营造混交林，适当密植，加强松林抚育。使幼林提早郁闭，可减少被害。

2. 化学防治

在成虫出现期至幼虫孵化期，可选用 50%杀螟硫磷乳油 500 倍液、50%辛硫磷乳油 1 500 倍液、2.5%溴氰菊酯乳油 1 000 倍液、25%灭幼脲悬浮剂 1 500 倍液喷雾，毒杀幼虫。每 10d 喷一次，连续 2 次。

七、咖啡木蠹蛾

（一）分布与为害

咖啡木蠹蛾为鳞翅目木蠹蛾总科害虫。木蠹蛾为中到大型昆虫，以幼虫蛀害树干和枝梢，是观赏植物和林木的重要钻蛀性害虫。常见的种类有咖啡木蠹蛾 *Zeuzera coffeae* Niether、六星黑点蠹蛾 *Z. leuconolum* Butler、柳干木蠹蛾 *Holcocerus vicarius* Walker 等。现以咖啡木蠹蛾介绍如下。

咖啡木蠹蛾 *Zeuzera coffeae* Nietner，又名咖啡豹蠹蛾。我国分布于江苏、上海、浙江、江西、福建、广东、河南、湖南、四川、台湾等省市。为害水杉、乌桕、刺槐、咖啡、枫杨、悬铃木、薄壳山核桃、石榴、桃、木槿等。在江苏以刺槐、薄壳山核桃、悬铃木受害严重。

（二）形态识别

咖啡木蠹蛾的形态特征如图 17-23 所示。

成虫：体长 11~26mm，翅展 10~18mm，雌虫较雄虫大。体灰白色，具青蓝色斑点。翅灰白色，翅脉间密布大小不等的青蓝色短斜斑点。外缘有 8 个近圆形蓝黑色斑点。胸部背面有 3 对蓝色斑点。腹部被白色细毛，第三至第七节的背面及侧面有 5 个青蓝色毛斑组成的横裂。

卵：椭圆形，长 0.9mm，淡黄色，孵化前呈紫黑色。

幼虫：老熟幼虫 30mm 左右，头橘红色，体缨红色。前胸背板黑色，较硬，后缘有锯齿状小刺 1 排。腹部末端臀板骨化与前胸背板同样黑色。

蛹：长椭圆形，16~27mm，褐色。蛹的头端有 1 尖状突起，腹部末端有 6 对臀棘。

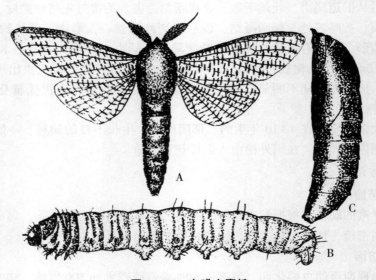

图 17-23 咖啡木蠹蛾
A. 成虫；B. 幼虫；C. 蛹
（仿朱天辉和孙绪艮，2007）

（三）发生规律

咖啡木蠹蛾在江苏、河南等地一年发生 1 代，在江西一年发生 2 代。以幼虫在被害枝条的虫道内越冬。1 代地区，翌年 3 月中旬开始取食，4 月中下旬至 6 月下旬化蛹，5 月中旬羽化成虫，5 月底至 6 月上旬可见初孵幼虫。2 代地区，第一代成虫在 5 月上中旬至 6 月下旬、第 2 代在 8 月初至 9 月底。

老熟幼虫化蛹前，咬透虫道的木质部，在皮层预筑 1 个近圆形的羽化孔盖，孔盖边缘与树皮略分离。在孔盖下方，幼虫另咬 1 个直径约 2mm 的小孔与外界相通，在羽化孔与小孔之间，幼虫吐丝缀合木屑将虫道堵塞，并做成 1 条斜向的羽化孔道，在羽化孔的上方幼虫用丝和木屑封隔虫道，筑成蛹室，蛹室长 20~30mm，准备化蛹的幼虫头部朝下经 2~3d 蜕皮化蛹。蛹期 16~30d。

成虫羽化前，蛹体借腹部的刺列向羽化孔蠕动，顶破蛹室丝网及羽化孔盖，半露于羽化孔外，羽化后的蛹壳留在羽化孔口。成虫全天均可羽化，以上午 10 时、下午 3 时及晚上 8—10 时羽化最多。成虫白天静伏不动，黄昏后开始活动。羽化后 1~2d 交尾产卵。卵单粒散产于树皮裂缝、新抽嫩梢、芽腋或旧虫道内。一般每雌平均产卵 600 粒左右。成虫寿命 3~6d，卵期 9~15d。

幼虫孵化后，吐丝结网覆盖卵壳，群集于丝幕下取食卵壳。孵化后 2~3d 幼虫扩散。在刺槐上，幼虫多从复叶总叶柄的叶腋处蛀入，在石榴等植物上，则多自嫩梢顶端几个芽腋处蛀入，蛀道向上。幼虫蛀入 1~2d 后，蛀孔以上的叶柄开始凋萎、干枯，并常在蛀入孔处折断。随着虫龄的增加，幼虫多次转枝为害。幼虫蛀入枝条后，在木质部和韧皮部之间绕枝条蛀一环，由于输导组织被破坏，枝条很快枯死，幼虫在枯枝内向上取食筑道，每遇大风，被害枝条常在蛀破处折断。

10 月下旬、11 月初停止取食，在蛀道内吐丝缀合虫粪、木屑封闭两端静伏越冬。

（四）防治方法

1. 农业防治

伐除被害严重的死木、剪除被害枯萎的枝梢和风折枝，集中烧毁，以消灭在枝内为害的幼虫。

2. 物理防治

在成虫发生期，利用成虫对光及糖醋液的趋性，使用黑光灯或加有敌百虫的糖醋液对成虫进行诱杀。

3. 生物防治

保护利用咖啡木蠹蛾的天敌。该害虫目前已知的天敌有蚂蚁、小茧蜂和寄生蝇等。将剪下的枝条放于果园边，待小茧蜂羽化后，再将枝条销毁，这样既保护了天敌，也消灭了虫源。此外，还可以用棉球蘸取球孢白僵菌悬浮液，从蛀道口塞入虫道内，使虫体感染死亡。

4. 化学防治

在咖啡木蠹蛾成虫发生盛期（一般在 5 月中旬至 6 月下旬），可选用 2.5% 高效氯氟氰菊酯乳油 1 500 倍液、25% 灭幼脲悬浮剂 1 500 倍液喷雾。每隔 15d 喷雾一次，连续 2~3 次。

第十八章　木本花卉害虫

木本花卉种类繁多，其中以花灌木为多，其次为小乔木。常见的种类有牡丹、杜鹃、茉莉、月季、蔷薇、蜡梅、桂花、夹竹桃、桃花、山茶花、樱花等。为害木本花卉的害虫种类很多，主要有大造桥虫、蔷薇叶蜂、小青花金龟、月季长管蚜、小绿叶蝉、吹绵蚧、草履蚧、扶桑绵粉蚧、花网蝽、侧多食跗线螨、朱砂叶螨等。

第一节　食叶类

一、樗蚕蛾

（一）分布与为害

樗蚕蛾 *Philosamia cynthia* Walker et Felder，又名乌桕樗蚕蛾，属鳞翅目大蚕蛾科。我国主要分布于东北地区，以及河北、山东、江苏、上海、浙江、江西、四川等地。被害花木有白兰花、含笑、叶子花、乌桕、臭椿、悬铃木、香樟、冬青、柑橘、梧桐等。以幼虫食害叶片，常将叶片吃光，仅留叶柄。

（二）形态识别

樗蚕蛾的形态特征如图18-1所示。

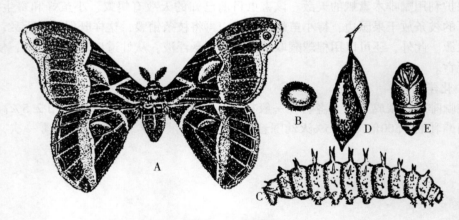

图18-1　樗蚕蛾
A. 成虫；B. 卵；C. 幼虫；D. 茧；E. 蛹
（仿祝树德与陆自强，1996）

成虫：大型蛾子，雌蛾体长25~30mm，雄蛾20~25mm，翅展115~125mm。全体青褐色。翅黄褐色，前后翅中室处各有 1 个新月形透明眼斑。其外侧各有 1 条横贯全翅的粉红色宽带。前翅顶角圆而突出，具 1 个黑色圆斑。前胸后缘，腹部背线及末端为白色。

卵：扁椭圆形，长约 1.5mm。灰白色，上有褐色小点。

幼虫：老熟幼虫体长 55~75mm。头部黄色，体黄绿色。中龄后体被白粉。各体节有 6 个对称的绿色刺状突起，突起间有黑色斑点。

茧：灰白色，橄榄形，长约 50mm，上端开孔，茧柄长达 40~130mm，常以 1 张寄主叶片包着半边茧。

蛹：棕褐色，长约 26~30mm。

（三）发生规律

一年发生 2 代，以蛹在茧内越冬。翌年 5 月上中旬羽化为成虫。成虫产卵于叶背。卵成块，不规则重叠交叉产在一起。每块数粒至数十粒。一次可产 200 多粒。成虫寿命 5~10d，卵期 7~12d。幼虫 5 月中下旬孵化，幼虫历期 30d 左右。初孵幼虫群集为害，3 龄后开始分散，在枝条上由上向下扩散，昼夜取食。6 月下旬至 7 月上旬，幼虫老熟后在树上缀叶结茧化蛹越冬。成虫有趋光性，飞翔力强。

（四）防治方法

1. 农业防治

结合修剪，及时摘除虫茧并烧毁。幼虫发生期，如发生数量少，可用人工捕捉。

2. 物理防治

成虫具有趋光性，可在成虫羽化期用黑光灯进行诱杀。

3. 生物防治

保护和利用天敌。已发现的幼虫天敌主要有七星瓢虫 *Coccinella septempunctata*、中华大刀螂 *Tenodera aridlfolia*、小茧蜂、绒茧蜂和 3 种姬蜂（樗蚕黑点瘤姬蜂 *Xanthopimpla konowi*、稻苞虫黑瘤姬蜂 *Coccygomimus parnanae*、喜马拉雅聚瘤姬蜂 *Gregopimpla himalayensis*。此外，也可选用 1.8%阿维菌素悬浮剂 2 000 倍液喷雾。

4. 化学防治

在必要时，可以采用药剂防治。幼虫为害期，可选用 50%杀螟硫磷乳油 1 000 倍液、25%灭幼脲悬浮剂 2 000~2 500 倍液、5%甲氨基阿维菌素苯甲酸盐微乳剂 2 500~3 000 倍液喷雾。

二、霜天蛾

（一）分布与为害

霜天蛾 *Psilogramma menephron* Gremer，又名泡桐灰天蛾，属鳞翅目天蛾科。我国分布于华北、华东、西南、中南、华南地区。幼虫为害桃花、紫荆、樱花、茉莉、栀子花、女贞、凌霄、丁香、悬铃木等多种树木花卉。

（二）形态识别

成虫：体长 45~50mm，翅展 105~130mm。体和翅均为暗灰色，混杂霜状白粉。胸部背面两侧及后缘有棕黑色纵纹。前翅中部有 2 条棕黑色波状条纹。中室下方有黑色纵纹 2 条，极为明显。后翅棕黑色，被白粉。前后翅外缘均由黑白相间的小长方块连成。

卵：球形，初产时为绿色，渐变为浅黄色。

幼虫：体长 92~110mm。体有两种型：一种是绿色，腹部第一至第八节两侧各有 1 条白色斜纹，斜纹上缘紫色；另一种也是绿色，上有褐色斑块。前者尾角为绿色，后者尾角为褐色，上生短刺。

蛹：长 50~60mm，红褐色，喙末端与体接触。

（三）发生规律

在河南一年发生 2 代，北京 3 代，以蛹在土中越冬。翌年 4 月初成虫开始羽化。黑光灯诱蛾结果显示，成虫自 4 月下旬至 10 月下旬都有发生，此间有 2 个明显的高峰期，一次在 7 月，另一次在 9—10 月。

成虫夜间活动，趋光性强。卵多散产于叶背面，小树上发生较少。幼虫孵出后先啃食叶表皮，随后蚕食叶片，咬成大的缺刻和孔洞。以 6—7 月为害最重，地面可见到大量的碎叶和大粒虫粪。老熟幼虫的食量很大，一头幼虫在 24h 内食叶 23 张，重 3.06g，为自身体重的 137.9%，排粪 59 粒，重 3.40g，为其自身重的 93.79%。幼虫老熟后落入表土化蛹。第一代成虫 9—10 月出现，第二代幼虫为害至 10 月底，入土化蛹越冬。幼虫期的主要天敌为广腹螳螂。

（四）防治方法

1. 农业防治

结合冬春园林抚育，翻耕圃地土壤，消灭越冬蛹。在花园里经常检查，根据地面虫粪和碎叶，捕杀幼虫。

2. 物理防治

成虫具有趋光性，在成虫发生期使用杀虫灯诱杀。

3. 生物防治

保护和利用螳螂、胡蜂、茧蜂、鸟类等天敌。在幼虫发生期可选用含孢量 100 亿个/g 苏云金杆菌可湿性粉剂 800 倍液喷雾。

4. 化学防治

幼虫为害期，可选用 50% 杀螟硫磷乳油 1 000 倍液、2.5% 溴氰菊酯乳油 5 000 倍液、25% 灭幼脲悬浮剂 2 000~2 500 倍液、20% 虫酰肼悬浮剂 1 500~2 000 倍液喷雾。

三、大造桥虫

（一）分布与为害

大造桥虫 *Ascotis selenaria* Denis et Schiffermuller，又称棉大造桥虫。属鳞翅目尺蛾科。我国江苏、上海、浙江、山东、河南、湖南、湖北、四川、广西、贵州等省区市均有分布，为害月季、蔷薇花、一串红、万寿菊、萱草、蜀葵等多种花卉，还为害棉花、花生、大豆等多种农作物。

（二）形态识别

成虫：雌蛾体长 16~20mm，翅展 40~50mm，雄蛾体长约 15mm，翅展 34~

38mm。体色变化大。一般为浅灰褐色，散布黑褐及浅黄色鳞片。前翅暗灰而稍带白色，内横线、外横线及亚外缘线均为黑色、波形，内、外横线间有 1 个白斑，四周黑褐色，外缘线的上方有 1 个近三角形的黑褐斑，沿外缘有半月形黑斑。后翅斑纹与前翅相同。

卵：长椭圆形，长 0.73mm，青绿色。卵壳表面有许多凸粒及灰黄色纹。

幼虫：老熟幼虫圆筒形，体长约 40mm，体黄色表面光滑。头黄褐色，背线淡青色，亚背线黑色，气门线黄色。第二、第八腹节背面有两个明显的毛瘤。胸足赤色，仅第六腹节及尾节各生腹足 1 对。

蛹：体长 14mm，深褐色，体光滑。尾端尖锐，臀棘末端具 2 刺。

（三）发生规律

在长江流域一年发生 4~5 代，多以老熟幼虫在 35~42mm 深的土中化蛹越冬。翌年 3 月中下旬成虫羽化，4 月中下旬盛发。第一代幼虫 5 月上中旬发生，第二代 6 月中下旬，第三代 7 月中下旬，第四代 8 月中下旬，第五代在 9 月中旬到 10 月上旬。第三代由于炎热干旱发生量少，第二、第四代为害较重。完成一代需 32~69d。卵期 5~15d，幼虫期 16~32d，蛹期 6~13d，成虫寿命 3~9d。

成虫白天潜伏暗处或植株枝叶间，夜出活动，飞翔力强，趋光性强。羽化后 1~4d 交尾，产卵前期 1~2d。卵产于月季枝杈、枝干、叶背等处，数十粒至数百粒结成堆。每雌平均产卵 800 多粒，最多可达 1 986 粒。卵壳厚而坚韧，耐水湿，浸入水中 24h 仍然孵化，可借流水蔓延他处。初孵幼虫能吐丝随风飘移。幼虫不甚活跃，常栖于月季枝干上，形似嫩枝，不易被人们发现。幼虫取食时常用腹足和臀足攀在枝上或叶柄上，自叶缘向内蚕食叶片，造成叶片不规则缺刻，有时也食害花蕾和花瓣。幼虫蜕皮 4 次后入土作室化蛹。

（四）防治方法

1. 农业防治

结合园林抚育、整地换茬，进行冬耕灭蛹，以减轻第二年的为害。大造桥虫卵为聚产，颜色明显，可以人工查找土隙、树干、枝杈等处，用小刀刮除卵块。

2. 物理防治

黑光灯诱杀成虫。由于成虫趋光性强，诱杀效果显著。一盏 20 瓦黑光灯全年可诱数千头成虫，诱到的雌成虫抱卵量平均 1 000 多粒。

3. 生物防治

保护和利用天敌，主要天敌有麻雀、大山雀、中华大刀螂、二点螳螂以及一些寄生蜂等。在幼虫发生期可选用含孢量 100 亿个/g 的苏云金杆菌可湿性粉剂 1 000 倍液、1.8%阿维菌素悬浮剂 2 000 倍液喷雾。

4. 化学防治

虫口密度高时，在 2~3 龄幼虫期喷药防治。可选用 2.5%溴氰菊酯乳油 2 000~3 000 倍液、20%甲氰菊酯乳油 2 000~3 000 倍液、10%虫螨腈悬浮剂 2 000 倍液、25%除虫脲可湿性粉剂 1 000 倍液喷雾。

四、蔷薇叶蜂

（一）分布与为害

蔷薇叶蜂 *Arge pagana* Panzer，又名月季叶蜂、黄腹虫，属膜翅目三节叶蜂科。分布在华东、华北及广东等地区。为害月季、蔷薇、玫瑰、黄刺玫、十姊妹等花卉。以幼虫群集于叶片取食，严重时将叶片吃光，仅剩主脉。产卵于嫩梢，导致嫩梢枯萎。

（二）形态识别

成虫：体长 7~8mm，翅展 17mm 左右。雄成虫比雌成虫略小。头胸部及足黑色，腹部橙黄色。触角黑色，鞭状。翅黑色半透明。

卵：椭圆形，长约 1mm。初产淡橙黄色，孵化前绿色。

幼虫：老熟幼虫 18~20mm。体淡绿色至黄褐色。头部淡黄色。胸部第二节至腹部第八节各有 3 个横列的黑色毛瘤。其余各节有 1~2 列毛瘤。胸足 3 对，腹足 6 对，着生在第五至第九腹节和尾节上。

蛹：长约 9mm，乳白色。

茧：椭圆形，灰黄色。

（三）发生规律

蔷薇叶蜂在北京一年发生 2 代，浙江一年发生 2~4 代，江苏南京地区一年发生 5 代，以老熟幼虫在土中作茧越冬。在南京各代成虫出现期：4 月下旬至 6 月上中旬、8 月中旬至 9 月上旬、9 月下旬至 10 月上旬。有世代重叠现象。幼虫于 10 月中下旬后陆续老熟入土越冬。成虫白天交尾产卵活动。成虫用镰刀状的产卵器锯开枝条深达木质部，形成纵向裂口，产卵其中。卵多产在月季的新梢上或嫩枝内。雌虫每处产卵数粒至 10 多粒，产卵处纵向发黑。每雌产卵 30~40 粒，卵期 1 周左右，卵近孵化时或孵化后新梢破裂引起枝梢枯萎。初孵幼虫爬到附近叶片上为害，幼龄幼虫有群集性。幼虫长大后逐渐分散，取食叶片常将腹末数节翘起。幼虫期约 1 个月。幼虫老熟后，在被害植株附近草丛或浅土层中结薄茧，并在其中化蛹。

（四）防治方法

1. 农业防治

结合花木抚育，冬季翻耕，消灭越冬幼虫，减少虫源基数。在花卉护养管理中，及时剪除成虫产卵枝梢和初龄幼虫集中为害的枝叶，集中处死。

2. 化学防治

幼虫发生盛期，可选用 50%杀螟硫磷乳油 1 000 倍液、20%氰戊菊酯乳油 2 000 倍液、2.5%溴氰菊酯乳油 2 500~3 000 倍液、25%灭幼脲悬浮剂 2 000 倍液、5%氟啶脲乳油 1 000 倍液、0.5%甲氨基阿维菌素苯甲酸盐乳油 2 000 倍液喷雾。

五、桂花叶蜂

(一) 分布与为害

桂花叶蜂 Tomostethus sp.，是桂花重要害虫。我国长江中下游地区发生普遍，目前只发现为害桂花。大发生时，虫口密度较大，适期内能将整株上的叶片及嫩梢几乎全部吃光。对桂花生长威胁很大。

(二) 形态识别

成虫：体长 6~8mm，翅展 14~16mm，全体黑色，具金属光泽。触角丝状，9 节。复眼黑色，较大。胸背有瘤状突起，后胸有 1 个三角形浅凹陷区。翅膜质，透明。翅上密生黑褐色细短毛和许多褐色匀称的小斑点，翅脉黑色。足除腿节外均为黑色。

卵：椭圆形，长 1.5~2.0mm，黄绿色。

幼虫：头部黑褐色。光滑无瘤，体节多皱纹，胸足 3 对，腹足 7 对。

蛹：长 7~9mm，黑褐色。茧长椭圆形，约 10mm 长，土质，灰褐色。

(三) 发生规律

桂花叶蜂一年发生 1 代，以老熟幼虫或前蛹期在浅土层泥茧内越冬。翌年 3 月中下旬化蛹，3 月下旬至 4 月初成虫羽化。成虫白天活动，夜间静伏于叶背。早晨 8 时以后，成虫活动频繁，于树冠间飞逐交尾。卵产于嫩叶边缘的表皮下，成单行排列，导致嫩叶扭曲畸形。卵多次产出，每次产卵 5~10 粒，每雌产卵约 50~70 粒。卵期 7d 左右。4 月中下旬幼虫大量孵化，幼虫孵化后群集取食叶片。幼虫活动迟缓，4 龄后食量大增，常将叶片吃尽，仅留叶脉或叶柄。幼虫为害盛期在 4 月中下旬。经 20 多天的为害，幼虫老熟，于 4 月底至 5 月初入土，在约 10cm 深处结茧潜伏，直至越冬。

(四) 防治方法

1. 农业防治

于 4 月上旬前后，成虫大量产卵时，及时检查上年受害的桂花树，将有虫卵的叶片摘除烧毁，或深埋土中。在幼虫群集为害期，及时剪除群集为害的枝叶，并集中烧毁或埋入土中。

2. 化学防治

低龄幼虫期，可参照蔷薇叶蜂的化学防治进行施药。成片的桂花树林可施用烟雾剂进行化学防治，一般农药与柴油的比例为 1:20，现配现用，早晨或傍晚防治。对于一些有特殊用途（如用来提取香料）的花卉，可选用 25%灭幼脲悬浮剂 2 000 倍液喷雾。

六、小青花金龟

(一) 分布与为害

小青花金龟 Oxycetonia jucunda Falderman，又称小青花潜，属鞘翅目花金龟科。我国分布于东北、华北、华东、中南地区，以及陕西、四川、云南、台湾等地区。为害月季、花桃、梅花、樱花、菊花、木槿等花卉，还为害山楂、苹果、柑橘、猕猴桃、丁香、杏、栎、枫等多种果木。成虫常群集在花序上，食害花蕾和花，将花瓣、雄蕊和雌蕊吃光。

（二）形态识别

小青花金龟的形态特征如图 18-2 所示。

成虫：体长 13~17mm，宽 7~8mm，暗绿色。头部长，黑色。复眼和触角黑色。前胸背板和鞘翅为暗绿色、墨绿色或紫铜色，带微紫光泽。鞘翅上有深浅不一的半椭圆形条刻，并生黄色绒毛。鞘翅上黄白色斑纹基本对称，靠近两翅会合线内侧 2 枚，鞘翅侧缘 2 枚，后缘 2 枚。侧面有褐色长毛，臀部背板有 4 个斑点。

卵：近椭圆形，膨大后为球形，乳白色至污白色。

幼虫：中型，头部较小，褐色，前顶毛每侧 4~5 根，后顶毛每侧 3~4 根。胸部和腹部均为乳白色，各体节多皱褶，密生绒毛，肛腹板上具有刺毛列 16~24 根，两列平行对称。

蛹：裸蛹，乳黄色，尾端橙黄色。

图 18-2 小青花金龟
（仿祝树德与陆自强，1996）

（三）发生规律

小青花金龟一年发生 1 代，以成虫在土中越冬。南京地区，成虫于 3 月下旬开始活动，4—5 月成虫出土为害，5 月为发生盛期。成虫出土期与果树花期吻合。成虫白天活动，一般在晴天上午 10 时至下午 4 时，成虫取食、飞翔最烈。成虫常群集食害花序，主要取食花瓣和花蕊。如遇雨天，则栖息在花中，不大活动，日落后飞回土中潜伏，产卵。卵多产在腐殖质多的土壤中和枯枝落叶层下。成虫有假死性。6—7 月始见幼虫。6 月中旬以后成虫少见，8 月底成虫绝迹。成虫寿命约 3 个月。

（四）防治方法

1. 农业防治

在月季、花桃等花卉的花期，利用成虫的假死性，组织人力于清晨或傍晚震动枝条，人工捕杀。

2. 化学防治

利用成虫入土的习性，于成虫出土前在树下或花圃地下施撒 5%毒死蜱颗粒剂，每亩 1.5~2.0kg，耙松表土，使入土的成虫中毒死亡。对于为害花的金龟子，开花前可选用 75%辛硫磷乳油 1 500 倍液、50%马拉硫磷乳油 1 000 倍液喷雾。食叶金龟子，一般在成虫发生盛期喷药，可选用 10%氯氰菊酯乳油 2 000 倍液、2.5%溴氰菊酯乳油 2 000 倍液喷雾。

七、白星花金龟

（一）分布与为害

白星花金龟 *Protaetia brevitarsis* Lewis，又名白星花潜，属鞘翅目花金龟科。分布于我国东北、华北及江苏、江西、安徽、山东、河南、湖南、湖北、陕西等地区。为害樱花、月季、葡萄、木槿、海棠、金针茶等花木，还为害苹果、梨、桃、柳、榆等果木。

（二）形态识别

白星花金龟的形态特征如图 18-3 所示。

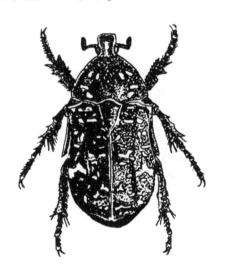

图 18-3　白星花金龟
（仿祝树德与陆自强，1996）

成虫：体长 18.4~20.0mm，黑紫铜色，头部较窄，前胸背板较大，近梯形，小盾片长三角形。前胸背板及鞘翅上有白色斑纹。鞘翅侧缘前方内弯。腹部腹板有白毛，腹部枣红色有光泽。

卵：椭圆形或近椭圆形，长 1.5~2.0mm，灰白色。

幼虫：中等偏大。体长 24~39mm。头部褐色，胸部、腹部乳白色。臀节腹面密布短锥刺和长锥刺，刺毛列为 1 长椭圆形，每列由 18~20 根扁宽锥刺组成。肛门孔为横裂状。

蛹：裸蛹，长约 22mm。无尾角，末端齐圆。雄蛹尾节腹面中央有 1 横长方形的三叠状突，雌蛹尾节腹面中央平坦，尾节中前方有 1 锚枪式细纹。

（三）发生规律

白星花金龟一年发生 1 代。以幼虫潜伏在土内越冬。翌年 5 月开始出现成虫，6—7 月为成虫发生盛期，9 月逐渐绝迹。7 月上旬成虫开始产卵。卵产在土内或粪土堆里。幼虫孵化后取食土中腐殖质，一般不为害活植物根系。卵期 12d 左右，幼虫期长达 270d。成虫白天活动取食，为害花、花蕾，最喜食成熟的果肉和果质，常将果实咬成窟窿，引起腐烂、脱落。成虫稍受惊扰，立即飞去。上午 8 时至下午 6 时均可见到成虫交尾，交尾时间需 1h 左右。雌虫平均产卵 20~30 粒。成虫有假死性，寿命约 50d 左右。

（四）防治方法

参阅小青花金龟的防治方法。

第二节 刺吸类

一、桃 蚜

（一）分布与为害

桃蚜 *Myzus persicae* Sulzer，又名桃赤蚜、烟蚜，属半翅目蚜科。桃蚜是世界性的害虫，我国南北各地普遍分布。寄主植物达 300 多种。被害花卉有桃、梅、兰花、樱花、月季、夹竹桃、蜀葵、石榴、枸杞、海棠、香石竹、仙客来、郁金香、芍药、大丽花、叶牡丹、百日草、金鱼草、菊花、金盏菊、松叶菊、牵牛花等。

（二）形态、发生规律及防治

参阅第二篇第八章蔬菜害虫桃蚜。

二、月季长管蚜

（一）分布与为害

月季长管蚜 *Macrosiphum rosivorum* Zhang，属半翅目蚜科。分布于浙江、江苏、上海、山东等地。主要为害月季、蔷薇、十姊妹等蔷薇属观赏植物。以成蚜、若蚜群集于新梢、嫩叶和花蕾上为害，使新梢、嫩叶不能伸展，花蕾不能正常开花。

（二）形态识别

月季长管蚜的形态特征如图 18-4 所示。

无翅胎生雌蚜：体型较大，长卵形，4.2mm。头部浅黄至浅绿色。胸部、腹部草绿色，少数橙红色。额瘤隆起，明显外倾。触角 6 节，色淡，全长 3.9mm，第三节有圆形感觉圈 6~12 个。腹管长圆筒形，黑色，端部有网纹，其余为瓦纹。尾片长圆锥形，表面有小圆突起构成的横纹，有曲毛 7~9 根。

有翅胎生雌蚜：体长约 3.5mm，体草绿色，中胸土黄色。触角长 2.8mm，第三节有圆形感觉圈 40~45 个，分布全节，排列重叠。腹管 0.76mm，其他与无翅胎生雌蚜相似。

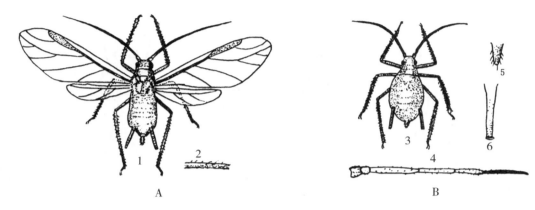

图18-4　月季长管蚜

A. 有翅孤雌成蚜：1. 成虫　2. 触角第三节；

B. 无翅孤雌成蚜：3. 成虫　4. 触角　5. 尾片　6. 腹管

（仿祝树德与陆自强，1996）

（三）发生规律

每年可发生 10 多代至 20 多代。江浙一带以成蚜和若虫在寄主茎干残茬的芽叶上或叶背越冬。春季月季萌发后，越冬成蚜在新梢嫩叶上繁殖，4 月上旬开始为害嫩梢、花蕾及嫩叶。4 月中旬陆续产生有翅蚜扩散为害，虫口密度明显上升。5 月中旬为第一次为害高峰。在平均温度 20℃ 左右，相对湿度 70%~80% 时，繁殖最快。7—8 月高温和连续阴雨，虫口密度下降。9 月下旬至 10 月上旬虫口密度又上升，10 月中下旬出现第二次为害高峰。一年中以 5 月和 10 月繁殖最快，为害最重。

（四）防治方法

参阅第二篇第八章蔬菜害虫桃蚜的防治方法。

三、小绿叶蝉

（一）分布与为害

小绿叶蝉 *Empoasca flavescens* Fabricius，又名叶跳虫。主要分布在华东、中南、华北、东北地区，以及四川陕西等地区。主要为害樱花、梅花、花桃、木芙蓉、碧桃、红叶李等花木。主要以成虫和若虫在叶背和嫩枝上吸食汁液为害，也为害花萼和花瓣，形成许多黄白色小点，严重时造成花和叶早落，且能传播植物病毒。

（二）形态识别

小绿叶蝉的形态特征如图18-5所示。

成虫：体长 3~4mm，淡绿色或黄绿色。头顶略成三角形，中央有 1 白纹，其两侧各有 1 黑点。触角刚毛状，复眼黑色。中胸小盾片上有 3 个纵白纹，中央有 1 凹纹和白横纹。前翅细长，绿色，半透明，后翅无色。

卵：新月形，长约 0.8mm，初产乳白色，孵化前淡绿色。

若虫：似成虫，体黄绿色。翅芽伸至第 5 腹节。

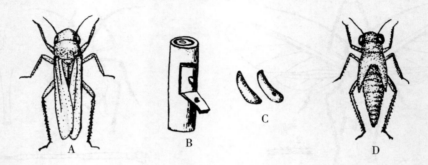

图 18-5　小绿叶蝉

A. 成虫；B，C. 卵；D. 若虫

（仿祝树德与陆自强，1996）

（三）发生规律

小绿叶蝉在江苏、浙江一年发生 9~11 代，广东 12~13 代，海南岛 17 代。以成虫在杂草丛中或树皮裂缝内越冬，或在常绿树越冬。当温度高达 10℃以上时便能活动。越冬成虫一般于 3 月中旬开始活动，3 月下旬至 4 月上旬为产卵盛期。4 月上旬第一代若虫开始发生，5 月上旬第一代成虫盛发。以后各代在 6—11 月陆续发生。全年有两次高峰期，第一次在 5 月下旬至 6 月中旬，第二次在 10 月中旬至 11 月中旬。11 月中旬以后停止繁殖进入越冬。全年世代重叠现象很重。

成虫白天活动，清晨和傍晚活动力弱，露水后活动渐增。盛夏中午活动减弱。成虫无趋光性，飞翔力不强，常栖息于叶背。卵散产在叶背主脉和叶柄内。雌虫产卵量，以越冬成虫为多，平均 32 粒，夏季为 9 粒，秋季 17 粒。若虫孵化后，在叶背阴暗处静伏和取食，活动范围不大。3 龄后长出翅芽时，善爬善跳，喜横走。若虫蜕皮 5 次，发育为成虫。当旬均温度在 15~25℃时，适于其生长发育，28℃以上则不利于此虫的发生。

（四）防治方法

1. 农业防治

成虫出蛰前清除落叶及杂草，减少越冬虫源。

2. 化学防治

在各代若虫孵化盛期及时喷施药剂及时防治，一般不需要单独防治。可选用 2.5% 高效氯氟氰菊酯乳油 2 000 倍液、25% 噻嗪酮可湿性粉剂 1 000 倍液、50% 啶虫脒水分散粒剂 1 500 倍液、25% 虫螨腈悬浮剂 1 500 倍液、50% 丁醚脲悬浮剂 2 500 倍液、70% 吡虫啉水分散粒剂 3 000 倍液喷雾。

四、桃一点叶蝉

（一）分布与为害

桃一点叶蝉 *Erythroneura sudra* Distant，又名桃一斑叶蝉、桃小绿叶蝉。我国长江流域各省市普遍发生，东北地区、内蒙古、河北、陕西、山东等地均有发生。为害梅、花桃、月季、海棠、杏、李、樱桃、葡萄等花卉和果树。

（二）形态识别

成虫：体长 3.1~3.3mm，全体绿色。初羽化时略有光泽，几天后体外覆 1 层白色蜡质。头顶有 1 个黑点，故称桃一点叶蝉，其外围有 1 白色晕圈。翅绿色半透明。

卵：长椭圆形，一端略尖，长 0.75~0.82mm，乳白色，半透明。

若虫：老熟若虫 2.4~4.7mm，体淡墨绿色，复眼紫黑色，翅嫩绿色。

（三）发生规律

桃一点叶蝉在南京地区 1 年发生 4 代，福建、江西发生 6 代。各地均以成虫越冬。南京、南昌等地多在寄主附近的龙柏、马尾松、柳杉、侧柏等常绿树的叶丛中越冬，福建在柑橘、荔枝和龙眼等长绿树上越冬。福建越冬代成虫 2 月产卵，第一代成虫 4 月下旬出现，第二代成虫 6 月中旬出现。6—10 月约 1 个月 1 代，11 月以后进入越冬期。在南京，翌年 3 月上旬，桃树萌芽后，开始从越冬寄主上向花桃、梅花等花木上迁飞。4月以后大多集中在桃上为害，7—9 月虫口密度最高为害也最重。从第二代起，世代重叠现象严重。

成虫在天气晴朗温度升高时行动活跃，清晨傍晚及风雨时不活动。早期吸食花萼和花瓣的汁液，形成半透明的斑点，花谢后转至叶片吸食为害，被害叶出现失绿白斑。秋季干燥时常几十头群集在卷叶内。成虫无趋光性。卵主要产在叶背主脉内，以近基部为多，少数在叶柄内。雌虫一生可产卵 46~165 粒。若虫喜群集在叶背为害，受惊时很快横行爬动。

（四）防治方法

防治桃一点叶蝉重点抓住 3 月越冬成虫迁飞期、第一代卵孵化盛期、成虫与若虫发生期的防治。具体参阅小绿叶蝉的防治方法。

五、吹绵蚧

（一）分布与为害

吹绵蚧 *Icerya purchasi* Maskell，又名白条蚧，属半翅目蚧总科珠蚧科。吹绵蚧原产澳洲，但现在广布于热带和温带较温暖的地区。我国除西北外，全国各省区市均有发生。长江以北多发生于温室内，南方各省区市为害较重。寄主植物超过 250 种。被害花卉有玫瑰、金橘、牡丹、蔷薇、月季、桂花、含笑、山茶、芙蓉、石榴、玉兰、米兰、佛手、常春藤、扶桑、红叶李等，柑橘、桃、李、梨等果树也常受害。

（二）形态识别

吹绵蚧的形态特征如图 18-6 所示。

雌成虫：卵圆形，橘红色，体长 2.5~3.5mm。背面隆起，并着生黑色短毛，被白色蜡质分泌物。无翅，足和触角均黑色。雌成虫成熟后，腹部末端有 1 个白色卵囊，囊上有脊状隆起线 14~16 条。

雄成虫：体瘦小，长 3mm，翅展 5~8mm。胸部黑色，腹部橘红色。触角 10 节。每节附生很多微毛。前翅发达，紫黑色，后翅退化为平衡棒。腹末有 2 个肉质突起，各有 4 根长毛。

卵：长椭圆形，初产橙黄色，后变橘红色，密集于卵囊内。

若虫：初孵若虫卵圆形，长 0.66mm，橘红色。触角、足及体毛均发达。触角黑色，6 节。2 龄后雌雄异形。2 龄雌若虫椭圆形，背面隆起散生黑色细毛，橙红色，体被黄白蜡质粉及絮状纤维，触角 6 节。2 龄雄若虫体狭长，蜡质物少。3 龄若虫触角均 9 节，雌若虫体隆起甚高，黄白蜡质布满全体。雄若虫体色较淡。

雄蛹：体长 3.5mm，橘红色，体被白色蜡质薄粉。茧白色，长椭圆形，茧质疏松，外窥可见蛹体。

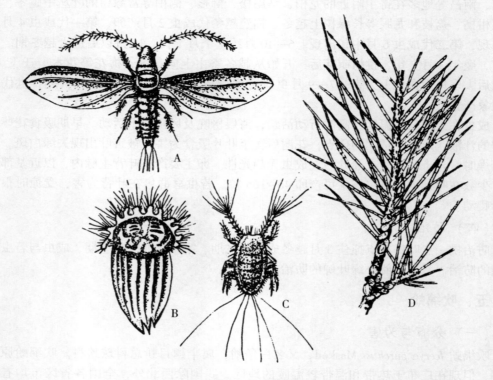

图 18-6　吹绵蚧

A. 雄成虫；B. 雌成虫；C. 若虫；D. 为害状

（仿朱天辉和孙绪艮，2007）

（三）发生规律

吹绵蚧在我国南部一年发生 3～4 代，长江流域 2～3 代，华北 2 代。2～3 代地区以若虫、成虫或卵越冬。各地发生期有差异。浙江第一代卵和若虫盛期 5～6 月，第二代 8—9 月。四川第一代卵和若虫盛期 4 月下旬至 6 月，第二代 7 月下旬至 9 月初，第三代为 9—11 月。吹绵蚧世代重叠严重，同一生境内具有各种虫态。

若虫孵化后在卵囊内滞留一段时间后开始分散活动。初孵若虫颇活跃。2 龄向树冠外层迁移，多寄居于新梢和叶背主脉两侧，2 龄后向大枝及主干爬行。成虫喜集居于主梢阴面及枝杈处，或枝条叶片上。固定取食后终生不移动，吸取汁液并营囊产卵。卵产在卵囊内，产卵期达 1 个月之久。每雌可产卵数百粒，多达 2 000 粒。雌虫寿命逾 60d。卵和若虫期因季节而异。春季卵期 14~26d，若虫期 48~54d；夏季卵期 10d 左右，若虫期 49~106d。成虫、若虫均分泌蜜露，导致花木的煤污病发生。温暖高湿有利于其发生。雄若虫行动较活泼，经 2 次蜕皮后，口器退化，不再为害，在枝干裂缝或树干附近松土杂草中结白色薄茧，并在其中化蛹。蛹期 7d 左右。在自然条件下，雄虫数量极少，不易发现。

控制吹绵蚧的主要天敌有澳洲瓢虫 *Rodolia cardinalis* Mulsant 和大红瓢虫 *R. rufopilosa* Mulsant 等。

（四）防治方法

1. 农业防治

结合园林管理，适当整枝，使空气流通，光线充足，造成不利其繁殖的条件。在少量发生时，可用人工抹除，集中烧毁。

2. 生物防治

在大面积发生时，如受害较重的牡丹园，可保护和引放大红瓢虫和澳洲瓢虫，可达到较好的控制作用。也可选用含孢量 400 亿个/g 球孢白僵菌可湿性粉剂 1 500~2 500 倍液喷雾。此外，在若虫期可选用 0.5%苦参碱水剂 1 000 倍液喷雾。

3. 化学防治

重点防治 1 代若虫，在初孵若虫期用 10%吡虫啉可湿性粉剂 2 000 倍液进行茎叶喷雾。也可在初孵若虫盛期，喷施 48%毒死蜱乳油 1 000~1 500 倍液、25%噻嗪酮可湿性粉剂 1 000~2 000 倍液、27%联苯·吡虫啉悬浮剂 1 000~2 000 倍液。在若虫固定形成蜡壳初期，可用 95%矿物油乳油 100 倍液喷雾。还可在初春用 10 倍的松脂合剂，冬季用 1~3°Bé 的石硫合剂，夏季用 0.3~0.5°Bé 石硫合剂。生长季节要注意药剂对植物的药害，特别是对花的药害。

六、草履蚧

（一）分布与为害

草履蚧 *Drosicha corpulenta* Kuwana，又名草鞋蚧，属半翅目蚧总科珠蚧科。分布在江苏、上海、浙江、江西、福建、广东、广西、湖南、湖北、河南、河北、辽宁、山东等地。以为害珊瑚树为主，也为害樱花、月季、海棠、红叶李、罗汉松、枫杨、三角枫、海桐、女贞、大叶黄杨等花木，还为害梨、苹果等果树。

（二）形态识别

草履蚧的形态特征如图 18-7 所示。

成虫：雌成虫，体长 10mm 左右，扁平椭圆形，似草鞋，赤褐色，被白色蜡粉。腹部背面有横皱褶。雄成虫紫红色，体长 5~6mm，翅展约 10mm。翅 1 对，淡黑色。触角黑色念珠状，10 节，上生细毛。腹部背面可见 8 节，末端有 4 个较长的突起。

卵：椭圆形，初产时黄白色，渐呈赤褐色。

若虫：外形与雌成虫相似，赤褐色，但体小色深。触角棕灰色，第三节色淡。

雄蛹：圆筒形，褐色，长约5mm，外被白色绵状物。

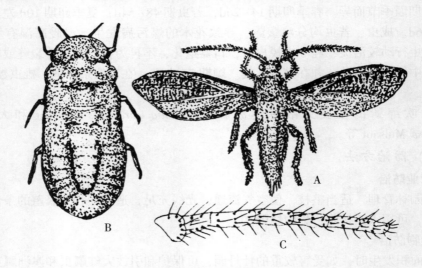

图18-7 草履蚧

A. 雄成虫；B. 雌成虫；C. 雄成虫触角1~7节

（仿朱天辉和孙绪艮，2007）

（三）发生规律

草履蚧一年发生1代，以卵在寄主植物根部周围的土中越夏或越冬。翌年1月中下旬卵开始孵化，亦有当年年底孵化的。若虫孵化后，滞留在卵囊内，随着温度上升，才开始出土上树。初孵若虫能御低温，在立春前大寒期间的雪堆下也能孵化，唯活动很迟钝。孵化期达1个月左右。2月中旬至3月中旬为出土盛期。若虫多在中午前后沿树干爬到嫩枝顶部的顶芽叶腋和芽腋间，待初展新叶时，每顶芽集中数头，固定后刺吸为害。虫体稍大喜于直径5cm左右的枝上为害，并以阴面为多。3月下旬到4月上旬第一次蜕皮，虫体增大，开始分泌蜡粉，逐渐扩散为害。雄虫于4月下旬第二次蜕皮后陆续转移到树皮裂缝、树干基部、杂草落叶中、土块下等处分泌白色蜡质薄茧化蛹。5月上旬羽化为成虫。羽化期较整齐。雄虫飞翔力不强，略有趋光性，羽化即交尾，寿命2~3d。雌若虫第三次蜕皮后变为雌成虫，自树干顶部陆续向下移动，交配后沿树干下爬到根部周围的土层中产卵。卵产于白色绵状卵囊中，越夏过冬。囊内最多有卵303粒，平均133粒。产卵多在中午前后为盛，阴雨天或气温低时则潜伏皮缝中不动。雌虫产卵后即干缩死去。一般在6月以后树上虫量减少。主要为害期3—5月。

大发生时，草履蚧成虫、若虫密度较高。往往群体迁移，可以到处爬行。附近建筑物墙壁上，甚至室内爬上一层密密麻麻的草履蚧。草履蚧有时还有日出后上树为害，午后下树潜入土中的习性，也有的不上树而于地表下茎、根部为害的。

（四）防治方法

1. 人工防治

（1）秋冬季结合挖树盘、施基肥，挖除树干周围的卵囊，集中烧毁。也可将无毒的河泥倾倒在受害树干基部，可阻止若虫的孵化。

（2）冬末春初（一般在1月至2月初），在树干基部刮除老皮，涂上宽约10cm的粘虫胶，阻止若虫上树。

（3）5月当雌成虫下树产卵时，在树干基部束草，引诱雌虫在其中产卵，然后将草与卵一起烧毁。

2. 生物防治

保护和利用优势天敌红环瓢虫 *Rodolia limbata* Motschulsky。

3. 化学防治

在若虫孵化期进行药剂防治。可选用50%马拉硫磷乳油800倍液、10%吡虫啉可湿性粉剂2 000~3 000倍液喷雾。对较大的林木，可喷施30号机油乳剂30~40倍液，花木萌动前喷施3~5°Bé 石硫合剂。后两种药剂对易遭药害的花卉慎用。也可在3月中旬，在树干基部打2~3个孔，将40%毒死蜱乳油注入孔中，而后用胶带等将孔口封严盖土。

七、拟蔷薇白轮蚧

（一）分布与为害

拟蔷薇白轮蚧 *Aulacaspis rosarum* Borchsenius，又名黑蜕白轮蚧，属半翅目盾蚧科。分布于江苏、上海、浙江、江西、福建、广西、云南、四川等省区市。为害月季、蔷薇、玫瑰、十姊妹、苏铁、雁来红、香樟、乌桕等花木。

（二）形态识别

雌成虫：体长约1.3mm，初期橙黄色，后期紫红色，头、前胸及中胸宽圆，两肩具角状突起。触角退化，仅留两个瘤形，生有1粗而弯曲的毛。臀板略成三角形。雌介壳灰白色，近圆形，直径约2mm。壳点2个，一般偏离介壳中心，位于介壳的前端。介壳背面有1纵隆脊。

雄成虫：雄成虫长约0.53mm，淡红褐色，卵形。触角丝状。腹部侧面淡紫色。翅1对，半透明。雄介壳长形，白色，长约1mm，背面具两纵脊沟。壳点一个，位于最前端，黄色或黄褐色。

卵：长椭圆形，紫红色，长约0.16mm。

若虫：1龄若虫体长卵形，淡红到深红色。触角5节，末节最长，腹末有1对长毛。

（三）发生规律

一年发生2~3代，以雌成虫或若虫越冬。越冬代成虫在野外于3月下旬至4月初羽化，雌成虫3月中旬出现。第一代产卵盛期4月中下旬。卵成堆产于盾壳下。每雌平均产卵132粒。第一代若虫初孵期在4月下旬，盛期在5月上中旬。第一代成虫于7月下旬羽化。第二代产卵盛期在 8 月上中旬，若虫盛孵期在 8 月中下旬，第二代雌成虫 10 月上旬羽化，部分雌成虫产卵继续发育。有世代重叠现象。

若虫孵化后，先爬行，然后固着在枝干上吸食汁液。连年为害后，导致整株枯死。同一花木以树冠中下层虫口密度最大。

（四）防治方法

参阅吹绵蚧的防治方法。

八、扶桑绵粉蚧

（一）分布与为害

扶桑绵粉蚧 *Phenacoccus solenopsis* Tinsley，属半翅目蚧总科粉蚧科，最早是在美国新墨西哥州被发现的，是一种近些年入侵中国的检疫害虫。我国大陆 2008 年 8 月于广州发现该虫，截至 2016 年 12 月，河北、江苏、浙江、安徽、福建、江西、湖北、湖南、广东、广西、重庆、云南、新疆等 13 个省区市 128 个县级区域有分布。其寄主非常广泛，已经报道的寄主有 57 科 149 属 207 种，并且在不断增加，涉及数十种作物、果树、园林、药用植物，其中以锦葵科、茄科、菊科、豆科为主。可对棉花、茄子、番茄、马铃薯、瓜类、秋葵、芝麻、向日葵、柑橘、杧果、石榴、园林绿化观赏植物、药用植物等造成严重损失。近年来扶桑绵粉蚧仍在不断向我国更广大地区扩散蔓延，若侵入大田可能造成严重减产。

（二）形态识别

雌成虫：体卵圆形，长 3.0~4.2mm，宽 2.0~3.1mm。通常淡黄色至橘黄色，体被有白色蜡粉。胸部背面可见 0~2 对黑斑，腹部背面可见 3 对黑斑。体缘有 18 对蜡突，均短粗，腹部末端 4~5 对较长。触角 9 节，足红色，腹脐黑色。除去粉蜡后，在前胸、中胸背面亚中区可见 2 条黑斑。腹部 1~4 节背面亚中区有 2 条黑斑。

雄成虫：体红褐色，长 1.1~1.4mm，宽 0.25~0.32mm。复眼突出，呈暗红色，口器退化。触角较长，丝状，10 节。具 1 对发达透明前翅，其上覆盖一层薄白色蜡粉，后翅退化为平衡棒。足发达，红褐色。腹部细长，呈圆筒状，腹末端具有 2 对白色细长蜡丝，交配器呈锥状突出。

卵：长椭圆形，两端钝圆，长 0.30~0.35mm，宽 0.15~0.17mm。淡黄或乳白色，表面光滑有光泽。即将孵化卵一端部有两红色暗点，孵化后其两点即为若虫复眼。

若虫：1 龄若虫长椭圆形，头部钝圆，腹末稍尖，触角 6 节，体长 0.6~0.7mm，宽 0.25~0.30mm。初孵 1 龄若虫体表光滑，呈淡黄色，复眼突出，呈暗红色，足发达，红棕色。之后体表逐渐覆盖 1 层薄蜡粉，呈乳白色，但体节分区明显。2 龄若虫长椭圆形，体缘出现明显齿状突起，触角 6 节，体长 0.82~0.85mm，宽约 0.41~0.43mm；初蜕皮时呈淡黄色，肉眼可见在中胸背面亚中区有 2 个黑色点状斑纹，腹部背面有 2 条黑色条状斑纹。而后体表逐渐覆盖乳白色蜡粉，虫体增大，黑色斑纹逐渐清晰；末期雄虫体表蜡质加厚，停止取食，寻找庇护场所躲藏，并分泌絮状蜡质物形成蓬松絮状茧。初蜕皮 3 龄若虫呈椭圆形，淡黄色，较 2 龄若虫体缘突起明显，尾瓣突出，触角 7 节，体长 1.4~1.6mm，体宽 0.80~0.82mm；前胸、中胸背面亚中区和腹部 1~4 节背面清晰可见 2 条黑斑，胸背 2 条斑较短，几乎呈点状。体表被蜡质较厚，黑斑颜色加深，体缘出现短粗蜡突 18 对，其中腹部末端 2 对明显较长。

预蛹：包裹在白色蜡质絮状物中，虫体呈亮黄棕色，长椭圆形，体表光滑，稀被蜡质，体背黑色斑纹隐约可见，头、胸、腹开始分化。体长 1.20~1.23mm，宽 0.45~0.52mm。中胸两侧出现半圆形突起，在蛹期中此突起发育为翅芽。触角 9 节，长度不超过翅芽基部。足发达，呈黄棕色，可爬动。

蛹：包裹在白色蜡质絮状物中，为离蛹，长椭圆形，黄褐色，体表覆盖少量白色蜡粉，头、胸、腹明显可见。体长 1.20~1.26mm，体宽 0.45~0.52mm。足发达，呈黄棕色，可爬动。中胸两侧出现 1 对明显细长型翅芽；触角 10 节，长度超过翅芽基部。

（三）发生规律

1. 生物学习性

交配：雌成虫羽化后不能立即同雄虫进行交配，不同温度下经历 2~4d 成熟过程后雌雄虫才能顺利交配。雌雄虫均可进行多次交配，交配昼夜都可进行。首先雄虫降落在可交配的雌虫附近，爬动寻找到适合交配的雌虫后，在雌虫背部前后迅速移动，待雌虫将腹部末端向上举起，雄虫便爬动至雌虫腹末与之交配。若雌虫未成熟，则无反应；若雌虫即将产卵，则拒绝交配，表现为雌虫身体左右高频抖动驱赶雄虫。交配时雄虫后足分别搭在雌虫腹末两侧，雄虫交配器向下弯曲进行交配。或雄虫在雌虫一侧，交配器弯曲至雌虫翘起的腹末端进行交配。交配持续时间长短不一，最长约 15min，最短约 4min，平均 6.2min。交配完成后，雄虫继续寻找其他雌虫进行交配，雌虫则放下抬起的腹部，等待下一次交配。

产卵：扶桑绵粉蚧有明显产卵前期，26~28℃ 产卵前期约为 15d。采自广州街道扶桑绿化带的扶桑绵粉蚧种群生殖方式为有性生殖，不交配雌虫不能产生卵囊，同时也不产卵。常温下扶桑绵粉蚧雌雄性比接近 1:1。产卵前，雌虫腹部下方末端分泌蜡质卷曲细丝形成白色囊状物，卵产于白色卵囊中。产卵过程中，大多数卵同时孵化为 1 龄若虫，连同卵皮一起产出，或产出的卵在极短时间内（不超过 0.5h）即在卵囊中孵化。在室内条件下，雌虫产卵期为 8~21d，平均 12d，单头雌虫产卵量为 130~1 200 头，平均 470 头。该虫雌成虫大小与产卵量呈正相关，即随着雌成虫个体长度增加，产卵量也随之增大。

活动与趋性：低龄若虫具有明显的趋光性和向上性，尤其是 1 龄若虫，其爬动能力较强，趋性十分明显。2 龄雄虫末期停止进食，向下爬动选择合适庇护所，如岩石或土壤缝隙等进行化蛹前准备。这应该是野外难以在植株上找到蛹的直接原因。扶桑绵粉蚧有聚集取食的习性，蜕皮前，同一龄期若虫种群聚集取食，每经历一次蜕皮，若虫种群就向周围叶片及枝条扩散一次。

取食及危害：扶桑绵粉蚧雌虫各虫态均可取食为害，雄若虫在 2 龄末便停止取食，选择庇护场所化蛹。扶桑绵粉蚧喜好植株顶端幼嫩部分的芽，新叶以及花蕾，并且绝大多数若虫及成虫选择叶背面取食。棉花叶片被取食后出现畸形皱褶，生长缓慢或停止，之后变黄脱落。取食严重的花蕾在未开花前便脱落。取食严重的棉花植株停止生长，顶端叶片簇生严重，伴随着粉蚧取食后产生的蜜露，造成叶片煤烟病并加速叶片脱落，最后植株死亡。

2. 发生生态

扶桑绵粉蚧对温度的适应范围较宽，在 18~30℃ 均能完成世代发育。其最适温度为 26~28℃，在该温度范围内的存活率、发育速率、繁殖力等最高。随着温度的升高和降低，该虫的生长发育会受到不同程度的抑制，表现为发育历期延长、存活率下降、产卵期推迟以及产卵量下降等。在 32℃ 以上的温度条件下，扶桑绵粉蚧的若虫则不能发育，死亡率达 100%。扶桑绵粉蚧对低温也有很好的耐受性，其各龄若虫和成虫均具有较低的体液结冰点及过冷却点。如 1 龄若虫过冷却点为 -24.02℃，体液结冰点为 -23.20℃。而且，越冬之前扶桑绵粉蚧体内还会储存一定的脂肪以助于越冬。扶桑绵粉蚧对低温的适应性说明其可能在北方部分区域适应，尤其是随着设施蔬菜的大面积推广，容易给害虫越冬提供良好的环境。

扶桑绵粉蚧具有较强的耐饥能力，其中又以雌成虫的耐饥能力为最强，其次是 2 龄若虫、3 龄若虫和 1 龄若虫。雌成虫饥饿 8d 后仍有 50% 的存活率，且成虫饥饿 4d 时对其产卵前期和一生产卵量没有显著影响。这一耐饥饿的特性有助于扶桑绵粉蚧入侵新环境。

扶桑绵粉蚧具有雌雄分化特征，分化比率受密度条件以及光周期的影响。密度增高会增加产雄比例，短光周期处理也会导致产雄率增加。

扶桑绵粉蚧入侵我国后，还可与当地物种快速形成互惠共生关系。研究发现，扶桑绵粉蚧在入侵华南地区后与红火蚁 Solenopsis invicta Buren 可以互惠互利。该虫分泌的蜜露可以明显提高红火蚁工蚁的存活率，而红火蚁可以明显提高扶桑绵粉蚧的发生密度，且红火蚁的存在也有助于扶桑绵粉蚧的扩散。同时，红火蚁还有助于驱除捕食性或寄生性天敌，以减少对扶桑绵粉蚧的捕食与寄生。调查发现，在有红火蚁存在时，瓢虫的出现次数减少，对扶桑绵粉蚧的捕食率显著降低，而且瓢虫的生殖能力和卵的孵化率也明显下降。

（四）防治方法

1. 植物检疫

扶桑绵粉蚧寄主广，个体小，隐秘性强，容易通过人类活动造成传播扩散。对非疫区，严格禁止从疫情发生国输入扶桑绵粉蚧的寄主植物，还应对运入的寄主植物产品、苗木及包装物等加强植物检疫，防止传入；对疫区，应及时监控调查其在各地区的发生和分布动态，可采取必要的隔离措施。

2. 农业防治

剪去害虫寄生的植物叶片和枝条，把带有扶桑绵粉蚧的干枯杂草、植物枯叶和落枝聚集到一起，并用火焚烧；按田块进行翻耕灌水，消灭其越冬虫态，减少第二年发生的虫源；种植对扶桑绵粉蚧具有较强抗性的品种。

3. 生物防治

保护天敌，发挥天敌生物对害虫的控制作用。扶桑绵粉蚧的天敌种类包括寄生性天敌和捕食性天敌两类。在我国，寄生性天敌主要为跳小蜂科和广腹细蜂科，其中班氏跳

小蜂 *Aenasius bambawalei* Hayat 是扶桑绵粉蚧寄生蜂的优势种，其在扶桑绵粉蚧上的寄生率为 20%~70%。扶桑绵粉蚧的捕食性天敌主要是瓢虫类，其中异色瓢虫 *Harmonia axyridis* Pallas 和六斑月瓢虫 *Menochillus sexmaculata* Fabriciys 的最大日捕食量分别为 294.12 头和 123.46 头。此外，多种草蛉（如大草蛉 *Chrysopa pallens* Rambur、亚非草蛉 *Chrysopa boninensis* Okamoto 等）对扶桑绵粉蚧的成虫和若虫也具有捕食作用。

4. 化学防治

扶桑绵粉蚧的防治目前主要采用化学防治的方法，由于 3 龄若虫和雌成虫虫体覆盖有较厚的白色粉状物，因此要尽量在 1 龄和 2 龄若虫期进行防治，必要时可多次喷药。

可选用 4.5% 高效氯氰菊酯乳油 800~1 000 倍液、40% 毒死蜱乳油 1 000~1 500 倍液、25% 噻嗪酮可湿性粉剂 500 倍液喷雾、3% 啶虫脒乳油 1 500~2 000 倍液喷雾。每隔 7~10d 喷一次，根据防治效果确定连续喷施次数，一般 3~5 次。

九、花网蝽

花网蝽 *Stephanitis nashi* Esaki et Takeya，属于半翅目网蝽科，又名梨冠网蝽、梨军配虫，俗称花编虫等。被害的花卉主要有月季、樱花、花桃、杜鹃、山茶、含笑、茉莉、蜡梅、紫藤、西府海棠、贴梗海棠等，还为害梨、苹果、花红、杏、李、樱桃等多种果树。花网蝽的形态、发生规律及防治方法等参阅第十二章中关于苹果与梨的害虫介绍。

第三节　害螨类

木本花卉常见的害螨主要有侧多食跗线螨、朱砂叶螨、山楂叶螨等，有关内容参阅第二、第三篇中"蔬菜害虫""果树害虫"的相关介绍。

第十九章 一二年生花卉及宿根球根花卉害虫

一年生花卉，是指春天播种，当年内开花的植物，包括翠菊、鸡冠花、凤仙花、蛇目菊、金鸡菊等；二年生花卉是指秋天播种，第二年春夏开花的植物，包括金鱼草、雏菊、金盏菊、三色堇等。宿根花卉，是指能够生存2年或2年以上，成熟后每年开花的多年生草本植物，包括芍药、石竹、蜀葵等。球根花卉是指具有由地下茎或根变态形成的膨大部分的多年生草本花卉，包括水仙花、郁金香、石蒜等。为害这些花卉的害虫种类繁多，其中以棉卷叶野螟、菊姬长管蚜、绿盲蝽、棉叶蝉、大丽菊螟、菊天牛、二斑叶螨、花蓟马等较为常见。生产上如不注意监测和防治，常会影响花卉的观赏性。

第一节 食叶类

一、棉卷叶野螟

（一）分布与为害

棉卷叶野螟 *Haritalodes derogata*（Fabricius），又名棉大卷叶螟、包叶虫等。属鳞翅目螟蛾科。国内主要分布在江苏、浙江、上海、湖北、湖南、安徽、北京、河北、河南、山西、山东、陕西、福建、广西、云南、四川、贵州等省区市。寄主植物主要有蜀葵、木芙蓉、木槿、锦葵、扶桑、棉花等。

（二）形态识别

棉卷叶野螟的形态特征如图 19-1 所示。

成虫：翅展 30mm，头、胸白色略黄有闪光，胸部背面有黑褐色点 12 个，列成 4 行。腹部白色，各节前缘有黄褐色带。前后翅的外缘线、亚外缘线、外横线、亚基线均为褐色波状纹。前翅中央接近前缘处有似"OR"形的褐色斑纹，是该虫的重要特征。纹下有一段中横线。

卵：椭圆形，略扁。长约 0.12mm，宽约 0.09mm。初产乳白色，后变绿色。

幼虫：老熟幼虫体长为 26mm，全体青绿色，近化蛹时略呈桃红色。头扁平，赤褐色，有不规则的暗褐色斑纹。胸腹部青绿色或淡褐色，背线暗绿色，气门线颜色稍淡而细。

蛹：体细小，呈竹筒形，尾端瘦形，长约 17mm，全体呈棕红色，臀节末端有 4 对钩刺，初化蛹时淡绿色，后渐转深。

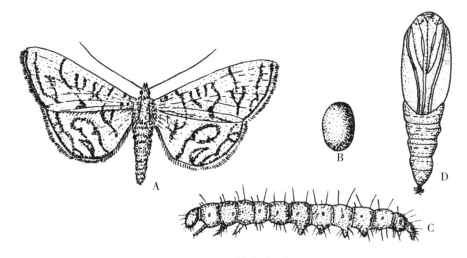

图 19-1　棉卷叶野螟
A. 成虫；B. 卵；C. 幼虫；D. 蛹
（仿祝树德和陆自强，1996）

（三）发生规律

1. 生物学习性

棉卷叶野螟一年发生代数各地不一，长江流域 4~5 代，河北、陕西 3~4 代，辽宁 2~3 代。以老熟幼虫在地面枯枝落叶、树皮缝隙或附近杂草内越冬。翌年 4—5 月化蛹羽化为成虫。从 5 月下旬至 6 月初即有第一代幼虫开始为害木槿、锦葵、芙蓉等。成虫多在晚上羽化，后半夜最盛，有强趋光性。夜间活动交尾，产卵前期 4~5d，产卵期 7~9d。每头雌蛾产卵 70~200 粒，散产于叶背，以叶脉边缘较多。卵期 3~4d，初孵幼虫群集在叶片上取食叶肉，留下表皮。2 龄后开始分散吐丝将叶卷成喇叭状，并在卷叶内取食，虫粪排在卷叶内，多时一张卷叶内有数头幼虫。幼虫有转移为害习性，很活跃，打开卷叶时即吐丝下垂，不断屈曲蹦跳。食量很大，能将"一丈红"（蜀葵）吃成"一丈光杆"。幼虫共 5 龄，在夏季经逾 20d 老熟，以丝将尾端粘于叶上，化蛹于卷叶内。蛹期 7d 左右，羽化为成虫。一般完成 1 个世代一般需 35~40d。

2. 发生生态

降水多、湿度大有利用棉卷叶野螟的发生为害，6 月降水量在 180mm 左右，雨日为 15d 左右，有利于棉卷叶野螟的发生。秋雨多的年份，靠近村庄、树林、高秆作物、偏施氮肥迟熟徒长的棉田，叶片宽大的棉花品种，均有利于棉卷叶野螟的发生为害。

棉卷叶野螟已知天敌有广黑点瘤姬蜂 *Xanthopimpla punctata* Fabricus、广大腿小蜂 *Brachymteria lasus*（Walker）等。还有螽蟖、螳螂、草蛉及蜘蛛等能捕食幼虫。自然条件下，棉大卷叶螟的被寄生率高达 25.7%，寄生性天敌对棉大卷叶螟种群起着重要的控制作用，包括卷叶螟绒茧蜂 *Apanteles derogatae* Watanabe、叶卷蚁形蜂 *Goniozus japonicas* Ashmead、卷叶螟姬小蜂 *Sympiesis* sp. 、菲岛扁股小蜂 *Elasmus philippinensis* Ashmead、广黑点瘤姬蜂 *Xanthopimpla punctata* Fabricius、广大腿小蜂 *Brachymeria lasus* Walker 和玉米螟厉寄蝇 *Lydella grisescens* Robineau-Desvoidy。其中，卷叶螟绒茧蜂和卷叶螟姬小蜂为幼虫期优势寄生蜂种，广大腿小蜂为幼虫至蛹跨期优势寄生性天敌。

（四）防治方法

1. 农业防治

冬季清洁园林及时清除枯枝落叶，以消灭越冬幼虫。结合养护，到5月中下旬发现卷叶时，用手捏死幼虫。

2. 物理防治

采用灯光诱蛾，从5月上中旬开始使用杀虫灯诱杀成虫，压低早期虫口基数。

3. 化学防治

防治适期应掌握在幼虫1~2龄未卷叶时期。可选用24%氰氟虫腙悬浮剂800~1 000倍液、240g/L甲氧虫酰肼悬浮剂 2 000倍液、10%虫螨腈悬浮剂1 000~1 500倍液、150g/L茚虫威悬浮剂3 000倍液等喷雾。

二、银纹夜蛾

（一）分布与为害

银纹夜蛾 *Argyrogramma agnata* Staudinger，又名豆银纹夜蛾、豆尺蠖，属鳞翅目夜蛾科。我国各地均有分布。寄主植物有菊花、大丽花、一串红、美人蕉、翠菊等多种花卉。还为害大豆和多种蔬菜。

（二）形态识别

银纹夜蛾的形态特征如图19-2所示。

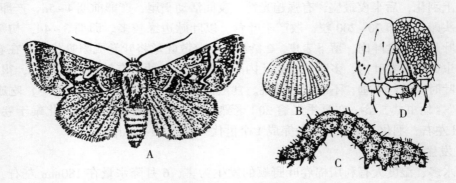

图19-2 银纹夜蛾

A. 成虫；B. 卵；C. 幼虫；D. 幼虫头部

（仿祝树德和陆自强，1996）

成虫：体长15~17mm，翅展32~36mm，体色深浅有变异，一般头胸部灰褐色或黑色，前翅深褐色，外线以内的翅褶后方和外区带金色，基线、内线银色，亚基线自前缘脉处插入中室有2条银色线纹，翅的中央有1个"U"字形银色斑纹和1个三角形的银斑；肾纹暗褐色不明显，外线双线褐色，波浪形，亚端线黑褐色，锯齿形，缘毛中部1

个黑斑。后翅暗褐色，有金属闪光。腹部背面灰褐色，雄蛾侧臀簇黑色。

卵：圆形，淡黄色。

幼虫：老熟幼虫体长 26~31mm，黄绿色，头小而圆，胴部逐渐变粗。第一和第二对腹足退化，行走时第一至第三腹节常拱曲如尺蠖形，背线和亚背线白色，其间有 6 条白色纵纹，气门线黑褐色，气门黄色，边缘黑褐色；前胸背板与臀板绿色，骨化不强。

蛹：长约 20mm，初为嫩绿色，后为淡褐色，近羽化时深褐色。外包有黄白色茧。

（三）发生规律

1. 生物学习性

一年发生代数各地不等，山西北部以 2 代为主，山东 5 代，上海 5~6 代，江西 6~7 代。各地均以蛹在丝质薄茧中附于枯叶上越冬。长江中下游地区 4 月中旬至 5 月中旬成虫羽化。第一代幼虫 4 月下旬开始发生。10 月中下旬幼虫化蛹越冬。

成虫羽化一般在上午 7—10 时为多，午后羽化甚少，初羽化成虫需补充营养（室内饲蜜糖水）2~3d 开始产卵。初产时卵不多，2~3d 后进入盛期，雌蛾的产卵量较大。据室内第二代的饲养观察，每雌平均产卵 31.9 粒，最多 756 粒。随气温降低，雌虫产卵亦渐减少，低于 20℃ 成虫多不产卵。卵多产在叶背面，单粒散产，偶尔也有 2~3 粒粘连在一起，甚至也有 7~8 粒上下相叠产在一处。

成虫昼伏夜出，傍晚后开始活动，以晚上 9—10 时为最盛，取食花蜜，趋光性较强。卵散产于叶背。产卵期 5d，成虫寿命 6~25d。卵历期 4~6d。幼虫为 5 龄，各龄历期：在 25.5℃ 下，1 龄 2.0~2.6d，平均 2.4d；2 龄 2.0~2.6d，平均 2.2d；3 龄 2d；4 龄 1.4~2.4d，平均 1.8d；5 龄 2~3d，平均 1.9d。初孵幼虫能吐丝下垂，随风飘迁。幼虫 3 龄前仅在叶背取食叶肉留下一层表皮，进入 4 龄食量大增，蚕食叶片；老熟幼虫在叶背吐丝结茧化蛹。幼虫受惊后有卷曲跌落的习性。

2. 发生生态

温度对银纹夜蛾各虫态发育历期、存活率及成虫生殖力有重要影响。高温对银纹夜蛾生长不利，其最适温范围为 22~25℃。温度过高则存活率及生殖力下降，过低则发育历期延长。夏天的高温会导致银纹夜蛾产卵减少。

湿度是影响成虫交尾和产卵的主要因子之一。成虫产卵喜欢比较湿润的环境，当相对湿度比较低时（45%），成虫不交尾，只产少量无效卵。

（四）防治方法

1. 农业防治

对秋天末代幼虫发生较多的田块进行冬耕深翻，可直接消灭部分越冬蛹，被深埋的蛹则不能羽化出土，而暴露地表的蛹又会被鸟类等天敌捕食或风干而死，因而可大大降低来年的虫口基数。冬季结合清园，集中处理残茬老叶。当初孵幼虫群集为害时，及时摘除叶片处死。

2. 物理防治

利用成虫较强的趋光性，在羽化期设置黑光灯诱杀成虫。

3. 生物防治

可选用 16 000IU/mg 苏云金杆菌 800~1 000 倍液喷雾，也可人工投放稻苞虫黑瘤姬蜂控制其为害。

4. 化学防治

掌握在幼虫 3 龄以前喷药。此时虫口密度小，危害小，且低龄幼虫的抗药性相对较弱。可选用 50%马拉硫磷乳油 1 000 倍液、20%氰戊菊酯 1 500 倍+5.7%甲维盐乳油 2 000 倍混合液、240g/L 甲氧虫酰肼悬浮剂 3 000 倍液喷雾。轮换用药，以延缓抗性产生。

第二节 刺吸类

一、棉 蚜

（一）分布与为害

棉蚜 *Aphis gossypii* Glover，又叫瓜蚜，属半翅目蚜科。俗称蜜虫、油虫、油汗等。棉蚜是世界性的害虫，也遍布全国各地。

棉蚜的寄主种类很多，一二年生花卉以菊花和蜀葵受害最重，被害的其他花木有花椒、柑橘、石榴、梅花、木槿、鼠李、芙蓉、扶桑、木瓜、石楠、杨梅、紫荆、黄荆、兰花。也是棉花和瓜类的重要害虫。

（二）形态识别

参阅第十章瓜蚜的形态识别。

（三）发生规律

1. 生物学习性

棉蚜每年发生代数因地区及气候条件不同而有差异，华北地区一年生 10 多代，长江流域 20~30 代。由于棉蚜无滞育现象，只要具有棉蚜生长繁殖的条件，无论南方和北方均可周年发生。在华南地区终年无性繁殖，不经过有性世代。在北方，冬季可在温室大棚的花木和蔬菜上，四川、重庆冬季在蜀葵上，广西冬季在锦葵科的野生棉花上继续繁殖。在我国北部和中部地区一般以卵在冬寄主木槿、花椒、石榴、木芙蓉、鼠李的枝条和夏枯草的基部过冬。杭州还发现其卵能在紫槿、重瓣木槿和扶桑等植物上越冬。

翌年春，当 5 日平均气温稳定到 6℃以上（南方在 2 月，长江中下游在 3 月，北方在 4 月），越冬卵开始孵化为干母，孵化期可延续 20~30d。越冬卵孵化一般多与越冬寄主叶芽的萌发相吻合。当 5d 平均温度达 12℃时，干母在冬寄主上行孤雌胎生繁殖 2~3 代，然后产生有翅胎生雌蚜，在 4—5 月初，从冬寄主向夏寄主（侨居寄主）上迁飞，即向花木或其他夏寄主上转移为害。在夏寄主上，不断以孤雌胎生方式繁殖有翅或无翅的雌蚜（侨居蚜），增殖扩散为害。夏季 4~5d 即可完成一代，每头雌蚜一生能繁殖 60~70 头若蚜。秋末冬初由于气温下降，侨居寄主已枯萎，不适于棉蚜生活时，侨居蚜就产生有翅产雌性母和无翅产雄性母。有翅产雌性母迁回到冬寄主上，产生产卵型的无翅雌蚜；同时无翅产雄性母在夏寄主上产生有翅雄性蚜。有翅雄性蚜也迁回到冬寄主上与产卵型的无翅雌性蚜交尾产卵，卵在冬寄主枝条隙缝和芽腋处越冬。有翅产雌性母向冬寄主上迁飞时期，在东北地区一般为 9 月，最迟可到 10 月上旬；黄河流域大多在 10 月上旬；长江流域多在 10 月下旬至 11 月。棉蚜在我国大部分地区有两种繁殖，方式，一种是有性繁殖，即晚秋经过雌雄蚜交尾产卵繁殖，一年中只发生在冬寄主上；另一种是孤雌繁殖，即无翅胎生雌蚜和有翅胎生雌蚜不经过交尾，而以卵胎生繁殖，直接产生若蚜，这种生殖方式是棉蚜的主要繁殖方式。

棉蚜具有较强的迁飞和扩散能力。棉蚜可扩散蔓延为害，主要靠有翅蚜的迁飞、无翅蚜的爬行及借助于风力或人力的携带。

棉蚜可传播多种病毒病，在花卉中如郁金香裂纹病毒、百合丛簇病毒、百合无症状病毒、美人蕉花叶病毒、锦葵黄化病毒、报春花花叶病毒、西番莲果木化病毒、曼陀罗蚀纹病毒等。

2. 发生生态

（1）气候：温湿度对棉蚜的越冬基数、卵孵化率、干母的成活率以及冬寄主上的增殖倍数有影响。棉蚜繁殖最佳温度 17.6~24℃，北方温度在 25℃ 以上、南方在 27℃ 以上，其发育即可受到抑制。5d 平均气温在 25℃ 以上及平均相对湿度在 75% 以上，对其繁殖很不利，虫口密度下降。一般湿度在 75% 以上，大发生的可能性小，而干旱气候适于棉蚜发生。

（2）营养条件：一般基肥少，追化肥多，氮素含量高，疯长过嫩的植株蚜虫增殖较慢。

（3）天敌：棉蚜的天敌种类很多。捕食性天敌中，蜘蛛占有绝对优势。如草间小黑蛛 *Erigonidium graminicola*，三突花蛛 *Misumenopos tricuspidata* Fahricius 等。瓢虫有七星瓢虫 *Coccinella septempunctata*、异色瓢虫 *Harmonia axyridis*、龟纹瓢虫 *Proplaea japonica* 等。

（四）防治方法

1. 农业防治

应加强田间调查监测，结合田间定苗、除草，当发现有蚜单株或蚜点可用手捻、土埋法杀除。有棉蚜的苗发现一株防治一株。

2. 物理防治

棉蚜迁入棉田之前，在棉田周围摆放黄板，对有翅蚜进行集中诱杀防治。

3. 生物防治

保护利用天敌瓢虫、草蛉等，已能大量人工饲养后适时释放；另外，蚜霉菌等亦能人工培养后稀释喷施。

4. 化学防治

尽量减少广谱触杀剂的使用，选用对天敌无害且内吸、内导作用大的药物。在施药方法上可采取根施、涂茎、涂叶等。防治花卉植物的蚜虫，可供选用的方法如下。

（1）涂茎法。用 25% 吡蚜酮可湿性粉剂配制成高浓度药液，涂抹于花卉植物茎的一侧即可，涂抹 5cm，切勿环涂，以免发生药害。

（2）药液滴心。使用杀虫剂品种同于涂茎药剂。药液配制浓度为 1：200 倍。药液点滴方法：采用药液涂茎点滴器，或去掉背负式手动压缩喷雾器的喷头，用沙布包扎

2~3层并扎紧，药箱加入药液后稍许压气并拧开开关1/3，使药液滴状流出，在每株植物生长点上面点药液2~3滴即可。

（3）喷雾：可选用10%吡虫啉可湿性粉剂2 000倍液、3%啶虫脒乳油1 000~1 500倍液喷雾。

二、菊姬长管蚜

（一）分布与为害

菊姬长管蚜 *Macrosiphoniella sanborni*（Gillete），又名菊小长管蚜，属半翅目蚜科。主要为害菊花、野菊等菊属植物。分布在我国江苏、上海、浙江、广东、台湾、山东、河北、北京、辽宁等省区市以及世界各地。

（二）形态识别

无翅孤雌蚜：体纺锤形，长1.5mm，赤褐色至黑褐色，有光泽。触角、喙、跗节、腹管、尾片均黑色。额瘤显著隆起。触角细长1.7mm，第三节次生感觉圈突起，小圆形15~20个。腹管与触角第四节及尾片等长，圆筒形，基部宽，向端部渐细，有明显网纹，而基部则为瓦纹。尾片圆锥形，基部扩大，末端尖，有横行微刺。

有翅孤雌蚜：体长卵形，1.7mm，触角长1.9mm，第三节次生感觉圈16~26个，其他与前者相似。

若蚜：体赤褐色，形态与无翅孤雌蚜相似。

菊姬长管蚜：主要识别特征是为害菊属嫩梢，体赤褐至黑褐色，或呈咖啡色。腹管、尾片、尾板黑色。触角第三节淡色，触角稍长于体长。喙末节尖锐。

（三）发生规律

每年发生10~20代，在温暖地区不发生有性蚜。在北方寒冷地区，冬季在温室或暖房中越冬。在上海地区，以无翅雌性蚜在留种菊株的叶腋等处越冬。到3月初即开始活动繁殖。4月中下旬至5月中旬为繁殖盛期，5月上旬有翅蚜开始上升，5月中旬为有翅蚜盛发期。6月下旬至7月田间的虫口密度较低，8月初开始回升，9月中旬至10月下旬为第二次繁殖盛期，虫口密度出现第二个峰期。从11月中旬起以无翅孤雌蚜在留种株或菊茬上越冬。

菊姬长管蚜在平均气温15.7℃时，完成一代平均需13.9d，最长为15d，最短为11d。在平均气温20℃时，完成一代平均为9.8d。1龄若虫平均历期为2.7d，2龄若虫平均历期2.4d，3龄历期平均2.5d，4龄历期平均2.1d。平均寿命32.2d。每头胎生蚜数最多73头，一般30头左右。菊小长管蚜群集为害幼茎嫩叶，影响茎叶的正常生长发育。到秋季第二次盛发期群集为害花梗、花蕾，开花后还为害花蕊并入管状花瓣，严重影响花卉质量，降低观赏价值。

（四）防治方法

1. 农业防治

盆栽花卉上零星发生蚜虫时，可用毛笔蘸肥皂或洗衣粉水将其刷掉。刷下的蚜虫要及时处理干净。

2. 物理防治

利用蚜虫的趋黄性，采用黄板诱杀蚜虫。

3. 化学防治

苗期可选用50%杀螟硫磷乳油1 000倍液、20%氰戊菊酯乳油3 000倍液，均有较好效果。花期可选用25%吡蚜酮可湿性粉剂2 000倍液，只喷茎、叶，不喷花和花蕾，可避免花瓣药害。花后可选用10%吡虫啉可湿性粉剂2 000倍液、3%啶虫脒乳油1 000~1 500倍液喷雾。

三、绿盲蝽

（一）分布与为害

绿盲蝽 *Apolygus lucorum* Meyer-Dür，属半翅目盲蝽科。我国分布在上海、江苏、浙江、安徽、江西、湖北、湖南、四川、陕西、山东、山西、河南、河北以及辽宁等省区市。被害植物有翠菊、一串红、扶桑、大丽菊、紫薇、木槿、石榴、海棠、苹果、桃、杞柳、地肤、月季、山茶花等。对菊花的为害最严重，是影响大丽菊质量的主要因素。

（二）形态识别

绿盲蝽的形态特征如图19-3所示。

成虫：体绿色，较扁平。体长约5mm，宽约2.2mm。复眼红褐色。触角淡褐色。前胸背板深绿色，有许多小黑点，小盾片黄绿色。翅的革质部分全为绿色，膜质部分半透明，呈暗黑色。

卵：长口袋形，微倾斜，黄绿色，长约1mm。卵盖乳黄色，中央凹陷，两端突起。

若虫：体鲜绿色。复眼灰色。体表密被黑色细毛。翅芽尖端黑色，达腹部第四节。

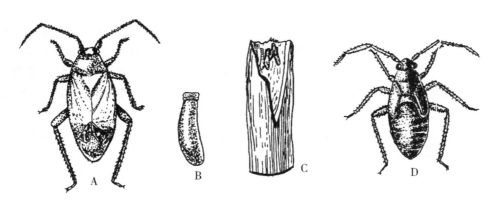

图19-3 绿盲蝽

A. 雌成虫；B. 卵；C. 越冬卵；D. 5龄若虫

（仿祝树德和陆自强，1996）

（三）发生规律

1. 生物学习性

一年发生5代，以卵在石榴、木槿等植物的组织内越冬。翌年3月底至4月初孵化，4月中旬为若虫盛孵期。5月上中旬羽化为成虫。第二代至第四代成虫，分别在6月上旬、7月中旬、8月中旬和9月中旬出现。成虫寿命长一般为30~57d。产卵期可持续30~40d，因此常出现世代重叠现象。全年以5月上中旬为害最盛，5月在月季上出现明显的被害状。5月下旬以后虫口逐渐减少。月季品种不同，受害轻重也不一致。

成虫善飞翔，稍有趋光性。成虫羽化后6~7d开始产卵，卵产于月季和其他植物嫩茎皮层组织中。成虫产卵量一般100粒左右，但越冬代产卵量可达250~380粒。若虫共5龄，3龄后出现翅芽。成虫和若虫白天均潜伏隐蔽处，夜里爬至芽、叶上刺吸取食，以芽和嫩叶受害最重，芽下第三和第四叶极少受害。

2. 发生生态

（1）温湿度。在17~29℃温度范围内，随温度升高绿盲蝽的发育速率加快，并符合Logistic模型；在实验温度范围内，若虫期、产卵前期、卵期和世代历期分别为10.04~27.63d，8.33~19.33d，6.74~15.00d，25.11~61.96d。绿盲蝽的若虫、产卵前期和卵的发育起点温度分别为9.45℃，7.28℃和6.28℃，有效积温分别为210.25 d·℃、191.83 d·℃和160.12 d·℃，完成整个世代需要的有效积温为555.04 d·℃。在实验温度范围内，23℃时绿盲蝽的世代存活率最高（82.3%），雌成虫的产卵历期最长（41.67d），单雌繁殖若虫数最多（35.42 头雌），种群趋势指数也最高（14.58）；在较低的温度（17℃）和较高的温度（29℃）下，绿盲蝽种群趋势指数分别仅为8.44和9.06，均不利于其种群数量增加。成虫、若虫均不耐高温、干燥，故7—8月很少为害。在适温下，高湿多雨，发生多，为害重。

（2）食料。绿盲蝽的常见寄主植物达上百种之多，是黄河和长江流域棉花、果树等多种作物上的主要害虫之一。近年来，随着农业产业结构调整，大幅度增加了果树和蔬菜的种植面积，为绿盲蝽提供了丰富的寄主植物和适宜的越冬场所，同时转基因抗虫棉花的大规模种植，减少了防治棉铃虫（兼治绿盲蝽）的农药使用量，以及一些高毒有机磷杀虫剂禁用等原因，绿盲蝽种群数量急剧上升，为害增强，并呈严重灾变趋势，其在我国许多地区已经成为危害果树、棉花、蔬菜生产的重要害虫。

（3）天敌。已报道绿盲蝽的捕食性天敌有10余种，寄生蜂有3种。天敌的优势种类为、龟纹瓢虫 *Propylaea japonica*（Thung berg）、异色瓢虫 *Harmonia axyridis* Pallas、中华草蛉 *Chrysoperla sinica*。天敌的发生与绿盲蝽有明显的时间和数量跟随关系。

（四）防治方法

1. 农业防治

及时清洁果园，清除园内落叶及杂草，并烧毁，可有效降低绿盲蝽越冬基数。早春消除花园、苗圃内及其周围的杂草，使之不利于该虫的发生和繁殖。

2. 物理防治

挂置黄色粘板用于监控和诱杀入侵田中绿盲蝽成虫。安装频振式杀虫灯，于绿盲蝽成虫发生期每天夜间开灯，可以对田块周围绿盲蝽成虫起到一定的诱杀作用。

此外，也可采用性信息素防治。放置桶型诱捕器，内置绿盲蝽性诱剂诱芯，诱杀绿盲蝽雄虫。每月更换 1 次诱芯。

3. 生物防治

释放红颈常室茧蜂 *Peristenus spretus* Chen et van Achterberg 防治绿盲蝽。在 4 月底至 5 月初，第一代绿盲蝽发生时，选择绿盲蝽越冬卵的孵化高峰期开始释放。调查绿盲蝽种群，按蜂∶蝽＝1∶20 的比例，连续 3 次释放红颈常室茧蜂的蜂茧。选择晴天释放。可选用3%苦参碱水剂 800 倍液、0.3%印楝素乳油 1 000 倍液、1.8%阿维菌素悬浮剂 1 500倍液喷雾。

4. 化学防治

可选用 2.5%溴氰菊酯乳油 3 000 倍液、2.5%高效氯氟氰菊酯乳油 2 500 倍液、25% 噻虫嗪水分散粒剂 4 000~5 000 倍液、10%吡虫啉可湿性粉剂 1 500 倍液喷雾。

四、棉叶蝉

（一）分布与为害

棉叶蝉 *Empoasca biguttula*（Ishida），又名叶跳虫、二点浮尘子，属半翅目叶蝉科。我国分布在东北、华北、西北、华中、西南、华东各地。被害花木主要有菊花、大丽花、锦葵、木芙蓉、扶桑、葡萄等。

（二）形态识别

棉叶蝉的形态特征如图 19-4 所示。

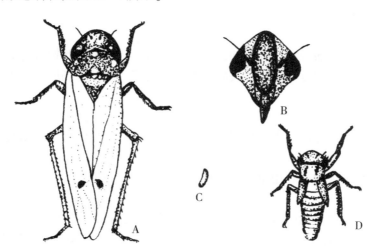

图 19-4　棉叶蝉

A. 成虫；B. 成虫头部；C. 卵；D. 若虫

（仿祝树德和陆自强，1996）

成虫：体长 3mm 左右，淡黄绿色，头部微呈角状，向前突出。近前缘处有 2 小黑点，复眼褐黑色，上有淡色斑，触角刺状淡黄白色。口器细长，基部、端部上下等宽，前胸背板半圆形，前缘有 3 个白色斑点，后缘略向内侧弯曲。足细长与体同色，胫节具刺毛多根。前翅狭长为腹长的 2 倍，半透明，略带黄色。后缘约 1/3 处有黑褐色斑点 1 个，后翅无色透明。

卵：长约 0.7mm，长肾状形，无色透明，孵化前淡绿色。

若虫：初孵若虫体色淡而半透明。头部复眼内侧有 2 条斜走黄色隆线，胸部淡绿色，中央灰白色。前胸背板后缘中央有 2 个黑点，黑点周围为黄色。前翅翅芽内侧各有 1 个黑点。

（三）发生规律

棉叶蝉各地每年发生的代数不一，江苏一年发生 8~9 代，湖北 12~14 代，江西 13~14 代，世代重叠明显。在黄河流域和长江流域不能越冬，每年初始虫源由外地迁入。在长江下游地区每年 3—4 月先在杂草上出现。5 月后转移到花木上为害，成虫产卵时多产在被害植物叶背面中脉组织中，孵化后，留下心脏形的孵化小孔。若虫共 5 龄，幼龄期常群集一起为害，7—8 月如气温适宜，完成 1 个世代只需 10d 左右。成虫寿命 6~10d。不论若虫、成虫，白天都栖息于叶背为害，晚上转移到叶面活动。不同花卉的叶部受棉叶蝉为害后，先褪绿变黄，再逐渐变红，边缘向下卷缩增厚，发生轻重不同的缩叶病，影响植株正常生长，花蕾变小或脱落。

温湿度对棉叶蝉的发生影响大。温度在 23℃ 以上，相对湿度在 70%~80% 时适于其繁殖；温度在 15℃ 以下，成虫即不活泼；6℃ 以下，就完全失去活动能力；初霜后，全部若虫和大多数成虫即死亡。大雨和久雨影响若虫的孵化外出和成虫的羽化，并且能杀死一部分若虫。

（四）防治方法

1. 农业防治

合理密植；调整播种期和收获期，如适时早播；选用抗棉叶蝉较好的品种，如多毛品种；采用科学的施肥方式，如适度施氮肥；清理棉叶蝉越冬场所，如冬季和早春清除田间杂草。

2. 物理防治

利用棉叶蝉的趋光性，夜间采用黑光灯与荧光灯诱捕棉叶蝉，降低其发生基数。

3. 生物防治

保护田间叶蝉天敌，利用草蛉、蜘蛛、寄生蜂等天敌。

4. 化学防治

可选用 25g/L 联苯菊酯乳油 2 500~3 000 倍液、25g/L 高效氯氟氰菊酯乳油 2 000~3 000 倍液、10% 吡虫啉可湿性粉剂 3 000~4 000 倍液、25% 噻嗪酮可湿性粉剂 1 000~1 500 倍液喷雾。

第三节　锉吸类

一、花蓟马

（一）分布与为害

花蓟马 *Frankliniella intonsa* Trybom 属缨翅目蓟马科。我国主要分布在长江流域以北各省，以及上海、江苏、浙江、湖南、广东、贵州、台湾等地。寄主植物有香石竹、唐菖蒲、大丽花、美人蕉、菊花、木槿、扶郎花、夜落金钱、凤仙花、棣棠、矮牵牛、葱兰、石蒜、紫薇、合鸡、兰花、凌宵、九里香、天人菊、荷花、夹竹桃、扶桑、木芙蓉、月季、玉簪、夜来香、大波斯菊、秋葵、茉莉、剑兰、橘等。

（二）形态识别

花蓟马的形态特征如图 19-5 所示。

成虫：雌虫体长 1.2~1.8mm，淡褐至褐色，触角 8 节，第三、第四节有"Y"形感觉器，单眼刺毛 3 根，前胸背板前缘长鬃 4 根，后缘有长鬃 6 根，中间 2 根较短。雄虫 0.9~1.2mm，体淡黄色至黄色，触角第四、第五节端部和第六至第八节为褐色。

卵：肾形，长 0.26mm，宽 0.11mm，孵化前显出两个红色眼点。

若虫：初孵化体长 0.3~0.4mm，乳白色；2 龄体长 0.6~1mm，乳白色至淡黄色；3 龄为预蛹，体长 0.8~1.2mm，淡黄色，翅芽明显，触角分向头的两边。

伪蛹：实为 4 龄若虫，大小与 3 龄相似。淡黄色翅芽伸长达腹部第五至第七节，可见红褐色的单眼 3 个。

图 19-5　花蓟马

（仿祝树德和陆自强，1996）

（三）发生规律

花蓟马一年发生 10 多代。露地一般以成虫越冬，在温室内各种虫态均可越冬。成虫有很强的趋花性。花蓟马一般在花冠内为害花瓣，但也为害叶片。成虫、若虫在温度达20℃时比较活跃，一般清晨和傍晚取食最甚，夜间取食较少，白天在阳光照射下，花蓟马多在叶背或花冠内隐藏潜伏。成虫产卵在叶背的组织内。在有些植物中卵产在花序、花瓣或花丝等组织中。在早熟禾上每头雌虫平均产卵180粒，产卵期长达20~50d。若虫孵化后，爬到组织表面，若虫的活动性较差。高温高湿有利于花蓟马的发生和繁殖，但过高的温度和湿度对花蓟马的繁殖和生长亦不甚有利，夏季干旱抑制虫口密度上升。

成虫寿命22~123d，卵期约10d，若虫期10d左右，2龄后期或3龄期落土化蛹，蛹期2~3d，20℃、25℃温度下完成一世代分别为28d、21d。从春到初夏发生多，梅雨期温度高，雨少，发生多。

（四）防治方法

1. 农业防治

冬前及时清除田间及周围的杂草并冬灌，淹死土壤中越冬的若虫及蛹。

2. 物理防治

花蓟马暴发期在温室悬挂天蓝色或白色的诱虫板，诱杀成虫。

3. 生物防治

可选用1.8%阿维菌素悬浮剂3 000倍液喷雾。

4. 化学防治

可选用10%吡虫啉可湿性粉剂2 000倍液、25%吡蚜酮水分散粒剂2 000倍液喷雾。

二、烟蓟马

（一）分布与为害

烟蓟马 *Thrips tabaci* L.，又名葱蓟马，属缨翅目蓟马科。国内除西藏不详外，各省均有分布。在园林植物方面为害较严重的有香石竹、长萼石竹、芍药、冬珊瑚、金盏菊、梅、李、柑橘、葡萄、苹果以及多种锦葵科植物。

（二）形态识别

烟蓟马的形态特征如图19-6。

雌成虫：体长1.1~1.3mm，体色变化大，褐黄色至浅黄色，复眼紫红色，呈粗粒状稍突出，单眼3个三角形排列，在前眼两侧三角形连线的外缘各有1根单眼间鬃。触角7节，第三、第四节端各有"U"形感觉锥，较短，第五节端部两侧各有1个短感觉锥，第六节有1个细长的感觉锥。前翅上脉鬃4~6根，如4根，均匀排列；如5~6根，多为2~3根形成1组。下脉鬃14~17根，均匀连续。

卵：长0.2mm左右，肾形。

若虫：初龄长约0.37mm，白色透明，2龄时体长0.9mm左右，色浅，黄至深黄。

伪蛹：前蛹（3龄若虫）和蛹（4龄若虫）与2龄若虫相似，但有翅芽，触角置于头的前方。

（三）发生规律

每年发生的代数各地不一。一般有6~10代。以成虫、若虫潜伏在土缝、土块、枯

图19-6 烟蓟马
（仿祝树德和陆自强，1996）

枝落叶，或在田间的球根，或部分植株的叶鞘内，也有以"蛹"态在附近的土内越冬。而以成虫越冬为主。翌年3—4月开始活动。卵散产在嫩叶表皮下，叶脉内。成虫、若虫多在叶柄、叶脉附近为害。因其怕光故常在早晚及阴天爬到叶面上，白天晴天大多在叶荫和叶脉处为害。成虫很活泼，能飞善跳，扩散传播很快。干旱无雨对其有利，高温高湿或遇暴雨就会受到抑制。

世代历期在温室中平均气温19℃，相对湿度85%左右，卵期8d。1~2龄若虫10~14d，前蛹期1~2d，蛹期4~7d，完成一代大约需20d，夏季最短，仅需15d左右。雌雄性比在夏季均为雌虫，直到秋季始有雄虫。一般都行孤雌生殖。每头雌虫产卵20~100粒。

蓟马直接为害叶正面、反面均会出现失绿或黄褐色斑点、斑纹，叶组织变厚变脆向正面翻卷或破裂，以至于造成落叶，影响生长。花瓣也会出现失色和斑纹，从而影响质量。

烟蓟马的天敌有横纹蓟马、小花蝽 *Qrius minutus* L.，华野姬猎蝽 *Nabis sinoferus* H.等。

（四）防治方法

参阅本章节花蓟马的防治方法。

第四节 钻蛀类

一、大丽菊螟

（一）分布与为害

大丽菊螟 *Ostrinia furnacalis*（Hübner），又名亚洲玉米螟，属鳞翅目螟蛾科。国内绝大多数省区市均有发生。以幼虫钻蛀大丽菊、菊花等茎部为害，受害严重时，植株几乎不能开花。也是玉米、棉花等作物的重要害虫之一。

（二）形态识别

大丽菊螟的形态特征如图 19-7 所示。

成虫：中小型蛾，黄褐色，体长 13~15mm，翅展 25~35mm。前翅鲜黄色，基部褐色。前后翅均横贯 2 条明显波纹，中间有大小两块暗斑，展翅飞翔时，前后翅波纹相连，静止时，左右翅波纹相接。雌体肥大，色较黄，翅面波纹浅褐色。雄体瘦削，色较深，翅面波纹暗黑色。

卵：扁平，椭圆形，黄白色，长约 1mm。卵粒呈鱼鳞状排列。

幼虫：老熟幼虫体长约 19mm，圆筒形，体色深浅不一，多为淡褐色或粉红色。头红褐色，背中央有 1 条明显的褐色细线，中后胸背面有 4 个较大毛片。腹部 1~8 节，各节前方有排成 1 排的 4 个毛片，后方 2 个小毛片。

蛹：纺锤形，黄褐色或红褐色，腹部密布横皱纹。腹末尾端臀棘黑褐色，末端有小钩 5~8 个，并有丝缠连。

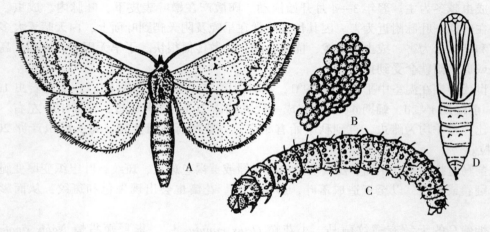

图 19-7　大丽菊螟
A. 成虫；B. 卵；C. 幼虫；D. 蛹
（仿祝树德和陆自强，1996）

（三）发生规律

我国每年发生 1~6 代，由北向南代数逐渐增多。河南、山东、安徽、江苏一年以 3 代为主，湖北 3~4 代。以末代老熟幼虫在茎秆内越冬，翌年 4 月中旬开始化蛹，5 月中旬成虫羽化，成虫喜在花芽或叶柄基部产卵。每雌可产卵 10~20 块，共 300~600 粒。卵期 4~5d。5 月下旬幼虫孵化后钻入茎内，钻入孔附近呈黑色，孔外粘有黑色虫粪，受害植株上部萎蔫而死。第二、第三代幼虫分别在 7 月中下旬和 8 月中下旬发生，9 月后幼虫开始越冬。

成虫白天多潜藏在茂密的作物叶片下或杂草间，夜间活动，飞翔力较强。成虫多在晚上羽化，黄昏开始活动，有趋光性，对性诱剂比较敏感。幼虫多在上午孵化，孵化后常聚集卵壳周围咬食卵壳，约 1h 后分散，初孵幼虫爬行敏捷，分散过程中常吐丝下垂，随风飘到邻近植株上为害。幼虫多为5龄,少数6龄,1~3龄有转移为害习性。幼虫老熟大多在茎内化蛹。幼虫趋湿和具背光性。春季雨水充足,相对湿度高,气候温和,有利其发生。

(四) 防治方法

1. 农业防治

冬季剪除并烧毁大丽菊茎秆,减少来年发生的虫源。生长为害季节及时剪除被害株,杀死茎秆内幼虫。因地制宜利用烧、沤、轧、封、铲等办法,把越冬幼虫数量压低到最低程度。

2. 物理防治

(1) 灯光诱杀成虫。根据越冬代成虫羽化的始末期安排开灯时间,从羽化初期开始,到羽化末期结束。一般在晚上7时30分开灯,第二天凌晨3时关灯;每天按时开关电源,每3~5d用刷子刷掉灯网上的死虫,将接虫袋里的虫子倒出,保证杀虫灯的正常使用。

(2) 性诱剂诱杀成虫。在越冬代大丽菊螟成虫羽化的始末期安装性诱捕器。选择大丽菊螟专用诱芯和干式诱捕器。选择大丽菊螟成虫活动场所放置诱捕器。每1 300m²地块放置1个诱捕器,1代螟虫每个诱捕器内放置1个诱芯;诱捕器诱虫口距地面1.5m。要留有备用诱芯,以便丢失时能及时补充。备用诱芯要用塑料袋装好放在冰箱冷藏或阴凉干燥处保存,防止受潮。

3. 生物防治

(1) 释放赤眼蜂防治。释放时间:在大丽菊螟成虫产卵初期至卵盛期,或在越冬代大丽菊螟化蛹率达20%时,后推10d为第一次放蜂时期。释放蜂量:每亩2万头,分2次释放。即第一次1万头,第二次1万头。释放点数:每亩设置1~3个释放点。

(2) 喷洒生物制剂。可选用16 000IU/mg苏云金杆菌可湿性粉剂800~1 000倍液喷雾。

4. 化学防治

幼虫孵化期可选用50%辛硫磷乳油800倍液、2.5%溴氰菊酯乳油1 000倍液喷雾。

二、菊天牛

(一) 分布与为害

菊天牛 *Phyloecia rufiqentria* Gautie,又叫菊虎,属鞘翅目天牛科。主要分布在华北、华东、西北等地区。主要为害菊花、金鸡菊、蛇目菊、欧洲莲等菊科植物。成虫产卵时咬伤茎秆、伤口以上茎梢萎枯,并易折断。幼虫蛀食茎根,导致整株枯死。

(二) 形态识别

成虫:体长6~11mm,宽3~5mm。体黑色或黑褐色,圆筒形,鞘翅薄,密被灰色稀疏绒毛。前胸背板中具有1个赤黄色椭圆形大斑。腹面橙黄色,雄虫体长与雌虫相近,但触角比体略长,足橙黄色。

卵：长椭圆形，淡黄色，表面光滑。

幼虫：圆筒形，乳白色。体长2mm左右，头部小，黑色。

（三）发生规律

一年发生1代，以成虫或幼虫在菊科植物根部越冬。翌年5—6月成虫飞出，白天多在叶背活动，有假死性。成虫交尾后，在菊花茎梢部咬成围茎大半圈似刀样切的伤口，产卵于其中，每处产卵1粒。伤口不久变黑，上部茎梢逐渐萎蔫，并易从伤口处折断。幼虫孵化后即蛀入茎内，沿茎秆向下蛀食直到根部。9月间幼虫老熟，在蛀道内化蛹。10月成虫羽化，并以成虫在根际越冬。另有少数以老熟幼虫在蛀道内越冬，翌年早春化蛹，5—6月羽化成虫。

（四）防治方法

1. 农业防治

及时清除田内和田埂菊科类杂草，减少菊天牛的寄主，切断越冬场所。清除越冬期有虫老根，发现茎梢很快萎蔫或折断时，应立即清除啮痕下梢内幼虫。实行轮作，忌连作及菊科植物轮作或间套作。5—6月成虫羽化期，捕捉成虫。

2. 化学防治

成虫发生期可选用40%毒死蜱乳油1 500倍液、4.5%高效氯氰菊酯乳油1 000倍液、2%噻虫啉微囊悬浮剂1 000~2 000倍液、15%吡虫啉微囊悬浮剂3 000~4 000倍液喷雾，既可以减少成虫，又可以杀死初孵幼虫。

第五节　害螨类

为害花卉的主要害螨为二斑叶螨，是一种重要的世界性害螨。据报道，二斑叶螨寄主植物有800余种，除花卉外，还可为害蔬菜、玉米、棉花、果树等植物。因其扩散速度快、分布范围广、易产生抗性等特点，使得防治极为困难，给农业生产造成巨大经济损失。

二斑叶螨

（一）分布与为害

二斑叶螨 *Tetranychus urticae* Koch，又名二点叶螨、棉叶螨、棉红蜘蛛等。属蛛形纲蜱螨目叶螨科。

为害的花木有月季、野蔷薇、茉莉、花菱、凤仙花、孔雀草、无花果、构树、桃、李、梨、樱桃、柑橘、桂花、一串红、蜀葵、木芙蓉、木槿、鸟萝、石竹、枸杞、鸭跖草、红花羊蹄甲等，包括农作物和杂草共有45科146种。

（二）形态识别

雌成虫：体背面观呈卵圆形，体色通常呈淡黄色或黄绿色，深秋越冬时渐呈淡黄色或黄绿色，深秋越冬时渐呈橙色，体背两侧各有深褐色斑纹1块，其外侧有3裂，内侧接近体躯中部，背毛细长共24根，体长0.5~0.6mm，雄成螨略呈菱形，长0.3~0.4mm。

卵：圆形，初产时略带乳白色或者白色透明，不带红色，直径0.13mm左右，将孵化前透过卵壳可见两个红色的眼点。

幼螨：第1若螨黄绿色，长0.30~0.32mm，足3对。

若螨：足4对。第二若螨亦黄绿色，背面观呈长椭圆形，体长0.35~0.39mm。足和成螨一样。

（三）发生规律

一年发生代数各地不一，在我国南方一年可发生20代以上，繁殖方式主要是两性生殖，即有性生殖，但缺乏雄虫时也能营孤雌生殖，孤雌生殖所产的卵，发育成的螨都是雄性。雄螨比雌螨少蜕1次皮，成熟快，常静候待雌螨蜕最后一次皮后进行交配，交配后一般经1~3d就开始产卵，每头雌螨一般产卵50~150粒，最多可达700粒，产卵期平均2星期，最长达36d，可见二斑叶螨的繁殖力很强。成螨寿命一般2~5周，越冬期可活5~7个月，早春一般先在杂草上取食繁殖。

二斑叶螨幼螨、若螨、成螨都能为害很多花卉植物，一般都在叶背主脉附近很细的丝网下栖息，用1对由螯肢特化而来的口针，穿刺到植物的组织里，吸取细胞汁液和叶绿素，使叶面先出现褪色黄点，后成为黄褐斑而提前脱落，严重时一片凋萎，造成重大损失。

（四）防治方法

参阅第九章朱砂叶螨的防治方法。

第二十章 树桩盆景害虫

盆景是以植物、山石等为素材，经过艺术造型和精心培育而成的艺术品，是植物的栽培艺术和综合造型艺术的有机结合。树桩盆景主要观赏植物的根、干、叶、花、果等，整体姿态的自然美，观赏各种古、清、秀、奇的树姿；苍老、奇特、古雅的树干，穿插在石隙间，盘曲如龙的老根，美丽夺目的叶片及色彩鲜艳的小果。由于树桩盆景的树种繁杂，生境特殊，因此害虫发生的种类多，生活习性复杂，这给防治带来一定的困难。树桩盆景常见害虫有秋四脉绵蚜、柳黑毛蚜、红蜡蚧、角蜡蚧、常春藤圆蚧、黑翅土白蚁、家白蚁和柑橘全爪螨等。

第一节 刺吸类

一、秋四脉绵蚜

（一）分布与为害

秋四脉绵蚜 *Tetraneura akinire* Sasaki 又名榆瘿蚜、榆四脉绵蚜，属半翅目瘿绵蚜科。我国东北、华北、西北、华东、华南地区均有分布。第一寄主为榆树、榆桩，第二寄主有高粱、玉米、麦类及禾本科杂草、芦苇等。

（二）形态识别

秋四脉绵蚜的形态特征如图 20-1 所示。

干母：体长 0.5~0.7mm，梨形，无翅，黑褐色，在虫瘿中蜕皮变为绿色。

无翅胎生雌蚜：体卵圆形，长约 2.3mm，淡黄色，被薄蜡粉，额呈平顶状。触角 5节，粗短，长约 0.4mm。腹管截断状，长仅为基宽的 1/3。

有翅胎生雌蚜：长卵形，长约 2.0mm，头、胸黑色，腹部绿色，中额微隆，额瘤不显著。触角粗短，长 0.62mm，仅为体长的 1/3，共 6 节，第三至第六节有环形感觉圈。腹管退化，前翅中脉不分叉。

卵：长卵圆形，初产深黄色，后变黑褐色，有光泽。

（三）发生规律

秋四脉绵蚜属异态交替生活型。一年完成 1 次转换寄主且孤雌生殖和两性生殖交替进行。一年可繁殖 10 余代。以卵在背风向阳的榆树皮缝中越冬。翌年 3—4 月越冬卵孵化为干母。干母爬到当年新叶背固定取食，被害处先形成红色斑点，叶组织受到刺激，继而叶面凸出，形成瘤状虫瘿，叶片扭曲畸形，虫瘿外壁由绿色转变为红色，内壁淡

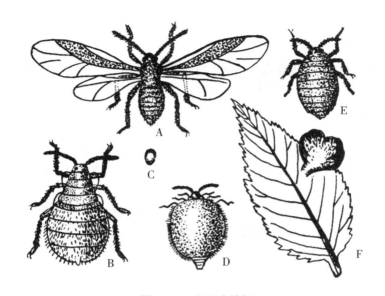

图 20-1　秋四脉绵蚜
A. 有翅性蚜；B. 无翅性蚜；C. 卵；D. 根型成蚜；E. 干母；F. 为害状

（仿祝树德和陆自强，1996）

色。一般一头虫 1 个虫瘿，每叶可有几个虫瘿。干母包于瘿中，经 3 次蜕皮，孤雌胎生，产生干雌。每个虫瘿内的干母可胎生 30~50 个干雌。干雌经 3 次蜕皮，形成有翅迁移蚜，于 5 月上旬至 6 月上旬破瘿飞出，迁移到第二寄主上为害，并孤雌生殖 10 多代侨蚜。9 月上旬至 10 月上旬产生性母，再回迁到榆树上，孤雌胎生性蚜，交尾后产卵越冬。

（四）防治方法

1. 农业防治

秋四脉绵蚜以卵在枝干裂缝、嫩枝等处越冬，可结合冬春季修剪涂白、喷施石硫合剂消灭越冬卵、成虫或若虫。杂草是很多蚜虫的夏寄主，是蚜虫栖息、繁殖的主要场所，及时清除绿地、苗圃周边杂草、中耕除草是防治蚜虫的主要方法。在少量发生时，可人工剪除未破裂的虫瘿叶，控制种群增长。

2. 物理防治

在榆树较集中的绿地挂设黄色粘虫板，诱集有翅蚜虫。

3. 化学防治

蚜虫发生为害较早，防治蚜虫的最佳时期在有翅蚜未迁飞扩散之前进行化学防治，可选用 10%氯氰菊酯乳油 1 000 倍液、10%吡虫啉可湿性粉剂 1 000 倍液喷雾。对于树体比较高大或车辆不便于进入的地方，可进行根部埋药，埋施时间于 4 月底在树冠投影边缘施药。此法不污染环境，不伤害天敌。

二、柳黑毛蚜

（一）分布与为害

柳黑毛蚜 *Chaitophorus salinigri* Shinji 属半翅目毛蚜科。主要分布于江苏、上海、浙江、山东、河北、北京、四川等地。寄主有垂柳、枸柳、龙爪柳、直柳等柳属植物。

（二）形态识别

柳黑毛蚜有翅胎生雌蚜的形态特征如图 20-2 所示。体长卵形，长约 1.5mm，体色，腹部有大斑。气门片黑色。节间斑明显，黑色。触角长 0.81mm，超过体长的一半。腹管短筒形，仅 0.06mm。

无翅胎生雌蚜体卵圆形，长约 1.4mm，全体黑色。体表粗糙，胸背有圆形粗刻点，构成瓦纹，腹管截断形，有很短瓦纹。尾片瘤状。

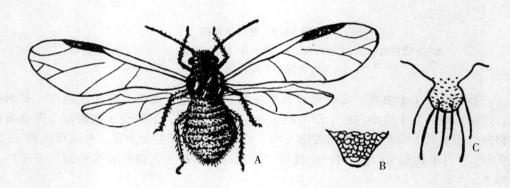

图 20-2　柳黑毛蚜

A. 成虫；B. 腹管；C. 尾片

（仿祝树德和陆自强，1996）

（三）发生规律

柳黑毛蚜每年发生世代数不一，为害时间也有长有短。以卵在柳枝上越冬。每年3—4 月越冬卵孵化，开始为害。5—6 月大发生，为害严重。在 5 月下有至 6 月上旬可产生有翅雌胎生雌蚜扩散为害。多数世代为无翅孤雌胎生雌蚜。10 月下旬产生性蚜后交尾产卵越冬。全年在柳树上生活。

柳黑毛蚜是间歇性暴发为害的蚜虫。大发生时常盖满叶背，有时在枝干地面可到处爬行，同时排泄大量蜜露在叶面上，引起黑霉病。为害严重时，造成大量落叶，甚至能使 10 多年的大柳树死亡。

（四）防治方法

化学防治参阅榆瘿蚜、棉蚜及桃赤蚜的防治方法。

三、松　蚜

（一）分布与为害

松蚜 *Cinara pinea* Mordwiko 又称松大蚜，属半翅目蚜科。分布于辽宁、内蒙古、河北、河南、山东、山西、陕西及华南等地。主要为害红松、油松、赤松、樟子松、马尾松等，是松树盆景的主要害虫之一。成蚜、若蚜常群集在 1~2 年生嫩梢或幼树枝干上，吸食树液，使被害针叶颜色变淡，针叶短小瘦弱，生长不良。

（二）形态识别

松蚜的形态特征如图 20-3 所示。

成虫：体型较大。触角刚毛状，6 节，第三节最长。复眼黑色，突出于头侧。有翅型雌蚜体长约 3mm，全体黑色，有黑色刚毛，足上多瘤，腹部末端稍尖。翅膜质透明，前缘黑褐色。雄成虫与胎生的无翅型成虫极为相似，仅体型略小，腹部尖。无翅型成虫均为雌性，体较有翅型粗壮，腹部散生黑色颗粒状物，并被白色蜡粉，末端钝圆。

卵：长椭圆形，黑色，长 1.8~2.0mm。宽约 1mm。

若虫：与无翅成虫相似。由干母胎生的若蚜为淡棕褐色，体长约 1mm，4~5d 后变为黑褐色。

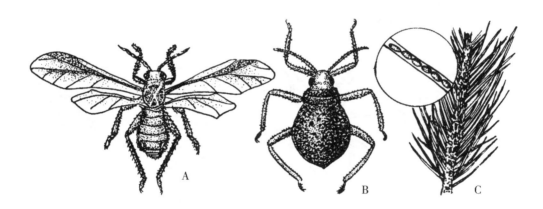

图 20-3　松蚜

A. 有翅成蚜；B. 无翅成蚜；C. 为害状及卵

（仿祝树德和陆自强，1996）

（三）发生规律

以卵在松针或翘皮裂缝中越冬。在辽宁，翌年 4 月下旬越冬卵开始孵化。5 月中旬出现无翅雌成虫，即干母。1 头干母能胎生 30 多头雌性若蚜。6 月中旬出现有翅胎生雌蚜，进行迁飞扩散繁殖。10 月中旬产生有翅雌、雄性蚜。性蚜交配后，产卵越冬。卵常数粒（8~10 粒）排在松针上。5—10 月可见到成虫和各龄若虫群集为害。

若虫共 4 龄。第一代发育历期 19~22d。随着气温升高，发育历期缩短。繁殖力强。松蚜天敌较多，捕食性天敌有异色瓢虫、灰眼斑瓢虫、七星瓢虫、大灰食蚜蝇等。

（四）防治方法

1. 生物防治

松蚜的天敌种类很多，已发现的有异色瓢虫、七星瓢虫、灰眼斑瓢虫、大灰食蚜蝇和蚜小蜂。

2. 化学防治

在为害盛期可选用 50% 马拉硫磷乳油 3 000 倍液、10% 氯氰菊酯乳油 1 000 倍液、10% 吡虫啉可湿性粉剂 1 000 倍液喷雾。

四、红蜡蚧

（一）分布与为害

红蜡蚧 *Ceroplastes rubens* Maskell 属半翅目蚧总科蚧科蜡蚧属。我国主要分布在上海、浙江、江苏、福建、台湾、广东、广西、云南、贵州、四川、湖南、湖北、江西、安徽、青海、陕西、河北等省区市。寄主植物有金橘、四季橘、玳玳、佛手、香橼、柠檬、山茶、枸骨、香樟、月桂、罗汉松、栀子花、榆桩、火棘、白榆、椰榆、丝棉木、乌桕、重阳木、大叶黄杨、广玉兰、绣球花等。

（二）形态识别

红蜡蚧的形态特征如图 20-4 所示。

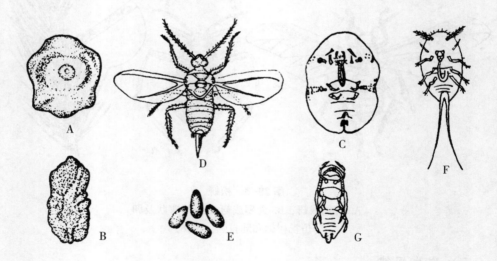

图 20-4　红蜡蚧
A. 雌虫介壳；B. 雄虫介壳；C. 雌成虫；D. 雄成虫；E. 卵；F. 初孵若虫；G. 蛹
（仿祝树德和陆自强，1996）

成虫：雌成虫蜡壳很厚，椭圆形紫红色，长 3~4mm，高 2.5mm，背面中央隆起更显著。顶部凹陷呈脐状，两侧共有 4 条白色蜡带向上卷起，前 2 条白带向前至头部。蜡壳下的虫体紫红色，椭圆形，喙针长可超过本身数倍，触角 6 节，其中第三节最长。足短小，腹部末端肛门处较凹裂。雄成虫体长 1mm，暗红色，口器退化的部位及单眼黑色，触角细长，10 节，触角和交尾器均淡黄色。前翅白色半透明，后翅退化，足较长，每节均具细毛。

卵：长约 0.3mm，椭圆形，淡紫红色。

若虫：1 龄扁平，椭圆形，长约 0.4mm，淡红褐色。触角 6 节，腹部末端有 2 根长毛，体背被白色蜡层。2 龄体背面开始形成 2 条白色点状蜡质。3 龄白色蜡点成片，形成蜡壳。壳外两侧白色蜡带较显著，蜡壳背面中央形成脐状白点，老熟时虫体长约 0.9mm。

蛹：无雌蛹。雄蛹蜡壳紫红色，背面隆起，两端各有 1 对蜡质突起。蛹的蜡壳和前蛹壳相似，但色较暗，长 1.2~1.5mm，椭圆形，暗红色。

（三）发生规律

红蜡蚧一年发生 1 代，以受精雌成虫附着在枝条或叶背越冬。越冬雌虫产卵于体下，产卵期长短不一，可长逾 40d，一般为 1 个月左右。卵期仅 1~2d，边产卵边孵化。4 月下旬或 5 月上旬开始孕卵，到 5 月下旬陆续产卵，6 月上中旬为若虫盛孵期，若虫孵化期长达 1 个月以上。雌若虫 3 龄，8 月下旬变成雌成虫。雄若虫 2 龄，8 月中下旬化蛹，8 月下旬至 9 月上中旬羽化为成虫。

从孕卵到产卵期蜡壳背部拱起较明显，4 条白带基本消失。临孵化期蜡壳后半略抬起与枝、叶附着面留出间隙。

红蜡蚧的寄主种类很多，但不同树木对红蜡蚧的营养是不同的。孵化期早晚不一致。孵化最早的是绣球花，其次是肉桂，以后是大叶黄杨、香樟、枸骨，前后相差半个多月。香樟上的红蜡蚧较枸骨上的孵化早。

初孵若虫，在母介壳下延续停留时间，受气温影响，有长有短，快的 1h 左右，慢的数天后离开母体。晴天下午爬出母体的个数最多，爬行活动也快，经过 2~3 次爬迁，在 20~30min 内，5~20cm 距离内，即固定在新梢嫩枝上。以一年生梢次之，一年生夏梢最少。雌虫主要群集于嫩叶上，叶片上较少；雄若虫绝大多数群集于叶片上，嫩梢上较少。若虫定居后即刺吸被害植物组织内的汁液，不久开始分泌蜡质覆盖体背。雄虫蜡壳在未化蛹时下面开口，使虫体和枝梢接触，至化蛹时，从上面分泌一层较薄的蜡质，和体背面的蜡壳完全联合成茧，再化蛹其中。雄虫羽化为成虫后，即飞至雌虫体上交配，1~2h 后死去，故在野外较难发现。

红蜡蚧成虫、若虫均固定在一二年生嫩枝上，少数在叶柄、叶片上吸取汁液，被害严重时，在嫩枝新梢上可密布此虫，其排泄沾污下部叶面滋生煤污菌后，使枝叶乌黑，细枝枯落，长势日渐衰败，除降低绿化效益外，并大大影响观赏价值。

红蜡蚧的天敌较多，已经鉴定的寄生蜂有 6 种：红蜡蚧扁角跳小蜂 *Aniceus beneficus-lshiiet* Yasumatsu、单带巨角跳小蜂 *Comperiella unifasciata* Ishii、花翅跳小蜂 *Microterys* sp.、黑色软蚧蚜小蜂 *Coccophagus yoshidae* Nakayama、日本软蚧蚜小蜂 *Coccophagus japonicus* Compere、啮小蜂 *Tetrastichus* sp.。

（四）防治方法

1. 农业防治

结合修剪，剪除有虫枝叶。盆景植物或低矮花木、灌木可用竹片刮除蜡蚧个体。

2. 生物防治

保护和利用天敌。红蜡蚧的寄生蜂种类较多，其中最有名的红蜡蚧扁角跳小蜂，对红蜡蚧有明显的抑制作用。

3. 化学防治

关键是要掌握孵化期，因孵化初期，未泌蜡或泌蜡较少，触杀效果较好。可选用95%机油乳剂 50~200 倍液、4.5%高效氯氰菊酯乳油 900 倍液喷雾。

五、角蜡蚧

（一）分布与为害

角蜡蚧 *Ceroplastes ceriferus*（Anderson）属半翅目蚧总科蚧科。主要分布在浙江、江苏、上海、江西、广东、广西、福建、四川、云南、湖北、湖南、贵州等省区市。为害悬铃木、海棠、白玉兰、山茶、石榴、栀子花、月季、蔷薇、菊花、木槿、枸骨、常春藤、丝绵木、扶芳藤、珊瑚树、大叶黄杨、雪松、月桂、柑橘、罗汉松、白榆等花木。

（二）形态识别

角蜡蚧的形态特征如图 20-5 所示。

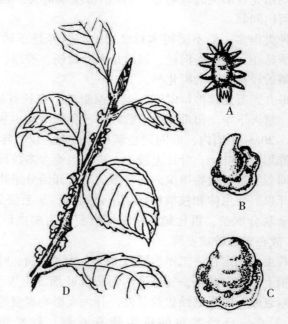

图 20-5　角蜡蚧

A. 若虫；B. 前期介壳角突状；C. 后期介壳；D. 寄生为害状

（仿祝树德和陆自强，1996）

成虫：雌虫介壳短，椭圆半球形，乳白色，长 6~7.5mm，宽 8.7mm，高 5.5mm。背面中央有 1 角状突起，介壳四周边缘凹凸不规则。雌成虫：体短，椭圆形。触角 6 节，第三节最长，腹部末端有 1 个圆锥形尾突。雄成虫：褐红色，体长 1mm 左右。触角 10 节，第四节最长。有翅 1 对，半透明，腹末有针状交尾器。

卵：肉红色，有光泽，长径 0.3mm 左右。

若虫：初孵时棕褐色，稍扁平，长约 0.4mm，腹末有尾毛 2 根，较明显。

蛹：雄蛹，红褐色，长 1mm 左右。

（三）发生规律

角蜡蚧一年发生 1 代，以受精雌成虫越冬。6 月产卵，卵期 14d 左右。雌若虫第一次蜕皮在孵化后 22~23d，2 龄约 20d，3 龄 37d 左右。3 次蜕皮后若虫变成虫。雄若虫蜕 2 次皮后化蛹，至 8 月下旬到 9 月上旬羽化为雄成虫。与雌成虫交配后即死亡。雌虫产卵约在 6 月上旬，产卵量很大，最多可达 5 000 粒，平均 3 500 粒以上。卵产于母介壳下，产后母体死在介壳 1 端。若虫孵化后要在母介壳内停留几天，爬出后作短期活动游荡，一经固定即刺吸为害，并开始泌蜡，逐渐形成蜡质介壳。雌虫也有从叶面迁向枝条的习性。若虫第一次蜕皮在 7 月上旬，第二次蜕皮在 7 月末，第三次在 9 月上旬，全部发育成熟约 90d。

角蜡蚧的为害期很长，在发生为害的植株上虫口密度往往很高，受害后长势衰退以至停止生长，叶片枯黄脱落，严重时整株死亡。轻则诱发煤污病，降低观赏价值。

角蜡蚧的寄生天敌有红蜡蚧扁角跳小蜂、黑色轻蚧蚜小蜂等。

（四）防治方法

参阅红蜡蚧的防治方法。

六、常春藤圆蚧

（一）分布与为害

常春藤圆蚧 *Aspidiotus nerii* Vallot，又名藤圆盾蚧，属半翅目盾蚧科，分布在江苏、浙江、上海、四川等南方各地，以及华北、东北地区保护地温室。为害常春藤、夹竹桃、苏铁、文竹、棕榈、广玉兰、桂花、女贞、山茶、含笑、杜鹃、蔷薇、海桐、绣球花、万年青、仙人掌、石榴、柑橘、芭蕉、杉、柏、松等花木。

（二）形态识别

成虫：雌蚧壳圆形，较薄，中部稍隆起，灰褐色，壳点在中央或近中央，黄色，直径 2mm 左右；雄蚧壳较小，略呈长形，壳点也在中央，直径 1.3mm。雌成虫体长约 0.7mm，阔卵形，臀板向后稍凸出。臀板背面硬化，其中杂有膜质纵沟。臀角 3 对，中臀角发达，第二、第三臀角较小。

卵：淡黄色，长卵形，长 0.2~0.3mm。

若虫：初孵时色淡，长 0.3mm 左右。

（三）发生规律

每年发生 3~4 代。以雌成虫和若虫越冬。翌春 3 月间开始产卵，每雌累计产卵量

200 粒左右。世代不齐。夏、秋季随时有若虫。一年内若虫出现较集中、发生量较多的时期在 3 月、6 月、9 月。有时 11 月也较明显。产卵期长，卵期短。卵产后不到 24h 即孵化。适应性强，繁殖量大，虫口密度高。在上海地区为害苏铁特别严重，使叶表面失去光泽，长势衰弱以致严重凋萎。

天敌种类较多，其中红点唇瓢虫 *Chilocorus kuwanae* Silvestri 为常春藤圆蚧的优势天敌。捕食量较大，一天能捕食 50 多头。红点唇瓢虫可人工引迁，人工饲养繁殖再释放。

（四）防治方法

1. 农业防治

被害株率不高、虫口密度不大或少量盆景植物，可用软毛刷轻轻刷除，收效很好。

2. 化学防治

夏秋季节对受害较严重的植株喷施 40%毒死蜱乳油 1 000~2 000 倍液。

七、榆蛎蚧

（一）分布与为害

榆蛎蚧 *Lepidosaphes ulmi*（L.），又名榆牡蛎蚧、松蛎盾蚧、茶牡蛎蚧，属半翅目盾蚧科。此虫分布于华南、西南、东北、西北及华东地区。寄主有白榆、杨、柳、丁香、绣线菊、玫瑰、花桃、梨、苹果等多种乔木、灌木，还有草本植物。

（二）形态识别

榆蛎蚧的形态特征如图 20-6 所示。

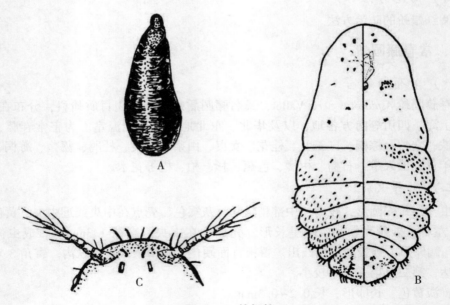

图 20-6　榆蛎蚧

A. 雌成虫介壳；B. 雌成虫；C. 1 龄若虫头部

（仿祝树德和陆自强，1996）

成虫：雌成虫介壳长形，前端狭，后端稍膨大，稍弯曲酷似牡蛎。全长 3.5mm 左右，深褐色。雄介壳狭窄，长约 1.0mm。雌成虫体长椭圆形，长 1.3~2.0mm，乳白色，半透明，臀板黄色。雄成虫体长 0.6mm，翅展 1.3mm，淡紫色，触角、足均淡黄色，胸部淡褐色，翅 1 对，腹部末端有长形交尾器。

卵：椭圆形，乳白色，半透明，长 0.2~0.3mm。

若虫：椭圆形，较扁平，淡黄色，长 0.3~0.4mm，腹部末端有较长尾毛 2 根。若虫蜕皮后开始分泌蜡物质，并与蜕下的皮形成介壳。雌若虫蜕 2 次皮，共 3 龄，第三次蜕皮即为成虫。雄若虫蜕 2 次皮，先变为蛹，再羽化为成虫。

蛹：暗紫色。

（三）发生规律

一年发生 1 代，以卵在母体介壳下越冬。翌年 5 月下旬开始孵化，经 1 个月左右若虫老熟。雌性若虫至 7 月上旬变为成虫，雄性若虫亦于 7 月上中旬羽化为雄成虫。雌雄交尾后，于 8 月上旬开始产卵，8 月中下旬为产卵盛期，产卵期长约 50d，每雌产卵 90~100 粒。卵期极长，从当年 8 月中旬算起到次年 5 月中旬为止逾 270d。初孵若虫活动性强，常沿茎干不断爬动，选择适当处所固定为害。榆蛎蚧一般都在茎干上为害，使受害植物生长不良以至不能孕蕾开花。

（四）防治方法

1. 农业防治

对茎、干较粗皮层不易受伤的花木，在冬季可涂刷白涂剂。白涂剂的配制比例生石灰 5 000g、硫黄粉 1 000g、氯化钠 250g、动物胶适量，配制时加水多少以便于涂刷又不致流淌为度。涂刷白涂剂既可防治多种病虫，又可防止冻害。

2. 化学防治

在卵孵化期可选用 30 号机油乳剂 25~30 倍液、50% 杀螟硫磷乳油 1 000 倍液喷雾。但榆蛎蚧的产卵期和孵化期较长，要每隔 10~15d 喷施一次，连续防治 2~3 次，才能达到理想效果。

第二节　钻蛀类

一、黑翅土白蚁

（一）分布与为害

黑翅土白蚁 *Odontotermes formosanus* （Shiraki），又叫黑翅大白蚁，属等翅目白蚁科。黑翅土白蚁广泛分布于华南、华中和华东地区，是水利堤坝及多种农林作物的大害虫。主要为害杉木、马尾松、桉树、樟树、侧柏、枫杨、油茶、柳、茶等多种树木，是桩景的主要害虫。白蚁营巢于土中，取食树木的根茎部，并在树木上修筑泥被，啮食树皮，亦能从伤口侵入木质部为害。苗木被害后常枯死。成年树木被害造成生长不良，给生产带来一定损失。

（二）形态识别

有翅成虫：体长 12~14mm，翅长 24~25mm，头顶背面及胸、腹的背面为黑褐色，头部和腹部的腹面为棕黄色，翅黑褐色，全身覆浓密的毛。触角 19 节。在前胸背板中央有 1 个淡色的"十"字形纹，"十"字形纹的后方有 1 个圆形或椭圆形的淡色点，"十"字形纹的后方有 1 个分支的淡色点。

蚁后：无翅，腹部特别膨大。

蚁王：头呈淡红色，周身色泽较深，胸部残留翅鳞。

兵蚁：体长 5~6mm。头暗深黄色，腹部淡黄至灰白色。头部毛稀疏，胸腹有较密集的毛。头部背面观为卵形，长大于宽，最宽处在头的中后段，向前端略狭窄。上颚镰刀形，左上颚中点的前方有 1 个显著的齿，右上颚内缘的相当部位有 1 个微齿，极小而不明显。

工蚁：体长 4.6~4.9mm，头黄色、胸腹部灰白色。

（三）发生规律

黑翅土白蚁为"社会性"多型态昆虫。每个巢内有"蚁王""蚁后"，以及为数极多的生殖蚁、工蚁和兵蚁等。

蚁王和蚁后每巢群中一般只有 1 对，但往往也可见到一王二后、一王三后、五后或二王四后。蚁王蚁后专司繁殖后代。王与后在巢群中生活的位置，亦常随巢群的年龄或蚁后的大小而异。蚁后体较小，巢群较嫩，王与后则无特殊结构的"王室"居住，只生活于菌圃的下方，由菌圃把它们盖着。

有翅成虫一般称为繁殖蚁，是巢群中除王与后外能进行交配生殖的个体，但在原巢内是不能交配产卵的，一定要在分群移殖，脱翅求偶，兴建新巢后始交配繁殖后代。

长翅繁殖蚁的幼蚁从刚具翅芽至完成最后一次蜕皮羽化共 7 龄。在同一巢内，长翅繁殖蚁的龄期极不整齐，这反映长翅繁殖是分期分批产生的。

兵蚁数量次于工蚁，虽有雌雄之别，但无交配生殖之能力，为巢中的保卫者，保障蚁群不为其他昆虫入侵，每遇外敌即以强大的上颚进攻，并能分泌一种黄褐色的液体，以御外敌。

工蚁数量是全巢最多的，巢内一切主要工作，如筑巢、修路、抚育幼蚁、寻找食物等，皆由工蚁承担。

黑翅土白蚁的活动有强烈的季节性。在福建、江西、湖南等省，11 月下旬开始转入地下活动，12 月除少数工蚁或兵蚁仍在地下活动外，其余全部集中到主巢。翌年 3 月初，气候转暖，开始出土为害。这时，刚出巢的白蚁活动力弱，泥被、泥线大多出现在蚁巢附近。连续晴天，才会远距离取食。5—6 月形成第一个为害高峰期。被害较轻的幼树根和韧皮被啃，树叶呈枯黄状；有时新造幼树皮层被吃光后，幼树逐渐枯死。

工蚁于 5 月初用新土在蚁巢附近地势开阔、植被稀少的地方，筑成突出地面的群飞孔。筑于平地的高 3~4cm，底径为 4m，形状不规则。6 月底，长翅蚁群飞完毕后，因雨水冲刷，地面的群飞孔会逐渐消灭。群飞孔与蚁巢的距离 1~5m。黑翅土白蚁的群飞时间，据报道，在四川是 5—7 月的雨天傍晚 8 时较多；在湖南 4—6 月闷热的夜晚或大雨前后。

有翅成虫脱去四翅，雌雄配对，入地营巢。蚁巢一般位于地下 0.3~2m 之处。新建的蚁巢是 1 个小腔，3 个月后才出现菌圃（菌圃是白蚁培养真菌作为食料的场所）。在新巢群的成长中，蚁巢不断地发生结构上和位置上的变动，使得蚁巢的构造由简单逐渐复杂，腔室由小到大，由少到多，蚁巢的位置由靠近地面的地方逐渐移向深处。在 1 个大巢群内，成长工蚁和兵蚁以及幼蚁的数量可以达到 200 万只以上。

黑翅土白蚁的生活史如图 20-7 所示。

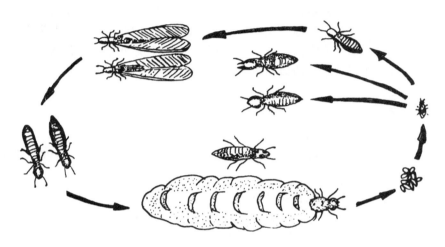

图 20-7 黑翅土白蚁生活史示意图
（仿祝树德和陆自强，1996）

（四）防治方法

黑翅土白蚁为害范围广，又具有巢深、路远、近湿、隐蔽、活动点不固定，以及据气候、食料等条件到地面活动的习性，所以，提高防治效果的关键是正确地分析、判断白蚁巢位。具体防治方法如下。

1. 农业防治

先从泥被线或分群孔顺着蚁道追挖，一定要挖到主巢，消灭蚁王、蚁后和有翅繁殖蚁，方能达到人工挖巢的目的。

2. 物理防治

每年 4—6 月，是有翅繁殖蚁的分群期，利用有翅繁殖蚁的趋光性，在蚁害地区采用黑光灯诱杀。

3. 化学防治

（1）压烟法。把硝酸钾 30%、氯化铵 10%、锯末 55%、硫黄 5% 分别干燥粉碎、混匀制成烟剂，燃烧前加入一定量的 2.5% 溴氰菊酯乳油，放入压烟器中，点燃发烟后，迅速塞紧木塞，可听到呼呼响声，封闭蚁道。蚁王蚁后熏死率达 98% 以上。

（2）用灭蚁灵喷杀对于能找到白蚁活动的场所，如蚁路、泥被线等，在为害严重的部位可直接施药。对于容易找到白蚁活动的场所，如聚集在伐根内的白蚁群也可直接施药。

（3）药剂灌巢在危害高峰，可选用40%毒死蜱乳油、10%氯氰菊酯乳油、2.5%溴氰菊酯乳油、5%氟虫腈悬浮剂、10%吡虫啉可湿性粉剂在植株泥被上直接喷洒300倍液，或5%联苯菊酯悬浮剂用水稀释80倍后，按4~5L/m²稀释液喷洒。

二、家白蚁

（一）分布与为害

家白蚁 *Coptotermes formosanus* Shiraki 属等翅目鼻白蚁科。我国分布于安徽、江苏、浙江、福建、江西、广东、广西、湖南、湖北、四川等省区。其北界大致在淮河以南，愈向南为害愈严重。主要为害房屋建筑、桥梁、电线杆及四旁绿化林木。为害树木时，多从根部蛀入而延伸到茎干。所以，树表面的为害迹象表现较少，是一种为害性很大的土、木两栖白蚁。

（二）形态识别

家白蚁的形态特征如图20-8所示。

有翅成虫：体长13~15mm，翅展20~25mm。头褐色，近圆形，胸部、腹部背面黄褐色，腹面黄色。翅微具淡黄色。

卵：椭圆形，乳白色，长径约0.6mm。

兵蚁：体长4.5~6mm，头浅黄色，卵圆形。上颚褐色，镰刀形，向内弯曲。囟（额腺孔）近圆形，大而显著。胸部、腹部乳白色。

工蚁：体长4.5~6mm，头圆形。胸部、腹部乳白色。

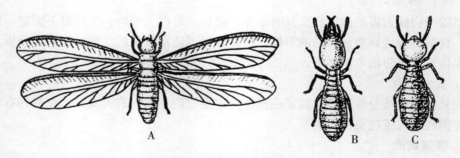

图20-8　家白蚁

A. 大翅蚁；B. 兵蚁；C. 工蚁

（仿祝树德和陆自强，1996）

（三）发生规律

家白蚁喜温怕冷，好湿而怕水渍，喜阴暗而怕阳光。常栖居在通风不良和木材集中处。树木上的白蚁常与附近建筑物上的白蚁密切联系，互相影响。比较喜欢蛀蚀软质的木材。耐害性差，经常在树干内筑巢的有枸树、樟、乌桕、银桦、垂柳、银杏、枫杨、雪松、桧柏、合欢、重阳木、柳杉、槐树等。巢大多筑在树干内、夹墙、或屋梁上，有室内巢和室外巢、地上巢和地下巢之分。在树上筑巢的，通常位于树干基部或主枝分叉附近。香樟、枫杨、悬铃木、梧桐等多在树干内，白杨、雪松和桧柏等多在树根下。一般树龄愈老，树干愈粗，筑巢的可能性愈大。树根附近因人工操作而造成疏松、多孔隙和伤口，为其侵入和筑巢而创造了条件。巢位多在离地面以上 1m 内，而平时修剪造成伤口的枫杨、悬铃木等以离地面 2m 以上的主权附近为多。

群飞是家白蚁群体扩散繁殖的主要形式。白蚁群体发展到一定的阶段，就会产生有翅繁殖蚁。有翅成虫因幼蚁发育不整齐，羽化期也不整齐，群飞期有时相差甚长，一般在 4—6 月群飞。群飞的时间多在天气闷热、气压降低的傍晚。每群有翅成虫需要经 2~6 次群飞才能完成。

繁殖蚁在适宜的环境定居以后，经 5~13d 开始产卵，每天产 1~4 粒，第一批卵约 25 粒。在湿度适宜，温度为 25~30℃ 的条件下，对产卵和幼龄群体的建立有利。家白蚁初建群体发展缓慢。不同食料对幼龄群体内的幼蚁和成虫的成活有显著的影响。为害马尾松、湿地松等的成活率高，死亡迟；为害苦楝、福建柏等的成活率低，死亡快。家白蚁群体在没有繁殖蚁的情况下，可以从幼蚁培育出有性的补充型繁殖蚁，繁殖后代，继续为害。家白蚁成虫有强烈的趋光性。

家白蚁生活的最适温度 25~30℃，组成蚁巢的巢片含水量在 33% 左右。

（四）防治方法

1. 植物检疫

迁移树木或树桩盆景时，加强检查或采取有效措施，以免将白蚁携带他处。

2. 农业防治

平时护养树木或培植盆景，操作时尽量减少造成伤口，已成的伤口涂防护剂。

3. 生物防治

可选用 16 000IU/mg 苏云金杆菌可湿性粉剂 800~1 000 倍液喷雾。

第三节　害螨类

一、柑橘全爪螨

（一）分布与为害

柑橘全爪螨 *Panonychus citri* McGregor 又叫瘤皮红蜘蛛、柑橘红蜘蛛，属蛛形纲蜱螨目叶螨科。我国江苏、上海、江西、浙江、福建、广东、广西、台湾、湖南、湖北、河南、陕西、四川、云南、贵州等省区市均有分布。寄主有柑橘、金橘、佛手、蔷薇、榆树、龙柏、玉兰、桂花、橡皮树、四季橘等。

（二）形态识别、发生规律与防治方法

柑橘全爪螨的形态识别、发生规律及防治方法参见第十四章关于柑橘全爪螨的内容。

二、卵形短须螨

（一）分布与为害

卵形短须螨 *Brevipalpus obovatus* Donnadieu，属蜱螨目细须螨科。主要分布在江苏、上海、山东、江西、广东、云南、贵州等省市。寄主很广，主要有白兰花、石榴、银杏、杜鹃、迎春、花桃、文竹、南天竹、榆树、杨树、罗汉松、侧柏、黄杨、茶花等花木。

（二）形态识别

成螨：雌成螨倒卵形，体长 0.27~0.31mm。体扁平。体色随不同季节和取食时间长短而有不同。有红、暗红、橙红等色。体背有不规则的黑色斑块。靠近第二对足基部有半球形红色眼点 1 对。足 4 对，雄成螨与雌成螨相似，唯体型较小而细长，长约 0.25mm。

卵：长一般 0.08~0.11mm，初为鲜红色，渐为橙红色，孵化前表面蜡白色。

幼螨：近圆形，长一般 0.11~0.18mm，橘红色。足 3 对，体末端 3 对背侧毛发达，其中第二对呈刚毛状，其余 2 对呈"D"状。

若螨：体背有不规则的黑色斑。足 4 对，末端 3 对体缘侧毛发达。均呈"D"状。第一若螨外形和体色与成螨接近，但体上黑斑加深，眼点明显，腹部末端较成螨钝圆。

（三）发生规律

浙江杭州一年发生 6~7 代。以雌成螨群集于植株根部越冬，少数可以各虫态在叶背、腋芽间或落叶中越冬。第二年 4 月越冬成螨开始迁移到植株上为害，一年中 7—9 月发生最重。高温干燥有利发生。平均气温在 27~30℃时，完成一代约 20d，平均气温在 24~26℃时，完成一代需 22~27d。降雨多，常使虫口数量显著下降。

卵形短须螨雌成螨多营孤雌生殖，产生的后代主要是雌螨，雄螨极少出现，但也有通过两性交尾而繁殖的。两性方式繁殖的后代与孤雌生殖相似。卵散产于叶背、叶柄、伤口及凹陷等处，其中，以叶背居多。每雌螨产卵 30~40 粒。雌成螨寿命长，平均为 35~45d，长者可达 70d。雌成螨产卵期也长。因此，世代重叠的现象明显。

此螨初期以植株下部发生为多。以后逐渐向上发展，分布在老叶和成叶上的较在嫩叶上的为多。

（四）防治方法

1. 生物防治

释放胡瓜钝绥螨 *Amblyseius cucumeris*（Oudemans），释放后 10~50d，对卵形短须螨的防治效果达 23.30%~81.31%，可有效控制卵形短须螨的为害。

2. 化学防治

在越冬前（10 月中下旬）或早春（3 月）喷施 0.5°Bé 石硫合剂，杀死即将越冬和即将开始活动的螨体，压低螨口基数。

在害螨发生期，可选用 20% 双甲脒乳油 1 500 倍液喷雾，特别是中下部叶片背面应充分喷洒。

参考文献

蔡平，祝树德 . 2003. 园林植物昆虫学［M］. 北京：中国农业出版社 .

党英侨，王小艺，杨忠岐 . 2018. 天敌昆虫在我国林业害虫生物防治上的研究进展
　　［J］. 环境昆虫学报，2：242-255.

高峻崇，山广茂，任力伟，等 . 2003. 日本松干蚧防治技术综述［J］. 吉林林业科
　　技，32：16-19.

高希武 . 2010. 我国害虫化学防治现状与发展策略［J］. 植物保护，36：19-22.

胡淼 . 1993. 小青花金龟的危害习性与防治［J］. 植物保护学报，1：25-26.

李梦楼 . 2002. 森林昆虫学通论［M］. 北京：中国林业出版社 .

李世国，严芝学，戴美学 . 2001. 苏云金杆菌的一个新生物型——SD-5 菌株［J］.
　　微生物学杂志，21：26-27.

梁兴贵 . 2008. 茶袋蛾生物学特性研究及危害水杉的防治试验［J］. 现代农业科技，
　　2：88，96.

刘芳 . 2012. 栾树蚜虫发生规律及防治技术［J］. 湖北植保，3：36-37.

龙永彬，赵丹阳，秦长生 . 2017. 樟巢螟发生现状及防治对策［J］. 林业与环境科
　　学，33：107-110.

陆星星，闫鹏飞，昝庆安，等 . 2016. 不同温度和寄主植物对扶桑绵粉蚧生长发育
　　的影响［J］. 环境昆虫学报，38：698-703.

陆宴辉，赵紫华，蔡晓明，等 . 2017. 我国农业害虫综合防治研究进展［J］. 应用
　　昆虫学报，54：349-363.

童应华，李万里，马淑娟 . 2014. 金龟子绿僵菌及其粗毒素对樟巢螟幼虫的致病性
　　［J］. 昆虫学报，57：418-427.

万方浩，叶正楚，郭建英，等 . 2000. 我国生物防治研究的进展及展望［J］. 应用
　　昆虫学报，37：65-74.

王念慈，李照会，刘桂林，等 . 1990. 栾多态毛蚜生物学特性及防治的研究［J］.
　　山东农业大学学报，1：47-50.

王香萍，雷小涛，司升云，等 . 2016. 入侵昆虫扶桑绵粉蚧研究进展［J］. 湖北农
　　业科学，18：4 625-4 628.

王耀斌，史建初 . 1990. 大袋蛾生物学特性及防治［J］. 应用昆虫学报，27（5）：
　　297-298.

杨实娃，孙锋，任波 . 2010. 草履蚧生物学特性及综合防治技术研究［J］. 陕西农
　　业科学，56：80-82.

易芳兰，石自园，邹秋玲，等 . 2007. 果园吹绵蚧的识别与防治［J］. 中国热带农

业，5：45.

岳敏.2014. 法桐树大袋蛾的发生与防治［J］. 中国园艺文摘，12：110-111.

张国庆.2010. 马尾松毛虫防治关键期与防治历研究［J］. 现代农业科技，24：
    142-144.

郑婷，徐建峰，张益，等.2018. 苏州地区两种主要木蠹蛾害虫的发生与防治［J］.
    上海农业科技，4：126-127，138.

周彤，洪创彬，周卫农.2012. 黄刺蛾的发生与防治［J］. 现代农业科技，2：
    174-178.

周湾，林云彪，许凤仙，等.2010. 浙江省扶桑绵粉蚧分布危害调查［J］. 应用昆
    虫学报，47：1 231-1 235.

周亚茹，路芳.2017. 刺蛾的危害及防治［J］. 河北果树，6：55-56.

朱天辉，孙绪艮.2007. 园林植物病虫害防治［M］. 北京：中国农业出版社.

祝树德，陆自强.1996. 园艺昆虫学［M］. 1 版. 北京：中国农业科技出版社.

第六篇
苗圃、草坪及地下害虫

第二十一章　苗圃、草坪害虫

苗圃是专门为城市园林绿化定向繁殖和培育优质绿化材料的基地。草坪是用多年生矮小草本植株密植，并经修剪的人工草地。如果生产中苗圃、草坪管理粗放，容易导致害虫严重发生，苗圃受害后，苗木生长缓慢，影响苗木出圃。草坪受害后，常造成叶片枯黄、草皮表土裸露、草坪退化等。为害苗圃、草坪的害虫主要有拟小稻叶夜蛾、斜纹夜蛾、甜菜夜蛾、大青叶蝉、小绿叶蝉等。

第一节　食叶类

一、拟小稻叶夜蛾

（一）分布与为害

拟小稻叶夜蛾 *Spodopera pecten* Guenee 又名梳灰翅夜蛾，属鳞翅目夜蛾科。我国分布于广东、广西、福建、台湾等地，长江中下游地区也有发生。为害细叶结缕草、水稻和其他庭园杂草。在广州、南京，对细叶结缕草为害严重。幼虫食害寄主的根和叶片，细叶结缕草被为害后，往往成丛枯死。

（二）形态识别

成虫：体长 12mm 左右，翅展 31~33mm。头部褐色，触角黑色，腹部淡褐色。雄蛾触角双栉齿状。额外侧有黑纹，颈板中部有黑线。足的跗节微黑，有白环。前翅灰褐色，内线及外线均为双线，锯齿形。环纹斜列，有黑边。肾纹较黑。亚端线微白，内侧有 1 列暗纹。后翅白色，端区带有褐色。雌蛾肾纹褐色，亚端线内侧微褐。

幼虫：老熟幼虫体长 25mm，体较粗壮。头部红褐色，体暗褐色，气门黑色，明显。各节背面有 2 个棕黑色斑块，由这些斑块组成 2 条明显的贯穿全体的纵带。

（三）发生规律

拟小稻叶夜蛾在南方可终年为害，无明显的越冬现象。江苏以幼虫在草坪根际越冬，部分以蛹越冬。据初步观察一年可发生 4~5 代。4—11 月均能为害。在细叶结缕草上发生数量较多，一年中以 5—6 月为害最重。老熟幼虫在根标附近浅土中化蛹。发生时，分布很不平衡，常成丛成片发生。在为害期，扒开这些被害丛，可以找到许多幼虫，并可见许多虫粪。

（四）防治方法

1. 农业防治

如零星发生，可于早晨扒开被害草丛捕杀幼虫。

2. 化学防治

傍晚时，可选用50%马拉硫磷乳油1 500倍液、40%毒死蜱乳油1 500倍液、50%辛硫磷乳油1 500倍液喷雾。第一次喷药后，隔1周再喷一次。

二、甜菜夜蛾和斜纹夜蛾

甜菜夜蛾和斜纹夜蛾也是为害草坪的主要食叶类害虫，以幼虫为害草坪的叶片和根，造成叶片残缺不全，严重时将叶片吃光，甚至造成大片草坪枯死。甜菜夜蛾和斜纹夜蛾有关内容参阅第二篇"蔬菜害虫"中的相关内容。

第二节　刺吸类

一、大青叶蝉

（一）分布与为害

大青叶蝉 *Tetigoniela viridis*（L.）属半翅目叶蝉科。此虫几乎遍及全国，食性很杂，为害各种林木，也是农作物主要害虫。

（二）形态识别

成虫：体青绿色。体长7.2~10.1mm。头部颜面淡褐色、颊区在近唇基缝外有1块小黑斑，触角窝上方有黑斑1块；前翅绿色带有青蓝色泽，前缘淡白，端部透明，后翅烟黑色，半透明。

卵：近香蕉形，中间微弯曲，长1.6mm，宽0.4mm，白色稍带黄色。

若虫：形态似成虫，仅有翅芽。

（三）发生规律

在我国北方，一年发生3代。在北京各世代出现时期分别为：4月初至7月上旬，6月下旬至8月中旬，7月中旬至1月中旬。产卵在各种阔叶树枝干表皮下越冬。翌年4月孵化。各代卵期除越冬代为5个多月外，第二至第三代皆为12d左右。成虫寿命在1个半月以上。卵多于早晨孵化。若虫性喜群聚，常栖息于叶背，以后逐渐分散在矮小植物及农作物上。成虫及若虫均能跳跃，喜吸食草坪叶片汁液。成虫趋光性强。9月大多聚集在杂草、农作物、蔬菜上，10月霜降以后，雌虫开始迁移到果树、杨、柳、刺槐等多种阔叶树的枝干上产越冬卵。雌虫产卵时害虫划破树皮，造成弧形伤口（产卵痕），将卵整齐产于伤口内排成弧形。每处有卵7~8粒，一生产卵50余粒，成虫数量多时，枝干上伤痕斑斑，且造成大量伤口，易引起冻害和水分蒸发而枯死。

（四）防治方法

1. 物理防治

发生量大的地区，于第三代成虫发生期进行灯光诱杀。

2. 化学防治

林缘杂草上或草坪上使用20%氰戊菊酯乳油2 000倍液喷雾。

二、小绿叶蝉

小绿叶蝉也是为害园林苗圃的主要刺吸类害虫，以成虫、若虫群集叶背吸取汁液，被害叶初现黄白色斑点渐扩成片，严重时使得叶片变白，提早落叶。小绿叶蝉有关内容参阅第五篇"园林害虫"中相关内容。

第三节　钻蛀类

为害苗圃、草坪重要的钻蛀类害虫主要为红火蚁。它是一种杂食性土栖蚁类害虫，可取食植物的根、幼苗和种子，影响植物生长，破坏草坪绿化景观。同时，它还可借助草皮调运传播、扩散为害。

红火蚁

（一）分布与为害

红火蚁 Red Imported Fire Ant, *Solenopsis invicta* Buren，是全球100种为害最严重的外来入侵物种之一，原分布于南美洲巴西、巴拉圭、阿根廷等地巴拉那河流域，20世纪30年代入侵美国，1975—1984年入侵波多黎各，2001年入侵新西兰和澳大利亚，2003年我国台湾首次发现，2004年9月广东吴川首次发现，经不断扩散传播，现已侵入我国广东、广西、福建、湖南、江西、海南、云南、重庆、贵州、香港、澳门等地，正在以较快的速度进一步向更广泛地区传播扩散和蔓延；在局部地区该虫已造成农田弃耕、咬伤家禽、攻击蜇咬群众、危及敏感人群生命安全、降低生物多样性等多方面的危害，对农林业生产、公共安全和生态系统等均构成了威胁。

（二）形态识别

红火蚁蚁群中品级包括雌性生殖蚁（蚁后）、雄性生殖蚁、工蚁（大型工蚁、中型工蚁、小型工蚁）。常以工蚁形态特征为基础，参考蚁巢结构特点和攻击行为来鉴别红火蚁。

工蚁：体型大小呈连续性多态型。体长2.5~7.0mm。小型工蚁体棕红色，腹部常棕褐色。体表略有光泽。复眼细小，由数十个小眼组成，黑色。触角10节，柄节最长，鞭节端部两节膨大呈棒状。唇基两侧各有齿1个，唇基内缘中央具三角形小齿1个，齿基部上方着生刚毛1根。上颚发达，内缘有数个小齿。胸腹连接处有2个腹柄结，第一结节呈扁锥状，第二结节呈圆锥状。大型工蚁形态与小型工蚁相似，体橘红色，腹部背板色呈深褐。

蚁巢：红火蚁完全地栖，蚁丘一般5~30cm高，直径20~50cm，有时为大面积蜂窝状，内部结构呈蜂窝状。蚁丘表面土壤颗粒细碎、均匀。随着蚁巢内的蚁群数量不断增加，露出土面的蚁丘不断增大。

攻击行为与为害症状：当受到干扰时，工蚁会迅速出巢攻击，以螯针刺伤动物、人体。被螯刺后会有火灼伤般疼痛感，持续十几分钟，其后出现灼伤般水疱，后化脓形成小脓包。毒液易造成少数特定敏感体质人群产生严重过敏，甚至休克、死亡。防范叮螯和处理伤害的措施包括：不要在发生区较长时间活动、停留；在发生区劳作时要充分做好防护；不慎被红火蚁叮螯后，注意清洁、卫生，避免抓挠，涂抹清凉油、类固醇药膏或口服抗组胺药剂等缓解和恢复；敏感体质人群会产生过敏反应，出现较严重过敏、发热、头晕等现象，应立即就医。

（三）发生规律

分为单蚁后、多蚁后2种社会型，其生物学存在一定差异。成熟蚁群个体数量多达十几万到数十万头。蚁群中绝大部分是工蚁，雌性生殖蚁（蚁后）、雄性生殖蚁、幼蚁（卵、幼虫、蛹）比例较小。蚁后是蚁群存在的中心，一头蚁后每日产卵可达800~1 500粒。卵历期7~10d。幼虫4个龄期。卵至成虫发育历期20~60d（小型工蚁）、60~90d（大型工蚁、雌性生殖蚁和雄蚁）。一般小型工蚁寿命1~3个月，大型工蚁3~6个月，蚁后6~7年。成熟蚁群一年产生4 000~6 000头有翅生殖蚁。春秋季节婚飞多，盛期为3—5月。交配后雌蚁在距离原巢几米或几十米远降落、筑巢，少数可飞行3~5km或更远。该蚁食性杂，觅食能力强，取食节肢动物、无脊椎动物、小型脊椎动物及植物，最适觅食温度20~35℃。

红火蚁的扩散方式可分为两种。一是自然扩散，主要包括蚁群迁移、婚飞以及水流漂移等；二是人为传播，主要为带土苗木、花卉、草皮等植物的调运，或者随垃圾、土壤、堆肥、农耕机具设备、包装物、货柜、其他运输工具等运输长距离传播。

（四）防治方法

红火蚁防治的主要策略是：检疫封锁，阻截传播；全面监测，明确疫区；抓住重点，兼顾全面；科学规划，确定规模；点面结合，饵粉为主；科学评价，指导防治。

1. 植物检疫

常用检疫措施有：禁止疫区的垃圾、泥土、堆肥、种植介质等物品外运；疫区物品调出前必须在生产、存放或装运前检查灭蚁；检查流经发生区的江河堤岸，铲除沿岸蚁巢，防止随水流传播；从疫区运出的苗木、花卉、草皮、盆景等，须用杀虫剂浸泡、浇灌处理；对农耕机具、交通工具、货柜等喷施杀虫剂灭蚁。

（1）苗木、花卉的处理。在苗木、花卉种植前，须进行杀虫剂药液的浸渍或灌注处理。针对大型苗木，可选用40%毒死蜱乳油30 000倍液、2%阿维菌素乳油30 000倍液、4.5%高效氯氰菊酯水乳剂3 000倍液浇灌，使根部湿透或者将根部完全浸泡在药液中；盆栽的小型苗木、花卉，可选用4.5%高效氯氰菊酯乳油1 000倍液、2.5%溴氰菊酯乳油1 000倍液浇灌花盆至花盆底部有药液流出时止，也可以撒施氟虫腈、毒死蜱、氰戊菊酯等颗粒剂于盆内，之后洒水浸透，按常规进行灌溉。

（2）草皮的处理。可选用40%毒死蜱乳油30 000倍液、2%阿维菌素30 000倍液、4.5%高效氯氰菊酯水乳剂3 000倍液，浸泡、泼浇或者喷洒于草皮上，至草皮下部有药液流出时止，可有效杀死草皮中携带的红火蚁。

2. 化学防治

根据当地气候条件，一般每年开展2次全面防控。第一次在春季红火蚁婚飞前或婚飞高峰期进行，第二次选择在夏季、秋季气候条件适宜时进行。值得注意的是，每年的第一次防治务必全面、周到。

（1）毒饵诱杀。在蚁巢明显且较分散的地区建议使用1%氟蚁腙饵剂15~20g/巢进行点施防治单个蚁巢。将毒饵环状或点状投放于蚁巢外围50~100cm处，对所有可见的活蚁巢进行防治。在蚁巢密度大，或者工蚁分布普遍的地区建议在整个发生区均匀撒施毒饵进行防治。毒饵的使用条件为21~30℃的晴天，高温季节上午或傍晚进行，低温季节中午进行。

（2）药液灌穴。使用45%吡虫·毒死蜱乳油22~50g/巢进行药液灌巢，灭除单个蚁巢。施药时以活蚁巢为中心，先在蚁巢外围近距离淋施药液，形成一个药液带，再将药液直接浇在蚁丘上或挖开蚁巢顶部后迅速将药液灌入蚁巢，使蚁巢完全浸湿并渗透到蚁巢底部。施药时地面应干燥，洒水后、雨天和下雨前12h内不能投放，婚飞当天不使用。

（3）药液灭巢。可选用8%高效氯氰菊酯可湿性粉剂、0.05%氟虫腈饵剂，应均匀撒布于蚁丘表面和附近区域，并迅速洒水将其冲入蚁巢内部。至少重复洒水3次以上，每2d洒水一次。使用接触传递粉剂时，应先破坏蚁巢，待工蚁大量涌出后迅速将药粉均匀撒施于工蚁身上，通过带药工蚁与其他蚁之间的接触，传递药物，进而毒杀全巢。粉剂只能用于防治较明显的蚁巢，不适合应用到散蚁和蚁丘不明显的地块，施用时操作要细致，务必使药粉集中在蚁身上，避免在下雨和风力较大时施用。

第二十二章　地下害虫

地下害虫这里主要是指一些栖居于园林苗圃、草坪土壤及杂草中的害虫。常见的种类主要有地老虎、蛴螬、蝼蛄、蟋蟀、种蝇等。这些害虫在苗圃地、草坪及一二年生草地，取食刚发芽的种子或幼苗的根部、嫩茎及叶部幼芽，造成缺苗断垄，严重影响苗木与草坪的生产。

苗圃、草坪地下害虫的发生，与土壤质地、含水量、酸碱度、圃地的前作、周围的农作物、林木等有密切关系，由于这些害虫主要栖息土中及杂草中，给防治带来一定的困难，因此，采取适当的措施控制其为害，非常重要。

第一节　地老虎类

一、小地老虎

（一）分布与为害

小地老虎 *Agrotisipsilon*（Hüfnagel）分布广，属世界性害虫，从北纬 62° 到南纬 52° 都有分布。在部分地区常与黄地老虎、大地老虎混合发生。小地老虎食性广泛，以幼虫为害苗木，主要为害松、杉木、罗汉松苗等，还为害菊花、一串红、万寿菊、孔雀草、百日草、鸡冠花、香石竹、金盏菊、羽衣甘蓝等，以及多种蔬菜。

（二）形态识别

小地老虎的形态特征如图 22-1 所示。

成虫：体长 16~23mm，翅展 42~54mm。头、胸部暗褐色，腹部灰褐色。雌蛾触角丝状，雄蛾双栉齿状，栉齿逐渐变短。前翅前缘及外横线部分黑褐色，内横线、外横线均为双线黑色，波浪形、肾状纹、环状纹，各环以黑边。在肾状纹外边有 1 个明显的尖端向外的楔形黑斑，在亚缘线上有 2 个尖端向内楔形黑斑，3 个斑纹尖端相对，是识别此虫的重要特征。后翅灰白色，翅脉及边缘黑褐色，缘毛白色。

卵：半球形。直径 0.5mm，高约 0.3mm，表面有纵横的隆起线。初产时为乳白色，后变黄色。近孵化时黄褐色，卵顶上出现黑点。

幼虫：体长 37~47mm，头宽 3~3.5mm。头部黄褐色至暗褐色，变化较大。体色较深，灰褐色。后唇基为等边三角形。颅中沟很短，额区直达颅顶，顶呈单峰。背线、亚背线及气门线均为灰黑色。表皮极粗糙，有皱纹，密布大小不等的颗粒。腹部第一至第八节背面有两对毛片，呈梯形排列，前面 1 对小。臀板黄褐色，有两条明显的深褐色纵带。

蛹：体长 18~24mm。赤褐色，有光泽。腹部第四至第七节各节背面前缘中央深褐色，具有粗大的刻点，延伸至气门附近，第五至第七节腹面也有细小的刻点。腹部末端具臀棘 1 对，呈分叉状。

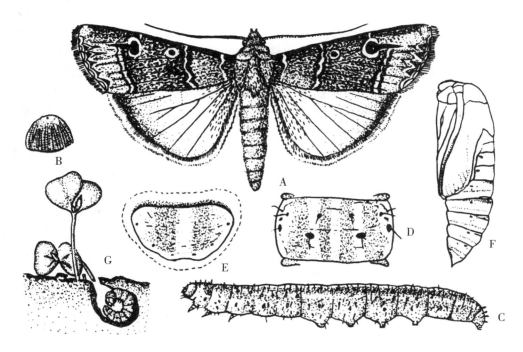

图 22-1　小地老虎

A. 成虫；B. 卵；C. 幼虫；D. 幼虫第四腹节背面观；E. 幼虫臀板；F. 蛹；G. 苗为害状
（仿祝树德和陆自强，1996）

（三）发生规律

1. 生物学习性

小地老虎在我国各地发生的世代数因各地地势、地貌和气候而不同，各地每年可发生 2~7 代不等。大致可分为 4 个发生区。即长城以北 2~3 代区，黄河以北 3~4 代，长江两岸 4~5 代，长江以南 6~7 代。小地老虎以第一代为害最重，江浙一带为害盛期是 4 月上旬至 5 月上中旬。

小地老虎在我国的越冬状况，随各地冬季气温不同而异。由于小地老虎各虫态均无滞育现象，所以在温度适宜的地区，可终年繁殖为害。当气温低于 8℃时生长缓慢，发育延迟，幼虫、蛹或成虫都可进入越冬。但在寒冷地区，小地老虎不能越冬，当地虫源是从外地迁飞而来，这些地区小地老虎通过迁飞才能完成年生活史。

小地老虎成虫的羽化、取食、飞翔、交配和产卵等活动，多在夜晚进行。成虫羽化有三个高峰，分别为：晚上 6—8 时，晚上 11 时至次日凌晨 1 时，以及凌晨 3 时，成虫白天栖息在阴暗处或枯叶杂草等处。有明显的趋光性和趋化性，对香甜的物质特别嗜好，故可利用糖、醋、酒混合液进行诱杀。羽化后 1~2d 开始交配，多数在 3~5d 内进行。一般在蛾龄 6~7d 后就逐渐停止交配进入产卵盛期。可进行多次交配，以 1~2 次最多，少数 3 次，在交尾期间，雌蛾由腹部最后两节中的腺体释放性息素。据报道，小地虎的性息素为顺-7-十二碳烯醇乙酸酯（Ⅰ）和顺-9-十四碳烯醇乙酸酯（Ⅱ）。雌蛾释放时，Ⅰ与Ⅱ以 5:1 的量向体外释放。在雄蛾的触角上分别由两种感受器接受。交尾后第二天产卵，卵散产或数粒产在一起。卵多选择表面粗糙的物体（如土粒和枯草棒）或多毛叶子的反面。在寄主植物丰盛时，卵多产于植株上，主要产于刺儿菜、小旋花、灰菜等杂草上或 3cm 以下的幼苗上。每雌蛾通常产卵千粒左右，多的达 2 000 粒，少的数十粒。在蜜源植物丰富和幼苗营养条件好的情况下，产卵量大，成虫产卵前期 4~8d，产卵期 2~10d，以 5~6d 最为普遍。雌蛾平均寿命 15d 左右，雄蛾平均寿命 10d 左右。

卵的孵化以中午为盛。卵的发育历期随温度而异，当平均温度 19.1℃时为 4.98d，29.1℃ 时为 3.12d，江淮平原越冬代早期产的卵，历期常在 10~15d。

幼虫孵化时咬破卵壳，并能吞噬部分卵壳。幼虫 6 龄，少数 7 龄。1~2 龄呈明显的正趋光性，常栖息表土和寄主的叶背或心叶昼夜活动，3 龄以后潜入土下，夜间出土活动为害，常常咬断幼苗，并将断苗拖入穴中。小地老虎具有一定的耐饥能力，饥饿或种群数量过大，个体间有自相残杀现象。幼虫有假死性，一遇惊动，就缩成环形。第一代幼虫在平均气温 21.6℃时，历期 30d。

幼虫老熟后，多在苗木或杂草的根际附近 7~10cm 深的土中筑室化蛹。越冬蛹多在田埂、田边杂草根部附近或蔬菜根部附近。幼虫预蛹期 2~4d。据杭州观察，蛹平均历期为 12.4~17.9d，在 26.5℃下为 11~18d，在 19.8℃下为 24~28d。

2. 发生生态

温度：在越冬代成虫发生期间，气温影响很大，一般在日平均温度 5℃以上始见成虫。8℃以上进入发蛾盛期，10℃以上出现高峰。低温和 5 级以上强风抑制蛾峰出现。高温不利于小地老虎的生长与繁殖。

湿度：小地老虎喜潮湿，凡在低洼、多雨的地区发生量大。从小地老虎在国内的分布看，凡在地势低洼、多雨湿润的地区，在沿河、沿湖和低洼内涝、雨水充足及常年灌溉的地区，发生量大，为害重。

虫源：我国大部分地区的小地老虎越冬代成虫都是由南方迁入的，属越冬代成虫与第一代幼虫多发型。在江苏、山东、河北、河南、陕西和甘肃等地越冬代成虫的发蛾期长、蛾峰多。一般说来，小地老虎在本地的越冬数量大，外地迁入的虫量多，第一代发生就重，反之则轻。

天敌地老虎的天敌种类很多，有寄生性和捕食性天敌近 20 种。主要有中华广肩步甲 *Calosoma maderae* Chinese Kirby、夜蛾瘦姬蜂 *Ophion luteus* L.、甘蓝夜蛾拟瘦姬蜂 *Netelia ocellaris*（Thomson）、双斑撒寄蝇 *Salmacia bimachlala* Wiedeman、夜蛾土寄蝇 *Turcnogonia Kondani*、伞裙追寄蝇 *Exorista cirilis* R.、黏虫侧须寄蝇 *Pelelieria varia* Fabricius 等，对小地老虎有一定的抑制作用。此外，各种鸟类、蚂蚁、蟾蜍、线虫及一些细菌、真菌等对小地老虎有一定的控制作用。

（四）防治方法

小地老虎防治策略以第一代幼虫为重点，采取农业防治、物理防治和化学防治相结合的措施。

1. 农业防治

加强苗圃管理，进行中耕除草减少地老虎的为害。

2. 物理防治

（1）诱杀成虫。用糖、醋、酒配制诱杀液（诱剂配方是糖：酒：醋：水＝6：1：3：10，加少量杀虫剂），或甘薯、胡萝卜、烂水果等发酵液，在成虫发生期进行诱杀。

（2）诱捕幼虫。小地老虎幼虫对泡桐树叶具有趋性，可取较老的泡桐树叶，用清水浸湿后，于傍晚放在田间，放80~120片/亩。第二天一早掀开树叶，捉拿幼虫，效果较好。

3. 化学防治

对不同龄期的幼虫，应采用不同的施药方法。幼虫3龄前抗药性差，且暴露在植物或地表面上，是喷药防治的适期，用喷雾、喷粉或撒毒土的方法进行防治；幼虫3龄后，田间出现断苗，可用毒饵或毒草诱杀，效果较好。

（1）喷雾。可选用5%氯氰菊酯乳油2 000倍液于下午5时以后喷于地表。所用水必须是井水或自来水，不要用渠道内的积水或坑水。

（2）毒土。可选用0.2%联苯菊酯颗粒剂3~5kg/亩，拌细土50kg配成毒土。

二、黄地老虎

（一）分布与为害

黄地老虎 *Agrotis segetum*（Schiffermiller），在我国20世纪60年代以前主要分布在西北部地区，近年来，河北、山东、北京和江苏等地，种群数量有所上升，为害加重。

（二）形态识别

黄地老虎的形态特征如图22-2所示。

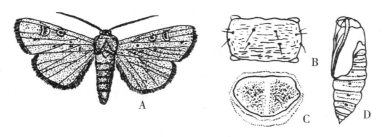

图22-2　黄地老虎
A. 成虫；B. 幼虫第四腹节背面观；C. 幼虫臀板；D. 蛹
（仿祝树德和陆自强，1996）

成虫：体长 14~19mm。雄蛾触角双栉齿状，栉齿长而端部渐短，约达触角的 2/3 处，端部 1/3 为丝状。雌蛾触角丝状。全体黄褐色。前翅各横线为双曲线，但多不明显，变化很大。肾状纹、环状纹及楔状纹明显，具黑褐色边。后翅白色，略带黄褐色。

幼虫：体长 33~43mm。体色变化多，黄褐色，有光泽。体表多皱纹，颗粒不明显。腹部背面有毛片四个，前方两个略小于后方的两个，臀板具两块黄褐色大斑。

蛹：体长 15~20mm，第四腹节背面有稀小不明显的刻点。第五至第七腹节刻点小而多。

卵：半球形，卵壳表面有纵横脊纹。

（三）发生规律

黄地老虎在黑龙江、辽宁、内蒙古、新疆北疆一年发生 2 代，华北地区及江苏一年发生 3~4 代。我国北部及西藏主要以老熟幼虫越冬，东部无严格的越冬虫态，主要以各龄幼虫，少数以蛹越冬。黄地老虎一般春秋两季为害重。在江苏，3 月中旬开始化蛹，5 月上旬为蛾高峰，4 月下旬至 6 月中旬为第一代幼虫发生期，为害盛期为 5 月中旬至 6 月上旬，比小地老虎迟 1 个月左右。黄地老虎昼伏夜出，喜食糖醋酒等香甜物质，对黑光灯有趋性。其产卵习性与小地老虎不同，卵多产在田间作物根茎上、草棒上，常数十粒成串排列，其次是产在灰藜、小旋花、蓟等杂草上。幼虫为害习性与小地老虎相似。每年第一代幼虫的数量与为害程度同上年越冬基数及温湿度有关。局部田块受害情况又与作物布局、地貌及杂草多少有关。凡上年越冬的高龄幼虫多，来年春季发蛾量就大。

（四）防治方法

参阅本章节小地老虎的防治方法。

三、大地老虎

（一）分布与为害

大地老虎 *Agrotis tokionis* Butler，我国主要发生在长江中下游地区，多与小地老虎混合发生，20 世纪 70 年代后期种群数量大增，1981 年以后又有所下降。

（二）形态识别

大地老虎的形态特征如图 22-3 所示。

成虫：体长 20~23mm，触角雌蛾丝状，雄蛾双栉齿状，栉齿较长，向端部逐渐短小。但几乎达末端。体褐色。前翅褐色，肾状纹、环状纹明显，楔状纹较小。内横线、外横线多为双曲线，不明显，后翅淡褐色，外缘具很宽的黑褐色边。

卵：半球形。初产时浅黄色，孵化前变灰褐色。

幼虫：体长 41~61mm，体黄褐色。体表多皱纹，背面纵带及小颗粒不明显。腹末臀板除端部两根刚毛外，几乎为一整块深褐色的斑。

蛹：体长 23~29mm，腹部第三至第五节明显比中胸及第一、第二腹节粗，与小地老虎不同。第四至第七节前缘气门之前密布刻点，腹端具臀棘 1 对。

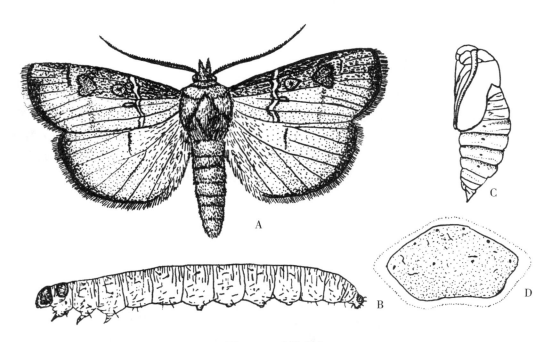

图 22-3　大地老虎
A. 成虫；B. 幼虫；C. 蛹；D. 幼虫臀板
（仿祝树德和陆自强，1996）

（三）发生规律

大地老虎在全国各地都是一年 1 代。以低龄幼虫越冬，并以老熟幼虫越夏。在南京以 2~4 龄幼虫在杂草地或苜蓿土层内越冬，翌年 3 月初田间温度接近 8~10℃时，开始取食，5 月为暴食为害阶段。温度 20.5℃时，幼虫陆续成熟，停止取食，开始滞育。一般在 6 月老熟幼虫在土下 3~5cm 处筑土室滞育越夏，越夏期长达 3 个月之久，秋季羽化成虫。在南京，3 龄幼虫 12 月进入越冬期。幼虫生长的适温为 15~25℃。成虫有趋光性，但不强。卵一般散产于土表或生长幼嫩的茎叶上。4 龄前幼虫不入土蛰伏，常在草丛间啮食叶片，4 龄后白天伏于土表下，夜出活动为害，幼虫有滞育越夏的习性。越冬幼虫抗低温能力强；越夏幼虫虽对高温有较高的抵抗能力，但当土壤过干或过湿，死亡率也很高。越夏死亡率的高低是种群增减的重要因素之一。

（四）防治方法

参阅本章节小地老虎的防治方法。

第二节　蛴螬类

一、铜绿丽金龟

（一）分布与为害

铜绿丽金龟 *Anomala corpulenta* Motschulsky 属鞘翅目鳃金龟科。国外分布于俄罗斯、朝鲜、日本等国家。我国除新疆、西藏尚未发现，其他各省均有分布。在长江中下游地区发生普遍，尤其是江苏、安徽、山东等省受其为害严重，此虫不仅幼虫为害，成虫还为害多种林木和果树，在苏北地区，还严重为害花生、大豆等多种农作物。

（二）形态识别

铜绿丽金龟的形态特征如图 22-4 所示。

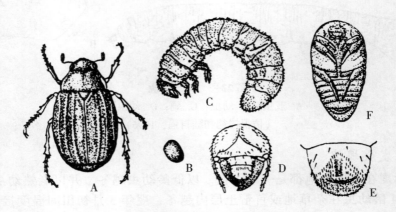

图 22-4　铜绿丽金龟
A. 成虫；B. 卵；C. 幼虫；D. 幼虫头部正面观；E. 幼虫腹肛片；F. 蛹
（仿祝树德和陆自强，1996）

成虫：体长 19~21mm，宽 10~11.3mm。头与前胸背板、小盾片和鞘翅呈铜绿色并闪光，但头、前胸背板较深，呈红褐色。而前胸背板两侧缘、鞘翅的侧缘、胸及腹部的腹面和 3 对足的基、转、腿节色较浅，均为褐色和黄褐色。鞘翅两侧具 4 条纵肋，肩部具瘤突。前足胫节具 2 外齿，较钝。前、中足大爪分叉，后足大爪不分叉。新鲜的活虫，雌虫腹部的腹板灰白色，雄性腹部腹板黄白色。雄虫臀板基部中间有三角形黑斑。

卵：初产时卵椭圆形，乳白色。长 1.65~1.93mm，宽 1.30~1.45mm，孵化前呈圆形，长 2.37~2.62mm，2.06~2.28mm。卵壳表面光滑。

幼虫：体长 30~33mm。头部前顶刚毛每侧 6~8 根，成一纵列。额中侧毛每侧 2~4

根。肛腹片后部覆毛区中间的刺毛列由长针状刺毛组成，每侧多为 15~18 根，两列侧毛尖一部分彼此相遇和交叉，刺毛列的后端少许岔开，刺毛列的前端还没有达到钩状刚毛群的前部边缘。

蛹：长椭圆形，土黄色。体长约 18~22mm，宽 9.6~10.3mm。体稍弯曲。臀板腹面，雄蛹有四裂的瘤状突起，雌蛹较平坦无瘤状突起。

（三）发生规律

铜绿丽金龟在北京、辽宁、河北、山东、山西、陕西、江苏、安徽等地均为一年 1 代，以幼虫越冬，各地成虫出现盛期不同，北京为 5 月中下旬至 7 月上中旬，山西长治为 7 月上旬，河南及河北南部为 6 月上旬至 7 月上旬，江苏徐州为 6 月上旬至 7 月下旬，扬州为 6 月中旬盛发，杭州为 6 月上中旬出现盛期。

在江苏、安徽等地，成虫出现期为 5 月下旬，终见期在 8 月下旬，6 月中旬是成虫盛期，6 月中旬至 8 月 20 日为卵期，盛期在 6 月下旬至 7 月上旬，7 月中旬是卵孵化盛期。幼虫主要为害期是 8—9 月。11 月起，幼虫逐渐开始越冬。

在沧州越冬幼虫 4 月活动，5 月化蛹，6 月下旬至 7 月上旬成虫盛发，6 月下旬开始产卵，7 月即孵化幼虫，至 10 月全部进入 3 龄，12 月起以 3 龄幼虫越冬。

成虫羽化后 3 日出土，昼伏夜出。一般在日落出土交配，然后取食，后半夜很少找到交配的虫体，黎明前潜回土中，白天隐蔽的场所多在 3~6cm 表土层，且喜在草根下。成虫食性杂、食量大，常将叶片全部吃光，主要为害杨、柳、苹果、梨、核桃、丁香、海棠、葡萄及豆类等叶片。成虫活动的适宜气温在 25℃以上，相对湿度 70%~80%，低温阴雨很少活动。成虫趋光性强，灯诱数量多，上灯雌虫多于雄虫，雌虫占 72.3%。成虫有较强的假死性。

成虫出土后平均 10.8d 开始产卵。每雌产卵一般在 40 粒左右。卵分批产下，多散产，产卵深度主要集中 3~10cm 的土下，以林木土壤和作物根系最多。

幼虫主要为害林木以及一些农作物的根系。在江苏北部幼虫在秋季严重为害蔬菜、花生。8 月下旬幼虫进入 3 龄，食量大，为害重。随着土温的变化，幼虫还有垂直迁移活动的习性。幼虫老熟后，在土下 20~30cm 深入作成土室，经预蛹后化蛹。

（四）防治方法

蛴螬的防治应在预防为主、综合防治的前提下，把化学防治与生物防治、农业防治及其他防治方法有机协调起来，控制其猖獗为害。

1. 农业防治

（1）精耕细作、深翻多耙，特别是深秋或冬季，通过深翻，把越冬的成虫、幼虫翻至地表，使其冻死、晒死或被天敌捕食。

（2）适时灌水、合理施肥，在灌溉方便的地方，可以进行适期灌水，对杀死低龄蛴螬特别有效。有机肥要充分腐熟，不施未经腐熟的肥料。

（3）种植蓖麻，毒杀多种金龟。在蛴螬为害严重的苗圃，在田间、地埂间种蓖麻，金龟盛期后拔除蓖麻幼苗，可以减轻蛴螬为害。此外，及时中耕除草也有一定的防效。

2. 生物防治

食虫线虫防治蛴螬效果明显。如用食虫线虫 *Steinerneme glaseri* NC34，每 6 亩用 22.2×10⁹头，防治蛴螬达 100%效果，亦可与 Bt 混用。

3. 物理防治

利用黑光灯诱集金龟，效果显著。黑绿单管双光灯（发出一半绿光，一半黑光）诱杀金龟效果更加明显，尤其对铜绿丽金龟引诱力更为突出。

4. 化学防治

（1）防治成虫。在防治适期可选用 90%敌百虫可溶粉剂 800~1 000 倍液喷雾。

（2）土壤处理。每亩可用 50%辛硫磷乳油 250~300mL，结合灌水施于土中，有较好的灭虫保苗效果。每亩 50%辛硫磷乳油 200~250mL，加细土 25~30kg（将药液 10 倍水稀释，喷在细土上，使药液充分吸附于细土上），在雨前施用，效果更佳。

二、暗黑鳃金龟

（一）分布与为害

暗黑鳃金龟 *Holotrichia parallela* Motschulsky（*H. morosa* Waterhouse）属鞘翅目鳃金龟科。国外分布于俄罗斯、朝鲜、日本等国家。我国除新疆、西藏尚未发现，其他各省均有分布。在长江中下游地区发生普遍，尤其是江苏、安徽、山东等省受其为害严重，此虫不仅幼虫为害，成虫还为害多种林木和果树，在苏北地区，还严重为害花生、大豆等多种农作物。

（二）形态识别

暗黑鳃金龟的形态特征如图 22-5 所示。

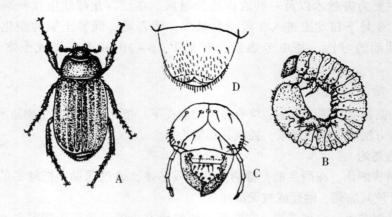

图 22-5　暗黑鳃金龟

A. 成虫；B. 幼虫；C. 幼虫头部正面观；D. 幼虫腹肛片

（仿祝树德和陆自强，1996）

成虫：体长 17~22mm，宽 9.0~11.5mm，呈窄长卵形。体无光泽，被黑色或暗褐色绒毛。前胸背板最宽处在侧缘中间。小盾片呈宽弧状的三角形。鞘翅伸长，两侧缘几乎平行，靠后边稍大。前足胫节处齿 5 个，后足第一跗节与第二跗节几乎等长。腹部腹板具青蓝色丝绒色泽。雄性外生殖器阳具基侧突的下部不分叉，上部相当于上突部分呈尖角形。

卵：初产椭圆形，后为圆球形，白色而有光泽。平均长 2.5 ~ 2.7mm，宽 1.5~2.2mm。

幼虫：三龄幼虫体长 35~45mm，头宽 5.6~6.1mm。头部前顶刚毛每侧 1 根，位于冠缝两则。内唇前侧褶区折面退化。肛腹片后部钩状刚毛多为 70~80 根，平均 75 根，钩状刚毛群的上端有 2 单排或双排的钩状刚毛，呈 "V" 形排列，向基部延伸。

蛹：体长 20~25mm，宽 10~12mm。尾节三角形，二尾角呈锐角岔开。雄外生殖器明显隆起，雌外生殖器，只可见生殖孔及其两侧的骨片。

（三）发生规律

暗黑鳃金龟在江苏、安徽、山东、河北、河南均为一年发生 1 代。一般以 3 龄老熟幼虫越冬。在土壤中的越冬深度多为 20~40cm。

以成虫越冬的，一般于翌年 5 月出土。以幼虫越冬的一般春季不为害，于 4 月下旬至 5 月初开始化蛹，5 月中旬为化蛹盛期。6 月上旬开始羽化成虫，盛期在 6 月中旬。6 月至 8 月为成虫发生期，成虫高峰期在 7 月中旬至 8 月上旬。7 月初田间开始见卵，7 月中旬卵开始孵化。卵期 8~10d。7 月中下旬为孵化盛期。8 月中下旬进入幼虫的为害盛期。

成虫食性很杂，主要取食榆、杨、梨、苹果等，最嗜食榆叶。据安徽宿县观察成虫还取食荷叶。此外，成虫还嗜食花生、大豆、玉米、甘薯等农作物的叶。成虫羽化后，在土中潜伏约 15d 才出土，一般是在傍晚出土活动。据张治良等观察，成虫有隔日出土的习性，出土日与非出土日的虫量相差极大。日本吉冈等也曾报道暗黑鳃金龟在日本有隔日出土的情况。成虫出土后，先在灌木上交尾，晚上 8—10 时为交配时期。晚上 10 时后群集于高大乔木上彻夜取食，黎明前陆续飞向田间潜伏。成虫趋光性强，傍晚出土时，飞行速度快，飞翔能力强，成虫有假死性，遇惊则落地，约 3~4min 后恢复活动。

成虫产卵于 2~22cm 深的土内，以 5~20cm 深卵最多，占 94.6%。成虫的产卵量与成虫取食的营养关系很大。初羽化的成虫卵巢发育要靠取食供应营养。据观测，食榆叶的成虫产卵前期短，平均 14d，每雌平均产卵 180 粒；而取食加拿大杨叶的，成虫产卵前期达 26d。每雌产卵平均为 23 粒。据测定，榆叶和加拿大杨叶的含糖量分别为 33.3% 和 2.69%，成虫取食的营养不同，生殖力有明显的差异。成虫产卵也有隔日趋势，且与隔日出土相一致。

成虫的产卵场所，在苗情、土质基本一致的情况下，同离取食寄主的远近关系很大。一般在离取食寄主 100~200m 处产卵密度最高，离寄主树 50m 以内或 300m 以外密度显著减少。

幼虫食性也很杂，在苗圃地主要为害苗木的根茎。幼虫还为害花生、大豆、甘薯、玉米、麦类等作物。3 龄幼虫食量最大，为害严重。有的剥食主根使植株死亡。

暗黑鳃金龟的种群消长与 7 月的降水量关系最为密切。成虫的产卵和幼虫孵化期受降雨的影响很大。特别是 7 月中旬的降水量和降水强度，如果 7 月 15—25 日降水量少于 100mm，蛴螬发生严重。如果这期间雨量大，土壤含水量高，幼虫死亡率就高，为害就轻。7 月如果遇有内涝、积水，初孵幼虫可全部死亡，虫口密度迅速下降。所以根据 7 月的降雨情况，可预测暗黑鳃金龟的为害程度。此外，暗黑鳃金龟的发生数量，还与越冬基数有关，越冬基数大，7—8 月的为害有可能加重。

（四）防治方法

参阅铜绿丽金龟的防治方法。

第三节　蝼蛄类

蝼蛄俗称土狗子、地狗子等，是苗圃地常见的地下害虫，喜欢低洼潮湿土中活动，主要为害种子和幼苗。全世界约 40 种，我国记载有 6 种。常见的种类主要有单刺蝼蛄和东方蝼蛄。下面对两种蝼蛄进行比较介绍。

单刺蝼蛄和东方蝼蛄

（一）分布与为害

蝼蛄俗称土狗子、地狗子等，单刺蝼蛄 *Gryllotalpa unispina* Saussure、东方蝼蛄 *G. orientalis* Burmeister，均属直翅目蝼蛄科。单刺蝼蛄（曾称华北蝼蛄）多分布于北纬 32°以北地区，东方蝼蛄（曾称非洲蝼蛄）发生遍及全国。

蝼蛄为多食性害虫。主要为害杨、柳、松、柏、海棠、悬铃木等幼苗根部以及香石竹等花卉，还喜食各种蔬菜、禾谷类作物。

蝼蛄成虫和若虫都在土中食害刚播下的种子和幼苗，也食害幼根和嫩茎，造成缺苗断垄。

根茎部受害后成乱麻状，使植株发育不良或干枯死亡。另外，蝼蛄在表土层活动时，挖掘隧道，致使幼苗与土壤分离而干死。

（二）形态识别

单刺蝼蛄与东方蝼蛄形态相似，如图 22-6 所示，此外两种蝼蛄的形态区别见表 22-1。

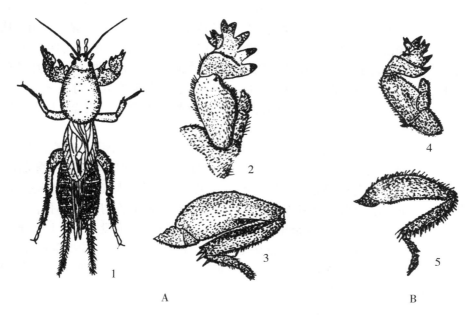

图 22-6　蝼蛄

A. 单刺蝼蛄：1. 成虫　2. 前足　3. 后足；B. 东方蝼蛄：4. 前足　5. 后足

（仿祝树德和陆自强，1996）

表 22-1　两种蝼蛄形态区别

虫　态	东方蝼蛄	单刺蝼蛄
成　虫	体长雌虫 31~35mm，雄虫 30~32mm。灰褐色。前胸背面心脏形小斑凹陷明显，腹部末端近纺锤形，前足腿节端部下方缺刻呈钝角，后足胫节背面内侧有距 3~4 个	体长雌虫 45~50mm，雄虫 39~45mm。黄褐色。背面心脏形斑大，凹陷不明显末端近圆筒形，腿节端部下缺刻成直角，胫节背面内侧有距 1 个或消失
幼　虫	体灰黑色，腹部末端近纺锤形，后足胫节棘 3~4 个	体黄褐色，腹部末端近圆筒形，后足胫节棘 0~2 个
卵	长 2.0~2.4mm，宽 1.4~1.6mm 椭圆形。黄白色、黄褐色至暗紫色	长 1.6~1.8mm，宽 1.1~1.3mm 椭圆形。乳白色、黄褐色至暗灰色

资料来源：《园艺昆虫学》，祝树德和陆自强，1996

（三）发生规律

1. 生物学习性

（1）世代与越冬。东方蝼蛄，在黄淮海地区两年左右完成 1 代，在华北、西北、东北地区亦需两年完成 1 代。在我国南方 1 年完成 1 代。以成虫和若虫在土壤中越冬。单刺蝼蛄一般需 3 年左右完成 1 代，以成虫和若虫在土壤中越冬。

（2）活动习性。根据东方蝼蛄在土壤中升降活动规律划分为以下 4 个时期。①越冬休眠期。从 11 月上旬（立冬）到翌年 2 月下旬初，成虫、若虫停止活动，头部向下，1 洞 1 头，在 40~60cm 深处土壤内休眠，长达 4 个月之久。②苏醒为害期。从 2 月上旬（立春）开始上升，到 3 月上旬（惊蛰）开始为害，4 月上旬（清明）至 5 月下旬（小满），成虫、若虫越冬后为害严重的时期。③越夏繁殖为害期。6—8 月是东方蝼蛄产卵盛期，占全年产卵量的 82.6%。卵室和洞穴离地面较近，对苗木为害严重。④秋季暴食为害期。8 月（立秋）以后，对秋季幼苗为害严重，直至 11 月上旬开始越冬。

在北方，东方蝼蛄、单刺蝼蛄有一定共同活动规律。据山西忻州观察，分为以下 6 个阶段。①冬季休眠阶段。从 10 月下旬至翌年 3 月中旬为越冬阶段。②春季苏醒阶段。从 3 月下旬至 4 月上旬为蝼蛄苏醒阶段。此时能见到新的虚土隧道。③出窝迁移阶段。4 月中旬至 4 月下旬地面出现很多弯曲的虚土隧道，在隧道上均留有 1 小孔，说明蝼蛄已经出窝，迁移至苗圃、菜园及杂草等处为害。④猖獗为害阶段。5 月上旬至 6 月上旬，蝼蛄活动最甚，食量很大，并准备交尾产卵，幼苗受害最重。⑤越夏产卵阶段。6 月下旬至 8 月下旬，两种蝼蛄若虫潜入 30~40cm 深的土层越夏。而单刺蝼蛄的成虫进入交尾产卵盛期；东方蝼蛄成虫接近交尾产卵末期。⑥秋季为害阶段。9 月上旬至 9 月下旬，蝼蛄大多迁入苗圃为害，形成秋季为害高峰。

两种蝼蛄均是昼伏夜出，晚上 9 时至凌晨 3 时为活动取食高峰。

（3）产卵习性。东方蝼蛄喜在潮湿的地方产卵，单刺蝼蛄喜在盐碱地内、高燥向阳、靠近地埂、畦堰或松软油渍状土壤里产卵。

（4）趋性。①趋光性。两种蝼蛄均有强烈的趋光性。单刺蝼蛄因身体笨重，飞翔力差，灯诱量较少，多落于灯光周围的地面上。②趋化性。蝼蛄具有强烈的趋化性，尤其喜好香甜物质，对煮至半熟的谷子、炒香的豆饼和麦麸皮等较为喜好。③趋粪性。蝼蛄对未腐烂的马粪、未腐熟厩肥具有趋性。④喜湿性。蝼蛄喜欢在潮湿的土壤表土层活动，所以有俗语"蝼蛄跑湿不跑干"。东方蝼蛄栖息于沿河两岸、灌渠旁边、水位较高的低湿处，单刺蝼蛄常在盐碱低湿处。

2. 发生生态

（1）温度。早春，当平均气温和 20cm 土温达 2.3℃时，越冬蝼蛄开始苏醒。当气温和土温回升时，蝼蛄就开始逐渐上升，直至土表为害。夏季，当气温偏高时，两种蝼蛄就潜入较深层的土中，一旦气温降低，两种蝼蛄再次上升活动为害。春秋两季，是蝼蛄猖獗为害时期，所以 1 年中，蝼蛄有两个危害高峰，即春、秋为害高峰。当晚秋气温下降时，两种蝼蛄的成、若虫开始向深土层转移越冬。

（2）土壤。两种蝼蛄的分布对土壤类型的要求不同，据北方调查，盐碱地蝼蛄密度最大，壤土次之，黏土地最小；对于单刺蝼蛄，喜湿润尤为突出，水浇地、平川低洼下湿处及苗圃、菜园内发生多。所以东方蝼蛄在南方发生重、单刺蝼蛄高发生于北方的一些盐碱下湿地。

（四）防治方法

防治蝼蛄，应根据其季节性消长特点和土壤中的活动规律，抓住有利时机，采取相应防治措施。

1. 农业防治

夏季在蝼蛄产卵盛期，结合中耕，发现卵洞口时，向下挖 10～20cm，找到卵室，可将挖出的蝼蛄和卵粒集中处理。通过改变蝼蛄土壤生态环境条件，减轻其为害。如采取深翻土地，适时中耕、清除杂草、平整土地、不施未腐熟的有机肥等措施，以破坏蝼蛄滋生繁殖场所。

2. 物理防治

利用蝼蛄趋光性强的习性，通过黑光灯、电灯、堆火等各种灯火诱杀成虫。

3. 化学防治

根据蝼蛄周年活动的规律，一般认为从谷雨至夏至是防治蝼蛄最有利的时机。可选用 3%辛硫磷颗粒剂、15%毒死蜱颗粒剂进行土壤处理。

第四节　蟋蟀类

一、大蟋蟀

（一）分布与为害

大蟋蟀 *Brach ptrupesportentosus* Lichtenstei，主要分布在我国南方各地。食性杂，成虫、若虫都为害柑橘、桃、松、杉、桉树等，是苗圃地的主要害虫之一。

（二）形态识别

大蟋蟀的形态特征如图 22-7 所示。

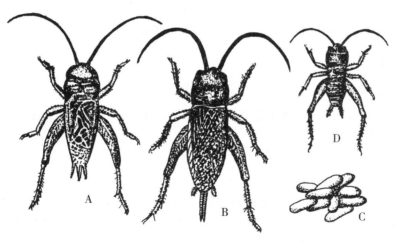

图 22-7　大蟋蟀
A. 雄成虫；B. 雌成虫；C. 卵；D. 若虫
（仿祝树德和陆自强，1996）

成虫：体长 40~45mm，体黄褐色或暗褐色，头圆形较前胸宽，触角丝状，较体稍长。前胸背板中央有纵线，后足腿节强大，胫节粗具有两排刺，各排有刺 4~5 个，尾须长不分节，雄虫发音器在前翅近基部，听器在前足胫节上，雌虫产卵器管状，长约 5~8mm。

卵：圆筒形稍弯曲，淡黄色，长 4.5mm 左右。

若虫：与成虫相似，色较浅，共 7 龄。从 2 龄起微露翅芽，以后随着龄期增加而增长，到末龄前，翅芽可左右相接，后翅可伸第三腹节。

（三）发生规律

一年发生 1 代，以若虫在土穴中越冬，在福建越冬的若虫，一般于 3 月初活动，6 月中旬现成虫，7 月盛发，9 月下旬新若虫出现，11 月越冬。在云南于 5 月出现成虫，6—7 月盛发，并交尾产卵，卵期 25d 左右，若虫期长达 200d，若虫和成虫都喜欢在粗沙中筑穴栖居，除交配期及若虫刚孵化时外，多独居，一穴 1 虫，白天静伏穴内，天黑后出穴，咬食近地面的植物幼嫩部分，并拖回穴内嚼食。有时也会爬至 30~60cm 高的幼苗上咬食嫩茎。平均每 5~7d 出穴一次，以晴天雨后出穴最盛。雄虫性好斗，常于黄昏时朗鸣求偶。交配后卵多成堆产在母穴中。若虫孵化后群集母穴中，数天才开始分散，单独筑穴居住。

大蟋蟀食性杂，成若虫都能为害多种幼苗。1 头大蟋蟀 1 晚能咬断拖走高达 3cm 左右的幼苗 10~15 株。

（四）防治方法

化学防治

（1）毒饵诱杀。根据成虫、若虫均喜食炒香麦麸的特点，使用 40%敌百虫乳油对水后喷洒在炒香的麦麸上，于傍晚前顺垄在田间撒成药带。

（2）拌毒土。每亩使用 50%辛硫磷乳油 75g 加适量水，均匀喷洒在 30~50kg 细土中，拌匀后，于傍晚前顺垄撒施田间，撒后再锄一遍效果更好。

（3）喷雾防治。在傍晚可选用 50%辛硫磷乳油 2 000 倍液喷雾。

二、油葫芦

（一）分布与为害

油葫芦 *Grlu testaceus* Walker 主要分布在华北、华东、华中各地，主要为害园林植物幼苗和大小球根花卉。

（二）形态识别

油葫芦的形态特征如图 22-8 所示。

成虫：体长 18~24mm，黑褐色或黑色，头方形与前胸宽度相等，触角细长，前胸背板两侧各有 1 个近似月牙形斑纹，后足胫节特长，有刺 6 对，少数 5 对。雌虫产卵管细长，褐色微曲，长 19~22mm，尾毛褐色。

卵：长圆形，2.4~3.8mm，乳白色微黄，表面光滑。

若虫：共 6 龄，翅芽出现较迟，雄虫 5 龄时出现，而雌虫翅芽还未出现。其产卵管已长达第十腹节后缘，直到 6 龄时雌雄翅芽均已发达，产卵管超过尾端。

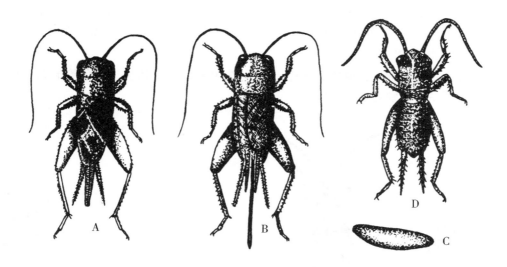

图 22-8 油葫芦
A. 雄成虫；B. 雌成虫；C. 卵；D. 若虫
（仿祝树德和陆自强，1996）

（三）发生规律

一年发生 1 代，以卵在土中越冬，翌年 4 月下旬开始孵化，若虫夜晚出土寻食。于 6 月中旬开始羽化，至 8 月上旬全部羽化为成虫。成虫白天躲在植物杂草下或穴中，一般以较为湿润而疏松的土壤中栖息较多。有趋光性。雄虫善鸣好斗，如遇虫数多时，有互相残杀现象。8—9 月交尾产卵，卵产在多杂草的向阳土埂上，或坟地、草堆旁土中。每头雌虫可产卵 34~114 粒。成虫寿命长达 200d。

（四）防治方法

1. 物理防治

（1）堆草诱杀利用油葫芦喜栖息在薄层草堆的习性，在苗圃内每距 3m 左右堆放 10cm 厚的杂草或秸秆 1 堆，每天早晨掀开草堆，搜捕处死。如配合毒饵，效果更好。

（2）灯光诱杀利用成虫趋光性特点，可用黑光灯诱杀。

2. 化学防治

参阅本章节大蟋蟀的化学防治方法。

第五节 金针虫类

（一）分布与为害

金针虫是叩头虫的幼虫，又名铁丝虫，属鞘翅目叩头甲科。常见金针虫主要有两种：

沟金针虫 *Pleonomus canaliculatus* Faldemann 和 *Agriotes subvittatus* Motschulsky。主要寄主有丁香、海棠、元宝枫、青桐、悬铃木、刺槐、松、柏类等。常食害刚出芽的种子或刚出的幼芽、嫩茎，还有一二年生球根花卉，也是蔬菜和大田农作物的主要地下害虫之一。

（二）形态识别

沟金针虫与细胸金针虫的形态特征如图 22-9 所示，在体长、体色等形态上存在着区别，二者主要区别见表 22-2。

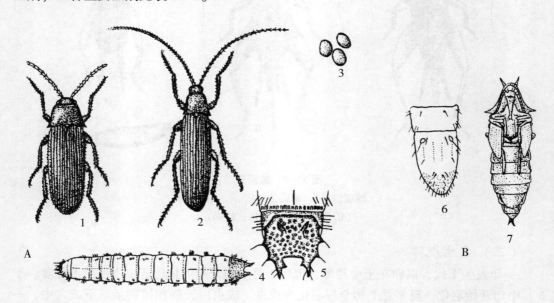

图 22-9　金针虫

A. 沟金针虫：1. 雌成虫　2. 雄成虫　3. 卵　4. 幼虫　5. 幼虫腹部末端；

B. 细胸金针虫：6. 幼虫腹部末端　7. 蛹

（仿祝树德和陆自强，1996）

表 22-2　沟金针虫及细胸金针虫在形态上的主要区别

虫　态	沟金针虫	细胸金针虫
成　虫	体长 15~16mm，深栗色，密被金黄色细毛。前胸近半球形，隆起较高，上有微细纵沟，翅长为前胸长度的 4 倍	体长 8~9mm，黑褐色，有光泽及黄褐色细毛前胸背板略呈圆形，长大于宽，翅长为前胸的 2 倍
幼　虫	虫体金黄色，体较宽，扁平，腹部每节背面有 1 条纵沟，深褐色，末端有二分叉，各叉内侧有 1 小齿	虫体浅金黄色，体细长圆筒形，圆锥形，近基部两侧各有 1 褐色圆斑，并有 4 条褐色纵纹

资料来源：《园艺昆虫学》，祝树德和陆自强，1996

（三）发生规律

1. 沟金针虫

经 2~3 年能完成一代，发育也极不整齐，一般以幼虫或成虫在土中越冬。入土深度各地不一，约在 30cm 左右，也有深达 100~130cm 的。成虫长期生活在土中，地面很少发现。在翌年春天 3 月开始活动，4 月活动最盛。交配产卵后，在 4 月底死亡，卵散产在地下根部附近，每头雌虫可产卵 200 粒左右。

产卵后，经 1—2 月孵化，幼虫孵化不久即开始为害。幼虫喜生活在较适当的温度和湿度的土壤中，老熟幼虫入土在深 20cm 左右，筑土室化蛹。一般在 8 月下旬开始化蛹，蛹期约 2 周。于 9 月中旬陆续羽化，初羽化的成虫为黄白色，后渐变为深栗色。成虫羽化后，因气温低不适于活动，逐渐进入土中越冬，至翌春开始活动。

2. 细胸金针虫

约 3 年一代，以幼虫或成虫在土中越冬。翌年 5—6 月成虫出现，6 月下旬至 7 月下旬为成虫产卵期，卵产于 3~9cm 深的土中最多，最深达 21cm。卵期最短 8d，最长 21d，一般为 15~18d。

（四）防治方法

1. 农业防治

翻耕土地，结合翻耕，拣除成虫、幼虫。

2. 物理防治

利用其喜食甘薯、土豆、萝卜等习性，在发生较多的地方，每隔一段挖 1 小坑，将上述食物切成细丝放入坑中，上面覆盖草屑，可以大量诱集，然后每日或隔日检查捕杀。

3. 化学防治

可选用 3% 辛硫磷颗粒剂 5 000~8 000g/亩、15% 毒死蜱颗粒剂 1 000~1 500g/亩进行沟施，均可取得良好的防治效果。

第六节　种　蝇

（一）分布与为害

种蝇 *Hyemyia platura*（Meigen）属双翅目花蝇科。全国各地均有分布，为害多种苗木的嫩茎和幼根，亦为害多种农作物，为害轻者缺苗断垄，重者使育苗失败。

（二）形态识别

成虫：雌虫体长约 5mm。全体灰色至灰黄色。两复眼间的距离约为头宽的 1/3。额暗红褐色。雄虫体较雌略小，暗褐色。两复眼几乎相连接。胸部背面有 3 条明显的黑色纵纹。

卵：长椭圆形，稍弯，弯内有纵沟陷。乳白色，表面有网状纹，长约 1mm。

幼虫：乳白色而略带淡黄色，老熟幼虫约长 7mm，尾节（从背面看）有肉质突起 7 对，第七对很小；第一与第二对在同一水平线上，第五与第六对等长。

蛹：长 4~5mm，宽 1.6mm。略呈椭圆形，红褐色或黄褐色。

（三）发生规律

种蝇一年发生的世代数，在东北地区（兴城、锦州）3~4 代，北京约 3 代，河南 3

代。我国北方及河南以蛹越冬，武汉为幼虫越冬。昆明地区1月仍可见到大量成虫。成虫喜欢在干燥的晴天活动。晚上静止，在较凉的阴天或多风天气，大多躲在土块缝隙或其他的隐蔽场所。常聚集在肥料堆上，或田间露在地表的人畜粪便上，并在那里产卵。

成虫的聚集与湿度很有关系。凡地面干燥处没有成虫，耕翻的土壤或定植、拔苗而翻上来的新土可吸引许多成虫，对此雌虫比雄虫表现更为明显，并能在此湿土上产卵。种蝇是腐食性的害虫，并非专害农林作物。一般在不缺水的情况下，可在土壤有机物中生活；当土壤干燥缺水、不适于它们继续生活，即被迫离开原来的场所、找寻含水量多的食物，这时，生长在农田里的植物就成了它们理想的食物，从而造成为害。

（四）防治方法

应以农业防治为基础，因为当幼虫蛀入植株内部后，药剂难以接触虫体，而且幼苗一旦被害很难恢复生机。

1. 农业防治

耕翻土壤的时间尽量提早到种蝇羽化以前进行。不用未经腐熟的粪肥及饼肥，既防止这种肥料可能带虫，也可避免施用后吸引成虫飞来产卵。在播种及幼苗期，应及时灌水，使已经在地里的种蝇幼虫不致完全转移到幼苗上为害。提早播种，促使种子提前发芽出土，早日木质化。

2. 化学防治

如果种蝇已为害刚发芽的种子和幼苗嫩根时，可用30%敌百虫乳油1 000倍液，喷洒被害苗木，毒杀幼虫。

参考文献

陈爱端, 李克斌, 尹姣, 等. 2011. 环境因子对沟金针虫呼吸代谢的影响 [J]. 昆虫学报, 54 (4): 397-403.

陈昌. 1986. 大地老虎生物学特性及其防治 [J]. 江苏农业科学 (2): 24.

陈文奎. 1985. 大地老虎 (*Agrotistokionis* Butler) 滞育幼虫的器官变化及其生理特点 [J]. 南京农业大学学报 (2): 47-58.

董建棠. 1983. 黄地老虎生物学的研究 [J]. 应用昆虫学报 (1): 14-17.

房迟琴, 张鑫鑫, 刘丹丹, 等. 2016. 暗黑鳃金龟气味结合蛋白 HparOBP15a 基因的克隆及功能分析 [J]. 昆虫学报, 59 (3): 260-268.

高吭. 2009. 东方蝼蛄 (*Gryllotalpa orientalis* Burmeister): 特征、功能、力学及其仿生分析 [D]. 长春: 吉林大学.

郭江龙, 付晓伟, 赵新成, 等. 2016. 黄地老虎飞行能力研究 [J]. 环境昆虫学报, 38 (5): 888-895.

黄国洋, 王荫长, 尤子平. 1999. 五种地老虎幼虫抗寒性的比较研究 [J]. 南京农业大学学报 (1): 33-38.

蒋月丽, 武予清, 李彤, 等. 2015. 铜绿丽金龟对不同光谱的行为反应 [J]. 昆虫学报, 58 (10): 1 146-1 150.

鞠倩, 郭晓强, 李晓, 等. 2016. 铜绿丽金龟对寄主植物挥发物的触角电生理及行为反应 [J]. 植物保护学报, 43 (2): 281-287.

李芳, 陈家华, 何榕宾. 2001. 小地老虎天敌应用研究概况 [J]. 昆虫天敌 (1): 43-48.

李杨, 韩君, 于春雷, 等. 2012. 七种杀虫剂对暗黑鳃金龟成虫和幼虫的毒力及田间防控效果 [J]. 植物保护学报, 39 (2): 147-152.

史树森, 徐伟, 程彬, 等. 2005. 黄褐油葫芦虫体营养成分与发育阶段的相关性研究 [J]. 应用昆虫学报, 42 (4): 439-443.

舒金平, 王浩杰, 徐天森, 等. 2006. 金针虫调查方法及评价 [J]. 应用昆虫学报, 43 (5): 611-616.

王玉东, 肖春, 尹姣, 等. 2012. 三种化学杀虫剂对病原线虫侵染暗黑鳃金龟能力的影响 [J]. 中国生物防治学报, 28 (1): 67-73.

吴荣宗. 1977. 水稻的两种新害虫——小稻叶夜蛾和毛附夜蛾 [J]. 应用昆虫学报 (3): 6-8.

向玉勇, 杨茂发. 2008. 小地老虎的交配行为和能力 [J]. 应用昆虫学报 (1): 50-53.

张安邦，南宫自艳，宋萍，等 . 2015. 昆虫病原线虫对黄地老虎致病力的研究 ［J］. 环境昆虫学报，37（3）：591-597.

张林林，李艳红，仵均祥 . 2013. 不同寄主植物对小地老虎生长发育和保护酶活性的影响 ［J］. 应用昆虫学报，50（4）：1 049-1 054.

周丽梅，鞠倩，曲明静，等 . 2009. 暗黑鳃金龟对性信息素的触角电生理及行为反应 ［J］. 昆虫学报，52（2）：121-125.

菜粉蝶—成虫（陆永跃提供）

菜粉蝶—幼虫（陆永跃提供）

小菜蛾—成虫（郭兆将提供）

小菜蛾—幼虫（郭兆将提供）

斜纹夜蛾—成虫（陆永跃提供）

斜纹夜蛾—幼虫（陆永跃提供）

菜螟（陆永跃提供）

小猿叶虫（陆永跃提供）

黄曲条跳甲（陆永跃提供）

烟粉虱—伪蛹（陆明星提供）

烟粉虱—成虫
（褚栋提供）

西花蓟马—成虫
（吴青君提供）

西花蓟马—若虫
（吴青君提供）

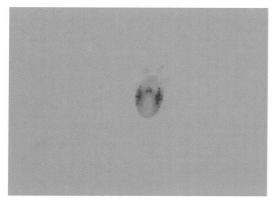

朱砂叶螨—幼螨（何林提供）

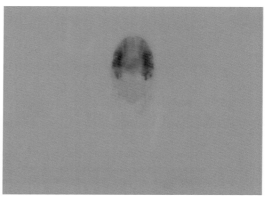

朱砂叶螨—若螨（何林提供）

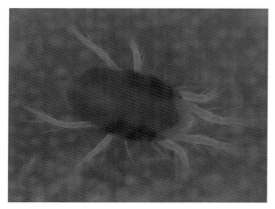

朱砂叶螨—雌成螨（何林提供）

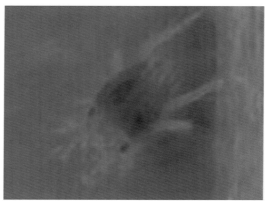

朱砂叶螨—雄成螨（何林提供）

二十八星瓢虫（陆永跃提供）

豆荚螟（陆永跃提供）

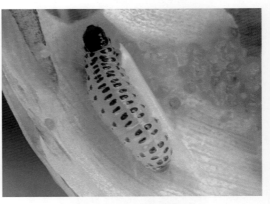

豆荚螟（陆永跃提供）

美洲斑潜蝇（陆永跃提供）

三叶斑潜蝇（陆明星提供）

瓜实蝇（陆永跃提供）

梨小食心虫（孔海龙提供）

苹果蠹蛾（田振提供）

桑白蚧（陆永跃提供）

桑天牛（陆永跃提供）

星天牛（陆永跃提供）

橘小实蝇（陆永跃提供）

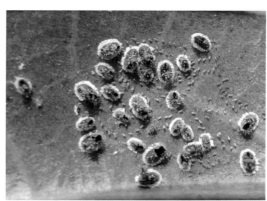

黑刺粉虱（陆永跃提供）

柑橘木虱（陆永跃提供）

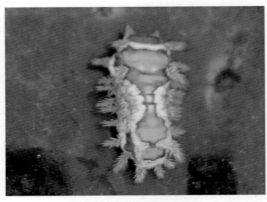

黄刺蛾（孔海龙提供）

丝棉木金星尺蠖—成虫（陆永跃提供）

丝棉木金星尺蠖—幼虫（陆永跃提供）

橘蚜（陆永跃提供）

橘潜蛾（陆永跃提供）

吹绵蚧（陆永跃提供）

草履蚧（陆永跃提供）

红火蚁（陆永跃提供）

黑翅土白蚁（陆永跃提供）

大蟋蟀（陆永跃提供）

东方蝼蛄（陆永跃提供）